SCHÄFFER
POESCHEL

Werner Rockel/Elmar Helten/Peter Ott/Roman Sauer

Versicherungsbilanzen

Rechnungslegung nach HGB und IFRS

3., überarbeitete Auflage

2012
Schäffer-Poeschel Verlag Stuttgart

MIX
Papier aus verantwortungsvollen Quellen
FSC® C013736
www.fsc.org

Gedruckt auf chlorfrei gebleichtem, säurefreiem und alterungsbeständigem Papier

Bibliografische Information Der Deutschen Nationalbibliothek
Die Deutsche Nationalbibliothek verzeichnet diese Publikation in der Deutschen Nationalbibliografie; detaillierte bibliografische Daten sind im Internet über http://dnb.d-nb.de abrufbar.

ISBN 978-3-7910-2930-6

www.schaeffer-poeschel.de
info@schaeffer-poeschel.de

Einbandgestaltung: Willy Löffelhardt/Melanie Frasch
Satz: typopoint GbR, Ostfildern
Druck und Bindung: Kösel Krugzell. www.koeselbuch.de

Printed in Germany
August 2012

Schäffer-Poeschel Verlag Stuttgart
Ein Tochterunternehmen der Verlagsgruppe Handelsblatt

Vorwort zur dritten Auflage

Seit der 2. Auflage im September 2007 hat sich in der Bilanzierung viel verändert, ohne dass es für Versicherungsunternehmen gravierende Einschnitte in der Rechnungslegung gegeben hat. Das liegt einerseits daran, dass das in 2009 in Kraft getretene Bilanzrechtsmodernisierungsgesetz (BilMoG) zwar die allgemeinen handelrechtlichen Bilanzierungsvorschriften weitreichend verändert, die versicherungsspezifischen Vorschriften allerdings kaum angepasst hat. Andererseits gibt es weiterhin keinen vollumfassenden internationalen Financial Reporting-Standard (IFRS) für Versicherungsverträge.

Neu in der dritten Auflage ist die noch stärkere Ausrichtung an den IFRS im Vergleich zu den US-GAAP. Lediglich für die versicherungstechnischen Rückstellungen ist der Rückgriff auf die US-GAAP weiterhin zwingend erforderlich, weshalb die entsprechenden Regelungen erläutert werden.

Sämtliche Kapitel wurden inhaltlich aktualisiert und überarbeitet. Aktuelle Themen wie das Unisex-Urteil des EuGH oder auch die Zinszusatzreserve wurden aufgenommen. Weiterhin wurden die aktuelle Diskussion zur zukünftigen internationalen Versicherungsbilanzierung (IFRS 4 Phase 2), zur geplanten Änderung der Bilanzierung von Finanzinstrumenten (IFRS 9) sowie der Entwurf zum Versicherungsaufsichtsgesetz als Folge der Rahmenrichtlinie zu Solvency II mit aufgenommen. Zudem haben wir die Anzahl der Beispiele deutlich erhöht, um die Einarbeitung in das Themenfeld noch einfacher zu machen. Wenngleich eine möglichst vollständige Darstellung der Bilanzierungssachverhalte verlockend ist, soll das Buch »Versicherungsbilanzen« weiterhin primär als Lehrbuch verstanden werden.

Den Mitarbeiterinnen und Mitarbeitern des Schäffer-Poeschel Verlags, insbesondere Herrn Frank Katzenmayer gebührt unser Dank für die hervorragende Zusammenarbeit.

Wie auch bei den beiden Vorgängerauflagen freuen wir uns auf eine positive Aufnahme des Buches und danken all denjenigen, die dem Buch kritisch gegenüberstehen und zu dessen Weiterentwicklung beitragen.

München, April 2012

Werner Rockel
Elmar Helten
Peter Ott
Roman Sauer

Inhaltsverzeichnis

Abkürzungsverzeichnis der Fachbegriffe

AFS	Available for Sale
AG	Aktiengesellschaft
AHK	Anschaffungs- und Herstellungskosten
AICPA	American Institute of Certified Public Accountants
AktG	Aktiengesetz
AktuarV	Verordnung über die versicherungsmathematische Betätigung und den Erläuterungsbericht des Verantwortlichen Aktuars
APB	Accounting Principles Board
ARB	Accounting Research Bulletins
ARC	Accounting Regulatory Committee
ASC	Accounting Standards Codification
BaFin	Bundesanstalt für Finanzdienstleistungsaufsicht
BerVersV	Verordnung über die Berichterstattung von Versicherungsunternehmen gegenüber der BaFin
BFH	Bundesfinanzhof
BilMoG	Bilanzrechtsmodernisierungsgesetz
BilReG	Bilanzrechtsreformgesetz
bkVReV	Verordnung über die Rechnungslegung bestimmter kleinerer Versicherungsvereine
BMF	Bundesministerium der Finanzen
BW	Barwert
CAPM	Capital Asset Pricing Model
CEA	Comité Européen des Assurances
CF	Conceptual Framework
CFO-Forum	Chief Financial Officer-Forum
CGU	Cash Generating Unit
CON	Conceptual Framework des FASB
DAC	Deferred Acquisition Costs
DeckRV	Deckungsrückstellungsverordnung
DeckRV	Verordnung über Rechnungslegungsgrundlagen für die Deckungsrückstellungen
DRS	Deutscher Rechnungslegungs Standard
DRSC	Deutsches Rechnungslegungs Standards Committee
DSOP	Draft Statement of Principles
EFRAG	European Financial Reporting Advisory Group
EITF	Emerging Issues Task Force
EPS	Earning per Share
EStG	Einkommensteuergesetz

f.e.R.	für eigene Rechnung
FASB	Financial Accounting Standards Board
FinRe	Finite Risk Reinsurance
FIN	FASB Interpretation
GAAP	General Accepted Accounting Principles
GoB	Grundsätze ordnungsmäßiger Buchführung
GuV	Gewinn- und Verlustrechnung
HGB	Handelsgesetzbuch
HTM	Held-to-Maturity
IAS	International Accounting Standards
IASB	International Accounting Standards Board
IASC	International Accounting Standards Committee
IBNR	Incurred But Not Reported
IDW	Institut der Wirtschaftsprüfer in Deutschland e. V.
IFIC	International Financial Reporting Interpretations Committee
IFRS	International Financial Reporting Standards
IOSCO	International Organization of Securities Commissions
KalV	Kalkulationsverordnung Verordnung über die versicherungsmathematischen Methoden zur Prämienkalkulation und zur Berechnung der Alterungsrückstellung in der Krankenversicherung
KonTraG	Gesetz zur Kontrolle und Transparenz im Unternehmensbereich
KV	Krankenversicherung
LV	Lebensversicherung
MCEV	Market Consistent Embedded Value
MindZV	Mindestzuführungsverordnung
MPL	Maximum Possible Loss
NLPR	Net Level Premium Reserve
NYSE	New York Stock Exchange
OB	The objective of general purpose financial reporting
OCI	Other comprehensive income
OFR	Operating and Financial Review and Prospects
ORSA	Own Risk and Solvency Assessement
PkewBV	Verordnung zur Bestimmung von Pensionskassen als Unternehmen von erheblicher wirtschaftlicher Bedeutung
PrüfV	Verordnung über (zusätzlichen) Inhalt der Prüfungsberichte zu den Jahresabschlüssen von Versicherungsunternehmen
QF	Quality characteristics of useful financial information
RAP	Rechnungsabgrenzungsposten
RechKredV	Verordnung über die Rechnungslegung der Kreditinstitute
RechVersV	Verordnung über die Rechnungslegung der Versicherungsunternehmen
RfB	Rückstellung für Beitragsrückerstattung

RV	Rückversicherung
S-/UV	Schaden- und Unfallversicherung
SEC	Security and Exchange Commission
SFAC	Statements of Financial Accounting Concepts
SFAS	Statement of Financial Accounting Standard(s)
SOP	Statement of Position
SRA	Rückstellung für Schadenregulierungsaufwendungen
TD	Terminal Dividends
ÜbschV	Verordnung zur Ermittlung und Verteilung von Überzins und Überschuss in der Krankenversicherung
VAG	Versicherungsaufsichtsgesetz
VBR	Versicherungsbilanzrichtlinie
VVaG	Versicherungsverein auf Gegenseitigkeit
ZRQuoten	Verordnung über die Mindestbeitragsrückerstattung in der Lebensversicherung

Kapitel 1: Grundlagen des Versicherungsgeschäfts

1 Funktionsweise der Versicherung

1.1 Definition von Versicherung

Versicherungsunternehmen wird im Rahmen der Bilanzierung neben den Kreditinstituten eine Sonderstellung zuteil. Die Besonderheiten des Produkts Versicherung sowie die spezifischen Leistungsprozesse der Versicherungsproduktion führen zu einer eigenständigen Versicherungsbilanzierung, die auf den allgemein gültigen Vorschriften des Handelsgesetzbuchs aufbaut, diese jedoch im Sinne der Charakteristika der Versicherung interpretiert und ergänzt. Die Versicherungsbilanzierung ermöglicht die *Abbildung des Versicherungsgeschäfts* als Ganzes und stellt daher das zentrale Modell der Versicherungsbetriebslehre dar. Aufbauend auf einer Formalisierung der Versicherungstechnik und der Kapitalanlage ist die Versicherungsbilanz Ausgangsbasis für die Planung (z. B. in Form von Planbilanzen), die Steuerung (z. B. im Rahmen des asset liability managements) und die Kontrolle von Versicherungsunternehmen (etwa durch Aufsichtsrat und Abschlussprüfer).

Die Voraussetzung für eine adäquate Abbildung der Versicherung stellt die Kenntnis von deren Kernelementen und Eigenheiten dar. Der Ausgangspunkt für das »Phänomen« Versicherung besteht darin, dass sowohl Haushalte als auch Unternehmen unwägbaren Entwicklungen ausgesetzt sind, die einer Erfüllung bzw. einem Erreichen von geplanten Zielen im Wege stehen. Ein Individuum unterliegt hinsichtlich seines finalen Handelns demnach regelmäßig einem mehr oder weniger großen Informationsdefizit über das Erreichen der Ziele, das als Risiko bezeichnet wird. Je nach Wahrnehmung des Risikos und in Abhängigkeit von der jeweiligen situationsabhängigen Risikoeinstellung resultieren für das Wirtschaftssubjekt individuelle Absicherungsbedürfnisse, die sich im Zusammenhang mit weiteren Rahmenbedingungen (etwa dem Einkommen oder dem Beruf) zu einem konkreten Absicherungsbedarf entwickeln. Versicherung bildet neben anderen Instrumenten (etwa der Risikomeidung, der individuellen Reservebildung oder der Schadenverhütung) ein zentrales risikopolitisches Mittel zur Deckung dieses Absicherungsbedarfs.

Versicherungsunternehmen stellen das Wirtschaftsgut Versicherungsschutz zur Verfügung, um die Finanzplanung von privaten Haushalten oder von Unternehmen sicherer zu machen. Die Voraussetzung für die Produktion von Versicherungsschutz ist eine Übertragung der »finanziellen Folgen« von Risiken an Versicherungsunternehmen. Der Kern der Versicherung liegt jedoch nicht ausschließlich im Transfer von Risiken, sondern letztlich darin, dass kollektive Reservebildung gegenüber dem individuellen Sparen erhebliche Vorzüge aufweist. Bei kollektiver Betrachtung vieler Wirtschaftssubjekte und/oder einzelner Wirtschaftssubjekte über viele Planperioden kommt das Phänomen zum Tragen, dass (zufällige) Schwankungen in Anzahl und/oder Höhe umso unbedeutender sind, je größer die Menge der beobachteten Elemente ist. Die Grundlage hierfür sind die empirischen Gesetzmäßigkeiten des Ausgleichs im Kollektiv sowie des Ausgleichs in der Zeit. Sie beschreiben die Beobachtung, dass sich in einem größeren Kollektiv die früheren und späteren, die seltenen und die häufigen sowie die großen und kleinen Schäden ausgleichen. Diese empirischen Ausgleichseffekte finden ihren modellhaften Niederschlag in den Gesetzen der großen Zahlen, die Stabilisierungsaussagen über die Gesamtheit der Versicherungsleistungen eines Kollektivs zulassen. Eine Zusammenfassung individueller unsicherer Finanzbedarfe in ein geeignetes Kollektiv verringert somit die kollektive Planungsunsicherheit. Anders formuliert bedeutet dies, dass die kollektiv zu bildende Risikoreserve geringer ausfällt als die Summe der individuell vorzuhaltenden Risikoreserven.

Versicherung lässt sich daher zusammenfassend kennzeichnen als die *planmäßige und kollektiv organisierte Ansammlung von Geldmitteln, die der Zahlung zukünftiger, zum Zeitpunkt ihrer Kalkulation in Anzahl und/oder Höhe unsicheren Versicherungsleistungen dient.*[1]

1.2 Versicherungstechnisches Risiko

Trotz der geschilderten Ausgleichseffekte durch Kollektivbildung trägt das Versicherungsunternehmen noch Restschwankungen aus den Schadenzahlungen. Deshalb besteht in der Folge für das Versicherungsunternehmen eine Ungewissheit über den wahren Schadenaufwand der Gesamtheit von versicherten Risiken in einer zukünftigen Versicherungsperiode und damit die Gefahr einer Abweichung vom geplanten Schadenaufwand.[2] Dieses arteigene Risiko der Versicherung wird als *versicherungstechnisches Risiko* bezeichnet. Das versicherungstechnische Risiko hat unterschiedliche Komponenten, die sich aus verschiedenen Blickwinkeln betrachten lassen.

Farny unterscheidet die Komponenten Zufallsrisiko, Irrtumsrisiko und Änderungsrisiko:[3]

- Das *Zufallsrisiko* beschreibt die möglichen Abweichungen des kollektiven Effektivwertes der Schäden vom geschätzten Erwartungswert, weil zufällig besonders viele/wenige Versicherungsfälle eintreten und/oder weil zufällig besonders hohe/niedrige Einzelschäden eintreten (zufällige Schwankungen). Das Zufallsrisiko lässt sich in
  - Kumulrisiko (mehrere versicherungstechnische Einheiten sind durch ein Schadenereignis zugleich betroffen),
  - Ansteckungsrisiko (durch den Eintritt eines Versicherungsfalls bei einer versicherungstechnischen Einheit erhöht sich der individuelle Schadenerwartungswert bei weiteren versicherungstechnischen Einheiten) und
  - Großschaden- bzw. Katastrophenrisiko (eine Abweichung übersteigt eine bestimmte Grenze)

  unterteilen.

1 Vgl. Helten, Elmar; Bittl, Andreas; Liebwein, Peter [Versicherung, 2000], S. 175.
2 Vgl. Helten, Elmar; Karten, Walter [Risiko, 1984], S. 11.
3 Vgl. Farny, Dieter [Versicherungsbetriebslehre, 2006], S. 83–93.

- Das *Irrtumsrisiko* resultiert aus einer Abweichung des kollektiven Effektivwertes der Schäden vom geschätzten Erwartungswert, weil die Wahrscheinlichkeitsverteilung des Gesamtschadens unzutreffend geschätzt wurde (falsche Gesamtschadenverteilung).
- Das *Änderungsrisiko* beschreibt die möglichen Abweichungen des kollektiven Effektivwertes der Schäden vom geschätzten Erwartungswert, weil sich die Wahrscheinlichkeitsverteilung des Gesamtschadens nach dem Zeitpunkt der Schätzung unerwartet verändert.

Helten unterscheidet zwischen Diagnose- und Prognoserisiko:
- Das *Diagnoserisiko* bezeichnet die Möglichkeit, dass die den empirisch ermittelten Schadendaten unterstellte (hypothetische) Wahrscheinlichkeitsverteilung nicht der tatsächlichen (wahren) Schadenverteilung entspricht.
- Das *Prognoserisiko* besteht in der Gefahr, dem zukünftigen Schadenverlauf eine falsche Schadenverteilung zu unterstellen.

Albrecht/Schwake unterscheiden das Zufalls- und das Irrtumsrisiko:[4]
- Das *Zufallsrisiko* resultiert aus der Stochastizität des Versicherungsgeschäfts und beschreibt die Gefahr des Übersteigens der Prämien und des Sicherheitskapitals einer Periode durch die Schäden, obwohl die wahre Schadenverteilung bekannt ist.
- Das *Irrtumsrisiko* folgt aus einem Informationsmangel bezüglich der wahren Schadengesetzmäßigkeit und daraus resultierenden negativen Abweichungen zwischen Prämien inklusive Sicherheitskapital und Schäden. Das Irrtumsrisiko wird weiter untergliedert in ein Diagnoserisiko und ein Prognoserisiko.

Die unterschiedlichen Komponenten des versicherungstechnischen Risikos in den dargestellten Ansätzen lassen sich einander nicht eindeutig zuordnen,[5] da sie aus unterschiedlichen Perspektiven resultieren.

2 Besonderheiten des Versicherungsgeschäfts und ihre Auswirkungen auf die Rechnungslegung

2.1 Rechtliche und wirtschaftliche Formen von Versicherungsunternehmen

Die Legaldefinition von Versicherungsunternehmen findet sich im Versicherungsaufsichtsgesetz (VAG). Versicherungsunternehmen sind solche Unternehmen, »die den Betrieb von Versicherungsgeschäften zum Gegenstand haben und nicht Träger der Sozialversicherung sind« (§ 1 VAG i. V. m. § 341 Abs. 1 S. 1 HGB).

4 Vgl. Albrecht, Peter; Schwake, Edmund [Risiko, 1988], S. 652–653.
5 Vgl. Liebwein, Peter [Rückversicherung, 2009], S. 28.

Versicherungsgeschäfte dürfen nur in den Rechtsformen der Aktiengesellschaft (AG), des Versicherungsvereins auf Gegenseitigkeit (VVaG) und der öffentlich-rechtlichen Körperschaft oder Anstalt betrieben werden (§ 7 Abs. 1 VAG). Alle anderen Rechtsformen gelten als ungeeignet, einen wirksamen Schutz für die Versicherungsnehmer zu erzeugen.[6] Für die Bilanzierung von Versicherungsunternehmen nach deutschem Handelsrecht gelten grundsätzlich keine rechtsform- und größenabhängigen Besonderheiten.[7] Nach § 341a Abs. 1 HGB sind Versicherungsunternehmen dazu verpflichtet, einen Jahresabschluss (Bilanz, Gewinn- und Verlustrechnung, Anhang) sowie einen Lagebericht nach den für *große Kapitalgesellschaften* geltenden Vorschriften des HGB innerhalb von vier Monaten zu erstellen. Einzelne dieser Vorschriften sind jedoch nach § 341a Abs. 2 HGB nicht anzuwenden oder werden durch Rechtsverordnungen und andere Vorschriften ersetzt. Zusätzlich zu den für große Kapitalgesellschaften geltenden Normen sind die durch das Versicherungsbilanzrichtlinien-Gesetz in die §§ 341a–h HGB eingefügten Normen maßgeblich, die den Besonderheiten des Versicherungsgeschäfts Rechnung tragen.

Wirtschaftlich lassen sich Versicherungsunternehmen grundsätzlich in Erst- und Rückversicherungsunternehmen unterscheiden. *Erstversicherungsunternehmen* zeichnen sich dadurch aus, dass sie Versicherungsgeschäfte mit Versicherungsnehmern abschließen. Demgegenüber sind die Kunden von *Rückversicherungsunternehmen* andere Erst- und Rückversicherungsunternehmen, d. h. professionelle Geschäftspartner.

Innerhalb der Erstversicherung dürfen Versicherungsunternehmen nicht alle Versicherungszweige betreiben. Vielmehr fordert das gesetzliche *Spartentrennungsprinzip* (§ 8 Abs. 1a VAG), dass sich der Betrieb der Lebensversicherung und der Betrieb anderer Versicherungszweige in einem Unternehmen ausschließen. Ebenso ist der gleichzeitige Betrieb der substitutiven Krankenversicherung und der Betrieb anderer Versicherungszweige in einem Unternehmen ausgeschlossen. In der Praxis lassen sich folgende wesentliche Typen von Erstversicherungsunternehmen unterscheiden:

- Lebensversicherungsunternehmen,
- Krankenversicherungsunternehmen sowie
- Schaden- und Unfallversicherungsunternehmen (Kompositversicherungsunternehmen).

Für die Bilanzierung ergeben sich in Abhängigkeit von der Wahl der wirtschaftlichen Versicherungsform vor allem im Ausweis Unterschiede. Vergleichbare Bilanzierungsprobleme finden sich für Lebens- und Krankenversicherungsunternehmen sowie für Schaden- und Unfallversicherungsunternehmen und Rückversicherungsunternehmen. Während in der Bilanz die Vergleichbarkeit zwischen den beiden Gruppen hoch ist, ergeben sich in der Gewinn- und Verlustrechnung erhebliche Ausweisunterschiede (insbesondere der Kapitalanlagen), die eine Vergleichbarkeit einschränken.

6 Vgl. Farny, Dieter [Versicherungsbetriebslehre, 2006], S. 180.

7 Teilweise gelten Ausnahmeregelungen für kleine Versicherungsvereine auf Gegenseitigkeit sowie Pensions- und Sterbekassen.

2.2 Zahlungsströme des Versicherungsgeschäfts

Die grundlegende Voraussetzung für ein Bilanzierungssystem ist die Kenntnis über die Leistungsprozesse und die durch sie induzierten Zahlungsströme. Die Zahlungsströme aus dem Versicherungsgeschäft lassen sich nach unterschiedlichen Kriterien systematisieren:

- nach der Zuordnung zu einzelnen Bereichen in Ein- und Auszahlungen gegenüber Beschaffungs- oder Faktormärkten, Kapitalmärkten, Rückversicherungsmärkten, Absatzmärkten und Zahlungen an den Fiskus,[8]
- nach versicherungstechnischen und nichtversicherungstechnischen Zahlungsströmen, wobei versicherungstechnische Zahlungsströme in unmittelbarem Zusammenhang mit dem Versicherungsgeschäft stehen,
- nach den Bestandteilen des Versicherungsgeschäfts in Zahlungsströme aus dem Risikogeschäft, dem Spar- und Entspargeschäft sowie dem Dienstleistungsgeschäft,[9]
- nach dem Zeitpunkt des Zahlungsvorgangs,
- nach der Häufigkeit der Zahlungen,
- nach der Prognostizierbarkeit der Zahlungen sowie
- nach den Adressaten des Zahlungsvorgangs.

Im Folgenden werden die wesentlichen Ein- und Auszahlungen nach der Zuordnung zu einzelnen Bereichen der Versicherung dargestellt:[10]

- *Zahlungsströme gegenüber dem Kapitalmarkt* (Beschaffung): Zur Gründung sowie zur Sicherstellung der laufenden Solvenz benötigt das Versicherungsunternehmen Kapital. Die Kapitalbeschaffung führt zu einem Einzahlungsstrom beim Versicherungsunternehmen. Diesem stehen als wesentliche Auszahlungsströme die Kapitalrückzahlung, Zinsen sowie Ausschüttungen gegenüber.
- *Zahlungsströme gegenüber dem Absatzmarkt* (Zahlungsströme mit den Versicherungsnehmern): Den wesentlichen Einzahlungsstrom der Versicherung stellen die Prämien dar, die von den Versicherungsnehmern nach Abschluss des Versicherungsvertrags an das Versicherungsunternehmen zu zahlen sind. Diesen stehen während der Dauer des Versicherungsvertrags stochastische Auszahlungen gegenüber, die bei Eintritt von versicherten Schäden an die Versicherungsnehmer zu leisten sind.
- *Zahlungsströme gegenüber Faktormärkten:* Gegenüber Faktormärkten entstehen Zahlungsströme aus dem Abschluss von Versicherungsverträgen sowie aus der Aufrechterhaltung des laufenden Geschäftsbetriebs (z. B. durch Löhne und Gehälter und Zahlungen für Betriebsmittel).
- *Zahlungsströme gegenüber dem Rückversicherungsmarkt:* Risikopolitische oder finanzwirtschaftliche Motive können dazu führen, dass Teile des transferierten Risikos an einen Rückversicherer zediert werden. Aus dem Rückversicherungsvertrag entstehen als wesentliche Auszahlungen die Rückversicherungsprämie sowie als wesentliche Einzahlungen Schadenzahlungen, Provisionen und Gewinnbeteiligungen.

8 Vgl. z. B. Eichacker, Hans [Finanzplanung, 1981], S. 34.
9 Vgl. Farny, Dieter [Versicherungsbetriebslehre, 2006], S. 763.
10 Vgl. Hartung, Thomas [Unternehmensbewertung, 2000], S. 166–167.

- *Zahlungsströme gegenüber dem Kapitalmarkt* (Kapitalanlage): Für den Zeitraum zwischen Prämienzahlung und Schadenzahlung entsteht dem Versicherungsunternehmen die Möglichkeit, die von den Versicherungsnehmern geleisteten Prämien in Kapitalanlagen zu investieren. Mit der Kapitalanlage sind Ein- und Auszahlungen aus Kapitalerträgen, Anlagekäufen und Anlageverkäufen sowie Anlageaufwendungen verbunden.
- *Zahlungsströme gegenüber dem Fiskus:* Gegenüber dem Fiskus fallen Steuern als Auszahlungen (z. B. Versicherungssteuer, Ertragssteuern) und unter Umständen Subventionen als Zuflüsse an.

Werden die Zahlungsströme nach den Bereichen *Versicherungstechnik und Nichtversicherungstechnik* systematisiert, stellen die Prämien- und Schadenzahlungen die wesentliche Komponente der Versicherungstechnik dar und die Zahlungsströme aus der Kapitalanlage die wesentliche Komponente der Nichtversicherungstechnik. Einen weiteren wesentlichen Einflussfaktor der Versicherungstechnik stellt die Rückversicherung dar, die zu einem Abfluss von Prämien an den Rückversicherer, gleichzeitig jedoch zu einer Entlastung möglicher Schadenzahlungen führt. Betriebskosten können sowohl dem Bereich der Versicherungstechnik (z. B. in Form von Schadenregulierungskosten) als auch der Nichtversicherungstechnik (z. B. in Form von Löhnen) zugeordnet werden. Durch eine adäquate Kapitalausstattung soll die Überschuldung des Versicherungsunternehmens und eine hieraus resultierende Insolvenz verhindert werden. Die Notwendigkeit einer ausreichenden Kapitalausstattung resultiert sowohl aus Risiken der Versicherungstechnik als auch aus Risiken der Kapitalanlage sowie schließlich auch aus dem Risiko eines mismatching zwischen beiden Bereichen.

Abbildung 1.1 stellt die Bereiche der Nichtversicherungstechnik und Versicherungstechnik gegenüber und verdeutlicht die Notwendigkeit, beide Bereiche aufeinander abzustimmen, um eine ständige Zahlungsfähigkeit des Versicherungsunternehmens zu gewährleisten.

Die als Zu- und Abflüsse modellierten Größen im Bereich Versicherungstechnik und Kapitalanlage sind teilweise vom Zufall gesteuert (Schäden, Kapitalanlageergebnisse), teilweise können sie durch die Unternehmensleitung beeinflusst werden (Prämien- und Ausschüttungspolitik). Das vorhandene Kapital bestimmt sich anhand des »Pegelstands« im Becken. Die Mindesthöhe für den Pegelstand könnte als Markierung am Beckenrand verdeutlicht werden. Sie richtet sich nach den Zufallsschwankungen der Abflüsse und Bewertungsveränderungen und kann je nach Betrachtungsperspektive (Rating, HGB, Solvabilität, internes Risikokapital) unterschiedlich sein.

Die Kenntnis der Zahlungsströme bildet die Voraussetzung für die Konstruktion eines Rechnungslegungsmodells. In Abhängigkeit vom Zweck der Bilanzierung werden die einzelnen Zahlungsströme einzelnen Perioden zugeordnet, um einen periodengerechten Erfolg des Unternehmens zu ermitteln. Daneben soll das Rechnungslegungssystem sowohl die Struktur (z. B. die Unsicherheit) als auch den zeitlichen Charakter der Zahlungsströme berücksichtigen. Ansatz- und Bewertungsregeln einer Versicherungsbilanz stehen folglich in Abhängigkeit von Bilanzierungszweck (z. B. Kapitalerhaltung oder Information) und den Eigenschaften der versicherungstechnischen und nichtversicherungstechnischen Leistungsprozesse.

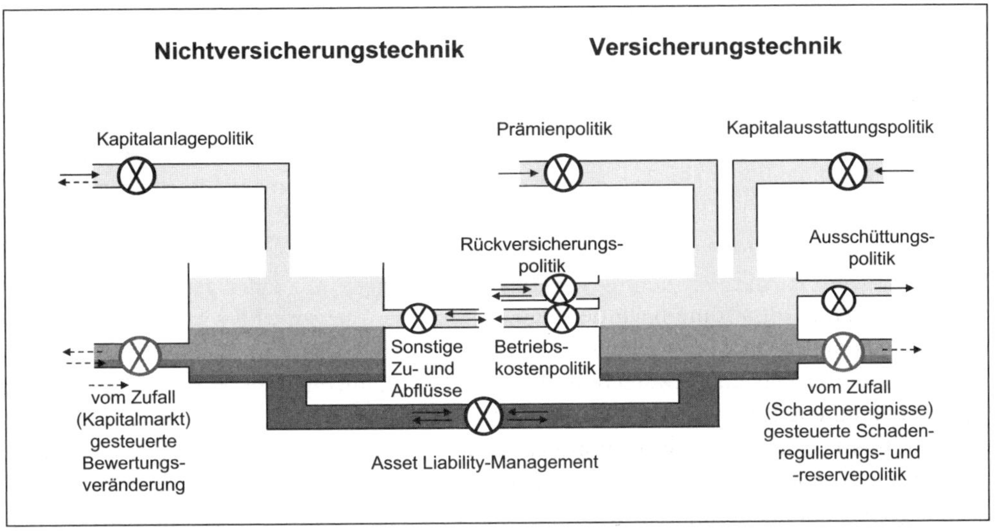

Abb. 1.1: Zahlungsstrom-Modell eines Versicherungsunternehmens mit den wesentlichen Entscheidungsmöglichkeiten (Politiken)

2.3 Eigenschaften der Versicherung und Abbildung in der Rechnungslegung

Als wesentliche Charakteristika der Versicherung können die Zeitraumbezogenheit, die Stochastizität, die Kollektivbezogenheit und die Immaterialität angesehen werden.[11]

Das Gut Versicherungsschutz wird durch das Kriterium der *Zeitraumbezogenheit* bestimmt, weil es durch kontinuierliche, permanente Produktionsprozesse hergestellt wird:

- Insbesondere zeichnet sich das Versicherungsgeschäft durch ein *zeitliches Auseinanderfallen von Prämienzahlung und Schadenzahlung* aus. Der Versicherungsnehmer zahlt die Versicherungsprämie bereits bei Abschluss des Versicherungsvertrags, während Schadenzahlungen im Laufe der Versicherungsperiode anfallen. Dieser Vorleistungscharakter ermöglicht dem Versicherungsunternehmen eine Investition in Kapitalanlagen. Bilanziell nehmen *Kapitalanlagen* die *zentrale Position auf der Aktivseite* der Versicherungsbilanz ein. Besonders in der Lebens- und Krankenversicherung sind Versicherungsnehmer wegen des Sparanteils in der Prämie am Erfolg aus den Kapitalanlagen zu beteiligen. Die wichtigste Position in der Versicherungsbilanz, in der Anteile der Versicherungsnehmer am Erfolg des Versicherungsunternehmens ausgewiesen werden, stellt die Rückstellung für die Beitragsrückerstattung dar.
- Regelmäßig sind *Bilanzperiode und Versicherungsperiode* nicht deckungsleich. Bei Abschluss eines Versicherungsvertrags zahlen Versicherungsnehmer dadurch Prämienteile ein, die in Zusammenhang mit dem Erhalt von Versicherungsschutz in der Folge-

11 Vgl. zu den Eigenschaften von Versicherung Kromschröder, Bernhard [Besonderheiten, 1994], S. 772.

periode stehen. Eine periodengerechte Erfolgsermittlung erfordert bilanziell die Bildung eines transitorischen Rechnungsabgrenzungspostens. In der Versicherungsbilanzierung werden diese Abgrenzungsposten traditionell als *Beitragsüberträge* bezeichnet. In manchen Versicherungsbilanzierungssystemen erfährt die Vorauszahlung der Prämie eine andere Interpretation. Aus dem Vorleistungscharakter der Prämie wird hierbei die Notwendigkeit abgeleitet, eine ungewisse Verpflichtung zu bilanzieren (im Sinne einer premium liability), die den Erwartungswert der mit der Prämienzahlung verbundenen künftigen Schadenzahlungen widerspiegelt.

- In der Regel ist die *Regulierung von Schadenzahlungen* mit einer gewissen Zeitdauer verbunden. Dadurch entstehen Versicherungsfälle, die sowohl wirtschaftlich verursacht oder rechtlich eingetreten als auch gemeldet sind, die zum Zeitpunkt des Bilanzstichtags bzw. der Bilanzaufstellung jedoch noch nicht reguliert worden sind. Daraus entstehen dem Grunde und/oder der Höhe nach ungewisse Verbindlichkeiten, die in der Versicherungsbilanzierung als *Schadenrückstellungen* bezeichnet werden.
- In der *Lebensversicherung* stellt die Langfristigkeit ein zentrales Charakteristikum dar. Neben der Deckung von Risiken erfolgt meist ein Ansparprozess über die Vertragslaufzeit, der parallel zur Bildung einer Rückstellung führt. In der Lebensversicherung wird diese als *Deckungsrückstellung* bezeichnet. Daneben soll eine gleich bleibende Prämie über die lange Vertragslaufzeit gewährleistet werden, obwohl im Lebensablauf der Versicherungsnehmer eine Veränderung der Risikosituation eintritt (z. B. durch ein steigendes Todesfallrisiko). Durch Zuführungen zur und Entnahmen aus der Deckungsrückstellung lässt sich – trotz langer Vertragslaufzeiten – eine Konstanz in den Prämien erreichen.
- Die Krankenversicherung wird in Deutschland analog zur Lebensversicherung betrieben, obwohl diese international eine Schadenversicherung ist. Durch die Bildung von Alterungsrückstellungen soll trotz unterschiedlichem Krankheitsrisiko der jeweiligen Lebensphase eine möglichst gleichbleibende Prämie erzielt werden.
- In der Schaden- und Unfallversicherung führen *Schwankungen im Zeitablauf* dazu, dass einzelne Versicherungsperioden stärker von Schadenzahlungen belastet werden als andere. Traditionell werden in der Versicherungsbilanz diese Schwankungen durch die Bildung einer Schwankungsrückstellung geglättet, um den risikotheoretischen Ausgleich in der Zeit abzubilden.

Neben der Zeitraumbezogenheit nimmt die Eigenschaft der *Stochastizität* eine besondere Bedeutung für die Versicherungsbilanzierung ein. Die vom Versicherer versprochenen finanziellen Leistungen hängen vom unsicheren Eintritt bestimmter versicherter Tatbestände ab. Zum Zeitpunkt der Kalkulation sind die Schäden in Schadenzahl und/oder Schadenhöhe noch ungewiss. In der Lebensversicherung spricht man in diesem Zusammenhang von einer einfachen Stochastizität, weil die Höhe des Schadens in der Versicherungssumme festgelegt wird, während der Schadenzeitpunkt unsicher ist. Demgegenüber zeichnet sich die Schaden- und Unfallversicherung durch eine doppelte Stochastizität aus, weil sowohl Schadenhöhe als auch Schadenzahl ungewiss sind. Dadurch steht der zu erbringende Aufwand erst lange nach Abschluss des Versicherungsvertrags fest. In der Versicherungsbilanz erfordert die Stochastizität eine Bildung von Rückstellungen (versicherungstechnische Rückstellungen) als Vorsorge für die künftige Leistungserbringung. Um eine möglichst risikoadäquate Bewertung dieser Rückstellungen zu ermöglichen, werden zur Bewertung versicherungsmathematische Methoden (z. B. die Chain-Ladder-Methode) herangezogen.

Eine wesentliche Voraussetzung der Funktionsfähigkeit von Versicherung ist eine geeignete *Kollektivbildung*. Da mit wachsendem Kollektiv die relativen Schwankungen geringer werden, benötigt ein größeres Kollektiv einen relativ geringeren Umfang an kalkulatorischem Sicherheitszuschlag und Sicherheitskapital, um dasselbe Sicherheitsniveau zu erreichen. In der Bilanzierung steht diesem Charakteristikum der Grundsatz der Einzelbewertung entgegen. Die Gleichartigkeit der zusammengefassten Risiken ermöglicht jedoch teilweise (z. B. im Rahmen der Bewertung von unbekannten Spätschäden) eine Gruppenbewertung in der Versicherungsbilanzierung.

Das Gut Versicherungsschutz zeichnet sich ferner durch seine *Immaterialität* aus und kann deshalb im Vergleich zu anderen Industriezweigen nicht gelagert werden. Anders als bei Industrieunternehmen nimmt das Sachanlagevermögen für die Versicherungsbilanz keine zentrale Bedeutung ein. Vielmehr konkretisiert sich das immaterielle Gut Versicherungsschutz vorwiegend durch Geldzahlungen im Schadenfall. Daneben erwächst aus der Immaterialität ein besonderes Maß an Erklärungsbedürftigkeit gegenüber Versicherungsnehmern, Investoren, Ratingagenturen und Steuergesetzgebung. Die Vielzahl der Annahmen aus dem stochastischen Versicherungsgeschäft führt zu einer Bewertungsunsicherheit im Zuge der Bilanzierung. Daher sind Bilanzierungs- und Bewertungsmethoden im Vergleich zu Industrieunternehmen in erhöhtem Maße erläuterungsbedürftig.

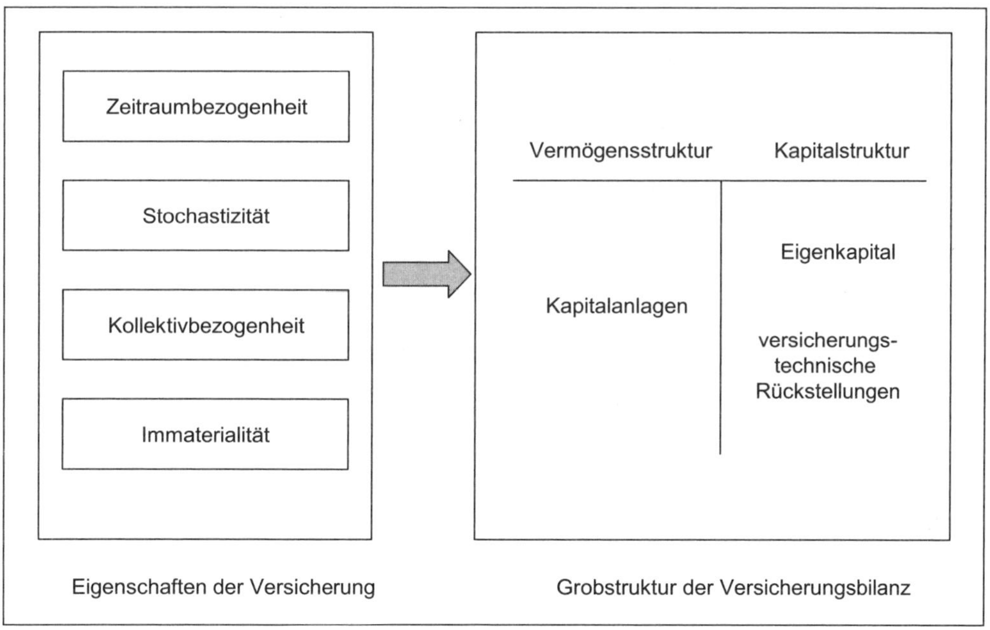

Abb. 1.2: Eigenschaften der Versicherung und Abbildung in der Versicherungsbilanz

Allgemein kann aus den Charakteristika der Versicherung abgeleitet werden, dass die Vermögensstruktur in der Versicherungsbilanz durch eine hohe Bedeutung der Kapitalanlagen und eine geringe Bedeutung sachlicher Produktionsfaktoren gekennzeichnet ist. Die Kapitalstruktur ist aufgrund der Vorauszahlung der Prämien und des Sparprozesses in der Lebensversicherung bzw. der Alterungsrückstellung in der Krankenversicherung durch eine überragende Bedeutung der versicherungstechnischen Rückstellungen (versicherungstechnisches Fremdkapital) gekennzeichnet. Die Zeitraumbezogenheit des Versicherungsgeschäfts führt zu einer besonderen Bedeutung der Rechnungsabgrenzung in der Versicherungsbilanz.

Je nach Bilanzierungszweck können die einzelnen Charakteristika eine unterschiedliche Gewichtung erfahren. Dominiert die *Kapitalerhaltung* den Zweck der Bilanzierung, erfährt die Stochastizität eine besondere Bedeutung. In diesem Falle wird zum Schutz der Versicherungsnehmer eine besonders vorsichtige Bilanzierung erforderlich. Daneben werden Kapitalanlagen in einem solchen Bilanzierungssystem meist zu fortgeführten Anschaffungskosten bilanziert und eine Vereinnahmung unrealisierter Gewinne vermieden. Aus Gründen der Vorsicht werden darüber hinaus Diversifikationseffekte aus der Kollektivbildung regelmäßig bilanziell nicht abgebildet. Versicherungstechnische Rückstellungen werden in der Regel nicht diskontiert, wodurch das unterschiedliche zeitliche Anfallen von Zahlungsströmen nicht berücksichtigt wird.

Steht demgegenüber die *Information* von Investoren im Vordergrund der Bilanzierung, werden versicherungstechnische Rückstellungen regelmäßig zu ihrem Best Estimate bewertet, d. h., der Vorsichtsgedanke spielt nur eine untergeordnete Rolle. Kapitalanlagen werden weitgehend mit dem Marktwert bilanziert, wobei auch unrealisierte Gewinne teilweise ergebniswirksam behandelt werden. Aus Gründen der Information werden Schwankungen nicht geglättet, sondern voll der Periode zugerechnet, in der sie aufgetreten sind. Insbesondere dann, wenn versicherungstechnische Rückstellungen in einem solchen Bilanzierungssystem nicht diskontiert werden, entsteht das Risiko eines asset liability mismatching. In diesem Fall führen Zinsänderungen der zu Marktwerten bilanzierten Kapitalanlagen zu einer Veränderung des Marktwertes. Demgegenüber bleiben die statisch bilanzierten versicherungstechnischen Rückstellungen unverändert.

3 Adressaten der Versicherungsbilanz

Aufgrund der hohen Schutzbedürftigkeit von Versicherungsnehmern nimmt die Publizität von Versicherungsunternehmen seit jeher einen besonderen Stellenwert ein. So schreibt *Farny,* dass die »Publizität von Versicherungsunternehmen nicht nur verhältnismäßig umfangreich, sondern auch besonders kompliziert« sei.[12] Publizität von Versicherungsunternehmen erfolgt in regelmäßiger Weise sowohl gegenüber der Bundesanstalt für Finanzdienstleistungsaufsicht (BaFin), die eine Art »Stellvertreterfunktion« für die

12 Farny, Dieter [Versicherungsbilanzen, 1975], S. 9.

Versicherungsnehmer einnimmt, als auch in Form der externen Rechnungslegung gegenüber einem breiteren Adressatenkreis. Die Rechnungslegung gegenüber der BaFin wird auch als Interne Rechnungslegung bezeichnet. Sie baut auf der externen Rechnungslegung auf, umfasst jedoch einen wesentlich höheren Detaillierungsgrad.

Die Publizität im Sinne einer Veröffentlichung unternehmensbezogener Daten kann sehr unterschiedliche Empfänger haben. Diese können wie folgt unterschieden werden:

- nach dem *Informationszugang* in interne oder externe Empfänger: Während der Unternehmensleitung, dem Aufsichtsrat bzw. Beirat oder großen Gesellschaftern und Gläubigern häufig ein Zugang zu internen Informationen ermöglicht wird, sind kleinere Aktionäre und Gläubiger, Arbeitnehmer, Lieferanten, Kunden, Konkurrenten sowie die interessierte Öffentlichkeit weitgehend auf externe Informationen angewiesen,
- nach der *rechtlichen Stellung* in Adressaten mit rechtlichem Anspruch auf Information (z. B. Versicherungsnehmer, Kapitalgeber, Fiskus) und sonstige Interessenten (z. B. Öffentlichkeit) sowie
- nach dem *Informationsinteresse* in Adressaten, die möglichst an entscheidungsrelevanten Informationen interessiert sind (z. B. Investoren am Kapitalmarkt), und Adressaten, für die eine möglichst sichere Vertragserfüllung im Vordergrund steht (z. B. Versicherungsnehmer).

Folgende Informationsempfänger können grundsätzlich unterschieden werden:

- *Versicherungsnehmer* sind sowohl Kunden als auch Gläubiger eines Versicherungsunternehmens. Als Kunden sind Versicherungsnehmer an Informationen interessiert, die ihnen ein Urteil über Versicherungsangebote mit unterschiedlichen Preis-Leistungs-Relationen ermöglichen. Daneben steht für Versicherungsnehmer – als Gläubiger des Versicherungsschutzes – die Erfüllung der vertraglichen Verpflichtungen durch das Versicherungsunternehmen im Mittelpunkt. Dafür benötigen sie Informationen über die Sicherheit des Unternehmens. Häufig sind Versicherungsnehmer auch an der Ertragslage des Versicherungsunternehmens interessiert, insbesondere dann, wenn sie am Erfolg aus dem Versicherungsgeschäft im Rahmen eines Ansparprozesses oder einer Überschussbeteiligung beteiligt sind.
- Für die *Eigenkapitalgeber* von Aktiengesellschaften stehen zum einen die Rechenschaft über die Verwendung des anvertrauten Kapitals sowie die daraus erwirtschaftete Rendite und zum anderen Informationen über die zukünftige Entwicklung des Unternehmens im Vordergrund des Informationsinteresses. Potenzielle Eigenkapitalgeber stützen sich häufig auf die Urteile von *Finanzanalysten*, die auf Basis systematischer Informationsauswertung versuchen, den Kursverlauf von Aktien vorherzusagen. Im Falle des Versicherungsvereins auf Gegenseitigkeit nehmen die Mitglieder des Vereins eine Doppelstellung als Versicherungsnehmer und Mitglieder ein.
- *Rating-Gesellschaften* beurteilen Versicherungsunternehmen nach zwei Kriterien: Beim Unternehmensrating steht die Messung der Bonität eines Versicherungsunternehmens (vorwiegend die Kapitalausstattung) im Vordergrund. Demgegenüber hat das Produktrating die Messung der Qualitätsanforderungen der Verbraucher an Versicherungsunternehmen (z. B. Kundenorientierung, Sicherheit, Rentabilität) zum Gegenstand.
- Die *Versicherungsaufsicht* hat die Sicherstellung des Schutzes der Versicherungsnehmer

(z. B. über Solvabilitätsvorschriften) sowie die Aufrechterhaltung der Stabilität des Finanzsystems zum Gegenstand.

- Die *Finanzverwaltung* ist an Informationen für die steuerliche Gewinnermittlung interessiert, die eng mit dem handelsrechtlichen Jahresabschluss in Verbindung steht.
- Innerhalb des Unternehmens dienen Informationen aus der externen Rechnungslegung der *Unternehmensleitung* zum Zweck der Selbstinformation, dem *Aufsichtsrat* als Bestandteil der Kontrolle des Unternehmens sowie den *Arbeitnehmern*, die an der Qualität und Sicherheit ihrer Arbeitsplätze interessiert sind.
- *Rückversicherer* sind an Daten über Größe und Struktur des Versicherungsbestands, am Produktionsprogramm, an der Struktur der Schaden- und Rückversicherungskosten sowie am Prämienwachstum des Erstversicherers interessiert.
- Rechtlich selbstständige *Versicherungsvermittler* sind am Absatz von Versicherungsverträgen sowie am künftigen Produktionsprogramm interessiert. Daneben lassen sich mit Hilfe der Kostenstruktur und der gezahlten Provisionen Rückschlüsse auf die Vergütungspraxis des Unternehmens ziehen.
- Die *Öffentlichkeit* wird häufig durch Medien vertreten, die ihre Informationen den externen Daten entnehmen. Das Interesse der Öffentlichkeit steht meist im Zusammenhang mit Fragen des Verbraucherschutzes sowie der gesamtwirtschaftlichen Entwicklung einer Branche.

4 Rechnungswesen als Bestandteil der finanziellen Steuerung

In den vergangenen Jahren haben sich neben der externen Rechnungslegung weitere Regelwerke entwickelt, die für die finanzielle Steuerung von Versicherungsunternehmen bedeutend sind.

Neben dem *HGB-Kapital*, das für die Kapitalerhaltung und die Ausschüttungsbemessung weiterhin zentralen Stellenwert hat, stehen mit dem IFRS-Eigenkapital, dem Solvenzkapital, dem Rating-Kapital, dem Risiko- und dem ökonomischen Kapital verschiedene Kapitalperspektiven zur Verfügung, die miteinander eng verbunden sind.

Das *IFRS-Kapital* hat von den Kapitalperspektiven zunächst aus Steuerungssicht die geringste Implikation, da von ihm weder die Refinanzierungsmöglichkeiten noch die Risikotragfähigkeit abhängig sind. Dennoch hat das IFRS-Kapital bei externen Analysten eine hohe Bedeutung und steht im Mittelpunkt der Veröffentlichungen von Unternehmen.

Das *Solvenzkapital* gewinnt gerade im Zuge von Solvency II für europäische Versicherungsunternehmen erheblich an Aufmerksamkeit. Solvenzkapital bezeichnet das Kapital, das die Aufsicht zur Beurteilung der finanziellen Lage eines Versicherungsunternehmens festlegt. Daneben stellen die Rating-Kapitalia (je nach Ausgestaltung der Ratingagentur) zentrale Anforderungen an die Kapitalausstattung von Versicherungsunternehmen, da sie neben qualitativen Kriterien für die Einordnung der Bonität durch Rating-Agenturen he-

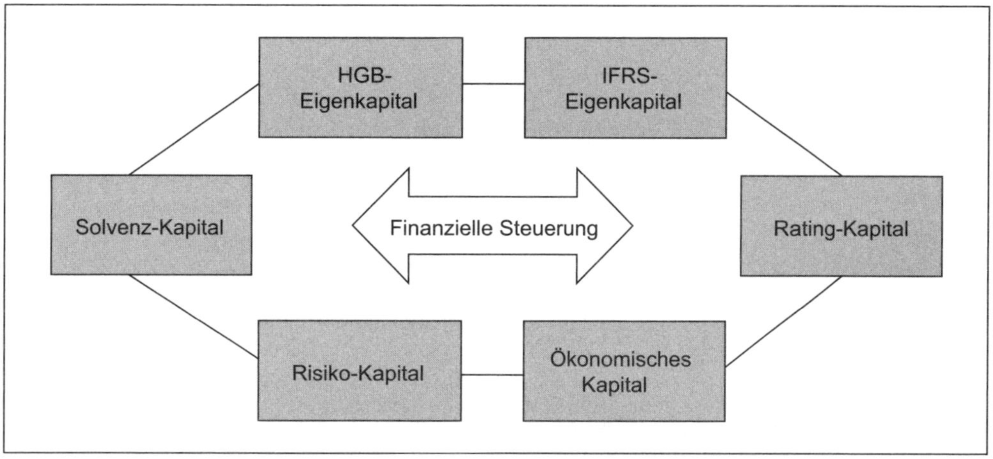

Abb. 1.3: Rechnungswesen als Bestandteil der finanziellen Steuerung

rangezogen werden und damit erheblichen Einfluss auf die Refinanzierungsmöglichkeiten am Kapitalmarkt haben können.

Das *Risikokapital* ist die aus Unternehmenssicht zentrale Kapitalgröße für die Beurteilung der Risikotragfähigkeit des Unternehmens. Investitionsmöglichkeiten müssen hinsichtlich ihres Risikokapitalbedarfs untersucht werden und anhand ihrer Risiko-/Renditeerwartung abgewogen werden. Dem Kapitalbedarf steht das verfügbare Kapital zu Marktwerten (*ökonomisches Kapital*) gegenüber. Die Differenz von beiden Kapitalsichten wird auch als Excess-Kapital bezeichnet und legt den ökonomischen Spielraum des Unternehmens für weitere Investitionen oder Kapitalrückgaben fest.

Während die genannten Kapitalperspektiven lange Zeit isoliert betrachtet wurden, steht gerade das Zusammenspiel sämtlicher Kapitalperspektiven für das Management heute im Mittelpunkt. HGB-, Rating- und Solvenzkapital sind entscheidende Nebenbedingungen für die finanzielle Steuerung auf Basis von Risikokapital und ökonomischem Kapital. Das IFRS-Kapital ist häufig die Ausgangsbasis für die Festlegung des ökonomischen Kapitals und daher im Verbund nicht zu vernachlässigen.

Beispiel 1.1: Kapitalentscheidungen im Versicherungsunternehmen

Der Finanzvorstand eines großen Versicherungskonzerns ist sehr zufrieden. Bereits zum dritten Mal in Folge konnte ein Rekord-IFRS-Ergebnis erzielt werden und die Renditeerwartungen der Aktionäre sollten damit wie in den vergangenen Jahren befriedigt werden können.

Gerade als die Kommunikationsabteilung an der positiven Nachricht für die Aktionäre arbeitet, meldet der Leiter Einzelabschluss, dass das HGB-Ergebnis leider aufgrund anderer Bewertungsvorschriften gegensätzlich zum IFRS gelaufen ist und die für die Ausschüttung relevanten Gewinnrücklagen unter Umständen der Dividendenausschüttung entgegenstehen könnten. Die Information ist sehr unangenehm, gerade weil Analysten und Aktionäre kaum mit Unterschieden zwischen HGB und IFRS zurechtkommen.

Da kommt die Nachricht aus dem operativen Kerngeschäft gerade gelegen, dass sich in einem bisher eher kleinen Geschäftszweig sehr gute Investitionsmöglichkeiten ergeben. Zeitgleich meldet die M&A-Abteilung, dass am Markt sehr gute Zielobjekte zu guten Konditionen vorhanden sind, die ideal zum bestehenden Portfolio passen würden.

Der CFO gibt sofort den Auftrag, die entsprechenden Investitionsmöglichkeiten näher zu untersuchen. Für die zuständige Controlling-Abteilung trifft es sich gut, dass ökonomisch genügend verfügbares Kapital vorhanden ist, um den für beide Investitionen notwendigen Risikokapitalbedarf zu decken. Die Berechnung des Rating-Kapitals ergibt, dass die geplante M&A-Transaktion keine Auswirkung auf das Rating hat, wenngleich der vorhandene Spielraum erheblich kleiner wird. Da bleiben kaum Möglichkeiten für zusätzliche Investitionen in das Versicherungsgeschäft, solange die Prämien marktgerecht sein sollen und keine utopische Höhe annehmen sollen.

Der Vorstand spricht sich für die Investion ins Kerngeschäft aus und gegen die Investition am Kapitalmarkt. Allerdings haben die geplanten zusätzlichen Versicherungsaktivitäten eine erhebliche Auswirkung auf das Solvenzkapital. Die für die Berechnung zuständige Abteilung meldet, dass nach Solvency I die Bedeckungsquote mit Eigenmitteln in der Folge deutlich unter 100 % fallen würde. Zudem könnten die erwarteten mehrjährigen Anfangsverluste aus der Investition eine weitere Belastung der HGB-Gewinnrücklagen in den Folgejahren bedeuten. Damit lässt sich eine Ausschüttung im bestehenden Jahr kaum rechtfertigen.

Eine schwierige Entscheidung für den Vorstand. Er entscheidet sich für die Ausschüttung im laufenden Jahr und gegen die geplanten Investitionen.

Zwar sprechen die IFRS und die ökonomische Welt eine andere Sprache, die Nebenbedingungen aus HGB, Rating und Solvency haben den Spielraum aber erheblich eingeschränkt. Dies illustriert den Abwägungsprozess zwischen einer ökonomisch mehrjährigen Betrachtung, die aufgrund der möglicherweise langen Laufzeiten von Änderungsrisiken bestimmt ist sowie kurzfristig regulatorisch notwendigem Kapitalbedarf und den Erwartungen der Investoren an einem adäquaten regelmäßigen Kapitaldienst.

Neben der Kapitalperspektive steht die Bilanzierung auch bei der Messung der Ertragslage in einem engen Verbund mit der internen Steuerung. Häufig greift die Steuerung auf Jahresabschlusszahlen zurück, selbst wenn diese aufgrund ihrer Ansatz- und Bewertungsvorschriften Zwängen unterliegen, die für die Steuerung nicht zweckmäßig erscheinen. Abbildung 1.4 stellt Bilanzierung und interne Steuerung überblicksartig gegenüber:

	Bilanzierung	**Interne Steuerung**
Sinn und Zweck	• Dokumentation • Rechenschaft • Information • Kapitalerhaltung	• Kapitalmanagement • Profitabilitätsmessung • Entscheidungsfindung
Adressaten	• Investoren • Versicherungsnehmer • Rating-Agenturen • Aufsicht	• Management • zunehmend Investoren, Rating-Agenturen, Aufsicht
Gemeinsamkeiten	• Bilanzierung häufig noch die Basis für die interne Steuerung, zumindest Plausibilisierung	• Für kurzlaufendes Geschäft häufig einperiodige Betrachtungsweise (z. B. value based Management, VBM)

	Bilanzierung	Interne Steuerung
Unterschiede	• Geschäftsjahresperspektive	• Vertragsperspektive (z. B. Underwriting Year)
	• Einjährige Betrachtungsweise	• Für langlaufendes Geschäft häufig Mehrjahresperspektive (z. B. market consistent embedded value, MCEV)
	• Legal View, aggregiert	• Management-View, disaggregiert auf Steuerungseinheiten
	• Betrachtung von Aufwendungen und Erträgen (Periodenbezug)	• Betrachtung von Zahlungsströmen (Ultimate-Sichtweise)
	• Keine Bereinigung von außerordentlichen, betriebsfremden oder periodenfremden Zahlungsströmen	• häufig Bereinigung um nicht nachhaltige Einflussfaktoren (z. B. Großschadenglättung)
Mögliche Konflikte	• Bilanzielle Regelwerke unterliegen den Vorschriften des jeweiligen Regulators (z. B. Gesetzgeber, IASB) und keinen ökonomischen Prinzipien	• Ökonomische Sicht oftmals unter bilanziellen Regelwerken nicht abgebildet (z. B. Währung, Diskontierung, Risikoberücksichtigung)

Abb. 1.4: Bilanzierung und interne Steuerung

5 Unterschiede zwischen Rechnungslegungssystemen

Die Ausgestaltung von Rechnungslegungssystemen ist von den jeweiligen Rahmenbedingungen abhängig. Für das Verständnis unterschiedlicher Bilanznormen müssen daher die sozio-kulturellen, politisch-rechtlichen, einzel- und gesamtwirtschaftlichen sowie physisch-technischen Rahmenbedingungen untersucht werden.

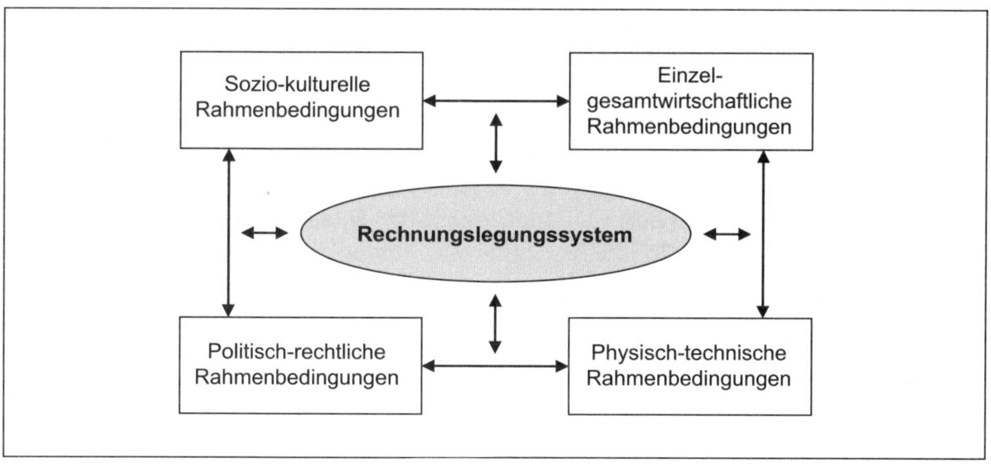

Abb. 1.5: Rahmenbedingungen der Rechnungslegung

Sozio-kulturelle Rahmenbedingungen führen zu Unterschieden zwischen Gesellschaften, die sich in verschiedenartigen Normen, Überzeugungen, Motiven, Verhaltensweisen und Institutionen äußern. Ein Einfluss auf die Rechnungslegung resultiert insbesondere aus dem Gegensatz zwischen kollektiven und individualistischen Gesellschaften.[13] Von kollektiven Gesellschaften wird vermutet, dass eine informelle Organisation (z. B. Kaufmannsehre) die Aufgabe der Rechnungslegung übernehmen kann. In individualistisch geprägten Kulturen ist die Gefahr größer, dass die Vertragspartner opportunistisch handeln. Insofern werden sich die beteiligten Parteien nicht auf eine Institution wie die Kaufmannsehre verlassen, sondern auf eine Regelung wie die Rechnungslegung als Möglichkeit der Objektivierung zurückgreifen.

Politisch-rechtliche Rahmenbedingungen üben insbesondere durch Unterschiede des Rechtssystems sowie der Verbindung zwischen Handels- und Steuersystem einen wesentlichen Einfluss auf die Rechnungslegung aus. Beispielsweise unterscheidet sich das kontinentaleuropäische Rechtssystem (code law) stark vom angelsächsischen Rechtssystem (common law).[14] Das kontinentaleuropäische System zeichnet sich durch umfangreiche gesetzliche Vorschriften zur Standardisierung sowie durch einen hohen Abstraktionsgehalt aus. Maßgebliche Prinzipien werden dementsprechend deduktiv aus übergeordneten abstrakten Rechtsprinzipien abgeleitet. Demgegenüber basiert das angelsächsische common law weniger auf Gesetzesvorschriften als auf einer Vielzahl von Einzelfällen. Daher werden Rechtsprinzipien weitgehend induktiv aus bereits vorhandenen Urteilen abgeleitet. Außerdem unterscheiden sich Rechnungslegungssysteme in der Verbindung von Handels- und Steuerrecht. In Ländern, die durch ein Maßgeblichkeitsprinzip geprägt sind, hat die Rechnungslegung eine Auswirkung auf die Substanz- und Ertragsbesteuerung (z. B. Deutschland, Frankreich). Demgegenüber zeichnen sich kapitalmarktorientierte Rechnungslegungssysteme durch eine Trennung von Handels- und Steuerbilanz aus (z. B. USA).

Einzel- und gesamtwirtschaftliche Rahmenbedingungen betreffen neben Faktoren wie z. B. den möglichen Rechtsformen, der durchschnittlichen Unternehmensgröße oder der Art der Börsenaufsicht insbesondere die Art der Finanzierungsquellen der Unternehmen eines Landes. In Abhängigkeit von einer eigen- oder fremdkapitalbestimmten Finanzierung stehen unterschiedliche Adressaten im Mittelpunkt der Rechnungslegung. So zeichnet sich die kontinentaleuropäische Rechnungslegung durch eine überragende Bedeutung des Gläubigerschutzes aus. Diese resultiert aus einer traditionell stark institutionellen Fremdkapitalfinanzierung. Damit verbunden ist das Bilanzierungsziel der Ermittlung eines vorsichtig ermittelten, realisierten, verlustantizipierenden und objektivierten Gewinns. Demgegenüber zeichnen sich angelsächsische Rechnungslegungssysteme durch eine überwiegend anonyme Kapitalbeschaffung an öffentlichen Kapitalmärkten aus. Daher nimmt die Information der Kapitalmarktteilnehmer in diesen Ländern eine weit größere Bedeutung ein. Das Ziel der Bilanzierung besteht damit in der Bereitstellung von entscheidungsrelevanten und zuverlässigen Informationen.

---

13 Vgl. zu folgender Argumentation Pellens, Bernhard [Rechnungslegung, 2011], S. 36.
14 Vgl. Herzog, Peter [Rechtssystem, 1989], S. 197.

Auch physisch-technische Rahmenbedingungen können einen wesentlichen Einfluss auf die Rechnungslegung ausüben. Ein hoher technischer Entwicklungsstand ermöglicht die Bereitstellung von scheinbar unerschöpflichen Informationsmengen ohne räumliche und zeitliche Grenzen. Investoren fordern eine möglichst zeitnahe Bereitstellung von Informationen. Besonders börsennotierte Unternehmen versuchen dieser Forderung durch eine Umsetzung von »fast close Konzepten« gerecht zu werden.

Kapitel 2: Grundlagen der Rechnungslegung von Versicherungsunternehmen

1 Grundlagen des betrieblichen Rechnungswesens

Das Rechnungswesen stellt die Abbildung von wirtschaftlichen Zuständen in einem Zeitpunkt und von Prozessen während eines Zeitraums von gesamten Volkswirtschaften, von einzelnen Betrieben sowie deren Zusammenschlüssen vornehmlich in Geldeinheiten dar.[15]

Demnach gibt es im Rechnungswesen zeitpunktbezogene Stichtagsrechnungen (z. B. die Bilanz) und zeitraumbezogene Rechnungen (z. B. die Gewinn- und Verlustrechnung). Es ist auch entscheidend, ob einzelne Unternehmen (z. B. der Einzelabschluss) im Vordergrund stehen oder deren Zusammenschlüsse (z. B. der Konzernabschluss). Zudem ist zu unterscheiden, ob eine Mengenrechnung (z. B. in Kilogramm oder Metern) bzw. eine Wertrechnung (in Euro) vorgenommen wird. Im Rechnungswesen wird meist die Wertrechnung bevorzugt.

Die wohl wichtigste Einteilung des Rechnungswesens unterscheidet das interne Rechnungswesen vom externen Rechnungswesen (vgl. Abb. 2.1). Das interne Rechnungswesen bildet das wirtschaftlich bedeutsame Geschehen *im Betrieb* ab. Die wesentlichen Zwecksetzungen des internen Rechnungswesens stellen die *Planung* innerbetrieblicher Vorgänge, deren *Steuerung* sowie die *Kontrolle* der Wirtschaftlichkeit mit Hilfe von Soll-Ist-Vergleichen dar. Die Zielgruppe für das interne Rechnungswesen sind interne Adressaten und darunter insbesondere die Unternehmensleitung selbst.

Das externe Rechnungswesen betrifft die Abbildung von Austauschbeziehungen eines Unternehmens zu Dritten und die daraus resultierenden Bestände.[16] Als Zielgruppen des externen Rechnungswesens sind alle Stakeholder des Unternehmens denkbar. Dies können Gläubiger, Investoren, Lieferanten, Mitarbeiter, Kunden, der Staat oder auch die Öffentlichkeit sein. Während interne Daten der Planung, Steuerung und Kontrolle dienen, stehen bei der externen Rechnungslegung die Dokumentation, die Rechenschaft gegenüber Kapitalgebern, die Zahlungsbemessung an Gesellschafter (Jahresabschluss) oder Staat (Steuerbilanz) sowie die Information an externe Interessenten im Vordergrund.

In Abhängigkeit von den Rechengrößen des betrieblichen Rechnungswesens können mit der Investitionsrechnung, der Finanzrechnung, der Bilanzrechnung und der Kostenrechnung vier Teilbereiche unterschieden werden.[17] Die Investitionsrechnung basiert auf Zahlungsströmen:

- *Auszahlungen* stellen die liquiditätswirksame Abnahme des Zahlungsmittelbestands dar.
- *Einzahlungen* stellen die liquiditätswirksame Zunahme des Zahlungsmittelbestands dar.

---

15 Vgl. Busse von Colbe, Walther [Rechnungswesen, 2011], S. 652.
16 Vgl. Busse von Colbe, Walther [Rechnungswesen, 2011], S. 654.
17 Vgl. zur Unterteilung Baetge, Jörg et al. [Bilanzen, 2011], S. 1–6.

	Internes Rechnungswesen	Externes Rechnungswesen
Ziele	Abbildung des wirtschaftlich bedeutenden Geschehens im Betrieb	Abbildung von Austauschbeziehungen zu Dritten und daraus resultierender Bestände
Zwecke	• Planung innerbetrieblicher Vorgänge • Steuerung innerbetrieblicher Vorgänge • Kontrolle der Wirtschaftlichkeit (Soll-Ist-Vergleiche)	• Dokumentation von Zahlungsvorgängen • Rechenschaft gegenüber Kapitalgebern • Zahlungsbemessung an Gesellschafter/Staat • Information an externe Interessenten
Adressaten	Unternehmensführung	• Gläubiger • Anteilseigner • staatliche Institutionen • Fiskus • Arbeitnehmer • Kunden • Lieferanten • Informationsintermediäre (z. B. Ratingagenturen)

Abb. 2.1: Abgrenzung internes und externes Rechnungswesen

Darüber hinaus bilden Aus- und Einzahlungen auch die Grundlage für die zukünftige Finanzplanung. Demgegenüber werden in der Finanzrechnung die Begriffe Ausgaben und Einnahmen verwendet:[18]

- *Ausgaben* werden als Auszahlungen zuzüglich Forderungsminderungen sowie Schuldenzunahmen definiert.
- *Einnahmen* stellen Einzahlungen zuzüglich Forderungszunahmen sowie Schuldenabnahmen dar.

Von Ausgaben und Einnahmen lassen sich Aufwendungen und Erträge abgrenzen. Letztere stellen neben Vermögen und Schulden eine Maßgröße der Bilanzrechnung dar und dienen als Stromgrößen der Gewinn- und Verlustrechnung, d. h., sie führen zu einer Erfolgswirkung in der Periode:

- *Aufwendungen* stellen periodisierte Ausgaben dar.
- *Erträge* stellen periodisierte Einnahmen dar.

Ausgaben	
Erfolgsneutrale Ausgaben	Erfolgswirksame Ausgaben
	Aufwendungen

Abb. 2.2: Abgrenzung von Ausgaben und Aufwand

Aufwendungen und Erträge lassen sich von Kosten und Erlösen abgrenzen. Letztere stellen Rechengrößen der Kosten- und Erlösrechnung dar:

18 Vgl. zu den Begriffen Einnahmen und Ausgaben Thiele, Stefan [Grundgrößen, 2011], S. 338.

- *Kosten* stellen den bewerteten sachzielbezogenen Verzehr von Gütern und Dienstleistungen einer Abrechnungsperiode dar.
- *Erlöse* geben den Wert der abgesetzten Sachgüter und Dienstleistungen an.

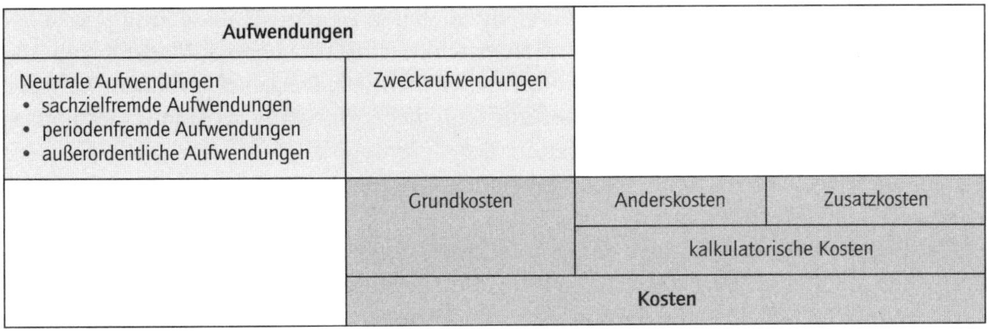

Abb. 2.3: Abgrenzung von Aufwand und Kosten

Es existieren sowohl Kosten, die keine Aufwendungen darstellen, als auch Aufwendungen, die keine Kosten bilden:

- *Neutrale Aufwendungen* sind entweder sachzielfremd (z.B. Spenden), periodenfremd (d.h., sie führen in einer anderen Periode zu Kosten) oder außerordentlich (z.B. Betriebsbrand) und stellen keine Kosten der Periode dar.
- *Kalkulatorische Kosten* lassen sich in Anderskosten sowie Zusatzkosten unterteilen. Während *Zusatzkosten* keine Aufwendungen gegenüberstehen (z.B. kalkulatorische Mieten für betrieblich genutzte private Räume), treten *Anderskosten* in anderer Höhe als die dazugehörigen Aufwendungen auf. Dies kann etwa daran liegen, dass kalkulatorische Abschreibungen von bilanziellen Abschreibungen abweichen.

Soweit Aufwendungen und Kosten übereinstimmen, spricht man von *Zweckaufwendungen* bzw. *Grundkosten*.

2 Zwecke handelsrechtlicher Rechnungslegung

Die Vorschriften des *Jahresabschlusses* sind teilweise abstrakt und auslegungsbedürftig. Daher ist ein Bezugsrahmen notwendig, der als Grundlage für die Auslegung der Jahresabschlussvorschriften dient. Der Sinn und Zweck der handelsrechtlichen Rechnungslegung sind aus der Gesamtheit der gesetzlichen Jahresabschlussvorschriften zu bestimmen.[19] Dies sind aber genau jene Vorschriften, für deren Interpretation man gerade den Sinn und Zweck im Vorfeld wissen muss. Moxter löst dieses Dilemma, indem er zeigt,

19 Vgl. zur folgenden Darstellung der Zwecke handelsrechtlicher Rechnungslegung Moxter, Adolf [Zweck, 1987], S. 361–374.

dass die gesetzlichen Jahresabschlussvorschriften sukzessive in ein System gebracht werden müssen, das in einem bestimmten Sinn und Zweck des Jahresabschlusses kumuliert und das nicht durch ein anderes System mit anderem Sinn und Zweck ersetzt werden kann. Das von Moxter entwickelte System baut auf dem *Primärzweck der Zahlungsbemessung* im Sinne eines vorsichtig ermittelten entziehbaren Gewinns (Ausschüttungsbemessung) auf. Ein Gewinn ist entziehbar, wenn er realisiert ist, vorsichtige Maßstäbe an Ansatz und Bewertung gesetzt werden und wenn er nicht zur Deckung drohender Verluste notwendig ist. Ein derart ermittelter Gewinn kann nicht informativ im Sinne einer umfassenden Rechenschaft über die Entwicklung des Unternehmens sein. Der *Sekundärzweck der Einblicksregelung* ist daher eine Nebenaufgabe, die bei Kollision hinter dem Primärzweck zurückzutreten hat.

Die Informationsfunktion des Jahresabschlusses ist bei Kapitalgesellschaften im Wesentlichen auf den Anhang beschränkt. Der Gesetzgeber hat das Einblicksziel nicht präzise formuliert. Lediglich die Forderung nach Anhaltspunkten über die Vermögens-, Finanz- und Ertragslage lässt auf die Informationsfunktion schließen. Allerdings hat die Vermittlung eines Einblicks in die Vermögens-, Finanz- und Ertragslage gemäß § 264 Abs. 2 HGB unter Beachtung der Grundsätze ordnungsmäßiger Buchführung zu erfolgen. Die Informationsaufgabe in Bilanz und Gewinn- und Verlustrechnung (GuV) kann daher nur unter der Restriktion der informationsfeindlichen Ungleichbehandlung von Gewinnen und Verluste ausgeübt werden.

3 Grundsätze ordnungsmäßiger Buchführung (GoB)

3.1 Begriff der Grundsätze ordnungsmäßiger Buchführung

Das Handelsgesetzbuch verweist in der Generalnorm für die Buchführung in § 238 Abs. 1 S. 1 HGB sowie in der Generalnorm für den Jahresabschluss in § 243 Abs. 1 HGB auf den Begriff der Grundsätze ordnungsmäßiger Buchführung (GoB):

- § 238 Abs. 1 S. 1 HGB: »Jeder Kaufmann ist verpflichtet, Bücher zu führen und in diesen seine Handelsgeschäfte und die Lage seines Vermögens nach den Grundsätzen ordnungsmäßiger Buchführung ersichtlich zu machen.«
- § 243 Abs. 1 HGB: »Der Jahresabschluss ist nach den Grundsätzen ordnungsmäßiger Buchführung aufzustellen.«

Der Gesetzgeber hat den Begriff GoB nicht näher konkretisiert. Das Ziel der GoB besteht darin, überindividuelle Verhaltensnormen für Kaufleute und eine zweckgerechte Bilanzierung zu schaffen sowie generalklauselhaft Tatbestände aufzufangen, die der Gesetzgeber nicht oder nur auslegungsbedürftig geregelt hat.[20]

Als Methoden der Gewinnung von GoB werden grundlegend die induktive und die

20 Vgl. Leffson, Ulrich [Grundsätze, 1987], S. 21–23.

deduktive Methode unterschieden.[21] Eine *induktive Ermittlung* bedeutet, *GoB aufgrund des Verhaltens von Kaufleuten zu gewinnen*. Diese Methode ist aber in der Literatur sehr umstritten, da Kaufleute eigene Interessen vertreten, die von den Zielen des Gesetzgebers abweichen können.[22] Nach dem Schrifttum wird die *deduktive Methode* bevorzugt, nach der *GoB aus den Zwecken der handelsrechtlichen Rechnungslegung abgeleitet werden*.[23] Allerdings gelingt die reine Deduktion nicht, da die Rechnungslegungszwecke nicht explizit im Gesetz genannt sind. Insofern müssen Zwecke und GoB simultan im Rahmen einer *hermeneutischen Auslegung* konkretisiert werden.[24]

GoB können nach unterschiedlichen Kriterien strukturiert werden. Im Folgenden wird eine *GoB-Strukturierung* nach Ballwieser dargestellt, die zwischen wesentlichen Gewinnermittlungs-GoB, weiteren Gewinnermittlungs-GoB sowie Informations-GoB unterscheidet.[25]

3.2 Wesentliche Gewinnermittlungsprinzipien

Als *wesentliche GoB*[26] gelten das Periodisierungsprinzip, das Fortführungsprinzip, das Vorsichtsprinzip (verbunden mit dem Realisations- und Imparitätsprinzip) sowie das Objektivierungsprinzip.

Das *Periodisierungsprinzip* ist in § 252 Abs. 1 Nr. 5 HGB kodifiziert. »Aufwendungen und Erträge des Geschäftsjahres sind unabhängig von den Zeitpunkten der entsprechenden Zahlungen im Jahresabschluss zu berücksichtigen.« Folglich wird der Gewinn nicht durch eine Gegenüberstellung von Ein- und Auszahlungen bestimmt, sondern der Gewinn geht auf periodisierte Zahlungen zurück. Die Regeln der Periodisierung werden durch das Fortführungs-, das Vorsichts-, das Realisations-, das Imparitäts- und das Objektivierungsprinzip festgelegt.

Das *Fortführungsprinzip* ist in § 252 Abs. 1 Nr. 2 HGB geregelt. »Bei der Bewertung von Vermögensgegenständen und Schulden ist von der Fortführung der Unternehmenstätigkeit auszugehen, sofern dem nicht tatsächliche oder rechtliche Gegebenheiten entgegenstehen.« Das Fortführungsprinzip vermeidet einen Ansatz von Zerschlagungs- und Liquidationswerten.

Das *Vorsichtsprinzip* ist in § 252 Abs. 1 Nr. 4 HGB kodifiziert. »Es ist vorsichtig zu bewerten, namentlich sind« das Realisationsprinzip und das Imparitätsprinzip zu beachten. Nach der Systematik des Gesetzes handelt es sich um einen Bewertungsgrundsatz. Aber

21 Vgl. Leffson, Ulrich [Grundsätze, 1987], S. 28–38.

22 Vgl. Ballwieser, Wolfgang [Grundsätze, 2009], Rd. 2 sowie Baetge, Jörg et al. [Bilanzen, 2011], S. 105.

23 Vgl. Döllerer, Georg [Grundsätze, 1959], S. 1217.

24 Vgl. Moxter, Adolf [Zweck, 1987], S. 363, sowie Ballwieser, Wolfgang [Grundsätze, 2009], Rd. 2. Zur Durchführung einer hermeneutischen Auslegung vgl. Baetge, Jörg et al. [Bilanzen, 2011], S. 107–112.

25 Vgl. hierzu und im Folgenden Ballwieser, Wolfgang [Grundsätze, 2009], Rd. 17–63.

26 Vgl. ausführlich zu den wesentlichen Gewinnermittlungs-GoB Ballwieser, Wolfgang [Grundsätze, 2009], Rd. 17–69.

durch die Konkretisierung durch das Imparitäts- und Realisationsprinzip folgen jeweils auch Ansatzkonsequenzen. Darüber hinaus hat das Vorsichtsprinzip auch eine eigenständige Bedeutung, die sich z. B. durch den Zeitpunkt und die Höhe der Rückstellungsbildung (hinreichende Anhaltspunkte für das Vorliegen einer Verpflichtung), die Schätzung der Nutzungsdauer des abnutzbaren Anlagevermögens (eher kurze als lange Nutzungsdauer) und die Wahl der Abschreibungsmethode (z. B. degressive Abschreibung) kennzeichnet.

Das *Realisationsprinzip* ist in § 252 Abs. 1 Nr. 4 HGB geregelt. »Gewinne sind nur zu berücksichtigen, wenn sie am Abschlussstichtag realisiert sind«. Das Realisationsprinzip ist ein Gewinnrealisationsprinzip, das den Ertragszeitpunkt und die Aufwandszuordnung festlegt. Gewinne entstehen durch Lieferung und Leistung an Dritte. Sie sind daher grundsätzlich umsatzbezogen.

Nach dem Alimentationsprinzip ist der Aufwand dem Ertrag einer Periode zuzurechnen (die Auszahlungen, die dazu beitragen, die Umsatzerlöse einer Periode zu erzielen).

Das *Imparitätsprinzip* führt zu einer Durchbrechung umsatzbezogener Gewinnermittlung. »Alle vorhersehbaren Risiken und Verluste, die bis zum Abschlussstichtag entstanden sind, sind zu berücksichtigen« (§ 252 Abs. 1 Nr. 4 HGB). Hieran zeigt sich, dass nicht Information und Rechenschaft im Vordergrund stehen, sondern eine vorsichtige, die Risiken und Chancen ungleich behandelnde Gewinnermittlung im Sinne eines Gläubigerschutzes.

Das *Objektivierungsprinzip* verdeutlicht, dass die Rechnungslegung dem Interessenschutz Dritter dient. Aus dem Objektivierungsprinzip folgen das Vermögensermittlungsprinzip (die Bilanz ist kein reiner Zahlungsspeicher, sondern sie nimmt Vermögensgegenstände, Schulden und Eigenkapital auf und führt so zu einer Vergegenständlichung des Bilanzinhalts), das Vollständigkeitsprinzip sowie das Einzelbewertungsprinzip.

3.3 Weitere Gewinnermittlungs-GoB

Weitere Gewinnermittlungs-GoB[27] stellen das Stichtagsprinzip, das Wertaufhellungsprinzip sowie die Bewertungsmethodenstetigkeit dar:

- Das *Stichtagsprinzip* (§ 252 Abs. 1 Nr. 3 HGB) legt den Zeitpunkt des Ansatzes und der Bewertung von Vermögensgegenständen und Schulden fest.
- Das *Wertaufhellungsprinzip* legt fest, dass Umstände, die nach dem Stichtag bekannt geworden sind, bei der Bewertung am Abschlussstichtag zu berücksichtigen sind.
- Die *Bewertungsmethodenstetigkeit* (§ 252 Abs. 1 Nr. 6) legt fest, dass die auf den vorhergehenden Jahresabschluss angewandten Bewertungsmethoden beibehalten werden sollen. Hierunter fällt nur die sogenannte vertikale Stetigkeit (über die Zeit). Die horizontale Stetigkeit (gleicher Wertansatz für gleiche Güter) folgt aus dem Gebot der Willkürfreiheit.

27 Vgl. ausführlich zu den weiteren Gewinnermittlungs-GoB Ballwieser, Wolfgang [Grundsätze, 2009], Rd. 64–69.

3.4 Informations-GoB

Informations-GoB[28] beinhalten das Prinzip der Adressatenorientierung und der Entscheidungsrelevanz, das Klarheitsprinzip, die Darstellungsstetigkeit, das Wesentlichkeitsprinzip sowie das Verlässlichkeitsprinzip:

- Das *Prinzip der Adressatenorientierung* verdeutlicht, dass die Rechnungslegung dem Interessenschutz Dritter dient, also den Adressaten.
- Den Adressaten sollen *neutrale Informationen* geboten werden (z. B. im Lagebericht).
- Das *Klarheitsprinzip* äußert sich in der Bilanz z. B. durch Zusammenfassung von Posten (§ 265 Abs. 7 Nr. 2). Es sollen verständliche, eindeutige und nicht vollkommen globale Informationen gegeben werden.
- Die *Darstellungsstetigkeit* soll eine Vergleichbarkeit aufeinander folgender Jahresabschlüsse sichern.
- Das *Wesentlichkeitsprinzip* kommt in einer Vielzahl von Einzelvorschriften zur Geltung, führt aber nicht zu einer Möglichkeit, den Ansatz von Aktiva und Passiva zu unterlassen.
- Das Verlässlichkeitsprinzip fordert die Vermittlung hinreichend verlässlicher Informationen (Verlässlichkeit kann im Widerspruch zur Relevanz von Informationen stehen).

4 Besondere Abbildungsprinzipien im Jahresabschluss von Versicherungsunternehmen

4.1 Besondere Abbildungsprinzipien

Neben den rechtsform-, branchen- und konzernunabhängigen Grundsätzen ordnungsmäßiger Buchführung[29] erfordert die Abbildung von versicherungsspezifischen Sachverhalten zusätzlich spezifische Abbildungsprinzipien, die aus den besonderen Eigenschaften des Versicherungsgeschäfts resultieren.[30]

Bezüglich des Bilanzansatzes haben insbesondere die Kapitalanlagen sowie die versicherungstechnischen Rückstellungen eine besondere Bedeutung. So zeichnet sich die *Vermögensstruktur* eines Versicherungsunternehmens durch eine hohe Bedeutung der Kapitalanlagen und eine geringe Bedeutung sachlicher Produktionsfaktoren aus. Die hohe Stellung der Kapitalanlagen resultiert insbesondere aus der Vorauszahlung der Prämien durch die Versicherungsnehmer und den zeitlich nachgelagerten Versicherungsfällen, die

28 Vgl. ausführlich zu Informations-GoB Ballwieser, Wolfgang [Grundsätze, 2009], Rd. 73–83.

29 Vgl. zur Diskussion der Branchenabhängigkeit von GoB Ballwieser, Wolfgang [Grundsätze, 2009], Rd. 87–92.

30 Vgl. zu den Abbildungsprinzipien insbesondere Farny, Dieter [Buchführung, 1992], S. 106–116.

eine Investition in Kapitalanlagen möglich machen. Die *Kapitalstruktur* ist aufgrund der Vorauszahlung der Prämien und des Sparprozesses in der Lebensversicherung durch eine überragende Bedeutung des versicherungstechnischen Fremdkapitals gekennzeichnet. Zudem führt die Zeitraumbezogenheit des Versicherungsgeschäfts zu einer besonderen Bedeutung der Rechnungsabgrenzung in Versicherungsunternehmen.

Im Rahmen der Bewertung wird insbesondere die Existenz eines besonderen Vorsichtsprinzips für Versicherungsunternehmen diskutiert.[31] Vielfach wird die Auffassung vertreten, dass Versicherungsunternehmen einem *besonderen Vorsichtsprinzip* unterliegen, weil

- Versicherungsunternehmen einem betriebsspezifischen Risiko ausgesetzt sind, das aus der Übernahme von Risiken der Versicherungsnehmer resultiert (Risikotransfer),
- Versicherungsunternehmen als »Nachleistungsbetriebe« über eine besonders »gewissenhafte« Passivenbewertung verfügen müssen, um im Bedarfsfall die Schadenaufwendungen tragen zu können, und
- die Versicherungsnehmer ein ausgeprägtes Schutzbedürfnis haben.

Gegen ein besonderes Vorsichtsprinzip spricht

- eine gesetzliche Legitimation zur Legung überhöhter stiller Reserven,
- eine bewusst falsche Periodenabgrenzung und somit ein Verstoß gegen die Bilanzwahrheit (falsche Darstellung der Vermögens- und Ertragslage) und
- die Tatsache, dass Rückstellungen immer mit Ungewissheit verbunden sind und folglich eine Sonderstellung von Versicherungsunternehmen nicht begründet ist.

4.2 Primär- und Sekundärprinzip

Die Unterscheidung zwischen Primär- und Sekundärprinzip betrifft den Ausweis von Aufwendungen und Erträgen.

- Das *Primärprinzip* führt zu einem Ausweis von Erträgen, Aufwendungen, Vermögen und Kapital nach Arten, wie sie im Verkehr des Versicherungsunternehmens mit seiner Umwelt auftreten.[32] Das Primärprinzip entspricht dem aus der Rechnungslegung der Kapitalgesellschaften bekannten Gesamtkostenverfahren (§ 275 Abs. 2 HGB).
- Das *Sekundärprinzip* führt zu einer Umgliederung der Postenarten des Jahresabschlusses in die Funktionen »Regulierungen von Versicherungsfällen«, »Abschluss von Versicherungsverträgen«, »Verwaltung von Kapitalanlagen« sowie »Sonstiger Funktionsbereich«.[33] Es entspricht dem aus der Rechnungslegung der Kapitalgesellschaften bekannten Umsatzkostenverfahren (§ 275 Abs. 3 HGB).

31 Vgl. zu den verschiedenen Positionen Korn, Jochen Heinrich [Schwankungsreserven, 1997], S. 291–293.
32 Vgl. Farny, Dieter [Buchführung, 1992], S. 107.
33 Vgl. Will, Reiner; Weidenfeld, Gerd [Ausweis, 1996], S. 432.

Die Gewinn- und Verlustrechnung nach den Rechnungslegungsvorschriften für Versicherungsunternehmen wird durch das *Sekundärprinzip* dominiert. Die gesetzliche Kodifizierung für das Sekundärprinzip stellt § 43 Abs. 1 RechVersV dar. Die gesamten Personal- und Sachaufwendungen des Unternehmens zuzüglich der kalkulatorischen Mietaufwendungen für die eigengenutzten Grundstücke und Bauten sind folgenden Funktionsbereichen zuzuordnen:

- Regulierung von Versicherungsfällen, Rückkäufen und Rückgewährbeträgen,
- Abschluss von Versicherungsverträgen,
- Verwaltung von Versicherungsverträgen und
- Verwaltung von Kapitalanlagen.

Falls Aufwendungen diesen Funktionsbereichen nicht zugeordnet werden können, sind sie unter dem Posten »Sonstige Aufwendungen« auszuweisen (§ 43 Abs. 1 S. 2 RechVersV).

4.3 Umsatz- und Erfolgsprinzip

Die Unterscheidung zwischen Umsatz- und Erfolgsprinzip resultiert aus älteren Rechnungslegungsvorschriften von Versicherungsunternehmen, die in großem Maße durch erfolgsunwirksame Zahlungsströme gekennzeichnet waren.[34]

- Das *Umsatzprinzip* hat die Abbildung von Zahlungsströmen zum Ziel. In der Erfolgsrechnung werden zunächst unabhängig von der Erfolgswirksamkeit Zahlungen abgebildet. Erst in einem zweiten Schritt erfolgt eine offene Abgrenzung in der GuV durch entsprechende Korrekturposten, damit ein periodengerechter Erfolg ermittelt wird.
- Das *Erfolgsprinzip* beabsichtigt die Darstellung eines periodengerechten Erfolgs. Dazu werden keine Zahlungsströme abgebildet, sondern Aufwendungen und Erträge. Das Erfolgsprinzip entspricht daher dem in § 252 Abs. 1 Nr. 5 HGB kodifizierten Periodisierungsprinzip, wonach Aufwendungen und Erträge des Geschäftsjahres unabhängig von den Zeitpunkten der entsprechenden Zahlungen im Jahresabschluss zu berücksichtigen sind.

Im Jahresabschluss von Versicherungsunternehmen *überwiegt das Erfolgsprinzip*. Einige Bereiche werden jedoch nach dem Umsatzprinzip ausgewiesen. Ein Beispiel stellt die Abbildung der Versicherungsbeiträge dar. Diese werden zunächst als Einzahlungen (gebuchte Bruttobeiträge) erfasst und anschließend durch die Verrechnung mit der Veränderung der Beitragsüberträge in der GuV periodisiert.[35] Auch der Ausweis der Aufwendungen für Versicherungsfälle entspricht dem Umsatzprinzip. Dabei wird der Posten innerhalb der GuV zunächst als »Zahlungen für Versicherungsfälle« ausgewiesen und erst in einem zweiten Schritt durch die Veränderung der Rückstellung für noch nicht abgewickelte Versicherungsfälle abgegrenzt.

34 Vgl. Farny, Dieter [Buchführung, 1992], S. 107.
35 Vgl. zu diesem Beispiel Mayr, Gerhard [Internationalisierung, 1999], S. 181.

Beispiel 2.1: Erfolgs- und Umsatzprinzip

Annahmen:
- Betrachtet wird ein Versicherungsvertrag, der über zwei Jahre läuft.
- Die Beitragszahlung erfolgt zum 01.07.11 sowie zum 01.07.12.
- Im ersten Jahr wird ein Beitrag von 800 Euro erhoben, während im zweiten Jahr ein Beitrag von 1.000 Euro anfällt.
- Am 01.10.11 tritt ein Schaden ein, der bei Bilanzerstellung für das Geschäftsjahr 2011 mit 500 Euro geschätzt wird. Bei tatsächlicher Abwicklung am 01.05.2012 hat sich aber gezeigt, dass der Schaden nur mit 400 Euro reguliert wird.
- Daneben tritt am 01.06.2012 ein Schaden ein, der sofort reguliert wird.

Buchungen 31.12.2011

(1)	Kasse	an	gebuchte Beiträge	800 €
(2)	Δ Beitragsüberträge	an	Rst. für Beitragsüberträge	400 €
(3)	Δ Schadenrückstellungen	an	Schadenrückstellungen	500 €

Buchungen 31.12.2012

(1)	Kasse	an	gebuchte Beiträge	1.000 €
(2)	Rst. für Beitragsüberträge	an	Δ Beitragsüberträge	400 €
(3)	Δ Beitragsüberträge	an	Rst. für Beitragsüberträge	500 €
(4)	Zahlungen für Versicherungsfälle	an	Kasse	400 €
			Δ Schadenrückstellungen	100 €
(5)	Schadenrückstellungen	an	Δ Schadenrückstellungen	400 €
(6)	Zahlungen für Versicherungsfälle	an	Kasse	200 €

Buchungen 31.12.2013

(1)	Rst. für Beitragsüberträge	an	Δ Beitragsüberträge	500 €

Folgende Abbildung veranschaulicht die Vertragskonstruktion und zeigt den Unterschied zwischen Zahlungsstromsicht und bilanzieller Aufwands- und Ertragsvereinnahmung:

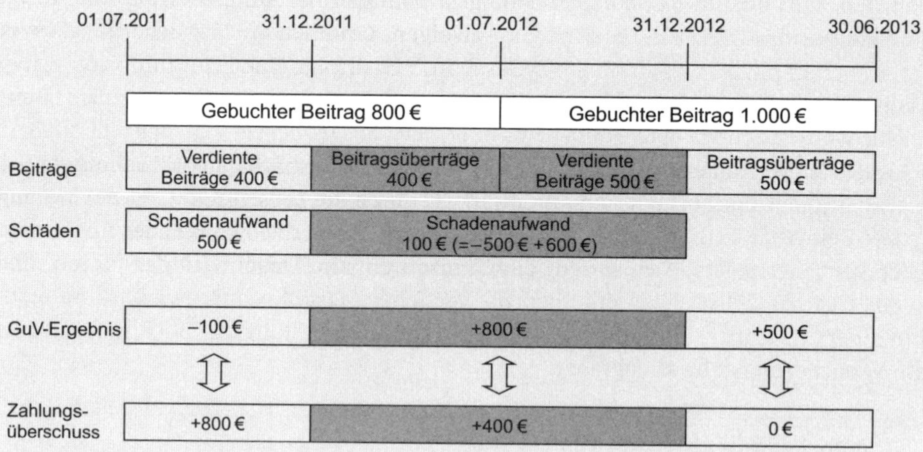

S GuV 31.12.2011 H

Zahlungen an VN	*0*	*Gebuchte Beiträge*	*800*
Δ Schadenrückstellung	*500*	*Δ Beitragsüberträge*	*–400*
Schadenaufwendungen	500	Verdiente Beiträge	400
Δ JÜ	**–100**		

S GuV 31.12.2012 H

Zahlungen an VN	*600*	*Gebuchte Beiträge*	*1.000*
Δ Schadenrückstellung	*–500*	*Δ Beitragsüberträge*	*–100*
Schadenaufwendungen	100	Verdiente Beiträge	900
Δ JÜ	**800**		

4.4 Gesamtbestands- und Spartenrechnungsprinzip

Die Unterscheidung von Gesamtbestands- und Spartenrechnungsprinzip betrifft den Differenzierungsgrad der Darstellung von Aufwendungen und Erträgen.

- Das *Gesamtbestandsprinzip* führt zu einem globalen Ausweis von Aufwendungen und Erträgen des Versicherungsgeschäfts ohne Aufgliederung nach Sparten.[36]
- Demgegenüber führt das *Spartenrechnungsprinzip* zu einer Aufgliederung von Erträgen und Aufwendungen nach Versicherungszweigen, Gruppen von Versicherungszweigen oder nach direktem und indirektem Geschäft.[37] Es erfolgt eine Ermittlung von Erfolgsgrößen für Teilversicherungsbestände (horizontale Erfolgssegmentierung).

Während das Spartenrechnungsprinzip detailliertere Informationen ermöglicht, hat das Gesamtbestandsprinzip den Vorteil der Klarheit. Der Jahresabschluss von Versicherungsunternehmen wird *durch das Gesamtbestandsprinzip geprägt*. Obwohl damit ein Informationsverlust in der GuV verbunden ist, wurde durch die Rechnungslegungsvorschriften von 1994 die Spartenpublizität aufgegeben. Dieser Informationsverlust wurde jedoch durch die Verlagerung von Spartenangaben in den Anhang teilweise aufgefangen.[38]

36 Vgl. Farny, Dieter [Buchführung, 1992], S. 109.
37 Vgl. Mayr, Gerhard [Internationalisierung, 1999], S. 184.
38 Vgl. Treuberg, Hubert Graf von; Angermayer, Birgit [Jahresabschluss, 1995], S. 68.

4.5 Gesamterfolgs- und Teilerfolgsprinzip

Die Unterscheidung zwischen Gesamterfolgs- und Teilerfolgsprinzip betrifft die Zuordnung von Teilerfolgen zu Kosten- und Erlösträgern.

- Das *Gesamterfolgsprinzip* führt zu einem Ausweis von Erträgen und Aufwendungen ohne weitere Unterteilungen nach bestimmten Zuordnungskriterien. Erträge und Aufwendungen werden insofern dem gesamten Unternehmen zugeordnet.
- Im Gegensatz dazu fordert das *Teilerfolgsprinzip* eine Aufspaltung des Gesamterfolgs in einzelne Teilerfolge. In Versicherungsunternehmen wäre eine Aufteilung von Erträgen und Aufwendungen in die Geschäftsbereiche Versicherungsgeschäft, Kapitalanlagegeschäft und sonstige Geschäfte möglich (vertikale Erfolgssegmentierung).[39] Eine zweite Möglichkeit der Erfolgsteilung umfasst die Aufteilung des Erfolgs in einen ordentlichen sowie in einen außerordentlichen Erfolg.[40] Dadurch erhält der Publizitätsempfänger Informationen über regelmäßige Erfolgskomponenten und insofern über die nachhaltige Ertragskraft des Unternehmens.[41]

Im Jahresabschluss von Versicherungsunternehmen kommt das *Teilerfolgsprinzip* zur Anwendung, da die GuV die Bereiche des Versicherungsgeschäfts und des nichtversicherungstechnischen Geschäfts unterscheidet.

4.6 Brutto- und Nettoprinzip

Die Unterscheidung in Brutto- und Nettoprinzip betrifft den Ausweis der Rückversicherung bei Erstversicherern bzw. der Retrozession bei Rückversicherern.

- Die Anwendung des *Bruttoprinzips* führt zu einem unsaldierten Ausweis von Erträgen, Aufwendungen, Aktiva und Passiva sowohl für das Bruttogeschäft als auch für den Anteil der Rückversicherer.[42]
- Das *Nettoprinzip* saldiert hingegen Bruttogrößen mit den Anteilen der Rückversicherer, wobei der Saldo als Größe »für eigene Rechnung« ausgewiesen wird.

In der Versicherungsbilanz erfolgt eine Anwendung des so genannten *modifizierten Nettoprinzips*. Es führt in der Erfolgsrechnung dazu, dass verdiente Beiträge, Aufwendungen für Versicherungsfälle, die Veränderung der übrigen versicherungstechnischen Nettorückstellungen sowie Aufwendungen für den Versicherungsbetrieb in einer Vorspalte sowohl brutto als auch im Anteil der Rückversicherer angegeben werden. In der Hauptspalte erfolgt der Ausweis für eigene Rechnung. In der Bilanz wird das modifizierte Netto-

---

39 Vgl. hierzu insbesondere Farny, Dieter [Buchführung, 1992], S. 108.

40 Vgl. zur Ermittlung des ordentlichen und außerordentlichen Erfolgs Metzler, Marco [Jahresabschlussanalyse, 2000], S. 115–140.

41 Vgl. Farny, Dieter [Buchführung, 1992], S. 108.

42 Vgl. Lorch, Manfred [Gestaltung, 1974], S. 89–99.

Beispiel 2.2: Modelle der Rückversicherungsbilanzierung

Folgende Aufwendungen und Erträge sind gegeben (in Mio. €):

gebuchte Bruttobeiträge	100	
abgegebene Versicherungsbeiträge (Quotenrückversicherung von 25 %)		25
Aufwendungen für Versicherungsfälle brutto	80	
Anteil der Rückversicherer an den Aufwendungen für Versicherungsfälle		20
Aufwendungen für den Versicherungsbetrieb brutto	20	
erhaltene Provisionen und Gewinnbeteiligungen aus dem in Rückdeckung gegebenen Geschäft		10
Erträge aus Kapitalanlagen brutto	5	
Aufwendungen für Depotzinsen		2

Modellerfolgsrechnung nach dem reinen Bruttoprinzip:

Aufwendungen		Erträge	
brutto		*brutto*	
Aufwendungen für Versicherungsfälle	80	gebuchte Bruttobeiträge	100
Aufwendungen für den Versicherungsbetrieb	20	Erträge aus Kapitalanlagen	5
Anteil Rückversicherung		*Anteil Rückversicherung*	
abgegebene Versicherungsbeiträge	25	Anteil der Rückversicherer an den Aufwendungen für Versicherungsfälle	20
Aufwendungen für Depotzinsen	2	erhaltene Provisionen und Gewinnbeteiligungen aus dem in Rückdeckung gegebenen Geschäft	10
Gewinn	8		

Modellerfolgsrechnung nach dem reinen Nettoprinzip:

Aufwendungen		Erträge	
Aufwendungen für Versicherungsfälle f.e.R.	60	Beiträge f.e.R.	75
Aufwendungen für den Versicherungsbetrieb f.e.R.	10	Erträge aus Kapitalanlagen f.e.R.	3
Gewinn	8		

Modellerfolgsrechnung nach einem modifizierten Nettoprinzip:

Aufwendungen		Erträge	
Aufwendungen für Versicherungsfälle f.e.R.		Beiträge f.e.R.	
brutto	80	brutto	100
davon ab: Anteil der Rückversicherer	20	davon ab: Anteil der Rückversicherer	25
	60		75
Aufwendungen für den Versicherungsbetrieb f.e.R.		Erträge aus Kapitalanlagen f.e.R.	
brutto	20	brutto	5
davon ab: Anteil der Rückversicherer	10	davon ab: Anteil der Rückversicherer	2
	10		3
Gewinn	8		

prinzip bei den versicherungstechnischen Rückstellungen angewandt. Lediglich die Schwankungsrückstellung und der Schwankungsrückstellung ähnliche Rückstellungen werden nicht nach dem modifizierten Nettoprinzip ausgewiesen, weil sie für den Selbstbehalt zu berechnen sind und damit ein Bruttoausweis in der Vorspalte entfällt.[43]

5 Überblick über handelsrechtliche Rechnungslegungsvorschriften für Versicherungsunternehmen

5.1 Einordnung von Versicherungsvorschriften in die Systematik des HGB

Die handelsrechtliche Rechnungslegung wird im Dritten Buch des Handelsgesetzbuchs geregelt. Die Vorschriften zeichnen sich durch einen Aufbau vom Allgemeinen zum Speziellen aus (vgl. Pfeil in Abb. 2.4).

Der Erste Abschnitt des Dritten Buchs (§§ 238–263 HGB) beinhaltet Vorschriften, die für alle Kaufleute gelten. Neben Vorschriften zur Buchführung (§§ 238–241 HGB) finden sich dort insbesondere die Vorschriften zu Ansatz und Bewertung im Jahresabschluss.

Im Zweiten Abschnitt des Dritten Buchs (§§ 264–335b HGB) finden sich ergänzende Vorschriften für Kapitalgesellschaften sowie bestimmte Personenhandelsgesellschaften. Zunächst werden der Jahresabschluss und der Lagebericht der Kapitalgesellschaft geregelt (§§ 264–289 HGB). Weitere wichtige Normen stellen der Konzernabschluss und Konzernlagebericht (§§ 290–315a HGB), die Prüfung (§§ 316–324a HGB) sowie die Offenlegung (§§ 325–329 HGB) dar.

Während der Dritte Abschnitt des Dritten Buchs (§§ 336–339 HGB) spezifische Vorschriften für eingetragene Genossenschaften enthält, werden im Vierten Abschnitt (§§ 340–341p HGB) spezifische Geschäftszweige berücksichtigt. Diese betreffen Kredit- und Finanzdienstleistungsinstitute (§§ 340–340o HGB) sowie Versicherungsunternehmen (§§ 341–341p HGB).

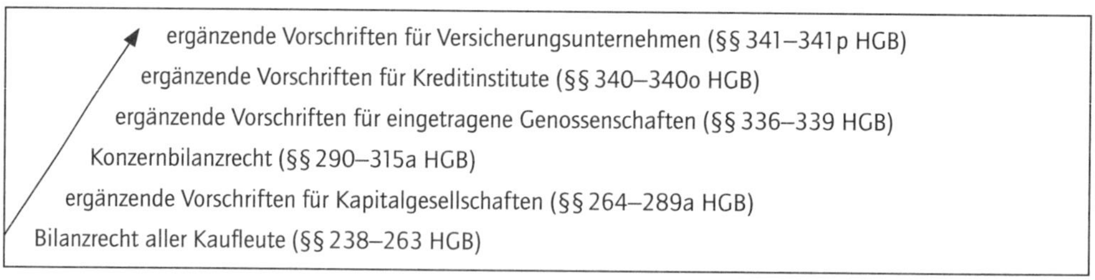

Abb. 2.4: Systematik der handelsrechtlichen Rechnungslegung

43 Vgl. Warnecke, Eberhard [Schwankungsrückstellung, 1998], S. 328.

Die Vorschriften für Versicherungsunternehmen im HGB stellen die Umsetzung des Versicherungsbilanzrichtlinien-Gesetzes (VersRiLiG) in deutsches Recht dar. Versicherungsspezifische Regelungen sind nur für die Sachverhalte notwendig, die nicht durch die allgemeinen Vorschriften für alle Kaufleute oder Kapitalgesellschaften geregelt sind bzw. deren Abbildung aufgrund der Eigenschaften des Versicherungsgeschäfts einer versicherungsspezifischen Ausgestaltung bedarf. Dies betrifft vor allem die Bewertung von Vermögensgegenständen (§ 341b–d HGB) sowie den Ansatz und die Bewertung der versicherungstechnischen Rückstellungen (§ 341e–h HGB).

Die Anwendung der »Vorschriften für alle Kaufleute« (§§ 238–263 HGB), für Kapitalgesellschaften (§§ 264–289a HGB) sowie für Konzerne (§§ 290–315a HGB) betrifft mittel- oder unmittelbar alle Versicherungsunternehmen unabhängig von ihrer Rechtsform. Das Versicherungsaufsichtsgesetz regelt die Anwendung sowohl für Versicherungsvereine auf Gegenseitigkeit (§ 16 S. 2 VAG), kleinere Versicherungsvereine auf Gegenseitigkeit (§ 53 Abs. 1 S. 1 VAG i. V. m. § 16 S. 2 VAG), öffentlich-rechtliche Versicherungsunternehmen (§ 55 Abs. 1 VAG) als auch für Unternehmen mit Sitz im Ausland, die im Inland eine Niederlassung betreiben (§ 106 Abs. 2 S. 4 i. V. m. § 55 Abs. 1 VAG bzw. § 110d Abs. 2 S. 1 VAG i. V. m. § 55 Abs. 1 VAG).

Versicherungsunternehmen haben den Jahresabschluss und einen Lagebericht nach den für große Kapitalgesellschaften geltenden Vorschriften des Ersten Unterabschnitts des Zweiten Abschnitts aufzustellen (§ 341a Abs. 1 HGB).

Vorschriften, die von den §§ 238–289 HGB für Versicherungsunternehmen nicht oder wahlweise anzuwenden sind, sind in § 341a Abs. 2 HGB niedergelegt.

Größenabhängige Erleichterungen betreffen lediglich kleinere Vereine, die nicht den Bestimmungen der Versicherungsbilanzrichtlinie unterliegen (§ 61 RechVersV i. V. m. § 330 Abs. 4 HGB).

§ 341	Anwendungsbereich
§ 341a	anzuwendende Vorschriften
§§ 341b–341d	Bewertungsvorschriften
§§ 341e–341h	versicherungstechnische Rückstellungen
§§ 341i–341j	Konzernabschluss, Konzernlagebericht
§ 341k	Prüfung
§ 341l	Offenlegung
§§ 341m–p	Straf- und Bußgeldvorschriften

Abb. 2.5: Systematik der versicherungsspezifischen Vorschriften des HGB

5.2 Verordnungen für die Rechnungslegung von Versicherungsunternehmen und Versicherungsaufsichtsgesetz

Neben dem HGB wurde auf Basis von § 330 HGB eine Verordnung über die Rechnungslegung der Versicherungsunternehmen (RechVersV) geschaffen, um das HGB nicht unnötig auszudehnen.[44] Die RechVersV vom 08.11.1994 (zuletzt geändert durch Artikel 4 der Verordnung vom 9. Juni 2011 (BGBl. I S. 1041) enthält Formblätter für die Bilanz und die GuV von Versicherungsunternehmen, die von den in §§ 266, 275 HGB dargestellten allgemeinen Gliederungen für Kapitalgesellschaften abweichen. Daneben enthält die RechVersV Vorschriften zu einzelnen Posten der Bilanz (§§ 6–35 RechVersV), der GuV (§ 36–50 RechVersV), dem Anhang (§§ 51–56 RechVersV), dem Lagebericht (§ 57 RechVersV) sowie der Konzernrechnungslegung (§§ 58–60 RechVersV).

§ 1	Anwendungsbereich
§§ 2–5	Bilanz und Gewinn- und Verlustrechnung
§§ 6–35	Vorschriften zu einzelnen Posten der Bilanz
§§ 36–50	Vorschriften zu einzelnen Posten der Gewinn- und Verlustrechnung
§§ 51–56	Anhang
§ 57	Lagebericht
§§ 58–60	Konzernrechnungslegung
§§ 61–62	Befreiungen und Vereinfachungen für bestimmte Versicherungsunternehmen
§ 63	Ordnungswidrigkeiten
§§ 64–65	Schlussvorschriften

Abb. 2.6: Systematik der RechVersV

Neben dem Handelsgesetzbuch und der RechVersV finden sich auch im Versicherungsaufsichtsgesetz Vorschriften zur Rechnungslegung. Im Rahmen der laufenden Missbrauchsaufsicht prüft die BaFin auch nach der Deregulierung die Rechnungslegung der Versicherungsunternehmen. Regelmäßig erfolgt eine Kontrolle der Rechnungslegung und Prüfung der Jahresabschlüsse (§§ 55–64 VAG), der Geschäftsorganisation und Vergütungssysteme (§§ 64a–64b VAG) sowie die Kontrolle der Berechnung von Deckungsrückstellung und Deckungsstock (§§ 65–79a VAG).

44 Vgl. BT-DS. 12/5587, S. 16.

HGB	Handelsgesetzbuch	• allgemeine Bestimmungen aus dem Ersten Abschnitt (§§ 238–263 HGB) sowie die ergänzenden bzw. modifizierenden Normen für große Kapitalgesellschaften des Zweiten Abschnitts (§§ 264–335b HGB) • Versicherungsspezifischer Zweiter Unterabschnitt des Vierten Abschnitts (§§ 341–341p HGB): Ansatz und Bewertung der Kapitalanlagen und versicherungstechnischen Rückstellungen
RechVersV	Verordnung über die Rechnungslegung von Versicherungsunternehmen	• Vorschriften zur Verwendung von Formblättern, die anstelle der allgemeinen Gliederungsvorschriften von Bilanz und GuV treten (§§ 2–5 RechVersV) • Inhalte und Abgrenzungen einzelner versicherungsspezifischer Posten in Bilanz (§ 6–35 RechVersV), GuV (§ 36–50 RechVersV), Anhang (§ 51–56 RechVersV) und Lagebericht (§§ 57 RechVersV) • Bestimmungen zur Konzernrechnungslegung (§§ 58–60 RechVersV)
VAG	Versicherungsaufsichtsgesetz	Regelung von maßgebenden Grundsätzen für die Rückstellungsbildung
VUBR (bis 1994)	Bilanzierungsrichtlinien für Versicherungsunternehmen	• allgemeine Verwaltungsvorschrift des BAV (heute BaFin) zur externen Rechnungslegung von Versicherungen • VUBR haben seit Verabschiedung der RechVersV keine unmittelbare Bedeutung mehr, sind aber weiterhin als Kommentierung für Einzelfragen verwendbar
BerVersV	Verordnung über die Berichterstattung von Versicherungsunternehmen gegenüber der BaFin	
DeckRV	Verordnung über die Rechnungsgrundlagen für die Deckungsrückstellungen	

Abb. 2.7: Auswahl wichtiger Rechnungslegungsvorschriften für Versicherungsunternehmen

Außerdem ermöglicht das VAG den Erlass weiterer Verordnungen, die einen Einfluss auf die Rechnungslegung ausüben:[45]

- BerVersV (Verordnung über die Berichterstattung von Versicherungsunternehmen gegenüber der BaFin) vom 29.03.2006 (BGBl. I S. 622), die zuletzt durch Artikel 1 der Verordnung vom 23.12.2011 (BGBl. I S. 3135) geändert worden ist,
- DeckRV (Verordnung über Rechnungslegungsgrundlagen für die Deckungsrückstellungen) vom 06.05.1996 (BGBl. I S. 670), die zuletzt durch Artikel 1 der Verordnung vom 01.03.2011 (BGBl. I S. 345) geändert worden ist,
- KalV (Verordnung über die versicherungsmathematischen Methoden zur Prämienkalkulation und zur Berechnung der Alterungsrückstellung in der Krankenversicherung) vom 18.11.1996 (BGBl. I S. 1783), die zuletzt durch Artikel 1 der Verordnung vom 22.10.2009 (BGBl. I S. 3670) geändert worden ist,
- Verordnung über die Mindestbeitragsrückerstattung in der Lebensversicherung (Mindestzuführungsverordnung – MindZV) vom 04.04.2008 (BGBl. I S. 690),

45 Vgl. zur Zusammenstellung der Verordnungen Hesberg, Dieter [Rechnungswesen, 1997], S. 53.

- ÜbschV (Verordnung zur Ermittlung und Verteilung von Überzins und
- Überschuss in der Krankenversicherung) vom 08.11.1996 (BGBl. I S. 1687), zuletzt geändert am 12.10.2005 (BGBl. I S. 3016),
- AktuarV (Verordnung über die versicherungsmathematische Betätigung und den Erläuterungsbericht des Verantwortlichen Aktuars) vom 06.11.1996 (BGBl. I S. 1681), zuletzt geändert durch Artikel 1 V. vom 21.10.2011 (BGBl. I S. 2099),
- bkVReV (Verordnung über die Rechnungslegung bestimmter kleinerer Versicherungsvereine) vom 27.01.1988 (BGBl. I S. 104),
- PrüfV (Verordnung über (zusätzlichen) Inhalt der Prüfungsberichte zu den Jahresabschlüssen von Versicherungsunternehmen) vom 03.06.98 (BGBl. I S. 1209), zuletzt geändert durch Artikel 13 Abs. 18 G. vom 25.05.2009 (BGBl. I S. 1102).

6 Aktivierung und Passivierung nach dem HGB

6.1 Bilanzstruktur eines Versicherungsunternehmens

Die Bilanzstruktur eines Versicherungsunternehmens wird von den Eigenschaften der Versicherungsproduktion geprägt. Daher existiert für Versicherungsunternehmen ein eigenes Formblatt, das anstelle des allgemeinen Gliederungsmusters der Bilanz (§ 266 HGB) anzuwenden ist.[46] Im Gegensatz zur GuV ist die Bilanzgliederung für Schaden- und Unfallversicherungsunternehmen, Lebens- und Krankenversicherungsunternehmen sowie Rückversicherungsunternehmen einheitlich.

Abweichend von der allgemeinen Bilanzstruktur unterscheiden Versicherungsunternehmen nicht nach Anlage- und Umlaufvermögen. Vielmehr werden Vermögensgegenstände in die vier Kategorien »Immaterielle Vermögensgegenstände«, »Kapitalanlagen«, »Forderungen« sowie »Sonstige Vermögensgegenstände« unterteilt.

Die Passivseite einer Versicherungsbilanz unterscheidet sich in ihrer Systematik insbesondere im Ansatz von Versicherungstechnischen Rückstellungen, die über den in § 249 Abs. 1 und 2 HGB genannten abschließenden Rückstellungskatalog bei Versicherungsunternehmen gebildet werden.

Aktivseite	Passivseite
Anlagevermögen Umlaufvermögen Rechnungsabgrenzungsposten Aktive latente Steuern Aktiver Unterschiedsbetrag aus der Vermögensverrechnung	Eigenkapital Rückstellungen Verbindlichkeiten Rechnungsabgrenzungsposten Passive latente Steuern

Abb. 2.8: Allgemeine Bilanzstruktur

46 Die Grundlage hierfür bilden § 341a Abs. 2 S. 2, § 330 Abs. 3 und 4 sowie § 2 RechVersV.

Aktivseite	Passivseite
Immaterielle Vermögensgegenstände Kapitalanlagen Kapitalanlagen für Rechnung und Risiko von Inhabern von Lebensversicherungspolicen Forderungen Sonstige Vermögensgegenstände Rechnungsabgrenzungsposten Aktive latente Steuern Aktiver Unterschiedsbetrag aus der Vermögensverrechnung	Eigenkapital Genussrechtskapital Nachrangige Verbindlichkeiten Versicherungstechnische Rückstellungen Andere Rückstellungen Depotverbindlichkeiten aus dem in Rückdeckung gegebenen Versicherungsgeschäft Andere Verbindlichkeiten Rechnungsabgrenzungsposten Passive latente Steuern

Abb. 2.9: Bilanzstruktur eines Versicherungsunternehmens

6.2 Überblick über den Ansatz von Aktiva

Die Ansatzpflicht von Aktiva folgt aus dem Vollständigkeitsgebot des § 246 Abs. 1 HGB: »Der Jahresabschluss hat sämtliche Vermögensgegenstände und (aktive) Rechnungsabgrenzungsposten zu enthalten, soweit gesetzlich nichts anderes bestimmt ist.« Die gesetzliche Einschränkung betrifft:

- bestimmte Ansatzwahlrechte
  - selbstgeschaffene immaterielle Vermögensgegenstände des Anlagevermögens § 248 Abs. 2 S. 1 HGB,
  - Disagio, § 250 Abs. 3 S. 1 HGB,
  - aktive latente Steuern, § 274 Abs. 1 S. 2 HGB und
- Ansatzverbote
  - Aufwendungen für die Gründung des Unternehmens (§ 248 Abs. 1 Nr. 1 HGB),
  - Aufwendungen für die Beschaffung des Eigenkapitals (§ 248 Abs. 1 Nr. 2 HGB),
  - Aufwendungen für den Abschluss von Versicherungsverträgen (§ 248 Abs. 1 Nr. 3 HGB),
  - Selbst geschaffene Marken, Drucktitel, Verlagsrechte, Kundenlisten oder vergleichbare immaterielle Vermögensgegenstände des Anlagevermögens (§ 248 Abs. 2 S. 2 HGB).

Der Begriff »Vermögensgegenstand« wird durch das Gesetz nicht konkretisiert. Das Gesetz gibt lediglich Hinweise dafür, welche Kategorien von Vermögensgegenständen unterschieden werden können.

Beispiele sind etwa:

- das Anlagevermögen und Umlaufvermögen (§ 247 Abs. 1 HGB),
- materielle und immaterielle Vermögensgegenstände (§ 248 Abs. 2 HGB),
- entgeltlich erworbene und selbst erstellte Vermögensgegenstände (§ 248 Abs. 2 HGB) und
- abnutzbare und nicht abnutzbare Vermögensgegenstände (§ 253 Abs. 3 S. 1 HGB).

Während im Sinne des bürgerlichen Rechts der Begriff »Vermögensgegenstände« Sachen und Rechte umfasst, unterscheidet die handelsrechtliche Literatur verschiedene *Kriterien*, die einen Vermögensgegenstand kennzeichnen:[47]

Einzelverkehrsfähigkeit: Ein Vermögensgegenstand existiert nach dem Kriterium der Einzelverkehrsfähigkeit dann, wenn er einzeln beschaffbar ist bzw. einzeln veräußert werden kann. Die Einschränkung auf die Einzelveräußerbarkeit vernachlässigt Vermögensgegenstände, die aufgrund rechtlicher oder vertraglicher Veräußerungsbeschränkungen nicht einzeln veräußerbar sind. Daher unterscheiden Vertreter dieses Kriteriums eine konkrete von einer abstrakten Einzelverkehrsfähigkeit.[48] Die abstrakte Einzelverkehrsfähigkeit schließt im Gegensatz zur konkreten Einzelverkehrsfähigkeit Vermögensgegenstände mit ein, die vertraglichen oder rechtlichen Veräußerungsbeschränkungen unterliegen. Dadurch wird das Kriterium zwar erweitert, bleibt aber dennoch ungenau.

Einzelverwertbarkeit:[49] Das Kriterium der Einzelverwertbarkeit bezeichnet ein Gut dann als Vermögensgegenstand, wenn es gegenüber Dritten verwertet, d.h. durch Veräußerung, Erteilung von Nutzungsrechten oder durch bedingten Verzicht in Geld umgewandelt werden kann.[50] Die Einzelverwertbarkeit bestimmt die handelsrechtliche Diskussion der Eigenschaften eines Vermögensgegenstands, da sie präziser als die abstrakte Einzelverkehrsfähigkeit auf das wirtschaftlich verwertbare Potenzial abzielt.[51]

Einzelvollstreckbarkeit: Nach dem Kriterium der Einzelvollstreckbarkeit liegt ein Vermögensgegenstand vor, wenn ein Gut gepfändet werden kann.[52] Das Kriterium widerspricht dem Gedanken des Fortführungsprinzips (§252 Abs.1 Nr.2 HGB). Zudem finden sich in den Gliederungsvorschriften zur Bilanz (§266 Abs.2 HGB) Beispiele (wie etwa Urheberrechte), die nach dem Gesetz als Vermögensgegenstände eingeordnet werden, aber nicht einzelvollstreckbar sind. Das Kriterium ist insofern zu eng definiert.

Während die handelsrechtliche Literatur zur abstrakten Einzelverkehrsfähigkeit bzw. Einzelverwertbarkeit als Kriterium für Vermögensgegenstände tendiert, wurden vom *BFH (Bundesfinanzhof)* eigene *Kriterien* aufgestellt, die aufgrund des Maßgeblichkeitsprinzips auch für die Handelsbilanz von Bedeutung sind. Demnach umfassen Wirtschaftsgüter (Vermögensgegenstände) »nicht nur Sachen und Rechte, sondern auch tatsächliche Zustände, konkrete Möglichkeiten und Vorteile für den Betrieb, deren Erlangung sich der Kaufmann etwas kosten lässt und die nach der Verkehrsauffassung einer besonderen Bewertung zugänglich sind«.[53] Die Kriterien des BFH lassen sich folgendermaßen systematisieren:

- Es muss ein Vermögensvorteil über den betrachteten Stichtag hinaus existieren.
- Dieser Vorteil muss hinreichend konkretisiert bzw. greifbar sein.

---

47 Vgl. zu unterschiedlichen Vorschlägen Adler, Hans; Düring, Walther; Schmaltz, Kurt [Rechnungslegung, 2001], S.185–188, Rd. 15–25.

48 Vgl. ausführlich zur Unterscheidung zwischen abstrakter und konkreter Einzelveräußerbarkeit Baetge, Jörg et al. [Bilanzen, 2011], S.158–159.

49 Vgl. etwa Baetge, Jörg; Kirsch, Hans-Jürgen [Grundsätze, 1995], S.164.

50 Vgl. Lamers, Alfons [Aktivierungsfähigkeit, 1981], S.216.

51 Vgl. insbesondere Baetge, Jörg et al. [Bilanzen, 2011], S.159.

52 Vgl. Baetge, Jörg et al. [Bilanzen, 2011], S.159.

53 BFH vom 29.04.1965.

- Das Wirtschaftsgut muss einzeln oder im Zusammenhang mit dem Betrieb übertragbar sein.
- Das Wirtschaftsgut muss selbstständig bewertbar sein.

Formblatt 1 unterteilt für die Bilanz von Versicherungsunternehmen Vermögensgegenstände in »Immaterielle Vermögensgegenstände«, »Kapitalanlagen«, »Forderungen« und »Sonstige Vermögensgegenstände«. Insbesondere die Systematik der *Immateriellen Vermögensgegenstände* nach § 6 RechVersV widerspricht teilweise den Kriterien für Vermögensgegenstände. Diese werden unterteilt in:
- Selbst geschaffene gewerbliche Schutzrechte und ähnliche Rechte und Werte,
- entgeltlich erworbene Konzessionen, gewerbliche Schutzrechte und ähnliche Rechte und Werte sowie Lizenzen an solchen Rechten und Werten,
- Geschäfts- oder Firmenwert sowie
- geleistete Anzahlungen.

Für selbstgeschaffene immaterielle Vermögensgegenstände sieht § 248 Abs. 2 HGB i.d.F. des BilMoG ein Aktivierungswahlrecht vor, was grundsätzlich nicht im Einklang mit den Anforderungen an einen Vermögensgegenstand steht. Demgegenüber spricht die durch das BilMoG geänderte Aktivierungspflicht für den entgeltlich erworbenen Geschäfts- oder Firmenwert für das Vorliegen eines Vermögensgegenstandes (Fiktion eines zeitlich begrenzt nutzbaren Vermögensgegenstandes), wenngleich der Geschäfts- oder Firmenwert weder einzelverkehrsfähig noch einzelverwertbar ist. In der Vergangenheit wurde der Geschäfts- oder Firmenwert daher häufig als Bilanzierungshilfe eingeordnet.

Kapitalanlagen bilden den Schwerpunkt innerhalb der Vermögensgegenstände in der Versicherungsbilanz. Formblatt 1 unterteilt die Kapitalanlagen in fünf Kategorien:
- Grundstücke, grundstücksgleiche Rechte und Bauten einschließlich Bauten auf fremden Grundstücken,
- Kapitalanlagen in verbundenen Unternehmen und Beteiligungen,
- sonstige Kapitalanlagen,
- Depotforderungen aus dem in Rückdeckung übernommenen Geschäft und
- Kapitalanlagen für Rechnung und Risiko der Inhaber von Lebensversicherungspolicen.

Forderungen werden insbesondere dahingehend unterteilt, ob sie mit dem selbst abgeschlossenen Versicherungsgeschäft oder dem in Rückdeckung gegebenen Geschäft in Verbindung stehen. In der Versicherungsbilanz finden sich folgende Kategorien von Forderungen:
- Forderungen aus dem selbst abgeschlossenen Geschäft gegenüber Versicherungsnehmern, Versicherungsvermittlern sowie gegenüber Mitglieds- und Trägerunternehmen,
- Abrechnungsforderungen aus dem in Rückdeckung gegebenen Geschäft und
- sonstige Forderungen.

Vermögensgegenstände, die nicht unmittelbar mit dem Versicherungsgeschäft in Verbindung stehen, werden in der Versicherungsbilanz unter den *»Sonstigen Vermögensgegenständen«* ausgewiesen. Der Posten teilt sich in vier Kategorien auf:

- Sachanlagen und Vorräte,
- laufende Guthaben bei Kreditinstituten, Schecks und Kassenbestand,
- eigene Anteile und
- andere Vermögensgegenstände.

Rechnungsabgrenzungsposten entstehen infolge des Periodisierungsprinzips und sorgen insofern für eine periodengerechte Erfolgsermittlung. Nach dem Vollständigkeitsgebot unterliegen sie wie Vermögensgegenstände einer Ansatzpflicht. Es können zwei grundsätzliche Arten der Rechnungsabgrenzung unterschieden werden:[54]

- *Transitorische (aktive) Rechnungsabgrenzungsposten* regelt das Gesetz in § 250 HGB. »Als Rechnungsabgrenzungsposten sind auf der Aktivseite Ausgaben vor dem Abschlussstichtag auszuweisen, soweit sie Aufwand für eine bestimmte Zeit nach diesem Tag darstellen« (§ 250 Abs. 1 S. 1 HGB). Ein Beispiel hierfür stellen im Voraus gezahlte Mieten dar.
- *Antizipative (aktive) Rechnungsabgrenzungsposten* entstehen dann, wenn in einer Periode ein Ertrag vorliegt, der erst nach dem Abschlussstichtag zu einer Einzahlung führt. Während transitorische Rechnungsabgrenzungsposten in der Bilanz als aktive Rechnungsabgrenzungsposten ausgewiesen werden, erfolgt bei antizipativen Rechnungsabgrenzungsposten ein Ausweis unter den Forderungen. Damit fallen antizipative aktive Rechnungsabgrenzungsposten unter die Kategorie der Vermögensgegenstände.

6.3 Überblick über den Ansatz von Passiva

Die Passivierungspflicht von Schulden folgt aus dem aus dem Vollständigkeitsgebot des § 246 Abs. 1 HGB: »Der Jahresabschluss hat ›sämtliche‹ Schulden und (passive) Rechnungsabgrenzungsposten zu enthalten, soweit gesetzlich nichts anderes bestimmt ist.« Wie bei Vermögensgegenständen liefert das Gesetz keine Legaldefinition des Begriffs Schulden. In der Literatur finden sich Kriterien, die eine Schuld charakterisieren:[55]

- Es muss eine *Verpflichtung* des bilanzierenden Unternehmens vorliegen.
- Mit der Verpflichtung muss eine wirtschaftliche Belastung für das bilanzierende Unternehmen verbunden sein.
- Die wirtschaftliche Belastung muss quantifizierbar sein.

Schulden können in die Formen Verbindlichkeiten und Rückstellungen unterteilt werden.

- Verbindlichkeiten sind Verpflichtungen, deren Existenz und Höhe sicher feststehen.
- Rückstellungen sind Verpflichtungen, deren Existenz und/oder Höhe unsicher sind.

Verbindlichkeiten spielen in Versicherungsunternehmen im Vergleich zu den Rückstellungen eine verhältnismäßig geringe Rolle. Das hängt insbesondere damit zusammen, dass

54 Vgl. etwa Baetge, Jörg et al. [Bilanzen, 2011], S. 524.
55 Vgl. zu den Kriterien Baetge, Jörg et al. [Bilanzen, 2011], S. 173.

eine Kreditfinanzierung bei Versicherungsunternehmen aufsichtsrechtlich nicht uneingeschränkt möglich ist. Verbindlichkeiten finden sich in der Versicherungsbilanz in drei Kategorien:
- nachrangige Verbindlichkeiten,
- Depotverbindlichkeiten aus dem in Rückdeckung gegebenen Geschäft und
- andere Verbindlichkeiten, die in Verbindlichkeiten aus dem selbst abgeschlossenen Geschäft, Abrechnungsverbindlichkeiten aus dem Rückversicherungsgeschäft, Anleihen, Verbindlichkeiten gegenüber Kreditinstituten sowie sonstige Verbindlichkeiten unterschieden werden.

Das Gesetz nennt in § 249 HGB einen abschließenden Rückstellungskatalog. Demnach können Rückstellungen unterteilt werden in
- Rückstellungen für ungewisse Verbindlichkeiten,
- Rückstellungen für drohende Verluste aus schwebenden Geschäften,
- Rückstellungen für Gewährleistungen ohne rechtliche Verpflichtung (Kulanzrückstellungen, § 249 Abs. 1 S. 2 Nr. 2 HGB) sowie
- Aufwandsrückstellungen, beschränkt auf unterlassene Aufwendungen für Instandhaltungen oder für Abraumbeseitigung.

Rückstellungsart	Rückstellungen für ungewisse Verbindlichkeiten	Rückstellungen für drohende Verluste aus schwebenden Geschäften	Aufwandsrückstellungen
Ansatzpflicht	Ansatzpflicht nach § 249 Abs. 1 S. 1 HGB bzw. für Kulanzrückstellungen nach § 249 Abs. 1 S. 2 Nr. 2 HGB	Ansatzpflicht nach § 249 Abs. 1 S. 1 HGB	Ansatzpflicht nach § 249 Abs. 1 S. 2 Nr. 1 HGB
Außen-/Innenverpflichtung	Außenverpflichtung	Außenverpflichtung	Innenverpflichtung

Abb. 2.10: Rückstellungen nach § 249 HGB

Der Rückstellungskatalog des § 249 HGB wird als abschließender Rückstellungskatalog bezeichnet, da Rückstellungen für andere Zwecke nicht gebildet werden dürfen (§ 249 Abs. 2 S. 1 HGB). Dieses Verbot wird für Versicherungsunternehmen in § 341e Abs. 1 S. 1 HGB insoweit aufgehoben, als Versicherungsunternehmen versicherungstechnische Rückstellungen zu bilden haben, »wie dies nach vernünftiger kaufmännischer Beurteilung notwendig ist, um die dauernde Erfüllbarkeit der Verpflichtungen aus den Versicherungsverträgen sicherzustellen«.

Bei versicherungstechnischen Rückstellungen handelt es sich um Rückstellungen, die unmittelbar mit dem Versicherungsgeschäft verbunden sind. Ähnlich wie bei den Vermögensgegenständen stimmt die gesetzliche Systematik der versicherungstechnischen Rückstellungen nicht mit den Kriterien für Rückstellungen überein, da sie teilweise den Charakter von Verbindlichkeiten und Rechnungsabgrenzungsposten aufweisen. Nach Farny stellen versicherungstechnische Rückstellungen *»der Höhe nach ungewisse Verpflich-*

tungen aus einzelnen Versicherungsverträgen oder dem gesamten Versicherungsbestand dar«.[56] Die Ansatzvorschrift für versicherungstechnische Rückstellungen folgt aus den allgemeinen Bilanzierungsvorschriften des § 341e HGB. Demnach sind versicherungstechnische Rückstellungen zu bilden für:

- Beiträge, die einen Ertrag für eine bestimmte Zeit nach dem Abschlussstichtag darstellen (Beitragsüberträge),
- erfolgsabhängige und erfolgsunabhängige Beitragsrückerstattung, soweit die ausschließliche Verwendung der Rückstellung zu diesem Zweck durch Gesetz, Satzung, geschäftsplanmäßige Erklärung oder vertragliche Vereinbarung gesichert ist (Rückstellung für Beitragsrückerstattung),
- Verluste, mit denen nach dem Abschlussstichtag aus bis zum Ende des Geschäftsjahres geschlossenen Verträgen zu rechnen ist (Rückstellung für drohende Verluste aus dem Versicherungsgeschäft) und
- Rückstellungen nach den Fällen der §§ 341 f–h HGB (Deckungsrückstellung, Rückstellung für noch nicht abgewickelte Versicherungsfälle, Schwankungsrückstellung und ähnliche Rückstellungen).

Versicherungstechnische Rückstellungen können nach unterschiedlichen Gesichtspunkten differenziert werden. Nach dem *Zeitbezug* gibt es:[57]

- versicherungstechnische Rückstellungen, die mit zukünftigen Versicherungsleistungen in Verbindung stehen, mit denen aufgrund des abstrakt zu gewährenden Versicherungsschutzes zu rechnen ist (z. B. Beitragsüberträge, Schwankungsrückstellung),
- versicherungstechnische Rückstellungen, die mit bereits eingetretenen Versicherungsfällen in Verbindung stehen, die aber noch nicht ausgezahlt sind (z. B. Schadenrückstellung), und
- versicherungstechnische Rückstellungen, die für eine Beteiligung der Versicherungsnehmer bestimmt sind, die aber noch nicht ausgezahlt sind (Beitragsrückerstattung).

In Abhängigkeit von der *Geschäftszugehörigkeit* können unterschieden werden:

- versicherungstechnische Rückstellungen, die in Verbindung mit dem Beitragszyklus entstehen (z. B. Beitragsüberträge, Beitragsrückerstattung, Stornorückstellung) und
- versicherungstechnische Rückstellungen, die in Verbindung mit dem Schaden- und Leistungszyklus entstehen (z. B. Schadenrückstellung, Schwankungsrückstellung, Drohverlustrückstellung, Deckungsrückstellung).

Rechnungsabgrenzungsposten auf der Passivseite können wiederum in transitorische und antizipative Rechnungsabgrenzungsposten aufgeteilt werden:[58]

- Als *transitorische (passive) Rechnungsabgrenzungsposten* sind nach § 250 Abs. 2 HGB »auf der Passivseite […] als Rechnungsabgrenzungsposten Einnahmen vor dem Ab-

56 Farny, Dieter [Buchführung, 1992], S. 129.
57 Vgl. in ähnlicher Weise Farny, Dieter [Buchführung, 1992], S. 129.
58 Vgl. etwa Baetge, Jörg et al. [Bilanzen, 2011], S. 524.

schlussstichtag auszuweisen, soweit sie Ertrag für eine bestimmte Zeit nach diesem Tag darstellen«. Ein Beispiel stellen im Voraus erhaltene Mieten dar.

- *Antizipative (passive) Rechnungsabgrenzungsposten* entstehen dann, wenn in einer Periode ein Aufwand vorliegt, der erst nach Abschlussstichtag zu einer Auszahlung führt. Während transitorische Rechnungsabgrenzungsposten in der Bilanz als passive Rechnungsabgrenzungsposten ausgewiesen werden, erfolgt bei antizipativen Rechnungsabgrenzungsposten ein Ausweis unter den Verbindlichkeiten.

Die Rechnungsabgrenzung hat im Versicherungsunternehmen aufgrund der Zeitraumbezogenheit eine besondere Bedeutung. Das hängt damit zusammen, dass die Versicherungsperiode häufig vom Zeitraum des Geschäftsjahres abweicht. Dadurch erhalten Versicherungsunternehmen Beiträge, die nur zu einem bestimmten Teil der Periode zurechenbar sind und daher abgegrenzt werden müssen. Nach der oben dargestellten Systematik handelt es sich um Einzahlungen vor dem Abschlussstichtag, die teilweise erst für eine bestimmte Zeit danach Erträge darstellen.

In der Versicherungsbilanz erfolgt die Periodisierung mit Hilfe von Beitragsüberträgen. Diese stellen ihrem Charakter nach einen passiven transitorischen Rechnungsabgrenzungsposten dar. Allerdings werden sie nach der Gesetzessystematik als versicherungstechnische Rückstellungen ausgewiesen. Diese Einordnung stammt aus der statischen Bilanztheorie, die Beitragsüberträge als Ausdruck einer künftigen Verpflichtung (der Leistung von Versicherungsschutz) zuschreibt.[59] Daher werden Beitragsüberträge unter den versicherungstechnischen Rückstellungen ausgewiesen, obwohl der bilanztheoretische Charakter eines Rechnungsabgrenzungspostens allgemein anerkannt wird.[60] Abbildung 2.11 veranschaulicht vereinfacht das Problem der Rechnungsabgrenzung in Versicherungsunternehmen:

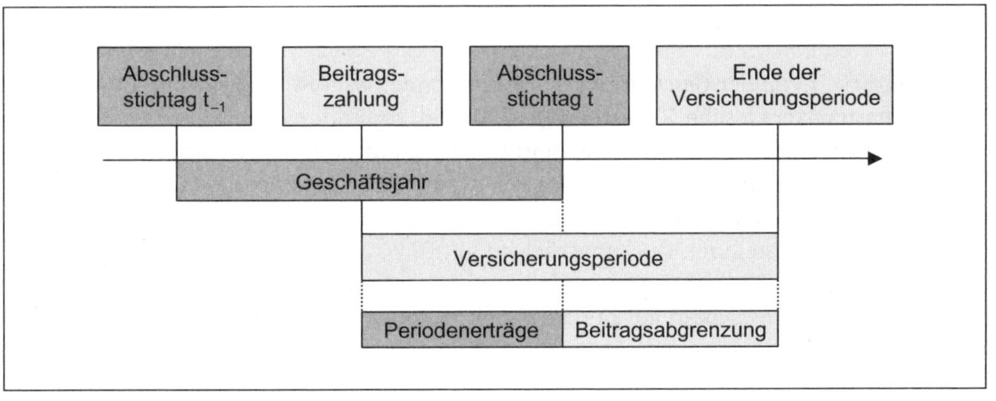

Abb. 2.11: Problem der Rechnungsabgrenzung in Versicherungsunternehmen

59 Vgl. Gürtler, Max [Erfolgsrechnung, 1958], S. 79 f.
60 Vgl. etwa Farny, Dieter [Buchführung, 1992], S. 130.

7 Allgemeine Bewertungsvorschriften für Versicherungsunternehmen nach dem HGB

7.1 Überblick über Bewertungsvorschriften

Neben dem Ansatz von Aktiva und Passiva in der Bilanz müssen die einzelnen Vermögensgegenstände und Schulden bewertet werden. Die Bewertung ist in den Vorschriften für alle Kaufleute in den §§ 252–256 HGB geregelt. Trotz dieser gesetzlichen Regelung hat die Bewertung immer eine subjektive Komponente, da wirtschaftliche Sachverhalte von unterschiedlichen Bewertern unterschiedlich eingeschätzt werden. Zudem liefert das Gesetz neben Ansatzwahlrechten auch vielfältige Bewertungswahlrechte.

Eine Bewertung kann in zwei Stufen unterteilt werden. Die erste Stufe umfasst die *Zugangsbewertung*. Im Rahmen der Zugangsbewertung wird der Wert ermittelt, den ein Vermögensgegenstand bzw. eine Schuld zum Zeitpunkt des Zugangs zum Unternehmen aufweist. Die Zugangsbewertung ist in § 253 Abs. 1 HGB geregelt:

- *Vermögensgegenstände* sind *höchstens mit ihren Anschaffungs- oder Herstellungskosten* zu bewerten.
- *Verbindlichkeiten* sind zu ihrem *Erfüllungsbetrag* zu bewerten.
- *Rückstellungen* sind in Höhe des *Erfüllungsbetrags* anzusetzen, der nach *vernünftiger kaufmännischer Beurteilung* notwendig ist. Rückstellungen mit einer Restlaufzeit von mehr als einem Jahr sind nach § 253 Abs. 2 S. 1 HGB mit dem ihrer Restlaufzeit entsprechenden durchschnittlichen Marktzins der vergangenen sieben Jahre abzuzinsen. Im Umkehrschluss sind Rückstellungen mit einer Laufzeit von unter einem Jahr nicht abzuzinsen. Rückstellungen für Altersversorgungsverpflichtungen (*Pensionsrückstellungen*) oder vergleichbare langfristig fällige Verpflichtungen dürfen pauschal mit dem durchschnittlichen Marktzinssatz einer angenommenen Restlaufzeit von 15 Jahren abgezinst werden. Die für Rückstellungen nach § 253 Abs. 2 S. 1 und S. 2 HGB gültigen Vorschriften gelten auch für *Rentenverpflichtungen*, für die eine Gegenleistung nicht mehr zu erwarten ist (§ 253 Abs. 2 S. 3 HGB).
- Rückstellungen für Altersversorgungsverpflichtungen, deren Höhe sich ausschließlich nach dem beizulegenden Zeitwert von bestimmten Wertpapieren bestimmt (*wertpapiergebundene Pensionszusagen*) sind mit dem *beizulegenden Zeitwert* dieser Werpapiere anzusetzen.
- Nach § 246 Abs. 2 S. 2 HGB *zu verrechnende Vermögensgegenstände* sind mit dem *beizulegenden Zeitwert* zu bewerten (Vermögensgegenstände zur Erfüllung von Schulden aus Altersversorgungsverpflichtungen oder vergleichbaren langfristig fälligen Verpflichtungen).

Die zweite Stufe der Bewertung stellt die *Folgebewertung* dar. Im Rahmen der Folgebewertung wird der Wertansatz der Vermögensgegenstände und Schulden in jeder Periode überprüft. Das Gesetz regelt Wertkorrekturen in § 253 Abs. 2–5 HGB:

- Vermögensgegenstände des Anlagevermögens, deren Nutzung zeitlich beschränkt ist, sind um planmäßige Abschreibungen entsprechend ihrer Nutzungsdauer fortzuführen

Beispiel 2.3: Begriffe der Zugangsbewertung nach HGB[61]

Anschaffungskosten

Anschaffungskosten sind die Aufwendungen, die geleistet werden, um einen Vermögensgegenstand zu erwerben und ihn in einen betriebsbereiten Zustand zu versetzen, soweit sie dem Vermögensgegenstand einzeln zugeordnet werden können (§ 255 Abs. 1 S. 1 HGB). Vom Anschaffungspreis werden Anschaffungspreisminderungen (z. B. Subventionen, Rabatte, Skonti, Boni) abgezogen, während Anschaffungsnebenkosten (z. B. Transportkosten, Provisionen, Zölle, Aufstellungs- und Montagesaufwendungen) sowie nachträgliche Anschaffungskosten (z. B. für Um- oder Ausbau) addiert werden.

Herstellungskosten

Herstellungskosten sind die Aufwendungen, die durch den Verbrauch von Gütern, die Inanspruchnahme von Diensten für die Herstellung eines Vermögensgegenstands, seine Erweiterung oder für eine über seinen ursprünglichen Zustand hinausgehende wesentliche Verbesserung entstehen (§ 255 Abs. 2 S. 1 HGB). Zu den Pflichtbestandteilen der Herstellungskosten zählen Material- und Fertigungseinzelkosten, Sondereinzelkosten der Fertigung und Material- und Fertigungsgemeinkosten. Ein Wahlrecht besteht für Allgemeine Verwaltungskosten, Aufwendungen für soziale Einrichtungen sowie unter bestimmten Bedingungen Fremdkapitalkosten. Ein Verbot besteht für Sondereinzelkosten des Vertriebs, Vertriebskosten und Forschungskosten. Herstellungskosten bei selbstgeschaffenen immateriellen Vermögensgegenständen des Anlagevermögens sind die bei deren Entwicklung anfallenden Aufwendungen (anders als Forschungsaufwendungen).

Erfüllungsbetrag

Erfüllungsbetrag ist der Betrag, den der Schuldner zur Erfüllung der (dem Grunde und/oder der Höhe nach) ungewissen Verpflichtung voraussichtlich aufbringen muss. Insofern gelten die Preis- und Kostenverhältnisse im Zeitpunkt der Erbringung der Leistung. Die Ermittlung der Diskontierungszinsen für die Rückstellungsbewertung nach HGB erfolgt monatlich durch die Deutsche Bundesbank. Diese können auf der Homepage der Bundesbank im Bereich Statistik/Zinsen abgefragt werden.

Beizulegender Zeitwert

Vor Verabschiedung des BilMoG war der Begriff des beizulegenden Zeitwerts im HGB ein sog. unbestimmter Rechtsbegriff. Nun regelt § 255 Abs. 4 HGB, dass der beizulegende Zeitwert dem Marktpreis auf einem aktiven Markt entspricht. Falls kein aktiver Markt besteht, ist der beizulegende Zeitwert anhand allgemein anerkannter Bewertungsmethoden zu ermitteln. Falls solche Methoden nicht vorhanden sind oder eine verlässliche Ermittlung nicht möglich ist, gelten die fortgeführten Anschaffungs- oder Herstellungskosten als beizulegender Zeitwert. Die zugrundegelegten Annahmen für die Ermittlung des beizulegenden Zeitwerts sind nach § 285 Nr. 25 HGB i.V.m. § 285 Nr. 20 HGB im Anhang offenzulegen.

(§ 253 Abs. 3 S. 1 HGB). Unabhängig davon, ob ihre Nutzungsdauer zeitlich beschränkt ist, *sind* sie bei einer voraussichtlich dauernden Wertminderung um außerplanmäßige Abschreibungen zu vermindern, um die »Vermögensgegenstände mit dem niedrigeren Wert anzusetzen, der ihnen am Abschlussstichtag beizulegen ist (§ 253 Abs. 3 S. 3 HGB); bei Finanzanlagen *können* außerplanmäßige Abschreibungen auch bei voraus-

61 Vgl. ausführlich zu den einzelnen Begriffen Coenenberg, Adolf G. et al. [Jahresabschluss, 2012], S. 90–107.

sichtlich nicht dauernder Wertminderung vorgenommen werden. Das Verbot einer Minderung des Wertansatzes um außerplanmäßige Abschreibungen bei voraussichtlich nicht dauerhafter Wertminderung (bzw. das Wahlrecht bei Finanzanlagen) wird als *gemildertes Niederstwertprinzip* bezeichnet.

- Das Umlaufvermögen wird durch das *strenge Niederstwertprinzip* geprägt. Vermögensgegenstände des Umlaufvermögens *sind* um außerplanmäßige Abschreibungen zu mindern, »um diese mit einem niedrigeren Wert anzusetzen, der sich aus einem Börsen- oder Marktpreis am Abschlussstichtag ergibt« (§ 253 Abs. 4 S. 1 HGB). Falls ein Börsen- oder Marktpreis nicht ermittelbar ist, muss eine Abschreibung auf den niedrigeren beizulegenden Wert erfolgen (S. 2).
- Bei Wegfall der Abschreibungsgründe dürfen die niedrigeren Werte nicht beibehalten werden (§ 253 Abs. 5 HGB). Ein niedrigerer Wertansatz eines entgeltlich erworbenen Geschäfts- oder Firmenwertes ist beizubehalten.
- Für die Folgebewertung von Schulden existiert keine den Vermögensgegenständen vergleichbare Regelung für die »außerplanmäßige Folgebewertung«. In Analogie zum Niederstwertprinzip gilt für Schulden ein *Höchstwertprinzip*, d. h. eine Schuld ist mit dem höheren Wertansatz anzusetzen, falls der Wert der voraussichtlichen Belastung über dem Buchwert liegt. Eine Vereinnahmung unrealisierter Gewinne ist nicht zulässig, d. h. der Betrag der (durch Diskontierung planmäßig fortgeführten) Zugangsbewertung darf nicht unterschritten werden.

7.2 Überblick über versicherungsspezifische Bewertungsvorschriften

Spezifische Fragestellungen der Bewertung betreffen bei Versicherungsunternehmen insbesondere die Bewertung der Kapitalanlagen sowie die Bewertung der versicherungstechnischen Rückstellungen. Ein versicherungsspezifisches Problem der Bewertung von Vermögensgegenständen resultiert daraus, dass Versicherungsunternehmen im Ansatz nicht nach Anlagevermögen und Umlaufvermögen unterscheiden. Dennoch erfordern die Vorschriften der §§ 341b–d HGB im Rahmen der Bewertung eine Zuteilung der einzelnen Kapitalanlagen zu Anlage- oder Umlaufvermögen. Die *Bewertung der Kapitalanlagen* kann auf vier verschiedene Weisen erfolgen:[62]

Gruppe 1: Bewertung wie Sachanlagevermögen

Kapitalanlagen der Gruppe 1 werden nach den für das Sachanlagevermögen geltenden Vorschriften bewertet. Insofern besteht bei voraussichtlich dauerhafter Wertminderung eine Abschreibungspflicht, während bei nur vorübergehender Wertminderung keine Abschreibung vorgenommen wird. § 253 Abs. 3 S. 4 HGB wird damit für diese Bewertungsgruppe nicht angewendet. Die Bewertung gleicht den Vorschriften aller Kaufleute für Vermögensgegenstände des Anlagevermögens, die nicht zu den Finanzanlagen zählen.

62 Vgl. Becker, Thomas [Jahresabschluss, 1999], S. 178–184.

Inhaltlich werden zur Bewertungsgruppe 1 entgeltlich erworbene immaterielle Vermögensgegenstände, Grundstücke, grundstücksgleiche Rechte einschließlich der Bauten auf fremden Grundstücken, technische Anlagen und Maschinen, andere Anlagen, Betriebs- und Geschäftsausstattung, Anlagen im Bau und Vorräte gezählt (§ 341b Abs. 1 S. 1 HGB).

Gruppe 2: Bewertung wie Finanzanlagevermögen

Bei Vermögensgegenständen der Gruppe 2 besteht das Wahlrecht einer außerplanmäßigen Abschreibung bei nur vorübergehender Wertminderung. Insofern ist § 253 Abs. 3 S. 4 HGB (Finanzanlagen) anzuwenden. Bei einer voraussichtlich dauerhaften Wertminderung besteht eine Abschreibungspflicht.

Die Regelung der Bewertungsgruppe gilt nach § 341b Abs. 1 S. 2 HGB jedoch vorbehaltlich von § 341b Abs. 2 HGB sowie § 341c HGB. Demnach können für die genannten Vermögensgegenstände abweichende Bewertungsregeln gelten.

Vermögensgegenstände, für deren Bewertung ein Abschreibungswahlrecht im Falle einer voraussichtlich nicht dauerhaften Wertminderung möglich ist, stellen Beteiligungen, Anteile an verbundenen Unternehmen, Ausleihungen an verbundene Unternehmen oder an Unternehmen, mit denen ein Beteiligungsverhältnis besteht, Namensschuldverschreibungen, Hypothekendarlehen und andere Forderungen und Rechte, sonstige Ausleihungen sowie Depotforderungen aus dem in Rückdeckung übernommenen Versicherungsgeschäft dar.

Gruppe 3: Bewertung wie Umlaufvermögen mit der Möglichkeit einer Umwidmung in das Anlagevermögen

Vermögensgegenstände der Gruppe 3 werden wie Umlaufvermögen nach dem strengen Niederstwertprinzip behandelt, soweit sie nicht längerfristig dem Geschäftsbetrieb dienen sollen. Auch bei nur vorübergehender Wertminderung muss bei diesen Vermögensgegenständen eine außerplanmäßige Abschreibung auf den niedrigeren Börsen- oder Marktpreis bzw. einen niedrigeren beizulegenden Wert erfolgen (§ 341b Abs. 2 S. 1 HGB).[63] Die Bewertung nach dem strengen Niederstwertprinzip kann jedoch dann unterbleiben, wenn die Vermögensgegenstände dauerhaft dem Geschäftsbetrieb dienen sollen. Diese Veränderung des § 341b HGB wurde durch die Verabschiedung des Versicherungskapitalanlagen-Bewertungsgesetzes ermöglicht. Demnach können auch Vermögensgegenstände, die der Bewertungsgruppe 3 zugeordnet werden, nach den Vorschriften des Anlagevermögens bewertet werden, wenn sie dazu bestimmt sind, dem Geschäftsbetrieb langfristig zu dienen. Danach sind Versicherungsunternehmen unter bestimmten Voraussetzungen nicht mehr verpflichtet, Aktien bei voraussichtlich nicht dauerhafter Wertminderung abzuschreiben. Die Regelung des § 341b Abs. 2 HGB führt zu einer Angleichung der Bewertungsvorschriften von Versicherungsunternehmen an die für Banken im § 340e HGB geltende Vorschrift. Vermögensgegenstände der Bewertungsgruppe 3 umfassen Aktien einschließlich der eigenen Anteile, Investmentanteile sowie sonstige festverzinsliche und nicht festverzinsliche Wertpapiere.

63 Die §§ 254, 256, 279 Abs. 1 S. 1 und Abs. 2, 280 HGB sind bei dieser Bewertungsgruppe anzuwenden.

Gruppe 4: Wahlrecht der Nennwertbilanzierung

§341c Abs. 1 HGB ermöglicht für Namensschuldverschreibungen ein Wahlrecht der Nennwertbilanzierung anstelle einer Bewertung zu Anschaffungskosten. Als Folge der geänderten Banken- und Kapitaladäquanzrichtlinie wurde demgegenüber das in der Vergangenheit in §341c HGB kodifizierte Wahlrecht zur Nennwertbilanzierung der Hypothekendarlehen und anderen Forderungen ersatzlos gestrichen (§341c Abs. 3 HGB regelt nun, dass bei Hypothekendarlehen und anderen Forderungen die Anschaffungskosten zuzüglich oder abzüglich der kumulierten Amortisation einer Differenz zwischen den Anschaffungskosten und dem Rückzahlungsbetrag unter Anwendung der Effektivzinsmethode angesetzt werden dürfen). Die Bewertung wird in §341c HGB konkretisiert und in zwei Fälle untergliedert:

- Falls der *Nennbetrag* (= Rückzahlungsbetrag) *größer* ist als die *Anschaffungskosten* (= Auszahlungsbetrag), besteht die Pflicht zur Bildung eines passiven Unterschiedsbetrags, der planmäßig aufzulösen ist (§341c Abs. 2 S. 1 HGB). Das *Disagio* lässt sich als *zusätzlicher Zins* interpretieren, der über die Laufzeit der Ausleihung als Zinsertrag vereinbart wird.[64]
- Falls der *Nennbetrag kleiner* ist als die *Anschaffungskosten*, besteht ein Wahlrecht zur Bildung eines aktiven Rechnungsabgrenzungspostens, der planmäßig aufgelöst wird (§341c Abs. 2 S. 2 HGB). Das *Agio* wird als *Zinsminderung* interpretiert, die kapitalanteilig nach der Zinsstaffelmethode auf die Laufzeit der Ausleihung zu verteilen ist (keine Erhöhung des Zinsaufwands, sondern Verminderung des Zinsertrags, da eine zu diesem Zinsaufwand gehörende Schuld fehlt).[65]

Die Bewertung der *versicherungstechnischen Rückstellungen* ist in den §§341e–h geregelt. Diese versicherungsspezifischen Vorschriften ergänzen die Bewertungsvorschrift für Rückstellungen nach §253 Abs. 2 HGB. Ebenso wie in den allgemeinen Vorschriften erfolgt die Bewertung der versicherungstechnischen Rückstellungen nach vernünftiger kaufmännischer Beurteilung. Nach §341e Abs. 1 HGB »sind versicherungstechnische Rückstellungen auch insoweit zu bilden, wie dies nach vernünftiger kaufmännischer Beurteilung notwendig ist, um die dauernde Erfüllbarkeit der Verpflichtungen aus den Versicherungsverträgen sicherzustellen«. Die allgemeinen Rückstellungsvorschriften werden damit sowohl dem Grunde als auch der Höhe nach erweitert.[66] Daneben sind für die Bewertung versicherungstechnischer Rückstellungen auch aufsichtsrechtliche Vorschriften über die bei der Berechnung der Rückstellungen zu verwendenden Rechnungsgrundlagen einschließlich des dafür anzusetzenden Rechnungszinsfußes und über die Zuweisung bestimmter Kapitalerträge zu den Rückstellungen zu berücksichtigen (§341e Abs. 1 S. 2 HGB). Die Bewertung der versicherungstechnischen Rückstellungen enthält daher neben bilanzrechtlichen auch aufsichtsrechtliche Vorschriften, die im Versicherungsaufsichtsgesetz geregelt sind.

---

64 Vgl. Stuirbrink, Wolfgang; Schuster, Anselm [§341c HGB, 1998], S. 227.
65 Vgl. Stuirbrink, Wolfgang; Schuster, Anselm [§341c HGB, 1998], S. 228.
66 BT-Drs. 12/5587, S. 27.

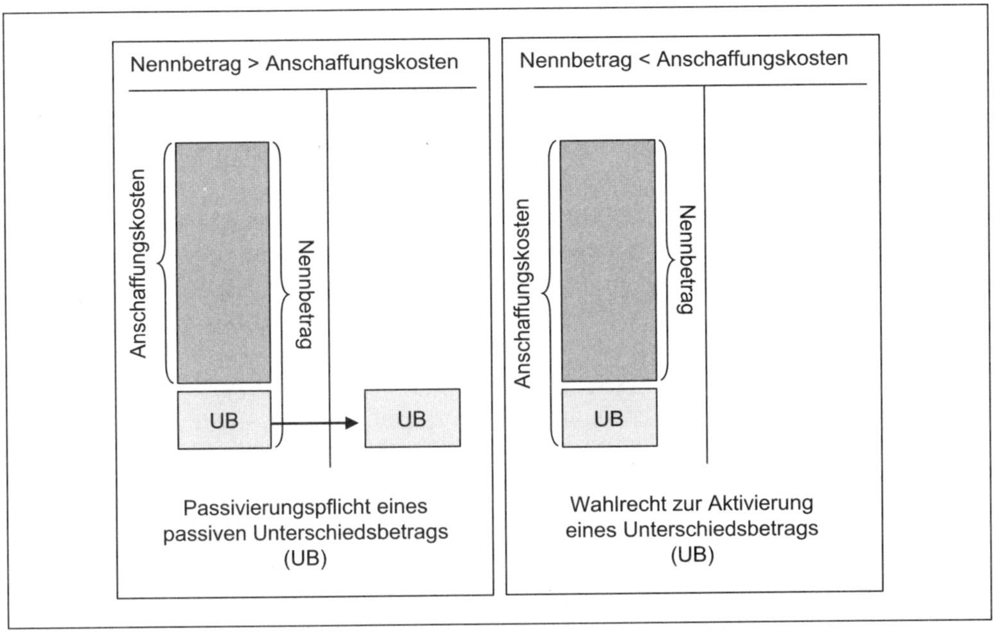

Abb. 2.12: Bewertung nach § 341c HGB

Als allgemeine Bewertungsregel für versicherungstechnische Rückstellungen gilt das *Einzelbewertungsprinzip*. Das Einzelbewertungsprinzip besagt nach § 252 Abs. 1 Nr. 3 HGB, dass Vermögensgegenstände und Schulden am Abschlussstichtag einzeln zu bewerten sind. Das Einzelbewertungsprinzip gilt grundsätzlich auch für die Bewertung der versicherungstechnischen Rückstellungen.[67] Eine *Gruppenbewertung* kann nur dann vorgenommen werden, wenn gleichartige oder annähernd gleichwertige Schulden zu einer Gruppe zusammengefasst werden können (§ 240 Abs. 4 HGB). Die Einzel- und Gruppenbewertung wird in den Vorschriften des § 341e Abs. 3 HGB ausdrücklich auch für die Bewertung der versicherungstechnischen Rückstellungen genannt. Von diesem Grundsatz kann dann abgewichen werden, wenn eine Einzel- bzw. Gruppenbewertung nicht möglich ist oder der Aufwand hierfür unverhältnismäßig wäre (§ 341e Abs. 3 HGB). In diesem Fall erfolgt die Bewertung mit Hilfe von *Näherungsverfahren*, von denen angenommen wird, dass sie »zu annähernd gleichen Ergebnissen wie Einzelberechnungen führen« (§ 341e Abs. 3 HGB). Regelungen zu Näherungs- und Vereinfachungsverfahren finden sich in § 27 RechVersV. Als zulässige Methoden gelten demnach die Nullstellungsmethode, das Standardsystem für Versicherungszweige oder -arten, in denen nach Zeichnungsjahren abgerechnet wird, sowie die zeitversetzte Bilanzierung bei nicht ausreichenden Informationen für eine ordnungsgemäße Schätzung:

- *Nullstellungsmethode* (§ 27 Abs. 2 S. 1 RechVersV): Nullstellung bedeutet eine Neutralisierung von gebuchten Beiträgen mit Zahlungen für Versicherungsfälle und Aufwen-

67 BT-Drs. 12/5587, S. 27.

dungen für den Versicherungsbetrieb, wobei ein entstehender Saldo passiviert wird.[68] Die Anwendung der Methode erfolgt nur so lange, bis ausreichende Informationen für eine nach allgemeinen Grundsätzen ermittelte Rückstellung vorliegen, spätestens jedoch am Ende des dritten auf das Zeichnungsjahr folgenden Geschäftsjahres (§27 Abs. 2 S. 3 RechVersV). Üblich ist die Anwendung der Nullstellungsmethode in der Transportversicherung.[69]

- *Standardsystem* (§27 Abs. 2 S. 2 RechVersV): Die Bewertung der versicherungstechnischen Rückstellungen kann auch auf der Grundlage eines bestimmten Prozentsatzes der gebuchten Beiträge erfolgen (Pauschalverfahren), wenn nach der Eigenart des versicherten Risikos ein solches Verfahren zweckmäßig ist. Die Anwendung des Standardsystems ist insbesondere dann möglich, wenn ein gleichförmiger Schaden- und Kostenverlauf über mehrere Geschäftsjahre vorliegt.[70] Die Anwendungsbegrenzung entspricht den Vorschriften für die Nullstellungsmethode.
- *Zeitversetzte Bilanzierung* (§27 Abs. 3 RechVersV): Bei mangelhafter Informationslage für eine ordnungsgemäße Schätzung ist eine zeitversetzte Bilanzierung zulässig. Danach werden Zahlen des Jahres eingesetzt, das dem Geschäftsjahr ganz oder teilweise, jedoch nicht um mehr als ein Jahr, vorausgeht. Die Anwendung dieser Methode erfolgt überwiegend bei Rückversicherungsunternehmen sowie in der Kreditversicherung.

Die genannten Näherungsverfahren stellen keine vollständige Aufzählung dar. Weitere statistische Verfahren wie z. B. die Trendextrapolation oder einfache Durchschnitte zählen ebenfalls zu den Näherungsverfahren des §341e Abs. 3 HGB, soweit sie zu annähernd gleichen Ergebnissen wie Einzelberechnungen führen.[71]

Ein weiteres Bewertungsproblem versicherungstechnischer Rückstellungen stellt die *Abzinsung* dar. Die allgemeinen Bewertungsvorschriften für Rückstellungen sehen eine Abzinsung dann vor, wenn die Restlaufzeit ein Jahr übersteigt. Die Vorschrift des *§253 Abs. 2 HGB* wurde im Zuge des BilMoG allerdings *nicht für versicherungstechnische Rückstellungen* übernommen. Der Ansatz eines Barwertes für versicherungstechnische Rückstellungen ist daher weiterhin nur für Rentenverpflichtungen und die Deckungsrückstellung vorgesehen.

In der Versicherungswirtschaft wird eine Abzinsung insbesondere für die Schadenrückstellung diskutiert. Die Versicherungsbilanzrichtlinie (VBR) der EG vom 19.12.1991 sieht vor, dass bei der Schadenrückstellung ein offener Diskontabschlag zur Einbeziehung von Anlageerträgen zugelassen ist. Diese Vorschrift ist jedoch so auszulegen, dass eine Abzinsung ausschließlich zu Zwecken der Einbeziehung von Anlageerträgen erlaubt ist, womit eine Abzinsung zu anderen Zwecken ausgeschlossen ist.[72] Die handelsrechtliche Abzinsung von Rückstellungen nach §253 Abs. 2 S. 3 a.F. HGB war jedoch stets nur auf einen enthaltenen Zinsanteil, nicht jedoch auf die Einbeziehung von Anlageerträgen beschränkt.

68 Vgl. ausführlich Dorenkamp, Ludger [Näherungsverfahren, 1998], S. 277.
69 Vgl. Treuberg, Hubert Graf von; Angermayer, Birgit [Jahresabschluss, 1995], S. 124.
70 Vgl. Dorenkamp, Ludger [Näherungsverfahren, 1998], S. 278.
71 Vgl. Treuberg, Hubert Graf von; Angermayer, Birgit [Jahresabschluss, 1995], S. 123.
72 Vgl. Boetius, Jan [Handbuch, 1996], S. 108.

Die Schadenrückstellung enthält keinen Zinsanteil, da der Versicherte wohl nicht mit einer bewussten Verzögerung der Entschädigungsleistung einverstanden wäre, womit eine Kreditierung ausgeschlossen erscheint.[73] Insofern hat der deutsche Gesetzgeber von dem in der EG-VBR eingeräumten Mitgliedsstaatenrecht keinen Gebrauch gemacht, da eine Kongruenz zwischen Ermächtigungsnorm der EG-VBR und den handelsrechtlichen GoB fehlt.[74] In der Konsequenz wurden auch die allgemeinen Vorschriften zur Diskontierung im Rahmen der Rückstellungsbewertung nach dem BilMoG nicht für versicherungstechnische Rückstellungen übernommen.[75] Inwiefern die Entwicklung in den IFRS zur Barwertermittlung von versicherungstechnischen Verpflichtungen künftig eine Ausstrahlungswirkung auf das HGB hat, bleibt Gegenstand künftiger Diskussionen.[76]

73 Vgl. Angerer, August [Abzinsung, 1994], S. 40.
74 Vgl. Boetius, Jan [Handbuch, 1996], S. 109.
75 Vgl. Ellenbürger, Frank [Jahresabschluss von Schaden- und Unfallversicherungsunternehmen, 2011], Rd. 170–173.
76 Vgl. Heuser, Paul; Theile, Carsten [IFRS, 2012], Rd. 154–158.

Kapitel 3: Grundlagen der internationalen Rechnungslegung von Versicherungsunternehmen

1 Entwicklung und Bedeutung internationaler Rechnungslegung für deutsche Versicherungsunternehmen

Unter den verschiedenen Rahmenbedingungen (vgl. Kapitel 1) haben sich in einzelnen Ländern im Laufe des vergangenen Jahrhunderts unterschiedliche nationale Konzepte und Regelwerke zur Rechnungslegung entwickelt. Mit der weit fortgeschrittenen Globalisierung der Kapitalmärkte und Realwirtschaft wurden die bestehenden Unterschiede zwischen nationalen Regelwerken zunehmend als Hindernis für grenzüberschreitendes Wirtschaften wahrgenommen, weshalb seit längerer Zeit Harmonisierungsbestrebungen für die Rechnungslegung existieren.

In der Europäischen Union wurde mit der 4. und 7. EG Richtlinie bereits Ende der 1970er Jahre ein Rahmen für die Ausgestaltung der einzelnen nationalen Rechnungslegungsnormen geschaffen. Diese branchenunabhängigen Vorgaben wurden 1991 durch die Versicherungsbilanzrichtlinie (91/674/EWG) ergänzt, welche für den deutschen Gesetzgeber die verbindliche Grundlage für die Ausgestaltung der handelsrechtlichen Vorschriften für die Bilanzierung von Versicherungsunternehmen darstellen.

International Financial Reporting Standards (IFRS) bzw. die den IFRS vorausgehenden *International Accounting Standards* (IAS) stellen den Versuch einer weltweit harmonisierten Rechnungslegung dar. Gerade in der Förderung einer weltweiten Anerkennung sieht der *International Accounting Standards Board* (IASB) seine vordringliche Aufgabe.

Der IASB wurde 1973 unter dem Namen *International Accounting Standards Committee* (IASC) als Reaktion auf kontinentaleuropäische Harmonisierungsbestrebungen als privatwirtschaftlich organisierter Standardsetter gegründet. Bereits bei der Zusammensetzung der Gründungsmitglieder zeigt sich die angelsächsische Prägung des IASB. Während aus der kontinentaleuropäischen Rechnungslegungstradition lediglich drei Gründungsmitglieder stammten, waren sechs Mitglieder durch eine angelsächsische Rechnungslegung geprägt. Die erste Entwicklungsphase[77] der Arbeit des IASC (1973 bis 1988) zeichnete sich durch eine unsystematische Aufstellung von Rechnungslegungsstandards aus, die mit vielen Wahlrechten verbunden waren. Letztere waren das Ergebnis der unterschiedlichen Ansichten der Mitgliedsstaaten. So scheinen die 28 in dieser Zeit verabschiedeten IAS eher dem Zweck einer Konsensfindung als dem Zweck der Rechnungslegung zu dienen. Die zweite Phase der Entwicklung (1989 bis 1993) diente deshalb insbesondere einer Reduzierung von Wahlrechten. Diese war eine unmittelbare Folge ei-

77 Vgl. ausführlich zur Entwicklung des IASB Pellens, Bernhard et al. [Internationale Rechnungslegung, 2011], S. 85–114.

ner Zusage der internationalen Wertpapieraufsichtsbehörde IOSCO (International Organization of Security Commissions), IAS als weltweite »Börsenzugangskarte« anzuerkennen, falls die bestehenden Wahlrechte abgeschafft werden. Seit 1994 versuchte das IASC daher eine Anerkennung der einzelnen IAS durch die IOSCO zu erreichen. Im Mai 2000 erfolgte die Empfehlung der IOSCO, IAS grundsätzlich als Börsenzulassungsstandards an den nationalen Börsen anzuerkennen.

Mitte der 1990er Jahre bekam die internationale Rechnungslegung für deutsche Konzerne eine konkrete Bedeutung, als zahlreiche Unternehmen eine Notierung an einer Börse in den USA anstrebten, um Zugang zum größten Kapitalmarkt der Welt als Finanzierungsquelle zu erlangen. Hierfür forderte die US-amerikanische Börsenaufsichtsbehörde Securities and Exchange Commission (SEC) einen Abschluss nach US-GAAP, den nationalen US-amerikanischen Bilanzierungsregeln. Alternativ zu einem US-GAAP-Abschluss wählten einige deutsche Unternehmen die eine US-Börsennotierung vornahmen die Aufstellung eines Abschlusses nach den IAS/IFRS, welche damals jedoch mit einer obligatorischen Überleitung von Jahresüberschuss und Eigenkapital zu den US-GAAP verbunden war (Reconciliation).[78]

Um Doppelaufwand zu vermeiden, befreite der deutsche Gesetzgeber kapitalmarktorientierte Unternehmen, welche einen Abschluss nach international anerkannten Regeln aufstellten (als solche galten die IAS/IFRS und die US-GAAP), von der Pflicht zur Aufstellung eines handelrechtlichen Konzernabschlusses.[79] Zahlreiche große börsennotierte Unternehmen stellten in dieser Zeit ihre Konzernrechnungslegung freiwillig auf internationale Normen um.

Die *EU-Kommission* hat im Jahr 2002 in der Verordnung 1606/2002 festgelegt, dass ab dem 1.1.2005 kapitalmarktorientierte Unternehmen zur Erstellung von IFRS-Konzernabschlüssen verpflichtet werden. Im Gegensatz zu EU-Richtlinien, welche eine Umsetzung in nationales Recht benötigen, gilt die gewählte Form der Verordnung unmittelbar in den einzelnen Mitgliedsstaaten. Dabei wurde den Mitgliedsstaaten freigestellt, die Anwendung der IFRS – als Pflicht oder als Wahlrecht – sowohl auf nicht börsennotierte Unternehmen als auch auf die Erstellung von Einzelabschlüssen auszudehnen.

Der deutsche Gesetzgeber hat auf die EU-Verordnung im Dezember 2004 mit der Verabschiedung des *Bilanzrechtsreformgesetzes* (BilReG) reagiert (BGBl. 2004 Teil I Nr. 65), das die verpflichtenden Vorschriften der EU-Verordnung in deutsches Recht und die in der Verordnung gegebenen Wahlrechte wie folgt umsetzt:

- Nichtkapitalmarktorientierte *Unternehmen* erhalten das Wahlrecht, anstelle eines HGB-Konzernabschlusses einen befreienden Abschluss nach IFRS zu erstellen und
- die Anwendung der IFRS auf den *Einzelabschluss* wird nicht erlaubt.

Die vom IASB neu verabschiedeten IFRS gelten jedoch nicht unmittelbar als EU-Recht. Zur Anerkennung ist ein Anerkennungsverfahren (Endorsement-Prozess) zu durchlaufen:

---

78 Die Überleitungrechnung von IFRS auf US-GAAP wird seit dem Jahr 2008 von der SEC nicht mehr gefordert.

79 Die diesbezügliche Befreiungsregelung des § 292a HGB galt von 1998 an bis Ende 2004.

- Die EU-Kommission legt dem Accounting Regulatory Committee (ARC), einem Ausschuss der Mitgliedsstaaten, neue IFRS zusammen mit der Stellungsnahme eines Expertengremiums (EFRAG) zur Anerkennung vor.
- Das ARC entscheidet über die Anerkennung neuer IFRS innerhalb der EU.
- Das EU-Parlament und der Rat der Mitgliedsstaaten hat bezüglich dieser Übernahmeentscheidung ein Einspruchsrecht.

Es kann bei Nicht-Umsetzung von neuen IFRS somit zu einem Auseinanderlaufen der originär vom IASB verabschiedeten IFRS und den in EU-Recht umgesetzten Regeln kommen, wie schon geschehen durch die bisherige Nichtanerkennung des IFRS 9 Finanzinstrumente.

Die derzeitige Bedeutung der internationalen Rechnungslegung für deutsche Versicherungsunternehmen lässt sich wie folgt zusammenfassen:

- Für kapitalmarktorientierte deutsche Versicherungsunternehmen stellen die IFRS inzwischen die verpflichtenden Regeln zur Aufstellung ihres Konzernabschlusses dar.
- Deutsche Tochterunternehmen ausländischer Versicherungsgesellschaften sind oft angehalten, ihrer Muttergesellschaft IFRS-Zahlen für deren IFRS Konzernabschluss zur Verfügung zu stellen.
- Zahlreiche weitere Unternehmen stellen aus Transparenz- und Vergleichbarkeitsgründen freiwillig einen IFRS-Konzernabschluss auf.
- Für die Ausschüttungsbemessung an die Anteileigner wie zur Ermittlung der Überschussbeteiligung der Versicherungsnehmer ist auch weiterhin nur die handelsrechtliche Bilanzierung ausschlaggebend.
- Für die zahlenmäßige Mehrheit der deutschen Versicherungsunternehmen stellen im Moment jedoch noch hauptsächlich die handelrechtlichen Vorschriften die relevanten Bilanzierungsnormen dar.

IFRS für Versicherungsunternehmen kann in der praktischen Ausgestaltung sehr unterschiedlich sein, da IFRS 4 bis zur Umsetzung von Phase 2 mit wenigen Ausnahmen eine

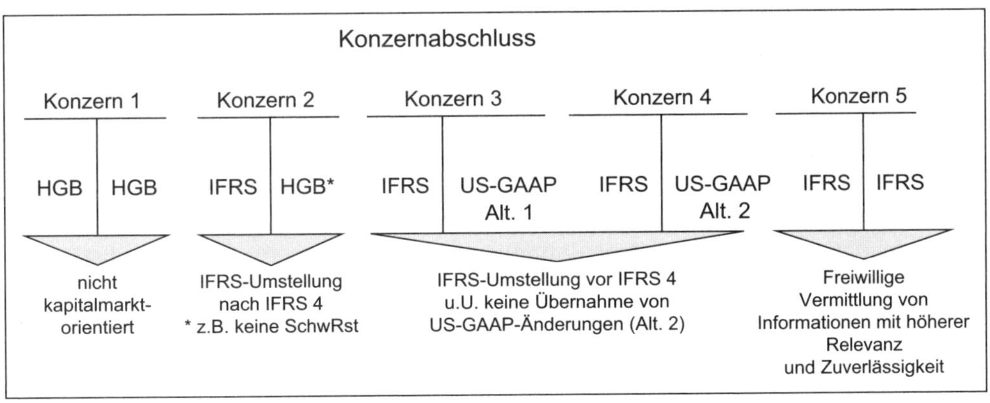

Abb. 3.1: Rechnungslegungssysteme im Konzernabschluss

Beibehaltung der bisherigen Bilanzierungsmethode für die versicherungstechnischen Positionen ermöglicht. Daher kann es in der Praxis sein, dass Unternehmen auch im Rahmen eines IFRS-Konzernabschlusses ihre versicherungstechnischen Rückstellungen nach HGB bilanzieren. Viele der Unternehmen, die bereits früher auf internationale Rechnungslegung umgestellt haben, bilanzieren weiterhin ihre versicherungstechnischen Rückstellungen nach damaliger best practice, US-GAAP. Teilweise werden Änderungen der US-GAAP nicht mehr umgesetzt, bis ein neuer Versicherungsstandard in den IFRS implementiert wird. IFRS 4 gibt ferner die Möglichkeit, bereits in Phase 1 von IFRS 4 eine auf dem *fair value* beruhende Bewertung der versicherungstechnischen Rückstellungen vorzunehmen. Insofern ist die zwischenbetriebliche Vergleichbarkeit von IFRS-Abschlüssen in der seit dem Jahr 2005 andauernden Übergangsphase mitunter stark eingeschränkt.

2 Struktur und Zwecksetzung der IFRS

2.1 Aufbau und Normierung der IFRS

Die für die Bilanzierung nach internationalen Regeln relevanten Verlautbarungen des IASB und seiner Gremien setzen sich wie folgt zusammen:
- Rahmenkonzept – Conceptional Framework (CF),
- Standards – International Financial Reporting Standards (IFRS), früher International Accounting Standards (IAS),
- Interpretationen – International Financial Reporting Interpretations Committee (IFRIC), früher Standing Interpetations Committee (SIC).

Neue Standards und Interpretationen werden fortlaufend nummeriert, Überarbeitungen bestehender Regelungen behalten in der Regel ihre bisherige Bezeichnung. Die Entwicklung neuer Standards verläuft in einem mehrstufigen Normsetzungsprozess (*due process*):[80]
- Aufnahme eines neuen Themas in das *Arbeitsprogramm* des IASB (agenda setting) und Gründung einer Projektgruppe,
- Entwicklung und Veröffentlichung eines *Diskussionspapiers* (discussion paper), welches von der interessierten Öffentlichkeit kommentiert werden kann,
- Analyse der Kommentare, öffentliche Diskussionen (round table discussions) und evt. Feldtests zum Thema,
- Entwicklung und Veröffentlichung eines *Standardentwurfs* (exposure draft) unter Berücksichtigung der eingegangenen Kommentare; dieser wird wiederum zur Kommentierung veröffentlicht,
- Verabschiedung eines *standards* (*IFRS*) unter abermaliger Berücksichtigung der zum Exposure Draft erhaltenen Kommentare,

80 Vgl. IASB [Due Process, 2012].

- *Post-implementation review* unter Einbeziehung von praktischen Erfahrungen, falls notwendig Anpassungen (ca. zwei Jahre nach Erstanwendung).

Die wichtigsten Grundsätze der Rechnungslegung, qualitative Anforderungen an diese und die Positionen eines Abschlusses nach den IFRS sind im *Rahmenkonzept* des IASB festgelegt, das 1989 verabschiedet wurde und im Moment vom IASB in einem langfristigen Projekt überarbeitet wird. In Phase 1 der Überarbeitung wurden 2010 die Grundsätze der Rechnungslegung neu gefasst. Darüber hinaus werden in IAS 1 (geändert 2011) Grundprinzipien der Darstellung des Abschlusses erläutert. Das Rahmenkonzept ist nach IAS 8.11 heranzuziehen, falls sich in den bestehenden IFRS eine Regelungslücke ergibt. Dann ist vom Management mit Rückgriff auf die qualitativen Anforderungen und grundsätzlichen Definitionen, Ansatz- und Bewertungskonzepte des Rahmenkonzepts eine geeignete Bilanzierungsmethode zu identifizieren. In diesem Sinne kann das Rahmenwerk als Deduktionsbasis für die Auslegung bestehender wie die Entwicklung neuer IFRS gelten.[81]

IAS 1.10 definiert die folgenden *Elemente* der Rechnungslegung nach IFRS:
- Bilanz (statement of financial position),
- Gewinn- und Verlustrechnung (income statement or statement of comprehensive income),
- Kapitalflussrechnung (statement of cash flows),
- Eigenkapitalveränderungsrechnung (statement of changes in equity),
- Anhang (notes),
- weitere Aufstellungen und Erläuterungen, die integraler Bestandteil des Jahresabschlusses sind (z. B. Segmentberichterstattung).

2.2 Zwecksetzung der IFRS

Das *Ziel* der Rechnungslegung besteht nach der Vorstellung des IASB in der Vermittlung von Informationen über die Vermögens-, Finanz- und Ertragslage sowie deren Veränderungen (CF.OB12). Durch Rechnungslegung sollen die Adressaten bei ihren wirtschaftlichen Entscheidungen unterstützt werden. Adressaten der Rechnungslegung stellen dabei v. a. Eigen- und Fremdkapitalgeber des Unternehmens dar (CF.OB2). Darüber hinaus wird angenommen, dass auch Regulatoren oder die interessierte Öffentlichkeit ein berechtigtes Informationsinteresse haben. Die Rechnungslegung kann jedoch nicht alle Informationsbedürfnisse der Adressaten befriedigen (CF.OB10). Daher erfolgt eine Konzentration auf die Bedürfnisse von (potenziellen) Investoren. Dabei wird die Annahme vertreten, dass Informationen, die dem Informationsbedarf der Investoren entsprechen auch für eine Befriedigung des Informationsbedarfs der weiteren Adressaten dienen.

81 Vgl. Baetge, Jörg et al. [Bilanzen, 2011], S. 142.

Im Rahmenwerk des IASB werden qualitative Anforderungen an die Rechnungslegung gestellt. Die Fundamentalgrundsätze (fundamental qualitative characteristics) fordern die *Relevanz* (relevance) sowie die *tatsachengetreue Darstellung* (faithful presentation) von Abschlussinformationen (CF.QC5):

- Informationen sind dann *relevant*, wenn sie Entscheidungen der Adressaten beeinflussen, indem sie bei der Beurteilung vergangener, gegenwärtiger oder zukünftiger Ereignisse helfen oder vergangene Beurteilungen bestätigen oder verändern. Die Relevanz einer Information wird somit durch ihre Vorhersagekraft (predictive value) oder ihre Bestätigungskraft (confirmatory value) gekennzeichnet.
- Eine *tatsachengetreue Darstellung* von zu vermittelnden Informationen wird durch eine *neutrale*, *fehlerfreie* und *vollständige* Abbildung der tatsächlichen wirtschaftlichen Verhältnisse erreicht.

Diese übergeordneten Anforderungen werden durch vier *erweiterte qualitative Grundsätze* (enhancing qualitative characteristics) ergänzt, welche als zusätzliche Merkmale entscheidungsnützlicher Informationen angeführt werden (CF.QC19ff):

- Für Zeit- und Unternehmensvergleiche muss die Rechnungslegung das Kriterium der *Vergleichbarkeit* (comparability) erfüllen. Hierfür ist auch die Angabe von Vorjahresinformationen erforderlich.
- Die Forderung nach *Nachprüfbarkeit* (verifiability) ist als intersubjektive Nachprüfbarkeit zu interpretieren, d. h. voneinander unabhängige fachkundige Beobachter stimmen darüber überein, dass die Abschlussinformationen dem Fundamentalgrundsatz einer tatsachengetreuen Darstellung gerecht werden.
- Die *Zeitnähe* (timeliness) der Berichterstattung stellt darauf ab, dass der Informationsnutzen mit zunehmender Zeit abnimmt.
- Das Kriterium der *Verständlichkeit* (understandability) fordert von der Rechnungslegung Informationen, die vorgebildete Adressaten bei entsprechender Sorgfalt verstehen können. Allerdings dürfen wesentliche Informationen, die für die Entscheidungsfindung der Adressaten wichtig sind, allein aus dem Grund der Komplexität nicht weggelassen werden.

Die bis 2010 im Rahmenwerk alter Fassung erhobene Forderung nach *Verlässlichkeit* (reliability) von Informationen wurde durch den Fundamentalgrundsatz der tatsachengetreuen Darstellung ersetzt. Die vier oben genannten erweiterten Grundsätze standen bisher gleichwertig neben der *Relevanz* und *Zuverlässigkeit*. Aufgrund des Vorrangs der *tatsachengetreuen Darstellung* kann auf *Verständlichkeit* oder *Nachprüfbarkeit* im Konfliktfall bei der Anwendung von Standards oder deren Entwicklung keine Rücksicht genommen werden. Außerdem ist das bisher angeführte *Vorsichtsprinzip* (prudence) nicht mehr explizit im Framework enthalten, da sich ein solches aus Sicht des IASB nicht mit der Forderung nach Neutralität der Informationen verträgt.[82]

82 Vgl. Heuser, Paul; Theile, Carsten [IFRS, 2012], Rd. 276; Lüdenbach, Norbert; Hoffmann, Wolf-Dieter [Rahmenkonzept, 2011], S. 35.

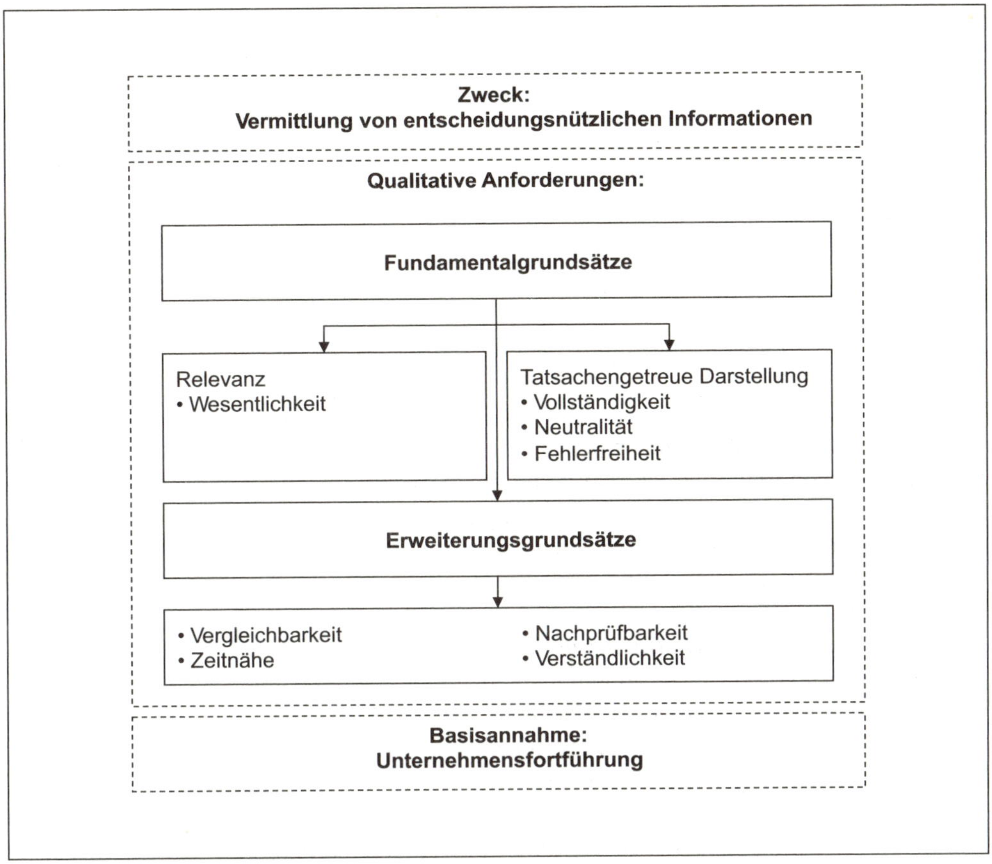

Abb. 3.2: Rechnungslegungsgrundsätze des IASB[83]

3 Grundlagen zu Ansatz und Bewertung nach IFRS

3.1 Ansatz nach IFRS

Neben den Anforderungen an den Jahresabschluss werden im Rahmenkonzept die Elemente des Jahresabschlusses und deren Definition behandelt. Die übergeordnete Ansatzkonzeption nach IFRS ergibt sich aus den folgenden Definitionen:

- *Vermögenswerte* (assets) werden definiert als »resource controlled by the entity as a result of past events and from which future economic benefits are expected to flow to

83 Abbildung in Anlehnung an Baetge, Jörg et al. [Bilanzen, 2011], S. 151.

the entity« (CF.4.4(a)). Ein Vermögenswert zeichnet sich folglich durch einen künftigen wirtschaftlichen Nutzen aus, der direkt oder indirekt einen Zufluss von Zahlungsmitteln oder Zahlungsmitteläquivalenten zum Unternehmen gewährleistet (CF.4.8ff). Vermögenswerte können sowohl materiell als auch immateriell sein. Weiterhin ist nicht das Eigentumsrecht für die Bilanzierung eines Vermögenswerts entscheidend. Vielmehr entscheidet der künftige wirtschaftliche Nutzen über den Ansatz eines Vermögenswerts.

- *Schulden* (liabilities) werden definiert als »present obligation of the entity arising from past events, the settlement of which is expected to result in an outflow from the entity of resources embodying economic benefits« (CF.4.4(b)). Schulden zeichnen sich folglich durch das Vorliegen einer gegenwärtigen Verpflichtung aus, die wahrscheinlich zu einem zukünftigen Ressourcenabfluss führt (CF.4.15ff). Die Definition der Schulden umfasst sowohl Verbindlichkeiten als auch Rückstellungen. Wie bei den Vermögenswerten kommt es bei der Bilanzierung der Schulden auf die wirtschaftliche Betrachtungsweise an. Daher gehören auch Kulanzrückstellungen dazu. Aufwandsrückstellungen stellen jedoch keine Schulden dar, da sie nicht gegenüber Dritten bestehen.
- Das *Eigenkapital* (equity) wird als »residual interest in the assets of the entity after deducting all its liabilities« (CF.4.4(c)) bezeichnet. Es wird folglich als Residualgröße zwischen Vermögenswerten und Schulden ermittelt.

Die Erfüllung der *Definitionskriterien* für einen Vermögenswert oder eine Schuld ist eine notwendige, aber nicht hinreichende Bedingung für den Ansatz nach IFRS.[84] In einem zweiten Schritt ist zu prüfen, ob ein Sachverhalt den beiden im Rahmenwerk geforderten *Ansatzkriterien* gerecht wird (CF.4.37). Ein Posten ist zu erfassen,

- wenn der Zufluss bzw. Abfluss eines wirtschaftlichen Nutzens, der mit dem Sachverhalt verbunden ist, wahrscheinlich ist und
- wenn die Anschaffungs- oder Herstellungskosten oder der Wert des Sachverhalts zuverlässig ermittelt werden können.

Die angeführten Definitions- und Ansatzkriterien können in ihrem Zusammenwirken als abtrakte Ansatzkonzeption unter IFRS verstanden werden. Darüber hinaus enthalten die jeweiligen IFRS zahlreiche weitere Regelungen zu Aktivierung und Passivierung, die der Interpretation und Klarstellung des Ansatzkonzepts für den jeweiligen Anwendungsbereich dienen, aber unter Umständen auch Einschränkungen des generellen Konzepts im Einzelfall darstellen können.

84 Vgl. Baetge, Jörg et al. [Bilanzen, 2011], S. 183.

3.2 Bewertung nach IFRS

Für die Bewertung nennt das Rahmenkonzept verschiedene Bewertungsmaßstäbe. Allerdings lässt sich die Anwendung spezifischer Bewertungsmaßstäbe für einzelne Sachverhalte nicht aus dem Framework, sondern nur aus den einzelnen Standards ableiten. Im Framework werden grundsätzlich vier Bewertungsgrundsätze genannt (CF.4.55):

- *Historische Anschaffungs- oder Herstellungskosten* (historical cost): *Vermögenswerte* (assets) werden mit dem Betrag angesetzt, der den zum Zeitpunkt ihres Erwerbs aufgewendeten liquiden Mitteln bzw. Zahlungsmitteläquivalenten oder dem beizulegenden Wert einer sonstigen zu ihrem Erwerb hingegebenen Gegenleistung entspricht (Anschaffungs- oder Herstellungskosten). *Schulden* (liabilities) werden mit dem Betrag bewertet, den der Bilanzierende durch das Eingehen der Verpflichtung erhalten hat, oder in manchen Fällen (z.B. bei Einkommensteuern) mit dem zu zahlenden Betrag, der voraussichtlich gezahlt werden muss, um die Schuld bei Unterstellung eines normalen Geschäftsverlaufs zu tilgen.
- *Wiederbeschaffungskosten* (current cost): *Vermögenswerte* werden mit dem Betrag angesetzt, der der Summe der liquiden oder sonstigen Mittel entspricht, die zur Wiederbeschaffung des entsprechenden oder eines gleichwertigen Vermögenswertes zum gegenwärtigen Zeitpunkt aufgewendet werden müsste. *Schulden* werden mit dem Betrag bewertet, der zum gegenwärtigen Zeitpunkt für die Begleichung der Verpflichtung aufgewendet werden müsste.
- *Nettoveräußerungswerte* (realizable value): *Vermögenswerte* werden mit dem Betrag angesetzt, der der Summe der liquiden oder sonstigen Mittel entspricht, die bei einem Verkauf des Vermögenswertes zum gegenwärtigen Zeitpunkt gezahlt werden müssten. *Schulden* werden mit dem Erfüllungsbetrag bewertet, d.h. mit der nicht abgezinsten Summe aller liquiden oder sonstigen Mittel, die bei Unterstellung eines normalen Geschäftsgangs für die Begleichung der Verpflichtung gezahlt werden müsste.
- *Barwert* (present value): *Vermögenswerte* werden mit dem Barwert aller zukünftigen Nettoeinzahlungen bewertet, die bei Unterstellung eines normalen Geschäftsgangs voraussichtlich durch den Vermögenswert erzeugt werden. *Schulden* werden mit dem bei normalem Geschäftsgang zu erwartenden Barwert der künftigen Nettoabflüsse bewertet, die zur Begleichung der Verpflichtung notwendig sind.

Neben den im Framework aufgeführten Bewertungsmaßstäben enthalten die IFRS weitere Wertmaßstäbe, u.a.

- den *beizulegenden Zeitwert* (fair value),
- den *erzielbaren Betrag* (recoverable amount),
- den *Nutzungswert* (value in use) und
- den *Restwert* (residual value).[85]

Insbesondere die Bewertung zum *fair value* hat in den IFRS eine hohe Bedeutung. Erst kürzlich hat der IASB mit dem IFRS 13 *Bemessung des beizulegenden Zeitwerts* (*fair value*

85 Vgl. Baetge, Jörg et al. [Bilanzen, 2011], S.215.

measurement) einen Standard verabschiedet, welcher ab dem Jahr 2013 zur Anwendung kommt und die bisherigen Einzelregelungen zur Ermittlung des fair values in einem einzigen Standard zusammenfasst.

IFRS 13 (Appendix A) definiert den *beizulegenden Zeitwert* (fair value) als »the price that would be received to sell an asset or paid to transfer a liability in an orderly transaction between market participants at the measurement date.« Somit wird der beizulegende Zeitwert aus einer veräußerungsmarktorientierten Perspektive bestimmt. Er definiert sich als der hypothetische Wert, zu dem ein Vermögenswert oder eine Schuld zwischen Marktteilnehmern übertragen werden würde. Zur Ermittlung eines solchen Wertes gibt der IFRS 13.72 eine Hierachie von möglichen Bewertungsmaßstäben vor:

- Stufe 1: *Marktwert* eines *identischen Vermögenswertes oder einer Schuld*, ermittelt an einem aktiven Markt. Als aktiver Markt gilt ein Markt, auf dem Geschäftsvorfälle in ausreichender Häufigkeit und Volumen auftreten, sodass laufend Preise verfügbar sind.
- Stufe 2: *Marktwerte* von *ähnlichen Vermögenswerten oder Schulden*, nicht an einem aktiven Markt ermittelte Marktwerte von identischen Vermögenswerten oder Schulden oder auf marktbasierten Inputparametern ermittelte Werte.
- Stufe 3: Wert aus einem *Bewertungsmodell* abgeleitet, welches nicht beobachtbare Inputparameter nutzt, da wenige oder keine beobachtbare Marktpreise für den zu bewertenden Vermögenswert oder die Schuld existieren (*mark to model*).

Auf die Ermittlung des beizulegenden Zeitwertes nach Vorgabe von Stufe 2 darf nur ausgewichen werden, wenn eine Bewertung nach Stufe 1 nicht möglich ist. Analog kommt Stufe 3 nur in Betracht, falls Informationen aus Stufe 2 nicht verfügbar sind.

Insgesamt stellen das Framework und die Einzelstandards kein in sich geschlossenes Bewertungskonzept zur Verfügung. Die Bewertungskonzeption kann vielmehr als *mixed model* bezeichnet werden: Trotz der im Vergleich zum HGB stärkeren Bedeutung des beizulegenden Zeitwertes ist auch die Bewertung zu fortgeführten Anschaffungs- und Herstellungskosten eine in zahlreichen IFRS verankerter Bewertungsmaßstab, teilweise als Wahlrecht. Darüber hinaus mündet eine Bewertung zum beizulegenden Zeitwert nicht automatisch in einer erfolgswirksamen Erfassung von Bewertungsveränderungen als Aufwand oder Ertrag in der Gewinn- und Verlustrechnung (erfolgswirksame fair value Bewertung), teilweise werden diese auch direkt in einem gesonderten Eigenkapitalposten erfasst (erfolgsneutrale fair value Bewertung).

3.3 Überblick über Einzelvorschriften der IFRS

Die in den beiden vorangegangen Kapiteln vorgestellten Grundprinzipien zu Ansatz und Bewertung werden in den zahlreichen Einzelvorschriften der bestehenden IAS und IFRS weiter spezifiziert. Abbildung 3.3 stellt eine Auswahl von insbesondere für Versicherungsunternehmen relevanten Standards dar, welche in der Reihenfolge ihrer laufenden Numerierung kurz skizziert werden:

Standard	Wesentliche Inhalte
IAS 1: Darstellung des Abschlusses	Definition von Komponenten eines Abschlusses nach IFRS (Bilanz, Gewinn- und Verlustrechnung, Eigenkapitalveränderungsrechnung, Kapitalflussrechnung, Anhang) und Festlegung von Darstellungsgrundsätzen (u. a. Periodisierungs-, Einzelbewertungs- und Stetigkeitsprinzip).
IAS 7: Kapitalflussrechnung	Gliederung der Mittelherkunfts-/Mittelverwendungsrechnung in die Bereiche cash flows aus (a) betrieblichen, (b) Investitions- und (c) Finanzierungstätigkeiten.
IAS 8: Rechnungslegungsmethoden, Änderungen, Fehler	Bei Regelungslücken sind andere IFRS mit ähnlichem Inhalt oder Normen anderer Standardsetter heranzuziehen bzw. aus dem Framework abzuleiten; Methodenänderungen sind i.d.R. retrospektiv anzuwenden (d. h. Korrektur der Vorjahresangaben), ebenso Fehlerkorrekturen (*restatement*), Schätzänderungen dagegen prospektiv.
IAS 12: Ertragssteuern	Tatsächliche Ertragssteuern sind nach steuerlichen Vorschriften als Aufwand zu erfassen; temporäre Unterschiede zwischen IFRS- und steuerlichem Ergebnis sind als latente Steuern abzugrenzen.
IAS 16: Sachanlagen/ IAS 40: Immobilien als Finanzinvestition	Für Versicherungsunternehmen v. a. im Rahmen von Immobilienbesitz relevant; grundsätzlich Möglichkeit zur Bewertung zu fortgeführten Anschaffungs- und Herstellungskosten oder zum beizulegenden Zeitwert (vgl. Kapitel 4, Ziffer 4.1.2).
IAS 19: Leistungen an Arbeitnehmer	V. a. für die Bilanzierung von Pensionsplänen relevant: Beitragsorientierte Pläne erzeugen Aufwand in der Periode der Erbringung der Arbeitsleistung, leistungsorientierte Pläne werden über eine Pensionsrückstellung abgebildet (vgl. Kapitel 6, Ziffer 3.8).
IAS 21: Fremdwährungsumrechnung	Das primäre wirtschaftliche Umfeld bestimmt die funktionale Währung, in welche Geschäfte in anderen Währungen mit dem Kurs des Transaktionsdatums umzurechnen sind. Monetäre Bilanzpositionen sind erfolgswirksam mit dem Stichtagskurs umzurechnen, nicht-monetäre i.d.R. mit dem historischen Kurs bei Zugang.
IAS 27: Konzern- und Einzelabschluss/IAS 28: Assozierte Unternehmen	Regelungen den Konsolidierungskreis und -methode betreffend: Beherrschte Tochteruntenehmen sind in den Konzernabschluss voll zu konsolidieren (i.d.R. wenn >50 % Stimmanteil), Unternehmen auf die lediglich maßgeblicher Einfluss ausgeübt wird werden zum anteiligen Wert des Eigenkapitals angesetzt (equity method) (vgl. Kapitel 4, Ziffer 4.2).
IAS 36: Wertminderung von Vermögenswerten	Nicht-finanzielle Vermögenswerte (z. B. immaterielle Vermögenswerte oder Sachanlagen) sind auf Wertminderung (impairment) zu testen; falls der erzielbare Betrag (fair value oder Nutzungswert) kleiner dem Buchwert ist, folgt eine Abschreibung.
IAS 37: Rückstellungen	Bei rechtlichen oder faktischen Verpflichtungen, die zu einem wahrscheinlichen und schätzbaren Resourcenabfluss führen, ist eine Rückstellung zur bestmöglichen Schätzung (best estimate) des Barwerts der zukünftigen Zahlungsabflüsse anzusetzen. Eventualverpflichtungen sind im Anhang anzugeben.
IAS 38: Immaterielle Vermögenswerte	Erworbene immaterielle Vermögenswerte sind zu aktivieren, selbstgeschaffene immaterielle Vermögenswerte bei Vorliegen bestimmer Bedingungen mit ihren Entwicklungskosten anzusetzen; Folgebewertung zu fortgeführen AHK oder nach Neubewertungsmodell (Bewertung zum fair value abzüglich zwischenzeitlicher planmäßiger Abschreibungen oder Wertminderungen).
IAS 39: Finanzinstrumente	Bilanzierung von Finanzinstrumenten unterschieden nach Kategorien, teilweise zum fair value (erfolgswirksam oder erfolgsneutral), teilweise zu fortgeführten AHK (vgl. Kapitel 4, Ziffer 4.3.2).
IFRS 1: Erstmalige Anwendung	Vorgaben zu Vorjahresangaben sowie Erleichterungen bei erstmaliger Aufstellung eines IFRS-Abschlusses.

Standard	Wesentliche Inhalte
IFRS 3: Unternehmenszusammenschlüsse	Beim Erwerb von Beherrschung über ein Geschäft (business) sind i.d.R. alle identifizierbaren erworbenen Vermögenswerte und Schulden zum beizulegenden Zeitwert anzusetzen, ein entstehender positiver Unterschiedsbetrag zur Gegenleistung ist als *goodwill* zu aktivieren.
IFRS 4: Versicherungsverträge	Übergangsstandard für die Bilanzierung von Versicherungsverträgen, definiert den Anwendungsbereich und erlaubt weitgehend die Fortführung bisheriger Bilanzierungsmethoden (vgl. Kapitel 3, Ziffer 5).
IFRS 5: Zur Veräußerung gehaltene langfr. Vermögenswerte und Geschäfte	I.d.R. sind Vermögenswerte, falls eine Veräußerung hochwahrscheinlich wird, auf Wertminderung zu testen (Ansatz des niedrigeren Werts aus fair value minus Veräußerungskosten und Buchwert) und bilanziell separat auszuweisen. Letzteres gilt auch für das Ergebnis aus aufgegebenen Geschäftsbereichen die veräußert wurden oder zur Veräußerung bestimmt sind.
IFRS 8: Segmentberichterstattung	Zu berichtende Segmente sind nach dem Management-Ansatz zu identifizieren (vgl. Kapitel 7, Ziffer 4.1).
IFRS 9: Finanzinstrumente (ab 2015)	Ablösung des IAS 39, bislang sind nur Teilaspekte zur Kategorisierung und Bewertung fertiggestellt, Regelungen zum impairment und hedge accounting sollen folgen (vgl. Kapitel 4, Ziffer 4.3).
IFRS 10: Konzernabschlüsse (ab 2013)	Teilweise Ablösung der Regelungen des IAS 27 und IAS 28: IFRS 10 verlangt, beherrschte Unternehmen voll zu konsolidieren und führt eine weiterentwickelte Definition von Beherrschung ein.
IFRS 11: Gemeinsame Vereinbarungen (ab 2013)	Einbeziehung von gemeinschaftlichen Tätigkeiten (joint operations) in den Konzernabschluss nach einer Art Quotenkonsolidierung, für Gemeinschaftsunternehmen (joint ventures) dagegen ist nun die equity method zwingend (wie bei assoziierten Unternehmen).
IFRS 12: Angaben zu Beteiligungen (ab 2013)	Umfassende Angabepflichten für nach IFRS 10 und 11 in den Abschluss einbezogene Unternehmen, zudem auch für bestimmte nicht konsolidierte strukturierte Einheiten.
IFRS 13: Beizulegender Zeitwert (ab 2013)	Definition des Wertmaßstabes beizulegender Zeitwert (fair value) und Vorgaben zu dessen Ermittlung (vgl. Kapitel 3 Ziffer 3.2).

Abb. 3.3: Für Versicherungsunternehmen wichtige IAS/IFRS im Überblick

4 Entwicklung eines IFRS für Versicherungsverträge

Bisher existiert kein umfassender IFRS für eine Bilanzierung von versicherungsspezifischen Geschäftsvorfällen. Versicherungsunternehmen, die seit Inkrafttreten des § 292a HGB einen befreienden IFRS-Konzernabschluss aufstellten, konnten – nach dem Grundsatz der *best practice* – für die Abbildung der Versicherungstechnik auf die Vorschriften der US-GAAP zurückgreifen. Die Anwendung US-amerikanischer Bilanzierungsvorschriften ermöglichte der IAS 1 (überarbeitet 1997), der bei Fehlen von spezifischen IFRS-Vorschriften die Anwendung anerkannter Branchenpraktiken oder Erklärungen anderer Standardsetzer vorschrieb. Deutsche Versicherungsunternehmen die bereits vor der Einführung der ersten Phase von von IFRS 4 *Versicherungsverträge* im Jahr 2005 einen IFRS-

Abschluss aufstellten, bedienten sich durchgängig der US-GAAP für die Bilanzierung von versicherungstechnischen Sachverhalten.

Allerdings orientieren sich die US-GAAP allein an den Produkten des US-amerikanischen Versicherungsmarktes und sind für kontinentaleuropäische Produkte oftmals nur unzureichend anwendbar.[86] Daher ist eine eigenständige, möglichst umfassende internationale Regelung für die Bilanzierung von Versicherungsverträgen unabdingbar.

Der IASB hat die Notwendigkeit einer internationalen Neugestaltung der Versicherungsbilanzierung erkannt und 1997 mit der Einrichtung eines Steering Committee ein Projekt »insurance contracts« initiiert.[87] Aus der Diskussion ging im Dezember 1999 die Veröffentlichung eines *issues paper* für Versicherungsverträge hervor, das den ersten Schritt eines branchenspezifischen IFRS für Versicherungsunternehmen darstellt und eine Bilanzierung von Versicherungsverträgen mit einem am Absatzmarkt orientierten fair value vorsieht.[88] Das issues paper wurde in der Fachwelt unterschiedlich aufgenommen.[89] Während die Bilanzierungspraxis und die Aufsichtsbehörden sehr kritisch reagierten, standen insbesondere Aktuare den Vorschlägen des Steering Committee eher positiv gegenüber.

Die nächste Entwicklungsstufe eines IFRS für Versicherungsverträge war die Veröffentlichung des *draft statement of principles* (DSOP) im Juni 2001, das trotz der vielfältigen Kritik auf dem im issues paper verfolgten Zeitwertansatz aufbaut.[90] Anstelle einer Bilanzierung zum fair value wird im DSOP allerdings eine Bewertung von Versicherungsverträgen zum *entity specific value* präferiert.[91]

Bereits im Jahr 2002 wurde allerdings deutlich, dass die geplante Umsetzung des Projekts »insurance contracts« für das Bilanzjahr 2005 aufgrund der zahlreichen ungeklärten Punkte einer hypothetischen Marktwertkonstruktion von Versicherungsverträgen nicht gelingen wird. Deshalb wurde das Projekt in *Phase 1 und 2* geteilt:

- *Phase 1* ist zur Anwendung ab 2005 vorgesehen und bildet die Grundlage eines umfassenden Regelwerks, bewahrt Versicherungsunternehmen aber vor weitreichenden Änderungen der bisherigen Bilanzierungspraxis. Zu Phase 1 hat der IASB Ende Juli 2003 ein *exposure draft* (ED 5) veröffentlicht, aus dem mit wenigen Modifikationen im März 2004 der IFRS 4 entstanden ist.
- *Phase 2* soll später in Kraft treten und einen vollständigen Standard zum Ansatz und Bewertung von Versicherungsverträgen bereitstellen. Nach dem im Mai 2007 veröffentlichten Diskussionspapier zu Phase 2[92] folgte 2010 ein exposure draft. Nachdem zahlreiche Punkte des exposure draft noch Veränderungen erfahren haben, ist gegen Ende 2012 mit der Publikation eines *re-exposure* drafts zu rechnen.

86 Vgl. zur Zuordnung deutscher Versicherungsprodukte in die Systematik der US-GAAP Mayr, Gerhard [Internationalisierung, 1999], S. 57–62.
87 Vgl. zum Normierungsprozess Kölschbach, Joachim [Zeitwerte, 2000], S. 432–436; Widmann, Ralf; Korkow, Kati [Spielräume, 2002], S. 79–81.
88 Vgl. IASB [Issues Paper, 1999].
89 Vgl. Geib, Gerd [Diskussionsstand, 2001], S. 114.
90 Vgl. IASB [DSOP, 2001].
91 Vgl. Geib, Gerd [Diskussionsstand, 2001], S. 121.
92 Vgl. zum discussion paper Engeländer, Stefan; Kölschbach, Joachim [Diskussionspapier, 2007].

Die Finalisierung des IFRS für Versicherungsverträge kann im Moment nicht vor 2013 oder später erwartet werden, von einer verpflichtenden Erstanwendung ist frühestens für das Jahr 2015 auszugehen.

5 IFRS 4: Versicherungsverträge – Phase 1

5.1 Zielsetzung

Die *Zielsetzung* von IFRS 4 besteht in der Regelung der Finanzberichterstattung für Versicherungsverträge, bis der IASB die zweite Phase des Projekts »insurance contracts« abgeschlossen hat.[93] Im Wesentlichen sollen mit IFRS 4 nur wenige, eingeschränkte Verbesserungen der Bilanzierungspraxis erzielt werden. Größere Veränderungen von Ansatz und Bewertung, die in Phase 2 eventuell wieder rückgängig gemacht werden müssten, sollen bei diesem Unterfangen vermieden werden.

Daneben bekommen die Jahresabschlussadressaten vermehrt Informationen in Form von Anhangsangaben, die eine bessere Beurteilung von künftigen Zahlungsströmen sowie deren Fristigkeiten und Unsicherheit ermöglichen sollen. Insofern besteht das Ziel von Phase 1 in einer Verbesserung der Transparenz und Vergleichbarkeit, ohne jedoch grundsätzliche Bewertungsfragen zu regeln. Regelungsinhalte des IFRS 4 betreffen vornehmlich Inhalte, die auch in Phase 2 relevant sind, jedoch bereits im Vorfeld der wesentlichen Ansatz- und Bewertungsfragen geregelt werden können. Im Einzelnen sind folgende *Themen* zu nennen:

- Definition von Versicherungsverträgen (Anwendungsbereich),
- Behandlung von Sonderfragen (z. B. eingebettete Derivate in Versicherungsverträgen, Entflechtung von Investmentkomponenten, liability adequacy test),
- Anhangsangaben,
- Ergänzungen betreffend Nicht-Versicherungsverträge, die unter IAS 39 fallen.

Zusätzlich soll IFRS 4 Bilanzierungspraktiken eliminieren, die in Phase 2 mit Sicherheit nicht mehr akzeptiert werden.

5.2 Anwendungsbereich

Die Versicherungsbilanzierung basiert traditionell auf einer Abbildung der Geschäftsprozesse des gesamten Versicherungsunternehmens. Diese branchenorientierte Perspektive wird im IFRS 4 zugunsten einer Bilanzierung von *Versicherungsverträgen* aufgegeben (IFRS 4.1).

93 Vgl. hierzu und im Folgenden Sauer [Versicherungsverträge, 2011].

Unter den Anwendungsbereich fallen grundsätzlich nur Verträge, die einem versicherungstechnischen Risiko unterliegen. Kapitalanlagen fallen nicht in den Anwendungsbereich des IFRS 4, sondern werden unter den branchenunabhängig geltenden Regeln bilanziert.[94] Zudem gehören jedoch auch Finanzinstrumente in den Anwendungsbereich des IFRS 4, wenn es sich um Verträge mit ermessensabhängiger Überschussbeteiligung handelt (discretionary participating feature). *Nicht unter den Regelungsbereich* von IFRS 4 fallen:

- Gewährleistungen eines Produzenten,
- Aktiva und Passiva des Arbeitgebers in der betrieblichen Altersvorsorge,
- Finanzgarantien (soweit keine (Kredit-)Versicherung vorhanden),
- bedingte Kaufpreisanpassungen bei Unternehmenszusammenschlüssen sowie
- Erstversicherungsverträge aus Sicht des Versicherungsnehmers.

Zentral für die Abgrenzung des Anwendungsbereichs von IFRS 4 ist die Definition eines Versicherungsvertrages. Ein solcher ist gekennzeichnet als »ein Vertrag, nach dem eine Partei (der Versicherer) ein signifikantes Versicherungsrisiko von einer anderen Partei (dem Versicherungsnehmer) übernimmt, indem sie vereinbart, dem Versicherungsnehmer eine Entschädigung zu leisten, wenn ein spezifiziertes, ungewisses, zukünftiges Ereignis (das versicherte Ereignis) den Versicherungsnehmer nachteilig betrifft« (IFRS 4, appendix A).

Damit erfolgt eine Abgrenzung von derivativen Finanzinstrumenten sowie anderen Produkten, die lediglich finanzielle, aber keine versicherungstechnischen Risiken beinhalten. Verträge, die zwar aufsichtsrechtlich als Versicherungsvertrag eingeordnet werden, die jedoch aufgrund des Fehlens eines versicherungstechnischen Risikos nicht unter die Definition des Versicherungsvertrags fallen, werden nicht durch den IFRS für Versicherungen abgedeckt, sondern nach IAS 39 als Finanzinstrumente behandelt.

Ein *Versicherungsrisiko* (insurance risk) zeichnet sich daher durch das Übertragen von Risiko vom Versicherungsnehmer auf das Versicherungsunternehmen aus, ohne jedoch ein Finanzrisiko darzustellen (IFRS 4.A). Auch Stornorisiko, Bestandsfestigkeitsrisiko oder Kostenrisiko stellen keine Versicherungsrisiken dar, bevor Teile des Risikos auf eine andere Partei übertragen werden. Ein *Finanzrisiko* (financial risk) wird als Änderungsrisiko bezüglich Zinssätzen, Wertpapierkursen, Rohstoffpreisen, Wechselkursen, Preisindizes, Kreditratings, Kreditindizes oder ähnlichen finanziellen Variablen oder nichtfinanziellen parteiunspezifischen Variablen definiert. Demgegenüber betrifft ein Versicherungsvertrag immer einen spezifischen Vertragspartner. Als weitere Komponenten der Definition eines Versicherungsvertrags nennt IFRS 4

1. die *Signifikanz* eines *versicherungstechnischen Risikos* und
2. das Vorliegen eines *unsicheren zukünftigen Ereignisses*.

Das erste Kriterium für die Einordnung eines Vertrags als Versicherungsvertrag stellt das Ausmaß oder der Anteil des versicherungstechnischen Risikos dar. Durch das Kriterium der Signifikanz sollen Verträge ausgeschlossen werden, deren Versicherungsschutz gegenüber dem Finanzanteil vernachlässigbar gering ist. Im Standard findet sich folgende Konkretisierung (IFRS 4.B23):

---

94 Vgl. Geib, Gerd [Internationalisierung, 2011] Rd. 39.

Als signifikant wird ein versicherungstechnisches Risiko bezeichnet, wenn »ein versichertes Ereignis bewirken könnte, dass ein Versicherer unter irgendwelchen Umständen signifikante zusätzliche Leistungen erbringen muss, ausgenommen solche Umstände, denen es an kommerzieller Bedeutung mangelt (d.h., die keine wahrnehmbare Wirkung auf die wirtschaftliche Sicht des Geschäfts haben)«.

Insofern reicht bereits die Möglichkeit eines signifikanten versicherungstechnischen Risikos für das Vorliegen eines Versicherungsvertrags aus. Für eine Konkretisierung eines signifikanten Ereignisses ist sowohl dessen Eintrittswahrscheinlichkeit als auch die mögliche Schadenhöhe maßgeblich (IFRS 4.B2). Die Vorgabe von quantitativen Grenzen für die Signifikanz wird jedoch im Hinblick auf potenzielle negative Anreizwirkungen auf das Management vom IASB abgelehnt (IFRS 4.BC33). Insbesondere wird eine Gefahr darin gesehen, dass Unternehmen quantitative Grenzen durch Vertragsgestaltung bewusst umgehen können.

Der Nachweis eines versicherungstechnischen Risikos erfolgt vertragsbezogen (IFRS 4.B25). Folglich kann ein signifikantes versicherungstechnisches Risiko auch dann vorliegen, wenn infolge einer Aggregation von Verträgen zu einem Bewertungsportfolio in der Summe kein signifikanter Einfluss auf den Barwert der Zahlungsströme vorliegt.

Neben der Signifikanz erfordert die Definition von Versicherungsverträgen das Vorliegen eines *unsicheren zukünftigen Ereignisses*. Unsicherheit muss über einen oder mehrere der folgenden Punkte bestehen:
- Tritt das zukünftige Ereignis ein (Schadenzahl)?
- Wie viel muss der Versicherer für das versicherte Ereignis im Eintrittsfall bezahlen (Schadenhöhe)?
- Wann tritt das zukünftige Ereignis ein (Schadendatum)?

Falls ein Vertrag einmal als Versicherungsvertrag eingestuft wurde, bleibt diese Zuordnung bis zur Erfüllung aller Rechte und Pflichten aus dem Vertrag erhalten (IFRS 4.B30). Im Falle einer gemischten Lebensversicherung reduziert sich beispielsweise der Risikobeitrag für den Todesfall, wobei gleichzeitig der Wert des Sparanteils zunimmt. Der Vertrag bleibt trotz der abnehmenden Signifikanz des versicherungstechnischen Risikos ein Versicherungsvertrag. Ebenso zur Einordnung als Versicherungsvertrag führt, wenn ein Vertrag bei Beginn zwar kein signifikantes Risiko aufweist, bei normalem Geschäftsverlauf aber zu erwarten ist, dass später im Vertragsverlauf ein signifikantes Risiko entsteht.

Beispiel 3.1: Veränderung des Risikos über die Zeit bei aufgeschobenen Rentenversicherungen

Im Fall von aufgeschobenen Rentenversicherungen besteht zwar während der Sparphase kein signifikantes versicherungstechnisches Risiko, aber in der Rentenphase. Die Ausübung des Rentenwahlrechts kann als ein Fall von »kommerzieller Substanz« angesehen werden, es sein denn, der Rentenfaktor liegt im Ermessen des Versicherungsunternehmens und das Erlebensfallrisiko ist infolge prohibitiver Konditionen vermeidbar (IFRS 4.B29). Falls der Rentenfaktor jedoch marktgerecht ist und mit der Ausübung der Option durch den Versicherungsnehmer zu rechnen ist, besteht (bei Vorliegen von Signifikanz) schon von Beginn an ein Versicherungsvertrag.

Im Ergebnis sind beinahe alle im deutschen Recht als Versicherungsverträge klassifizierte Verträge von IFRS 4 erfasst. Mögliche Ausnahmen lassen sich lediglich bei folgenden Verträgen feststellen:

- bei bestimmten Altersvorsorgeverträgen nach dem Gesetz über die Zertifizierung von Altersvorsorgeverträgen (»Riester«-Verträge),
- bei Pensionsfondsverträgen oder anderen aufgeschobenen Rentenversicherungen ohne Versicherungsschutz in der Aufschubzeit und freier Bestimmbarkeit der Rentenfaktoren bei Rentenwahl sowie
- bei bestimmten Gruppenversicherungs- und Rückversicherungsverträgen, insbesondere wenn es sich um *finite risk reinsurance* Verträge handelt.

Darüber hinaus unterliegen Finanzinstrumente mit einer ermessensabhängigen Überschussbeteiligung dem Anwendungsbereich des IFRS 4. Diese Verträge garantieren dem Kunden bestimmte Leistungen und stellen überdies signifikante Zahlungen in Aussicht, deren Höhe oder Zahlungszeitpunkt in das Ermessen des Versicherers gestellt sind (IFRS 4.App. A). Diese ermessenabhängige Überschussbeteiligung kann beispielsweise abhängig sein von

- dem Ergebnis bestimmter Vertragsgruppen oder -arten,

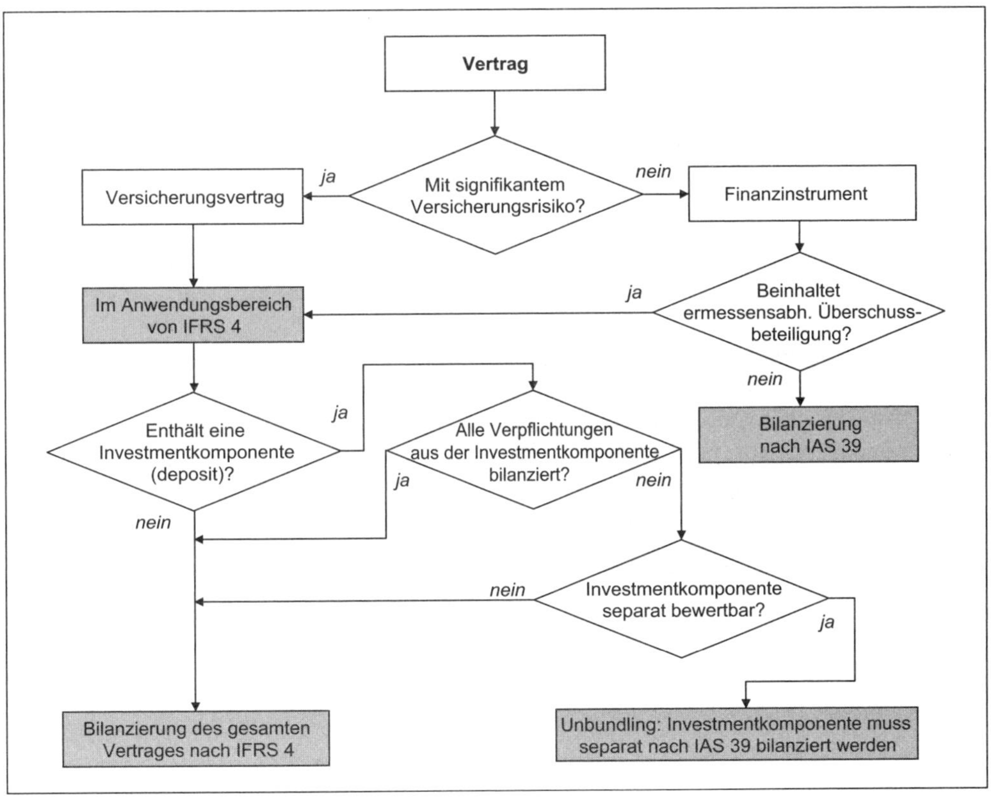

Abb. 3.4: Entscheidungsbaum Anwendungsbereich IFRS 4

- dem realisierten und/oder unrealisierten Kapitalanlageergebnis bestimmter Anlagekategorien sowie
- dem Überschuss des Versicherungsunternehmens oder eines Fonds.

5.3 Grundlagen von Ansatz und Bewertung

Das Ziel von Phase 1 besteht vorwiegend darin, den Umstellungsaufwand in 2005 möglichst gering zu halten, aber dennoch die Transparenz und Vergleichbarkeit zu erhöhen.[95] Fallen Verträge in den Anwendungsbereich des IFRS 4 dürfen die bisher angewendeten nationalen Bilanzierungsnormen (in Deutschland i.d.R. HGB oder US-GAAP) bis auf wenige Ausnahmen weiterhin Anwendung finden. Abweichungen von der bisherigen Bilanzierungspraxis sind den bilanzierenden Unternehmen erlaubt, wenn den Adressaten relevantere und zuverlässigere Informationen vermittelt werden (IFRS 4.22) oder IFRS 4 dies ausdrücklich vorgibt. Als Anreiz eines freiwilligen Wechsels auf ein System mit entscheidungsnützlicheren Informationen sieht der Standard die Option einer einmaligen Umkategorisierung der Asset-Klassen des Unternehmens in die Kategorie »at fair value through profit or loss« vor (IFRS 4.45).

Beispiel 3.2: Auszug aus dem Allianz SE Konzern-Geschäftsbericht 2011

»Die IFRS enthalten keine spezifischen Regelungen, die den Ansatz und die Bewertung von Versicherungs- und Rückversicherungsverträgen und Investmentverträgen mit ermessensabhängiger Überschussbeteiligung vollumfänglich regeln. Insoweit wurden in den Fällen, in denen IFRS 4, Versicherungsverträge, keine spezifischen Regelungen für diese Geschäftsvorfälle enthält, in Übereinstimmung mit IAS 8 (...) die Bestimmungen der US-amerikanischen Generally Accepted Accounting Principles (US-GAAP) angewandt.« (S. 199)

Einige Bilanzierungsmethoden hat der IASB als besonders *informationsfeindlich* identifiziert und ihre Anwendung explizit nur dann erlaubt, falls sie Teil der bisherigen Bilanzierungspraxis sind (IFRS 4.25). Genannt werden in diesem Zusammenhang:

- eine Bewertung von versicherungstechnischen Verpflichtungen ohne Berücksichtigung eines Diskontierungseffekts,
- eine über den Zeitwert hinausgehende Bewertung von zukünftigen Gewinnen aus Verwaltungs- und Betriebskostenzuschlägen[96] und
- eine uneinheitliche Bilanzierungspolitik für Versicherungsverträge bei Tochtergesellschaften und insofern ein Verstoß gegen IAS 27 (IFRS 4.BC131) vorliegt.

---

95 Vgl. Hommel, Michael [Standardentwurf, 2003], S. 2114–2120; Rockel, Werner; Sauer, Roman [Exposure Draft 5, 2003], S. 1108–1119.

96 Dies betrifft vor allem die Bewertung des Vertragsbestands von Versicherungstöchtern mit dem embedded value, die meist von britischen Bankkonzernen angewendet wird. Vgl. Engeländer, Stefan; Kölschbach, Joachim [Standard, 2004], S. 576.

Weiterhin wird in Phase 1 eine »extrem« vorsichtige Bewertung von versicherungstechnischen Verpflichtungen nur dann erlaubt, wenn diese Bestandteil der nationalen Bilanzierungspraxis ist (IFRS 4.26). Falls das Versicherungsunternehmen bereits eine ausreichende Vorsichtskomponente berücksichtigt, kann diese zwar grundsätzlich beibehalten werden, der Vorsicht soll jedoch nicht noch mehr Rechnung getragen werden.

Ebenso fordert IFRS 4 keine Änderung in der Einbeziehung künftiger Kapitalerträge in den versicherungstechnischen Verpflichtungen. Falls etwa zukünftige Kapitalerträge durch Diskontierung der versicherungstechnischen Verpflichtungen mit der erwarteten Rendite der Kapitalanlagen vorweggenommen werden, müssen diese nicht eliminiert werden (IFRS 4.27). Es wird jedoch als widerlegbare Vermutung angesehen, dass die Bilanz eines Versicherungsunternehmens an Relevanz und Zuverlässigkeit verliert, wenn eine Bewertung von Versicherungsverträgen eingeführt wird, die zukünftige Kapitalerträge berücksichtigt. Als Ausnahme von dieser Regel gelten nur Versicherungsverträge, bei denen Kapitalerträge die zukünftigen vertraglichen Verpflichtungen beeinflussen, wie etwa die deutsche Kapitallebensversicherung, bei welcher der Versicherungsnehmer am Kapitalanlageergebnis in erheblichem Maße partizipiert.[97]

5.4 Einzelregelungen

5.4.1 Verbot der Schwankungsrückstellung

Eine entscheidende Änderung für Konzerne, die bisher einen HGB-Konzernabschluss aufstellen, resultiert aus der Auflösung der *Schwankungs- und Großrisikenrückstellungen* (IFRS 4.BC87–93). Während nach HGB eine Schwankungsrückstellung als Bestandteil der versicherungstechnischen Rückstellungen gebildet werden muss (§ 341h HGB), erfüllt diese nach den Vorstellungen des IASB nicht die Kriterien an eine liability (F.49b), sondern besitzt vielmehr Eigenkapitalcharakter.

Eine bewusste Bilanzglättung widerspricht zusätzlich der Darstellung neutraler Informationen, indem sie sich an der Erfüllung aufsichtsrechtlicher Anforderungen orientiert und nicht die Vermittlung entscheidungsrelevanter Informationen verfolgt.[98] Nicht zuletzt wird die Schwankungsrückstellung allein auf der Basis vergangener Geschäftsjahre gebildet und beinhaltet daher aus Sicht des IASB keine relevanten Informationen über die zukünftige Risikosituation. Mit der Auflösung der Schwankungsrückstellung ist eine Umbuchung in die Gewinnrücklagen verbunden. Dabei wird im Standard ausdrücklich die Möglichkeit des Ausweises eines separaten Postens im Eigenkapital eingeräumt (IFRS 4.BC93), der dem Ausgleich zukünftiger Gewinne und Verluste dienen könnte.

97 Vgl. für ein Beispiel einer widerlegbaren Vermutung IFRS 4.28.

98 Vgl. Rockel, Werner; Sauer, Roman [Exposure Draft 5, 2003], S. 1111.

5.4.2 Abschlusskosten

Anders als bei der erforderlichen Ausbuchung der Schwankungsrückstellung erfolgen in Phase 1 keine materiellen Änderungen in der Behandlung von *Abschlusskosten* aus Versicherungsverträgen. Vielmehr besteht während Phase 1 ein Wahlrecht, ob Abschlusskosten aktiviert und über den Vertragszeitraum planmäßig abgeschrieben oder im Anfalljahr sofort als Aufwand verbucht werden. Auch eine passivische Absetzung von den Rückstellungen (Zillmerung), wie in Deutschland bei der Bilanzierung der Deckungsrückstellung üblich (§25 Abs.1 S.2 RechVersV), wird ausdrücklich erlaubt (IFRS 4. BC116).

5.4.3 Liability Adequacy Test

Die ausreichende Reservierung versicherungstechnischer Verpflichtungen soll in Phase 1 mit Hilfe eines *liability adequacy tests* gewährleistet werden (IFRS 4.15). Dafür werden die zukünftigen Zahlungsströme aus den Versicherungsverträgen geschätzt und mit den bilanziell bereits gebildeten Rückstellungen verglichen. Der IASB nimmt kaum Einfluss auf die Ausgestaltung des Tests (IFRS 4.BC101). Vielmehr können national bereits existierende Vorgaben, die gewisse Mindestanforderungen erfüllen, übernommen werden. Der Test muss aktuelle Annahmen über die vertraglichen und mit dem Vertrag verbundenen Zahlungsströme (z.B. Schadenbearbeitungskosten) enthalten sowie Zahlungsströme berücksichtigen, die aus eingebetteten Optionen und Garantien resultieren. Zusätzlich muss eine mögliche Differenz zwischen tatsächlichen und bilanziellen Verpflichtungen ergebniswirksam verbucht werden (IFRS 4.16). Falls nationale Vorschriften fehlen, ist ein Vergleich der bilanziell ausgewiesenen Rückstellungen mit einer hypothetischen Bewertung der Verpflichtungen nach IAS 37 »provisions, contingent liabilities and contingent assets« vorzunehmen (IFRS 4.19). Unterschreiten die bilanziellen Verpflichtungen den Wert, der nach IAS 37 resultieren würde, ist die gesamte Differenz ergebniswirksam zu berücksichtigen (IFRS 4.17). Dafür sind eventuell aktivierte Abschlusskosten bzw. in Beziehung stehende immaterielle Vermögensgegenstände abzuschreiben oder die versicherungstechnischen Verpflichtungen zu erhöhen.

Der liability adequacy test muss nicht auf Ebene von einzelnen Verträgen erfolgen (IFRS 4.18). Vielmehr können nationale Vorschriften über den Umfang der einzubeziehenden Verträge übernommen werden, falls diese den Mindestanforderungen des IFRS 4.16 entsprechen. Für den Vergleich mit IAS 37 ist ein Portfolio von Verträgen heranzuziehen, in dem ähnliche Risiken – etwa zum Zweck der Steuerung – zusammengefasst werden. Die Vorgabe eines liability adequacy test führt weder für Konzerne, die nach HGB bilanzieren, noch für Anwender von US-GAAP zu materiellen Unterschieden zur bisherigen Bilanzierung:

- Im HGB werden künftige Auszahlungsüberschüsse über die Bildung von Rückstellungen in Folge des Imparitätsprinzips ausreichend berücksichtigt (z.B. über die Bilanzierung von Drohverlustrückstellungen und über die prospektive Bewertung der Deckungsrückstellung).

- Äquivalent zu dem im IFRS 4 vorgesehenen liability adequacy test erfolgt nach US-GAAP eine Überprüfung zum Ausgleich eines Prämiendefizits *(premium deficiency)* nach SFAS 60.32–37 (ASC 944-60).

5.4.4 Entflechtung und eingebettete Derivate

Der IASB fasst unter den Begriff Entflechtung *(unbundling)* die Aufspaltung von Verträgen, die neben einer Risikokomponente auch eine Spar- oder Investmentkomponente enthalten (IFRS 4.10).[99] Aus Gründen der Konsistenz mit IAS 39 wird untersucht, welche Komponenten dieser Verträge den Finanzinstrumenten und welche den Versicherungsverträgen zuzuordnen sind.[100] Bei einer Trennung würde die Versicherungskomponente unter die Regelung eines zukünftigen Versicherungs-IFRS fallen, während die Investmentkomponente nach IAS 39 bzw. eine darin enthaltene Verwaltungskomponente nach IAS 18 zu bilanzieren wäre. Die Diskussion über ein mögliches unbundling von Versicherungsverträgen war in der Entstehungsphase von IFRS 4 durch ständige Kurswechsel geprägt. Produkte der Kranken- und vor allem der Lebensversicherung enthalten häufig neben der Risikokomponente auch eine Sparkomponente. Während eine bilanzielle Trennung dieser Komponenten im Issues Paper 1999 noch vorgesehen war, wurde im DSOP 2001 sowie im ED 5 und im IFRS 4 ein unbundling im Wesentlichen nicht mehr gefordert.

Der weitgehende Verzicht auf ein unbundling in Phase 1 wird damit begründet, dass eine Aufspaltung der Verträge zu unverhältnismäßigem Umstellungsaufwand führen würde (IFRS 4.BC44). Es können folgende Regelungen des IFRS 4 unterschieden werden:

- *Wahlrecht eines unbundling:* IFRS 4 erlaubt ein unbundling dann, wenn ein Versicherungsunternehmen die Investmentkomponente separat messen kann.
- *Pflicht eines unbundling:* Falls die Investmentkomponente separat gemessen werden kann und gleichzeitig die bisher anzuwendenden Bilanzierungsvorschriften keine vollständige Erfassung der Verpflichtungen und Rechte aus der Investmentkomponente sicherstellen, ist ein unbundling verpflichtend (IFRS 4.10).
- *Verbot eines unbundling:* Eine Aufspaltung ist in denjenigen Fällen nicht erlaubt, in denen die Investmentkomponente nicht separat gemessen werden kann.

Insgesamt ist eine Zerlegung für HGB-Anwender in der Regel nicht erforderlich, weil das Vollständigkeitsprinzip (§ 246 Abs. 1 HGB) sowie die Pflicht zur Bildung einer Drohverlustrückstellung aus schwebenden Geschäften (§ 249 Abs. 1 S. 1 HGB) für eine ausreichende Bilanzierung der Rechte und Pflichten aus den Versicherungsverträgen sorgen. Auch für US-GAAP Anwender bestätigt die Praxis der letzten Jahre diese Vermutung weitgehend.

99 Vgl. zum unbundling ferner IFRS 4.IG5 und IFRS 4.BC40–54.
100 Vgl. Rockel, Werner; Sauer, Roman [Exposure Draft 5, 2003], S. 1112.

Beispiel 3.3: Unbundling nach IFRS 4

1. Es wird ein Rückversicherungsvertrag gezeichnet, bei dem die Schadenzahlungen des Rückversicherers durch steigende Prämien in künftigen Perioden zurückgezahlt werden. Ein *unbundling* ist *zwingend*, wenn die Rückzahlung nicht ungewiss ist und die Rückzahlungsverpflichtung nicht als Verbindlichkeit ausgewiesen wird.
2. *Keine zwingende Zerlegung* liegt bei einem Lebensversicherungsvertrag vor, der eine Finanzkomponente enthält, bei der nach der bisherigen Bilanzierungspraxis der Sparanteil als Verbindlichkeit auszuweisen ist.

Neben dem Problem des unbundling werden auch *eingebettete Derivate* (embedded derivatives) in IFRS 4 aufgegriffen. Darunter werden Verträge gefasst, die eine rechtlich untrennbare Kombination aus einem nicht derivativen Trägerinstrument (Basisvertrag) und einem eingebetteten derivativen Finanzinstrument darstellen. Nach IAS 39 sind eingebettete Derivate von ihrem Basisinstrument zu trennen und wie ein freistehendes Derivat erfolgswirksam zum fair value zu bewerten, wenn folgende Voraussetzungen kumulativ erfüllt sind (IAS 39.11):

- Das Derivat erfüllt für sich allein die Kriterien eines derivativen Finanzinstruments.
- Die Charakteristika und Risiken des Derivats sind nicht eng mit denen des Trägerkontrakts verbunden.
- Das strukturierte Produkt wird nicht zum fair value bewertet.

Nach der Vorstellung des IASB stellt der fair value aufgrund seiner hohen Transparenz den einzig relevanten Wertmaßstab für Derivate dar (IFRS 4.BC190). Versicherungsverträge enthalten eine Vielzahl von eingebetteten Derivaten, wie etwa Rückkaufswerte, garantierte Mindestverzinsungen, Ablaufleistungen sowie Verlängerungs- oder Kündigungsoptionen. Dennoch sieht IFRS 4 für Optionen und Garantien in Versicherungsver-

Beispiel 3.4: In Versicherungsverträge eingebettete Derivate

1. Rückkaufsoption: Ein Versicherungsunternehmen braucht eine Rückkaufsoption des Versicherungsnehmers zu einem vereinbarten Rückkaufswert nicht getrennt zum fair value zu bilanzieren, selbst wenn der Ausübungspreis von der Höhe der für den Vertrag gebildeten Rückstellung abweicht (IFRS 4.8). Eine separate Bilanzierung zum fair value wird nach IFRS 4 jedoch dann notwendig, wenn die Höhe des Rückkaufswertes von einem Index (z. B. aktienindexgebundene Lebensversicherung) abhängig ist, da hier der enge Zusammenhang zum Versicherungsvertrag fehlt (IFRS 4.IG, Example 2.14).
2. Verrentungsoption: Die Option, die angesparte Versicherungssumme einer Kapital-Lebensversicherung bei Vertragsende zu verrenten muss nicht getrennt bilanziert werden, da sie selbst die Definition eines Versicherungsvertrages erfüllt. Das Versicherungsrisiko des Derivats besteht in der Langlebigkeit des Kunden.
3. Option zur Erhöhung der Versicherungssumme: Analog begründet die Option des Versicherungsnehmers zur Erhöhung der Versicherungssumme ein nicht abzuspaltendes Versicherungsrisiko, weil die Ausübung dieser Option vom Gesundheitszustand des Versicherungsnehmers abhängt.

trägen in Phase 1 weitgehend keine separate Bilanzierung mit dem fair value vor (IFRS 4.BC192). Aufgrund der Beibehaltung bisheriger Bilanzierungspraxis in Phase 1 wird für Versicherungsverträge zunächst keine fair value Bilanzierung gefordert. Analog wird in IFRS 4 keine Notwendigkeit gesehen, Optionen, die in Versicherungsverträge eingebettet sind, in der Übergangszeit bis Phase 2 mit dem fair value zu bewerten, wenn diese selbst die Kriterien eines Versicherungsvertrags erfüllen (IFRS 4.7).

Ebenso kann auf eine separate Bilanzierung verzichtet werden, wenn der Versicherungsvertrag und das eingebettete Derivat so eng zusammenhängen, dass eine separate Bewertung des Derivats nicht möglich ist (IFRS 4.BC193).

5.4.5 Ermessensabhängige Überschussbeteiligung

Besondere Regeln finden sich für Versicherungs- und Finanzverträge mit *ermessensabhängiger Überschussbeteiligung*. Diese zeichnen sich durch einen vertraglichen Anspruch auf Überschussbeteiligung aus, wobei die Höhe oder der Zeitpunkt der Zuteilung vertraglich im Ermessen des Versicherers liegen. Die zusätzliche Leistung basiert gemäß Vertrag auf dem Überschuss des Unternehmens, eines Teilbestands oder eines Teils des Überschusses wie Zins- und Sterblichkeitsüberschuss.

Für deutsche Versicherungsunternehmen sind insbesondere folgende Sachverhalte von Relevanz:[101]

- Eine im Einzelabschluss angesetzte Rückstellung für Beitragsrückerstattung (RfB) stellt eine nach IFRS 4 zu passivierende Verpflichtung dar. Die freien Teile der RfB sind im Rahmen der Fortführung der bisherigen Bilanzierungstätigkeit ebenfalls weiterzuführen. Eine Änderung der Bilanzierungspraxis infolge der Vermittlung von verlässlicheren und relevanteren Informationen kommt nicht in Betracht, da die freie RfB nach § 56a Abs. 3 VAG einer Verwendungssicherung zugunsten der Versicherungsnehmer unterliegt.
- In IFRS 4 finden sich keine Vorgaben bezüglich temporärer Unterschiede zwischen dem HGB-Einzelabschluss und dem IFRS-Konzernabschluss. Im Zuge der Fortführung der bisherigen Bilanzierungspraxis wird eine Berücksichtigung von im IFRS-Abschluss vorab ausgewiesenen Überschüssen bzw. unrealisierten Gewinnen bei der Bildung der RfB notwendig. Insofern ist die aus den US-GAAP bekannte latente Rückstellung für Beitragsrückerstattungen auch im IFRS-Konzernabschluss zu bilden.

5.4.6 Rückversicherung

Als Rückversicherungsverträge werden von IFRS 4 Verträge bezeichnet, die ein Versicherungsunternehmen (Zessionär) mit einem anderen Versicherungsunternehmen (Zedent) schließt, um dieses für Schäden aus selbst abgeschlossenen Versicherungsverträgen zu kompensieren (IFRS 4, appendix A). Grundsätzlich unterscheiden sich Rückversiche-

101 Vgl. KPMG [IFRS aktuell, 2004], S. 150.

rungsverträge bezüglich ihrer bilanziellen Anerkennung nicht von Erstversicherungsverträgen. Im Standardentwurf hatte der IASB noch detaillierte Regeln für die passive Rückversicherung vorgesehen. Diese wurden jedoch nicht in den endgültigen Standard aufgenommen. IFRS 4 regelt lediglich das impairment von Vermögensgegenständen aus Rückversicherungsbeziehungen (IFRS 4.20). Demnach ist eine Abschreibung ergebniswirksam vorzunehmen, wenn nach einem Schadenereignis objektiv nachgewiesen wird, dass der Zedent nicht die vollständige im Vertrag vorgesehene Summe erhält und das Schadenereignis einen zuverlässig messbaren Einfluss auf den vom Rückversicherer zu leistenden Betrag hat. Weiterhin ist der Rückversicherungsanteil an den versicherungstechnischen Positionen der Bilanz und der Gewinn- und Verlustrechnung immer offen auszuweisen. Ein reiner Nettoausweis ist somit nicht zulässig.

5.4.7 Erwerb von Versicherungsunternehmen und -beständen

Der zukünftige IFRS für Versicherungsverträge soll Versicherungsunternehmen nicht davor bewahren, erworbene Vermögensgegenstände oder Schulden aus Versicherungsverträgen zum fair value zu bilanzieren. Äquivalent zu IFRS 3 »business combinations« fordert IFRS 4 für erworbene Vertragsbestände, die aus Unternehmenszusammenschlüssen oder der Übertragung von Teilbeständen resultieren, eine Bilanzierung zum fair value (IFRS 4.31). Allerdings wird ein Wahlrecht eingeräumt, die einzelnen Komponenten der Bestandsübertragung differenzierter darzustellen. Insofern können die aus den übernommenen Verträgen resultierenden Verpflichtungen separat als Schuld bilanziert und nach bisherigen nationalen Vorschriften bewertet werden. Der zum fair value resultierende Unterschiedsbetrag wird als immaterieller Vermögenswert (present value of future profits) bilanziert und über die Laufzeit der zugrunde liegenden Verträge abgeschrieben (IFRS 4.BC149). Dieser aus dem Versicherungsbestand resultierende, immaterielle Vermögenswert wird konsequenterweise aus dem Anwendungsbereich der IAS 36 und IAS 38 ausgeschlossen, da er dem liability adequacy test des IFRS 4 unterliegt und in Abhängigkeit der Bilanzierung der Verpflichtungen bewertet werden soll.

5.4.8 Offenlegungsvorschriften

Der IASB versucht, der Zielsetzung des IFRS 4 in Phase 1 – zumindest einen kleinen Fortschritt hinsichtlich der Verbesserung der Informationsfunktion der Abschlüsse zu erreichen – mit einer signifikanten Erweiterung der Offenlegungspflichten im Anhang gerecht zu werden. Dafür sind zwei Kernbereiche maßgeblich (IFRS 4.36–38):

- Erläuterungen zu den Positionen von Bilanz und Gewinn- und Verlustrechnung sowie
- Informationen über Höhe, Zeitpunkt und Unsicherheit zukünftiger Zahlungsströme aus den Versicherungsverträgen.

Noch im Standardentwurf war vorgesehen, eine verpflichtende Offenlegung des fair value ab dem Geschäftsjahr 2006 im Anhang zu fordern. Diese Absicht hat der IASB im IFRS

4 nicht umgesetzt. Der fair value im Anhang würde die Hinwendung des IASB zu einer umfassenden Marktwertbilanzierung in Phase 2 festschreiben.

In der *implementation guidance* werden ausführliche Hinweise und Beispiele vor allem zur Umsetzung der Offenlegungsprinzipien gegeben. Der Board stellte jedoch klar, dass die implementation guidance lediglich Möglichkeiten der Umsetzung der geforderten Offenlegungsprinzipien aufzeigen. Nicht alle vorgeschlagenen Angaben müssen tatsächlich im Anhang enthalten sein.[102]

Beispiel 3.5: Anhangsangaben nach IFRS 4

1. Erläuterungen zu den Positionen von Bilanz und Gewinn- und Verlustrechnung (IFRS 4.36f.):
   a) Bilanzierungs- und Bewertungsmethoden,
   b) Vermögenswerte, Schulden, Aufwendungen und Erträge, die sich aus einem Versicherungsvertrag ergeben (sofern sie nicht bereits separat im Jahresabschluss ausgewiesen sind),
   c) analoge Angabe der vorgenannten Posten in der nach der direkten Methode erstellten Kapitalflussrechnung (cash flow statement),
   d) Beschreibung der Vorgehensweise zur Ermittlung der wesentlichen Rechnungsgrundlagen unter Vornahme quantitativer Angaben, soweit praktikabel,
   e) Offenlegung des Effektes aus einer Änderung wesentlicher Rechnungsgrundlagen,
   f) Bestandsentwicklung der Versicherungsverbindlichkeiten, der korrespondierenden Rückversicherungsanteile sowie gegebenenfalls der aktivierten Abschlusskosten.

2. Informationen über Höhe, Zeitpunkt und Unsicherheit zukünftiger Zahlungsströme aus den Versicherungsverträgen
   a) Beschreibung des Risikomanagements,
   b) Informationen über das Versicherungsrisiko jeweils vor und nach Rückversicherung unter Angabe von Sensitivitäten, Risikokonzentrationen, Abwicklungsergebnissen in Form von so genannten Abwicklungsdreiecken,
   c) Informationen über Kredit-, Liquiditäts- und Marktrisiken analog IFRS 7, 31–42,
   d) Informationen über Zins- und Marktrisiken in eingebetteten Instrumenten, die nicht vom Trägerkontrakt abgespalten wurden.

5.4.9 Exkurs: Bilanzieller asset liability mismatch

Bereits in den Erläuterungen des IASB zum IFRS 4, der Basis of Conclusion, wird die unter bestimmten Umständen auftretende Problematik eines bilanziellen *asset liability mismatching* aufgegriffen. Durch die unterschiedlichen Bewertungsprinzipien kann es zu einer Inkongruenz in der Entwicklung von Aktiv- und Passivposten kommen: Ein Marktzinsanstieg verursacht einen Kursrückgang bei den zum fair value bewerteten Anleihen auf der Aktivseite, während es bei den nach nationalen Vorschriften meist undiskontierten und vorsichtig bewerteten versicherungstechnischen Rückstellungen zu keiner Veränderung des Buchwertes kommt. Dadurch wird unter Umständen die ökonomische Wirklichkeit ver-

102 Zu einzelnen Anhangsangaben vgl. Kapitel 7.

zerrt. Wenn der Versicherer durch eine *duration matching* Strategie im Rahmen des *asset liability managements* eine Fristenkongruenz von Aktivposten und Verpflichtungen erreicht, hat er sich aus ökonomischer Sicht gegenüber den Folgen von Marktzinsänderungen weitgehend immunisiert, bilanziell wirken sich diese jedoch weiterhin aus. Bei einer Einstufung der Anleihen als available for sale (AFS-)Wertpapiere wird der Kursverlust zwar nicht in der GuV erfasst, das Eigenkapital reduziert sich jedoch in entsprechender Höhe.

Um die Auswirkungen aus der Marktwertbewertung nach IAS 39 zumindest teilweise abzufedern, stehen dem Versicherer folgende Möglichkeiten offen:

- Diskontierung ausgewählter versicherungstechnischer Rückstellungen mit dem aktuellen Marktzins;
- Anwendung des so genannten »*shadow accounting*« (IFRS 4.30), welches eine fiktive Realisierung unrealisierter Bewertungsunterschiede vorsieht: Sich bei Bewertung der Kapitalanlagen ergebende nicht realisierte Gewinne/Verluste werden mit dem Anteil in eine Rückstellung für latente Beitragsrückerstattung eingestellt, mit dem im Falle ihrer Realisierung der Versicherungsnehmer aufgrund gesetzlicher oder vertraglicher Regelung partizipieren wird.
- umfangreiche Nutzung der so genannten »*held to maturity*«-Kategorie sowie der Kategorie loans and receivables nach IAS 39 welche eine Bewertung zu fortgeführten AHK ermöglichen.

Von der Option zur Diskontierung der versicherungstechnischen Rückstellungen bereits unter IFRS 4 Phase I machen in der Praxis jedoch nur wenige Unternehmen Gebrauch. Jede Marktzinsänderung schlägt sich bei diskontierten Reserven unmitelbar erfolgswirksam in der Ergebnisrechnung nieder, was – um einen accounting-mismatch in jener zu vermeiden – zeitgleich eine Umgliederung der finanziellen Vermögenswerte in die IAS-39-Kategorie »*fair value through profit and loss*« notwendig machen würde. Damit würde sich fast die gesamte Volatilität des Geschäfts und ein möglicherweise bestehender ökonomischer asset liability mismatch in der Ergebnisrechnung widerspiegeln, was vielen Anwendern als zu riskant erscheint.

6 IFRS 4: Versicherungsverträge – Phase 2

6.1 Konzeptionelle Ansätze

Für die Umsetzung einer Bilanzierung von Versicherungsverträgen in Phase 2 wurde von Beginn des Projekts an über zwei sehr unterschiedliche theoretische Ansätze diskutiert. Das erste Konzept bildet der *deferral and matching* Ansatz, dessen Ziel darin besteht, einen periodengerechten Erfolg zu ermitteln. Demnach sollen die Erträge der Periode den zugehörigen Aufwendungen zugeordnet werden. Die Rechnungsabgrenzung hat eine hohe Bedeutung, weil durch Rechnungsabgrenzungsposten eine Verteilung von Erträgen auf unterschiedliche Perioden möglich ist. So können etwa vorausgezahlte Prämieneinnahmen der Periode, die erst in der Folgeperiode einen Ertrag darstellen, übertragen werden. Ebenso werden Abschlusskosten aktiviert und auf die Perioden der Vertragsdauer verteilt. Im Extremfall wird die Bilanz zu einem reinen Abgrenzungskonto der Periode. Eine periodengerechte Gewinnermittlung entspricht in weiten Teilen der Idee der dynamischen Bilanztheorie von Eugen Schmalenbach.[103] Damit verbunden ist regelmäßig eine Bewertung zu fortgeführten Anschaffungs- und Herstellungskosten. Ein Einbezug von Zeitwerten beschränkt sich im Wesentlichen auf einen niedrigeren Börsen- oder Marktpreis bzw. einen niedrigeren beizulegenden Wert. Dieses so genannte *»Imparitätische fair value Konzept«*[104] führt zu einer Ungleichbehandlung von unrealisierten Gewinnen und Verlusten. Während unrealisierte Verluste antizipiert werden und zu Aufwendungen in der Periode führen, bleiben unrealisierte Gewinne ergebnisneutral. In einigen Fällen kann es Ausnahmen geben, die eine Bewertung von Vermögensgegenständen zu Zeitwerten vorsehen. So fordern die US-GAAP, die weitgehend einem deferral and matching approach entsprechen, bei bestimmten Wertpapieren eine Bewertung über den Anschaffungskosten.

Dem deferral and matching Ansatz steht der *asset liability measurement* Ansatz gegenüber. Dieser Ansatz versucht eine asymmetrische Behandlung von unrealisierten Gewinnen und Verlusten zu vermeiden. Eine bilanzielle Verlustvorsorge wird durch eine bilanzielle Gewinnantizipation ergänzt. Insofern führt jede Wertänderung zu einem erfolgswirksamen Vorgang. Im Vordergrund steht keine periodengerechte Erfolgsermittlung, sondern die exakte Ermittlung von Vermögensgegenständen und Schulden eines Unternehmens. Der asset liability measurement Ansatz kennt demnach keine Rechnungsabgrenzung. Die Bilanz wird geprägt von Vermögensgegenständen, Schulden und Eigenkapital. Das Eigenkapital nähert sich dem Unternehmenswert an, da sowohl Vermögensgegenstände als auch Schulden mit dem Zeitwert bilanziert werden[105]. Die Ermittlung des Eigenkapitals erfolgt als Residualgröße aus der Veränderung des Reinvermögens zwischen Beginn und Ende der Periode.

Der asset liability measurement Ansatz ist sehr stark an die statische Bilanztheorie angelehnt. Diese von Herman Veit Simon[106] geprägte Bilanztheorie stellt die Ermittlung des Reinvermögens unter der Annahme der Unternehmensfortführung in den Mittelpunkt der Bilanzierung. Im Vergleich zur dynamischen Bilanztheorie steht nicht die Erfolgsrechnung im Vordergrund, sondern die Bilanz.

Der IASB hat bereits frühzeitig die Anwendung des asset liability measurement Ansatzes für Versicherungsverträge diskutiert. Mit einem reinen asset liability measurement Ansatz wären folgende *Konsequenzen* für die Versicherungsbilanz verbunden:

- *Abschlussaufwendungen* stellen keinen aktivierungsfähigen Vermögensgegenstand dar. Vielmehr führen sie zu Aufwendungen in der Periode, die sofort erfolgswirksam zu erfassen sind.

---

103 Vgl. Schmalenbach, Eugen [Dynamische Bilanz, 1953], S. 59.

104 Vgl. Baetge, Jörg; Zülch, Henning [Fair Value, 2001], S. 548.

105 Konzeptionell handelt es sich bei dem dann ausgewiesenen Periodenerfolg um den ökonomischen Gewinn. Eine Verbindung zu gegenwärtigen Rechnungslegungssystemen erfolgt in praxi häufig in der internen Erfolgsrechnung über Residualgewinne, d. h. Wertbeiträge auf Basis angepasster Jahresabschlusszahlen. Ein Überblick über die Varianten findet sich bei *Schaffer, Christian* [Unternehmensführung, 2005], S. 15–33.

106 Vgl. Simon, Herman Veit [Bilanzen, 1899].

- *Beitragsüberträge* stellen nur dann eine Schuld dar, wenn seitens des Versicherungsunternehmens ein Erfüllungsrückstand am Stichtag entsteht. In den Prämien sind Gewinnmargen und Deckungsbeiträge für Abschlusskosten enthalten, denen keine Schuld aus Erfüllungsrückstand gegenübersteht. Insofern kommt es zu einem Gewinnausweis bei Abschluss des Vertrags, wobei eine teilweise Kompensierung von verausgabten Abschlusskosten durch die vereinnahmten Deckungsbeiträge erfolgt.
- Versicherungstechnische Verpflichtungen sind *abzuzinsen,* damit die wirtschaftliche Belastung infolge zukünftiger Zahlungen in Abhängigkeit von der Fälligkeit abgebildet wird.
- Die Bewertung der versicherungstechnischen Rückstellungen muss *Risikozuschläge* integrieren. Diese geben den Preis an, den ein vertragswilliger Partner verlangen würde, um die mit künftigen Zahlungen verbundene Unsicherheit zu übernehmen.
- *Schwankungsrückstellungen und ähnliche Rückstellungen* erfüllen nicht die Anforderungen an eine Schuld. Sie werden daher in der Bilanz nicht passiviert.
- Zum *Zeitpunkt des Vertragsabschlusses* ist der erwartete Gesamtgewinn aus dem Versicherungsvertrag sofort zu vereinnahmen. Dabei ist die Beteiligung der Versicherungsnehmer am Überschuss in der Deckungsrückstellung zu berücksichtigen. Nur im Fall von darüber hinausgehenden Überschüssen ist eine separate Rückstellung für Beitragsrückerstattung zu bilden.

Die Diskussion des asset liability measurement Ansatzes ist vornehmlich in Deutschland auf große Kritik gestoßen.[107] Insbesondere wird angeführt, dass die versicherungsspezifischen Charakteristika der Langfristigkeit sowie der Zeitraumbezogenheit nicht ausreichend berücksichtigt werden. In Abbildung 3.5 werden die wesentlichen Unterschiede zwischen deferral and matching approach und asset liability approach gegenübergestellt.

	deferral and matching approach	**asset liability approach**
Bilanztheorie	dynamische Bilanztheorie	statische Bilanztheorie
Ziel	periodengerechte Erfolgsermittlung	Bewertung von Vermögenswerten und Schulden
Bilanzinhalt	Vermögenswerte, Schulden, Eigenkapital, Rechnungsabgrenzungsposten, Aktivierung von bestimmten Kosten	Vermögenswerte, Schulden, Eigenkapital
Gewinnprinzip	die Erträge der Periode sind den zugehörigen Aufwendungen gegenüberzustellen	Residualgewinn als Veränderung des Eigenkapitals
Gewinnausweis	Realisationsprinzip	Ausweis unrealisierter Gewinne in der Erfolgsrechnung aufgrund der fair value Bewertung
Kosten	Aktivierung von Kosten, damit Aufwendungen in der Periode entstehen, in denen die zugehörigen Erträge anfallen	keine Aktivierung von Kosten
Versicherungstechnische Verpflichtungen	keine Abzinsung von versicherungstechnischen Verpflichtungen	Abzinsung von versicherungstechnischen Verpflichtungen, da Zeitwertbilanzierung

Abb. 3.5: Vergleich theoretischer Ansätze für die Bilanzierung in Phase 2

107 Vgl. insbesondere DSR [Positionspapier 1, 2000], S. 11–14.

6.2 Grundzüge einer Zeitwertbilanz für Versicherungsunternehmen

Vermögenswerte und Schulden aus Versicherungsverträgen sind in einem asset liability measurement Ansatz grundsätzlich *prospektiv* auf der Basis ihrer zukünftigen Ein- und Auszahlungen zu bewerten.

Für die Bewertung der versicherungstechnischen Verpflichtungen ist der *fair value* oder unter bestimmten Voraussetzungen der *entity specific value* heranzuziehen.[108] Dem fair value Konzept liegt die Annahme zugrunde, dass die Vermögenswerte und Schulden der bilanzierenden Unternehmen marktnäher abgebildet werden und die in der Bilanz angesetzten Werte eine höhere Informationsrelevanz besitzen.[109]

Der fair value entspricht dem auf den Bilanzstichtag diskontierten Erwartungswert der zukünftigen Zahlungen aus den Versicherungsverträgen, wobei ein (Markt-)Risikozuschlag für die mit den Verpflichtungen verbundene Unsicherheit zu berücksichtigen ist. Bei der Bewertung der Risikozuschläge ist nach dem Konzept des *exit value* diejenige Risikoprämie zu bestimmen, die ein sachverständiger und vertragswilliger Geschäftspartner für die Übernahme der zukünftigen Verpflichtungen fordern würde.[110] Demgegenüber ist unter Maßgabe eines *entry value* diejenige Risikoprämie zu berücksichtigen, die ein Versicherungsunternehmen bei Neuabschluss eines Versicherungsvertrags – mit identischen Merkmalen wie die zu bewertenden versicherungstechnischen Verpflichtungen – am Markt fordern könnte. Die Abzinsung auf den Bilanzstichtag soll die unterschiedliche wirtschaftliche Belastung entsprechend der Fälligkeit zukünftiger Zahlungsströme widerspiegeln.[111] Falls die Unsicherheit bereits in den Zahlungsströmen berücksichtigt wird, erfolgt eine Diskontierung mit dem risikolosen Zinssatz.[112] Alternativ kann der Zinssatz mit Hilfe von Zu- oder Abschlägen modifiziert werden.

Neben dem fair value wird in der Diskussion eine Ermittlung des Wertansatzes für Versicherungsverträge auf Basis des *entity specific value* diskutiert. Letzterer ist aus Sicht eines asset liability measurement Ansatzes nur dann heranzuziehen, wenn

- marktbasierte Informationen nicht erhältlich sind oder
- mit der Beschaffung solcher Informationen erhebliche Kosten verbunden sind.

Danach ist für die Bewertung derjenige Preis heranzuziehen, den ein Marktteilnehmer zu zahlen bereit ist, wenn dieser über die gleichen Informationen und spezifischen Handlungsalternativen wie das betreffende Unternehmen verfügen würde.[113] Folglich wird der Informationsvorsprung des bilanzierenden Unternehmens gegenüber den anderen Markt-

108 Vgl. IASB [DSOP, 2001], Rd. 3.3 und 3.4.

109 Vgl. Baetge, Jörg; Zülch, Henning [Fair Value, 2001], S. 545. Ob die daraus abgeleitete Erfolgsgröße höhere Informations- und somit Wertrelevanz besitzt als herkömmliche Periodenergebnisse, ist umstritten. Vgl. die Darstellung empirischer Befunde und die Kritik bei Schaffer, Christian [Unternehmensführung, 2005], S. 46–72.

110 Vgl. Kölschbach, Joachim [Zeitwerte, 2000], S. 434.

111 Vgl. Geib, Gerd [Diskussionsstand, 2001], S. 119.

112 Vgl. Hesberg, Dieter [Internationalisierung, 2001], S. 186.

113 Vgl. Perlet, Helmut [Zeitwertbilanzierung, 2001], S. 297; Hitz, Markus; Kuhner, Christoph [Barwertermittlung, 2000], S. 893.

teilnehmern in die Bestimmung des Wertansatzes einfließen. Damit werden komparative Vorteile eines Unternehmens – etwa das Bestehen einer effizienten Innenorganisation, die Größe und Homogenität der Bestände oder besondere Managementqualitäten – berücksichtigt.

Aufgrund nicht vorhandener Märkte für versicherungstechnische Verpflichtungen sind Annahmen über die Höhe der am fiktiven Markt geforderten Risikoprämie zu treffen. Die Risikoprämie auf Basis des fair value oder eines entity specific value soll sowohl *diversifizierbare als auch nicht-diversifizierbare* Risiken widerspiegeln. Der Einbezug diversifizierbarer Risiken wird mit den Charakteristika von Versicherungsmärkten begründet, die den idealisierten Annahmen des Kapitalmarktes nicht gerecht werden. Demnach sind erstens Versicherungsmärkte ineffizient und zweitens Informationen nicht kostenlos erhältlich, d. h., eine Diversifikation ist in der Realität nicht vollständig möglich.

6.3 Exposure Draft Versicherungsverträge

6.3.1 Anwendungsbereich

Den vorläufig letzten Entwicklungsschritt der Entwicklung eines vollständigen IFRS Versicherungsverträge stellt der im Sommer 2010 herausgegebene *exposure draft* dar.[114] Im Zuge der Bemühungen des US-amerikanischen Standardsetters FASB, gemeinsam mit dem IASB einen globalen Bilanzierungsstandard für Versicherungsverträge zu schaffen, wurde der exposure draft wenig später größenteils unverändert vom FASB als Diskussionspapier veröffentlicht.

Der exposure draft sieht einen zum IFRS 4 Phase 1 praktisch unveränderten Anwendungsbereich vor. Zwei Anpassungen werden jedoch vorgeschlagen (Insurance ED. BC.193 ff.):

- Kreditversicherungsverträge bzw. Finanzgarantien fallen zwingend in den IFRS 4, soweit sie die Versicherungsvertragsdefinition erfüllen. Da das zukünftige Bewertungsmodell für Versicherungsverträge auch für diese Kontrakte als geeignet angesehen wird, entfällt das Designationswahlrecht zwischen Finanzinstrumenten und Versicherungsverträgen aus IFRS 4 Phase 1;
- Finanzinstrumente mit einer ermessensabhängigen Überschussbeteiligung sollen wie in Phase 1 in den Anwendungsbereich fallen. Obligatorisch ist jedoch die Anforderung, dass die Überschussbeteiligung der entsprechenden Verträge im Rahmen eines Kollektivs bestimmt wird, in dem auch Versicherungsverträge enthalten sind.

114 Vgl. IASB [ED, 2010].

6.3.2 Ansatz

Aus Versicherungsverträgen resultierende Vermögenswerte und Schulden sind zum Zeitpunkt des bindenden Abschlusses des Vertrages bilanziell zu erfassen. Als solcher gilt der Moment der Risikoübernahme, in dem für den Versicherer keine Möglichkeit mehr besteht, sich der Verpflichtung zur Leistungserbringung (Gewährung von Versicherungsschutz) zu entziehen bzw. die hierfür geforderte Prämie neu zu bestimmen. Somit beschränkt sich die Bilanzierung von Versicherungsverträgen auf die im Bestand befindlichen Verträge (closed book Ansatz). Der Bilanzansatz erfolgt nach diesen Vorschlägen unter Umständen bereits vor Vertragsbeginn zum Abschlusszeitpunkt, was einer Berücksichtigung von quasi-schwebenden Geschäften entspricht und in Deutschland nicht die derzeitige Praxis darstellt.

6.3.3 Bewertung

6.3.3.1 Building Block Ansatz

Im Mittelpunkt des im Juli 2010 publizierten exposure draft steht eine Zeitwertbilanzierung von Versicherungsverträgen zum *unternehmensspezifischen Erfüllungsbetrag* (fulfillment value), welcher eine Abbildung des Wertes der zur Erfüllung der Verpflichtungen erforderlichen Ressourcen fordert (Insurance ED.17). Somit hält der IASB nicht länger an dem bisher zentralen Paradigma einer fair value Bewertung für Versicherungsverträge

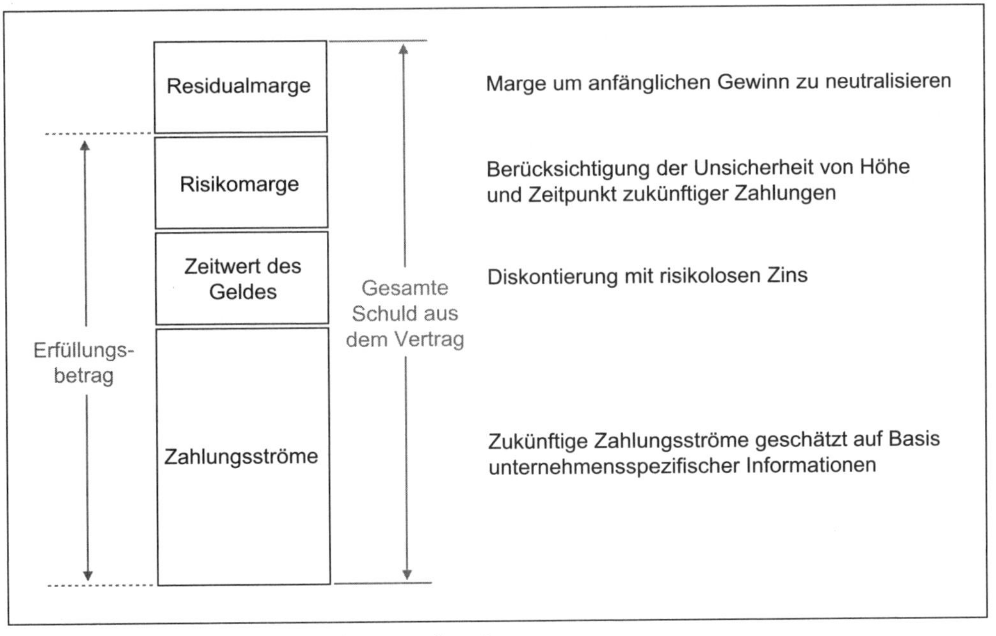

Abb. 3.6: Building blocks approach in IFRS 4 Phase 2

fest. Die Vorschläge entsprechen tendenziell den auch schon in früheren Jahren diskutierten *entity specific value Ansatz*. Dabei definiert der exposure draft folgende zentrale Bausteine (*building blocks*) einer Bewertung zum Erfüllungsbetrag:

- *Block 1: Zukünftige Zahlungsströme* geschätzt auf Basis unternehmensspezifischer Informationen.
- *Block 2: Diskontierung* der Zahlungsströme zur Abbildung des Zeitwertes des Geldes, basierend auf am Markt beobachtbaren Zinssätzen von Finanztiteln, die den zu bewertenden Verpflichtungen in ihren Charakteristika hinsichtlich Laufzeit, Währung und Illiquidität möglichst ähnlich sind.
- Block 3: *Risikomarge* zur Berücksichtigung der Risikopräferenz von Marktteilnehmern, die eine Prämie für das Tragen risikobehafteter Zahlungsströme fordern.

Ein zu Vertragsbeginn möglicherweise entstehender Gewinn wird durch den Ansatz einer Residualmarge neutralisiert. Die Abbildung 3.6 fast das Bewertungsmodell des exposure draft Versicherungsverträge zusammen.

6.3.3.2 Schätzung der Zahlungsströme

Im ersten Schritt in einer Zeitwertbilanzierung von Versicherungsverträgen sind die mit den Verträgen verbundenen Zahlungsströme zu schätzen. Diese sind aus Unternehmensperspektive zu bestimmen, sodass unternehmens- und portefeuillespezifische Erwartungen in die Schätzung einfließen. Als relevante Zahlungsströme innerhalb eines Vertrages gelten vor allem Beiträge, Leistungen (z. B. Schäden, Überschussbeteiligung, Ablaufleistung), Verwaltungs- sowie bestimmte Abschlusskosten.[115]

Der exposure draft nimmt die Abgrenzung der einzubeziehenden Zahlungsströme dabei über die Definition von *Vertragsgrenzen* (contract boundaries) vor: Die Vertragsgrenze definiert sich als der frühere Zeitpunkt aus Kündigungsmöglichkeit für das Versicherungsunternehmen und dem Zeitpunkt einer Neufestsetzung der Prämie. Dabei dürfen neben den reinen Rechten und Pflichten aus der Vertragsbeziehung (juristisch einklagbare Beträge) auch weitere erwartete Zahlungsströme berücksichtigt werden, z. B. über die vertraglichen oder gesetzlichen Anforderungen hinausgehende freiwillige Überschussleistungen an die Versicherungsnehmer.

Versicherungstechnische Verpflichtungen sind mit einer Unsicherheit über die Anzahl und die Höhe von Schäden aus den Versicherungsverträgen sowie die Höhe der Kostenbelastung verbunden. Um die volle Bandbreite möglicher Zahlungen abzubilden, lehnt sich der ED an den expected cash flow approach an, der die möglichen Zahlungsströme mit ihren jeweiligen Eintrittswahrscheinlichkeiten gewichtet und damit den Erwartungswert aus den Zahlungsströmen abbildet. Durch das look-through-Prinzip sollen auch die aus der Ausübung von Vertragsoptionen seitens des Kunden potenziell entstehenden Zahlungsströme berücksichtigt werden (z. B. Storno, Verlängerungsoptionen, Erhöhung der

115 Nur inkrementelle auf Einzelvertragsebene anfallende variable Kosten dürfen Berücksichtigung finden, keine Gemeinkosten.

Versicherungssumme). Vorgeschlagen wird eine Modellierung des Verhaltens eines Versicherungsnehmers mit gewichteten Ausübungswahrscheinlichkeiten.

Relevanz und Zuverlässigkeit bei der Schätzung von Zahlungsströmen erfordern nach dem exposure draft eine Konsistenz mit der Bewertung von beobachtbaren Marktpreisen (Insurance ED.23). Der Board begründet dies damit, dass nur auf diese Weise subjektive Annahmen ausgeschlossen werden, sämtliche am Markt verfügbaren Informationen in die Bewertung einfließen, und dass die Bewertung für die Informationsempfänger aufgrund des einheitlichen Bewertungsrahmens verständlich ist.

Im Hinblick auf Änderungen in der Schätzung künftiger Zahlungsströme während der Vertragslaufzeit orientiert sich der Board am *current estimate approach*. Demnach werden während der gesamten Laufzeit alle zur Verfügung stehenden Informationen für die Bewertung der versicherungstechnischen *assets* und *liabilities* genutzt, um regelmäßig die beste Schätzung der Zahlungsströme zu erhalten. Der Board präferiert diesen Ansatz, obwohl es auch Vorteile eines *lock in Prinzips* sieht. Nach diesem würden zu Vertragsbeginn Annahmen über die künftige Entwicklung festgelegt und über die gesamte Laufzeit konstant gehalten. Änderungen der Annahmen würden ignoriert, außer wenn im Rahmen eines *liability adequacy test* die versicherungstechnischen Verpflichtungen eine Unterdeckung aufweisen.

Allerdings lassen sich durch eine regelmäßige Überprüfung der Annahmen zuverlässige und relevante Informationen über Höhe, zeitlichen Verlauf und Unsicherheit der versicherungstechnischen Zahlungsströme vermitteln. Daneben vermeidet eine Berücksichtigung von Änderungen in den Annahmen einen separaten *liability adequacy test*, liefert ein stimmiges Rahmenkonzept für die Bewertung komplexer Versicherungsverträge (z. B. Mehrjahresverträge) und ist konsistent mit der Bewertung von Rückstellungen nach IAS 37 (*provisions*) sowie von *financial liabilities* nach IAS 39.

6.3.3.3 Diskontierung

Im exposure draft wird eine laufzeitgerechte Diskontierung mit Marktzinsen gefordert, die auch weitere Eigenschaften der Zahlungsströme wie Liquidität und Währung berücksichtigen sollen (Insurance ED.30–34). Lediglich für überschussbeteiligte Verträge, bei welchen eine Verbindung zwischen dem Überschuss und der Entwicklung eines die Verpflichtungen bedeckenden Kapitalanlageportefeuilles besteht, erscheint dem Board die Verwendung eines Replikationsportfolios von Kapitalanlagen zur Bestimmung des Diskontierungssatzes angemessen. Der exposure draft sieht vor, den Diskontierungszins *bottom up* auf Basis eines risikolosen Zinssatzes von Staatsanleihen zu bestimmen. Die geringe Liquidität von Versicherungsverträgen ist durch die Addition einer Liquiditätsprämie zu reflektieren.

Eine Diskontierung dient grundsätzlich dazu, die Zeitpräferenz von Zahlungsströmen zu modellieren. Gegen eine Diskontierung, insbesondere von Schadenreserven werden insbesondere folgende Argumente angebracht:

- Die Wahl eines Diskontierungszinses und die Festlegung von Auszahlungsmustern für die Schäden schafft zuviel Subjektivität und unterstützt ein earnings management.
- Eine Diskontierung von Rückstellungen erfordert wesentliche Investitionen in die sys-

temtechnische Umsetzung, deren Kosten den möglichen Nutzen für Investoren übersteigen könnten.
- Veränderungen des Diskontierungszinses erzeugen Aufwand bzw. Ertrag ohne das sich die Nominalverpflichtung ändert und überlagern das tatsächliche Abwicklungsergebnis.
- Durch Diskontierung werden zukünftige Kapitalerträge vorweggenommen, was einem vorsichtigen Underwriting widerspricht.
- Versicherungstechnische Rückstellungen werden implizit bereits diskontiert, indem oftmals keine zukünftigen Inflationseffekte in die Bewertung einbezogen werden.
- In den US-GAAP werden versicherungstechnische Rückstellungen nicht diskontiert. Durch den Verzicht auf eine Einbeziehung von Risikoprämien wird der Diskontierungseffekt jedoch kompensiert.

Für eine Diskontierung werden demgegenüber die folgenden Argumente angebracht:
- Entscheidungsträger sind nicht indifferent, zu welchem Zeitpunkt Zahlungsströme anfallen. Die Zeitpräferenz zeichnet sich dadurch aus, dass Einzahlungen lieber früher und Auszahlungen lieber später anfallen sollen. Ein Verzicht auf Diskontierung würde die ökonomische Realität insofern nur unzureichend abbilden.
- Mit Hilfe einer Diskontierung wird der Anreiz eliminiert, Transaktionen durchzuführen, denen es an wirtschaftlicher Substanz fehlt (z. B. Financial Reinsurance Transaktionen) und die allein zum Zweck der Rechnungslegungsarbitrage eingesetzt werden.
- Andere IFRS, die einen langfristigen Charakter aufweisen (z. B. Pensionsverpflichtungen) werden ebenfalls diskontiert. Somit wird eine Konsistenz in der Bewertung von Rückstellungen geschaffen.

Beispiel 3.6: Exkurs: Diskontierung und Schuldenkrise in Europa

Die Verwerfungen auf dem Markt für Staatsanleihen in Europa haben bei zahlreichen Beobachtern Zweifel hinterlassen, ob eine Bestimmung des »risikolosen« Diskontierungszinses auf Basis von Staatsanleihen sinnvoll möglich ist. Im Laufe des Jahres 2011 gab es im Euro-Währungsraum erhebliche Unterschiede in der Verzinsung von Staatsanleihen einzelner Länder, sodass die Bestimmung einer einheitlichen Zinstrukturkurve für die Abzinsung innerhalb der Euro-Zone nicht angemessen erscheint. Die teilweise sehr hohen beobachtbaren credit spreads bei Staatsanleihen würden eine Adjustierung um diese nötig machen, um den Diskontsatz von dem Einfluss des Emitentenausfallrisikos zu bereinigen. Kritiker führen jedoch an, dass eine eindeutige Identifikation des *credit spreads* praktisch nicht möglich ist, da auch zahlreiche andere, kaum identifizierbare Effekte die Marktzinsen beinflussen, z. B. Liquidität. Alternativ könnte der Diskontierungsatz ausgehend von der unternehmensspezifischen Kapitalanlagenrendite bestimmt werden, um sich somit von den starken Schwankungen des Kapitalmarktes zu lösen und die ökonomisch bestehende Verbindung von Aktiv- und Passivseite im Versicherungsgeschäft abzubilden.

6.3.3.4 Risikoadjustierung

Neben dem Erwartungswert der zukünftigen Zahlungsströme und deren Diskontierung sieht der exposure draft eine Risikomarge als weiteres Grundelement für die Bewertung von Versicherungsverträgen vor. Dabei soll das Risiko explizit bewertet werden. Die in vielen Rechnungslegungssystemen heute übliche Berücksichtigung durch eine nicht weiter spezifizierte vorsichtige Einschätzung der Zahlungsströme und die konservative Wahl des Diskontzinses bzw. ein Diskontierungsverbot werden abgelehnt.

Der exposure draft präzisiert die Risikomarge als den Betrag, den das Versicherungsunternehmen höchstens zu zahlen bereit wäre, um sich sämtlicher aus dem Vertrag resultierender Risiken zu entledigen (Insurance ED.35). Diese Risiken bestehen in der Möglichkeit einer Abweichung der erwarteten von den tatsächlichen vertraglichen Zahlungsströmen in Höhe und Zeitpunkt.

Ausführlich widmet sich der exposure draft der Darstellung möglicher Methoden zur Kalibrierung der Risikomargen (Insurance ED.BC73–90). Ohne eine Methode explizit vorzuschreiben, wird die Auswahl auf die drei folgenden Ansätze eingeschränkt:

- *Konfidenzintervall*: Dieses auch als value at risk bekannte verteilungsbasierte Risikomaß bestimmt einen Betrag, der mit einer vorher fixierten Wahrscheinlichkeit innerhalb eines definierten Zeitintervalls nicht überschritten wird. Die Differenz des ermittelten Ergebnisses zum Erwartungswert kann als Risikomarge angesehen werden.
- *Bedingter Erwartungswert* (conditional tail expectation CTE): Als eine Weiterentwicklung des value at risk wird beim CTE-Ansatz der Erwartungswert aller Ergebnisse innerhalb eines vordefinierten Konfidenzintervalls bestimmt. Abermals ist die Risikomarge die Differenz des ermittelnden Betrags zum Erwartungswert.
- *Kapitalkostensatz* (cost of capital): Hierbei wird die Risikomarge durch die Höhe der Kapitalkosten determiniert, die durch die Bereitstellung des zur Bedeckung der vertraglichen Risiken notwendigen Kapitals entstehen. Der Kapitalbedarf wiederum muss unter Annahme eines spezifizierten Sicherheitsniveaus bestimmt werden.

Die Risikomarge realisiert sich im Laufe der Vertragslaufzeit entsprechend der Vertragserfüllung (»release from risk«), d.h. sie wird über die Laufzeit abgebaut. Bei Vorliegen neuer Erkenntnisse über die Unsicherheit der Zahlungsströme ist die Risikomarge anzupassen, d.h. zu vermindern bzw. zu erhöhen (kein lock in Prinzip).

In der Diskussion um Risikomargen für Phase 2 kann zudem zwischen pre-claim- und post-claim liabilities unterschieden werden:

- *Pre claim liabilities* entstehen mit Abschluss des Versicherungsvertrages. Das Versicherungsunternehmen erhält eine Prämie und übernimmt im Gegenzug stochastische Auszahlungsströme, wobei eine Unsicherheit darüber besteht, ob bzw. wann ein Schaden entsteht und in welcher Höhe Auszahlungen anfallen. Aufgrund dieser Unsicherheit wird das Versicherungsunternehmen in Abhängigkeit seiner Risikoeinstellung eine Risikoprämie fordern.
- *Post claim liabilities* entstehen, wenn ein Schaden wirtschaftlich verursacht oder rechtlich entstanden ist. Die Unsicherheit beschränkt sich darauf, dass die Abwicklung von Schäden zu höheren Auszahlungen führt, als bei Eintritt des Schadens erwartet wurde. Insofern zeichnen sich post claim liabilities durch einen höheren Wissenstand und damit eine geringere Unsicherheit des Versicherungsunternehmens aus als pre claim liabilities.

Grundsätzlich besteht Einigkeit darüber, dass eine Bewertung von versicherungstechnischen Verpflichtungen auf Einzelvertragsebene nicht zielführend ist. Die Risikomarge soll auf Basis von *Kollektiven* von Verträgen bestimmt werden, welche einem weitgehend ähnlichen Risiko unterliegen (Homogenität) und vom Versicherungsunternehmen als einzelnes Portefeuille gesteuert werden. Zentral ist weiterhin die Feststellung, dass kollektivübergreifende Diversifikationseffekte und bestehende negative Korrelationen zwischen Kollektiven in der Risikomarge nicht berücksichtigt werden dürfen, nur der Ausgleich innerhalb eines Kollektivs.

Als grundsätzliche Argumente gegen die Berücksichtigung von Risikomargen können die folgenden Argumente aufgeführt werden:

- Risikomargen sind nicht beobachtbar und können in der Praxis nicht zuverlässig gemessen werden.
- In der Bewertung von Risikomargen fehlt eine Neutralität zwischen einer positiven und negativen Zukunftsentwicklung. Im Zuge der Bilanzierung, die vornehmlich Informationen vermitteln soll, wird diese Ungleichbehandlung nicht als adäquat betrachtet. Vielmehr sind Risikomargen zur Erfüllung von aufsichtsrechtlichen Vorschriften maßgeblich.
- Risikomargen führen zu einer Überreservierung von versicherungstechnischen Rückstellungen.

Demgegenüber sprechen folgende Argumente für eine Einbeziehung von Risikomargen:

- Die Risikopräferenz ist wesentliches Kriterium für die Bewertung ökonomischer Sachverhalte. Ohne eine Einbeziehung von Risikomargen lassen sich Zahlungsströme nicht adäquat bewerten.
- Marktteilnehmer zeichnen sich durch eine konkave Risikonutzenfunktion (Risikoaversion) aus, d.h. für die Übernahme von Risiken fordern sie eine Risikoprämie. Ebenso würde ein Versicherungsunternehmen Versicherungsverträge nicht ohne die Berücksichtigung von Risikozuschlägen zeichnen.

6.3.3.5 Residualmarge

Regelmäßig wird sich zwischen dem mithilfe von oben skizziertem dreistufigem Schema ermittelten Erfüllungsbetrag und dem Zeitwert der Prämien zum Zugangszeitpunkt ein Unterschiedsbetrag ergeben. Zentral für die Gewinnvereinnahmung ist die Frage der Behandlung dieses Unterschiedsbetrags, im exposure draft als Residualmarge (residual margin) bezeichnet, im Rahmen der Zugangs- und Folgebewertung.

- Bei einer *positiven Residualmarge* ist der erwartete Überschuss über die Risikoperiode verteilt entsprechend der Leistungserbringung (Risikoverlauf) zu vereinnahmen. Durch Passivierung der Residualmarge ensteht kein Gewinn zu Vertragssbschluss. Dabei gilt für die Residualmarge das lock in Prinzip, d.h., sie erfüllt keine Pufferfunktion, um eventuelle Änderungen der Bewertungsparameter in der Folgebewertung aufzufangen. Eine Erhöhung der Verpflichtung aus einer Reduktion des Diskontierungzinses etwa könnte an einem Bewertungsstichtag zu einem negativen Ergebnisbeitrag führen, obwohl noch eine positive Residualmarge aus dem Vertrag vorhanden ist, welche in einer Folgeperiode wiederum einen Ertrag produziert.
- Bei einer *negativen Residualmarge* ist der erwartete Verlust bereits bei Erstansatz erfolgswirksam auszuweisen.

Für die Kalkulation der Residualmarge ist wie bei der Risikomarge die Frage der Bewertungseinheit relevant. Nicht der Einzelvertrag soll betrachtet werden, sondern Teilportefeuilles, die sich hinsichtlich des versicherten Risikos ähneln (vgl. das Kriterium zur Bewertungseinheit für die Bestimmung der Risikomarge) und einen einheitlichen Vertragsbeginn aufweisen. Umso größer die Bewertungseinheit, umso größer die Wahrscheinlichkeit, dass Verträge mit positivem Ergebnisbeitrag verhindern, dass aus Verträgen mit einer negativen Marge ein bei Zugang zu buchender Aufwand entsteht.

Der FASB lehnt eine Unterscheidung von Risiko- und Residualmarge, wie vom IASB vorgeschlagen, ab. Er präferiert den Ansatz einer beide Elemente umfassenden Gesamtmarge, die anschließend über die Erfüllungsperiode erfolgswirksam aufgelöst wird. Im Ergebnis erfolgt damit eine stabilere Ergebnisvereinnahmung, da beim IASB-Modell mit separater Risikomarge diese zu jedem Bilanzierungsstichtag neu bewertet wird. Die Gesamtmarge des FASB, und damit auch deren impliziter Risikoanteil, unterliegt dagegen dem lock in Prinzip.

6.3.4 Weitere Einzelregelungen

6.3.4.1 Ergebnisausweis

Der exposure draft schlägt für den Ausweis in der Gewinn- und Verlustrechnung den *summarized margin Ansatz* vor, eine Art deposit accounting. Entgegen der bisher üblichen Ergebnisrechnung mit Ausweis von Prämien, Leistungen und Kosten sollen die einzelnen Bewertungskomponenten bzw. ihre Veränderung einzeln ausgewiesen werden, um so die Ergebnistreiber sichtbar zu machen. Eine Ausnahme stellt die Darstellung von kurzfristigen Verträgen dar, für die weiterhin Prämien und Leistungen gezeigt werden sollen.

Beispiel 3.7: Möglicher Ergebnisausweis nach dem summarized margin Ansatz des exposure draft

1. Zeichnungsmarge (*underwriting margin*)
   a. Fortschreibung Risikomarge
   b. Fortschreibung Residualmarge
2. Nichtinkrementelle Abschlusskosten (keine Berücksichtigung bei Ermittlung der Residualmarge)
3. Unterschied erwartete/eingetretene Zahlungsströme (*experience adjustments*)
3. Änderungen der Bewertungsparameter (*estimate adjustments*)
   a. hinsichtlich zukünftiger Zahlungsströme
   b. Diskontsatz
   c. Risikomarge
5. Zinsergebnis
   a. Abwicklung Diskonteffekt der best estimate liability
   b. Kapitalerträge

6.3.4.2 Kurzfristige Verträge

In Abweichung zum ansonsten obligatorischen building blocks Ansatz können Verträge mit einer Laufzeit bis zu einem Jahr nach dem sogenannten *premium allocation Ansatz* bewertet werden, wenn diese – nach eventueller Entflechtung – keine eingebetteten Optionen enthalten. Diese Methode ist aus dem Beitragsübertragsmodell abgeleitet und entspricht konzeptionell dem deferral and matching Ansatz. Der Erstansatz erfolgt zum Zeitwert aller Beiträge, abzüglich direkter Abschlusskosten (pre claim liability). Der so ermittelte Betrag ist im Regelfall eines gleichmäßigen Risikoverlaufs pro rata temporis über die Laufzeit zu vereinnahmen. Bei Schadeneintritt ist eine Rückstellung zum erwarteten diskontierten Erfüllungsbetrag unter Berücksichtigung einer Risikomarge zu passivieren (post claim liability).

Diese Regelung soll eine vereinfachte Bilanzierung ähnlich dem Beitragsübertragsmodell erlauben. Der Vorschlag im exposure draft erscheint teilweise jedoch als zu komplex, da die obligatorische Diskontierung bei Erstansatz und die geforderte Risikoadjustierung der post claim liability dem regulären Komponentenansatz zum Erfüllungsbetrag sehr nahekommt.

6.3.4.3 Rückversicherung

Die Bewertung von aktiver Rückversicherung (Annahme von Risiken) unterscheidet sich nicht von derjenigen für ein Direktgeschäft. Auch die Abbildung der passiven Rückversicherung (Zession/Abgabe von Risiken) folgt dem dreistufigen building block Ansatz mit der Schätzung der Zahlungsströme, nachfolgender Diskontierung und Risikoadjustierung (Insurance ED.43–46). Die sich hierbei regelmäßig ergebende Residualmarge wird einem der Erstversicherung folgenden Verständnis spiegelbildlich behandelt: Ein anfänglicher Gewinn ist sofort erfolgswirksam zu vereinnahmen. Bei einem die Rückversicherungsforderung übersteigenden Rückversicherungsbeitrag wird jedoch die Restmarge über die Leistungsperiode aufwandswirksam verteilt.

Das Ausfallrisiko des Rückversicherers ist implizit in der Schätzung der best estimate Zahlungsströme reflektiert. Der Ausweis des Rückversicherungsgeschäfts soll brutto erfolgen, d. h., die passive Rückversicherung wird separat ausgewiesen und nicht mit dem akzeptierten Geschäft verrechnet.

6.3.4.4 Bonitätsberücksichtigung

In Marktpreisen von Finanzinstrumenten spiegelt sich die Kreditwürdigkeit des jeweiligen Schuldners wider. Dies gilt sowohl für assets als auch für liabilities. Die Problematik einer Bonitätsberücksichtigung zeigt sich in der Folgebewertung von Verpflichtungen und resultiert aus der in *full fair value Konzepten* erwünschten Symmetrie in der Bewertung von Vermögenswerten und Schulden. Verschlechtert sich die Bonität des Schuldners, wird die Wahrscheinlichkeit größer, dass dieser nicht in der Lage ist, seinen Verpflichtungen jederzeit nachkommen zu können. Aus Sicht eines Gläubigers führt die Bonitätsreduktion des Schuldners zu einem Absinken des Wertes der Forderungen. Äquivalent dazu erfordert die Bewertung durch den Schuldner ein bonitätsbedingtes Absinken der Höhe der Verpflichtungen, obwohl aus Unternehmenssicht keine Änderung der tatsächlichen

Zahlungsverpflichtungen erfolgt. In einer isolierten Betrachtung könnten Investoren dadurch zu dem Schluss einer gesunkenen Fremdkapitalbelastung des Unternehmens gelangen und einen falschen Eindruck über die Finanzlage des Unternehmens gewinnen. Im Extremfall wird eine drohende Insolvenz eines Unternehmens nicht in den Verpflichtungen abgebildet. In diesem Fall ist die Verpflichtung im Markt ohne Wert und damit in der Bilanz mit null anzusetzen.

Gerade vor dem Hintergrund der Unternehmensfortführung erscheint eine Verbesserung der Entscheidungsrelevanz durch die Einbeziehung der eigenen Bonität zweifelhaft. Der IASB hat die zahlreichen kritischen Stimmen in der Diskussion der letzten Jahre offensichtlich berücksichtigt: Der exposure draft sieht entgegen den Vorschlägen im vorangegangenen Diskussionspapier nunmehr explizit keine Berücksichtigung des eigenen Ausfallrisikos (risk of non-performance) mehr vor (Insurance ED.38).

6.4 Reaktionen auf den Exposure Draft

Innerhalb der Kommentierungsfrist von vier Monaten haben den IASB über 250 comment letter erreicht. Eine breite Mehrheit der Stellungnahmen unterstützt die Entwicklung eines eigenständigen und vollumfänglichen IFRS für Versicherungsverträge. Die beiden wichtigen Veränderungen zum Diksussionspapier von 2007, namentlich die Verwendung von unternehmensspezifischen Parametern bei der Bewertung und die Vermeidung einer Gewinnrealisierung zum Vertragsabschluss treffen meist auf Zustimmung.

Dem exposure draft werden jedoch zahlreiche Mängel bescheinigt. Die Kritikpunkte des gemeinsamen comment letter vom European Insurance CFO Forum und CEA (Comité Européen des Assurances) repräsentieren eine breite Konsensmeinung der europäischen Versicherungswirtschaft. Sie können wie folgt zusammengefasst werden:

- Eine schnelle Verabschiedung des Standards (der IASB plante im Jahr 2010 noch mit Mitte 2011) scheint zu ambitiös, insbesondere da noch *Feldtests* in der Praxis für nötig gehalten werden, die der IASB bisher aber nicht eingeplant hat.
- Die Branche sieht sich gegenüber der Bankwirtschaft im Wettbewerb um günstiges Kapital benachteiligt: Die Zeitwertbilanzierung der Versicherungsverträge zwingt zur Nutzung der fair value Kategorien im IAS 39, bzw. zukünftig IFRS 9 für Kapitalanlagen, was wiederum zu Ergebnisvolatilität führen kann, während Banken für weite Teile ihres Geschäfts eine *cost to cost Bewertung* vornehmen können, die einen weitgehend stabilen Ergebnisausweis erlaubt. In diesem Zusammenhang wird auch über die Schaffung einer Möglichkeit zur *Nutzung des Eigenkapitals* (OCI) zum Auffangen von gewissen Bewertungsschwankungen nachgedacht.
- Die Forderungen hinsichtlich der Zerlegung von Verträgen werden als weitgehend unklar und deshalb nachbesserungsbedürftig angesehen.
- Die Übergangsregelungen zur Erstanwendung, welche die erfolgsneutrale Umbuchung der Umbewertungsdifferenzen ins Eigenkapital vorsehen, würden über Jahre hinweg eine negative Verzerrung der Ertragskraft der Unternehmen zur Folge haben. Eine retrospektive Anwendung wird zwar als aufwendig, aber dennoch notwendig angesehen.

- Die Darstellung der Erfolgsrechnung im Rahmen des *summarized margin Ansatzes* gilt als noch nicht ausreichend durchdacht, um den Eigenheiten des Versicherungsgeschäfts vollumfänglich gerecht zu werden.

6.5 Entwicklungen nach Veröffentlichung des Exposure Drafts

Im Rahmen der Auswertung der comment letter und der Diskussion von im exposure draft noch nicht abschließend behandelten Themen wurden im Jahr 2011 weitere vorläufige Entscheidungen getroffen, bzw. der exposure draft teilweise korrigiert. Wichtige Änderungen betreffen u. a.:[116]

- Der *Erstansatz* erfolgt nun nicht wie im exposure draft vorgeschlagen zum Vertragsabschluss sondern zu Beginn der Risikoperiode (analog HGB oder US-GAAP).
- Der *Diskontierungszins* darf auch »top down« ausgehend von der Kapitalanlagerendite bestimmt werden. Der Einfluss von Kreditrisiko muss jedoch auf Basis von Marktinformationen korrigiert werden.
- Die *Residualmarge* soll laut einer tentative decision nicht mehr nach dem lock-in-Prinzip bilanziert werden. Änderungen in Annahmen über Zahlungsströme (z. B. aufgrund von Anpassungen der aktuariellen Parameter) dürfen direkt gegen die Residualmarge gebucht werden und schlagen sich somit nicht in der Ergebnisrechnung nieder (unlocking der Residualmarge). Offen ist jedoch noch wie mit Änderungen des Diskontierungszinssatzes umzugehen ist.

Trotz des erklärten Ziels gemeinsam einen harmonisierten Bilanzierungsstandard zu schaffen und der Unterstützung des Building Block-Ansatzes durch beide Boards, bestehen noch einige signifikante Differenzen zwischen den vorläufigen Entscheidungen des IASB und des FASB (vgl. Abb. 3.7):

Unterschiede zw. IASB/FASB-Positionen (Stand April 2012)	IASB	FASB
Risikoadjustierung	Explizite Risikobewertung und erfolgswirksame Fortschreibung (Aktualisierung der Annahmen) über die Vertragslaufzeit. Expliziter Ansatz von Risiko- und Residualmarge.	Risiko ist implizit in der single margin enthalten (nicht explizit bewertet). Die single margin unterliegt einem lock in und wird nicht aktualisiert.
Änderungen von cash-flow-Annahmen	Residualmarge puffert Änderungen in den cash flow Annahmen.	Änderungen der cash flows werden direkt erfolgswirksam verbucht.
Abschlusskosten	Inkrementale Kosten des Vertragsabschlusses werden berücksichtigt.	Nur Kosten, die im Abschluss eines Vertrages gemündet haben, dürfen berücksichtigt werden (successful costs).

Abb. 3.7: Unterschiede zwischen IASB und FASB im Diskussionsstand der Entwicklung eines Versicherungsstandards

116 Vgl. IASB [Update 2012], S. 19–20.

Zu Beginn des Jahres 2012 fokussiert sich die Diskussion v. a. auf zur Verfügung stehende Möglichkeiten, Teile der Schwankungen in der Bewertung der Versicherungsverträge zum Erfüllungsbetrag im Eigenkapital abzubilden (siehe Exkurs unten), Fragestellungen zur Ermittlung des Diskontierungszinses, Ausweisfragen in der Gewinn- und Verlustrechnung und die mögliche Angleichung der Positionen des IASB und des FASB (siehe Abb. 3.7).

Exkurs: Diskussion eines »OCI-Ansatzes«

Im Laufe des Jahres 2011 haben einige Versicherungsunternehmen einen Ansatz entwickelt, welcher versucht, die Vorteile der stabilen Bewertung eines at cost-Ansatzes in der Gewinn- und Verlustrechnung mit denen einer aktuellen Zeitwertbewertung in der Bilanz zu verbinden. In der Sitzung der IASB Insurance Working Group[117] im Oktober 2011 wurde eine solche Lösung diskutiert, die in einer educational IASB-Sitzung im April 2012 auch vom IASB-Staff unterstützt wurde. Der Vorschlag kann wie folgt gekennzeichnet werden:

- Bilanzierung von Kapitalanlagen zum fair value und Ansatz von Versicherungsverträgen zum aktuellen Erfüllungsbetrag.
- Fair value Schwankungen von Kapitalanlagen werden direkt im Eigenkapital erfasst (other comprehensive income – OCI), wie im Moment für die AFS-Kategorie innerhalb von IAS 39 üblich.
- Zinsindizierte Schwankungen des Erfüllungsbetrages von Versicherungsverträgen werden analog den Kapitalanlagen erfolgsneutral bewertet, d. h. Auswirkungen von Veränderungen des Diskontierungszinses gegenüber dem bei erstmaligen Ansatz verwendeten Zins werden im OCI gebucht.
- Die Gewinn- und Verlustrechnung zeigt (a) den Investmenterfolg auf Basis fortgeführter AHK (korrigiert um eventuelle Wertminderungen) sowie (b) die Abwicklung der Risiko- und Residualmarge über die Vertragslaufzeit.

Im Ergebnis wird die Gewinn- und Verlustrechnung von (oft kurzfristigen) Schwankungen der Kapitalmärkte weitgehend freigehalten. Das Periodenergebnis soll so die Ertragskraft aus dem langfristigen Geschäftsmodell Versicherung zeigen. Im OCI neutralisieren sich die zinsinduzierten Wertänderungen aus Kapitalanlagen und Versicherungsverträgen, insoweit ein fristenkongruentes asset liability matching besteht, ein ökonomischer mismatch wird jedoch sichtbar.

7 Weitere laufende Projekte des IASB

Neben dem Projekt Versicherungsverträge betreibt der IASB eine Reihe von weiteren aktiven Projekten die in den kommenden Jahren potenziell zu signifikanten Änderungen der IFRS führen werden und nachfolgend kurz skizziert werden sollen:

- *Agendakonsultation*: Im Juli 2011 hat der IASB um Feedback zu seinem Arbeitsprogramm sowie zu seiner strategischen Ausrichtung für die nächsten Jahre gebeten. Das hierzu veröffentlichte Papier sieht vor, dass der Fokus in den kommenden Jahren zum

117 Die Insurance Working Group (IWG) stellt ein vom IASB unregelmäßig einberufenes Expertenpanel dar, welchem Vertreter der Versicherungswirtschaft, Wirschaftprüfer, Aktuare und Analysten angehören.

einen auf die Weiterentwicklung der Finanzberichterstattung gelegt wird (z. B. durch eine Finalisierung der Überarbeitung des Rahmenkonzepts), zum anderen auf die Pflege bestehender Standards (z. B. durch die Durchführung von post implementation reviews).

- *Finanzinstrumente* (IFRS 9): Ein zentrales Projekt des IASB ist die Ablösung der bestehenden Regeln des IAS 39 zur Bilanzierung von Finanzinstrumenten in den drei Phasen (1) Kategorisierung und Bewertung (teilweise bereits abgeschlossen), (2) Wertminderung und (3) Sicherungsbeziehungen (hedge accounting). Dieses Projekt ist in Kapitel 4, Ziffer 4.3.2.7 skizziert.
- *Leasing*: Nach der Veröffentlichung eines exposure drafts im Jahr 2010 und der Analyse der über 800 Kommentare wurde zusammen mit dem US-amerikanischen Standardsetter FASB über das Jahr 2011 ein neues Bilanzierungsmodell für Leasinggeschäfte entwickelt. Für das Jahr 2012 wird ein re-exposure draft erwartet.
- *Umsatzrealisierung* (revenue recognition): Ziel dieses bereits seit 2002 laufenden Projekts ist die Ablösung der bisherigen Regelungen des IAS 11 Fertigungsaufträge und IAS 18 Umsatzerlöse. Grundsätzlich sollen nach dem Ende 2011 vom IASB und FASB veröffentlichten re-exposure drafts Umsatzerlöse bei Erfüllung der Leistungsverpflichtung erfasst werden.

Kapitel 4: Bilanzierung des Vermögens in Versicherungsunternehmen

1 Aktivseite nach HGB

Die Aktivseite einer Versicherungsbilanz wird durch die überragende Bedeutung der Kapitalanlagen geprägt. Die Gliederung der Aktivseite ergibt sich aus Formblatt 1 der RechVersV. Für Versicherungsunternehmen gilt insofern nicht das Gliederungsschema für Kapitalgesellschaften nach § 266 Abs. 2 HGB. Der Grund dafür liegt in den Besonderheiten der Versicherungsproduktion. Eine Unterscheidung in Anlage- und Umlaufvermögen erscheint nicht sinnvoll, da Versicherungsunternehmen im Vergleich zu Industrieunternehmen nicht über ein großes Anlagevermögen verfügen. Vielmehr zeichnet sich die Versicherungsbilanz aufgrund der Zeitraumbezogenheit der Versicherungsproduktion durch eine Vielzahl unterschiedlicher Kapitalanlagen aus. Die Gliederungsvorschriften der RechVersV kommen diesem Umstand insoweit entgegen, als einzelne Kapitalanlagen in der Bilanz separat ausgewiesen werden. Anstelle einer Aufteilung der Vermögensgegenstände in Abhängigkeit von der Nutzungsdauer im Versicherungsbetrieb erfolgt in der Versicherungsbilanz eine Gliederung nach einzelnen Vermögensgegenständen. Im Rahmen der Zuordnung zu Bewertungsgruppen müssen diese jedoch trotzdem zu Anlage- und Umlaufvermögen zugeteilt werden, obwohl die Bewertungsgruppen nicht zusammenhängend in der Bilanz ausgewiesen werden. Dadurch wird ein Einblick in die Vermögenslage für die Bilanzadressaten erschwert, da aus dem Ausweis des Vermögens keine direkten Rückschlüsse auf die Bewertung gezogen werden können.

A.	**Anlagevermögen**
	I. Immaterielle Vermögensgegenstände II. Sachanlagen III. Finanzanlagen
B.	**Umlaufvermögen**
	I. Vorräte II. Forderungen und sonstige Vermögensgegenstände III. Wertpapiere IV. Kassenbestand, Bundesbankguthaben, Guthaben bei Kreditinstituten und Schecks
C.	**Rechnungsabgrenzungsposten**
D.	**Aktive latente Steuern**
E.	**Aktiver Unterschiedsbetrag aus der Vermögensverrechnung**

Abb. 4.1: Gliederung der Aktivseite von Kapitalgesellschaften nach § 266 Abs. 2 HGB

Die folgende Abbildung 4.2 gibt einen Überblick über die Aktivseite der Versicherungsbilanz.

A.	**Immaterielle Vermögensgegenstände**
B.	**Kapitalanlagen**
	I. Grundstücke, grundstücksgleiche Rechte und Bauten einschließlich Bauten auf fremden Grundstücken II. Kapitalanlagen in verbundenen Unternehmen und Beteiligungen III. Sonstige Kapitalanlagen 1. Aktien, Investmentanteile und andere nicht festverzinsliche Wertpapiere 2. Inhaberschuldverschreibungen und andere festverzinsliche Wertpapiere 3. Hypotheken-, Grundschuld- und Rentenforderungen 4. Sonstige Ausleihungen a) Namensschuldverschreibungen b) Schuldscheinforderungen und Darlehen c) Darlehen und Vorauszahlungen auf Versicherungsscheine d) Übrige Ausleihungen 5. Einlagen bei Kreditinstituten 6. Andere Kapitalanlagen IV. Depotforderungen aus dem in Rückdeckung übernommenen Versicherungsgeschäft
C.	**Kapitalanlagen für Rechnung und Risiko von Inhabern von Lebensversicherungspolicen**
D.	**Forderungen**
E.	**Sonstige Vermögensgegenstände**
F.	**Rechnungsabgrenzungsposten**
G.	**Aktive latente Steuern**
H.	**Aktiver Unterschiedsbetrag aus der Vermögensverrechnung**
I.	**Nicht durch Eigenkapital gedeckter Fehlbetrag**

Abb. 4.2: Gliederung der Aktivseite von Versicherungsunternehmen nach Formblatt 1 der RechVersV (leicht abgewandelt aufgrund der Änderungen durch das BilMoG)

2 Aktivseite nach IFRS

Weder nach US-GAAP noch nach IFRS existieren feste versicherungsspezifische Formvorschriften für die Erstellung der Bilanz. Ein mögliches Gliederungsschema weist den in der Abbildung 4.3 dargestellten Aufbau auf.

A.	**Immaterielle Vermögenswerte**
	I. Geschäfts- oder Firmenwert II. Sonstige immaterielle Vermögenswerte
B.	**Kapitalanlagen**
	I. Grundstücke und Bauten einschließlich der Bauten auf fremden Grundstücken II. Anteile an verbundenen Unternehmen und assoziierten Unternehmen III. Darlehen IV. Sonstige Wertpapiere 1. Bis zur Endfälligkeit gehalten 2. Zur Veräußerung verfügbar 3. Kredite und Forderungen 4. Handelsbestände V. Depotforderungen VI. Sonstige Kapitalanlagen
C.	**Kapitalanlagen für Rechnung und Risiko von Inhabern von Lebensversicherungspolicen**
D.	**Forderungen**
E.	**Laufende Guthaben bei Kreditinstituten, Schecks und Kassenbestand**
F.	**Aktivierte Abschlusskosten**
G.	**Anteil der Rückversicherer an den versicherungstechnischen Rückstellungen**
H.	**Aktive Steuerabgrenzung**
I.	**Übrige Aktiva**

Abb. 4.3: Mögliches Gliederungsschema einer Bilanz nach IFRS

Das Gliederungsschema unterscheidet sich von einem Abschluss nach HGB insbesondere in der Untergliederung der Kapitalanlagen. Diese werden nach IFRS nicht separat ausgewiesen, sondern zu Kategorien zugeordnet. Darüber hinaus können Abschlusskosten nach IFRS 4 Phase 1 sowie nach US-GAAP aktiviert werden, während nach deutschem Recht ein Verbot für die Aktivierung von Abschlusskosten besteht (§ 248 Abs. 1 Nr. 3 HGB).

3 Immaterielle Vermögensgegenstände

3.1 Immaterielle Vermögensgegenstände nach HGB

Aufgrund der Eigenschaft der Immaterialität des Versicherungsprodukts nehmen immaterielle Vermögensgegenstände in der Versicherungsbilanz einen hohen Stellenwert ein. Unter immateriellen Vermögensgegenständen werden allgemein alle nicht körperlich fassbaren Vermögensgegenstände eingeordnet.[118]

Das Gesetz unterteilt immaterielle Vermögensgegenstände in entgeltlich erworbene und selbst erstellte immaterielle Vermögensgegenstände. Abweichend von § 5 Abs. 2 EStG enthalten die Vorschriften für alle Kaufleute in § 248 Abs. 2 HGB ein Aktivierungswahlrecht für selbst erstellte immaterielle Vermögensgegenstände des Anlagevermögens. Demgegenüber besteht für entgeltlich erworbene immaterielle Vermögensgegenstände (z. B. für erworbene Versicherungsbestände) nach dem Vollständigkeitsgebot des § 246 Abs. 1 HGB ein Aktivierungsgebot. Verbunden mit dem Aktivierungswahlrecht für selbsterstellte immaterielle Vermögensgegenstände des Anlagevermögens ist jedoch eine Ausschüttungssperre (§ 268 Abs. 8 HGB), d. h. Gewinne dürfen nur ausgeschüttet werden, wenn die nach der Ausschüttung verbleibenden frei verfügbaren Rücklagen zuzüglich eines Gewinnvortrags und abzüglich eines Verlustvortrags mindestens den insgesamt angesetzten Beträgen abzüglich der hierfür gebildeten passiven latenten Steuern entsprechen.

Beispiele für immaterielle Vermögensgegenstände bilden Konzessionen (z. B. Verkehrskonzessionen), gewerbliche Schutzrechte (z. B. Patente), ähnliche Rechte (z. B. Nutzungsrechte, Nießbrauchsrechte), wirtschaftliche Werte (z. B. Kundenstamm) sowie Lizenzen an Rechten und Werten (z. B. Softwarelizenzen).

Die Versicherungsbilanz gliedert *immaterielle Vermögensgegenstände* nach § 6 RechVersV in *vier Gruppen*[119]:

- *Selbst geschaffene gewerbliche Schutzrechte und ähnliche Rechte und Werte*
  Hierunter fallen im Wesentlichen: Vertriebsstrukturen der Außenorganisation und selbst erstellte Individualsoftware. Für selbsterstellte immaterielle Vermögensgegenstände des Anlagevermögens bestehen neben dem grundsätzlichen Aktivierungswahlrecht bestimmte Aktivierungsverbote nach § 248 Abs. 2 S. 2 HGB. Demnach sind explizit von der Aktivierung selbst geschaffene Marken, Drucktitel, Verlagsrechte, Kundenlisten und vergleichbare immaterielle Vermögensgegenstände des Anlagevermögens ausgeschlossen.
- *entgeltlich erworbene Konzessionen, gewerbliche Schutzrechte und ähnliche Rechte und Werte sowie Lizenzen an solchen Rechten und Werten*
  Unter dieser Position sind im Wesentlichen auszuweisen: der im Zuge eines Unternehmenskaufs erworbene Außendienst, ein aktivierungsfähiger Versicherungsbestand, der Kaufpreis für den Erwerb eines Gesamt- oder Teil-Versicherungsbestands (§ 6 Abs. 1 Nr. 3 RechVersV), entgeltlich erworbene EDV-Software, Anzahlungen auf sonstige immaterielle Vermögensgegenstände.

118 Vgl. Coenenberg, Adolf G. [Jahresabschluss, 2012], S. 175.
119 Vgl. Hölzl, Werner [Nichtversicherungstechnische Posten, 2011], Rd. 21.

- *Geschäfts- oder Firmenwert*
  Die Aktivierung eines *entgeltlich erworbenen Geschäfts- oder Firmenwertes* ist in § 246 Abs. 1 S. 4 HGB geregelt. Er stellt den Unterschiedsbetrag dar, um den die für die Übernahme eines Unternehmens bewirkte Gegenleistung den Wert der einzelnen Vermögensgegenstände des Unternehmens abzüglich der Schulden im Zeitpunkt der Übernahme übersteigt. Die Ursachen für einen positiven Unterschiedsbetrag liegen in besonderen Wertkomponenten, die sich nicht in den bilanziellen Vermögensgegenständen widerspiegeln. Beispiele für solche Werte stellen besondere Managementqualität, Standortvorteile sowie die Qualität des Versicherungsbestands dar. Solche Werte werden von einem Unternehmen im Laufe der Geschäftstätigkeit als so genannter originärer goodwill aufgebaut. Dieser originäre goodwill darf jedoch nicht aktiviert werden. Der Grund dieses Aktivierungsverbots kann in der mangelnden Zuverlässigkeit und Objektivierbarkeit dieser subjektiven Werte gesehen werden. Durch die Übernahme eines Unternehmens im Rahmen eines Erwerbs der Vermögensgegenstände und Schulden eines Unternehmens (asset deal) werden diese Werte jedoch objektiviert, da sie im Rahmen der Kaufpreisbildung berücksichtigt wurden. Der entgeltlich erworbene Geschäfts- oder Firmenwert nach § 246 Abs. 1 S. 4 HGB wird als zeitlich begrenzt nutzbarer Vermögensgegensand aktiviert und planmäßig abgeschrieben.
- *geleistete Anzahlungen*
  Hierbei handelt es sich um Forderungen gegenüber dem Lieferanten von immateriellen Vermögensgegenständen. Dennoch werden sie unter den immateriellen Vermögensgegenständen und nicht unter den Forderungen ausgewiesen (Grundatz der Klarheit).

Schwierigkeiten bereitet häufig die Abgrenzung immaterieller Vermögensgegenstände des Anlage- und Umlaufvermögens, da für selbst erstellte immaterielle Vermögensgegenstände des Anlagevermögens ein Aktivierungswahlrecht besteht. Da die Gliederung der Versicherungsbilanz zusätzlich nicht zwischen Anlage- und Umlaufvermögen unterscheidet, ist die Zuordnung zu prüfen. Nach herrschender Meinung werden der Versicherungsbestand, der Außendienst sowie selbst entwickelte Software dem Anlagevermögen zugeordnet, womit ein Aktivierungswahlrecht und keine Aktivierungspflicht begründet wird.

Im Zuge der *Bewertung* werden immaterielle Vermögensgegenstände im Zugang grundsätzlich mit ihren Anschaffungskosten (§ 253 Abs. 1 S. 1 i.V.m. § 255 Abs. 1 HGB) bewertet, während selbsterstellte immaterielle Vermögensgegenstände des Anlagevermögens mit ihren Herstellungskosten (§ 253 Abs. 1 i.V.m. § 255 Abs. 2 und 2a HGB) bewertet werden.

Bei der Bewertung der selbsterstellten immateriellen Vermögensgegenstände des Anlagevermögens ist eine Forschungs- und Entwicklungsphase zu unterscheiden. Forschungskosten dürfen im Gegensatz zu *Entwicklungskosten* nicht aktiviert werden. Obwohl § 255 Abs. 2a HGB eine Definition von Forschung und Entwicklung vornimmt, ist deren Abgrenzung häufig schwierig:

- *Forschung* ist die eigenständige und planmäßige Suche nach neuen wissenschaftlichen oder technischen Erkenntnissen oder Erfahrungen allgemeiner Art, über deren technische Verwertbarkeit und wirtschaftliche Erfolgsaussichten grundsätzlich keine Aussagen gemacht werden können. Können Forschung und Entwicklung nicht verlässlich voneinander unterschieden werden, ist eine Aktivierung ausgeschlossen.

- *Entwicklung* ist die Anwendung von Forschungsergebnissen oder von anderem Wissen für die Neuentwicklung von Gütern oder Verfahren oder die Weiterentwicklung von Gütern oder Verfahren mittels wesentlicher Änderungen. Typisch für die Entwicklung sind der Betrieb einer Pilotanlage (Prototyp) oder auch der Test, Entwurf oder die Konstruktion eines Alternativverfahrens oder -materials.[120]

Falls Forschungs- und Entwicklungskosten nicht zuverlässig voneinander getrennt werden können, dürfen selbsterstellte immaterielle Vermögensgegenstände des Anlagevermögens nicht aktiviert werden.

Die *Folgebewertung*[121] immaterieller Vermögensgegenstände des Anlagevermögens richtet sich nach den allgemeinen Grundsätzen des § 253 HGB. Immaterielle Vermögensgegenstände, deren Nutzung zeitlich begrenzt ist, sind um planmäßige Abschreibungen entsprechend ihrer voraussichtlichen Nutzungsdauer fortzuführen (§ 253 Abs. 3 S. 1 HGB). Daneben sind außerplanmäßige Abschreibungen bei voraussichtlich dauerhafter Wertminderung vorzunehmen, wenn ihr beizulegender Zeitwert niedriger ist als der sich zum Abschlussstichtag ergebende Buchwert (§ 253 Abs. 3 S. 3 HGB).

Für die Folgebewertung *selbsterstellter immaterieller Vermögensgegenstände des Anlagevermögen* ist eine planmäßige Abschreibung stets erst ab dem Zeitpunkt der Fertigstellung eines immateriellen Vermögensgegenstandes möglich; demgegenüber sind außerplanmäßige Abschreibungen auch im Entstehen geboten.[122]

Entgeltlich erworbene Konzessionen, gewerbliche Schutzrechte und ähnliche Rechte und Werte sowie Lizenzen an solchen Rechten und Werten sind regelmäßig in ihrer Nutzung zeitlich beschränkt und daher planmäßig abzuschreiben (grundsätzlich degressiv). In Fällen einer sich schnell ändernden Entwicklung ist die Abschreibungsdauer häufig nicht mehr als 3–5 Jahre, bei Software häufig 3 Jahre. Bei entgeltlich erworbenen Marken sind für die Nutzungsdauer unter Beachtung des Vorsichtsprinzips verschiedene Kriterien (z. B. Lebenszyklus, Nutzungsabsicht, Wettbewerbersituation etc.) zu berücksichtigen.

Die Nutzungsdauer für den *entgeltlich erworbenen Geschäfts- oder Firmenwert* beträgt regelmäßig nicht mehr als fünf Jahre, d. h. bei einer angenommenen Nutzungsdauer von größer als fünf Jahren ist eine Rechtfertigung im Anhang notwendig (§ 285 S. 1 Nr. 13 HGB). Eine außerplanmäßige Abschreibung auf den aktivierten Geschäfts- oder Firmenwert ist dann vorzunehmen, wenn eine voraussichtlich dauernde Wertminderung vorliegt und eine Abschreibung auf den niedrigeren beizulegenden Wert vorzunehmen ist. Ursachen für eine dauerhafte Wertminderung können die Änderung von Kaufpreisfaktoren, die Änderung der Nutzungsdauer oder auch eine Änderung der externen Rahmenbedingungen sein. Während ein niedrigerer Wertansatz bei Vermögensgegenständen grundsätzlich nicht beibehalten werden darf (Wertaufholung) gilt für den entgeltlichen Ge-

---

120 Vgl. Baetge, Jörg et al. [Bilanzen, 2011], S. 247.
121 Vgl. hierzu und im Folgenden Kozikowski, Gerhart et al. [HGB § 253, 2012], Rd. 380–388.
122 Vgl. im Ergebnis Dobler, Michael; Kurz, Gerhard [Aktivierungspflicht, 2008], S. 490.

schäfts- oder Firmenwert die Beibehaltung eines niedrigeren Wertansatzes (d.h. Verbot der Wertaufholung) nach §253 Abs. 5 S. 2 HGB.

Anzahlungen werden handelsrechtlich nicht planmäßig abgeschrieben. Außerplanmäßige Abschreibungen sind unter bestimmten Voraussetzungen (z.B. nicht wegen Unverzinslichkeit oder wegen Wertminderung des zu erwerbenden Vermögensgegenstandes) nach §253 Abs. 3 S. 3 HGB vorzunehmen.

Abschreibungen von immateriellen Vermögensgegenständen sind im Rahmen der Kostenallokation grundsätzlich den *Funktionsbereichen* zuzuordnen und daher regelmäßig in der Versicherungstechnik auszuweisen.

3.2 Immaterielle Vermögenswerte nach IFRS

3.2.1 Allgemeine Regelung

Die Behandlung immaterieller Vermögenswerte nach *IFRS* erfolgt nach IAS 38 im Rahmen eines zweistufigen Prüfungsprozesses. Ein *intangible asset* ist dann in die Bilanz aufzunehmen, wenn er:

- *die Definition immaterieller Vermögenswerte erfüllt:* Ein immaterieller Vermögenswert weist neben dem Fehlen der Gegenständlichkeit sowie der Nicht-Monetarität die Eigenschaften der Identifizierbarkeit (identifiability), der Kontrolle durch das bilanzierende Unternehmen (control) sowie einen zukünftigen wirtschaftlichen Nutzen (economic benefit) auf;
- *den Ansatzkriterien für immaterielle Vermögenswerte gerecht wird:* Es ist wahrscheinlich (probable), dass der mit dem asset verbundene wirtschaftliche Nutzen dem Unternehmen zufließen wird und sich die Anschaffungs- und Herstellungskosten des assets zuverlässig ermitteln lassen (measured reliability) (IAS 38.11–21).

Der entgeltliche Erwerb eines immateriellen Vermögenswerts ist nicht unbedingt für eine Aktivierung erforderlich. Für eine Prüfung der Aktivierbarkeit von selbst geschaffenen immateriellen Vermögenswerten wird der Erstellungsprozess des Vermögenswertes analog zum HGB in eine *Forschungs-* und in eine *Entwicklungsphase* aufgeteilt (IAS 38.52). Während ein aus der Forschung entstehender immaterieller Vermögenswert nicht aktiviert werden darf, ist ein aus der Entwicklung entstehender immaterieller Vermögenswert unter bestimmten *Voraussetzungen* aktivierungspflichtig. Dazu muss das Unternehmen kumulativ folgende Nachweise erfüllen (IAS 38.57):

- die technische Realisierbarkeit der Fertigstellung des immateriellen Vermögenswertes, damit er zur internen Nutzung oder zum Verkauf zur Verfügung stehen wird,
- die Absicht, das Gut zu produzieren und zu vermarkten oder es selbst zu nutzen,
- die Fähigkeit, den immateriellen Vermögenswert zu nutzen oder zu verkaufen,
- den Beweis der Existenz künftiger Rückflüsse, indem die Existenz eines Marktes für das Gut oder das Gut selbst aufgezeigt wird oder, bei interner Nutzung, der Nutzen des immateriellen Vermögenswertes belegt wird,

- die Existenz adäquater technischer, finanzieller und sonstiger Ressourcen für den Abschluss des Projekts,
- die Fähigkeit, die dem immateriellen Vermögenswert während seiner Entwicklung zurechenbaren Ausgaben zuverlässig zu bewerten.

	Individuell abgrenzbar (z. B. Patente, Lizenzen, Urheberrechte, Konzessionen, Warenzeichen)	**Individuell nicht abgrenzbar (z. B. goodwill, Ingangsetzungskosten, Gründungskosten)**
Isoliert entgeltlich erworben	Ansatzpflicht	–
Mit anderen entgeltlich erworben	Ansatzpflicht	Ansatzpflicht
Selbst erstellt	*Forschungskosten:* Aktivierungsverbot *Entwicklungskosten:* Ansatzpflicht unter bestimmten Voraussetzungen	Ansatzverbot

Abb. 4.4: Strukturierung immaterieller Vermögenswerte nach IFRS[123]

Falls sämtliche Voraussetzungen nachgewiesen werden, müssen die Entwicklungsausgaben aktiviert werden, sonst sind sie als Aufwand der laufenden Periode zu behandeln.

Für die wichtigsten immateriellen Vermögensgegenstände in der *Versicherungsbilanz* ergeben sich dadurch folgende Ansatzregelungen:

- Für den derivativen Geschäfts- oder Firmenwert besteht wie im HGB eine Aktivierungspflicht.
- Selbsterstellte immaterielle Vermögenswerte (z. B. Software) werden unter den genannten Voraussetzungen aktiviert.
- Ein entgeltlich erworbener Versicherungsbestand wird aktiviert.
- Ein originärer Versicherungsbestandwert wird nicht aktiviert.

Im Rahmen eines Unternehmenszusammenschlusses ist die Abgrenzung immaterieller Vermögenswerte vom goodwill von besonderer Wichtigkeit. Die Anschaffungskosten eines Unternehmenswerts werden zunächst auf die identifizierbaren Vermögensgegenstände und Schulden (bzw. Eventualschulden) verteilt. Nur ein verbleibender Unterschiedsbetrag wird als goodwill angesetzt (mit entsprechender Auswirkung auf die Folgebewertung). IFRS 4.31 nennt im Rahmen des Unternehmenskaufes die Möglichkeit des Ausweises eines immateriellen Vermögenswerts, der den *Bestandswert* der erworbenenen Versicherungsverträge repräsentiert. Zudem ist in IFRS 3.IE Example 4 der *Wert der Kundenbeziehung* für den Abschluss zukünftiger Abschlusskontrakte als möglicher weiterer separater immaterieller Vermögenswert genannt. Die Abgrenzung zwischen goodwill und den identifizierten Vermögenswerten ist insbesondere für die Folgebewertung von Bedeutung.

123 In Anlehnung an Schildbach, Thomas [US-GAAP, 2002], S. 98.

Die Bewertung immaterieller Vermögenswerte erfolgt entweder zu *Anschaffungs-* oder *Herstellungskosten,* abzüglich planmäßiger bzw. außerplanmäßiger Abschreibungen (IAS 38.74) oder auf der Basis eines *Neubewertungsbetrags* unter Zugrundelegung eines aktiven Marktes (IAS 38.75–87).

Für die *Abschreibung* eines immateriellen Vermögenswerts ist entscheidend, ob eine bestimmte oder eine unbestimmte Nutzungsdauer vorliegt (IAS 38.88). Unbestimmt ist eine Nutzungsdauer dann, wenn keine Anhaltspunkte dafür vorliegen, dass ein Vermögenswert ab einem bestimmten Zeitpunkt keine positiven Zahlungsströme für das Unternehmen mehr erwirtschaftet.[124] Eine planmäßige Abschreibung ist nicht zulässig, falls keine bestimmte Nutzungsdauer ermittelbar ist (IAS 38.107). Vielmehr sind in diesem Fall ein jährlicher Wertminderungstest (IAS 38.109) sowie eine Überprüfung der Bestimmbarkeit einer Nutzungsdauer vorzunehmen. Falls im Rahmen dieses Tests eine Nutzungsdauer bestimmbar ist, sind Bewertungsdifferenzen nach IAS 8 zu bilanzieren. Eine planmäßige Abschreibung hat dann zu erfolgen, wenn eine bestimmte Nutzungsdauer vorliegt. Der Vermögenswert ist dann über die geschätzte Nutzungsdauer, die anhand von internen und externen Faktoren bestimmt wird (IAS 38.90), abzuschreiben.

Als Alternative zur Bewertung von Anschaffungs- oder Herstellungskosten ist eine Bewertung zum Neubewertungsbetrag möglich. Im Rahmen der Folgebewertung sind Wertminderungen ergebniswirksam (es sei denn, dass es sich um die Rückgängigmachung früherer Werterhöhungen handelt) und Wertsteigerungen ergebnisneutral (es sei denn, dass es sich um die Rückgängigmachung früherer Wertminderungen handelt) zu behandeln. Der neubewertete Ansatz des Vermögenswerts ist planmäßig auf die Restnutzungsdauer abzuschreiben. Die Voraussetzung der Anwendung der Neubewertungsmethode stellt das Vorhandensein eines aktiven Marktes dar, der für intangible assets in der Regel jedoch nicht existiert.

Die Bilanzierung des *goodwill* wird durch IFRS 3 geregelt[125]. Anstelle einer planmäßigen Abschreibung sieht dieser einen jährlichen Werthaltigkeitstest und gegebenenfalls eine außerplanmäßige Abschreibung nach IAS 36 vor (IFRS 3.54–55). Im Rahmen des Wertminderungstests wird der Buchwert des betrachteten Vermögenswerts mit dessen erzielbarem Betrag (recoverable amount) verglichen. Dieser wird vom IASB als der höhere Betrag aus beizulegendem Zeitwert abzüglich Verkaufskosten (fair value less costs to sell) und Nutzungswert (value in use) definiert:

- *Fair value less costs to sell* als Betrag, der durch den Verkauf eines Vermögenswerts oder einer zahlungsmittelgenerierenden Einheit in einer Transaktion zu Marktbedingungen zwischen sachverständigen, vertragswilligen Parteien nach Abzug der Veräußerungskosten erzielt werden könnte (ermittelt aus einem bindenden Kaufvertrag zwischen unabhängigen Geschäftspartnern, aus dem Preis für den Vermögenswert an einem aktiven Markt oder auf Grundlage der besten verfügbaren Information).

---

124 Vgl. Pellens, Bernhard et al. [Rechnungslegung, 2011], S. 319–329.

125 Vgl. zur Goodwill-Behandlung bei Versicherungsunternehmen Dobler, Michael; Gampenrieder, Peter [Goodwill-Bilanzierung, 2006], S. 393–397 sowie S. 431–435.

- *Value in use* als Barwert der künftigen cash flows, die voraussichtlich aus einem Vermögenswert oder einer zahlungsmittelgenerierenden Einheit (*cash generating Unit*; CGU) abgeleitet werden können (ermittelt auf Basis der diskontierten künftigen Zahlungsströme).

Für den goodwill muss der Wertminderungstest mindestens einmal jährlich erfolgen. Für die Ermittlung des erzielbaren Betrags darf auf eine CGU abgestellt werden, da der erzielbare Betrag des goodwill als einzelner Vermögenswert nicht ermittelbar ist. Nach IAS 36.80 ist der goodwill den CGUs zuzuordnen, die Synergien aus dem Unternehmenszusammenschluss ziehen sollen. Eine CGU ist dabei die kleinste identifizierbare Gruppe von Vermögenswerten, die Mittelzuflüsse generiert, die weitgehend unabhängig von den Mittelzuflüssen anderer Vermögenswerte oder anderer Gruppen von Vermögenswerten sind. Eine CGU darf maximal so groß sein wie ein Geschäftssegment nach IFRS 8.

3.2.2 Aktivierte Abschlusskosten nach IFRS (US-GAAP)

IFRS 4 Phase 1 erlaubt auch für beim Abschluss von Versicherungsverträgen anfallende Kosten nach den bisher verwendeten Bilanzierungsnormen abzubilden. Nachfolgend wird deshalb die Regelung nach US-GAAP dargestellt. Im Gegensatz zur Versicherungsbilanz nach HGB findet sich nach US-GAAP ein zusätzlicher immaterieller Vermögenswert in der Bilanz: Aktivierte Abschlusskosten (*deferred acquisition costs* oder kurz DAC). Die Aktivierung von Abschlusskosten wurde zuletzt durch EITF 09–G (gültig ab dem Jahr 2012) neu geregelt (Anpassung von ASC 944-30). Demnach sind Abschlusskosten definiert als Kosten, die im Zusammenhang mit einem neuen oder einem erneuerten Versicherungsvertrag eingetreten sind. Aktivierungsfähige Abschlusskosten beinhalten solche Kosten, die unmittelbar mit dem Abschluss eines Versicherungsvertrags zusammenhängen:

- EITF 09–G spricht von *incremental direct costs* und bezeichnet hierunter Abschlusskosten, die direkt mit einem *erfolgreich* abgeschlossenen Versicherungsvertrag zusammenhängen und nicht eingetreten wären, wenn der Vertrag nicht gezeichnet worden wäre.
- Direkt in Verbindung mit Abschlussaktivitäten stehen Underwriting-Aktivitäten, Aktivitäten der Vertragsgestaltung, der medizinischen Untersuchung, sowie Verkaufsgespräche, soweit sich diese Aktivitäten allein auf den entsprechenden Vertrag beziehen (nur in diesem Anteil der für Mitarbeiter entstehenden Kosten).

Ausgeschlossen sind damit Kosten, die für die Gewinnung möglicher Kunden, Marktrecherche, Training, Verwaltung, die nicht erfolgreiche Vertragsakquise oder auch für Produktentwicklung entstehen; diese sind in der Periode sofort als Aufwand zu vereinnahmen. Werbungskosten fallen explizit nicht unter die Abschlusskosten und werden durch ASC 720-340-20 geregelt.

Die Erläuterung zu Art und Typ der Abschlusskosten, deren Abschreibungsmethode sowie die Höhe der aktivierten Abschlusskosten der Periode sind im Anhang anzugeben.

Im Ergebnis zählen einige bestandproportionale Kosten nach HGB zwar zu den Abschlusskosten, da sie einen Bezug zum Vertragsabschluss aufweisen, sie sind jedoch nach US-GAAP aufgrund der fehlenden Kriterien nicht als DAC ansatzfähig.[126]

Die aktivierten Abschlusskosten werden grundsätzlich über die Laufzeit der Verträge abgeschrieben. Bei kurzfristigen Verträgen (hauptsächlich Schaden-Unfallversicherung), welche nach FAS 60 bilanziert werden, erfolgt die Tilgung entsprechend der Vereinnahmung der Beiträge und folgt somit der zeitproportionalen Auflösung der Beitragsüberträge. In der Lebensversicherung wird die Position proportional zu der Vereinnahmung der Bruttobeiträge (FAS 60) oder zu dem auf das Geschäftsjahr entfallenden Anteil des gesamten Rohergebnisses aus dem Vertrag (FAS 97, 120) amortisiert. Die Detailregelungen hierzu werden in Kapitel 6, Abschnitt 3.3.2 zur Deckungsrückstellung nach US-GAAP erläutert.

Die Aktivierung der Abschlusskosten ersetzt in Teilen die nach HGB mögliche Zillmerung der Deckungsrückstellung bzw. den teilweisen Abschlusskostenabzug bei der Bewertung der Beitragsüberträge.

3.2.3 Aktivierter Bestandswert und Erneuerungsrechte nach IFRS (US-GAAP)

Neben den aktivierten Abschlusskosten zeigt sich unter den immateriellen Vermögenswerten der Aktivseite einer Versicherungsbilanz nach IFRS bzw. US-GAAP eine weitere branchenspezifische Besonderheit. Bei dem Erwerb bzw. der Übertragung eines Bestands, von Erneuerungsrechten oder einem Unternehmenskauf ist ein immaterieller Vermögenswert zu aktivieren. Dies gilt nach IFRS 4.31 explizit auch für Versicherungsbestände.[127]

Bei einem Unternehmenskauf ist die Differenz zwischen dem Saldo der zum fair value neubewerteten Vermögenswerte und Verpflichtungen (purchase GAAP) auf der einen und dem Kaufpreis auf der anderen Seite nicht komplett als goodwill anzusetzen. Vielmehr sind weitere identifizierbare und zuverlässig zu bewertende erworbene Vermögenswerte bilanziell separat zu erfassen. Regelmäßig werden die übernommenen versicherungstechnischen Rückstellungen jedoch nicht zum fair value neubewertet, sondern es werden lediglich die Bewertungsparameter der Rückstellungskalkulation aktualisiert. IFRS 4 erlaubt die Fortführung bisheriger Bewertungsverfahren für die versicherungstechnischen Rückstellungen im Rahmen von Unternehmenskäufen.

Im Lebens- und Krankenversicherungsbereich kommt bei Akquisitionen vor allem dem Bestandwert des laufenden Geschäfts eine zentrale Rolle zu. Der im angelsächsischen Raum als PVFP (present value of future profits oder »VOBA« = value of business acquired) bezeichnete Wert des bestehenden Vertragsbestands ist auf Basis von aktuariellen Methoden als Barwert der zukünftigen Netto cash flows aus dem *Bestandsgeschäft* zum

126 Detailliert hierzu vgl. Zimmermann, Christoph [Abschlußkosten, 2002], S. 151–176.
127 Vgl. Dobler, Michael; Gampenrieder, Peter [Goodwill, 2006], S. 395.

Zeitpunkt des Erwerbs zu bestimmen. Dabei ist analog der fair value Bewertung bzw. dem embedded value der Unsicherheit in den zukünftigen Zahlungsströmen mit einem Risikoaufschlag beim Diskontierungszins oder einem absoluten Abschlag bei den geschätzten Zahlungsströmen Rechnung zu tragen. Der Wert des erwarteten *Neugeschäfts* hingegen spiegelt sich im goodwill wieder.

Der PVFP ersetzt als Aktivposten den Betrag der aktivierten Abschlusskosten (DAC) aus dem übernommenen Bestand, welche in der Bilanz des Käufers nicht mehr angesetzt werden. In den Folgeperioden ist der PVFP mit denselben Methoden über die Laufzeit des Bestandes zu amortisieren, die auch bei der Abschreibung der DAC Anwendung finden. Der Abschreibungsaufwand des PVFP wird üblicherweise wie auch die DAC-Abschreibung als Abschlusskosten erfasst.

Im *Non-life-Bereich* ergeben sich bei Unternehmensakquisitionen aufgrund der kurzen Vertragslaufzeit in der Regel keine materiellen Bestandswerte. Ein ökonomischer Wert besteht in den erworbenen Erneuerungsrechten (renewal rights) bzw. Kundenbeziehungen. IFRS 3.IE nennt in Beispiel 4 bei Fremderwerb diese Rechte explizit als ansatzpflichtigen Vermögenswert. Ein solcher ist nach IFRS 3 getrennt vom goodwill anzusetzen. Als Abschreibungsdauer findet die mittlere wirtschaftliche Vertragslaufzeit, d. h. inklusive erwarteter Vertragsverlängerungen, Anwendung. Auch außerhalb einer Unternehmensübernahme führt der entgeltliche Erwerb von Erneuerungsrechten zum Ansatz eines immateriellen Vermögenswertes welcher über die wirtschaftliche Vertragslaufzeit abzuschreiben ist.

Nach HGB sind entgeltlich erworbene immaterielle Vermögenswerte wie ein übernommener Versicherungsbestand oder Erneuerungsrechte ebenfalls aktivierungsfähig, wie bereits in Abschnitt 3.1 erläutert.

4 Ansatz und Bewertung einzelner Kapitalanlagen nach HGB und IFRS

4.1 Grundstücke, grundstücksgleiche Rechte und Bauten auf fremdem Grund

4.1.1 Grundvermögen nach HGB

Grundstücke, grundstücksgleiche Rechte und Bauten auf fremden Grund werden in der Versicherungsbilanz als Sammelposten ausgewiesen. *Grundstücke* sind durch Vermessung abgegrenzte Teile der Erdoberfläche, die im Grundbuch als selbstständige Grundstücke eingetragen sind. Sie lassen sich in Abhängigkeit von ihrer *Bebauung* in bebaute und unbebaute Grundstücke unterscheiden.

- *Bebaute Grundstücke* umfassen Grundstücke, die mit Gebäuden (Geschäfts-, Fabrik- oder Wohnbauten) oder anderen selbstständigen Bauten (z. B. Parkplätzen, Dämmen) in Zusammenhang stehen.

- *Unbebaute Grundstücke* stellen beispielsweise Wälder, Wiesen, Seen oder Äcker dar. Sie werden ausgewiesen, wenn sie selbstständig verwertbar sind.

Zivilrechtlich bilden Grundstücke und bebaute Grundstücke häufig eine rechtliche Einheit. Im Bilanzrecht werden Grundstücke und bebaute Grundstücke jedoch getrennt behandelt.[128]

Bebaute Grundstücke können in Abhängigkeit vom rechtlichen *Eigentum* dahingehend unterschieden werden, ob die Bauten auf eigenen oder auf fremden Grundstücken erfolgen.

- *Bauten auf eigenen Grundstücken* zeichnen sich dadurch aus, dass das rechtliche Eigentum an Gebäude und Grundstück beim bilanzierenden Unternehmen liegt.
- *Bauten auf fremden Grundstücken* stellen Wohn-, Geschäfts-, Fabrik- und andere Bauten dar, die rechtlich nicht auf einem dem bilanzierenden Unternehmen gehörenden Grundstück errichtet worden sind.[129] Zivilrechtlich werden diese Bauten nach §§ 93, 94 BGB in der Regel zu wesentlichen Bestandteilen des fremden Grundstücks. Allerdings sind sie wirtschaftlich weiterhin dem bilanzierenden Unternehmen zuzurechnen.

In Abhängigkeit von der *Nutzung* können Grundstücke auch in eigengenutzte und fremdgenutzte Grundstücke unterteilt werden.

- *Eigengenutzte Grundstücke und Bauten* werden vom bilanzierenden Unternehmen im Rahmen seiner eigenen Tätigkeit genutzt.
- *Fremdgenutzte Grundstücke und Bauten* stehen im Eigentum des bilanzierenden Unternehmens, werden aber nicht im Rahmen der eigenen Tätigkeit genutzt.

Für den Bilanzausweis ist es unerheblich, ob die Grundstücke und Gebäude vom Versicherungsunternehmen selbst oder fremd genutzt werden. Nach § 52 Nr. 1a RechVersV ist jedoch der Bilanzwert der eigengenutzten Grundstücke und Bauten im Anhang anzugeben. Dadurch soll der Bilanzleser einen Einblick in die Fungibilität eines Grundstücks bzw. von Bauten gewinnen, die durch eine Eigennutzung erheblich eingeschränkt wird.[130] Diese weisen weniger den Charakter einer Kapitalanlage als vielmehr einer Sachanlage auf.

Grundstücksgleiche Rechte sind dingliche Rechte, die zivilrechtlich wie Grundstücke behandelt werden. Beispiele für grundstücksgleiche Rechte sind Erbbaurechte, Bergwerkseigentum oder bestimmte Wohn- und Nutzungsrechte. Die Bilanzierung erfolgt wie bei Grundstücken, da grundstücksgleiche Rechte diesen wirtschaftlich und vielfach auch rechtlich gleichkommen.[131] Neben den im Sammelposten erwähnten Grundstücken, grundstücksgleichen Rechten und Bauten auf fremdem Grund werden auch weitere, nicht genannte Posten wie Anteile an Grundstücksgesellschaften (nur wenn nicht gewerblich) bürgerlichen Rechts sowie Vorauszahlungen auf Grundstücke, Anzahlungen auf Bauten

128 Vgl. Baetge, Jörg et al. [Bilanzen, 2011], S. 233.
129 Vgl. Hölzl, Werner [Nichtversicherungstechnische Posten, 2011], Rd. 59.
130 Vgl. Ellenbürger, Frank; Hormbach Lothar; Kölschbach, Joachim [Einzelfragen, 1996], S. 42.
131 Vgl. beispielhaft Baetge, Jörg et al. [Bilanzen, 2011], S. 233.

und Planungskosten, soweit keine erheblichen Zweifel an einer Realisierung des Bauvorhabens bestehen, ausgewiesen.[132]

Die *Bewertung* von Grundstücken, grundstücksgleichen Rechten und Bauten einschließlich der Bauten auf fremdem Grund ist in § 341b Abs. 1 HGB geregelt und hat *nach den für das Anlagevermögen geltenden Vorschriften* zu erfolgen.[133] Die Bewertung erfolgt zu Anschaffungs- oder Herstellungskosten vermindert um planmäßige oder außerplanmäßige Abschreibungen. Zu den Anschaffungskosten zählen auch Anschaffungsnebenkosten wie Gerichts- und Notarkosten, Vermittlungsprovisionen, Vermessungsgebühren und die Grunderwerbsteuer.[134] Im Rahmen von außerplanmäßigen Abschreibungen ist zu beachten, dass nach § 341b Abs. 1 S. 3 HGB eine Abschreibung bei nur vorübergehender Wertminderung nicht erlaubt ist. Zudem ist nach § 341b Abs. 3 HGB eine Festbewertung bei Grundstücken, Bauten und im Bau befindlichen Anlagen nicht erlaubt.

4.1.2 Grundvermögen nach IFRS

Die Bilanzierung des Grundbesitzes wird *international* in IAS 16 (Property, Plant and Equipment), IAS 40 (investment property) sowie bezüglich der grundstücksgleichen Rechte in IAS 38 (intangible assets) geregelt. Abbildung 4.5 gibt einen Überblick über die wichtigsten Standards nach IFRS.

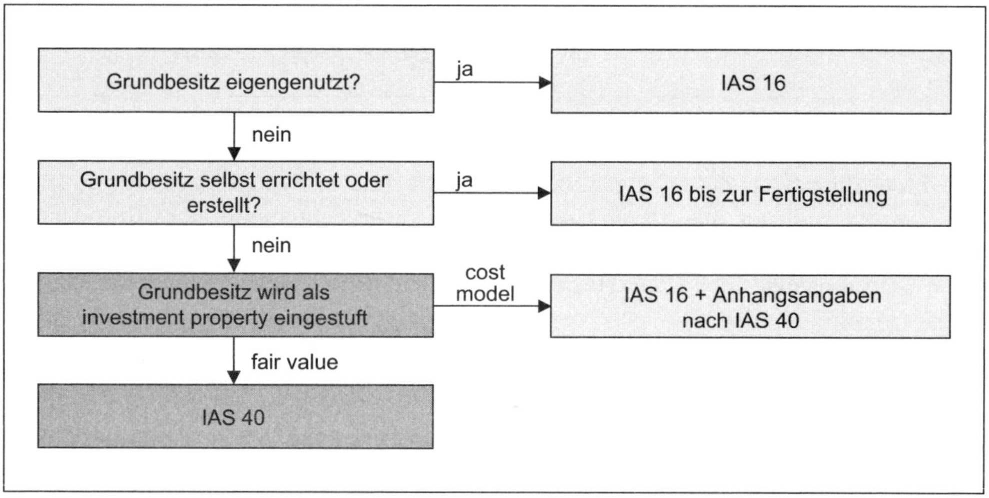

Abb. 4.5: Bilanzierung des Grundvermögens nach IFRS[135]

132 Vgl. Treuberg, Hubert Graf von; Angermayer, Birgit [Jahresabschluss, 1995], S. 174.

133 Eine Ausnahme bilden im Rahmen von Zwangsversteigerungen erworbene Grundstücke, die nach dem strengen Niederstwertprinzip zu bilanzieren sind. Vgl. Treuberg, Hubert Graf von; Angermayer, Birgit [Jahresabschluss, 1995], S. 177.

134 Vgl. Hölzl, Werner [Nichtversicherungstechnische Posten, 2011], Rd. 68.

135 Abbildung in Anlehnung an Fourie, Dirk; Velthuysen, Oliver [Grundbesitz, 2001], S. 648.

Der *Anwendungsbereich* bestimmt sich nach dem Verwendungszweck der Grundstücke und Bauten. Falls Grundvermögen selbst genutzt wird bzw. Gebäude sich im Bau befinden, wird IAS 16 (Sachanlagen) angewendet. IAS 40 (Anlageimmobilien) umfasst die Bilanzierung von Grundvermögen, das einem Eigentümer oder Leasingnehmer gehört, zur Erzielung von Wertsteigerungen oder von laufenden Einnahmen dient und nicht als Handelsobjekt oder zu Produktions- oder Verwaltungszwecken genutzt wird.[136]

Mit dem anzuwendenden Standard wird die Bewertung des Grundvermögens festgelegt. Die *Bewertung nach IAS 16* unterscheidet ein benchmark treatment und ein alternative treatment. Das bilanzierende Unternehmen kann zwischen der Bewertung zu fortgeführten Anschaffungs- bzw. Herstellungskosten (benchmark) und der Bewertung zu einem Neubewertungswert (alternative) wählen (IAS 16.29). Das Wahlrecht ist pro Klasse an Vermögenswerten auszuüben. Bei der Bilanzierung zu Anschaffungs- und Herstellungskosten sind planmäßige Abschreibungen sowie gegebenenfalls Wertminderungen bzw. Wertaufholungen nach IAS 36 vorzunehmen. Die planmäßige Abschreibung erfolgt nach der voraussichtlichen unternehmensspezifischen Nutzungsdauer. Den Neubewertungswert eines Grundstücks bzw. Gebäudes stellt in der Regel der Marktwert dar, der mit Hilfe von Gutachtern zu ermitteln ist (IAS 16.32–33). Die Neubewertung ist grundsätzlich alle drei bis fünf Jahre vorzunehmen, bei volatilen Vermögenswerten häufiger (IAS 16.34). Falls eine Neubewertung durchgeführt wird, muss die gesamte Klasse an Vermögenswerten neu bewertet werden (IAS 16.36). Wertänderungen werden im Rahmen der Neubewertung wie folgt behandelt (IAS 16.39–40):

- Erhöht sich der Buchwert durch die Neubewertung, wird der Unterschiedsbetrag der Neubewertungsrücklage zugeführt. Ein Ertrag wird nur dann vereinnahmt, wenn in

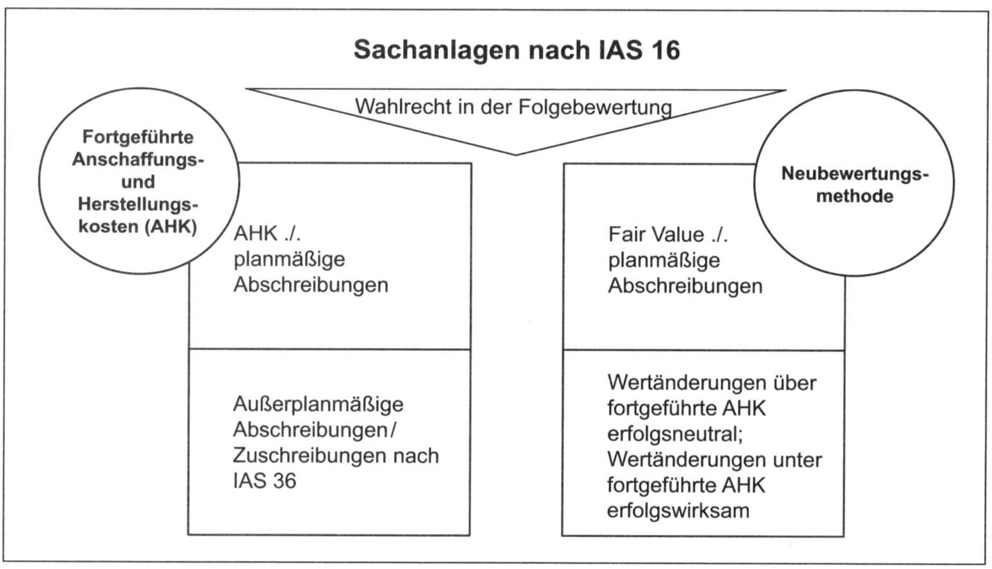

Abb. 4.6: Bilanzierung des eigengenutzten Grundvermögens nach IFRS

136 Vgl. Fourie, Dirk; Velthuysen, Oliver [Grundbesitz, 2001], S. 649.

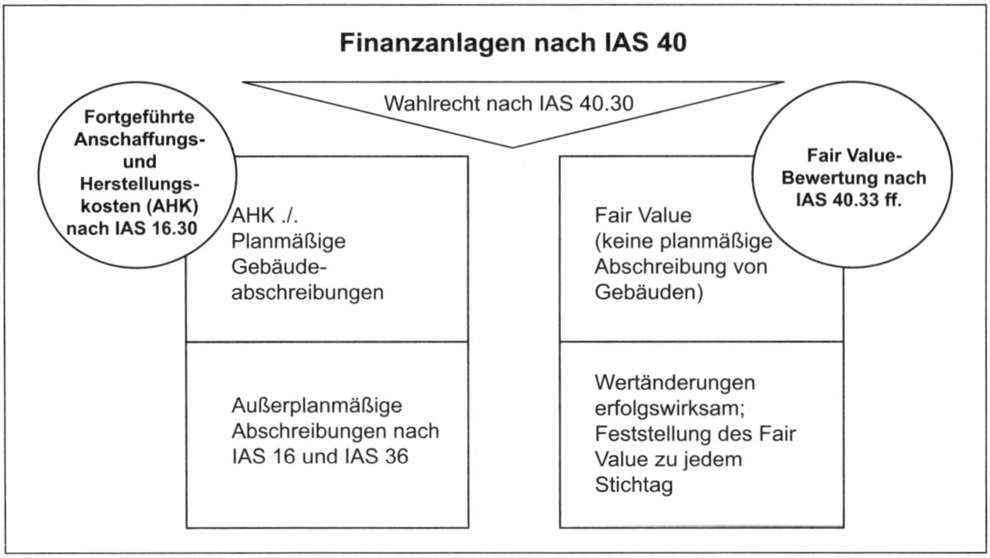

Abb. 4.7: Bilanzierung von Grundstücken als Finanzanlage

früheren Jahren vorgenommene erfolgswirksame Wertminderung rückgängig gemacht werden.

- Wird der Buchwert durch die Neubewertung gemindert, wird der Unterschiedsbetrag als Aufwand erfasst, es sei denn, dass eine in früheren Jahren vorgenommene Werterhöhung rückgängig gemacht wird. In diesem Fall wird die Wertminderung mit der Neubewertungsrücklage verrechnet.

Im Rahmen der Überarbeitung von IAS 16 hat der IASB verschärfte Vorschriften zur Zerlegung des Sachanlagevermögens festgelegt. Nach dem *Komponentenansatz* ist Sachanlagevermögen in signifikante Kostenbestandteile zu zerlegen. Von besonderer Bedeutung ist diese Zerlegung für die Abschreibung eines Vermögenswertes, da diese getrennt für jeden Vermögensbereich eines Vermögenswertes zu bestimmen ist (IAS 16.43), wenn diese Komponenten einen wesentlichen Anteil der Anschaffungs- oder Herstellungskosten ausmachen. Damit wird der unterschiedlichen Nutzungsdauer der jeweiligen Teilbereiche Rechnung getragen. Der IASB hat keine klaren Kriterien für die Anwendung des Komponentenansatzes verankert, sondern dem Anwender erhebliche Ermessensspielräume offen gelassen. In der Praxis wird eine Zerlegung stets am Kriterium der Wesentlichkeit zu messen sein. Als Näherungslösung könnte vertretbar sein, dass eine separate Erfassung und Abschreibung unterbleiben kann, wenn der Wert einzelner Bestandteile 5 % der ursprünglichen Anschaffungs- oder Herstellungskosten nicht überschreitet. Falls eine Komponente ersetzt wird, ist für den Restbuchwert der Komponente ein Abgang darzustellen und die neue Komponente entsprechend als Zugang zu aktivieren (IAS 16.13).

IAS 40 sieht grundsätzlich eine Bewertung zum fair value (beizulegender Zeitwert) vor, sofern ein solcher Wert zuverlässig zu ermitteln ist (IAS 40.33). Im Gegensatz zu IAS 16 werden Wertänderungen nicht über die Neubewertungsrücklage, sondern über die

GuV erfolgswirksam verrechnet. Alternativ dazu kann der gesamte Bestand auf der Basis fortgeführter Anschaffungs- oder Herstellungskosten bewertet werden (IAS 40.56). In diesem Fall muss der fair value im Anhang angegeben werden (IAS 40.79). Ein Wechsel von fair value auf Anschaffungs- oder Herstellungskosten-Bewertung ist praktisch ausgeschlossen.

4.2 Kapitalanlagen in verbundene Unternehmen und Beteiligungen

4.2.1 Verbundene Unternehmen, Beteiligungen und Ausleihungen nach HGB

Die finanziellen Beziehungen zwischen verbundenen Unternehmen und Unternehmen, mit denen ein Beteiligungsverhältnis besteht, werden nach der RechVersV in einem Bilanzposten zusammengefasst. Der Posten enthält

- Anteile an verbundenen Unternehmen,
- Beteiligungen,
- Ausleihungen an verbundene Unternehmen und
- Ausleihungen an Unternehmen, mit denen ein Beteiligungsverhältnis besteht.

Die Bilanzierung der *Anteile an verbundenen Unternehmen* im Einzelabschluss dient dazu, die finanziellen Beziehungen eines Unternehmens transparent zu machen.[137] Der Begriff der verbundenen Unternehmen findet sich sowohl im Aktienrecht (§ 15 AktG) als auch im Handelsrecht (§ 271 Abs. 2 HGB). Für die Bilanzierung maßgeblich ist die Regelung des § 271 Abs. 2 HGB. Demnach sind verbundene Unternehmen solche, die als Mutter- oder Tochterunternehmen (§ 290 HGB) in den Konzernabschluss eines Mutterunternehmens nach den Vorschriften über die Vollkonsolidierung einzubeziehen sind. Im Gegensatz zu den Vorschriften des § 266 Abs. 2 HGB erfolgt in der Versicherungsbilanz kein getrennter Ausweis der Anteile an verbundenen Unternehmen im Anlagevermögen (Finanzanlagen) sowie im Umlaufvermögen (Wertpapiere). Das hängt damit zusammen, dass Formblatt 1 der RechVersV nicht zwischen Anlage- und Umlaufvermögen unterscheidet.

Die Verbindung zwischen Mutter- und Tochterunternehmen ist in § 290 HGB geregelt. Seit dem BilMoG kann ausschließlich das *control Konzept* ein Mutter-Tochter-Verhältnis begründen. Nach dem control Konzept muss die rechtliche Möglichkeit bestehen, das Tochterunternehmen zu beherrschen. Diese Beherrschungsmöglichkeit wird nach § 290 Abs. 2 HGB dann vermutet, wenn das Mutterunternehmen über die Mehrheit der Stimmrechte verfügt, Bestellungs- oder Abberufungsrechte hat, oder wenn das Mutterunternehmen in Folge eines Beherrschungsvertrags oder einer Satzungsbestimmung einen beherrschenden Einfluss auf das Tochterunternehmen ausüben kann. Beherrschender Einfluss wird auch bei Zweckgesellschaften angenommen, wenn die Mehrheit der Chancen und Risiken getragen werden.

137 Vgl. Coenenberg, Adolf. G. [Jahresabschluss, 2012], S. 614.

Wenn die Charakteristika eines Anteils an einem verbundenen Unternehmen nicht erfüllt sind, muss ein Ausweis unter den *Beteiligungen* untersucht werden. Der Ausweis unter den Anteilen an verbunden Unternehmen geht aber in jedem Fall dem Ausweis unter den Beteiligungen vor. Eine Beteiligung wird gesetzlich dann vermutet, wenn die Anteilsquote 20% überschreitet (§271 Abs. 1 S. 3 HGB). Beteiligungen stellen nach §271 Abs. 1 HGB Anteile an anderen Unternehmen dar, »die bestimmt sind, dem eigenen Geschäftsbetrieb durch Herstellung einer dauernden Verbindung zu jenen Unternehmen zu dienen«.

- Anteile an anderen Unternehmen dienen dem eigenen Geschäftsbetrieb, wenn sie einen Beitrag zur Realisierung der Unternehmensziele des beteiligten Unternehmens liefern.
- Eine dauerhafte Geschäftsbeziehung geht über die reine Kapitalüberlassung hinaus. Beispiele dafür stellen längerfristige Lieferungs- und Leistungsbeziehungen, Kooperationen von Unternehmensbereichen oder auch ein Personalaustausch dar.[138]

Im Versicherungsbereich zeigen sich als typische Charakteristika einer Beteiligung die Branchenverwandtschaft (z. B. zu Vermögensverwaltungsgesellschaften), unternehmerische Verbindungen (z. B. Rückversicherungsbeziehungen, gemeinsame Vertriebsstrukturen), personelle Verflechtungen im Vorstand und Aufsichtsrat sowie Funktionsausgliederungsverträge.[139]

Der Zugang von Beteiligungen gestaltet sich abhängig vom Anlass des Beteiligungserwerbs.[140]

- Bei Gründung einer Kapitalgesellschaft können Zahlungen erst dann unter Beteiligungen gebucht werden, wenn der Gesellschaftsvertrag geschlossen wurde.
- Bei erworbenen Anteilen gilt als Zugangszeitpunkt der Zeitpunkt des Aufnahme- oder Übernahmevertrags oder der Zeitpunkt der Übertragung von Gesellschaftsanteilen.
- Bei Kapitalerhöhung gilt der Zeitpunkt der Eintragung ins Handelsregister.

Die *Bewertung* von *Anteilen an verbundenen Unternehmen und Beteiligungen* erfolgt gemäß §341b Abs. 1 S. 2 HGB nach den für Anlagevermögen geltenden Vorschriften. Die Bewertung erfolgt zu Anschaffungskosten aus dem Kaufpreis zuzüglich Anschaffungsnebenkosten (z. B. Notarkosten, Maklerprovisionen) abzüglich Anschaffungspreisminderungen (§255 Abs. 1 HGB).

Eine Besonderheit der Bewertung im Versicherungsunternehmen stellt der Organisationsfonds dar. Dieser ist von den Aktionären als zusätzliche Einlage zur Deckung der Kosten des Aufbaus einer Verwaltung sowie eines Vertreternetzes zu entrichten und wird auf der Passivseite als Teil des Eigenkapitals ausgewiesen. Auf der Aktivseite der Bilanz (Mittelverwendung) werden nach herrschender Meinung Zahlungen in den Organisationsfonds eines verbundenen Unternehmens handelsrechtlich als zusätzliche Anschaffungskosten für die betreffende Beteiligung aktiviert.[141]

---

138 Vgl. Förschle, Gerhard [Beteiligungen, 2002], S. 331.
139 Vgl. Hölzl, Werner [Nichtversicherungstechnische Posten, 2011], Rd. 97.
140 Vgl. ausführlich auch Förschle, Gerhard [Beteiligungen, 2002], S. 332.
141 Vgl. Hölzl, Werner [Nichtversicherungstechnische Posten, 2011], Rd. 100.

Ausleihungen stellen Finanzforderungen dar, die auf der Grundlage eines schuldrechtlichen Austauschvertrags gegen Hingabe von Kapital erworben werden. Sie sind mit der Absicht verbunden, dem Empfänger für einen längeren Zeitraum Kapital zur Verfügung zu stellen.[142] Der Ausweis von Ausleihungen erfolgt in Abhängigkeit vom Empfänger unter Ausleihungen gegenüber verbundenen Unternehmen, gegenüber Unternehmen, mit denen ein Beteiligungsverhältnis besteht, und gegenüber sonstigen Unternehmen (sonstige Ausleihungen). Als Ausleihungen an verbundene Unternehmen sowie Unternehmen, mit denen ein Beteiligungsverhältnis besteht, kommen sowohl Inhaberschuldverschreibungen als auch andere festverzinsliche Wertpapiere und sonstige Ausleihungen in Betracht.

Die *Bewertung von Ausleihungen* an verbundene Unternehmen sowie Unternehmen, mit denen ein Beteiligungsverhältnis besteht, erfolgt gemäß § 341b Abs. 1 S. 2 HGB nach den für das Anlagevermögen geltenden Vorschriften. Alternativ dürfen nach § 341c HGB Namensschuldverschreibungen mit ihrem Nennbetrag angesetzt werden. Anschaffungskosten von Ausleihungen stellen in der Regel die ausgezahlten Beträge dar. Falls Ausleihungen unverzinslich sind bzw. sich nur niedrig verzinsen, gilt der Barwert der Darlehensforderung als Anschaffungskosten.[143]

4.2.2 Verbundene Unternehmen, Beteiligungen und Ausleihungen nach IFRS

Verbundene Unternehmen und Beteiligungen werden nach IFRS in separaten Standards behandelt. *Verbundene Unternehmen* stellen nach IAS 27 Mutter-Tochter-Beziehungen dar, die sich durch einen beherrschenden Einfluss des Mutterunternehmens gegenüber der Tochter auszeichnen (IAS 27.4). Beherrschung stellt dabei die Möglichkeit dar, die Finanz- und Geschäftspolitik eines Unternehmens zu bestimmen, um aus dessen Tätigkeit Nutzen zu ziehen. Es kommt dabei nicht auf die tatsächliche Ausübung der Bestimmungsmacht, sondern auf die Möglichkeit der Inanspruchnahme sowie die Absicht an, aus der Geschäftstätigkeit des Tochterunternehmens einen Nutzen zu generieren.

Im Rahmen der Überarbeitung der Regelungen zum Konsolidierungskreis hat der IASB 2011 den IFRS 10 *Konzernabschlüsse* publiziert (verpflichtende Erstanwendung voraussichtlich ab 2013). IFRS 10 ersetzt teilweise den IAS 27 und führt eine einheitliche prinzipienorientierte Definition von beherrschendem Einfluss im Sinne von Kontrolle ein. Diese gilt sowohl für Unternehmen wie auch für Zweckgesellschaften. *Control* nach IFRS 10 definiert sich im Vergleich zu IAS 27 nicht mehr (nur) durch eine Betrachtung von gesellschaftsrechtlichen Rechten (z. B. Stimmrechte), sondern knüpft stärker an eine wirtschaftliche Betrachtungsweise an.[144]

Die *Bewertung von Anteilen an verbundenen Unternehmen* erfolgt nach IAS 27.37 im Einzelabschluss des Mutterunternehmens zu Anschaffungskosten oder nach IAS 39 als zur Veräußerung verfügbare Vermögenswerte.

142 Vgl. Rehkugler, Heinz [Finanzanlagen, 2002], S. 773.
143 Vgl. Rehkugler, Heinz [Finanzanlagen, 2002], S. 774.
144 Vgl. zu den Unterschieden von IAS 27 und IFRS 10 Zülch, Henning et al. [IFRS 10, 2011], S. 585-592.

Beteiligungen liegen nach IAS 28.2 dann vor, wenn ein Unternehmen auf ein anderes Unternehmen einen maßgeblichen Einfluss ausüben kann und dieses Unternehmen weder ein Tochterunternehmen noch ein Gemeinschaftsunternehmen darstellt. Ein maßgeblicher Einfluss zeichnet sich durch die Möglichkeit aus, an den finanz- und geschäftspolitischen Entscheidungsprozessen des Beteiligungsunternehmens mitzuwirken, ohne diese jedoch beherrschen zu können. Eine widerlegbare Vermutung eines maßgeblichen Einflusses besteht dann, wenn der Anteilseigner direkt oder indirekt 20% oder mehr der Stimmrechte des assoziierten Unternehmens hält (IAS 28.6). IAS 28.7 nennt Indikatoren für das Vorliegen eines maßgeblichen Einflusses:
- Zugehörigkeit zu den Organen des assoziierten Unternehmens,
- Mitwirkung an der Geschäftspolitik des assoziierten Unternehmens,
- bedeutende Geschäftsbeziehungen zwischen Anteilseigner und assoziiertem Unternehmen,
- Austausch von Führungskräften,
- Weitergabe von bedeutenden Informationen.

Die *Bewertung von Anteilen an assoziierten Unternehmen* im Einzelabschluss des Anteilseigners erfolgt nach IAS 28.13 zu Anschaffungskosten, nach der equity Methode oder als zur Veräußerung verfügbare finanzielle Vermögenswerte (IAS 39).

Ausleihungen gehören nach IFRS zur Kategorie held to maturity. Im Rahmen der Bewertung ergeben sich keine prinzipiellen Unterschiede zur Behandlung im HGB.

4.3 Sonstige Kapitalanlagen

4.3.1 Sonstige Kapitalanlagen nach HGB

4.3.1.1 Aktien, Investmentanteile und andere nicht festverzinsliche Wertpapiere

Der Posten »*Aktien, Investmentanteile und andere nicht festverzinsliche Wertpapiere*« wird in § 7 RechVersV geregelt. Abbildung 4.7 gibt einen Überblick über diesen Posten.

Wertpapiere des Postens »Aktien, Investmentanteile und andere nicht festverzinsliche Wertpapiere« werden bei ihrem Erwerb zu Anschaffungskosten zuzüglich Anschaffungsnebenkosten (z. B. Gebühren, Provisionen) bewertet. Die Folgebewertung von Wertpapieren erfolgt nach § 341b Abs. 2 HGB grundsätzlich nach den Vorschriften des Umlaufvermögens mit der Anwendung des *strengen Niederstwertprinzips*. Demnach müssen Wertpapiere auch bei nur vorübergehender Wertminderung auf einen niedrigeren Börsen- oder Marktpreis abgeschrieben werden (§ 253 Abs. 3 S. 1 HGB). Seit der Verabschiedung des *Versicherungskapitalanlagen-Bewertungsgesetzes* im Jahr 2002 können Wertpapiere aber auch dem Anlagevermögen zugeordnet werden, wenn sie dem *Geschäftsbetrieb dauerhaft dienen*. In diesem Fall kann das *gemilderte Niederstwertprinzip* angewendet werden. Hierdurch entsteht ein Wahlrecht, bei nur vorübergehender Wertminderung auf den niedrigeren Börsen- oder Marktpreis abzuschreiben (vgl. Abb. 4.8).

Aktien	Ausweis von Inhaber-, Vorzugs- und Namensaktien, die nicht als Anteile an verbundenen Unternehmen oder Beteiligungen charakterisiert sind
Zwischenscheine	Ausweis von Aktienersatzpapieren, die stets auf den Namen lauten (§ 10 AktG) und bis zur drucktechnischen Herstellung der Aktien an die Zeichner ausgegeben werden können
Investmentanteile	Ausweis von Anteilen an Grundstücks-, Wertpapier- und Beteiligungssondervermögen, die nach den Vorschriften von Kapitalanlagegesellschaften ausgegeben und verbrieft werden
Optionsscheine	Ausweis von Berechtigungen zum Bezug bestimmter Wertpapiere
Gewinnanteilscheine	Ausweis von Dividendenscheinen und Ertragsscheinen von Investmentzertifikaten[145]
Genussscheine	Ausweis von börsenfähigen Inhaber- oder Orderpapieren[146]
Andere nicht festverzinsliche Wertpapiere	Ausweis von Bezugsrechten auf Aktien, Partizipationsscheinen und Liquiditationsanteilsscheinen soweit sie börsenfähig sind

Abb. 4.8: Ausweis des Postens »Aktien, Investmentanteile und andere nicht festverzinsliche Wertpapiere« nach § 7 RechVersV

In einer Stellungnahme des Instituts der Wirtschaftsprüfer zur Auslegung des § 341b HGB vom 05.11.2001 wurden Kriterien definiert, die für die Bestimmung, *dauernd dem Geschäftsbetrieb zu dienen,* zu beachten sind (IDW RS VFA 2):

- Das Versicherungsunternehmen muss in der Lage sein, die Wertpapiere so zu verwenden, dass sie dauernd dem Geschäftsbetrieb dienen. Dazu muss es über anderweitige Liquiditätsreserven verfügen und die Papiere dürfen keinen Beschränkungen unterliegen (z. B. aus vertraglicher Vereinbarung), die der Daueranlage entgegenstehen. Das Versicherungsunternehmen muss anhand eines Finanz- oder Liquiditätsplans die Fähigkeit zur Daueranlage darlegen.
- Bei Wertpapieren mit begrenzter Laufzeit darf die Restlaufzeit ein Jahr nicht unterschreiten. Wertpapiere, deren Restlaufzeit nicht mehr als ein Jahr beträgt, werden dem Umlaufvermögen zugeordnet.[147]
- Das Versicherungsunternehmen muss die Absicht haben, die Wertpapiere auf Dauer zu halten (subjektive Entscheidung über die Zweckbestimmung der Wertpapiere).
- Die Entscheidung der Zweckbestimmung ist aktenkundig zu machen.
- Die erstmalige Zuordnung zum Anlagevermögen hat zeitnah zum Erwerb der Wertpapiere zu erfolgen. Da eine willkürliche Änderung der Zweckbestimmung unzulässig ist, kann eine Rückgliederung zum Umlaufvermögen nur in sachlich begründeten

145 Nach § 7 S. 2 RechVersV umfasst der Posten auch Gewinnanteilsscheine, die vor Fälligkeit hereingenommen werden. Fällige Gewinnanteilsscheine werden unter »Sonstige Forderungen« ausgewiesen. Zinsscheine stellen keine Gewinnanteilsscheine dar. Sie werden unter »Inhaberschuldverschreibungen und andere festverzinsliche Wertpapiere« ausgewiesen (§ 8 RechVersV).

146 Andere Genussscheine werden unter dem Posten »Übrige Ausleihungen« ausgewiesen. Vgl. Ellenbürger, Frank; Horbach Lothar; Kölschbach, Joachim [Einzelfragen, 1996], S. 44.

147 Vgl. Dobler, Michael; Maul, Karl-Heinz [Wertpapiere, 2007].

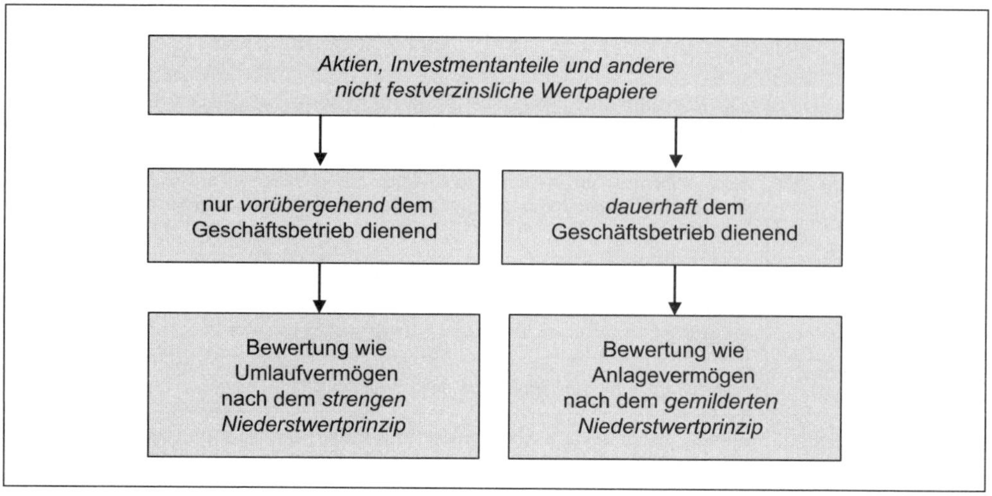

Abb. 4.9: Bewertung von Aktien, Investmentanteilen und anderen nicht festverzinslichen Wertpapieren nach der Neuregelung des § 341 b HGB

Ausnahmefällen erfolgen. Verkäufe von Wertpapieren aus dem Anlagevermögen sind zulässig.
- Die Zweckbestimmung soll für jeden Vermögensgegenstand einzeln erfolgen.

Eine *voraussichtlich dauernde Wertminderung* bedeutet ein nachhaltiges Absinken des den Wertpapieren zum Abschlussstichtag beizulegenden Wertes unter den Buchwert. Im Rahmen der Beurteilung, ob eine Wertminderung voraussichtlich nur vorübergehend ist, sind zusätzliche Erkenntnisse bis zum Zeitpunkt der Aufstellung zu berücksichtigen. Obwohl geringfügige Kursschwankungen kein Indiz für eine voraussichtlich dauernde Wertminderung sind, ist zu prüfen, ob Hinweise für eine solche vorliegen. Bei der Beurteilung einer dauernden Wertminderung sind die folgenden Indizien zu berücksichtigen:
- Höhe der Differenz (je höher die Differenz zwischen historischen Anschaffungskosten/Buchwert und Zeitwert ist, desto eher muss von einer voraussichtlich dauernden Wertminderung ausgegangen werden),
- Dauer der eingetretenen Wertminderung,
- stark abweichender Kursverlauf von gängigen Indizes,
- Substanzverluste des Emittenten,
- unternehmensspezifische oder branchenweite Verschlechterung der zukünftigen Entwicklung,
- erhebliche finanzielle Schwierigkeiten des Emittenten und
- eine hohe Wahrscheinlichkeit einer Insolvenz oder eines sonstigen Sanierungsbedarfs des Emittenten.

In der Verlautbarung zu IDW RS VFA 2 findet sich eine Operationalisierung zum Begriff der dauernden Wertminderung, wobei eines der beiden folgenden Kriterien zur Anwendung kommen kann:

Beispiel 4.1: Vereinfachte Operationalisierung der dauernden Wertminderung

Im Folgenden werden drei Versicherungsunternehmen betrachtet, die jeweils eine Aktie zum Kaufpreis von 60 GE erwerben. Dargestellt werden die Entwicklung der Marktwerte zu den darauffolgenden Stichtagen, der höchste Wert der letzten 6 Monate sowie der Durchschnitt der letzten 12 Monate. Daraus werden die Buchwerte abgeleitet und die stillen Reserven/Lasten aufgezeigt. Als vereinfachte Annahme gilt, dass die Abschreibung im Beispiel immer auf den Marktwert erfolgt (in der Praxis kann der beizulegende Zeitwert u.U. vom Marktwert abweichen).

	Marktwerte			Buchwerte			Stille Reserven / Lasten		
	VU 1	*VU 2*	*VU 3*	*VU 1*	*VU 2*	*VU 3*	*VU 1*	*VU 2*	*VU 3*
Kaufpreis	**60**	**60**	**60**	**60**	**60**	**60**			
Kurs der Aktie zum 31.12.01	**65**	**50**	**40**	**60**	**60**	**40**	**5**	**–10**	**0**
Höchster Wert der letzten 6 Monate	*67*	*50*	*42*	12%	–17%	–30%			
Durchschnitt 12 Monate	*63*	*55*	*55*	5%	–8%	–8%			
Kurs der Aktie zum 31.12.02	**60**	**55**	**62**	**60**	**55**	**60**	**0**	**0**	**2**
Höchster Wert der letzten 6 Monate	*80*	*55*	*67*	33%	–8%	12%			
Durchschnitt 12 Monate	*59*	*52*	*63*	–2%	–13%	5%			
Kurs der Aktie zum 31.12.03	**49**	**45**	**55**	**49**	**45**	**60**	**0**	**0**	**–5**
Höchster Wert der letzten 6 Monate	*55*	*55*	*59*	–8%	0%	7%			
Durchschnitt 12 Monate	*50*	*35*	*57*	–17%	–36%	4%			

- Der Zeitwert des Wertpapiers liegt in den sechs Monaten vor dem Bilanzstichtag stets mehr als 20 % unter dem Buchwert.
- Der Durchschnittswert der täglichen Börsenkurse eines Wertpapiers in den letzten zwölf Monaten liegt mehr als 10 % unter seinem Buchwert.

Die Erfüllung der Aufgreifkriterien des VFA stellt ein Indiz für eine voraussichtlich dauernde Wertminderung dar, die allerdings durch Nachweis der »Nicht-Dauerhaftigkeit« widerlegbar sind.[148] Der beizulegende Wert ist grundsätzlich der am Bilanzstichtag geltende Börsenkurs. Nur dann, »wenn Faktoren vorliegen, die außerhalb der Einschätzung der künftigen Ertragskraft von Unternehmen liegen, kann der Börsenkurs von einer langfristigen Einschätzung der Ertragskraft des jeweiligen Unternehmens abweichen.« In diesem Falle ist eine außerplanmäßige Abschreibung auf den beizulegenden Wert vorzunehmen, der die langfristige Einschätzung der Ertragskraft des Unternehmens widerspiegelt.

Die Angemessenheit eines vom Börsenkurs abweichenden beizulegenden Wertes kann anhand folgender Verfahren beurteilt werden:

- *Analystenschätzungen bezüglich künftiger Börsenkurse:* Die Kursschätzungen von Analysten können dann herangezogen werden, wenn es sich um fundierte Aussagen einer Mehrzahl von unabhängigen externen Analysten handelt. Keine Berücksichtigung dür-

148 Vgl. hierzu und im Folgenden Ellenbürger, Frank; Hammers, Bettina [HGB § 341b, 2012], Rd. 92-96.

fen extreme Einschätzungen von einzelnen Analysten finden, die von der allgemeinen Einschätzung abweichen. Vielmehr kann unter Bereinigung von Extremschätzungen eine Mittelwertberechnung aus mehreren Schätzquellen vorgenommen werden. Von Bedeutung ist ferner, dass die Schätzungen zeitnah zum Bilanzstichtag abgegeben werden und dass die Auswahl der Analysequellen begründet werden kann und konsistent ist.

- *Ertragswertverfahren basierend auf earnings per share (EPS):* Diese Verfahren sind in ihrer Struktur Ertragswertverfahren ähnlich. Anstelle interner Planungsdaten wird bei börsennotierten Anteilen auf EPS-Konsensus-Schätzungen unabhängiger Analysten zurückgegriffen, die von Finanzinformationsdiensten veröffentlicht werden. Das Ertragswertverfahren ist zweistufig, da in der ersten Phase (1 bis 5 Jahre) auf EPS-Konsensus-Schätzungen abgestellt wird, während in der zweiten Phase eine ewige Rente (terminal value) auf der letzten verfügbaren Konsensus-Schätzung aufgebaut wird.

4.3.1.2 Inhaberschuldverschreibungen und andere festverzinsliche Wertpapiere

Der Ausweis von Inhaberschuldverschreibungen und anderen festverzinslichen Wertpapieren wird in § 8 RechVersV geregelt. Demnach sind unter diesem Posten Titel auszuweisen, die börsenfähig und nicht als Ausleihungen zu bilanzieren sind. Der Begriff der *Börsenfähigkeit* wird in der RechVersV nicht näher erläutert. Daher wird auf die Definition des § 7 Abs. 2 RechKredV zurückgegriffen. Demnach sind Wertpapiere börsenfähig, wenn sie die Voraussetzungen einer Börsenzulassung erfüllen. Bei Schuldverschreibungen genügt es, dass alle Stücke einer Emission hinsichtlich Verzinsung, Laufzeitbeginn und Fälligkeit einheitlich ausgestattet sind (§ 7 Abs. 2 RechKredV). Nach § 8 RechVersV werden die in Abbildung 4.10 genannten Titel unter dem Posten »Inhaberschuldverschreibungen und andere festverzinsliche Wertpapiere« ausgewiesen.

Die *Bewertung von Inhaberschuldverschreibungen und anderen festverzinslichen Wertpapieren* erfolgt nach den für Umlaufvermögen geltenden Vorschriften (§ 341b Abs. 2 S. 1 HGB), es sei denn, dass sie dazu bestimmt werden, dauernd dem Geschäftsbetrieb zu dienen. In diesem Fall orientiert sich die Bewertung an den für das Anlagevermögen geltenden Vorschriften.[149]

Festverzinsliche Inhaberschuldverschreibungen und andere festverzinsliche Inhaberpapiere	Ausweis unabhängig von der Verbriefung in Wertpapierurkunden oder einer Ausgestaltung als Wertrechte
Orderschuldverschreibungen	Ausweis von durch Indossament übertragbaren Schuldverschreibungen, die Teil einer Gesamtemission sind und das Kriterium der Börsenfähigkeit erfüllen
Schatzwechsel, Schatzanweisungen, Kassenobligationen	Ausweis ohne weitere Einschränkungen

149 Hierzu wird auf die im Kapitel 4.3.1.1 »Aktien, Investmentanteile und andere nicht festverzinslichen Wertpapieren« dargestellten Ausführungen verwiesen.

Andere Geldmarktpapiere	Ausweis von z. B. commercial papers, euro notes, certificates of peposit, bons de caisse und ähnlichen verbrieften Rechten
Zinsscheine	Ausweis, wenn Zinsscheine vor Fälligkeit hereingenommen werden[150]
Sparbriefe, Sparobligationen, Sparschuldverschreibungen	Ausweis unter diesem Posten nur bei Ausstattung als reine Inhaberschuldverschreibungen[151]
Null-Kupon-Anleihen	Ausweis von Wertpapieren, deren Zinsen in Form eines Disagios bei der Emission oder eines Agios bei der Rückzahlung anfallen
Wertpapiere mit veränderlichem Zinssatz	Ausweis von Wertpapieren, deren Zinssatz an eine bestimmte Referenzgröße (z. B. libor, fibor) gebunden ist
asset backed securities	Ausweis von Wertpapieren, die durch einen Pool von Finanzaktiva, insbesondere Hypotheken gedeckt und besichert sind

Abb. 4.10: Ausweis unter dem Posten »Inhaberschuldverschreibungen und andere festverzinsliche Wertpapiere«

4.3.1.3 Hypotheken-, Grundschuld- und Rentenforderungen

Hypotheken-, Grundschuld- und Rentenforderungen werden in §9 RechVersV geregelt. Demnach sind unter diesem Posten Forderungen auszuweisen, für die dem bilanzierenden Unternehmen Pfandrechte an Grundstücken oder Schiffen bestellt wurden und bei denen die Befriedigung insbesondere durch Verwertung des belasteten Objekts erfolgen soll. Zu diesem Posten zählen auch Forderungen, die durch einen Versicherungsvertrag zusätzlich gesichert sind. Forderungen, bei denen der Versicherungsvertrag die Hauptleistung darstellt, werden jedoch im Posten »Sonstige Ausleihungen« ausgewiesen.

Die *Bewertung von Hypotheken-, Grundschuld- und Rentenforderungen* erfolgt grundsätzlich nach den Vorschriften, die auch für Anlagevermögen mit Anwendung des gemilderten Niederstwertprinzips gelten (§341b Abs. 1 S. 2 HGB). Bis zum Jahr 2010 war darüber hinaus für Hypothekendarlehen ein Wahlrecht zur Nennwertbilanzierung im §341c HGB verankert. Mit einem Ende 2010 verabschiedeten Gesetz wurde diese Regelung, welche aus Sicht der EU-Kommission nicht konform mit der Versicherungsbilanzrichtlinie war, gestrichen.[152]

Der §341c Abs. 3 HGB neuer Fassung enthält nun jedoch ein Wahlrecht, in Abweichung zu der nach §253 Abs. 1 HGB allgemein gültigen Anschaffungskostendefinition bei Hypothekendarlehen und anderen Forderungen die Anschaffungskosten zuzüglich oder abzüglich der kumulierten Amortisation einer Differenz zwischen den Anschaffungskosten und dem Rückzahlungsbetrag unter Anwendung der Effektivzinsmethode anzusetzen. Diese Regelung soll die gestrichene Möglichkeit der Nennwertbilanzierung ersetzen. In Folge sind Agien und Disagien direkt mit den Anschaffungskosten zu verrechnen.

150 Fällige Zinsscheine werden unter »Sonstige Forderungen« ausgewiesen.

151 In der Regel werden Sparbriefe als Namensschuldverschreibungen unter »Sonstige Ausleihungen« ausgewiesen. Vgl. Treuberg, Hubert Graf von; Angermayer, Birgit [Jahresabschluss, 1995], S. 199.

152 »Gesetz zur Umsetzung der geänderten Bankenrichtlinie und der geänderten Kapitaladäquanzrichtlinie« vom 19.11.2010 (vgl. BGBl. 2010, Teil 1 Nr. 58, S. 1592).

4.3.1.4 Sonstige Ausleihungen

Im Posten »Sonstige Ausleihungen« sind ohne Rücksicht auf ihre Laufzeit jene Ausleihungen auszuweisen, die nicht im Posten »Ausleihungen an verbundene Unternehmen« oder im Posten »Ausleihungen an Unternehmen, mit denen ein Beteiligungsverhältnis besteht« erfasst sind. § 10 RechVersV untergliedert die »Sonstigen Ausleihungen« wie folgt:
- Namensschuldverschreibungen,
- Schuldscheinforderungen und Darlehen,
- Darlehen und Vorauszahlungen auf Versicherungsscheine sowie
- übrige Ausleihungen.

Namensschuldverschreibungen zeichnen sich im Gegensatz zu Inhaberschuldverschreibungen dadurch aus, dass ein Berechtigter namentlich genannt ist. Sie werden vorrangig von Hypothekenbanken und öffentlich-rechtlichen Banken in Form von Namenspfandbriefen, Namensschiffspfandbriefen und Namenskommunalobligationen emittiert.[153] Aufgrund ihrer erschwerten schuldrechtlichen Übertragung, einem meist nur geringen Emissionsvolumen sowie der damit verbundenen geringen Fungibilität, stellen Namensschuldverschreibungen keine Wertpapiere, sondern Buchforderungen dar.[154]

In § 10 RechVersV werden folgende Formen von Namensschuldverschreibungen genannt:
- Namenspfandbriefe,
- Namenskommunalobligationen,
- Namenslandesbodenbriefe und
- Anleihen des Bundes, der Länder und der Gemeinden, die auf den Namen des bilanzierenden Versicherungsunternehmens im Schuldbuch eingetragen worden sind.

Schuldscheinforderungen und Darlehen zeichnen sich wie Namensschuldverschreibungen dadurch aus, dass die Kreditwürdigkeit des Schuldners im Vordergrund steht.[155] Allerdings erfolgt ein Ausweis von Darlehen unter diesem Posten nur dann, wenn es sich um ungesicherte oder nur dinglich gesicherte Darlehensforderungen handelt. Gesicherte Forderungen werden unter dem Posten »Hypotheken-, Grundschuld- und Rentenforderungen« ausgewiesen. Schuldscheinforderungen und Darlehen werden gewöhnlich als Schuldscheindarlehen bezeichnet. Es existiert keine allgemein gültige Definition von Schuldscheindarlehen. Schlagwortartig zeichnen sie sich durch eine anleiheähnliche, nicht am börsenmäßig organisierten Kapitalmarkt erfolgende langfristige Großkreditaufnahme bei Kapitalsammelstellen aus, wobei diese nicht zu den Kreditinstituten nach § 1 KWG zählen (insbesondere also Versicherungsunternehmen, Pensionskassen und Sozialversicherungsträger).[156]

---

153 Vgl. Hippler, Michael [Schuldverschreibungen, 1998], S. 16.
154 Vgl. Krumnow, Jürgen et al. [RechKredV, 1994], S. 900.
155 Vgl. Treuberg, Hubert Graf von; Angermayer, Birgit [Jahresabschluss, 1995], S. 206.
156 Vgl. Reutter, Karl [Handwörterbuch, 1988], S. 759.

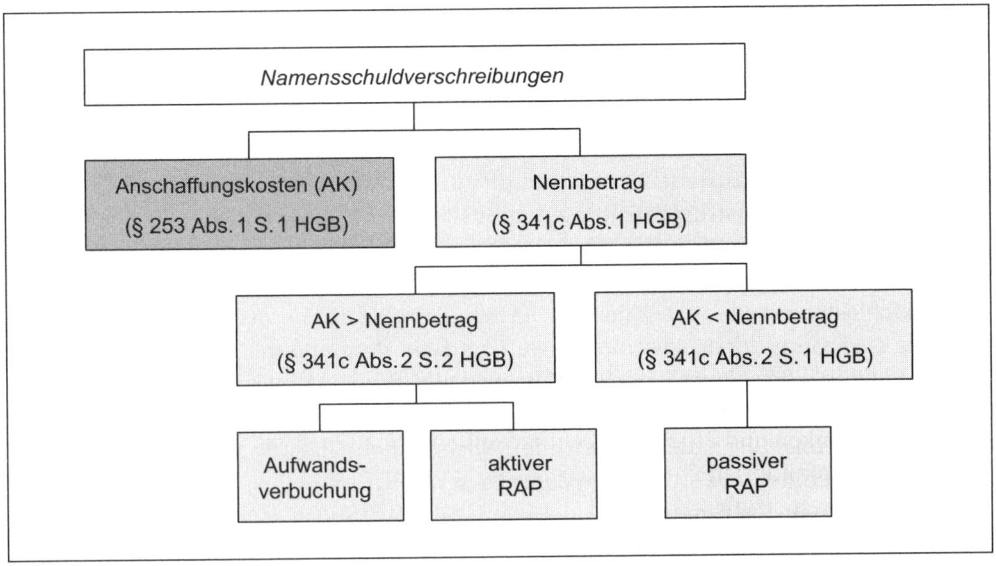

Abb. 4.11: Bewertung von Namensschuldverschreibungen

Darlehen und Vorauszahlungen auf Versicherungsscheine werden den Versicherungsnehmern nach den Allgemeinen Versicherungsbedingungen gewährt. Darlehen auf Versicherungsscheine (Policendarlehen) bezeichnen Darlehen des Versicherungsunternehmens, die gegenüber den Versicherungsnehmern gewährt werden, sobald die Versicherung rückkaufsfähig ist.[157] Vorauszahlungen auf Versicherungsscheine stellen Vorauszahlungen auf die Versicherungssumme dar, die bei Fälligkeit der Versicherungssumme verrechnet werden.

Übrige Ausleihungen werden nach § 10 Abs. 1 Nr. 4 RechVersV in Tilgungsdarlehen sowie Darlehen und Gehaltsvorschüsse an Arbeitnehmer und freie Vertreter in Höhe von mehr als sechs Monatsbezügen unterteilt. Geringere Ausleihungen sind unter den »Sonstigen Forderungen« auszuweisen.

Die *Bewertung* der »Sonstigen Ausleihungen« erfolgt grundsätzlich gemäß § 341b Abs. 1 S. 2 HGB nach den Bewertungsvorschriften für das Anlagevermögen mit gemildertem Niederstwertprinzip. Die Bewertung von Namensschuldverschreibungen und anderen Forderungen kann nach § 341c Abs. 1 HGB jedoch auch zum Nennwert vorgenommen werden. Der Unterschiedsbetrag zu den Anschaffungskosten kann in einem aktiven Rechnungsabgrenzungsposten berücksichtigt werden, falls der Nennwert unter dem Wert der Anschaffungskosten liegt (§ 341c Abs. 2 S. 2 HGB). Im Fall eines Nennwertes über den Anschaffungskosten besteht die Pflicht zur Bildung eines passivischen Unterschiedsbetrags (§ 341c Abs. 2 S. 1 HGB).

157 Vgl. Treuberg, Hubert Graf von; Angermayer, Birgit [Jahresabschluss, 1995], S. 207.

4.3.2 Sonstige Kapitalanlagen nach IFRS

4.3.2.1 Einteilung der sonstigen Kapitalanlagen in Kategorien

Sonstige Kapitalanlagen umfassen v. a. finanzielle Vermögenswerte, deren Bilanzierung in
- IAS 39 (financial instruments: recognition and measurement), ferner in
- IAS 32 (financial instruments: presentation) und
- IFRS 7 (financial instruments: disclosures) geregelt ist.

Ein Finanzinstrument wird definiert als Vertrag, der gleichzeitig bei dem einen Unternehmen zu einem finanziellen Vermögenswert und bei dem anderen zu einer finanziellen Verbindlichkeit oder einem Eigenkapitalinstrument führt (IAS 32.11). Nach dieser Definition werden Vereinbarungen bzw. Verträge dann als Finanzinstrument bezeichnet, wenn die zugrunde liegenden Rechte oder Pflichten finanzielle Sachverhalte beinhalten. Folgende Finanzinstrumente werden dadurch geregelt:
- originäre Finanzinstrumente,
- derivative Finanzinstrumente,
- Verpflichtungen zur Lieferung von Finanzinstrumenten sowie Geldforderungen aus der Erbringung eigener Lieferungen und Leistungen.

Die Bilanzierung von finanziellen Vermögenswerten setzt zunächst deren Klassifizierung voraus, an welche sich in einem zweiten Schritt unterschiedliche Bewertungsansätze knüpfen. Nach IAS 39 werden vier – nicht überschneidungsfreie – Kategorien unterschieden (IAS 39.45):
- fair value through profit or loss (zu Handelszwecken gehaltene Finanzinstrumente bzw. als zum fair value mit GuV-Effekt designierte Vermögenswerte),
- held to maturity (bis zur Endfälligkeit zu haltende Finanzinvestitionen),
- loans and receivables (Kredite und Forderungen) und
- available for sale (zur Veräußerung verfügbare Vermögenswerte).

Die Einordnung nach IAS 39 orientiert sich teilweise an der Natur des Instruments (produktbezogen), weiterhin ist jedoch u.U. auch die Verwendungsabsicht des Unternehmens relevant. Wertpapiere, die keiner der ersten drei Kategorien zuzuordnen sind, werden in die Restkategorie »available for sale« eingestuft. Die Kategorien müssen sich jederzeit anhand nachprüfbarer Kriterien objektiv und eindeutig abgrenzen lassen.

Im Folgenden werden die Kategorien nach IAS 39 dargestellt und dem jeweiligen HGB-Ausweis gegenübergestellt.

4.3.2.2 Fair value through profit or loss

In die Kategorie »financial instruments at fair value through profit or loss« werden vornehmlich Finanzinstrumente einbezogen, die zu Handelszwecken gehalten werden. Hierzu zählen Wertpapiere, die hauptsächlich mit der Absicht der Gewinnerzielung aus *kurzfristigen Preisschwankungen* erworben wurden bzw. eingegangen sind oder die Teil eines verwalteten Portfolios von Finanzinstrumenten darstellen, dessen Ziel ebenfalls in einer kurzfristigen Gewinnerzielung liegt. Zudem werden derivative Finanzinstrumente grundsätzlich in diese Kategorie eingeordnet, außer wenn sie zu Sicherungszwecken bestimmt sind.

Neben der obligatorischen Nutzung der Kategorie für zu Handelszwecken gehaltene Finanzinstrumente wurde das Wahlrecht Finanzinstrumente zum beizulegenden Zeitwert zu bilanzieren durch eine Neuregelung im Jahr 2005 konkretisiert (*fair value option*). Die Nutzung des Wahlrechts ist auf Finanzinstrumente eingeschränkt, die bestimmte Bedingungen erfüllen:

- Die Nutzung der fair value Option führt zur Beseitigung einer Bilanzierungsanomalie (accounting mismatch) oder verringert diese erheblich (IAS 39.9b).
- Eine Gruppe finanzieller Vermögenswerte und/oder finanzieller Verbindlichkeiten wird auf fair value Basis gesteuert (IAS 39.9b).
- Ein Instrument enthält ein eingebettetes Derivat. Eine Einordnung des gesamten zusammengesetzten Vertrags als finanzieller Vermögenswert oder als finanzielle Verbindlichkeit der Kategorie »at fair value through profit loss« ist möglich, es sei denn, das eingebettete Derivat führt nicht zu einer signifikanten Veränderung der Zahlungsströme des Vertrags oder ist ein Derivat, für das im Rahmen eines ähnlich strukturierten Produkts eine getrennte Bilanzierung offensichtlich nicht zulässig ist (IAS 39.11a).

Ein Verbot zur Nutzung der fair value option besteht für Eigenkapitalinstrumente, für die kein aktiver Markt besteht bzw. für die kein verlässlicher beizulegender Zeitwert bestimmbar ist (IAS 39.46c bzw. IAS 39.AG16–25).

Folgende Bilanzpositionen nach der RechVersV werden regelmäßig in Teilen dem Handelsbestand zugeordnet:

- Aktien, Investmentanteile und andere nicht festverzinsliche Wertpapiere,
- Inhaberschuldverschreibungen und andere festverzinsliche Wertpapiere und
- andere Kapitalanlagen.

4.3.2.3 Held to maturity

Kapitalanlagen werden der Gruppe held to maturity zugeordnet, wenn sie bis zur Endfälligkeit gehalten werden und folgende Charakteristika aufweisen (IAS 39.9):[158]

- feste oder bestimmte Zahlungen,
- eine feste Laufzeit sowie
- die Absicht und Fähigkeit, die finanziellen Vermögenswerte bis zur Endfälligkeit zu halten.

Falls die *Absicht* besteht, das Finanzinstrument lediglich für eine unbestimmte Zeit zu halten, oder es möglich erscheint, das Finanzinstrument bei Änderungen der Marktlage (z.B. Marktzinsen, Liquidität des Instruments) zu veräußern, scheidet eine Einordnung

158 Vgl. Lüdenbach, Norbert [Finanzinstrumente, 2011], Rd. 133.

als held to maturity aus (IAS 39.AG16). An der erforderlichen *Fähigkeit* das Finanzinstrument bis zur Endfälligkeit zu halten, muss gezweifelt werden, wenn hierfür nicht die finanziellen Resourcen zur Verfügung stehen oder rechtliche oder andere Beschränkungen ein Halten bis zur Endfälligkeit beeinträchtigen können (IAS 39.AG23). Falls es zu einer vorzeitigen Veräußerung von materiellen held to maturity Positionen kommt, greift die »tainting rule«: Alle in held to maturity eingeordneten Finanzinstrumente sind in die Kategorie available for sale umzugliedern und die held to maturity Kategorie darf für zwei Jahre nicht mehr genutzt werden.[159]

Folgende Bilanzpositionen nach der RechVersV lassen sich dieser Ansatzgruppe zuordnen:

- Hypotheken-, Grund- und Rentenschuldforderungen,
- Namensschuldverschreibungen,
- Schuldscheinforderungen und Darlehen sowie
- übrige Ausleihungen.

4.3.2.4 Loans and receivables

Loans and receivables (Ausleihungen und Forderungen) sind nicht-derivative finanzielle Vermögenswerte mit festen oder bestimmbaren Zahlungsströmen, die nicht an einem aktiven Markt gehandelt werden und für die bei Zugang keine kurzfristige Verkaufsabsicht besteht. Alle finanziellen Vermögenswerte, die diese Definition erfüllen und die nicht in die Kategorien »through Profit or Loss« bzw. »available for sale« eingeordnet werden, sind dieser Kategorie zuzuweisen. Ein aktiver Markt ist durch die leichte und regelmäßige Verfügbarkeit von Preisnotierungen, welche auf regelmäßigen Markttransaktionen unter fremden Dritten beruhen, gekennzeichnet.[160]

Aus den Bilanzpositionen der RechVersV lassen sich insbesondere Darlehen und Vorauszahlungen aus Versicherungsscheinen zuordnen. Außerdem werden Schuldtitel, die direkt vom Emittenten erworben werden (z. B. Inhaberschuldverschreibungen) als originäre Forderungen eingeordnet, wenn die Zahlung dem Emittenten direkt zufließt und der Investor nicht die Absicht einer sofortigen Veräußerung hat. In diesem Fall müsste eine Einordnung unter die Kategorie »through profit or loss« erfolgen. Anders als Darlehen werden im Rahmen von Kaufverträgen an Sekundärmärkten erworbene Geldforderungen wie z. B. Schuldscheindarlehen nicht dieser Kategorie zugeordnet.

4.3.2.5 Available for sale

Finanzielle Vermögenswerte, die der Kategorie »available for sale« zugeordnet werden, stellen eine Art Auffangbecken für alle Kapitalanlagen dar, die weder zu Handelszwecken noch bis zur Endfälligkeit gehalten werden bzw. die vom Unternehmen auch nicht als

159 Vgl. Baetge, Jörg et al. [Bilanzen, 2011], S. 335.
160 Vgl. Lüdenbach, Norbert [Finanzinstrumente, 2011], Rd. 115.

Ausleihungen und Forderungen ausgereicht werden. Es handelt sich um zur Veräußerung verfügbare Finanzinstrumente, die keiner anderen Kategorie zugeordnet wurden.

Von den Bilanzpositionen der RechVersV lassen sich grundsätzlich folgende Posten zu dieser Kategorie zuordnen:

- Aktien, Investmentanteile und andere nicht festverzinsliche Wertpapiere,
- Inhaberschuldverschreibungen und andere festverzinsliche Wertpapiere,
- Namensschuldverschreibungen sowie
- andere Kapitalanlagen.

4.3.2.6 Bewertung von sonstigen Kapitalanlagen nach IFRS

Finanzinstrumente sind nach IFRS bei ihrer erstmaligen Verbuchung mit ihren *Anschaffungskosten* zu bilanzieren, die dem fair value der erbrachten bzw. erhaltenen Gegenleistung entsprechen (IAS 39.43). Bei Wertpapieren des Handelsbestands lässt sich der fair value in der Regel anhand eines Transaktionspreises oder eines anderen Marktpreises ermitteln.

Die Folgebewertung erfolgt im Regelfall für sämtliche finanzielle Vermögenswerte mit dem *beizulegenden Wert* ohne Abzug von eventuell anfallenden Transaktionskosten aus künftigen Verfügungen (IAS 39.46). Ausgenommen sind Wertpapiere, die den Kategorien »held to maturity« oder »loans and receivables« zugeordnet werden (Bewertung zu fortgeführten Anschaffungskosten nach der Effektivzinsmethode). Ferner werden Investitionen in Eigenkapitaltitel von anderen Unternehmen, für die kein aktiver Markt vorhanden ist und deren beizulegender Zeitwert nicht verlässlich ermittelt werden kann, sowie Derivate auf solche Eigenkapitaltitel zu fortgeführten Anschaffungskosten bewertet.

Zur Bestimmung der *fortgeführten Anschaffungskosten* (amortized costs) ist in IAS 39 die Anwendung der Effektivzinsmethode vorgesehen. Die Effektivzinsmethode führt zu einer erfolgswirksamen Vereinnahmung des Agios oder Disagios und somit zu einer Annäherung von fortgeführten Anschaffungskosten und Rückzahlungsbetrag bis zur Fälligkeit. Die Amortisation des Agios oder Disagios zusammen mit den Nominalzinszahlungen führen zur Erfassung des Effektivzinses eines Investments in der Gewinn- und Verlustrechnung, wie das folgende Beispiel verdeutlicht:

Beispiel 4.2: Effektivzinsmethode bei einem festverzinslichen Wertpapier bilanziert zu fortgeführten Anschaffungskosten[161]

Annahmen:
Am 1.1.2012 wird in ein festverzinsliches Wertpapier investiert:

- Anschaffungskosten 900, Rückzahlung am 1.1.2014 zum Nennwert 1.000
- Coupon 2,4 % vom Nennwert, fällig jeweils am 31.12.
- Effektivzins (i) entspricht dem internen Zinsfuß des Investments:
  $900 = 24/(1+i) + 24/(1+i)^2 + 1.000/(1+i)^2 \rightarrow i = 8\,\%$

161 Beispiel angelehnt an Lüdenbach, Norbert [Finanzinstrumente, 2011], Rd. 40.

Jahr	Buchwert Kapitalanlage 1.1.	+ hierauf gerechnet Effektivzins	– Eingang Zinscoupon	– Tilgung	Buchwert Kapitalanlage 31.12.
2012	900	72	–24	–	948
2013	948	76	–24	–	1.000
2014	1.000	–	–	–1.000	0

Zum 31.12.2012 werden folgende Buchungen vorgenommen:

Konto	Soll	Haben
Zinsertrag	72	
Kasse		24
Kapitalanlage		48

Der Zinsertrag i.H.v. 72 setzt sich aus dem Coupon von 24 sowie der erfolgswirksamen Zuschreibung (Fortführung) der Anschaffungskosten i.H.v. 48 zusammen

Wertänderungen von Wertpapieren der Kategorie *»at fair value through profit or loss«* werden erfolgswirksam in der Gewinn- und Verlustrechnung erfasst. Wertpapiere der Kategorie *»available for sale«* sind ebenfalls zum fair value zu bewerten. Allerdings werden Gewinne und Verluste aus der Neubewertung ergebnisneutral im Eigenkapital erfasst, bis das Investment verkauft, eingezogen oder anderweitig veräußert wird bzw. bis eine dauerhafte Wertminderung erfolgswirksam zu erfassen ist. Der kumulierte Betrag der Neubewertung im Eigenkapital ergibt sich bei festverzinslichen Wertpapieren aus der Differenz zwischen fortgeführten Anschaffungskosten und aktuellem beizulegenden Zeitwert. Bei der Bilanzierung von Wertpapieren der Kategorie »available for sale« sind latente Steuern und latente Rückstellungen für die Beitragsrückerstattung zu berücksichtigen.

Für alle finanziellen Vermögenswerte, die nicht ergebniswirksam zum beizulegenden Zeitwert bilanziert werden, ist nach IAS 39.58 an jedem Bilanzstichtag ein *Werthaltigkeitstest* (impairment test) vorzunehmen. Dabei ist zu prüfen, ob einzeln oder zusammengefasst in einer Gruppe objektive Hinweise für eine Wertminderung vorliegen (z.B. Vertragsbruch, Konkursgefahr, Zahlungsverzüge bei einer Gruppe ähnlicher Schuldner). In diesen Fällen ist in Abhängigkeit der Wertpapierkategorie der *Wertminderungsbetrag* (impairment) zu bestimmen:

- Bei Wertpapieren der Kategorien *»held to maturity«* und *»loans and receivables«* wird die Differenz zwischen dem Buchwert und dem Barwert der geschätzten künftigen Zahlungsströme, die mit dem ursprünglichen effektiven Zinssatz des Vermögenswertes diskontiert werden, gebildet. Die Differenz wird als Aufwand im Periodenergebnis berücksichtigt (IAS 39.63). Bei variabler Verzinsung wird auf den aktuellen, vertraglich vereinbarten Referenzzins abgestellt (IAS 39.AG84). Aufgrund der Wertminderung werden die geschätzten i.d.R. von den ursprünglichen vertraglichen Zahlungsströmen

Beispiel 4.3: Bilanzierung eines festverzinslichen Wertpapiers in der available for sale-Kategorie

Annahmen:
Es wird an das Beispiel 4.2 angeknüpft, d. h. am 1.1.2012 wird in ein festverzinsliches Wertpapier zu den folgenden Konditionen investiert:

- Anschaffungskosten 900, Rückzahlung am 1.1.2014 zum Nennwert 1.000
- Coupon 2,4 % vom Nennwert, fällig jeweils am 31.12.
- Effektivzins (i) = 8 %

Der beizulegende Zeitwert liegt zum 31.12.2012 bei 880. Die bilanzielle Abbildung dieses Wertverfalls ist davon abhängig, ob objektive Anzeichen für eine Wertminderung vorliegen, die ein impairment nach IAS 39 notwendig machen (z. B. die Erwartung des Ausfalles vonzukünftigen Zahlungsströmen) oder nicht. Nachfolgend werden beide Möglichkeiten dargestellt:

Bilanz zum 1.1.2012

Aktiva		Passiva	
Kapitalanlagen (Available for Sale)	900	Grundkapital	900
Summe Aktiva	900	Summe Passiva	900

Bilanz und GuV zum 31.12.2012 (ohne Impairment)

Aktiva		Passiva		Gewinn- und Verlustrechnung	
Kapitalanlagen (Available for Sale)	880	Grundkapital	900	Zinsertrag	72
		Neubewertungsrücklage	−68		
Kasse (Zinsen)	24	Jahresüberschuss	72		
Summe Aktiva	904	Summe Passiva	904	Jahresüberschuss	72

Bilanz und GuV zum 31.12.2012 (mit Impairment)

Aktiva		Passiva		Gewinn- und Verlustrechnung	
Kapitalanlagen (Available for Sale)	880	Grundkapital	900	Zinsertrag	72
		Neubewertungsrücklage	0	Abschreibung AfS	−68
Kasse (Zinsen)	24	Jahresüberschuss	4		
Summe Aktiva	904	Summe Passiva	904	Jahresüberschuss	4

Die Neubewertungsrücklage bestimmt sich aus der Differenz zwischen fortgeführten Anschaffungskosten (zum 31.12.2012: 948) und dem aktuellen fair value). Beim Impairment kommt es zu einer Abschreibung der fortgeführten Anschaffungskosten auf den fair value, folglich ist die Neubewertungsrücklage gleich Null.

abweichen. Eine eventuelle Wertaufholung darf maximal nur bis zu den fortgeführten Anschaffungskosten erfolgswirksam vorgenommen werden.

- Bei Wertpapieren der Kategorie »*available for sale*« ist ein im Eigenkapital erfasster kumulierter Verlust aus dem Eigenkapital auszubuchen und ergebniswirksam zu berücksichtigen (IAS 39.55b). Zur Bestimmung des kumulierten Verlusts wird die Differenz von Anschaffungskosten und beizulegendem Zeitwert abzüglich bereits erfasster

Wertminderungsaufwendungen gebildet. Für Eigenkapitalinstrumente gilt zudem das Prinzip »*once impaired always impaired*«, d.h. nach einer erstmalig erfolgten ergebniswirksamen Wertminderung werden künftige Wertminderungen stets ergebniswirksam erfasst (IAS 39.61 u. IAS 39.IG.E4.9). Eine eventuelle *Wertaufholung* ist maximal bis zu der Höhe erfolgswirksam vorzunehmen, in der zuvor Wertminderungen erfolgswirksam erfasst wurden (IAS 39.70). Ab diesem Wert sind Werterhöhungen ergebnisneutral über das Eigenkapital zu erfassen. Falls es sich um Eigenkapitalinstrumente handelt, sind Wertaufholungen stets direkt im Eigenkapital zu erfassen (IAS 39.69). Abbildung 4.12 fasst Ansatz und Bewertung nach IAS 39 zusammen.

4.3.2.7 Neufassung der Bilanzierung von Finanzinstrumenten: IFRS 9

Aufgrund seiner Komplexität, Länge und der zahlreichen Bilanzierungswahlrechte wurde der IAS 39 *Finanzinstrumente* in der Vergangenheit mitunter stark kritisiert. Deshalb hat der IASB, auch als Reaktion auf die Finanzmarktkrise im Jahr 2008, ein Projekt zur Neufassung der Vorschriften zur Bilanzierung von Finanzinstrumenten gestartet, an dessem Ende die vollständige Ablösung von IAS 39 stehen soll. Das Projekt gliedert sich in drei Phasen:

Beispiel 4.4: Wertminderung von griechischen Staatsanleihen

Im Sommer 2011 entfachte sich eine Diskussion um die Frage, ob der Wertverfall griechischer Staatsanleihen zu einer Wertminderung (impairment) führt. Für die Feststellung einer Wertminderung nach IAS 39 müssen objektive Merkmale vorliegen, z. B. der Ausfall von vertraglichen Zahlungsströmen in der Vergangenheit. Da Griechenland bis dato seine Anleihen vertragsgemäß bedient hatte war eine weitergehende Prüfung dahingehend notwendig, ob Ereignisse in der Vergangenheit vorliegen, die einen zukünftigen Ausfall von vertraglichen Zahlungsströmen wahrscheinlich machen (*impairment trigger*). Eine Einschätzung hierüber ist laut IAS 39.59 zu objektivieren, was u. a. anhand der folgenden Kriterien erfolgen kann:

- Entwicklung der Einstufung externer Ratingagenturen,
- Höhe und Veränderung effektiver Marktzinsen für die Anleihen, bzw. Marktwertveränderungen der Papiere und
- Prüfung des ökonomischen Umfelds (u. a. Wirtschaftswachstum, Arbeitslosigkeit, Inflation, Staatsverschuldung, Haushaltslage).

Für letzteren Punkt war es zudem notwendig, eine Einschätzung über die Erfolge der Sparmaßnahmen der griechischen Regierung zu treffen. Hierzu stellten die Berichte der von der EU eingesetzten Troika und des IWF wichtige Quellen dar. Unternehmen haben zudem oft Zugriff auf nicht öffentliche Marktberichte von Banken oder Ratingagenturen, die unabhängige Einschätzungen der Lage liefern.

Um eine unterschiedliche Einschätzung der Lage und daraus folgend uneinheitliche Abschreibungspolitik für griechische Staatsanleihen am deutschen Markt zu verhindern, veröffentlichte das Institut der Wirtschaftsprüfer (IDW) am 20. Juli eine Stellungnahme, welche eine Abschreibung befürwortete, da eine Lösung der Krise ohne eine Beteiligung (freiwillig oder unfreiwillig) von Gläubigern im Sinne eines (Teil-) Verzichts auf ihre Forderungen unwahrscheinlich erschien. Vor allem französische Banken kamen jedoch zu einer abweichenden Beurteilung und nahmen zum 30. Juni 2011 – im Gegensatz zu einem Großteil des deutschen Marktes – keine Wertminderung vor.

IAS 39 – financial assets Kategorien	Inhalt Kategorie	Bewertung
fair value through profit or loss	Zu Handelzwecken gehaltene Finanzinstrumente, oder Designiert in die fair value option (v. a. Management zum fair value; Vermeidung accounting mismatch)	fair value, Wertschwankungen werden erfolgswirksam erfasst (in der GuV)
held to maturity	Bis zur Endfälligkeit gehaltene Finanzinstrumente mit festen Zahlungen und fixer Laufzeit (Haltefähigkeit und -absicht erforderlich)	Fortgeführte Anschaffungskosten (AK) mit Effektivzinsmethode; Bei objektiven Hinweisen auf Wertminderung erfolgswirksame außerplanmäßige Abschreibung; Wertaufholung max. bis zu fortgeführten AK erfolgswirksam
loans & receivables	Kredite und Forderungen die nicht an einem aktiven Markt gehandelt werden	
available for sale	Restkategorie falls keine Einordnung in eine der drei anderen Kategorien; oder freiwillige Designation von held to maturity oder loans & receivables Instrumenten	fair value, Wertschwankungen werden erfolgsneutral erfasst (im Eigenkapital unter der Position Neubewertungsrücklage – other comprehensive income – OCI); Bei objektiven Hinweisen auf Wertminderung erfolgswirksame außerplanmäßige Abschreibung auf den fair value; Wertaufholung für Fremdkapitalinstrumente bis max. zu fortgeführten AK erfolgswirksam, darüber hinaus gehende Wertaufholung erfolgsneutral, für Eigenkapitalinstrumente stets erfolgsneutral; weiterer Wertverfall bei Eigenkapitalinstrumenten immer erfolgswirksam

Abb. 4.12: Bilanzierung finanzieller Vermögenswerte nach IAS 39

- Phase 1: Klassifizierung und Bewertung (*classification and measurement*),
- Phase 2: Wertminderungen (*impairment*),
- Phase 3: Bilanzierungs von Sicherungsbeziehungen (*hedge accounting*).

Zu Phase 1: Klassifizierung und Bewertung
Während die bisherigen Regelungen des IAS 39 zur bilanziellen Abbildung von Finanzinstrumenten auf der Passivseite weitgehend beibehalten werden, sollen auf der Aktivseite die bestehenden vier IAS 39-Kategorien auf zwei Bewertungskategorien reduziert werden, welche eine Bilanzierung entweder zu fortgeführten Anschaffungskosten oder zum fair value vorsehen. Die Zuordnung richtet sich nach dem jeweiligen Geschäftsmodell und den Eigenschaften der vertraglichen Zahlungsströme aus den finanziellen Vermögenswerten. Eine Bilanzierung zu fortgeführten Anschaffungskosten soll dann erfolgen, wenn:

- das Geschäftsmodell im Halten von finanziellen Vermögenswerten besteht, um aus diesen vertragliche Zahlungsströme zu erzielen und
- diese vertraglichen Zahlungsströme zu festen Zeitpunkten allein Zinsen oder Rückzahlungen des Nominalbetrags darstellen.

Sind diese Voraussetzungen nicht gegeben, erfolgt zwingend eine erfolgswirksame Bilanzierung zum beizulegenden Zeitwert (*fair value*). Weiterhin soll die Möglichkeit offenstehen zur Beseitigung eines bilanziellen *mismatches* Finanzinstrumente in die fair value option zu designieren.

Eigenkapitalinstrumente (z. B. Kapitalanlagen in Aktien) sind nach obigem Schema zwingend zum fair value zu bewerten. Werden sie jedoch nicht zu Handelzwecken gehalten besteht eine Option zur erfolgsneutralen fair value Bewertung. In diesem Fall werden Wertänderungen analog der IAS 39 Kategorie *available for sale* im Eigenkapital erfasst. Bei Veräußerung erfolgt jedoch im Gegensatz zu den Regelungen des IAS 39 kein erfolgswirksames *recycling*, d. h. eine Erfassung des Veräußerungserfolgs in der Gewinn- und Verlustrechnung. In Letzterer sollen ausschließlich Dividendenerträge dieser Eigenkapitalinstrumente gezeigt werden.

Phase 1 war bereits abgeschlossen und endete vorläufig mit der Publikation des IFRS 9 Ende des Jahres 2009. Im Frühjahr 2012 deutete es sich jedoch an, dass die Vorschriften um eine dritte Kategorie für die erfolgsneutrale Bilanzierung von Fremdkapitalinstrumenten ergänzt werden könnte. Eine solche Erweiterung des IFRS 9 könnte Versicherungsunternehmen erlauben, die Praxis der erfolgsneutralen fair value Bilanzierung eines Großteils ihrer festverzinslichen Kapitalanlagen fortzuführen.

Zu Phase 2: Wertminderungen (*impairment*):
Nach den derzeitigen Regelungen des IAS 39 werden Wertminderungen unter Anwendung eines »Modells der eingetretenen Verluste« (*incurred loss model*) erfasst. Demnach wird erst beim Vorliegen objektiver Anzeichen für eine Wertminderung auf einen niedrigeren Wert abgeschrieben. Im Zuge der Finanzkrise wurde kritisiert, dass diese Abschreibungsregeln zu spät greifen würden. Deshalb ist für die Neuregelung innerhalb des zukünftigen IFRS 9 vorgesehen, ein Modell der »erwarteten Verluste« (*expected loss model*) zu implementieren. Dabei sollen die erwarteten Verluste bereits über die Laufzeit des bilanzierten finanziellen Vermögenswerts erfasst werden und nicht erst, nachdem ein Verlust erkannt wurde.

Derzeit sehen die vorläufigen Entscheidungen des IASB vor, die Finanzinstrumente je nach Kreditqualität für Zwecke der Wertminderung in drei Kategorien einzuordnen, welche sich hinsichtlich der Methode der Wertminderung unterscheiden. Während bei noch nicht in der Kreditqualität geminderten Finanzinstrumenten eine über einen bestimmten Zeitraum gehende Erfassung der erwarteten Verluste vorgesehen ist (Topf 1), soll für konkreter ausfallgefährdete Positionen (Topf 2 und 3) eine sofortige Erfassung der erwarteten Verluste vorgenommen werden.

Zu Phase 3: Bilanzierung von Sicherungsbeziehungen (*hedge accounting*):
Mit der Neuregelung des hedge accounting sollen die stark regelbasierten Kriterien des IAS 39 für die Abildung von Sicherungsbeziehungen durch eine an den Risikomanagementaktivitäten des Unternehmens ausgerichtete Beurteilung der Zulässigkeit von hedge accounting ersetzt werden. Die starren Effektivitätsanforderungen des IAS 39 sowie die Einschränkungen der Möglichkeiten einer Rekalibrierung von Sicherungsbeziehungen sollen weitgehend aufgegeben werden. Darüber hinaus diskutiert der IASB, inwiefern sogenannte Makro- oder Portfolio-Hedges bilanziell erfasst werden könnten.

Im Moment ist die verpflichtende Erstanwendung eines vollumfänglichen IFRS 9 für das Bilanzierungsjahr 2015 geplant.

4.4 Einlagen bei Kreditinstituten

Einlagen bei Kreditinstituten stellen nach § 11 RechVersV Guthaben und Sparguthaben bei Kreditinstituten dar, über die erst nach Ablauf einer Kündigungsfrist verfügt werden kann. Weiterhin werden unter diesem Posten Geldbestände ausgewiesen, die zugunsten ausländischer Regierungen als Kaution hinterlegt wurden. Falls über Einlagen bei Kreditinstituten trotz Verzinsung jederzeit verfügt werden kann, werden diese unter dem Posten »Laufende Guthaben bei Kreditinstituten, Schecks und Kassenbestand« ausgewiesen (§ 11 S. 3 RechVersV). Die Bewertung der Guthaben bei Kreditinstituten erfolgt zum Nennwert.[162]

4.5 Andere Kapitalanlagen

Der Posten »Andere Kapitalanlagen« stellt einen Sammelposten für alle Kapitalanlagen dar, die nicht unter einem der anderen Posten im Bereich der Kapitalanlagen ausgewiesen werden können. § 12 RechVersV stellt lediglich fest, dass unter den anderen Kapitalanlagen »auch die Ausgleichsforderungen aus der Währungsreform von 1948« auszuweisen sind (§ 11 S. 1 RechVersV). Falls der Posten einen größeren Umfang aufweist, muss eine Erläuterung des Postens im Anhang erfolgen (§ 12 S. 2 RechVersV). Folgende Kapitalanlagen werden unter diesem Posten ausgewiesen:

- *Ausgleichsforderungen aus der Währungsreform von 1948* stellen »Schuldbuchforderungen gegen den Bund und die Länder« dar. Diese sind heute jedoch nahezu vollständig abgewickelt und haben daher keine Bedeutung mehr.[163] Sie wurden den Versicherungsunternehmen bei der Währungsreform 1948 zum Ausgleich ihrer Bilanzlücken gegeben. Die Verzinsung erfolgt mit 3 oder 3,5 %, wobei die Tilgung nur langsam voranschreitet. Die Bedeutung des Postens im Verhältnis zum Gesamtvermögen nimmt ständig ab.
- *Anteile an eingetragenen Genossenschaften und GmbH-Geschäftsanteilen* sind weder Anteile an verbundenen Unternehmen noch Beteiligungen oder Aktien. Nach § 271 Abs. 1 S. 5 RechVersV dürfen Anteile an eingetragenen Genossenschaften nicht als Beteiligung ausgewiesen werden. Zudem kommt eine Zuordnung zum Posten »Aktien, Investmentanteile und andere festverzinsliche Wertpapiere« aufgrund der fehlenden Verbriefung nicht in Betracht.

162 Vgl. Treuberg, Hubert Graf von; Angermayer, Birgit [Jahresabschluss, 1995], S. 212.
163 Vgl. zum Ausweis nach altem Recht und zur inhaltlichen Begründung Farny, Dieter [Buchführung, 1992], S. 121.

- *Anteile an gemeinschaftlichen Kapitalanlagen* stellen Kapitalanlagen dar, die von mehreren Unternehmen oder Pensionsfonds gemeinsam gehalten werden. Unter dem Posten »Andere Kapitalanlagen« erfolgt ein Ausweis des Anteils, den das bilanzierende Unternehmen hält.[164]

Die Bewertung der »Anderen Kapitalanlagen« erfolgt nach § 341b HGB. Ausgleichsforderungen werden mit dem Nennwert bilanziert.

4.6 Depotforderungen aus dem in Rückdeckung übernommenen Versicherungsgeschäft

Unter diesem Posten werden die Forderungen an Vorversicherer in Höhe der von diesen einbehaltenen Sicherheiten oder der bei diesen oder Dritten gestellten Sicherheiten ausgewiesen (§ 13 Abs. 1 RechVersV). Die Depotforderungen dürfen weder mit anderen Forderungen der Vorversicherer zusammengefasst noch mit Verbindlichkeiten gegenüber dem Vorversicherer verrechnet werden (§ 13 Abs. 2 RechVersV). Falls der Rückversicherer das Eigentum an Wertpapieren, die bei einem Vorversicherer oder einem Dritten hinterlegt werden, behält, müssen die Wertpapiere unter den jeweiligen Kapitalanlagen ausgewiesen werden (§ 13 Abs. 1 S. 1 RechVersV).[165]

4.7 Kapitalanlagen für Rechnung und Risiko von Inhabern von Lebensversicherungspolicen

Der Aktivposten »Kapitalanlagen für Rechnung und Risiko von Inhabern von Lebensversicherungspolicen« (§ 14 RechVersV) dient als Bedeckung von Verpflichtungen aus der *fondsgebundenen Lebensversicherung*. Bei der fondsgebundenen Lebensversicherung erfolgt die Anlage der Sparbeiträge nach § 54 b VAG in Anteilen an Investmentfonds. Der *Anlagestock* des § 54b Abs. 1 VAG ermöglicht die Anlage in folgende Vermögenswerte:
- Anteile an Sondervermögen, das von einer Kapitalanlagegesellschaft verwaltet wird,
- Anteile, die von einer Investmentgesellschaft ausgegeben werden oder
- Werte, die für das Sondervermögen einer Kapitalanlagegesellschaft zugelassen sind.

Die Besonderheit der fondsgebundenen Lebensversicherung besteht darin, dass die Ablaufleistung des Versicherungsunternehmens nicht im Voraus bestimmbar ist, da der wirtschaftliche Wert des Vertrags von der Wertentwicklung der Anteile an einem Sondervermögen (Anlagestock, Fonds) abhängig ist.[166] Im Gegensatz zur konventionellen Lebens-

164 Vgl. Stuirbrink, Wolfgang; Schuster, Anselm [§ 12 RechVersV, 1998], Rd. 5.
165 Vgl. zu Details sowie zur Behandlung nach US-GAAP Kapitel 8.
166 Vgl. Pflaum, Rainer [Investmentfonds, 1993], S. 104.

versicherung wird damit das Kapitalanlagerisiko auf den Versicherungsnehmer übertragen.

Neben der fondsgebundenen Lebensversicherung umfasst § 14 RechVersV auch die *indexgebundene Lebensversicherung*. Diese zeichnet sich dadurch aus, dass die Wertentwicklung von einem Aktienindex (z. B. DAX oder EuroStoxx) oder einem Währungs- bzw. sonstigen Index abhängig ist. Nach § 54 b Abs. 2 VAG sind die Bestände der bedeckenden Vermögensanlage in einem *separaten Anlagestock* anzulegen:

- in Anteilen, die den Bezugswert darstellen oder, sofern keine Anteile gebildet werden,
- in Vermögenswerte, die denjenigen Werten entsprechen, auf denen der besondere Bezugswert beruht und die ausreichend sicher und veräußerbar sind (hier erwirbt der Versicherer kein dem Index entsprechendes Aktienpaket, sondern es erfolgt eine Nachbildung durch den Erwerb von Optionen).

Weiterhin sind nach § 14 RechVersV auch Kapitalanlagen zu erfassen, die für Mitglieder eines Tontinenunternehmens gehalten werden und zur Verteilung an diese bestimmt sind. Das System der Tontine besteht darin, dass das von einer Personengruppe eingezahlte Kapital und die daraus erwirtschafteten Zinsen diejenigen enthalten, die nach Ablauf eines bestimmten Zeitraums noch am Leben sind bzw. deren Rechtsnachfolger.[167]

Die *Bewertung des Anlagestocks der fondsgebundenen Lebensversicherung* erfolgt nach § 341d HGB mit dem Zeitwert unter Berücksichtigung des Grundsatzes der Vorsicht. Diese versicherungsspezifische Bewertungsregel wird dadurch begründet, dass sich bei der fondsgebundenen Lebensversicherung der Zeitwert des Vermögenswertes in der Deckungsrückstellung niederschlägt. Eine Bilanzierung zu Anschaffungskosten würde daher zu einem Ungleichgewicht zwischen Aktiv- und Passivseite führen, da die erhöhte Deckungsrückstellung nicht durch einen Gegenposten auf der Aktivseite, der den Unterschiedsbetrag zwischen Zeitwert und Anschaffungskosten widerspiegelt, ausgeglichen wird.[168]

Die Ermittlung des Zeitwertes von Kapitalanlagen wird in den §§ 55 und 56 RechVersV geregelt, die für »Kapitalanlagen für Rechnung und Risiko von Inhabern von Lebensversicherungsprodukten« analog zu anderen Kapitalanlagen angewendet werden (vgl. Abb. 4.13):[169]

- Falls es sich bei den Vermögensgegenständen im Anlagestock um Grundstücke und Bauten handelt, ist nach § 55 RechVersV der *Marktwert* zum Zeitpunkt der Bewertung maßgeblich (§ 55 Abs. 1 RechVersV).
- Handelt es sich bei den Vermögensgegenständen im Anlagestock um übrige Kapitalanlagen, ist nach § 56 RechVersV der *Freiverkehrswert* maßgeblich (§ 56 Abs. 1 RechVersV). Dieser entspricht i. d. R. dem Börsenkurs.

---

167 Die Tontine galt bis zur 3. Richtlinie zur Lebensversicherung als versicherungsfremdes Geschäft und war daher in Deutschland verboten. Seither ist sie auch in Deutschland als aufsichtspflichtiges Versicherungsgeschäft zugelassen. Vgl. Fürstenwerth, Frank von; Weiß, Alfons [Versicherungs-Alphabet, 2001], S. 637.

168 Vgl. Geib, Gerd; Ellenbürger, Frank; Kölschbach, Joachim [Fragen, 1992], S. 223.

169 Vgl. Treuberg, Hubert Graf von; Angermayer, Birgit [Jahresabschluss, 1995], S. 142.

Rechtsgrundlage	§ 55 RechVersV	§ 56 RechVersV
Kapitalanlageform	Grundstücke, grundstücksgleiche Rechte und Bauten auf fremden Grundstücken	übrige Kapitalanlagen
Grundsatz	Zeitwert entspricht dem Marktwert	Zeitwert entspricht dem Freiverkehrswert
Ermittlung des Zeitwertes	Schätzung (mindestens alle 5 Jahre) für jedes einzelne Grundstück oder Gebäude nach allgemein anerkannten Methoden (§ 55 Abs. 3 RechVersV) *sowie* Wertberichtigung bei Verminderung des Marktwertes (§ 55 Abs. 4 RechVersV)	Börsenkurswerte am Bilanzstichtag (§ 56 Abs. 2 RechVersV) *oder bei nicht börsennotierten Kapitalanlagen:* Durchschnittswert, zu dem die Kapitalanlagen am Bilanzstichtag am Markt gehandelt werden (§ 56 Abs. 3 RechVersV)
Veräußerungsabsicht	bei bereits vorgenommener oder beabsichtigter Veräußerung Verminderung des Marktwertes um Realisierungsaufwendungen (§ 55 Abs. 5 RechVersV)	bei bereits vorgenommener oder beabsichtigter Veräußerung Verminderung des Freiverkehrswertes um Realisierungsaufwendungen (§ 56 Abs. 4 RechVersV)

Abb. 4.13: Zeitwertermittlung nach §§ 55 und 56 RechVersV

4.8 Forderungen

4.8.1 Forderungen aus dem selbst abgeschlossenen Versicherungsgeschäft nach HGB

Unter den Forderungen aus dem selbst abgeschlossenen Versicherungsgeschäft werden nur Forderungen aus Versicherungsgeschäften ausgewiesen, die im Namen des bilanzierenden Unternehmens als Erstversicherungsgeschäft nach außen hin abgeschlossen wurden. Diese setzen sich aus folgenden Geschäftsposten zusammen:

- *Alleingeschäft,* d. h. das vom bilanzierenden Versicherungsunternehmen allein gezeichnete Versicherungsgeschäft,
- *Führungseigengeschäft,* d. h. Anteile des Versicherungsgeschäfts, die von dem bilanzierenden Unternehmen als eigene Anteile gezeichnet wurden,
- *Beteiligungsgeschäft,* d. h. Anteile, die das bilanzierende Unternehmen im Rahmen der offenen Mitversicherung von anderen Versicherungsunternehmen erhalten hat.[170]

Der Ausweis der Forderungen aus dem selbst abgeschlossenen Versicherungsgeschäft erfolgt getrennt nach Forderungen gegenüber Versicherungsnehmern, gegenüber Versicherungsvermittlern sowie gegenüber Mitglieds- und Trägerunternehmen.

- *Forderungen an Versicherungsnehmer* setzen sich aus Beitragsforderungen aus noch nicht eingelösten Versicherungsscheinen, Nachträgen und Folgebeitragsrechnungen

170 Vgl. Stuirbrink, Wolfgang; Schuster, Anselm [§ 15 RechVersV, 1998], S. 450.

sowie sonstigen Forderungen zusammen. Im Bereich der *Lebensversicherung* sowie bei Pensions- und Sterbekassen sind die Forderungen gegenüber Versicherungsnehmern nach Formblatt 1 in *»fällige Ansprüche«* und *»noch nicht fällige Ansprüche«* zu untergliedern.[171] Noch nicht fällige Ansprüche umfassen Forderungen für Beiträge der Versicherungsnehmer und Mitglieds- und Trägerunternehmen, die geleistete, rechnungsmäßig gedeckte Abschlusskosten betreffen (§ 15 Abs. 1 RechVersV). Diese resultieren aus der Verrechnung des Anspruchs an die Versicherungsnehmer auf Tilgung der Abschlusskosten mit der Deckungsrückstellung (Zillmerverfahren).[172]

- *Forderungen an Versicherungsvermittler* resultieren aus Provisionsvorschüssen, Provisionsrückforderungen sowie Ansprüchen auf kassierte, aber noch nicht abgeführte Beträge.[173] Als Versicherungsvermittler gelten hier freie und angestellte Versicherungsvertreter, Versicherungsvermittler sowie andere Versicherer im Rahmen eines Beteiligungsgeschäfts oder eines Agenturvertrags.[174]
- *Forderungen an Mitglieds- und Trägerunternehmen* werden von Pensions- und Sterbekassen getrennt ausgewiesen, soweit sie das Versicherungsgeschäft betreffen. Falls Forderungen das nicht-versicherungstechnische Geschäft betreffen, erfolgt ein Ausweis unter den sonstigen Forderungen (§ 17 S. 2 RechVersV).

Die *Bewertung* von Forderungen erfolgt grundsätzlich nach den allgemeinen Vorschriften des Handelsrechts. Demnach sind Vermögensgegenstände höchstens mit Anschaffungskosten anzusetzen (§ 253 Abs. 1 HGB). Diese Vorschrift wird für Forderungen so ausgelegt, dass sie grundsätzlich zum Nennwert anzusetzen sind. Forderungen, die zweifelhaft sind, sind auf den wahrscheinlich zu realisierenden Betrag abzuschreiben, während uneinbringlich gewordene Forderungen voll abzuschreiben sind (§ 253 Abs. 3 S. 2 HGB). Neben Einzelwertberichtigungen können Risiken einer Forderung auch durch eine Pauschalwertberichtigung berücksichtigt werden. Wenn sich in den Vorjahren gezeigt hat, dass über die zuvor berücksichtigten Einzelwertberichtigungen hinaus ein bestimmter Anteil des gesamten Forderungsbestands uneinbringlich war, kann in Höhe des künftig zu erwartenden Ausfalls eine pauschale Abschreibung auf den Forderungsbestand vorgenommen werden.[175] Bei Versicherungsunternehmen kommen folgende Pauschalwertberichtigungen von Forderungen in Betracht:[176]

- Forderungen an Versicherungsnehmer zur Berücksichtigung des Zahlungsausfallrisikos,
- noch nicht fällige Ansprüche an Versicherungsnehmer,
- Forderungen an Versicherungsvertreter zur Berücksichtigung des Zahlungsausfallrisikos, des Veruntreuungsrisikos sowie des Inkassorisikos.

---

171 Vgl. Formblatt 1 RechVersV, Fn. 2.

172 Vgl. Hesberg, Dieter [Rechnungswesen, 1997], S. 66.

173 Vgl. Stuirbrink, Wolfgang; Schuster, Anselm [§ 15 RechVersV, 1998], S. 450.

174 Nicht zu den Forderungen an Versicherungsvermittler zählen nach § 17 S. 2 RechVersV Forderungen aus der Versicherungsvermittlung für andere Versicherungsunternehmen.

175 Vgl. Schäfer, Wolf [Grundsätze, 1977], S. 115.

176 Vgl. Nr. I 0.1 Abs. 3 Nr. 2–4 VUBR.

4.8.2 Abrechnungsforderungen aus dem Rückversicherungsgeschäft nach HGB

Der Posten »Abrechnungsforderungen aus dem Rückversicherungsgeschäft« enthält laufende Abrechnungen mit den Vor- und Rückversicherern bzw. Rückversicherungsmaklern in Form von Forderungssalden aus dem in Rückdeckung übernommenen und in Rückdeckung gegebenen Versicherungsgeschäft (§ 16 S. 1 RechVersV). Falls Rückversicherungsverträge gekündigt werden, enthalten die Abrechnungssalden auch die auf diese entfallenden versicherungstechnischen Rückstellungen, sofern sie am Abschlussstichtag abgelöst werden (§ 16 S. 2 RechVersV).[177]

4.8.3 Sonstige Forderungen nach HGB

Sonstige Forderungen sind nach § 17 RechVersV solche, die keinem anderen Posten zuzuordnen sind. Folgende Forderungen werden hierunter eingeordnet (§ 17 RechVersV):
- Forderungen aus der Versicherungsvermittlung für andere Versicherungsunternehmen,
- Forderungen aus dem Führungsfremdgeschäft,
- Forderungen aus sonstigen Dienstleistungsverträgen,
- geleistete Kautionen,
- der Versicherungsvereinen auf Gegenseitigkeit zur Verfügung gestellte Gründungsstock sowie
- Forderungen an Mitglieds- und Trägerunternehmen, die nicht aus dem Versicherungsgeschäft stammen.

Zusätzlich werden weitere Forderungen, etwa Kredite an Vorstands- und Aufsichtsratsmitglieder, Darlehen und Gehaltsvorschüsse an Mitarbeiter oder fällige, aber rückständige Mieten, unter die sonstigen Forderungen eingeordnet.[178] Die Bewertung der Forderungen erfolgt wiederum zum Nennbetrag.

4.8.4 Forderungen nach IFRS

Forderungen sind nach *IAS 39* lediglich für finanzielle Vermögenswerte detailliert geregelt. Nach IAS 39.14 sind vom Unternehmen ausgereichte Forderungen in der Bilanz als finanzielle Vermögenswerte zu erfassen. Die Aktivierung erfolgt zum Zeitpunkt, an dem das Unternehmen ein Recht auf Empfang von liquiden Mitteln erworben hat (IAS 39.14). Die Zugangsbewertung erfolgt nach IAS 39.43 mit den Anschaffungskosten und beinhaltet ferner direkt zurechenbare Transaktionskosten. In der Folgebewertung werden Forderungen grundsätzlich zu fortgeführten Anschaffungskosten (nach der Effektivzinsmethode) bewertet (IAS 39.46), es sei denn, es handelt sich um Forderungen, die zu Handels-

177 Vgl. zu Details sowie zur Bilanzierung nach US-GAAP Kapitel 8.
178 Vgl. zu Details Treuberg, Hubert Graf von; Angermayer, Birgit [Jahresabschluss, 1995], S. 246–248.

zwecken gehalten werden (diese werden zum Zeitwert bewertet) oder um Forderungen ohne feste Laufzeit, die mit ihren Anschaffungskosten zu bilanzieren sind.

Falls eine Forderung wahrscheinlich nicht einbringbar ist, ist eine Wertberichtigung auf der Basis der einzelnen Forderung vorzunehmen. Eine Wertberichtigung auf Portfoliobasis ist ausnahmsweise dann möglich, wenn eine Gruppe gleichartiger Forderungen vorhanden ist und eine individuelle Wertminderung nicht ermittelbar ist (IAS 39.64). Pauschalwertberichtigungen sind grundsätzlich nicht vorgesehen.

Für eine außerplanmäßige Abschreibung (Wertminderung) wird die Differenz zwischen dem Buchwert des Vermögenswertes und dem Barwert der voraussichtlichen künftigen Mittelzuflüsse und Mittelabflüsse gebildet. Für die Abzinsung wird dabei der ursprüngliche effektive Zinssatz der Forderung zugrunde gelegt (IAS 39.63).

4.9 Sonstige Vermögensgegenstände

4.9.1 Sonstige Vermögensgegenstände nach HGB

Sonstige Vermögensgegenstände werden nach der Gliederungssystematik der RechVersV in die Kategorien Sachanlagen und Vorräte, laufende Guthaben bei Kreditinstituten, Schecks und Kassenbestand und andere Vermögensgegenstände eingeteilt:[179]

- *Sachanlagen und Vorräte* umfassen nach § 18 Abs. 1 RechVersV technische Anlagen und Maschinen, andere Anlagen, die Betriebs- und Geschäftsausstattung sowie hierauf geleistete Anzahlungen und Anlagen im Bau. Vorräte werden nach § 18 Abs. 2 RechVersV in Betriebsstoffe und Büromaterial sowie hierauf geleistete Anzahlungen unterteilt. Die Bewertung erfolgt gemäß § 341b HGB nach den für das Anlagevermögen geltenden Vorschriften. Bezüglich der Vorräte entspricht dies nicht den allgemeinen Vorschriften, die eine Bewertung wie Umlaufvermögen vorsehen.
- *Laufende Guthaben bei Kreditinstituten, Schecks und Kassenbestand* stellen liquide Mittel des Versicherungsunternehmens dar. Die Bewertung erfolgt zum Nominalwert.
- *Andere Vermögensgegenstände* stellen einen Sammelposten für solche Sachverhalte dar, die keinem anderen Posten zugeordnet werden können.

179 Vor dem BilMoG wurden unter den sonstigen Vermögensgegenständen auch eigene Anteile ausgewiesen. Für die Darstellung gilt seit 2009 nach § 272 HGB Folgendes: »Der Nennbetrag oder, falls ein solcher nicht vorhanden ist, der rechnerische Wert von erworbenen eigenen Anteilen ist in der Vorspalte offen von dem Posten »Gezeichnetes Kapital« abzusetzen. Der Unterschiedsbetrag zwischen dem Nennbetrag oder dem rechnerischen Wert und den Anschaffungskosten der eigenen Anteile ist mit den frei verfügbaren Rücklagen zu verrechnen.« Eigene Anteile werden auch nach IFRS nicht aktiviert. Vielmehr müssen diese im Zusammenhang mit dem Eigenkapital entweder in der Bilanz oder im Anhang gesondert angegeben werden (IAS 1.79(a)). Die Bewertung erfolgt entweder nach dem Nennbetrag oder zu Anschaffungskosten.

4.9.2 Sonstige Vermögensgegenstände nach IFRS

Für die im HGB unter den sonstigen Vermögensgegenständen bilanzierten Sachverhalte sind in den *Vorschriften der IFRS* unterschiedliche Standards maßgeblich:

- *Sachanlagen* werden nach IAS 16 zu Anschaffungs- oder Herstellungskosten bilanziert (IAS 16.15). Für die Folgebewertung besteht ein Wahlrecht, Sachanlagen zu fortgeführten Anschaffungs- oder Herstellungskosten oder nach der Neubewertungsmethode zu bewerten (IAS 16.29). *Vorräte* werden nach IAS 2 bilanziert. Die Bewertung erfolgt einzeln bzw. unter Zugrundelegung von Verbrauchsfolgeverfahren mit dem niedrigeren Wert aus Anschaffungs- oder Herstellungskosten und Nettoveräußerungswert (IAS 2.9).
- *Liquide Mittel* (Zahlungsmittel und Zahlungsmitteläquivalente) werden nach den Regeln des IAS 39 – äquivalent zu Forderungen – als dem Umlaufvermögen zugehörige Wertpapiere bilanziert.
- Ein separater Posten »*Andere Vermögensgegenstände*« ist in den Gliederungsvorschriften der IFRS nicht enthalten, kann jedoch wahlweise hinzugefügt werden, da IAS 1.77–80A nur Mindestvorgaben an die Gliederung der Bilanz stellt.

4.10 Rechnungsabgrenzungsposten

Rechnungsabgrenzungsposten werden im HGB nach § 250 HGB geregelt. Auf der Aktivseite der Bilanz sind Ausgaben vor dem Abschlussstichtag auszuweisen, soweit sie Aufwand für eine bestimmte Zeit nach diesem Tag darstellen (§ 250 Abs. 1 HGB). Beispiele für Rechnungsabgrenzungsposten sind vorausbezahlte Mieten oder Gehälter. Ein Disagio kann in den aktiven Rechnungsabgrenzungsposten aufgenommen werden, muss jedoch planmäßig abgeschrieben werden. Im Falle einer Nennwertbilanzierung von Namensschuldverschreibungen wird der Unterschiedsbetrag zwischen Anschaffungskosten und Nennbetrag als Rechnungsabgrenzungsposten ausgewiesen, falls der Nennbetrag niedriger als die Anschaffungskosten ist.

Nach den Regelungen der *IFRS* ergeben sich Rechnungsabgrenzungsposten infolge des in IAS 1.27 verankerten Grundsatzes der Periodenabgrenzung. Ein Disagio ist nicht zu aktivieren. Vielmehr wird der niedrigere Auszahlungsbetrag passiviert und eine Zuschreibung der Zinskomponente im Zeitablauf vorgenommen.

4.11 Nicht durch Eigenkapital gedeckter Fehlbetrag

Ein nicht durch Eigenkapital gedeckter Fehlbetrag entsteht im Fall der Überschuldung eines Unternehmens. Falls das Eigenkapital durch Verluste aufgebraucht ist und sich ein Überschuss der Passiv- über die Aktivposten ergibt, wird der übersteigende Betrag am Ende der Aktivseite ausgewiesen (§ 268 Abs. 3 HGB).

4.12 Bilanzierung von Sicherungsbeziehungen nach HGB und IFRS

4.12.1 Sicherungsbeziehungen bei Versicherungsunternehmen

Versicherungsunternehmen nutzen zunehmend die Möglichkeiten, durch das Eingehen von Sicherungsbeziehungen Kapitalmarktrisiken (z. B. Kurs-, Zinsänderungs- oder Fremdwährungsrisiken) zu minimieren. Indem eine Position (meist ein Derivat) aufgebaut wird, welche sich in ihrer Reaktion auf die Veränderungen gewisser ökonomischer Rahmenbedingungen entgegengesetzt zu einem abzusichernden Grundgeschäft verhält, entsteht eine Sicherungsbeziehung (*hedge*).

Als wichtigste Absicherungsarten können *fair value hedges* und *cash flow hedges* unterschieden werden: Während beim Ersteren die Kurschwankungen von vorhandenen Vermögenswerten oder Verpflichtungen abgesichert werden sollen, steht beim cash flow hedge die Sicherung zukünftiger risikobehafteter Zahlungsströme im Vordergrund. Gängige Beispiele für Absicherungsgeschäfte von Versicherungsunternehmen sind in der Abbildung 4.14 aufgezeigt.

Grundgeschäft	Risiko	Absicherungs-instrument	Absicherungsart
Festverzinsliche Anleihe	Änderung Marktwert wg. Marktzins-änderung	Zinsswap	fair value hedge
Aktie	Änderung Marktwert	Verkaufsoption, Terminverkauf	fair value hedge
Fremdwährungsforderung	Schwankung Rückzahlungsbetrag in Euro wg. Wechselkursänderungen	Devisenverkaufsoption, Devisenterminverkauf	fair value hedge
Emission einer Anleihe (in der Zukunft)	Zinsanstieg und Reduktion Ausgabeerlös	Forward Zinsswap	cash flow hedge

Abb. 4.14: Absicherungsgeschäfte von Versicherungsunternehmen[180]

Insoweit Grundgeschäft und Sicherungsinstrument nach vergleichbaren bilanziellen Vorschriften behandelt werden, zeigt sich die kompensatorische Wirkung der Absicherungsbeziehung auch im Abschluss. Oft werden die beiden ökonomisch zusammengehörigen Positionen Grundgeschäft und Sicherungsinstrument jedoch unterschiedlich bilanziert, woraus ein *accounting mismatch* resultiert. Dieser kann grundsätzlich aufgrund von

- Bewertungsunterschieden (z. B. Bewertung des Sicherungsinstruments erfolgswirksam zum fair value vs. Bewertung des abgesicherten Instruments erfolgsneutral zum fair value oder zu fortgeführten Anschaffungskosten) und
- Ansatzunterschieden (z. B. Ansatz des Sicherungsinstruments in der Bilanz vs. kein Bilanzansatz der abgesicherten Transaktion) entstehen.

180 In Anlehnung an Heuser, Paul J.; Theile, Carsten [IFRS, 2012], Rd. 3220–3224.

4.12.2 Bilanzierung von Sicherungsbeziehungen nach HGB

Seit dem BilMoG ist nach § 254 HGB unter bestimmten Voraussetzungen die Zusammenfassung von Grund- und Sicherungsgeschäft zu einer *Bewertungseinheit* zulässig. Damit ist die seit längerer Zeit herrschende Praxis in das Gesetz eingegangen.
Als Grundgeschäfte kommen dabei laut Gesetz Vermögensgegenstände, Schulden, schwebende Geschäfte sowie mit großer Wahrscheinlichkeit zukünftig eintretende Geschäfte in Betracht. Als Absicherungsgeschäft sind jedoch nur Finanzinstrumente erlaubt, meistens werden hierfür Derivate eingesetzt. Die Bildung von Bewertungseinheiten ist darüber hinaus an folgende Anforderungen geknüpft: [181]

- Die Sicherungsabsicht muss ex ante gegeben sein, d. h. eine rückwirkende Designation von Bewertungseinheiten ist ausgeschlossen.
- Die Sicherungsbeziehung muss, prospektiv wie retrospektiv betrachtet, wirksam sein, d. h. Grund- und Sicherungsgeschäft müssen einem vergleichbaren Risiko ausgesetzt sein und deshalb objektiv geeignet sein sich gegenseitig zu kompensieren. Diese Effektivität der Absicherungsbeziehung muss vor Bildung der Bewertungseinheit nachgewiesen werden, jedoch auch retrospektiv mindestens zu jedem Bilanzierungsstichtag aufgezeigt werden.

Die bilanzielle Bildung einer Bewertungseinheit macht nach § 285 Nr. 23 HGB Anhangsangaben zu Art der abgesicherten Risiken und Ausgestaltung und Wirksamkeit der Sicherungsbeziehung nötig.

Bei Vorliegen der geschilderten Voraussetzungen für die Bildung einer Bewertungseinheit nach § 254 HGB sind der Einzelbewertungsgrundsatz und das Imparitätsprinzip (§ 252 Abs. 1 Nr. 3 und 4 HGB) sowie das Anschaffungskostenprinzip (§ 253 Abs. 1 Satz 1) in dem Umfang und für den Zeitraum nicht anzuwenden, in dem die gegenläufigen Wertänderungen oder Zahlungsströme sich ausgleichen. Konkret bedeutet dies die Anwendung dieser GoB auf Ebene der Bewertungseinheit, nicht auf die jeweiligen Grundgeschäfte. Dies gilt analog für die Pflicht zur Bildung von Drohverlustrückstellungen (§ 249 Abs. 1 HGB).

Die Bilanzierung einer designierten Sicherungsbeziehung nach § 254 HGB kann nach zwei unterschiedlichen Methoden erfolgen: [182]

- »*Einfrierungsmethode*«: Die positiven Wertbeiträge des einen Teils der Sicherungsbeziehung werden mit den gegenläufigen negativen Wertbeiträgen des anderen Teils der Sicherungsbeziehung in einer Art Nettodarstellung saldiert. Nur der Saldo der Wertänderung (der ineffektive Teil der Sicherungsbeziehung) wird imparitätisch erfasst.
- »*Durchbuchungsmethode*«: Alle Bewertungsänderungen von Grund- wie Sicherungsgeschäft werden komplett bilanziell erfasst. In Folge gleichen sich automatisch die Entwicklungen des erfolgswirksamen Teils der Sicherungsbeziehung in der Gewinn- und Verlustrechnung aus.

---

181 Vgl. Baetge, Jörg et al. [Bilanzen, 2011], S. 651.
182 Vgl. mit Beispielen Baetge, Jörg et al. [Bilanzen, 2011], S. 653.

Da das Gliederungsschema nach § 275 HGB keine gesonderten Posten für den Ausweis von Sicherungsbeziehungen vorsieht, sind die Kosten der Absicherung und der ineffektive Teil der Sicherungsbeziehung in dem für das Grundgeschäft vorgesehenen Posten abzubilden.

4.12.3 Bilanzierung von Sicherungsbeziehungen nach IFRS

Um die ökonomische Sicherungsbeziehung auch bilanziell abzubilden, enthält IAS 39 *Finanzinstrumente* spezielle Vorschriften zum sogenannten hedge accounting (IAS 39.71–102). Diese setzten die ansonsten anzuwendenden Regeln für die Bilanzierung von Finanzinstrumenten teilweise außer Kraft. Hedge accounting nach IFRS ist oft sehr komplex und deshalb nur als Bilanzierungswahlrecht ausgestaltet. Oftmals bietet sich ersatzweise die Nutzung der *fair value option* des IAS 39 an: Indem Grundgeschäft und Sicherungsinstrument beide erfolgswirksam zum fair value bewertet werden, kommt es nicht zu dem beschriebenen *mismatch*. Die Nutzung der fair value option ist zur Vermeidung eines *accounting mismatches* in IAS 39.9 ausdrücklich vorgesehen.

Zur Anwendung der *hedge accounting Regeln* nach IFRS sind ähnlich der Vorschriften des § 254 HGB zunächst insbesondere die folgenden Voraussetzungen zu erfüllen:

- Es muss eine formale Designation und umfassende Dokumentation der Sicherungsbeziehung vor Beginn des hedge accountings stattfinden.
- Zu Beginn des Absicherungszeitraums und während der gesamten Laufzeit der Hedge-Beziehung muss die Absicherung »hoch effektiv« sein, d. h. die Wertänderungen des Grundgeschäfts müssen in einer Bandbreite von 80 % bis 125 % von den Wertänderungen des Sicherungsinstruments aufgefangen werden. Die Effektivität der Hedge-Beziehung muss fortwährend zuverlässig bestimmt werden können und ist mindestens zu jedem Berichtstag retrospektiv und prospektiv nachzuweisen.

Beim fair *value hedge accounting* gelten nach IAS 39.89–94 die folgenden Vorschriften:

- Das Ergebnis aus der Bewertung des Sicherungsinstruments wird direkt erfolgswirksam in der Gewinn- und Verlustrechnung vereinnahmt.

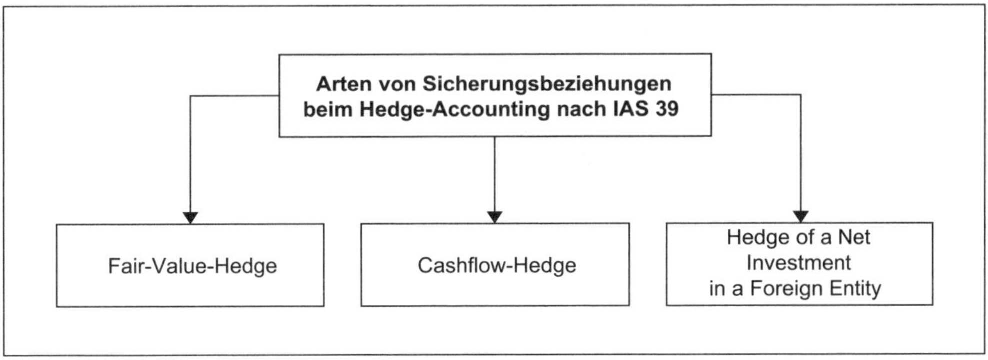

Abb. 4.15: Arten von Sicherungsbeziehungen nach IAS 39

- Die Wertänderungen des Grundgeschäfts, die sich auf das abgesicherte Risiko beziehen, werden ebenfalls unmittelbar in der GuV erfasst, um die Wertänderungen des Derivats auszugleichen.

Da beim cash flow hedging die abgesicherten Zahlungsströme zunächst noch nicht in der Bilanz abgebildet werden, unterscheiden sich die diesbezüglichen Regeln von denen des fair value hedge accounting wie folgt (IAS 39.95–101):
- Die Gewinne und Verluste aus dem Sicherungsinstrument werden zunächst erfolgsneutral in der Neubewertungsrücklage im Eigenkapital (OCI) erfasst.
- Sobald das gesicherte Grundgeschäft ergebniswirksam wird, erfolgt eine Umgliederung dieses Betrags in die Gewinn- und Verlustrechnung, wo es wiederum zum erfolgswirksamen Ausgleich kommt.

Darüber hinaus existieren noch Regelungen zur Abbildung der Absicherung einer Nettoinvestition in eine ausländische Tochtergesellschaft, die sich an denen des fair value hedge accountings anlehnen (IAS 39.102).

Die Bilanzierung nach den Regelungen des hedge accounting ist zu beenden, wenn die Effektivität der Sicherungsbeziehung nicht mehr gewährleistet ist, das Grundgeschäft beendet wird, das Sicherungsinstrument ausgeübt oder verkauft wird oder ausläuft.

Im Rahmen der Entwicklung des neuen IFRS 9 *Finanzinstrumente* werden auch die Vorschriften zum hedge accounting grundlegend überarbeitet. Vgl. hierzu einführend Abschnitt 4.3.2.7 oben.

Beispiel 4.5: Fair value hedge accounting nach IAS 39

Annahmen:
Ein Unternehmen kauft 10 Aktien à 20 Euro am 01.01.2012 und klassifiziert die Aktie als available for sale Finanzinstrument. Zur Absicherung der Wertschwankungen wird analog für 10 Aktien ein Verkaufsterminkontrakt (Ausübung 31.12.2013) für 20 Euro eingegangen. Es soll fair value hedge accounting angewendet werden. Die Wertentwicklung der fair values beider Instrumente zeigt sich wie folgt:
- Aktie: 01.01.2012: 20 Euro; 31.12.2012: 18,2 Euro; 31.12.2013: 19,4 Euro;
- Terminkontrakt: 01.01.2012: 0 Euro; 31.12.2012: 16 Euro; 31.12.2013: 6 Euro;

01.01.2012: Einbuchung der Aktien und des Terminkontraktes		
Konto	Soll	Haben
Aktiva: Aktien AFS	200	
Aktiva: Derivat	0	
Aktiva: Kasse		200

31.12.2012: Buchung des Kursrückgangs der Aktie (–18) und der Wertänderung des Terminkontraktes (+16). Ineffektivität der Absicherung wird in der GuV als Aufwand erfasst (–2).

Konto	Soll	Haben
GuV: Ineffektivität	2	
Aktiva: Derivat	16	
Aktiva: Aktien AFS		18

31.12.2013: Buchung des Kursanstiegs der Aktie (+12) und der Wertänderung des Terminkontraktes (–10). Ineffektivität erzeugt Ertrag (+2).

Konto	Soll	Haben
GuV: Ineffektivität		2
Aktiva: Derivat		10
Aktiva: Aktien AFS	12	

31.12.2013: Lieferung der 10 Aktien und Erhalt von 200 EUR aus dem Terminkontrakt.

Konto	Soll	Haben
Aktiva: Kasse	200	
Aktiva: Derivat		6
Aktiva: Aktien AFS		194

Kapitel 5: Bilanzierung des Eigenkapitals in Versicherungsunternehmen

1 Funktionen des Eigenkapitals

Eigenkapital stellt eine Residualgröße dar, die sich aus der Differenz zwischen der Summe der Aktiva und der Summe der Schulden abzüglich der passiven Rechnungsabgrenzungsposten ermittelt. Die Höhe des Eigenkapitals ergibt sich insofern indirekt aus der Bewertung von Vermögensgegenständen und Schulden.

Das Eigenkapital entsteht entweder durch die Bereitstellung von Mitteln durch die Eigentümer des Unternehmens oder durch Thesaurierung von Gewinnen, d. h. durch Verzicht auf Ausschüttungen. Reduziert wird das Eigenkapital durch Gewinnentnahmen oder im Fall eines Verlustausgleichs.

Das Eigenkapital hat unterschiedliche Funktionen, die teilweise allgemeingültig sind,[183] teilweise aber für Versicherungsunternehmen eine spezielle Bedeutung aufweisen. Darunter fallen:

1. die Fortführungsfunktion,
2. die Haftungsfunktion,
3. die Sicherungsfunktion,
4. die Gewinnbeteiligungs- und Mitbestimmungsfunktion und
5. die Beurteilungsfunktion.

Ad 1: Eine Entnahme des nominalen Eigenkapitals ist nur in dem vom Gesetz abschließend geregelten Fall einer Kapitalherabsetzung möglich.[184] Insofern steht das Kapital dem Unternehmen grundsätzlich dauerhaft zur Verfügung und dient somit der *Fortführung* der Unternehmenstätigkeit.[185]

Ad 2: Die *Haftungsfunktion* der Eigentümer des Unternehmens zeigt sich im gesonderten Ausweis des gezeichneten Kapitals, das den Nennbetrag der ausgegebenen Gesellschaftsteile widerspiegelt. Während die Eigentümer selbst nur in Höhe ihrer Anteile haften, spiegelt sich die Haftungsfunktion des Eigenkapitals auch darin wider, dass eine Kapitalgesellschaft mit ihrem gesamten Vermögen für mögliche Schulden der Gesellschaft einsteht.

183 Vgl. zu den Funktionen des Eigenkapitals allgemein Baetge, Jörg [Notwendigkeit, 1990], S. 219–220.
184 Vgl. zu den Möglichkeiten einer Kapitalherabsetzung Baetge, Jörg et al. [Bilanzen, 2011], S. 480–483.
185 Eine Ausnahme stellt die Rücklage § 272 Abs. 4 HGB sowie bei Versicherungsunternehmen der Organisationsfonds als Bestandteil der Kapitalrücklage dar.

Ad 3: Eine im Versicherungsunternehmen zentrale Funktion des Eigenkapitals besteht darin, die unternehmerischen Risiken zu tragen und damit die Sicherheit des Unternehmens zu gewährleisten *(Sicherheitsfunktion)*. Das Eigenkapital dient daher als »Puffer« oder auch als Sicherheitsgarantie gegen eine mögliche Insolvenz. In der Sicherheitsfunktion spiegelt sich insofern die Eigenschaft von Eigenkapital als *risikopolitisches Mittel* wider. Die besondere Schutzbedürftigkeit der Versicherungsnehmer schafft die Grundlage für eine aufsichtsrechtliche Regulierung des Eigenkapitals von Versicherungsunternehmen im Rahmen der Solvabilitätsvorschriften. Zu diesem Zweck wird jedoch nicht ausschließlich das Eigenkapital zugrunde gelegt, sondern es werden darüber hinaus gewisse stille Reserven, mögliche Nachschusspotenziale bei Versicherungsvereinen sowie gewisse Fremdkapitalanteile und Zukunftsgewinne bei Lebensversicherungsunternehmen einbezogen.[186] Anstelle von Eigenkapital wird dabei von Eigenmitteln (Solvabilitätsmittel) gesprochen.

Ad 4: Die *Gewinnbeteiligungs- bzw. Mitbestimmungsfunktion* verdeutlicht den Anspruch der Aktionäre bzw. Gesellschafter auf entstandene Gewinne des Unternehmens bzw. auf die Mitbestimmung an dessen Geschäftsführung. Letztere ist bei Aktiengesellschaften auf Aktionärsrechte in der Hauptversammlung beschränkt.

Ad 5: Nicht zuletzt dient die Eigenkapitalausstattung eines Versicherungsunternehmens als *Beurteilungsfunktion* für unterschiedliche Adressaten bzw. für die Unternehmensführung selbst. Die Notwendigkeit der Bereitstellung einer ausreichenden Menge an Eigenkapital kann hingegen divergieren, ob die Unternehmensführung selbst oder externe Adressaten die Eigenmittelausstattung beurteilen. Aus Unternehmenssicht wird im Sinne eines *ökonomischen Kapitals* (Risikokapital) dasjenige Kapital bestimmt, das benötigt wird, um eine bestimmte Überlebenswahrscheinlichkeit des Versicherungsunternehmens zu gewährleisten.[187] Um das ökonomische Kapital zu berechnen, muss eine Gesamtrisikoverteilung für das Versicherungsunternehmen bestimmt werden, die auf einer Aggregation von einzelnen Risikokategorien aufbaut. Zusätzlich ist ein Risikomaß zu definieren, auf dessen Basis schließlich die für ein bestimmtes Sicherheitsniveau erforderliche Kapitalmenge bestimmt wird. Anders verhält es sich bei externer Sicht der Kapitalausstattung des Versicherungsunternehmens. Aus einer kapitalmarktorientierten Perspektive könnte z. B. dasjenige Kapital von Interesse sein, dass zur Erreichung einer bestimmten Einstufung durch Ratingagenturen erforderlich ist *(Ratingkapital)*. Dies kann unter Umständen eine andere Kapitalausstattung erforderlich machen, als es eine Mindestausstattung zu *aufsichtsrechtlichen Zwecken* (Solvabilitätsvorschriften) bedingen würde.

---

186 Vgl. zu den Einzelheiten der Solvabilitätsberechnung § 53c Abs. 3 VAG sowie Farny, Dieter [Versicherungsbetriebslehre, 2006], S. 781–797.

187 Vgl. Dal Santo, Daniel [Kapitalmanagement, 2002], S. 99.

2 Zusammensetzung des Eigenkapitals bei Versicherungsunternehmen

2.1 Überblick über das Eigenkapital eines Versicherungsunternehmens

Der Aufbau des Eigenkapitals von Versicherungsunternehmen entspricht grundsätzliche demjenigen von Nicht-Versicherungsunternehmen. Die Gliederung des § 272 HGB in

1. gezeichnetes Kapital,
2. Kapitalrücklagen und
3. Gewinnrücklagen

hat insofern Gültigkeit. Allerdings weist der Aufbau des Eigenkapitals wenige rechtsformabhängige Spezifika auf.

Das *gezeichnete Kapital* ist dasjenige Kapital, auf das die Haftung der Gesellschafter beschränkt ist. Bei Versicherungsvereinen auf Gegenseitigkeit tritt an die Stelle des gezeichneten Kapitals der *Gründungsstock,* der von den Garanten des Unternehmens aufgebracht wird. Für öffentlich-rechtliche Versicherungsunternehmen ist der dem gezeichneten Kapital *entsprechende Posten* auszuweisen.

In der *Kapitalrücklage* werden Beträge eingestellt, die dem Unternehmen von außen in die Rücklagen zufließen. Die Kapitalrücklage bestimmt sich aus den branchenunabhängigen Vorschriften des § 272 Abs. 2 HGB bzw. den §§ 232 und 237 Abs. 5 AktG. Unter die Kapitalrücklage von Versicherungsunternehmen wird zusätzlich der *Organisationsfonds* subsumiert, der als »über die Eigenkapitalausstattung hinausreichende Starthilfe« gilt. Obwohl ein Davon-Vermerk nicht gefordert wird, ist dieser aus Gründen der Klarheit dennoch angebracht.[188]

Gewinnrücklagen werden aus dem Jahresergebnis gebildet. Bei den Gewinnrücklagen wird anstelle einer gesetzlichen Rücklage bei Versicherungsvereinen auf Gegenseitigkeit eine *Verlustrücklage* und bei öffentlich-rechtlichen Versicherungsunternehmen eine *Sicherheitsrücklage* ausgewiesen.

Falls der Ausweis *ohne Ergebnisverwendung* erfolgt, wird ein Gewinnvortrag/Verlustvortrag aus dem Vorjahr sowie der Jahresüberschuss/Jahresfehlbetrag ausgewiesen. Liegt demgegenüber eine teilweise Verwendung des Ergebnisses vor, wird lediglich der verbleibende Bilanzgewinn/Bilanzverlust des Jahres ausgewiesen.

188 Vgl. KPMG [Rechnungslegung, 1994], S. 105.

Versicherungs-AG	Versicherungsvereine	Öffentlich-rechtliche Versicherungsunternehmen
I. Gezeichnetes Kapital	I. Gründungsstock	I. Entsprechender Posten
II. Kapitalrücklage davon: Organisationsfonds	II. Kapitalrücklage davon: Organisationsfonds	II. Kapitalrücklage davon: Organisationsfonds
III. Gewinnrücklage 1. Gesetzliche Rücklage 2. Rücklage für Anteile an einem herrschenden oder mehrheitlich beteiligten Unternehmen 3. Satzungsmäßige Rücklage 4. Andere Gewinnrücklagen	III. Gewinnrücklage 1. Verlustrücklage 2. Rücklage für Anteile an einem herrschenden oder mehrheitlich beteiligten Unternehmen 3. Satzungsmäßige Rücklage 4. Andere Gewinnrücklagen	III. Gewinnrücklage 1. Sicherheitsrücklage 2. Rücklage für Anteile an einem herrschenden oder mehrheitlich beteiligten Unternehmen 3. Satzungsmäßige Rücklage 4. Andere Gewinnrücklagen
IV. Gewinnvortrag/Verlustvortrag	IV. Gewinnvortrag/Verlustvortrag	IV. Gewinnvortrag/Verlustvortrag
V. Jahresüberschuss/-fehlbetrag	V. Jahresüberschuss/-fehlbetrag	V. Jahresüberschuss/-fehlbetrag

Abb. 5.1: Eigenkapital von Versicherungsunternehmen

2.2 Gezeichnetes Kapital und Gründungsstock

Das gezeichnete Kapital ist in § 272 Abs. 1 HGB geregelt. Demnach stellt es das Kapital dar, auf das die Haftung der Gesellschaft für die Verbindlichkeiten der Kapitalgesellschaft gegenüber den Gläubigern beschränkt ist. Falls Einlagen auf das gezeichnete Kapital ausstehen, sind diese offen vom Posten »Gezeichnetes Kapital« abzusetzen, wobei der verbleibende Betrag in diesem Fall als »Eingefordertes Kapital« in der Hauptspalte ausgewiesen wird (§ 272 Abs. 1 S. 3 HGB). Der eingeforderte, aber noch nicht eingezahlte Betrag ist unter den Forderungen auszuweisen und entsprechend zu bezeichnen.

Versicherungsvereine auf Gegenseitigkeit (VVaG) verfügen nicht auf Dauer über ein nominell festgeschriebenes, gezeichnetes Kapital. An die Stelle des gezeichneten Kapitals tritt ein der Beteiligungsfinanzierung ähnlicher *Gründungsstock,* der von den »Garanten« des Versicherungsvereins bei der Gründung aufgebracht wird.[189] Diese Art der Gründungsfinanzierung ist gesetzlich in § 22 VAG geregelt. Demnach dient der Gründungsstock der Finanzierung der Kosten der Vereinseinrichtung (Errichtungsstock), des laufenden Geschäftsbetriebs (Betriebsstock) sowie als Sicherheitsmittel (Gewährstock). Die genauen Bedingungen der Aufbringung und Tilgung des Gründungsstocks sind in der Satzung des Vereins festzulegen. Je nach Ausgestaltung (mit oder ohne Tilgung, mit oder ohne gewinnabhängige Vergütung, mit oder ohne Entscheidungsrechte für die Garanten) nimmt der Gründungsstock insofern den Charakter von Fremd- oder Eigenkapital an.

189 Vgl. zur betriebswirtschaftlichen Interpretation des Gründungsstocks Farny, Dieter [Versicherungsbetriebslehre, 2006], S. 831–832.

In der Regel ist in der Satzung eine Rückzahlung des Gründungsstocks an die Garanten geregelt. In diesem Fall sieht § 22 Abs. 4 VAG folgende Grundsätze der Tilgung vor:

- Die Tilgung muss beginnen, sobald aktivierte *Ingangsetzungs- und Erweiterungsaufwendungen* abgeschrieben sind (spätestens nach Ablauf der ersten fünf Jahre). Seit der Verabschiedung des BilMoG dürfen Ingangsetzungs- und Erweiterungsaufwendungen allerdings nicht mehr gebildet werden.
- Eine Rückzahlung aus dem Anfangsvermögen ist unzulässig. Stattdessen erfolgt eine Tilgung aus den *»Jahreseinnahmen«*.
- Eine Tilgung kann nur simultan mit dem Anwachsen einer *»Verlustrücklage«* vorgenommen werden, d. h., dass die Summe aus noch nicht getilgtem Gründungsstock und der Rücklage den Anfangsbetrag des Gründungsstocks nicht unterschreiten darf.

2.3 Kapitalrücklage und Organisationsfonds

Die Kapitalrücklage umfasst vornehmlich Beträge, die dem Eigenkapital eines Unternehmens von außen über das gezeichnete Kapital hinaus zufließen. Nach § 272 Abs. 2 HGB sind folgende Beträge in der Kapitalrücklage auszuweisen:

- der Betrag, der bei der *Ausgabe von Anteilen* einschließlich von Bezugsanteilen über den Nennbetrag oder, falls ein Nennbetrag nicht vorhanden ist, über den rechnerischen Wert hinaus erzielt wird *(Agio)*,
- der Betrag, der bei der *Ausgabe von Schuldverschreibungen* für Wandlungsrechte und Optionsrechte zum Erwerb von Anteilen erzielt wird,
- der Betrag von *Zuzahlungen,* die Gesellschafter gegen Gewährung eines *Vorzugs* in das Eigenkapital leisten,
- der Betrag von *anderen Zuzahlungen,* die Gesellschafter in das Eigenkapital leisten.

Unter den Kapitalrücklagen ist bei Versicherungsunternehmen zusätzlich der *Organisationsfonds* auszuweisen. Nach der Systematik des § 272 Abs. 2 Nr. 4 HGB handelt es sich hierbei um *andere Zuzahlungen* der Gesellschafter. Die Bildung des Organisationsfonds ist *zweckgebunden*. Nach § 5 Abs. 5 Nr. 3 VAG ist bei Gründung eines Versicherungsunternehmens eine Schätzung der für den *Aufbau der Verwaltung* und des *Vertreternetzes* erforderlichen Aufwendungen vorzunehmen. Das Unternehmen hat nachzuweisen, dass die dafür notwendigen Mittel (Organisationsfonds) zur Verfügung stehen.

Der Organisationsfonds wird von den Aktionären einer AG oder den Garanten eines VVaG eingezahlt und ist in der Regel ohne Gegenleistung des Versicherungsunternehmens (d. h., es findet keine Rückzahlung, Tilgung und Gewinnbeteiligung statt). Insofern lässt sich der Organisationsfonds auch als über die Eigenkapitalausstattung hinausgehende *verlorene Starthilfe* interpretieren.

Der Organisationsfonds übt neben einer *Finanzierungsfunktion* (Instrument zur Finanzierung von Gründungsaufwendungen) auch eine *Bilanzierungsfunktion* aus. Sein Aufbau dient der Vermeidung von Anfangsverlusten in Folge nicht aktivierungsfähiger immaterieller Investitionen. Bei Aktivierung von Ingangsetzungs- und Erweiterungsaufwendungen ist die Entnahme (aus dem Organisationsfonds) auf die Höhe der Abschreibung dieses Postens beschränkt. Dies gilt jedoch nicht, wenn die Organisationsaufwendungen aus dem Jahresüberschuss gedeckt werden können.

Von Bedeutung ist der Organisationsfonds im Rahmen der *Kapitalkonsolidierung*. Als Teil der Kapitalrücklage ist er in die Kapitalkonsolidierung einzubeziehen. Entnahmen aus dem Organisationsfonds sind in der Folgekonsolidierung auf der Ebene des Konzernabschlusses rückgängig zu machen und mit den Gewinnrücklagen zu verrechnen.[190]

2.4 Gewinnrücklagen

Nach § 272 Abs. 3 und 4 HGB bezeichnen die Gewinnrücklagen diejenigen Teile des Eigenkapitals, die aus Gewinnen früherer Perioden oder des laufenden Geschäftsjahres gebildet worden sind. Folgende Teilrücklagen sind zu unterscheiden:

- Die *gesetzliche Rücklage* ist für Versicherungsaktiengesellschaften nach § 150 Abs. 1 und 2 AktG zum Schutz der Gläubiger zwingend vorgeschrieben. In die gesetzliche Rücklage sind jährlich mindestens 5 % des um einen eventuellen Verlustvortrag bereinigten Jahresüberschusses einzustellen, bis sie zusammen mit der Kapitalrücklage 10 % oder einen satzungsmäßig bestimmten höheren Teil des Grundkapitals erreicht (§ 150 Abs. 2 AktG). Für Versicherungsvereine auf Gegenseitigkeit sieht § 37 VAG die Bildung einer *Verlustrücklage* vor, die an die Stelle der gesetzlichen Rücklage tritt. Demnach kann die Satzung bestimmen, dass außergewöhnliche Verluste aus dem Geschäftsbetrieb durch eine Rücklage (Verlustrücklage, Reservefonds) gedeckt werden. Ähnlich wie beim VVaG existiert bei öffentlich-rechtlichen Versicherungsunternehmen mit der *Sicherheitsrücklage* eine der gesetzlichen Rücklage adäquate Rücklage. Die Zuführungen und Mindestbeträge werden wie beim VVaG von der Satzung geregelt.
- Die *Rücklage für Anteile an einem herrschenden oder mit Mehrheit beteiligten Unternehmen* wird nach § 271 Abs. 4 S. 1 HGB dann gebildet, wenn die bilanzierende Gesellschaft Anteile an einem Unternehmen hält, von dem es beherrscht wird oder das mehrheitlich an dem bilanzierenden Unternehmen beteiligt ist.
- Die Satzung bzw. der Gesellschafterbetrag können vorsehen, dass den Gewinnrücklagen aus dem Jahresüberschuss weitere Beträge zuzuführen sind *(satzungsmäßige Rücklage)*.
- Die *anderen Gewinnrücklagen* enthalten alle Beträge, die aus dem Jahresüberschuss in die Gewinnrücklagen eingestellt werden und die nicht durch Gesetz oder Satzung bzw. als Rücklage für eigene Anteile geregelt sind. Die Einstellung von Beträgen in diese Rücklagen wird bei Aktiengesellschaften nach § 58 AktG geregelt.

---

190 Kontrovers diskutiert wird die Behandlung des Organisationsfonds, falls ein ausdrücklicher Verzicht auf Rückzahlung, Tilgung und Gewinnbeteiligung vereinbart wird. Vgl. hierzu Richter, Horst; Geib, Gerd [Grundzüge, 1990], Rd. 240; Angermayer, Birgit; Oser, Peter [Konzern, 1996], S. 957.

3 Eigenkapital nach IFRS

Das Eigenkapital wird in den IFRS im Framework neben den assets und liabilities definiert. Nach Framework (CF.4.4(c)) wird Eigenkapital als *Residualbetrag* verstanden, der sich als Differenz von Vermögenswerten (assets) und Schulden (liabilities) ergibt. Im Unterschied zum HGB enhalten die IFRS keine detaillierte Vorschrift zur Gliederung des Eigenkapitals. IAS 1.54q nennt lediglich das gezeichnete Kapital und die Rücklagen, die den Anteilseignern des Mutterunternehmens zuzuordnen sind sowie die Anteile von nicht beherrschenden Anteilen als Mindestausweis. In IAS 1.79 sind darüber hinaus zusätzliche Angabepflichten zum Eigenkapital genannt, die jedoch sowohl in der Bilanz als auch im Anhang bzw. in der Eigenkapitalüberleitungsrechnung ausgewiesen werden können. Die Gliederung des Eigenkapitals entspricht in der Praxis regelmäßig der in § 266 HGB vorgegebenen Form. Darüber hinaus umfassen die IFRS Rücklagen, die sich daraus ergeben, dass Erträge oder Aufwendungen direkt im Eigenkapital erfasst werden. Nach IFRS sind diese GuV-neutralen Eigenkapitalveränderungen Bestandteil des Gesamtergebnisses (*comprehensive income*) und werden als *other comprehensive income* (*OCI*) bezeichnet. In Abhängigkeit davon, ob eine spätere Realisierung von Erträgen bzw. Aufwendungen über die GuV vorgenommen wird, erfolgt ein sog. »*recycling*« oder ein dauerhaftes Verbleiben im Eigenkapital. Wesentliche Bestandteile des OCI sind die Neubewertungsrücklage für immaterielle Vermögenswerte und Posten des Sachanlagevermögens (bei Inanspruchnahme des Wahlrechts), die Währungsumrechnungsdifferenzen (aus der erfolgsneutralen Umrechnung nicht monetärer Posten), kumulative Gewinne bzw. Verluste aus der Bewertung bestimmter Finanzinstrumente der Kategorie available for sale sowie aus der erfolgsneutralen Verrechnung versicherungsmathematischer Gewinne/Verluste aus der Bilanzierung von Pensionsrückstellungen.

Nach IAS 32 ist es von besonderer Bedeutung, Eigenkapitalinstrumente von Schulden zu unterscheiden. IAS 32.11 sieht als Eigenkapitalinstrument einen Vertrag, der einen Residualanspruch an den Vermögenswerten des Unternehmens nach Abzug aller Schulden begründet. Ein *Eigenkapitalinstrument* liegt nur dann vor, wenn folgende zwei Bedingungen kumulativ erfüllt sind (IAS 32.16):[191]

1. Das Instrument beinhaltet *keine vertragliche Verpflichtung* seitens des Emittenten zur Lieferung von flüssigen Mitteln bzw. anderen finanziellen Vermögenswerten oder zur Übertragung bzw. Übernahme von finanziellen Vermögenswerten oder Schulden unter potenziell ungünstigen Bedingungen (nach IAS 32.18 wären daher Vorzugsaktien oder Personengesellschafts- bzw. Fondsanteile, die auf Verlangen des Inhabers durch einen fixen Geldbetrag zu tilgen sind, als Fremdkapital einzustufen).
2. Sowohl im Fall derivativer als auch nicht derivativer Finanzinstrumente muss oder kann das Finanzinstrument auf Verlangen des Emittenten durch Eigenkapitalinstrumente des Emittenten getilgt werden. Derivative Finanzinstrumente müssen jedoch auf den *Austausch* eines fixen Geldbetrags *gegen eine fixe Anzahl eigener Aktien* gerichtet sein; ebenso müssen nicht derivative Finanzinstrumente auf die *Lieferung einer fixen Anzahl eigener Aktien* gerichtet sein.

191 Vgl. ferner Grünberger, David; Grünberger, Herbert [Finanzinstrumente, 2004], S. 121.

4 Bilanzierung von Mezzanine Kapital

Mezzanine Kapital ist ein Sammelbegriff für Finanzierungsarten, die in ihrer Ausgestaltung eine Mischform zwischen Eigen- und Fremdkapital darstellen (hybride Formen). Typische Formen stellen Genussrechte, stille Beteiligungen, Options- und Wandelanleihen sowie Nachrangdarlehen dar.

Genussrechte sind je nach ihrer Ausgestaltung den Rechten von Aktionären angenähert, stellen allerdings Vermögensrechte auf schuldrechtlicher Basis dar. Beispiele für solche Rechte können eine gewinnabhängige Vergütung, eine Beteiligung am Liquidationserlös oder Optionsrechte sein.

Nachrangdarlehen zeichnen sich dadurch aus, dass im Fall einer Liquidation oder Insolvenz des Unternehmens die Rückerstattung des Darlehens erst dann erfolgt, wenn alle nicht nachrangigen Darlehen rückerstattet wurden.

In der Bilanzierung nach HGB ist für die Einordnung hybrider Finanzinstrumente als Eigenkapital die *Haftungsfunktion* für das längerfristig überlassene Kapital maßgeblich. IDW HFA 1/94 setzt dafür kumulativ die Kriterien der Nachrangigkeit, Verlustteilnahme bis zur vollen Höhe, Erfolgsabhängigkeit der Vergütung sowie der Längerfristigkeit der Kapitalanlage.

Für den Ausweis in der Versicherungsbilanz ist der Eigenkapitalcharakter anders als nach § 266 HGB unerheblich, da Formblatt 1 ohnehin einen separaten Ausweis für Genussrechtskapital und Nachranganleihen vorsieht. Falls der Eigenkapitalcharakter dominiert, stellen Genussrechte jedoch einen eigenkapitalähnlichen Posten dar und zählen aufsichtsrechtlich zu den Eigenmitteln, wenn sie die Anforderungen des § 53c Abs. 3 Nr. 3a i.V.m. § 53c Abs. 3a und Abs. 3c VAG erüllen.[192] Nach § 160 Abs. 1 Nr. 6 AktG bzw. für Nicht-Aktiengesellschaften § 341a Abs. 4 HGB sind im Anhang Angaben zu Genussrechten zu machen, die am Bilanzstichtag bestehen bzw. im Geschäftsjahr neu entstanden sind.

IAS 32.18ff. ist in der Zuordnung als Eigenkapital gegenüber dem HGB restriktiver, da grundsätzlich jede Tilgungsverpflichtung unabhängig davon, ob sie längerfristig ist, als Fremdkapital einzuordnen ist. Insofern reicht die temporäre Übernahme einer Haftungsfunktion nicht für die Einordnung als Eigenkapital aus. Eine Einordnung als Eigenkapital ist selbst dann regelmäßig nicht erfüllt, wenn eine Rückzahlung der Anleihe unterbleibt, d. h. eine *ewige Anleihe* (perpetual bond) vorliegt. Für eine Einordnung als Eigenkapital müssten neben dem Kriterium der ewigen Rente kumulativ noch weitere Vertragsbedingungen erfüllt sein (Kopplung der Vergütung an Dividendenzahlungen, kein Kündigungsrecht durch die Inhaber, Recht des Emittenten zur Kündigung gegen Zahlung eines festen Geldbetrags).

---

192 Vgl. zur Anerkennung als Eigenmittel Berger, Martin; Varain, Thomas C. [Solvabilität, 2009], Rd. 21–23.

Kapitel 6: Bilanzierung der versicherungstechnischen Rückstellungen

1 Begriffsbestimmung und Formen von Rückstellungen

Rückstellungen sind Passivposten für bestimmte *Verpflichtungen* des Unternehmens, die am Bilanzstichtag dem *Grunde* und/oder der *Höhe* nach *ungewiss* sind. Insofern unterscheiden sich Rückstellungen von *Verbindlichkeiten,* deren Höhe und Existenz sicher ist. Nach der abschließenden Systematik des § 249 HGB können
1. Verbindlichkeitsrückstellungen,
2. Drohverlustrückstellungen und
3. Aufwandsrückstellungen

unterschieden werden.

Ad 1: *Rückstellungen für ungewisse Verbindlichkeiten* beruhen auf einer Außenverpflichtung, d. h. einer Verpflichtung gegenüber Dritten. Die ungewisse Verpflichtung kann sowohl rechtlicher bzw. öffentlich-rechtlicher als auch faktischer Natur sein.[193] Rechtliche Verpflichtungen können etwa Pensionsrückstellungen, Steuerrückstellungen und Garantieverpflichtungen darstellen. Demgegenüber ergeben sich faktische Verpflichtungen aus Gewährleistungen (Kulanzen), die vom Kaufmann in die Bilanz aufzunehmen sind, auch wenn er hierzu rechtlich nicht verpflichtet ist.

Ad 2: *Rückstellungen für drohende Verluste aus schwebenden Geschäften* sind eine Folge des Imparitätsprinzips. Demnach sind nicht realisierte Verluste im Gegensatz zu nicht realisierten Gewinnen zu antizipieren und im Geschäftsjahr zu berücksichtigen. Obwohl die Drohverlustrückstellung eine ungewisse Verbindlichkeit darstellt, wird sie im Gesetzestext eigenständig aufgeführt.

Ad 3: *Aufwandsrückstellungen* stellen Innenverpflichtungen dar, die ohne rechtliche oder faktische Verpflichtung erst in späteren Jahren anfallen. Die Passivierung von Aufwandsrückstellungen ist Ausfluss einer dynamischen Bilanztheorie, wonach der betriebsintern verursachte Wertverzehr zur Periode den korrespondierenden Erträgen zugeordnet wird. Zum Zweck der Objektivierung schränkt § 249 HGB den Ansatz von Aufwandsrückstellungen auf bestimmte Formen ein. Passivierungspflichtig sind nach § 249 Abs. 1 S. 2 »im Geschäftsjahr unterlassene Aufwendungen für Instandhaltung, die im folgenden Geschäftsjahr innerhalb von drei Monaten« nachgeholt werden, oder unterlassene Aufwendungen für »Abraumbeseitigung, die im folgenden Geschäftsjahr nachgeholt werden«.

193 Vgl. Coenenberg, Adolf G. [Jahresabschluss, 2012], S. 420. Eine eigenständige Kategorie für faktische Verpflichtungen unterscheidet Baetge, Jörg et al. [Bilanzen, 2011], S. 406.

Darüber hinausgehende Passivierungswahlrechte sind seit Verabschiederung des BilMoG jedoch nicht mehr möglich.

Für Kapitalgesellschaften wird der *bilanzielle Ausweis* von Rückstellungen geregelt. Demnach unterscheidet §266 Abs. 3 HGB für große Kapitalgesellschaften zwischen Pensionsrückstellungen, Steuerrückstellungen und sonstigen Rückstellungen.

In den *IFRS* definiert IAS 37.10 Rückstellungen *(provisions)* als Schulden, die im Hinblick auf ihre Fälligkeit oder ihre Höhe ungewiss sind. Daneben regelt IAS 37 auch abgegrenzte Schulden *(accruals),* die prinzipiell ebenfalls einer Unsicherheit unterliegen, die hinsichtlich der Fälligkeit und Höhe allerdings so gering ist, dass sowohl ein Ausweis unter den Verbindlichkeiten als auch ein Ausweis unter den Rückstellungen in Betracht zu ziehen ist.[194] Beispiele für abgegrenzte Schulden sind Kosten der Abschlussprüfung oder Urlaubsverpflichtungen gegenüber Arbeitnehmern. Während für Verbindlichkeiten *(liabilities),* Rückstellungen und abgegrenzte Schulden eine Ansatzpflicht besteht, sind die zusätzlich in IAS 37.10 geregelten Eventualschulden *(contingent liabilities)* lediglich im Anhang anzugeben. Eventualschulden sind

a) mögliche Verpflichtungen, deren Existenz allerdings noch von Bedingungen abhängig ist, die das Unternehmen nicht allein beeinflussen kann oder
b) gegenwärtige Verpflichtungen, die höchstwahrscheinlich nicht in Anspruch genommen werden bzw. deren Höhe nicht zuverlässig geschätzt werden kann.

Eigenständige Regelungen existieren darüber hinaus für drohende Verluste aus Fertigungsaufträgen (IAS 11), Steuerschulden (IAS 12) und Leistungen an Arbeitnehmer (IAS 19).

2 Spezifische Rückstellungsbildung von Versicherungsunternehmen

2.1 Versicherungstechnische Rückstellungen nach HGB

2.1.1 Ansatz von versicherungstechnischen Rückstellungen nach HGB

Die *versicherungstechnischen Rückstellungen* prägen die Passivseite der Versicherungsbilanz. Grundsätzlich hat für Versicherungsunternehmen der abschließende Rückstellungskatalog des §249 HGB Gültigkeit. Die allgemeine Regelung wird jedoch durch die versicherungsspezifische Vorschrift des §341e Abs. 1 HGB erweitert: *»Versicherungsunternehmen haben versicherungstechnische Rückstellungen auch insoweit zu bilden, wie dies nach vernünftiger kaufmännischer Beurteilung notwendig ist, um die dauernde Erfüllbarkeit der Verpflichtungen aus den Versicherungsverträgen sicherzustellen.«*

194 Vgl. Heuser, Paul J.; Theile, Carsten [IFRS, 2012], Rd. 3408.

Der Begriff »versicherungstechnisch« verdeutlicht den unmittelbaren Zusammenhang dieser Rückstellungen mit der Leistungserstellung von Versicherungsunternehmen, da sich ihr Ansatz und ihre Höhe aus der Versicherungstechnik ableiten. Allerdings wird mit den versicherungstechnischen Rückstellungen neben der *Sicherstellung einer dauernden Leistungsfähigkeit* zusätzlich das Ziel einer *periodengerechten Erfolgsermittlung* verfolgt.[195] Um dieses Ziel zu erreichen, hat der Gesetzgeber den Begriff *versicherungstechnische Rückstellungen* über das bilanzrechtliche Verständnis von Rückstellungen hinaus sehr weit gefasst. Daher fallen unter den Ausweis von versicherungstechnischen Rückstellungen teilweise auch passive Rechnungsabgrenzungsposten und Verbindlichkeiten.

Der Begriff der versicherungstechnischen Rückstellungen wird im Handelsbilanzrecht nicht definiert. Im Folgenden sollen in Anlehnung an Farny unter versicherungstechnischen Rückstellungen *zukünftige Verpflichtungen aus einzelnen Versicherungsverträgen oder dem gesamten Versicherungsbestand* gefasst werden.[196] Im Einzelnen folgt hieraus die Passivierung folgender versicherungstechnischer Rückstellungen:

- *Beitragsüberträge* resultieren aus Abweichungen zwischen dem Zeitraum einer Versicherungsperiode und dem Zeitraum eines Geschäftsjahres (§ 341e Abs. 2 Nr. 1 HGB). Versicherungsunternehmen erhalten regelmäßig Beiträge, die nur zu einem bestimmten Teil der aktuellen Abrechnungsperiode zurechenbar sind und nach dem Grundsatz periodengerechter Erfolgsermittlung abzugrenzen sind.[197] Obwohl Beitragsüberträge ihrem Charakter nach einen passivischen transitorischen Rechnungsabgrenzungsposten darstellen, werden sie in der Versicherungsbilanz traditionell als versicherungstechnische Rückstellungen ausgewiesen.[198] Die Einordnung unter den versicherungstechnischen Rückstellungen entspricht der Perspektive einer statischen Bilanztheorie, die Prämien den Charakter einer künftigen Verpflichtung (der Leistung von Versicherungsschutz) zuschreibt.[199]
- Innerhalb der Bilanzierung zukünftiger Schadenzahlungen für Versicherungsfälle können einzelne *Schadenrückstellungen* (§ 341g HGB) für bereits eingetretene, aber noch nicht vollständig abgewickelte Versicherungsfälle unterschieden werden. Ihrem Charakter nach können diese Rückstellungen nach dem Informationsstand des Versicherungsunternehmens in einzelne Teilrückstellungen unterteilt werden.
- Neben den Beitragsüberträgen und den Schadenrückstellungen existiert im deutschen Handelsrecht mit der *Schwankungsrückstellung* eine versicherungstechnische Rückstellung, die zufällig auftretende Über- und Unterschäden einzelner Versicherungsperioden über die Zeit ausgleicht (§ 341h HGB). Die Schwankungsrückstellung gilt als eine der Höhe nach ungewisse Verpflichtung aus dem gesamten Versicherungsbestand, die auf den in der Zukunft noch abstrakt zu gewährenden Versicherungsschutz ausgerichtet ist.[200] Teilweise wird der Schwankungsrückstellung jedoch auch der Charakter von Eigenkapital zugewiesen, da sie nicht einzelnen Versicherungsnehmern zuzuordnen

195 Vgl. Buck, Heiko [Rückstellungen, 1994], S. 45.
196 Vgl. ähnlich Farny, Dieter [Buchführung, 1992], S. 129.
197 Vgl. Treuberg, Hubert Graf von; Angermayer, Birgit [Jahresabschluss, 1995], S. 277.
198 Vgl. Boetius, Jan [Handbuch, 1996], S. 194.
199 Vgl. Gürtler, Max [Erfolgsrechnung, 1958], S. 79–80.
200 Vgl. Meyer, Lothar [Vorsichtsprinzip, 1994], S. 108.

ist, sondern lediglich einem unbestimmten Kollektiv. Zusätzlich stellt die Schwankungsrückstellung bei Liquidation des Unternehmens Eigenkapital dar.

- Infolge von Gesetz, Satzung, geschäftsplanmäßiger Erklärung oder vertraglicher Vereinbarung ist eine *Rückstellung für Beitragsrückerstattung* zu bilden, um eine Auszahlung von Gewinnanteilen an die Versicherungsnehmer sicherzustellen (§ 341 Abs. 2 Nr. 3 HGB).
- In der Lebens- und Krankenversicherung sowie in der nach Art der Lebensversicherung betriebenen Schaden- und Unfallversicherung ist eine *Deckungsrückstellung* (§ 341f HGB) zu bilden. Diese enthält Beträge, die zur Deckung eines Rechtsanspruchs auf eine künftige Geldleistung versicherungsmathematisch berechnet und verzinslich angesammelt werden.[201]

Zusätzlich werden unter dem Posten *»Sonstige versicherungstechnische Rückstellungen«* die Rückstellung für drohende Verluste aus schwebenden Versicherungsgeschäften, die Stornorückstellung sowie die der Schwankungsrückstellung ähnliche Großrisikenrückstellung zusammengefasst.

In Abbildung 6.1 werden die wesentlichen versicherungstechnischen Verpflichtungen sowie deren Charakter nochmals zusammengeführt.

Versicherungstechnische Rückstellungen	Sparte	Zweck	Charakter
Beitragsüberträge	LV KV S-/UV	periodengerechte Erfolgsermittlung	passiver RAP
Rückstellungen für Beitragsrückerstattung	LV KV	Gewinnbeteiligung von Versicherungsnehmern	Verbindlichkeit bzw. i.H. der freien RfB auch Eigenkapital
Schadenrückstellungen	S-/UV	Erfüllung künftiger Versicherungsleistungen	Rückstellung
Schwankungs- und Großrisikenrückstellungen	S-/UV	Glättung von Schwankungen im Zeitablauf	Eigenkapital bzw. Rückstellungen
Deckungsrückstellungen	LV KV S-/UV nach Art der LV	Erfüllung künftiger Versicherungsleistungen	Rückstellung bzw. i.H. der garantierten Leistung auch Verbindlichkeit
LV = Lebensversicherung; KV = Krankenversicherung; S-/UV = Schaden-/und Unfallversicherung; RAP = Rechnungsabgrenzungsposten			

Abb. 6.1: Überblick über die wesentlichen versicherungstechnischen Rückstellungen

Der Ausweis der versicherungstechnischen Rückstellungen erfolgt nach dem modifizierten Nettoprinzip. Grundsätzlich wird in der Hauptspalte der Nettobetrag (Ausweis für eigene Rechnung) angesetzt. Im Unterschied zum reinen Nettoprinzip wird jedoch der

201 Vgl. Kromschröder, Bernhard [Besonderheiten, 1994], S. 787.

Anteil von Rückversichern an den versicherungstechnischen Rückstellungen in der Vorspalte angezeigt.

2.1.2 Bewertung von versicherungstechnischen Rückstellungen nach HGB

Die Bewertung der versicherungstechnischen Rückstellungen folgt nicht den Bewertungsvorschriften des § 253 Abs. 2 HGB, da grundsätzlich die Rückstellungen nicht abzuzinsen sind. Nach § 341e Abs. 1 S. 1 HGB sind Rückstellungen in Höhe des Betrags anzusetzen, der nach *vernünftiger kaufmännischer Beurteilung* notwendig ist. Dabei sind die *Wertverhältnisse am Abschlussstichtag* maßgeblich (abweichend von der allgemeinen Regelung des § 253 Abs. 1 HGB).

Umstritten ist im Zuge der Bewertung von versicherungstechnischen Rückstellungen die Interpretation des *Vorsichtsprinzips*. Die Notwendigkeit einer dauernden Erfüllbarkeit der Versicherungsverträge könnte zu einer besonderen Interpretation des Vorsichtsprinzips für Versicherungsunternehmen führen. Die Argumente *für ein besonderes Vorsichtsprinzip* werden darin gesehen, dass

- Versicherungsunternehmen einem betriebsspezifischen Risiko unterliegen, das aus der Übernahme von Risiken der Versicherungsnehmer resultiert (Risikotransfer),
- Versicherungsunternehmen als »Nachleistungsbetriebe« über eine besonders »gewissenhafte« Passivenbewertung verfügen müssen, um im Bedarfsfall die Schadenaufwendungen tragen zu können, und
- die Versicherungsnehmer einem ausgeprägten Schutzbedürfnis unterliegen.[202]

Gegen ein besonderes Vorsichtsprinzip spricht,

- dass mit einem besonderen Vorsichtsprinzip eine gesetzliche Legitimation zur Legung überhöhter stiller Reserven verbunden ist,
- dass mit einem besonderen Vorsichtsprinzip die Basis für eine bewusst falsche Periodenabgrenzung gelegt wird und somit ein Verstoß gegen die Bilanzwahrheit (d. h. eine falsche Darstellung der Vermögens- und Ertragslage) vorliegt, und
- die Tatsache, dass Rückstellungen immer mit Ungewissheit verbunden sind und folglich keine Sonderstellung von Versicherungsunternehmen begründet ist.[203]

Selbst wenn eine besondere Bedeutung des Vorsichtsprinzips abgelehnt wird, sind Schätzungen in der Bewertung der versicherungstechnischen Rückstellungen so vorzunehmen, dass das Realisations- und Imparitätsprinzip nicht durch zu optimistische Schätzungen unterlaufen wird.[204] Dennoch verweist § 341e Abs. 1 S. 2 HGB darauf, dass zum Zweck des Schutzes der Versicherungsnehmer die »erlassenen aufsichtsrechtlichen Vorschriften über

---

202 Vgl. zu den Befürwortern eines besonderen Vorsichtsprinzips Kühnberger, Manfred [Drohverlustrückstellungen, 1990], S. 696; Ziegler, Günter [Bilanzrecht, 1975], S. 468; Faßbender, Jürgen [Jahresabschlusspolitik, 1997], S. 171.

203 Vgl. zu den Gegnern eines besonderen Vorsichtsprinzips Baur, Wolfgang [Periodisierung, 1984], S. 159; Perlet, Helmut [Rückstellungen, 1986], S. 86–87.

204 Vgl. Perlet, Helmut [Rückstellungen, 1986], S. 87.

die bei der Berechnung der Rückstellungen zu verwendenden Rechnungsgrundlagen einschließlich des dafür anzusetzenden Rechnungszinsfußes und über die Zuweisung bestimmter Kapitalerträge zu den Rückstellungen zu berücksichtigen« sind. Gerade die Versicherungsaufsicht ist im Grundsatz des Gläubigerschutzes verankert, der in Zweifelsfragen eher zu einer höheren als zu einer niedrigeren Dotierung der versicherungstechnischen Rückstellungen führt.[205]

Für die Bewertung der versicherungstechnischen Rückstellungen ist grundsätzlich eine *Einzelbewertung* nach §252 Abs. 1 Nr. 3 HGB vorzunehmen. Von diesem Grundsatz darf jedoch abgewichen werden, wenn gleichartige oder annähernd gleichartige Schulden bewertet werden (§240 Abs. 4 HGB). Diese können zu Gruppen zusammengefasst werden *(Gruppenbewertung)*, sofern diese zu annähernd gleichen Ergebnissen wie Einzelberechnungen führen. Darüber hinaus sieht §341e Abs. 3 HGB für Versicherungsunternehmen eine Bewertung auf der Basis von *Näherungsverfahren* vor, wenn sowohl die Einzel- als auch die Gruppenbewertung nicht möglich oder der damit verbundene Aufwand unverhältnismäßig hoch ist. Folgende Näherungsverfahren werden nach §27 RechVersV üblicherweise angewendet:

- In Versicherungszweigen, in denen nach Zeichnungsjahren abgerechnet wird (z. B. Transportversicherung), kann die *Nullstellungsmethode* angewendet werden. Die versicherungstechnische Rückstellung resultiert dabei aus dem Überschuss der in einem Geschäftsjahr eingenommenen Beiträge über die Zahlungen für Versicherungsfälle und die Aufwendungen für den Versicherungsbetrieb (§27 Abs. 2 RechVersV). Diese Rückstellung kann auch nach dem *Standardverfahren* (§27 Abs. 2 RechVerV) in Höhe eines bestimmten Prozentsatzes der Beitragseinnahmen gebildet werden, wenn nach der Eigenart des versicherungstechnischen Risikos ein solches Verfahren zweckmäßig ist (z. B. bei konstanten Schadenverläufen).
- In der Kreditversicherung und im in Rückdeckung übernommenen Versicherungsgeschäft nennt die RechVersV die Möglichkeit einer *zeitversetzten Bilanzierung* (§27 Abs. 3 RechVersV), indem in die versicherungstechnische Rechnung Zahlen des Geschäftsjahres eingesetzt werden, das dem Geschäftsjahr ganz oder teilweise vorausgeht. Dabei darf die Zeitversetzung ein Jahr nicht überschreiten. Allerdings ist die in der RechVersV genannte zeitversetzte Bilanzierung heute kaum mehr üblich und wird sehr restriktiv ausgelegt.

2.2 Versicherungstechnische Rückstellungen nach IFRS (US-GAAP)

2.2.1 Einteilung von Versicherungsverträgen nach US-GAAP

Seit Veröffentlichung des IFRS 4 besteht zwar ein IFRS für Versicherungsverträge, ohne allerdings umfassende eigenständige Regelungen für Ansatz und Bewertung der versicherungstechnischen Rückstellungen aufzustellen. Versicherungsunternehmen, die in der

205 Vgl. Faßbender, Jürgen [Jahresabschlusspolitik, 1997], S. 171.

Zeit von 1998 bis 2004 nach § 292a HGB einen befreienden IFRS-Konzernabschluss aufgestellt haben, mussten sich daher – nach dem Grundsatz der *best practice* – für die Abbildung der Versicherungstechnik auf die Vorschriften der US-GAAP stützen. Die Anwendung US-amerikanischer Bilanzierungsvorschriften ermöglichte in der Vergangenheit IAS 1 (überarbeitet 1997), der bei Fehlen von spezifischen IFRS-Vorschriften die Anwendung anerkannter Branchenpraktiken oder Erklärungen anderer Standardsetzer vorschreibt (IAS 1.22c). Seit der Überarbeitung von IAS 1 und IAS 8 im Jahr 2003 ist die Regelung der IAS 1.22c jedoch weggefallen und durch eine *Hierarchie in IAS* 8.10–12 ersetzt worden, die bei Fehlen bestimmter Regelungen Anhaltspunkte über die Bilanzierung nach IFRS gibt. Von der Anwendung dieser Hierarchie werden Versicherungsunternehmen nach Inkrafttreten des IFRS 4 weitgehend befreit und können folglich so lange auf nationale Regeln wie die US-GAAP zurückgreifen, bis ein eigenständiger – Ansatz und Bewertung regelnder – IFRS für Versicherungsverträge normiert ist (IFRS 4.13–14).

Allerdings orientieren sich die US-GAAP allein an den *Produkten des US-amerikanischen Versicherungsmarktes*.[206] Daher ist eine Einordnung der deutschen Produkte in die Systematik der US-amerikanischen Versicherungsstandards erforderlich. Die US-GAAP werden seit 2009 in einem Regelwerk, dem sog. *accounting standards codification* (ASC) eingeordnet, der sich in allgemeine und branchenspezifische Regeln einteilt. Für Versicherungsunternehmen ist vor allem ASC 944 relevant, dessen Regeln sich in Abhängigkeit der Produktmerkmale unterscheiden. Gängig ist dennoch weiterhin die *bisherige Einteilung nach den vier Standards* zur Bilanzierung der versicherungstechnischen Geschäftsvorfälle SFAS 60, SFAS 97, SFAS 113 und SFAS 120.

- *SFAS 60* umfasst allgemeine Versicherungsprodukte und regelt im Wesentlichen die Sachversicherung, die Krankenversicherung und die Lebensversicherung ohne natürliche Gewinnbeteiligung.
- *SFAS 97* umfasst Regelungen für Versicherungsprodukte mit Investitionscharakter. Insbesondere fallen unter diesen Standard die fonds- und indexgebundene Lebensversicherung, Investmentverträge und Universal-Life-Verträge.
- *SFAS 120* i.V.m. SOP 95–1 umfasst die Lebensversicherung mit natürlicher Gewinnbeteiligung.
- In *SFAS 113* werden die Bilanzierung von Rückversicherungsbeziehungen und die Abgrenzung von Versicherungsverträgen normiert.

Die Zuordnung von Versicherungsprodukten zu den einzelnen Standards folgt einer Systematik, die in Abbildung 6.2 dargestellt wird.

Zunächst ist zwischen *kurz- und langfristigen Verträgen* zu unterscheiden (ASC 944-20-15-2). *Kurzfristige Verträge (short duration contracts)* zeichnen sich dadurch aus, dass der Versicherungsschutz nur für einen festgelegten, kurzen Zeitraum gültig ist. Der Versicherer hat am Ende des Zeitraums das Recht, den Vertrag zu stornieren oder die Prämie anzupassen. Insbesondere wird nicht davon ausgegangen, dass der Vertrag über einen langen Zeitraum im Bestand bleibt. Demgegenüber setzen *langfristige Verträge (long durati-*

206 Vgl. zur Zuordnung deutscher Versicherungsprodukte in die Systematik der US-GAAP Mayr, Gerhard [Internationalisierung, 1999], S. 57–62.

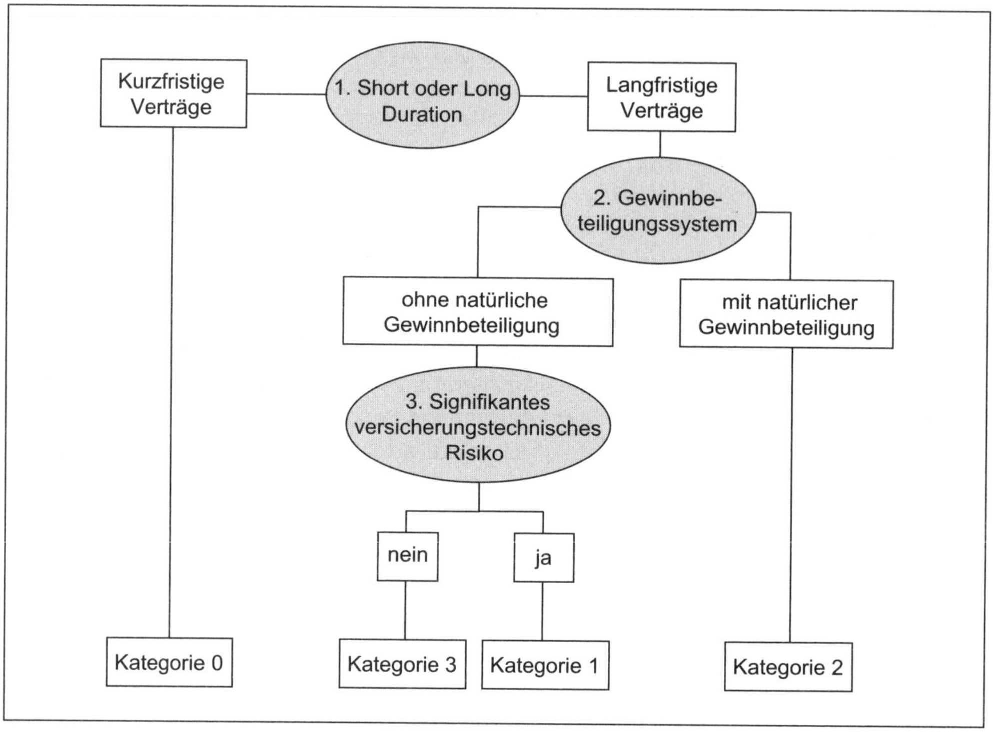

Abb. 6.2: Versicherungsverträge nach US-GAAP[207]

on contracts) die Tätigkeit verschiedener Dienstleistungen über einen langen Zeitraum voraus. Im Gegensatz zu kurzfristigen Verträgen unterliegen langfristige Verträge nicht einseitigen Änderungen der Versicherungsbedingungen. Es wird angenommen, dass der Vertrag eine lange Laufzeit besitzt.[207]

Eine zweite Abgrenzung wird anhand des *Kriteriums der natürlichen Überschussbeteiligung* vorgenommen. Eine natürliche Gewinnbeteiligung im Sinne von FAS 120 bzw. ASC 944-20-15-3 liegt vor, wenn die Versicherungsnehmer eine Beteiligung am Überschuss des Lebensversicherungsunternehmens erhalten, die sich an den tatsächlichen Ergebnissen orientiert. Die Verteilung des festgestellten Überschusses orientiert sich daran, inwieweit der einzelne Vertrag zum Gesamtüberschuss beigetragen hat (z. B. Zinsergebnisse entsprechend der Deckungsrückstellung und Risikoergebnis entsprechend der unter Risiko stehenden Versicherungssumme).

Ferner stellt das Vorhandensein *eines signifikanten versicherungstechnischen Risikos* ein Abgrenzungskriterium dar. Von einem nicht signifikanten versicherungstechnischen Risiko ist insbesondere dann auszugehen, wenn wesentliche Vertragsbestandteile (z. B. die Todesfallleistung, Ablaufleistung und Beitragshöhe) nicht vertraglich festgelegt bzw. garantiert sind. Beispielsweise fehlt dann ein signifikantes versicherungstechnisches Risiko, wenn das Versicherungsunternehmen ein separates Konto für den Versicherungsnehmer

207 Vgl. in ähnlicher Form Mayr, Gerhard [Internationalisierung, 1999], S. 60.

führt, auf dem die Prämienzahlungen abzüglich der Kosten und zuzüglich der Zinsen gutgeschrieben werden (SFAS 97.12b/ASC 944-20-15-29).

Anhand der aufgezeigten Kriterien lassen sich nun einzelne Verträge zu den Rechnungslegungsstandards zuordnen. Die bisherige Verteilung auf Standards wird informativ weiter dargestellt, obwohl diese nun vollständig in ASC 944 aufgegangen sind:

- Verträge der *Kategorie 0* stellen kurzfristige Verträge dar. Diese wurden in der Vergangenheit von *SFAS 60 (jetzt verteilt auf ASC 944)* geregelt. Unter diese Kategorie fallen beispielsweise der Großteil der Schaden- und Unfallversicherung sowie die Kreditversicherung.
- Verträge der *Kategorie 1* zeichnen sich als langfristige Verträge aus, für die keine natürliche Überschussbeteiligung vorliegt, die jedoch einem signifikanten versicherungstechnischen Risiko unterliegen. Die Normierung zu Verträgen der Kategorie 1 stellte bisher *SFAS 60 (jetzt verteilt auf ASC 944)* dar. Ein Beispiel für diese Kategorie stellt ein Lebens-/Rentenversicherungsvertrag mit festgelegter Beitragshöhe, garantierten Leistungen und ohne Gewinnbeteiligung dar.
- Verträge der *Kategorie 2* wurden durch *SFAS 120 i. V. m. SOP 95–1* (jetzt im Wesentlichen ASC 944-20) geregelt. Charakteristisch für Verträge dieser Kategorie sind ihre Langfristigkeit, das Vorliegen einer natürlichen Überschussbeteiligung sowie ein signifikantes versicherungstechnisches Risiko. Innerhalb von Kategorie 2 ist z. B. eine gemischte Lebens-/Rentenversicherung mit Gewinnbeteiligung einzustufen.
- Verträge der *Kategorie 3* stellen ebenfalls langfristige Verträge dar. Diese weisen jedoch keine natürliche Gewinnbeteiligung auf und unterliegen auch keinem signifikanten versicherungstechnischen Risiko. Für die Bilanzierung solcher Verträge war bisher *SFAS 97 (jetzt vor allem ASC 944-20/40)* maßgeblich. Neben der fondsgebundenen Lebensversicherung ist hier insbesondere die *Universal-Life-Versicherung* einzuordnen. Hierbei handelt es sich um ein Produkt auf dem amerikanischen Versicherungsmarkt, das eine Kombination aus Todesfallschutz und Sparen für den Erlebensfall darstellt. Zu Beginn der Versicherung wird eine Todesfallleistung vereinbart, die aber in gewissen Grenzen variieren kann. Der erste Jahresbeitrag darf ein Minimum nicht unterschreiten, später allerdings kann die Beitragszahlung variieren bzw. der Versicherungsnehmer kann die Beitragszahlung sogar unterbrechen. Die Beiträge werden zunächst vollständig in die Deckungsrückstellung eingebracht. Die für Risiko und Kosten vorgesehenen Beiträge werden anschließend entnommen und als Beiträge ausgewiesen.

Nach der Klassifizierung des Bestands in die einzelnen Kategorien ist eine weitere Unterteilung in Teilbestände (blocks of business) erforderlich.[208] In der Sachversicherung wird gewöhnlich in Abhängigkeit von der Tarifgruppe nach Zweigen mit unterschiedlicher Schadenabwicklungscharakteristik (z. B. Haftpflicht, Unfall, Kasko, Rechtsschutz etc.) unterteilt. In der Lebensversicherung ist neben einer Unterteilung nach Tarifgruppen (Er- und Ableben, Todesfall, Rente) eine Unterscheidung nach Zugangsjahren üblich.

208 Vgl. AVÖ [Leitfaden, 2001], S. 6.

2.2.2 Ansatz und Bewertung von versicherungstechnischen und sonstigen Rückstellungen nach IFRS (US-GAAP)

In den IFRS werden Rückstellungen unter die liabilities gefasst. Rückstellungen werden nach IAS 37.10 als Schulden definiert, die bezüglich ihrer Fälligkeit oder ihrer Höhe ungewiss sind. Eine Bildung von Rückstellungen erfolgt dann, wenn folgende Kriterien erfüllt sind:[209]

- es liegt eine Außenverpflichtung vor, die gesetzlich oder faktisch gegenwärtig ist.
- Die Verpflichtung ist durch ein vorhergegangenes Ereignis begründet.
- Die Verpflichtung führt zu einem wahrscheinlichen Abfluss von Ressourcen (more likely than not).
- Die Höhe der Verpflichtung ist zuverlässig schätzbar.

Greift man mangels vorhandener IFRS-Regelungen für den Ansatz der versicherungstechnischen Rückstellungen (policy liabilities) auf die US-GAAP zurück, werden folgende Arten von Rückstellungen unterschieden, für die ein separater Ausweis vorgeschrieben ist (Rule 7–03 S–X):[210]

- Beitragsüberträge (*unearned premiums*),
- Deckungsrückstellung (*liability for future policy benefits*),
- Schadenrückstellung (liability for unpaid claim costs),
- Rückstellung für Beitragsrückerstattung (other policyholders' funds),
- sonstige versicherungstechnische Rückstellungen (other policy claims and benefits payable) und
- Rückstellungen im Rahmen der fondsgebundenen Lebensversicherung (liabilities related to separate accounts).

Während das HGB einen Ausweis der versicherungstechnischen Rückstellungen nach dem modifizierten Nettoprinzip vorsieht, ist nach US-GAAP ein *Bruttoausweis* erforderlich. IFRS 4.14d regelt zudem bereits in Phase 1 explizit, dass Rückversicherungsanteile nicht gegen Rückstellungen der entsprechenden zugrunde liegenden Versicherungskontrakte verrechnet werden. Falls Teile der versicherungstechnischen Rückstellungen in Rückversicherung gegeben werden, sind diese Anteile als Forderungen auf der Aktivseite auszuweisen (SFAS 113.14/ASC 944-310-20-340).

Die Bewertung von sonstigen Rückstellungen erfolgt nach IAS 37.36 zum Betrag der bestmöglichen Schätzung *(best estimate)*. IAS 37.37 definiert den bestmöglichen Schätzer als den Betrag, den das Unternehmen am Stichtag zu zahlen bereit wäre, um die Verpflichtung zu erfüllen oder diese fiktiv auf einen Dritten zu übertragen. Dabei ist die Übertragung eher auf einen unternehmenspezifischen Wert (entitiy specific value) als auf

209 Vgl. Hayn, Sven; Waldersee, Georg Graf [IAS, 2002], S. 161–162.
210 Vgl. Mayr, Gerhard [Internationalisierung, 1999], S. 86.

einen tatsächlichen Transfer als exit value gerichtet. IFRS verzichtet in IAS 37 auf eine konsistente Bewertungslogik, sieht allerdings folgende Grundregeln vor:

- Bei einer großen Anzahl von möglichen Ereignissen (large population) ist der Erwartungswert heranzuziehen. IAS 37.39 orientiert sich am Gesetz der großen Zahlen, das gerade für die Bewertung von Versicherungsverträgen eine herausragende Bedeutung hat.
- Im Falle einer Einzelverpflichtung stellt das wahrscheinlichste Ereignis den bestmöglichen Schätzer dar (anders nach ED 2010/1, der auch hier eine Bewertung zum Erwartungswert vorsieht).
- Risikoaversion und Laufzeit sind durch eine Risikoanpassung bzw. Diskontierung zu berücksichtigen.

IAS 37.37 sieht keine überhöhte Rückstellungsbewertung durch Risikozuschläge vor, sondern eine Berücksichtigung von Risiken nach vernünftigem, wirtschaftlichen Handeln. Insbesondere im Falle vieler statistisch möglicher Ereignisse (large poulation) wird der Erwartungswert zum bestmöglichen Schätzer und ein Risikozuschlag ist nach Ansicht des IASB kaum erforderlich.

Eine Diskontierung sieht IAS 37.45 dann vor, wenn der Effekt der Abzinsung wesentlich ist (in der Praxis meist bei Zeithorizont > 1 Jahr). Als Zinssatz ist derjenige Marktzins für risikofreie Anlagen heranzuziehen, der in seiner Laufzeit der zu erfüllenden Verpflichtung entspricht.

Nachdem die IFRS nach wie vor keine eigenständigen Vorschriften zur Bewertung der versicherungstechnischen Rückstellungen haben, erfolgt auch für die Bewertung in der Praxis ein Rückgriff auf die US-GAAP (Beibehaltung der bisherigen Bilanzierungsmethode). Die Bewertung von Rückstellungen erfolgt nach US-GAAP (SFAS 5/ASC 450) analog zu den IFRS zum Betrag der bestmöglichen Schätzung *(Best Estimate),* auch wenn der Begriff Best Estimate nicht deckungsgleich zu IAS 37 ist. Im Regelfall stellt der erwartete Verlust die beste Schätzung dar. Falls sich eine Quantifizierung nur mittels einer Bandbreitenschätzung vornehmen lässt, ist der Wertansatz mit der höchsten Eintrittswahrscheinlichkeit (*the most likely outcome*) heranzuziehen. Theoretisch ist auch der Fall denkbar, dass die Wahrscheinlichkeiten innerhalb einer Bandbreite nicht unterschieden werden können. In diesem Fall ist der niedrigste Wert der Bandbreite heranzuziehen (FIN 14.3).

Versicherungstechnische Rückstellungen in der Schadenversicherung werden grundsätzlich *nicht abgezinst*. Eine *Ausnahme* hiervon besteht, wenn Höhe und Zeitpunkt der Schadenzahlungen eindeutig feststehen (z. B. Rentenverpflichtungen aus Haftplichtschäden). In der Regel basieren aber versicherungstechnische Rückstellungen auf Schätzungen wobei Betrag und Auszahlungszeitpunkt mit Unsicherheit behaftet sind, weshalb eine Diskontierung nicht vorgenommen wird. In der Lebensversicherung erfolgt die Abzinsung nach Vertragskategorie in Abhängigkeit von den jeweiligen *Rechnungsgrundlagen*.

Die Abbildung 6.3 fasst die wesentlichen Ansatz- und Bewertungsvorschriften für Rückstellungen (sonstige Rückstellungen und versicherungstechnische Rückstellungen) zusammen und stellt einen Vergleich zum HGB her.

	§ 253 Abs. 2 HGB	§ 341e Abs. 1 HGB	IFRS (IAS 37)	US-GAAP (ASC 450 bzw. ASC 944)
Anwendung in der Versicherungsbilanz	Sonstige Rückstellungen HGB	v'technische Rückstellungen HGB	Sonstige Rückstellungen IFRS	i.d.R. v'technische Rückstellungen IFRS (Beibehaltung der bisherigen Bilanzierungsmethode)
Wertansatz	Nach vernünftiger kaufmännischer Beurteilung notwendiger Erfüllungsbetrag	Nach vernünftiger kaufmännischer Beurteilung zur Sicherstellung der dauernden Erfüllbarkeit der Verpflichtungen aus den Versicherungsverträgen	Bestmögliche Schätzung des Erfüllungsbetrags (bei einer Vielzahl von Risiken der Erwartungswert)	Bestmögliche Schätzung in Höhe des erwarteten Verlusts
Einzelverpflichtung	Höchstwertprinzip	Höchstwertprinzip	Wahrscheinlichster Wert	i.d.R. Wahrscheinlichster Wert
Diskontierung	Bei Restlaufzeit von mehr als einem Jahr mit dem durchschnittlichen Marktzins der letzten 7 Jahre	Keine Abzinsung, nur dann wenn aufsichtsrechtliche Regeln anzuwenden sind (vor allem Deckungsrückstellung)	Wesentlicher Zinseffekt, Abzinsung mit einem marktgerechten Zinssatz vor Steuern	bei kurzfristigen Verträgen i.d.R. keine Diskontierung (Ausnahme z. B. workers compensation); bei langfristigen Verträgen (Deckungsrückstellung) Diskontierung je nach Vertragskategorie mit Rechnungszins
Künftige Preis- und Kostensteigerungen	Objektive Hinweise für erwartete Steigerungen	Wertverhältnisse am Abschlussstichtag	Objektive Hinweise für erwartete Steigerungen	Ansatz zum Erfüllungszeitpunkt (ultimate cost principle)
Risikoberücksichtigung	Implizit über Vorsichtsprinzip (Höchstwertprinzip)	Implizit über Vorsichtsprinzip (Höchstwertprinzip)	Kein Risikozuschlag (anders in der Diskussion um IFRS 4 Phase 2)	Grundsätzlich kein Risikozuschlag, bei manchen Verträgen Risikozuschlag in den Rechnungsgrundlagen der Deckungsrückstellung (SFAS 60 bzw. ASC 944)

Abb. 6.3: Vergleichende Darstellung zur Rückstellungsbilanzierung

3 Einzelne versicherungstechnische Rückstellungen

3.1 Beitragsüberträge

3.1.1 Beitragsüberträge nach HGB

Versicherungsperiode und Geschäftsjahr des Versicherungsunternehmens sind oftmals nicht identisch. Falls beispielsweise ein Versicherungsnehmer am 01.07.2011 eine Jahresprämie an das Versicherungsunternehmen zahlt, stellt lediglich der Teil, der bis zum Ende des Geschäftsjahres 2011 (in der Regel der 31.12.2011) gerechnet wird, einen verdienten Beitrag für diese Periode dar. Der im Voraus bezahlte Teil der Beiträge, der für das Jahr 2012 (bis zum 30.06.2012) bereits geleistet wird, dient insofern für den in der Folgeperiode zu gewährenden Versicherungsschutz. Die der Folgeperiode zuzurechnenden Beitragsanteile sind als Beitragsüberträge in das nachfolgende Geschäftsjahr zu übertragen. Dem Charakter nach handelt es sich hierbei um *transitorische passive Rechnungsabgrenzungsposten*. Abbildung 6.4 verdeutlicht die Abgrenzung der Beitragsüberträge.

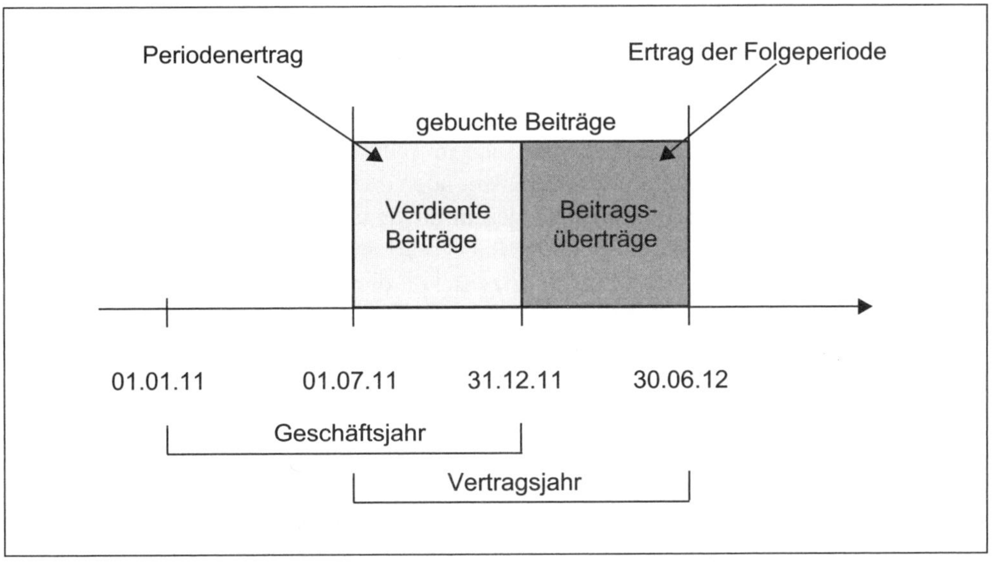

Abb. 6.4: Abgrenzung von Beitragsüberträgen

Nach § 341e Abs. 2 Nr. 1 HGB sowie § 24 RechVersV besteht eine Passivierungspflicht »für den Teil der Beiträge, der Ertrag für eine bestimmte Zeit nach dem Abschlussstichtag darstellt«. Weder das HGB noch die RechVersV konkretisieren diejenigen Beitragsteile, die übertragungsfähig sind. Daher wird auf eine steuerrechtliche Regelung zurückgegriffen, die in Form eines *koordinierten Ländererlasses* die Berechnung der Beitragsüberträge regelt.[211] Demnach sind die Beitragsüberträge auf der Grundlage der um Versicherungs-

211 Vgl. BMF [Beitragsüberträge, 1974], S. 118.

steuer und Ratenzuschläge gekürzten Beiträge *(= Tarifbeiträge)* ermittelt. *Nicht übertragungsfähig* sind:

1. im selbst abgeschlossenen Versicherungsgeschäft bei Schaden- und Unfallversicherungsunternehmen 85 % der Provisionen und sonstigen Bezüge der Vertreter und
2. im Lebensversicherungsgeschäft der kalkulierte Inkassozuschlag, falls er nicht mehr als 4 % des Beitrags beträgt.

Im indirekten Versicherungsgeschäft von Schaden- und Unfallversicherungsunternehmen sowie Rückversicherungsunternehmen werden 92,5 % der vereinbarten Rückversicherungsprovision abgezogen.

Die Tarifbeiträge abzüglich der genannten Kostenbestandteile bilden die Bemessungsgrundlage für die Beitragsüberträge. Der zurückzustellende Betrag resultiert schließlich aus der zeitlichen Abgrenzung der Bemessungsgrundlage.

Der Kostenabzug führt zu einer indirekten Aktivierung von Teilen der Abschlusskosten. Nach herrschender Meinung resultiert hieraus jedoch kein Verstoß gegen das Aktivierungsverbot für Abschlusskosten (§ 248 Abs. 1 Nr. 3 HGB), sondern vielmehr die pauschale Annahme, dass diese Teile der Beiträge nicht einem späteren Geschäftsjahr zuzurechnen sind.

Die Anteile der Rückversicherer an den Beitragsüberträgen kommen nur für proportionale Rückversicherungsverträge in Betracht.[212] Nichtproportionale Rückversicherungsverträge umfassen in der Regel keine reine Rückversicherungsprovision, sondern lediglich Gewinnanteile, die für einen Kostenabzug nicht in Frage kommen.

Die *Ermittlung* der Beitragsüberträge erfolgt im selbst abgeschlossenen Versicherungsgeschäft grundsätzlich nach dem Verhältnis der noch ausstehenden Gegenleistung (Versicherungsschutz nach dem Stichtag) zur gesamten Gegenleistung (Schutz während des gesamten Versicherungszeitraums). In der Regel wird dabei ein gleich bleibender Risikoverlauf, d. h. eine *zeitliche Proportionalität* zwischen der Gewährung von Versicherungsschutz und der Zahlung des Beitrags, angenommen. Die Ermittlung der Beitragsüberträge hat grundsätzlich für den *einzelnen Versicherungsvertrag pro rata temporis* (taggenau mit 1/360-Methode bzw. halbtaggenau mit der 1/720-Methode) zu erfolgen.[213]

Als Ausnahme vom Grundsatz der Einzelbewertung sieht § 341e Abs. 3 HGB die Berechnung mit *Näherungsverfahren* als zulässig an, wenn anzunehmen ist, dass diese zu annähernd gleichen Ergebnissen wie die Einzelberechnung führt. Durch die Entwicklung der EDV-Technik haben Näherungsverfahren allerdings weitgehend an Bedeutung verloren. Als Näherungsverfahren können Bruchteilsverfahren und Pauschalmethoden unterschieden werden:

- *Bruchteilsverfahren* führen dazu, dass Beitragseinnahmen je nach Fälligkeit auf bestimmte gleich große Zeitabschnitte eines Geschäftsjahres aufgeteilt werden und die Beitragsüberträge in Bruchteilen dieser Beträge ermittelt werden. Übliche Näherungslösungen folgen aus der Anwendung der 1/24-Methode (Monatsmitte als Fälligkeit), der 1/12-Methode (Monatsanfang als Fälligkeit) sowie der 1/8-Methode (Quartalsmitte als Fälligkeit).

---

212 Vgl. hierzu und im Folgenden Buck, Heiko [Rückstellungen, 1995], S. 112.

213 Vgl. zu Verfahren der Ermittlung von Beitragsüberträgen Geib, Gerd; Telgenbüscher, Franz R. [Posten, 2011], Rd. 15–27.

- Die *Pauschalmethode* kommt nur für Versicherungszweige und Versicherungsarten in Betracht, in denen Versicherungsverträge eine sehr kurze Laufzeit aufweisen (z. B. Transportversicherung). Es erfolgt eine Multiplikation der gesamten Beitragseinnahmen eines Geschäftsjahres mit einem bestimmten Prozentsatz (Beitragsübertragssatz). Wird beispielsweise eine gleichmäßige Verteilung der Prämienfälligkeiten über das ganze Jahr unterstellt, so ergibt sich ein Multiplikatorsatz von 50 %.

Für das in *Rückdeckung übernommene Geschäft* wird in der Regel die Bruchteilsmethode in Abhängigkeit von der Abrechnungshäufigkeit durch den Vorversicherer verwendet. Für das in *Rückversicherung abgegebene Geschäft* ist grundsätzlich das Verfahren heranzuziehen, das für die Berechnung der Bruttobeitragsüberträge angewendet wird.

Bei *fehlender zeitlicher Proportionalität* zwischen Risikoverlauf und Beitrag ist gemäß § 24 S. 2 RechVersV der Bruttobetrag der Beitragsüberträge nach Verfahren zu ermitteln, die der im Zeitablauf unterschiedlichen Entwicklung des Risikos Rechnung tragen (z. B. Baurisiko- oder Montageversicherung).

3.1.2 Beitragsüberträge nach US-GAAP

In den US-GAAP werden Erträge gemäß CON 5.84c nach dem Leistungsfortschritt (*percentage of completion method*) vereinnahmt. Daher sind in der Schaden- und Unfallversicherung Beiträge so über die Laufzeit zu verteilen, wie der entsprechende Versicherungsschutz gewährt wird (SFAS 60.13/ASC 944-605-25).[214] Beiträge, die in der einen Periode zu einer Einzahlung, jedoch erst in der Folgeperiode zu einem Ertrag führen, sind am Abschlussstichtag abzugrenzen *(unearned premiums)*.

Die Ermittlung der Beitragsüberträge erfolgt auf der Grundlage der Bestandsbeiträge am Ende des Geschäftsjahres oder der während des Geschäftsjahres gebuchten Beiträge, wobei Nebenleistungen der Versicherungsnehmer sowie Ratenzahlungszuschläge abzuziehen sind. Im Wesentlichen unterscheiden sich die US-GAAP nicht von den bekannten Regelungen des HGB:

- Es wird in der Regel unterstellt, dass sich das versicherungstechnische Risiko gleichmäßig über die Laufzeit des Versicherungsvertrags verteilt *(zeitproportional)*. In Fällen, in denen ein gleichmäßiger Risikoverlauf nicht zu erwarten ist, müssen die Beitragsüberträge entsprechend gewichtet werden.
- Die Ermittlung der Beitragsüberträge erfolgt in der Regel *pro rata temporis*. Falls im HGB *Näherungsverfahren* angewendet werden, können diese auch nach US-GAAP zugrunde gelegt werden, falls hierdurch eine sachgerechte Verteilung der Beiträge gewährleistet wird. In den USA wird insbesondere die 1/24-Methode verwendet.
- Im Gegensatz zum HGB erfolgt bei den Beitragsüberträgen nach US-GAAP *kein Kostenabzug*. Vielmehr werden Abschlusskosten (deferred acquisition costs) aktiviert und über die Laufzeit verteilt.

---

214 Vgl. zu Beitragsüberträgen nach US-GAAP Mayr, Gerhard [Internationalisierung, 1999], S. 90–91.

Beispiel 6.1: Berechnung der Beitragsüberträge

Annahmen: Versicherungsbeginn: 03.02.200X
Bilanzstichtag: 31.12.200X
Jahresbeitrag: 1.200 €
Provisionssatz: 25 %

a) Aufgrund eines veralteten EDV-Systems wird zur Beitragsabgrenzung ein Näherungsverfahren (Bruchteilsmethode) angewendet. Die unterstellte Fälligkeit der Beiträge ist am Monatsanfang.
b) Im Vergleich wird eine Berechnung pro rata temporis dargestellt:

1. Schritt: Berechnung der nicht übertragungsfähigen Beitragsteile:

Höhe der Abschlusskosten: 0,25 × 1.200 € = 300 €
Nicht übertragungsfähige Kosten: 0,85 × 300 € = 255 € (45 € sind übertragungsfähig)

2. Schritt: Berechnung des Beitragsübertrags

a) Bruchteilsmethode: Bemessungsgrundlage: 1.200 € – 255 € = 945 €
Abgrenzung: 945 € × 1/12 = 78,75 € (= Beitragsüberträge)
b) pro rata temporis Bemessungsgrundlage: 1.200 € – 255 € = 945 €
Abgrenzung: 945 € × 32/360 = 84 € (= Beitragsüberträge)

Beispiel: Übertragssätze bei Anwendung der Bruchteilsmethode im selbst abgeschlossenen Geschäft bei jährlicher Zahlungsweise

1/24–Methode

unterstellt Fälligkeit: Mitte des Monats Januar, d. h.:

(01.01.–15.01.) ist abzugrenzen	1/24 des Jahres
(01.01.–15.02.) sind abzugrenzen	3/24 des Jahres etc.

1/12–Methode

a) unterstellte Fälligkeit: Monatsanfang

für Januar	keine Abgrenzung	(01.01.–31.12.)
für Februar	1/12	(01.01.–01.02.)
für März	2/12	(01.01.–01.03.) etc.

b) unterstellte Fälligkeit: Monatsende

für Januar	1/12
für Februar	2/12
für März	3/12 etc.

Beispiel: Übertragssätze bei Anwendung der Bruchteilsmethode im übertragenen Geschäft

bei vierteljähriger Abrechnung:

3. Quartal Vorjahr:	12,5 % (1/8)
4. Quartal Vorjahr:	37,5 % (3/8)
1. Quartal Geschäftsjahr:	62,5 % (5/8)
2. Quartal Geschäftsjahr:	87,5 % (7/8)

bei halbjähriger Abrechnung:

2. Halbjahr Vorjahr:	25,0 % (1/4)
1. Halbjahr Geschäftsjahr:	75,0 % (3/4)

bei jährlicher Abrechnung: 50,0 % (1/2

Annahmen: Jahresbeiträge gleich verteilt über den Abrechnungszeitraum und um ein halbes Jahr zeitversetzter Abrechnungszeitraum

In der *Lebensversicherung mit natürlicher Gewinnbeteiligung* und in der *Krankenversicherung* werden Beiträge nicht über Beitragsüberträge abgegrenzt (SOP 95–1.12 sowie SFAS 60.15 i. V. m. SFAS 97.30/ASC 944-605-25). Vielmehr erfolgt mit der sofortigen Ertragsvereinnahmung eine entsprechende Erhöhung der Deckungsrückstellung.

3.2 Rückstellung für erfolgsabhängige und erfolgsunabhängige Beitragsrückerstattung

3.2.1 Beitragsrückerstattung nach HGB

Aufgrund von Sicherheitszuschlägen in den Beiträgen und Zinserträgen aus den Kapitalanlagen erwirtschaften Versicherungsunternehmen Überschüsse. An diesen Überschüssen sind die Versicherungsnehmer insbesondere in der Lebens- und Krankenversicherung (§§ 81c und d VAG) angemessen zu beteiligen.[215]

In der Lebensversicherung ist für die Beurteilung der Überschüsse der Rohüberschuss der Erträge über die Aufwendungen vor Dotierung der RfB und vor Direktgutschrift maßgeblich. Der Vorstand bestimmt (unter Einhaltung der in der MindZV vorgegebenen Mindestüberschüsse) mit Zustimmung des Aufsichtsrates die Höhe der Überschussbeteiligung (§ 56a VAG bzw. §§ 3, 38 VAG). Beträge, die nicht aufgrund eines Rechtsanspruchs der Versicherten zurückzustellen sind, dürfen für die Überschussbeteiligungen nur bestimmt werden, soweit aus dem verbleibenden Bilanzgewinn noch ein Gewinn in Höhe von mindestens 4 % des Grundkapitals verteilt werden kann (§ 56a S. 1 und 2 VAG). Die Rückstellung für Beitragsrückerstattung enthält nun diejenigen Beiträge, die für eine spätere Ausschüttung an die Versicherungsnehmer bestimmt sind.[216] Sie stellt somit eine Masse thesaurierter Mittel dar, die zwar schon der *Gesamtheit der Versicherungsnehmer* gewidmet, aber am Bilanzstichtag *noch nicht den einzelnen Versicherungsnehmern* gutgeschrieben ist.

Voraussetzung für die Rückstellungsbildung ist die Sicherung einer ausschließlichen Verwendung zur erfolgsabhängigen und erfolgsunabhängigen Beitragsrückerstattung durch Gesetz, Satzung, geschäftsplanmäßige Erklärung oder vertragliche Vereinbarung (§ 341e Abs. 2 Nr. 2 HGB). § 56a VAG sieht eine Verwendung der Beträge, die der Rückstellung für die Beitragsrückerstattung zugewiesen wurden, nur für die Überschussbeteiligung der Versicherungsnehmer vor. Lediglich im Fall eines Notstands können mit Zustimmung der Aufsicht Überschussanteile im Interesse der Versicherungsnehmer zu anderen Zwecken verwendet werden.

215 Vgl. zur Rückstellung für Beitragsrückerstattung insbesondere Stuirbrink, Wolfgang; Westenhoff, Manfred; Reich, Hanno [§ 341e HGB, 1998], Rd. 76–129.

216 Vgl. Farny, Dieter [Buchführung, 1992], S. 133.

In §28 Abs. 2 und 3 RechVersV werden mit der erfolgsabhängigen und der erfolgsunabhängigen Beitragsrückerstattung zwei Formen der Rückstellungsbildung unterschieden.

- Die *erfolgsabhängige Beitragsrückerstattung* umfasst die Beträge, die vom Gesamtergebnis, vom versicherungstechnischen Gewinn des gesamten Versicherungsgeschäfts oder vom Ergebnis eines Versicherungszweigs oder einer Versicherungsart abhängig sind.
- Die *erfolgsunabhängige Beitragsrückerstattung* umfasst die Beträge, die vom Schadenverlauf oder vom Gewinn eines oder mehrerer Versicherungsverträge abhängig oder die vertraglich vereinbart oder gesetzlich geregelt sind.

Den Versicherungsnehmern bereits zugeteilte und gutgeschriebene Überschussanteile, die noch nicht ausgeschüttet wurden, werden unter dem Posten »Verbindlichkeiten aus dem selbst abgeschlossenen Versicherungsgeschäft gegenüber Versicherungsnehmer« ausgewiesen (§28 Abs. 4 RechVersV).

Die *erfolgsabhängige Beitragsrückerstattung* kommt insbesondere in der Lebens- und Krankenversicherung vor. Falls Gewinnanteile nicht direkt gutgeschrieben werden (Lebensversicherung mit Direktgutschrift), werden sie nicht in der Periode der Entstehung sofort ausgeschüttet, sondern in die Rückstellung für Beitragsrückerstattung eingestellt. Zusätzlich existiert in der Lebensversicherung oftmals die Vereinbarung einer Schlussüberschussbeteiligung. Für Schlussüberschussanteile, Schlusszahlungen, Gewinnrenten und für die Mindestbeteiligung an den Bewertungsreserven ist innerhalb der Rückstellung für Beitragsrückerstattung eine Teilrückstellung *(Schlussüberschussanteilsfonds)* nach Maßgabe der jeweils geltenden Deklaration zu bilden (§28 Abs. 6 RechVersV). Im Rahmen der erfolgsabhängigen Beitragsrückerstattung sind die aufsichtsrechtlichen Vorschriften zu beachten, die in den Verordnungen zur Überschussbeteiligung verankert sind.

Eine *erfolgsunabhängige Beitragsrückerstattung,* die sich am Schadenverlauf orientiert, findet sich in der Regel nur in der Krankenversicherung sowie in der Schaden- und Unfallversicherung. In der *Krankenversicherung* kann der Überzins neben der Einstellung in die Alterungsrückstellung auch teilweise festgelegt werden und innerhalb von drei Jahren zur Prämienermäßigung oder zur Vermeidung bzw. Einschränkung von Prämienerhöhungen verwendet werden (§12a Abs. 3 VAG und §28 Abs. 1 S. 2 RechVersV). Diese Thesaurierung ist Bestandteil der erfolgsunabhängigen Beitragsrückerstattung.

In der *Schaden- und Unfallversicherung* ist zu prüfen, ob für eine Beitragsrückerstattung versicherungsvertraglich ein mehrjähriger Beobachtungszeitraum vereinbart ist. In diesem Fall sind als Rückstellung für die Beitragsrückerstattung nur die nach Ablauf des Beobachtungszeitraums feststehenden Beitragsrückerstattungen auszuweisen. Die bereits vor Ablauf des Beobachtungszeitraums (in Höhe der zu erwartenden Beitragsrückerstattungen) vorsorglich gebildete Rückstellung für Beitragsrückerstattung ist unter dem Posten »E. IV. sonstige versicherungstechnische Rückstellungen« auszuweisen (§31 Abs. 2 Nr. 3 RechVersV).

Die *Verwendung der laufenden Überschussanteile* kann in unterschiedlicher Form erfolgen. Neben einer Barausschüttung werden in der *Lebensversicherung* Beiträge, die der Rückstellung für Beitragsrückerstattung entnommen werden, oftmals in entsprechender Höhe in die Deckungsrückstellung eingestellt. Es handelt sich um einen über die Erfolgsrechnung abgewickelten Passivtausch. Gewinnanteile an die Versicherungsnehmer werden der Rückstellung für Beitragsrückerstattung entnommen und analog einer Einmalprämie mit dem Zweck einer Erhöhung des Versicherungsschutzes der Deckungsrückstellung zugeführt. In der Krankenversicherung werden Beiträge zur Vermeidung oder Begrenzung von Prämienerhöhungen im Alter aus der Bruttorückstellung für Beitragsrückerstattung entnommen und gemäß § 12a VAG der Alterungsrückstellung zugeführt.

Abbildung 6.5 gibt einen Überblick über die Entnahmeformen aus der Rückstellung für Beitragsrückerstattung und ihre bilanzielle Behandlung.

Entnahmeform		Ausweis	
1.	Barausschüttung	1.	Verminderung der Bankposition
2.	Verrechnung mit Beiträgen	2.	Beiträge aus der RfB und Erhöhung der Deckungsrückstellung
3.	Verzinsliche Ansammlung der Überschussanteile	3.	Erhöhung der Verbindlichkeiten gegenüber Versicherungsnehmern
4.	Einzahlung zur Erhöhung der Versicherungssumme (Bonussystem)	4.	Beiträge aus der RfB und Erhöhung der Deckungsrückstellung
5.	Verkürzung der Versicherungsdauer	5.	Beiträge aus der RfB und Erhöhung der Deckungsrückstellung

Abb. 6.5: Formen der Entnahme aus der RfB

Die RfB kann in eine freie und eine gebundene RfB eingeteilt werden:

- Die *gebundene RfB* beinhaltet Mittel, die im Folgejahr an die Versicherungsnehmer ausgeschüttet werden, d.h., sie wird in der Höhe gebildet, wie voraussichtlich Mittel entnommen werden, um die deklarierten Überschussanteile zu finanzieren (laufende Überschussanteile). Daneben werden in die gebundene RfB die Schlussüberschüsse eingerechnet, die durch Vertrag oder Satzung den Versicherungsnehmern zugesagt sind.
- Die *freie RfB* stellt den Teil der RfB dar, dessen Zuteilung weder zeitlich noch in der Höhe festgelegt ist. Diese Mittel stehen der Gemeinschaft der Versicherten grundsätzlich zu. Allerdings ist über deren konkrete Verwendung noch kein Beschluss gefasst. Die freie RfB nimmt dabei die Funktion eines »Sicherheitspolsters« ein, indem sie eine möglichst gleichmäßige Gewinnzuteilung an die Versicherungsnehmer sicherstellt.

3.2.2 Beteiligung an Bewertungsreserven

Neben den aufsichtsrechtlichen Vorschriften des VAG, die grundsätzliche Regelungen zur angemessenen Überschussbeteiligung der Versicherungsnehmer festlegen, wurde im Rahmen der Reform des Versicherungsvertragsgesetzes (VVG) mit § 153 VVG eine Beteiligung der Versicherungsnehmer an den Bewertungsreserven der Kapitalanlagen vorgeschrieben. Neben den weiterhin gültigen Regelungen des § 81c VAG wurde vertragsrechtlich normiert, dass die Verteilung der Überschüsse auf einzelne Verträge nach einem verursachungsorientierten Verfahren bzw. nach vergleichbaren angemessenen Verteilungsgrundsätzen zur erfolgen hat.

Ausgangspunkt der Reform war ein Urteil des Bundesverfassungsgerichts vom 26.07.2005, das den Gesetzgeber aufgefordert hat, eine rechtliche Regelung zu treffen, welche gewährleistet, dass Versicherungsnehmer auch an unrealisierten Wertänderungen angemessen zu beteiligen sind. Diese nicht im handelsrechtlichen Jahresabschluss berücksichtigten Bewertungsreserven sind jährlich neu zu ermitteln und nach einem verursachungsorientierten Verfahren rechnerisch zuzuordnen. § 153 Abs. 3 VVG sieht vor, dass bei der Beendigung des Vertrages der für diesen Zeitpunkt zu ermittelnde Betrag zur Hälfte zugeteilt und an den Versicherungsnehmer ausgezahlt wird. Eine frühere Zuteilung kann vereinbart werden.

Im Zusammenhang mit der Beteiligung an Bewertungsreserven steht § 54 RechVersV. Demnach sind die Zeitwerte aller zum Anschaffungswert oder zum Nennwert ausgewiesenen Kapitalanlagen im Anhang anzugeben. Zudem sind die Gesamtsumme der Anschaffungskosten der in die Überschussbeteiligung einzubeziehenden Kapitalanlagen, die Gesamtsumme des beizulegenden Zeitwertes selbiger Kapitalanlagen und der sich daraus ergebende Saldo offenzulegen. Somit ist aus dem Anhang unmittelbar ersichtlich, welche Bewertungsreserven zur Überschussbeteiligung zur Verfügung stehen.

Der Versicherungsnehmer ist nicht generell an sämtlichen Bewertungsreserven zu beteiligen. Ausgeschlossen sind Bewertungsreserven auf Kapitalanlagen, die von nicht mehr bestehenden Verträgen, nicht anspruchsberechtigten Verträgen (z. B. Verträge ohne Überschussbeteiligung) sowie von Eigenkapital verursacht werden. Im Entwurf zur Änderung des Versicherungsaufsichtsrechts vom Februar 2012 wird dem Problem begegnet, dass durch die Ausschüttung von Bewertungsreserven an die Versicherungsnehmer die Risikotragfähigkeit des Versicherungsunternehmens beeinträchtigt wird. Durch die § 130 Abs. 3, 4 VAG-E wird die Sicherstellung der dauernden Erfüllbarkeit von Verträgen im Umfeld sinkender Kapitalmarktzinsen angesprochen, gerade wenn Bewertungsreserven auf Kapitalanlagen entstehen, die der Sicherstellung der Garantien der Versicherungsnehmer dienen. Vermieden werden soll dabei der Abbau von Sicherheitspuffern bei gleichzeitig sich erhöhender Angespanntheit der wirtschaftlichen Lage in Folge des Wertanstiegs der eingegangenen Garantien. Neben der Sicherung der Garantien soll die Regelung von § 130 Abs. 3, 4 VAG-E auch sicherstellen, dass es nicht zu einer ungerechtfertigten Benachteiligung des Bestandes gegenüber den ausscheidenden Versicherungsnehmern kommt.

Direkt oder indirekt gehaltene festverzinsliche Anlagen und Zinsabsicherungsgeschäfte sind nach § 130 Abs. 3 VAG-E bei der Beteiligung der Versicherungsnehmer an den Bewertungsreserven nur insoweit zu berücksichtigen, als sie einen etwaigen Sicherungsbedarf aus den Versicherungsverträgen mit Zinsgarantie überschreiten. Der Sicherungsbedarf bestimmt sich dabei aus dem Überhang von Rechnungszins der Verträge mit Zinsgarantie und der Umlaufrendite öffentlicher Anleihen zum Zeitpunkt der Ermittlung der Bewertungsreserven (Bezugszins). Der Sicherungsbedarf eines Versicherungsvertrags wird dabei als versicherungsmathematisch unter Berücksichtigung des Bezugszinses bewertete Zinssatzverpflichtung des Versicherungsvertrags, vermindert um die Deckungsrückstellung definiert.

Für die externe Rechnungslegung sieht ein gemeinsames Konzept von GDV und BaFin folgende Behandlung der zugeteilten Beträge nach § 153 Abs. 3 und 4 VVG vor:

- Falls die Überschussbeteiligung in Form einer Direktgutschrift erfolgt, können die ausgezahlten oder zur Leistungserhöhung verwendeten Beträge als sonstige versicherungstechnische Aufwendungen gebucht werden (analog zur Direktgutschrift für verzinsliche Ansammlung nach § 44 Nr. 2b RechVersV). Falls eine Entnahme aus der RfB erfolgt, werden die ausgezahlten Beträge nicht erfolgswirksam in der GuV ausgewiesen, sondern es erfolgt eine Minderung der vorhandenen, nicht festgelegten RfB. Die Entnahme ist im Anhang zum Jahresabschluss nach § 28 Abs. 8 Nr. 1 RechVersV getrennt von den anderen Entnahmen (Sterbegelderhöhung, Gewinnzuschlag) zu nennen.
- Einen Spezialfall bilden Rentenversicherungen, bei denen keine Kapitalzahlung erfolgt. In diesem Fall kann anstelle einer Auszahlung eine Leistungserhöhung erfolgen. Die Verbuchung erfolgt unter dem Posten »Veränderung der übrigen versicherungstechnischen Rückstellungen – Deckungsrückstellung«.
- Am Bilanzstichtag besteht eine Passivierungspflicht nur dann, wenn die Leistung dem Grunde nach feststehend und der Höhe nach zugesagt ist. Fällige, aber nicht ausgezahlte Beträge aus der Beteiligung der Versicherungsnehmer an den Bewertungsreserven sollen als Verbindlichkeiten gegenüber den Versicherungsnehmern ausgewiesen werden.

3.2.3 Latente Rückstellung für Beitragsrückerstattung aus ausschüttungsgesperrten Erträgen

Seit Verabschiedung des BilMoG ermöglicht das HGB für das sog. Planvermögen im Sinne von § 246 Abs. 2 S. 2 HGB, dass ein Ansatz von Vermögensgegenständen mit dem beizulegenden Zeitwert über die Anschaffungs- und Herstellungkosten hinaus erfolgen kann.[217] Daneben besteht ein Aktivierungswahlrecht selbsterstellter immaterieller Vermögensgegenstände des Anlagevermögens.

Beide Regelungen führen dazu, dass es im HGB zu einem Ansatz unrealisierter Gewinne kommt. Aus Gründen der Vorsicht sowie zum Zweck der Kapitalerhaltung sind solche unrealisierte Gewinne mit einer Ausschüttungssperre versehen (§ 268 Abs. 8 S. 1 HGB). Vor dem Hintergrund des BilMoG ist eine Diskussion über die Beteiligung der Versicherungsnehmer an den entsprechenden Erträgen aus der Aktivierung entstanden.[218] § 153 Abs. 2 S. 2 VVG wurde dahingehend geändert, dass ausschüttungsgesperrte Beträge i.S.d. § 268 Abs. 8 HGB bei der Bemessung der Versicherungsnehmerbeteiligung anhand des verursachungsorientierten Verfahrens unberücksichtigt bleiben. Das handelsrechtliche Ergebnis und die Bemessungsgrundlage für die Überschussbeteiligung fallen deshalb auseinander. Auch wenn der Gesetzgeber keine explizite Regelung für die handelsrechtliche Abbildung der Überschussbeteiligung in solchen Fällen getroffen hat, sollte im Jahresab-

217 Nach § 246 Abs. 2 S. 2 HGB werden Schulden aus Altersversorgungsverpflichtungen mit Vermögensgegenständen saldiert, die ausschließlich zur Erfüllung dieser Verpflichtungen dienen. Übersteigt der beizulegende Zeitwert der Vermögensgegenstände den Betrag der Schulden, wird der übersteigende Betrag als gesonderter Posten aktiviert.

218 Vgl. Geib, Gerd; Ellenbürger, Frank [BilMoG, 2008], S. 1174–1175.

Beispiel 6.2: Latente RfB im HGB

Ein Versicherungsunternehmen aktiviert selbsterstellte immaterielle Vermögensgegenstände in Höhe von 1000 GE.

In die tatsächliche RfB werden diese nicht einbezogen, daher würde zunächst eine entsprechende Erhöhung des Eigenkapitals erfolgen:

Aktiva		Passiva	
Immaterielle VGG	1000	Eigenkapital	1000

Es kommt zu einem überhöhten Eigenkapitalausweis, selbst wenn die aktivierten Mittel ausschüttungsgesperrt sind. Daher ist eine latente RfB zu bilden, um die fiktive Beteiligung der Versicherungsnehmer abzubilden.

Aktiva		Passiva	
Immaterielle VGG	1000	Eigenkapital	100
		(latente) RfB	900

schluss eine Rückstellung gebildet werden, die eine fiktive Realisierung und Beteiligung der Versicherungsnehmer an diesen Erträgen vornimmt. Dafür sprechen,

- dass die Vermögenslage nach den tatsächlichen Verhältnissen abgebildet werden muss (bei Realisierung der Erträge sind die Versicherungsnehmer zu beteiligen) und
- die Notwendigkeit einer Rückstellungsbildung zur dauernden Erfüllbarkeit der Versicherungsverträge nach § 341e Abs. 1 S. 1 HGB.

Insofern ist im Analogieschluss zu latenten Steuern eine Rückstellung für latente Beitragsrückerstattung im HGB zu bilden.[219] Eine solche latente RfB ist unter der RfB auszuweisen, um eine aufsichtsrechtliche Verminderung der vorhandenen Eigenmittel zu vermeiden (Anerkennung als freie, unbelastete Eigenmittel nach § 53c Abs. 3 S. 1 VAG). Im Sinne der Bilanzklarheit ist die Rückstellung im Anhang zu erläutern und in ihrer Höhe entsprechend anzugeben.

3.2.4 Exkurs: Mindestzuführung zur RfB

Neben § 341e Abs. 2 Nr. 2 HGB (Rückstellungen für erfolgsabhängige und erfolgsunabhängige Beitragsrückerstattungen) und § 28 RechVersV enthält die für die Lebensversicherung aufgrund der Verordnungsermächtigung in § 81c Abs. 3 VAG erlassene Verord-

219 Vgl. zu Argumentation und zum Schluss praeter legem Küppers, Christoph; Dettmeier, Michael [Rechnungslegung, 2010], Rd. 25–28.

nung über die Mindestbeitragsrückerstattung in der Lebensversicherung (Mindestzuführungsverordnung – MZV) vom 4.4.2008 wesentliche Vorschriften zur Beteiligung der Versicherungsnehmer. In der Lebensversicherung liegt ein die Belange der Versicherten gefährdender Missstand [..] vor, wenn bei überschussberechtigten Versicherungen keine angemessene Zuführung zur Rückstellung für Beitragsrückerstattung erfolgt (§ 81c Abs. 1 S. 1 VAG). Das ist insbesondere dann anzunehmen, wenn die Zuführung zur Rückstellung für Beitragsrückerstattung eines Lebensversicherungsunternehmens unter Berücksichtigung der Direktgutschrift und der rechnungsmäßigen Zinsen nicht der gemäß Absatz 3 durch Rechtsverordnung festgelegten Mindestzuführung entspricht.

Die Mindestzuführung bestimmt sich auf Basis der Kapitalerträge, des Risikoergebnisses und des übrigen Ergebnisses. Die Ermittlung wird dabei getrennt für Alt- und Neubestand durchgeführt. Eine Beteiligung hat nur an positiven Ergebnisquellen zu erfolgen, konkret nach § 4 MindZV:

- 90 % der anzurechnenden Kapitalerträge abzüglich der rechnungsmäßigen Zinsen (ohne die anteilig auf die überschussberechtigten Versicherungsverträge entfallenden Zinsen auf die Pensionsrückstellungen),
- 75 % des auf überschussberechtigte Versicherungsverträge entfallenden Risikoergebnisses,
- 50 % des auf überschussberechtigte Versicherungsverträge entfallenden *übrigen Ergebnisses*.

Von der Summe der ermittelten Beträge werden, getrennt für Alt- und Neubestand, die auf die überschussberechtigten Versicherungsverträge entfallende Direktgutschrift einschließlich der auf die überschussberechtigten Versicherungsverträge entfallenden Schlusszahlungen auf Grund der Beteiligung an Bewertungsreserven, soweit diese in Form einer Direktgutschrift ausgeschüttet werden, abgezogen.

§ 5 MindZV regelt *Ausnahmen der Mindestzuführung*. Die Mindestzuführung kann nach Zustimmung der BaFin in folgenden Ausnahmefällen reduziert werden:

- um den Solvabilitätsbedarf für die überschussberechtigten Versicherungsverträge des Gesamtbestands oder
- um unvorhersehbare Verluste aus dem Kapitalanlagen-, dem Risiko- oder dem übrigen Ergebnis aus den überschussberechtigten Versicherungsverträgen des Gesamtbestands, die auf eine allgemeine Änderung der Verhältnisse zurückzuführen sind, oder
- um den Erhöhungsbedarf in der Deckungsrückstellung, wenn die Rechnungsgrundlagen auf Grund einer unvorhersehbaren und nicht nur vorübergehenden Änderung der Verhältnisse angepasst werden müssen.

Die Mindestzuführung kann zur Deckung des Solvabilitätsbedarfs oder unvorhersehbarer Verluste aus dem Kapitalanlageergebnis nur insoweit reduziert werden, als der hierfür erforderliche Betrag den folgenden, als Formel dargestellten Saldo übersteigt (§ 5 Abs. 2 MindZV):[220]

$$(aKE - Rz) - mKE + 0{,}25 \times RE + 0{,}5 \times üE$$

220 Das Ergebnis in Klammern, das Risikoergebnis beziehungsweise das übrige Ergebnis ist dabei durch Null zu ersetzen, wenn es negativ ist.

Mit:
aKE = die anzurechnenden Kapitalerträge,
Rz = die rechnungsmäßigen Zinsen ohne die anteilig auf die überschussberechtigten Versicherungsverträge entfallenden Zinsen auf die Pensionsrückstellungen,
mKE = die Mindestzuführung in Abhängigkeit von den Kapitalerträgen gemäß § 4 Abs. 3 MindZV,
RE = das Risikoergebnis,
üE = das übrige Ergebnis.

Die Gewinnzerlegung unterscheidet in der Praxis regelmäßig die Begriffe Risikoergebnis, Kapitalanlageergebnis und Kostenergebnis:

- *Risikoergebnis*: Differenz zwischen tatsächlichem Aufwand (Leistung minus freiwerdende Deckungsrückstellung) für Sterblichkeit, Invalidität, etc. und dem rechnungsmäßigen Ertrag zur Deckung des Risikos (Risikobeiträge).
- *Kapitalanlageergebnis*
  - Zinsergebnis: Differenz zwischen laufendem Ergebnis aus Kapitalanlagen (z. B. Zinsen, Dividenden, Mieten) und dem Aufwand für die rechnungsmäßige Verzinsung der VN-Guthaben;
  - Übriges Ergebnis (Erträge aus dem Abgang von Kapitalanlagen, Zu-/Abschreibungen, Wertberichtigungen).
- *Kostenergebnis*: Differenz zwischen tatsächlichem Kostenaufwand und rechnungsmäßigem Ertrag zur Deckung der Kosten (rechnungsmäßig gedeckte Abschlusskosten und laufenden Verwaltungskosten).
- *Sonstige Gewinnquellen*, z. B. aus RV und sonstigem Ergebnis.

Beispiel 6.3: Gewinnzerlegung

Folgende Annahmen sind bekannt:

- Prämie 2.250 GE, davon 2.000 GE Sparprämie, 200 GE Risikoprämie und 50 GE Kostenprämie
- Technischer Zins 4 %
- Nettoverzinsung 5 %
- Deckungskapital 38.000 GE
- Tatsächliche Leistungsquote: 80 %
- Effektive Kosten 40 GE
- VN-Beteiligung an KA-Ergebnis 90 %, an Risikoergebnis 75 % und Kostenergebnis 50 %
- Steuerquote 30 %

Zu berechnen sind Risikoergebnis, Kostenergebnis, Kapitalanlageergebnis, Ergebnis nach Steuern:

- Kapitalergebnis = **400 GE**

  Ertrag auf Deckungskapital + Sparbeitrag der Periode
  5 % × (38.000 + 2000) = 2.000 GE

  – rechnungsmäßige Verzinsung Deckungskapital + Sparbeitrag der Periode
  4 % × (38.000 + 2000) = 1.600 GE

- **Risikoergebnis = 40 GE**

  Risikoprämie – Schaden = 200 – 160 = 40 GE

- **Kostenergebnis = 10 GE**

  Kalkulierte Kosten – Tatsächliche Kosten = 50 GE – 40 GE = 10 GE

- **Rohüberschuss** = 400 + 40 + 10 = **450 GE**

- **Mindestzuführung RfB** = 200 (90 % × 2000 – 1600) + 30 + 5 = **235 GE**

- **Ergebnis vor Steuern = 215** bzw. nach Steuern 215 × 70 % = 150,5 GE

3.2.5 Beitragsrückerstattung nach IFRS (US-GAAP)

In den US-GAAP finden sich keine konkreten Vorschriften über die Zuführung zur Rückstellung für Beitragsrückerstattung. Für Produkte, die der Kategorie nach SFAS 120/SOP 95-1/ASC 944-20-15/50) zugeordnet werden (insbesondere die Lebensversicherung mit natürlicher Gewinnbeteiligung) bedingt das deutsche Überschussbeteiligungssystem auch in den US-GAAP die Bildung einer Rückstellung für Beitragsrückerstattung. Dabei wird auf die nationalen Regelungen der HGB-Bilanzierung zurückgegriffen. Allerdings ist die Teilrückstellung für Schlussüberschussanteile von der Rückstellung für Beitragsrückerstattung abzuziehen. Diese ist nach US-GAAP Bestandteil der Deckungsrückstellung (liability for terminal dividends).

Im Rahmen der IFRS-Erstanwendung bzw. bei der Umbewertung vom Einzelabschluss nach HGB auf den Konzernabschluss nach internationalen Rechnungslegungsvorschriften resultieren Unterschiedsbeträge, die bei natürlichen Überschusssystemen im Sinne des SFAS 120/ASC 944-20 zu einer *latenten Beitragsrückerstattung* sowie zu *latenten Steuern* führen. Diese latente Beitragsrückerstattungspflicht aus positiven Unterschiedsbeträgen aus der Umbewertung ist in die *Rückstellung für latente Beitragsrückerstattung* einzustellen. Die Höhe der latenten Rückstellung für Beitragsrückerstattung bemisst sich nach dem Anteil, in dem, im Fall ihrer Realisierung, der Versicherungsnehmer aufgrund gesetzlicher oder vertraglicher Regelungen partizipieren wird.

Die Höhe der einzustellenden Beträge (in Prozent der Unterschiedsbeträge) orientiert sich an den den Versicherungsnehmern tatsächlich gutzuschreibenden Überschussanteilen. Der in der Vergangenheit den Versicherungsnehmern zugewiesene Gesamtüberschuss dient als Orientierungshilfe. Die verbleibenden Unterschiedsbeträge werden unter Berücksichtigung latenter Steuern in das Eigenkapital (vgl. Fallbeispiele oben) eingestellt bzw. ertragswirksam in der GuV verbucht. Insbesondere in der *Umbewertung von Kapitalanlagen können unrealisierte Gewinne und Verluste* entstehen. Diese unrealisierten Gewinne und Verluste sind nicht vollständig dem Eigenkapital zurechenbar. Vielmehr sind Versicherungsnehmer über eine Rückstellung für latente Beitragsrückerstattung und auch der Fiskus über eine Rückstellung für latente Steuern zu berücksichtigen. Bei Realisierung von unrealisierten Gewinnen und Verlusten wird die Rückstellung für latente Beitragsrückerstattung aufgelöst und eine Rückstellung für Beitragsrückerstattung gebildet.

Beispiel 6.4 verdeutlicht unterschiedliche Fälle einer latenten Rückstellung für Beitragsrückerstattung.

Beispiel 6.4: Latente Rückstellung für Beitragsrückerstattung

Fall 1:

- Erstanwendung von US-GAAP
- Zuschreibung von »available for sale-Wertpapieren« über Anschaffungskosten
- Einstellung des verbleibenden Rests in die Neubewertungsrücklage »Nicht realisierte Gewinne und Verluste« (unrealized gains and losses)

Annahme: Ein *available for sale Wertpapier* wird in Höhe von 100 bei der Erstanwendung zugeschrieben. Es ist folgendermaßen zu buchen (vereinfachte Annahme: 90-prozentige Partizipation; Steuersatz: 50 %).

	Soll	Haben
• Wertpapier	100	
• latente RfB (Bilanzposten)		90
• passive latente Steuern (Bilanzposten)		5
• nicht realisierte Gewinne (Bilanzposten)		5

Fall 2:

- Erstanwendung US-GAAP
- Zuschreibung eines sonstigen Aktivums (d. h. kein »available for sale Wertpapier«)

	Soll	Haben
• betreffender Aktivposten	100	
• latente RfB (Bilanzposten)		90
• passive latente Steuern (Bilanzposten)		5
• übrige Gewinnrücklagen (Bilanzposten)		5

Fall 3:

- Erstanwendung US-GAAP
- Verminderung eines Passivpostens (z. B. Deckungsrückstellung)

	Soll	Haben
• betreffender Passivposten	100	
• latente RfB (Bilanzposten)		90
• passive latente Steuern (Bilanzposten)		5
• übrige Gewinnrücklagen (Bilanzposten)		5

Fall 4:

- Folgeanwendung
- Erfolgsneutrale Zuschreibung von »available for sale Wertpapieren«

	Soll	Haben
• Wertpapier	20	
• latente RfB (Bilanzposten)		18
• passive latente Steuern (Bilanzposten)		1
• nicht realisierte Gewinne (Bilanzposten)		1

Nicht explizit geregelt ist die Frage, wie mögliche *negative Bewertungsdifferenzen* zu behandeln sind.[221] Dies kann insbesondere dann auftreten, wenn im HGB-Abschluss das Wahlrecht des § 341b HGB ausgenutzt wird, d. h. wenn der Buchwert von Kapitalanlagen über deren niedrigeren beizulegenden Wert liegt (Bildung stiller Lasten). In Folge der Marktbewertung nach IFRS übersteigt damit der Wert der Aktiva nach HGB die Bewertung nach IFRS mit der Folge, dass unter Umständen die Bewertungsdifferenzen insgesamt negativ sind, IFRS also zu einem konservativeren Ergebnis führt als HGB.

Bei analoger Anwendung der Vorgehensweise zu latenten Steuern könnten im Saldo negative Umrechnungsdifferenzen zwischen HGB und IFRS zu einer *aktiven latenten RfB* führen. Diese analoge Anwendung lehnt der IASB aber ab, da ein Posten »aktive latente RfB« die Kriterien eines Vermögenswerts nach IFRS nicht erfüllt. Ein eigenständiger Aktivposten kann nicht begründet werden, da sich dessen Wert ausschließlich aus einem Verrechnungsrecht mit einer entsprechenden, bereits angesetzten Verpflichtung ergibt. Negative Bewertungsdifferenzen stellen eine Minderung einer Verpflichtung, keine Forderung dar. Insofern können negative Bewertungsdifferenzen nur dadurch berücksichtigt werden, dass vorhandene Verbindlichkeiten, insbesondere die HGB-RfB, niedriger bewertet werden. Dies ist dann möglich, wenn es wahrscheinlich ist, dass die negativen Bewertungsdifferenzen zukünftig mit bereits in der HGB-RfB enthaltenen Beträgen verrechnet werden. In diesem Umfang stellt die HGB-RfB aus IFRS-Sicht keine Verbindlichkeit dar, ist also insoweit aufzulösen.

Folgende Fragestellungen sind in diesem Zusammenhang zu klären:

- Es ist zu prüfen, ob die HGB-RfB unter der nach IFRS bestehenden Sicht der Zukunft (es wird unterstellt, dass die Bewertung nach IFRS realistisch ist) unter Berücksichtigung möglicher künftiger Verlustverrechnung tatsächlich in voller Höhe als Verbindlichkeit anzusetzen ist.
- Es ist zu prüfen, in welcher Höhe tatsächlich eine Minderung der HGB-RfB möglich ist. Es ist festzustellen, wann sich die Bewertungsdifferenzen umkehren werden und ob es in den betreffenden Perioden erwartungsgemäß zu einem Rohüberschuss (bzw. zu einem Überschuss der jeweiligen Ergebnisquellen) oder einem Rohverlust kommen wird (bzw. zu negativen Ergebnissen von Ergebnisquellen), der allein vom Unternehmen zu tragen wäre. Im Umfang des letzteren Betrages darf die HGB-RfB nicht gemindert werden, soweit nicht als sicher unterstellt werden kann, dass die RfB mit Genehmigung der Aufsichtsbehörde zur Verlustabdeckung gesenkt werden kann. Absehbare Verluste des Unternehmens dürfen nicht vorläufig durch Minderung der HGB-RfB versteckt werden.
- Die Regelung zur Verlustdeckung liefert § 56a Abs. 3 VAG: »Versicherungsunternehmen sind jedoch berechtigt, mit Zustimmung der Aufsichtsbehörde in Ausnahmefällen die Rückstellung für Beitragsrückerstattung, soweit sie nicht auf bereits festgelegte Überschussanteile entfällt, im Interesse der Versicherten zur Abwendung eines drohenden Notstandes heranzuziehen«. Dafür stehen der nach § 28 Abs. 6 RechVersV zu bildende Schlussüberschussanteilfonds und die sog. freie RfB zur Verfügung.

221 Vgl. hierzu und im Folgenden Ludwig, Felix et al. [Beitragsrückerstattung, 2007].

Beispiel 6.5: Latente RfB vs. tatsächliche RfB

Häufig kommt es in der Bilanzierung nach IFRS zu Unterschieden in der Quote für die tatsächliche RfB (auf Basis des Rohüberschusses) und die latente RfB (auf Basis der Geschäftsplanung im Zeitpunkt der Umkehrung von temporären Differenzen) und damit zu Unterschieden in der Gewinnvereinnahmung zwischen HGB und IFRS, obwohl der Totalgewinn damit nicht beeinflusst wird (Kongruenzprinzip).

- Ein Versicherungsunternehmen kauft am 20.05.2010 eine Aktie zum Marktwert von 80 Euro. Die Aktie wird in IFRS erfolgswirksam zum fair value eingeordnet.
- Am Bewertungsstichtag 31.12.2010 hat die Aktie einen Marktwert von 110 Euro.
- Die tatsächliche RfB-Quote beträgt 88 %.
- Als latenten RfB-Quotensatz unterstellt das Versicherungsunternehmen aus der Geschäftsplanung eine Quote von 80 %.
- Verkauf der Aktie zum 25.12.2011 zum Marktwert von 120 Euro.
- Steuern werden nicht berücksichtigt.

Bilanz/GuV 2010:

HGB: Bilanzansatz mit 80 Euro, GuV-Effekt 0 Euro
IFRS: Bilanzansatz mit 110 Euro, GuV-Effekt 6 Euro (= 30 Euro – 24 Euro)

Bilanz/GuV 2011:

HGB: Bilanzansatz mit 0, GuV-Effekt 4,8 Euro (= 120 Euro – 80 Euro – 35,20 Euro)
IFRS: Bilanzansatz mit 0, GuV-Effekt – 1,20 Euro (= 10 Euro + 24 Euro – 35,20 Euro)

Totalgewinn aus Aktionärssicht:

HGB: 4,80 Euro
IFRS: 4,80 Euro

3.3 Deckungsrückstellung

3.3.1 Deckungsrückstellung nach HGB

Die gesetzliche Grundlage der Deckungsrückstellung findet sich in § 341f HGB. Die Deckungsrückstellung wird in der Lebensversicherung sowie in der nach Art der Lebensversicherung betriebenen Kranken-, Schaden- und Unfallversicherung gebildet und soll die Leistungsverpflichtungen aus dieser Geschäftstätigkeit abbilden. In der Lebensversicherung entsteht durch den Abschluss eines Versicherungsvertrags für den Versicherungsnehmer die Verpflichtung zur Zahlung der vereinbarten Prämien. Das Versicherungsunternehmen geht demgegenüber die Verpflichtung ein, bei Eintritt vertraglich definierter Bedingungen bestimmte Zahlungen an den Versicherungsnehmer zu leisten.[222]

222 Vgl. Becker, Thomas [Jahresabschluss, 1999], S. 114.

Die Grundidee zur Bildung einer Deckungsrückstellung resultiert in der *Lebensversicherung* grundsätzlich aus zwei unterschiedlichen Komponenten.[223]

- *Risikoanteil:* In der Risikolebensversicherung wird grundsätzlich über die gesamte Vertragslaufzeit eine gleich bleibende Prämie vereinbart, obwohl mit zunehmendem Alter des Versicherungsnehmers das Sterblichkeitsrisiko steigt. Nach dem *Äquivalenzprinzip* soll der Barwert der Nettoprämien gerade dem Barwert der Leistungen des Versicherungsnehmers entsprechen. Anfangs fällt jedoch die konstante Prämie im Verhältnis zum eingegangenen Risiko zu hoch aus. Die überhöhten Prämienanteile werden aus diesem Grund in die Deckungsrückstellung eingestellt. Später ist die vereinbarte Prämie zu niedrig, um das (dann höhere) Sterblichkeitsrisiko abzudecken, sodass die Deckungsrückstellung wieder aufgelöst wird. Am Vertragsende ist die Deckungsrückstellung für den Vertrag bei Null. Durch die Bildung der Deckungsrückstellung wird eine *periodengerechte Erfolgsermittlung* sichergestellt, da Einnahmen erst im Zuge der späteren Auflösung zu Ertrag werden.
- *Sparanteil:* Neben den Risikoanteil tritt in der Kapitallebensversicherung ein Ansparprozess für die im Erlebensfall fällige Versicherungssumme *(Verbindlichkeitscharakter)*. Die Versicherungssumme setzt sich aus dem Sparanteil der eingezahlten Prämien und den entsprechenden Zinsen zusammen. Der verzinste Sparanteil wird der Deckungsrückstellung zugeführt, sodass die Deckungsrückstellung kontinuierlich wächst und bei Vertragsende den Wert der Versicherungssumme erreicht.

Der für einen einzelnen Versicherungsvertrag aufgezeigte Verlauf der Deckungsrückstellung stellt einen idealtypischen Fall dar. In der Realität entsteht das Risiko, dass die zugrunde gelegten Annahmen nicht mit den tatsächlichen Gegebenheiten übereinstimmen. Im negativen Fall reichen die kalkulierten Beiträge für die Deckung der tatsächlich eingetretenen Versicherungsfälle nicht aus. Diese Form des Änderungsrisikos wird bereits bei Abschluss des Versicherungsvertrags berücksichtigt, indem *Sicherheitszuschläge* in der Kalkulation berücksichtigt werden. Hieraus resultieren regelmäßig *Überschüsse,* an denen die Versicherungsnehmer im Zuge der Überschussbeteiligung wiederum partizipieren.

Die *Berechnung* der Deckungsrückstellung basiert zunächst auf dem Grundsatz der *Einzelbewertung* (§ 252 Abs. 1 Nr. 3 HGB). Eine Anwendung von Näherungsverfahren ist nach § 341e Abs. 3 HGB grundsätzlich auch für die Deckungsrückstellung denkbar, falls diese zu annähernd gleichen Ergebnissen wie die Einzelbewertung führen. Allerdings ist deren Anwendung kaum in Betracht zu ziehen, da der Aufwand einer Einzelbewertung nicht als unverhältnismäßig hoch eingestuft wird.[224] Im Zuge der Einzelbewertung sind nach § 25 Abs. 1 S. 1 RechVersV *angemessene Sicherheitszuschläge* zu berücksichtigen, um Risiken aus dem Versicherungsvertrag adäquat einzubeziehen.

Die für die Berechnung der Deckungsrückstellung erforderlichen *Rechnungsgrundlagen* stimmen in der Praxis weitgehend mit den Rechnungsgrundlagen der Beitragsermittlung

223 Vgl. nachfolgend Jäger, Bernd [Rückstellungen, 1999], S. 174–175.
224 Vgl. Treuberg, Hubert Graf von; Angermayer, Birgit [Jahresabschluss, 1995], S. 293–294.

überein, selbst wenn für den Neubestand[225] eine Identität nicht gefordert wird. Grundsätzlich sind als Rechnungsgrundlagen
1. der Rechnungszins,
2. die Ausscheideordnung (z. B. Sterbetafeln) und
3. die Kosten

einzubeziehen.

Zu beachten ist jedoch, dass die Deckungsrückstellung mindestens dem zum jeweiligen Zeitpunkt vertraglich oder gesetzlich *garantierten Rückkaufswert* entsprechen muss (§ 25 Abs. 2 RechVersV).

Beispiel 6.6: Sterbetafeln in der Lebensversicherung

Eine wesentliche Grundlage für die Beitragsermittlung in der Lebensversicherung sind Sterbetafeln. Sie geben einen statistischen Anhaltspunkt darüber, mit welcher Wahrscheinlichkeit eine versicherte Person während der Versicherungsperiode stirbt. Für fondsgebundene Lebensversicherungen, Kapitallebensversicherungen und Risikolebensversicherungen legt derzeit die »Sterbetafel DAV 2008 T« die Methodik für die Reservierung und das Verfahren zur Festsetzung von Sicherheitszuschlägen fest. Für Rentenversicherungen gilt aktuell die Sterbetafel »DAV 2004 R«.

Sterbetafeln liefern die Basis für die Schätzung der künftigen vertraglichen Zahlungsströme (Beitragszahlungen als planmäßige Einzahlungen sowie Todesfallleistungen, Kranken-, Pflegegeldzahlungen, Rentenzahlungen als planmäßige Auszahlungen) und werden nach bestimmten Risikofaktoren (z. B. Raucher, Nichtraucher oder Geschlecht) differenziert.
Wesentliche Informationen einer Sterbetafel sind die alters- und geschlechtsabhängigen Sterbewahrscheinlichkeiten der betreffenden Personengruppe, die Anzahl der jeweils bis zum Alter Überlebenden eines Kollektivs in der Personengruppe und die Anzahl des Kollektivs, die pro Altersjahr wahrscheinlich in den nächsten zwölf Monaten sterben wird.

Sterbefafeln enthalten in der Regel Sicherheitszuschläge, um dem Vorsichtsgedanken in der Kalkulation der Versicherungsbeiträge Rechnung zu tragen. Wichtig ist auch die Berücksichtigung von Trends (vor allem das Langelebigkeitsrisiko).

Das Statistische Bundesamt veröffentlicht jährlich sogenannte Periodensterbetafeln. Diese berücksichtigen die in der deutschen Bevölkerung in den jeweiligen Kalenderjahren (Periode) beobachteten Sterbefälle. Demgegenüber berücksichtigen Generationensterbetafeln zusätzlich den jeweiligen Geburtsjahrgang, d. h. nicht nur das Alter, um die in Abhängigkeit vom Geburtenjahrgang steigende Lebenserwartung abzubilden.

Grundsätzlich hat die Berechnung der Deckungsrückstellung nach der *prospektiven Methode* zu erfolgen (§ 341f Abs. 1 S. 1 HGB). Die Höhe der Deckungsrückstellung folgt aus

225 Zum Altbestand werden Versicherungsverträge gerechnet, die vor dem Inkrafttreten des Dritten Durchführungsgesetzes/EWG zum VAG am 29.07.1994 abgeschlossen wurden. Für diese Verträge war ein aufsichtsrechtliches Genehmigungsverfahren erforderlich, das für den Neubestand weggefallen ist. Demnach sind die Rechnungsgrundlagen für den Altbestand starr, während für den Neubestand die Kalkulation der Tarife (unter Beachtung von § 11 VAG) frei ist.

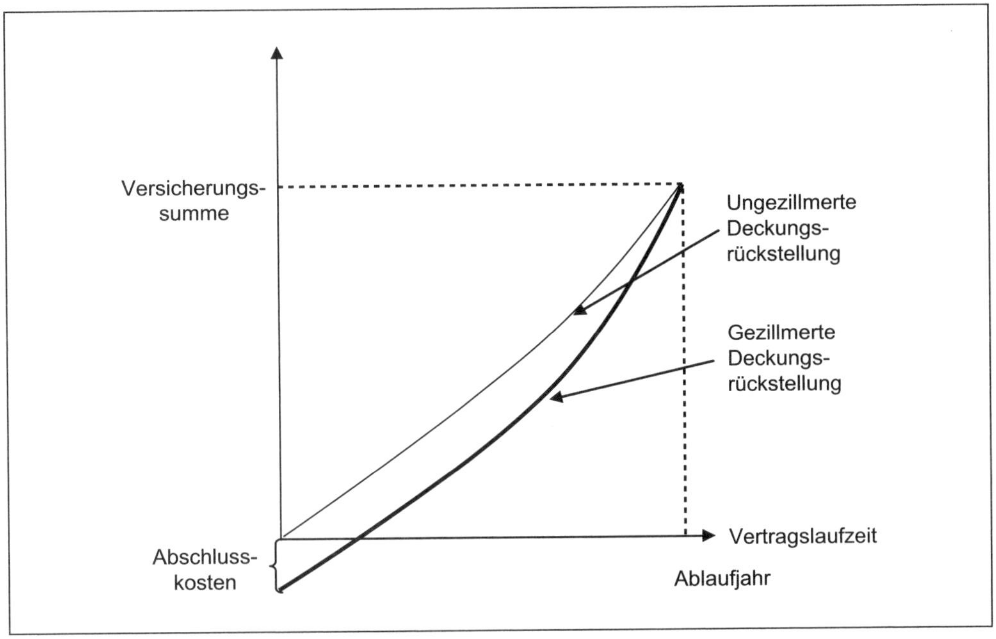

Abb. 6.6: Anwendung des Zillmerverfahrens

dem Barwert des Erwartungswertes der künftigen Verpflichtungen aus Versicherungsverträgen abzüglich des Barwertes der erwarteten künftigen Beiträge. Nur in Ausnahmefällen sieht § 341f Abs. 1 S. 2 die Berechnung nach der *retrospektiven Methode* vor, falls eine prospektive Bewertung nicht möglich ist. Retrospektiv ergibt sich die Deckungsrückstellung anhand der aufgezinsten Einnahmen und Ausgaben der vorangegangenen Geschäftsjahre.

Bei Abschluss eines Versicherungsvertrags entstehen Abschlusskosten, die erst in den kalkulierten Beiträgen der gesamten Laufzeit wieder an das Versicherungsunternehmen zurückfließen. Nach § 25 Abs. 1 S. 2 RechVersV dürfen bei der Berechnung der Deckungsrückstellung einmalige Abschlusskosten nach einem angemessenen versicherungsmathematischen Verfahren, insbesondere dem *Zillmerungsverfahren,* berücksichtigt werden. Das nach dem Mathematiker Zillmer bezeichnete Verfahren der Zillmerung führt zu einer Verteilung von Abschlusskosten über die Laufzeit des Versicherungsvertrags. Der *Höchstbetrag* für die Zillmerung beträgt nach § 4 Abs. 1 DeckRV (Deckungsrückstellungsverordnung) 40 Promille der Beitragssumme einschließlich eventuell unterjähriger Ratenzuschläge. Aus einer Nichtanwendung des Zillmerungsverfahrens folgt eine aufwandswirksame Verrechnung der gesamten Abschlusskosten im Jahr, wodurch insbesondere in Jahren mit hohem Neugeschäft eine negative Wirkung auf den Gewinn sowie auf das System der Gewinnbeteiligung entsteht.[226] Abbildung 6.6 verdeutlicht den Unterschied zwischen gezillmerter und nicht gezillmerter Deckungsrückstellung.

226 Vgl. Becker, Thomas [Jahresabschluss, 1999], S. 184.

Die Zillmerung würde zu einer negativen Deckungsrückstellung führen, solange die rechnungsmäßigen Abschlusskosten aus den Sparbeiträgen der ersten Versicherungsjahre nicht getilgt sind und eine positive Deckungsrückstellung deshalb nicht gebildet werden kann. Um einen negativen Ausweis der Deckungsrückstellung zu vermeiden, erfolgt eine *Aktivierung von Ansprüchen für geleistete, rechnungsmäßig gedeckte Abschlusskosten* (Forderung an Versicherungsnehmer). Die Forderung wird durch die Vereinnahmung von Beiträgen in der Folgezeit aufgelöst. Erst bei vollständiger Auflösung der Forderung wird mit dem Aufbau des Deckungskapitals begonnen. Wie in Abbildung 6.6 ersichtlich, verläuft eine gezillmerte Deckungsrückstellung während der gesamten Vertragslaufzeit unterhalb der nicht gezillmerten Deckungsrückstellung. Erst bei Vertragsende entsprechen sich beide Verfahren und erreichen die Höhe der Versicherungssumme. Die Aktivierung einer Forderung wird indes nicht als Verstoß gegen das Aktivierungsverbot von Abschlusskosten nach § 248 Abs. 1 Nr. 3 HGB angesehen.[227] Zu beachten ist § 169 Abs. 3 S. 1 VVG, der den vertraglichen Anspruch des Versicherungsnehmers auf einen Mindestrückkaufswert festlegt. Für Neuverträge ist bei der Berechnung der Rückkaufswerte ein Deckungskapital zu bestimmen, das sich bei gleichmäßiger Verteilung der Abschluss- und Vertriebskosten auf die ersten fünf Vertragsjahre ergibt. Bereits bei Vertragsbeginn wird in der Regel durch den positiven Rückkaufswert eine Deckungsrückstellung gebucht, obwohl diese versicherungsmathematisch nach dem Zillmerverfahren einen Wert von Null hat. Die bilanzielle Wirkung der erhöhten Rückkaufswerte auf der Passivseite (vorzeitige Aufwandserfassung durch Passivierung der Deckungsrückstellung) wird durch einen entsprechend langsameren Abbau der Forderung auf der Aktivseite ausgeglichen.

Der *Rechnungszins* für die Berechnung der Deckungsrückstellung darf nicht höher sein als 60 % des Zinssatzes von Bundesanleihen (§ 65 Abs. 1 Nr. 1a VAG). Derzeit darf er für Neugeschäft höchstens 1,75 % betragen.

Für die Ermittlung der Deckungsrückstellung ist die Funktion des *Verantwortlichen Aktuars* von besonderer Bedeutung.[228] Nach § 11a Abs. 3 VAG muss dieser sicherstellen, dass bei der Berechnung der Prämien und der Deckungsrückstellungen die im VAG und im HGB kodifizierten Normen eingehalten werden. Dabei muss die Finanzlage insbesondere daraufhin überprüft werden, ob die dauernde Erfüllbarkeit der versicherungstechnischen Rückstellungen jederzeit gewährleistet ist und ausreichende Mittel in Höhe der Solvabilitätsspanne vorhanden sind. Zudem ist vom Verantwortlichen Aktuar zu bestätigen, dass die Deckungsrückstellung nach § 341f HGB i.V.m. § 65 Abs. 1 RechVersV gebildet wird. Im Rahmen der Berichterstattung an den Vorstand des Unternehmens sind die Kalkulationsansätze sowie weitere Annahmen der Bestätigung durch den Verantwortlichen Aktuar zu erläutern.

Neben der Lebensversicherung findet sich auch in der *privaten Krankenversicherung* eine Deckungsrückstellung (*Alterungsrückstellung* nach § 341f Abs. 3 S. 1 HGB). Die Alterungs-

227 Vgl. etwa Treuberg, Hubert Graf von; Angermayer, Birgit [Jahresabschluss, 1995], S. 240.
228 Vgl. Ngyen, Tristan [Rechnungslegung, 2008], S. 346.

rückstellung ist grundsätzlich vergleichbar mit dem Risikoanteil in der Lebensversicherung. Während der Vertragslaufzeit sind in der Krankenversicherung meist konstante (alterungsunabhängige) Beiträge vereinbart. Demgegenüber verändert sich das Krankheitsrisiko (Morbiditätsrisiko) im Zeitablauf. Zunächst fällt der Beitrag gegenüber dem Morbiditätsrisiko zu hoch aus. Hieraus entsteht ein positiver »Sparbeitrag«, der in die Alterungsrückstellung eingestellt wird. Ab einem gewissen Zeitpunkt reicht der vom Versicherungsnehmer zu zahlende Beitrag nicht mehr aus, um das nun gestiegene Risiko abzudecken. Die zuvor angesparte Alterungsrückstellung wird daher wieder aufgelöst, um diese Differenz auszugleichen *(Zeitausgleichsfunktion)*.

In der Alterungsrückstellung sind nach § 341f Abs. 3 S. 1 HGB auch der Rückstellung bereits zugeführte Beträge aus der *Rückstellung für Beitragsrückerstattung* sowie Zuschreibungen, die dem Aufbau einer Anwartschaft auf *Beitragsermäßigung im Alter* dienen, enthalten. Nach § 12a Abs. 1 VAG sind 90 % des Zinsüberschusses der Alterungsrückstellung zuzuführen, falls die Kapitalerträge den Rechnungszins überschreiten (Überzins).

Die *Berechnung* der Alterungsrückstellung erfolgt gemäß § 341f Abs. 3 S. 2 HGB unter Berücksichtigung der für die Berechnung der Beiträge geltenden *aufsichtsrechtlichen Bestimmungen*. Auf der Grundlage des § 12c Abs. 1 Nr. 1 VAG wurde eine Kalkulationsverordnung (KalV) für die private Krankenversicherung erlassen, die die wesentlichen Parameter regelt. Die Alterungsrückstellung ist grundsätzlich mit den der Beitragsberechnung zugrunde liegenden Rechnungsgrundlagen zu ermitteln, soweit die sich damit ergebende Vorsicht aus handelsrechtlicher Sicht ausreichend ist. Zur Kalkulation von Beiträgen nennt § 2 Abs. 1 KalV folgende Rechnungsgrundlagen:

1. den Rechnungszins,
2. die Ausscheideordnung,
3. die Kopfschäden,
4. den Sicherheitszuschlag,
5. die sonstigen Zuschläge sowie
6. die Übertrittswahscheinlichkeiten zur Berechnung des Übertragungswerts nach § 13a KalV.

Der Rechnungszins ist bei der Alterungsrückstellung auf höchstens 3,5 % festgelegt. Häufig wird in der Praxis der Höchstrechnungszins zur Diskontierung verwendet, wenngleich im Falle eines andauernd niedrigen Zinsniveaus eine Erwirtschaftung des Höchstrechnungszinses teilweise nicht möglich ist. Wenn es sich um eine nicht nur vorübergehende Abweichung handelt, ist der Rechnungszins durch Beitragsanpassungen neu zu kalkulieren.

Für die Ausscheideordnung nimmt neben der Sterbewahrscheinlichkeit (i.d.R. ermittelt auf Basis der Sterbetafel PKV 2010) auch die Stornowahrscheinlichkeit eine wichtige Rolle ein. Vor dem Jahr 2009 führte ein Storno durch den Versicherungsnehmer nicht zu einem Leistungsfall. Demgegenüber gilt für Neuverträge ab dem Jahr 2009, dass die Alterungsrückstellung in Höhe des Übertragungswerts bei Wechsel zu einem anderen Versicherungsnehmer mitgegeben wird. § 2 Abs. 1 KalV sieht insofern die Berücksichtigung von Übertrittswahrscheinlichkeiten in der Kalkulation vor. Stornowahrscheinlichkeiten unterliegen einer besonderen Vorsicht, da sie aufgrund von gesellschaftlichen oder politischen Rahmenbedingungen sehr unsicher sind.

Kopfschäden werden nach § 6 KalV als durchschnittliche Versicherungsleistungen bezeichnet, die für jeden Tarif in Abhängigkeit von Geschlecht und Alter des Versicherten zu ermitteln sind. Als Sicherheitszuschlag sieht § 7 KalV einen Sicherheitszuschlag von mindestens 5 % der Bruttoprämie vor. Sonstige Zuschläge betreffen z. B. Abschlusskosten sowie Verwaltungs- und Schadenregulierungskosten.

Nach § 16 KalV wird eine Anwendung von *Näherungsverfahren* ermöglicht. Demnach ist bei der Berechnung der Alterungsrückstellungen das arithmetische Mittel der Einzelalterungsrückstellungen mit Rundung der Versicherungsdauern auf ganze Jahre heranzuziehen.

Grundsätzlich wird auch bei der Alterungsrückstellung zwischen der präferierten prospektiven und der in Ausnahmefällen zulässigen, praktisch aber unbedeutenden retrospektiven Methode unterschieden. Einmalige Abschlusskosten werden durch angemessene mathematische Verfahren, vor allem über das Zillmerverfahren berücksichtigt. Anstelle einer Aktivierung im Falle noch negativer Alterungsrückstellungen (vgl. Lebensversicherung) erfolgt eine Verrechnung mit positiven Rückstellungen. Nach § 25 Abs. 5 RechVersV darf eine Saldierung negativer und positiver Bilanzalterungsrückstellungen vorgenommen werden, soweit insgesamt die Aufrechnung nicht zu einer negativen Bilanzrückstellung führt.

3.3.2 Deckungsrückstellung nach IFRS (US-GAAP)

Die internationalen Vorschriften zur Deckungsrückstellung sind von der jeweiligen Produktkategorie abhängig. So gelten für die Lebensversicherung ohne natürliche Gewinnbeteiligung (bisher SFAS 60, jetzt verteilt innerhalb ASC 944) und die Lebensversicherung mit natürlicher Gewinnbeteiligung (bisher SFAS 120 jetzt ASC 944-20) jeweils eigenständige Rechnungsgrundlagen, unterschiedliche Bewertungsvorschriften für die Deckungsrückstellung sowie eine unterschiedliche Behandlung von Abschlusskosten.[229] Zusätzlich existieren spezielle Regeln für Verträge (bisher SFAS 97 jetzt vor allem ASC 944-20/40), für die eine proportionale Verteilung der rechnungsmäßigen Geschäftsergebnisse zu den Beitragseinnahmen nicht sinnvoll ist. Unter den bisherigen SFAS 97 fällt die Bilanzierung von Investmentverträgen, die kein signifikantes versicherungstechnisches Risiko enthalten und daher reine Finanzprodukte darstellen, sowie die Bilanzierung von Policen mit abgekürzter Beitragslaufzeit oder auch Universal-Life-Verträge (vgl. Abb. 6.7).

Kategorie 1

Für *Lebensversicherungsverträge ohne natürliche Gewinnbeteiligung* (bisher SFAS 60) sind realitätsnahe Rechnungsgrundlagen unter Berücksichtigung von Sicherheitsmargen *(Provision for Adverse Deviation)* zu verwenden.[230] Als *Rechnungsgrundlagen* dienen neben Kosten

1. Zinsen,
2. biometrische Rechnungsgrundlagen und
3. Storno.

---

229 Vgl. zur Bilanzierung der Deckungsrückstellung nach US-GAAP, insbesondere DAV [Lebensversicherung, 2000].

230 Vgl. DAV [Lebensversicherung, 2000], S. 26.

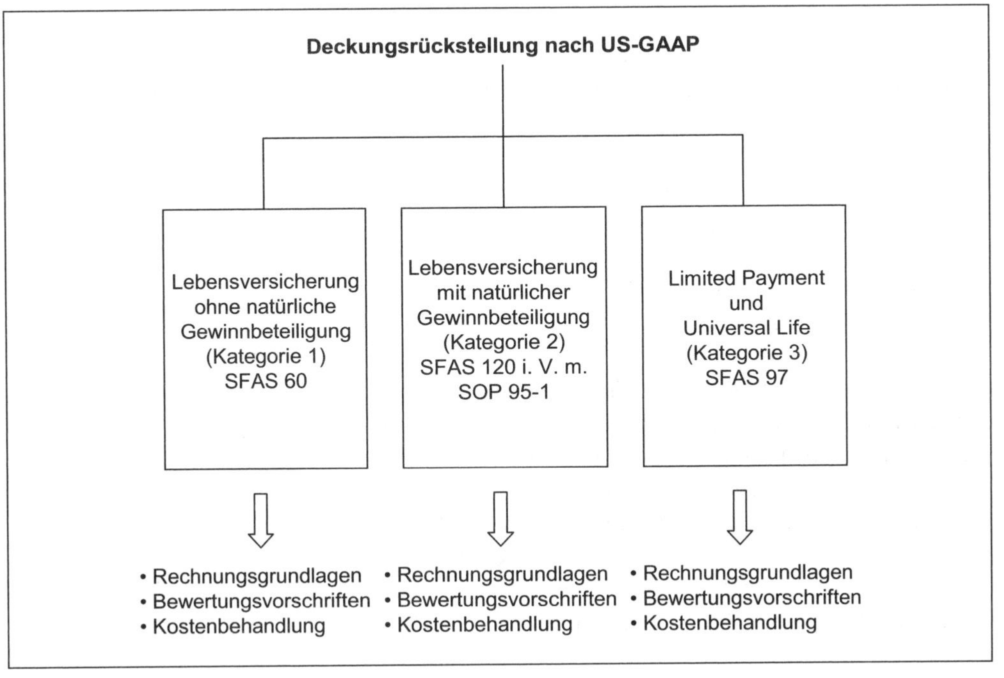

Abb. 6.7: Übersicht zur Deckungsrückstellung nach US-GAAP

Ad 1: Die Grundlage für die Bestimmung des *Rechnungszinses* bildet eine Schätzung der Nettoverzinsung der Kapitalanlagen des Versicherungsunternehmens zum Zeitpunkt des Vertragsabschlusses abzüglich Sicherheitsmargen. Den Ausgangspunkt der Schätzung bildet das aktuelle Kapitalanlageergebnis unter Berücksichtigung von Trends, Kapitalanlagemix, (Rest-)Laufzeiten. Für die fernere Zukunft sind vorsichtigere Annahmen zugrunde zu legen, was in der Regel zu niedrigeren Rechnungszinssätzen führt.

Ad 2: Die *biometrischen Rechnungsgrundlagen* basieren auf aktuellen Sterbetafeln, die Prämiendifferenzierungsmerkmale wie Geschlecht und Alter des Versicherten sowie den Selektionseffekt berücksichtigen. Grundsätzlich sind unternehmensindividuell erarbeitete Sterbetafeln zu verwenden. In Fällen, in denen aktuelle unternehmensindividuelle Sterbetafeln nicht vorhanden sind bzw. deren Anwendung nicht sinnvoll ist, erfolgt ein Rückgriff auf Branchentafeln.

Ad 3: *Storno* ist in den Rechnungsgrundlagen explizit zu berücksichtigen. Auch hier hat das Versicherungsunternehmen auf aktuelle, unternehmensindividuelle Erfahrungen zurückzugreifen. Falls derartige Daten nicht vorhanden sind bzw. deren Anwendung nicht sinnvoll ist, erfolgt wiederum ein Rückgriff auf Branchenerfahrungen. Der Effekt von Storno kann dann unterbleiben, wenn die Deckungsrückstellung etwa dem Rückkaufswert entspricht.

Grundsätzlich gilt für Verträge der Produktkategorie 1 das *lock in Prinzip*. Demnach sind die gewählten Rechnungsgrundlagen über die gesamte Vertragslaufzeit unverändert zu lassen.

Eine Ausnahme hiervon bildet jedoch das Vorliegen eines Prämiendefizits *(premium deficiency)*. Im Rahmen eines *loss recognition Tests* ist mittels aktueller Rechnungsgrundlagen (z.B. bezüglich Sterblichkeit, Storno und Kosten) zu prüfen, ob die auf der Basis der *locked in* Annahmen gebildete Rückstellung und der Barwert der zugehörigen Prämien ausreichen, um die zukünftigen Leistungen sowie die Tilgung der aktivierten Abschlusskosten (DAC = deffered acquisition costs) sicherzustellen (SFAS 60.35–37/ASC 944-25/35).

Deckungsrückstellung abzüglich DAC	<	Barwert der zukünftigen Schadenleistungen und Kosten (inklusive Regulierungskosten) abzüglich des Barwertes der zukünftigen Bruttoprämien

Falls ein Prämiendefizit vorliegt, werden in der Regel zunächst die aktivierten Abschlusskosten abgeschrieben. Nur falls diese Abschreibung nicht ausreicht, wird die Deckungsrückstellung auf der Basis aktueller Erfahrungen, jedoch ohne Sicherheitszuschläge, erhöht.[231] Ein loss recognition test stellt keine Stichtagsbewertung dar, sondern soll dauerhaften Veränderungen der Rechnungsgrundlagen Genüge leisten.[232]

Die *Deckungsrückstellung (liability for future policy benefits)* kann sowohl prospektiv als auch retrospektiv berechnet werden. Im Falle einer *prospektiven Bewertung* ergibt sich die Deckungsrückstellung als Differenz des Barwertes der künftigen Leistungen und des Barwertes der künftigen Reserveprämien. Unter *Reserveprämie* wird grundsätzlich immer der Teil der Bruttobeiträge aufgefasst, der bei der Berechnung der Deckungsrückstellung angesetzt wird.

Für die *Bewertung der Deckungsrückstellung* ist zunächst eine Zerlegung der Bruttobeiträge für den Neuzugang mit den gewählten Rechnungsgrundlagen durchzuführen. Der *Bruttobeitrag* (gross premium) setzt sich aus der *Nettoprämie* (Prämienteil zur Deckung der Leistungen und Schadenregulierung), einer *Tilgungsprämie* für aktivierte Abschlusskosten, einer *Kostenprämie* zur Deckung übriger Kosten sowie einem *Gewinnzuschlag* zusammen. Abbildung 6.8 zeigt, wie in einer Barwertbetrachtung aus der Zerlegung der einzelnen Teile der Bruttobeiträge der Barwert des Rohergebnisses aus dem Vertrag resultiert.

Barwert der Bruttobeiträge
– Barwert künftiger Leistungen (einschließlich Regulierungsaufwendungen) – Barwert aktivierter Abschlusskosten – Barwert der künftigen übrigen Kosten = **Barwert des Rohergebnisses**
Reserveprämie $= \frac{\text{BW künftiger Leistungen + BW übriger Kosten}}{\text{BW der Bruttobeiträge}}$ (BW = Barwert)

Abb. 6.8: Bruttobeitrag und Reserveprämie für Produkte der Kategorie 1 (bisher SFAS 60)

231 Vgl. zum Loss-Recognition-Test Herget, Thomas [US-GAAP, 2000], S. 79–81.
232 Vgl. Geib, Gerd [Internationalisierung, 2011], Rd. 102.

Beispiel 6.7: Beitragszerlegung

Barwert der Bruttobeitragseinnahmen	194.970	100 %
abzgl. Barwert Leistungen inkl. Regulierungsaufw.	–172.020	–88,2 %
abzgl. Barwert DAC	–13.200	–6,8 %
abzgl. Barwert der künftigen Kosten	–5.860	–3,0 %
Barwert Rohergebnis	3.890	2,0 %

Reserveprämie = Bruttobeitrag * 91,2 %

Aus dem Verhältnis des Barwertes der künftigen Leistungen und der übrigen Kosten zum Barwert der Bruttobeiträge resultiert die Reserveprämie. Die Reserveprämie wird als der (feste) Anteil vom Bruttobeitrag bestimmt, der Leistungen, Regulierungsaufwendungen und künftige übrige Kosten abdeckt. Anders formuliert stellt die Reserveprämie die Summe aus Netto- und Kostenprämie dar.

Auf der Basis der Beitragszerlegung erfolgt nun die Berechnung der Deckungsrückstellung, entweder retrospektiv oder prospektiv. Während die prospektive Berechnung aus der Differenz des Barwertes der künftigen Leistungen und dem Barwert der Reserveprämie bestimmt wird, zeichnet sich die retrospektive Methode durch das in Abbildung 6.9 dargestellte Grundschema aus.

Deckungsrückstellung zum Zeitpunkt t_0
+ **Zuführung** (= Bruttobeiträge × Anteil der Reserveprämie an der Grundprämie) = Zwischensumme + **Zinszuführung** (Rechnungszins von 7,5 % × Zwischensumme) – **Entnahmen des Geschäftsjahrs** (Abläufe, Rückläufe, Todesfallleistungen, Schadenregulierungen, Verwaltungskosten) = **Deckungsrückstellung am Ende des Geschäftsjahres**

Abb. 6.9: Retrospektive Berechnung der Deckungsrückstellung für Produkte der Kategorie 1[233]

Beispiel 6.8: Retrospektive Berechnung

Bruttobeitragseinnahmen des Jahres	23.070,0
Rechnungszins	5 %
Deckungsrückstellung zm 1.1.	71.772,3
+ Beitragszuführung (= Bruottobeitragseinnahmen × 91,2 %)	21.046,8
Zwischensumme	92.819,1
+ Zinszuführung (= Zwischensumme × Rechnungszins)	4.641,0
Abzgl. Entnahmen des Geschäftsjahrs (Abläufe, Rückkäufe, Todesfalleistungen, Regulierung, Verwaltung)	–788,9
Deckungsrückstellung zum 31.12	96.671,1

Die aktivierten Abschlusskosten langfristiger Verträge, die in Produktkategorie 1 bilan-

233 Vgl. DAV [Lebensversicherung, 2000], S. 31.

ziert werden, werden entsprechend der *Ertragsrealisation über die Laufzeit* des Versicherungsbestands verteilt (SFAS 60.29/ASC 944-30-35/25/45). Als Grundlage dienen die gleichen Methoden und Annahmen wie bei der Berechnung der Deckungsrückstellung. Für die Abschreibung der DAC wird ein *Tilgungsfaktor (TF)* festgelegt, der sich aus dem Verhältnis des Barwertes (BW) der DAC und dem Barwert der zukünftigen Bruttobeiträge (gross premiums) ergibt:

$$TF = \frac{BW\ (DAC)}{BW\ (Bruttobeiträge)}$$

Auf der Basis dieses Tilgungsfaktors lässt sich die *Abschreibung des betrachteten Jahres* ermitteln, indem der Tilgungsfaktor mit dem Bruttobeitrag des Jahres multipliziert wird:

$$Abschreibung\ (200X) = TF \times Bruttobeiträge\ (200X)$$

Unter die Regelung des bisherigen SFAS 60 fällt auch die Deckungsrückstellung in der *Krankenversicherung*. Im Unterschied zur Lebensversicherung enthalten deutsche Krankenversicherungsprodukte allerdings keine fixe Auszahlungssumme. Vielmehr ist die Höhe der Versicherungsleistungen von vielfältigen Faktoren (z. B. den steigenden Krankheitskosten) abhängig. Insofern sind bei der Ermittlung der künftigen Beiträge mögliche Beitragserhöhungen (über Prämienanpassungen) zu berücksichtigen.[234] Ebenso werden zukünftige (gesetzlich bedingte) Überschüsse bereits bei Vertragsbeginn in die Rückstellungsberechnung einbezogen.

Beispiel 6.9: Beispiel Abschlusskosten SFAS 60

Barwert DAC	11.899,3
Barwert der Bruttobeitragseinnahmen	194.970
Tilgungsfaktor (= BW DAC/BW Bruttobeiträge)	6,10 %
DAC 1.1.	5.777,3
Abzgl. Tilgung (Bruttobeitragseinnahmen × Tilgungsfaktor)	−1.408,0
Zwischensumme	4.369,3
Zinszuführung (Rechnungszins × Zwischensumme)	218,5
DAC 31.12.	4.587,8

Kategorie 2:
Für Lebensversicherungsverträge mit natürlicher Gewinnbeteiligung ist der bisherige SFAS 120 i. V. m. SOP 95–1 (ASC 944-20/30/40/50) anzuwenden. Die Deckungsrückstellung (liability for future policy benefits) setzt sich aus drei Teilrückstellungen zusammen (vgl. Abbildung 6.10).

Die Rückstellung für Versicherungsleistungen *(net level premium reserve)* resultiert aus dem Barwert der zukünftigen Versicherungsleistungen (inklusive erworbener Boni, jedoch ohne Schadenregulierungsaufwendungen) abzüglich des Barwertes der künftigen Reserveprämien. Künftige Gewinnbeteiligungen werden bei den Leistungen nicht einbe-

234 Vgl. Mayr, Gerhard [Internationalisierung, 1999], S. 99.

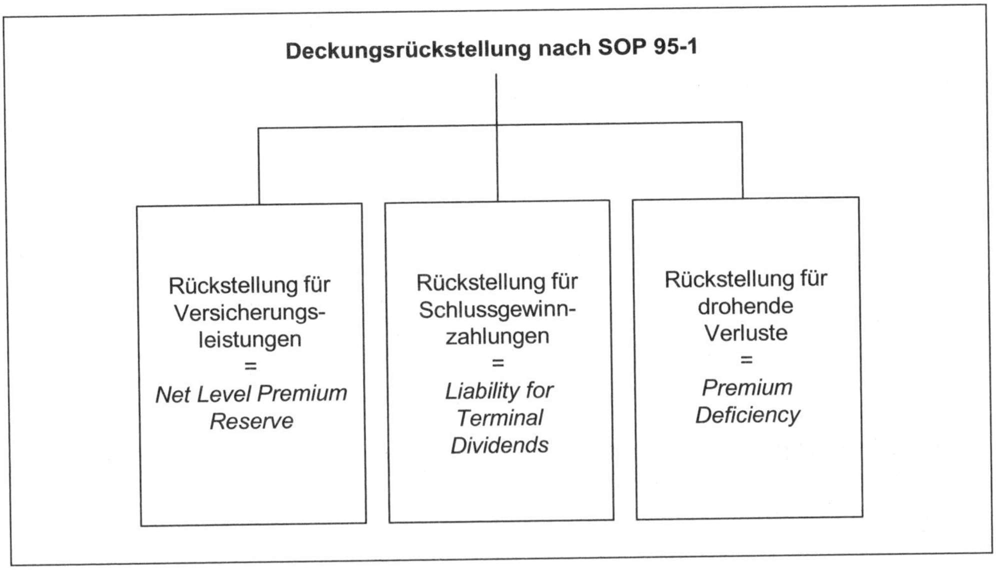

Abb. 6.10: Deckungsrückstellung bei natürlicher Gewinnbeteiligung

zogen. Die *Reserveprämie* stellt in diesem Fall nur die *Nettoprämie* (abzüglich des Prämienanteils, der zur Deckung der Regulierungsaufwendungen vorgesehen ist) dar. Neben der prospektiven Methode ist auch eine retrospektive Methode möglich.

Für die *Berechnung* der Deckungsrückstellung werden Rechnungsgrundlagen 1. Ordnung verwendet. Rechnungsgrundlagen sind wiederum

1. der Rechnungszins,
2. die biometrischen Rechnungsgrundlagen und
3. das Storno.

Im Unterschied zu der Behandlung nach SFAS 60 werden keine Sicherheitszuschläge auf die ermittelten Rechnungsgrundlagen verwendet.

Ad 1: Der *Rechnungszins* entspricht der *»dividend fund interest rate«* oder falls diese nicht bestimmbar ist, dem für die Berechnung der Rückkaufswerte garantierten Zins. In Deutschland stellt dies der *Rechnungszins der Prämienkalkulation* dar.[235]
Ad 2: Die *biometrischen Rechnungsgrundlagen* entsprechen denjenigen der Beitragskalkulation.
Ad 3: *Stornowahrscheinlichkeiten* werden in die Berechnung nicht einbezogen.

Während die Rückstellung für künftige Versicherungsleistungen gerade der ungezillmerten Deckungsrückstellung nach deutschem Verständnis entspricht, enthält die Deckungsrückstellung nach US-GAAP zusätzlich eine *Rückstellung für Schlussgewinnzahlungen (liability for terminal dividends)*. Diese wird nicht innerhalb der Rückstellung für Beitrags-

235 Vgl. DAV [Lebensversicherung, 2000], S. 45.

rückerstattung ausgewiesen, sondern direkt über die Deckungsrückstellung. Gemäß SOP 95–1.17 (ASC 944-40-25-30) ist eine Anfinanzierung künftiger Schlussgewinnzahlungen in der »liability for future policy benefits« dann erforderlich, wenn

1. die Zahlung von Schlussgewinnen wahrscheinlich ist und
2. die Höhe des zu zahlenden Schlussgewinns mit hinreichender Genauigkeit bestimmt werden kann.

Die in der Lebensversicherung mit natürlicher Gewinnbeteiligung *aktivierten Abschlusskosten* werden über die Laufzeit des jeweiligen Versicherungsbestands konstant abgeschrieben. Die Basis für die Berechnung der Abschreibungen bildet eine Art »Bruttogewinn« aus dem Versicherungsbestand (gross margin). Diese bildet sowohl die Basis für die Tilgung der Abschreibungen als auch für die Anfinanzierung der Schlussgewinne.

Vor Tilgung der Abschlusskosten ist ein Werthaltigkeitstest *(test of recoverability)* durchzuführen.[236] Es sind diejenigen Abschlusskosten zu aktivieren, deren Barwert mit dem Barwert der Gross Margin vermindert um den Barwert der Schlussüberschussanteile getilgt werden kann. Die *Tilgung der aktivierten Abschlusskosten* erfolgt mit einem festen Anteil der Gross Margin, der mit realistischen und laufend anzupassenden Rechnungsgrundlagen berechnet wird.

Die *Anfinanzierung* der Schlussgewinne erfolgt durch jährliche direkte Zuführungen zur Rückstellung für Schlussgewinne und durch die Verzinsung der Rückstellung. Der jährlichen Zuführung liegt die gleiche Bemessungsgrundlage zugrunde wie der Tilgung der aktivierten Abschlusskosten. Im Normalfall wird folglich ein fester Anteil des im jeweiligen Geschäftsjahr erwirtschafteten Bruttogewinns aus dem Versicherungsbestand (gross margin) zur Erhöhung der Rückstellung verwendet. Die Abbildung 6.11 zeigt die Zusammensetzung des Bruttogewinns aus dem Versicherungsbestand (gross margin) auf.

Bruttobeiträge	
+	Kapitalerträge auf die NLPR
–	Versicherungsleistungen/Regulierungsaufwendungen
–	laufende Kosten
–	Veränderung der NLPR
–	jährliche Überschussanteile
+/–	sonstige Erträge und Aufwendungen
=	**Bruttogewinn aus dem Versicherungsbestand** (gross margin)
(NLPR = net level premium reserve)	

Abb. 6.11: Gross margins nach SOP 95–1.22 (ASC 944-30-35-13)

Für die Diskontierung des Barwertes der gross margins wird der erwartete Renditesatz der Kapitalanlagen verwendet (SOP 95-1.20/ASC 944-30-35-11). Sicherheitszuschläge (provision for adverse deviation) sind in die Berechnung nicht einzubeziehen. Nach Be-

236 Vgl. DAV [Lebensversicherung, 2000], S. 46.

rechnung des Barwertes (BW) der gross margins kann ein Tilgungsfaktor (TF) für die aktivierten Abschlusskosten (DAC) ermittelt werden. Dieser ergibt sich aus dem Verhältnis des Barwertes der DAC zum Barwert der gross margins:

$$TF = \frac{BW\ (DAC)}{BW\ (Gross\ Margins)}$$

Die Abschreibung des Jahres 200X folgt nun aus der Multiplikation des Tilgungsfaktors mit dem Bruttogewinn des Jahres 200X (gross margin 200X):

$$\text{Abschreibung (200X)} = TF \times \text{gross margin (200X)}$$

Beispiel 6.10: Tilgung von Abschlusskosten

- Ein Lebensversicherungsunternehmen errechnet einen Barwert (DAC) in Höhe von 200 GE.
- Der Barwert der Bruttogewinne (gross margin) beträgt 1.000 GE.

Aus diesen Angaben errechnet sich ein Tilgungsfaktor in Höhe von

$$TF = \frac{BW\ (DAC)}{BW\ (Gross\ Margins)} = \frac{200}{1.000} = 0{,}2$$

Angenommen, im Geschäftsjahr entsteht ein Bruttogewinn in Höhe von 100 GE, dann folgt für die Abschreibung des Jahres:

$$\text{Abschreibung (200X)} = TF \times \text{gross margin (200X)} = 0{,}2 \times 100\ GE = 20\ GE$$

Die deferred acquisition costs sind daher um 20 abzuschreiben.

Ebenso lässt sich die Finanzierung der Schlussgewinnzahlungen auf der Basis des Barwertes der gross margins bestimmen. Zunächst wird ein Zuführungsfaktor bestimmt, der sich aus dem Verhältnis des Barwertes der Schlussgewinnzahlungen (terminal dividends = TD) zum Barwert der gross margins bestimmt (vgl. Beispiel 6.10).

Kategorie 3:
Die Verträge von Produktkategorie 3 werden vom bisherigen SFAS 97 bzw. ASC 944-20/40) geregelt. Eine Einordnung von Produkten in diese Kategorie setzt voraus, dass es sich um langfristige Verträge handelt. Ist diese Voraussetzung nicht erfüllt, werden die Verträge nach Produktkategorie 1 bilanziert. Folgende typische Verträge sind in dieser Kategorie zu bilanzieren (ASC 944-20-15-11):

- *Verträge mit begrenzter Beitragslaufzeit* (limited payment): Für Verträge mit nicht laufender Beitragszahlung (z. B. auch Einmalbeiträge) ist eine Verteilung des Gewinns proportional nicht sinnvoll. Beiträge werden bei dieser Vertragsform bei Fälligkeit zwar als Ertrag verbucht, der Gewinnzuschlag wird allerdings durch die Bildung eines passiven Rechnungsabgrenzungspostens (deferred profit liability) auf die Laufzeit verteilt.

- *Universal-Life-Verträge:*[237] Diese flexible Form der Lebensversicherung existiert in Deutschland grundsätzlich nicht. Auch bei dieser Vertragsform ist eine proportionale Verteilung des Gewinns zu den Beiträgen nicht sinnvoll. Vielmehr hat der Versicherungsnehmer die Möglichkeit, Zeitpunkt und/oder Höhe der Beitragszahlungen innerhalb einer gewissen Bandbreite frei zu variieren. Das Versicherungsunternehmen führt für den Versicherungsvertrag ein Konto, auf dem Prämien und Zinsgewinne gutgeschrieben werden. Demgegenüber werden Risikobeiträge, Verwaltungskosten sowie Rückkaufswerte belastet. Veränderungen von Vertragselementen beruhen in der Regel nicht auf einer veränderten Situation innerhalb des Lebensversicherungsunternehmens, sondern auf Veränderungen der Kapitalmarktlage. Zahlungen der Versicherungsnehmer stellen bei universal life Verträgen keine Prämienerträge, sondern Einlagen dar. Lediglich Risikoprämien, Stornoabschläge oder sonstige Kontenentnahmen für Kosten werden zu Erträgen. Aufwendungen fallen für Versicherungsleistungen an, die den Kontostand übersteigen, sowie für Verwaltungsaufwendungen und Abschreibungen von DAC.
- *Investmentverträge:* Das Kennzeichen von Investmentverträgen ist das Fehlen eines signifikanten versicherungstechnischen Risikos. Solche Verträge führen beim Versicherungsunternehmen nicht zu einem Ausweis von Prämien, sondern zu Einlageverbindlichkeiten (deposit liabilities) in Höhe der entsprechenden Finanzinstrumente. Mit IAS 32 und IAS 39 existieren hierfür eigenständige Regelungen. Daher ist ein Rückgriff auf SFAS 91 (ASC 310-20) und SFAS 97 (ASC 944-20/40) nicht erforderlich, um einen IFRS-Konzernabschluss zu erstellen.

Im Folgenden werden die Regelungen für die Deckungsrückstellung für die Produktkategorie 3 an den Beispielen der *limited payment Verträge* und der *universal life Verträge* dargestellt. Zunächst sind für die beiden Vertragsformen unterschiedliche *Rechnungsgrundlagen* zu unterscheiden:

- Für *Policen mit abgekürzter Beitragsdauer* sind die Rechnungsgrundlagen des SFAS 60 maßgeblich. Insofern ist hier ein Sicherheitszuschlag (PAD) einzubeziehen und das lock in Prinzip zu berücksichtigen. Im Unterschied zu SFAS 60 werden die Gewinne unabhängig von den Beiträgen realisiert und über die Beitragszahlungsdauer hinaus verteilt.
- Bei *universal Life Verträgen* erfolgt eine realitätsnahe Bewertung (Best Estimate) ohne Berücksichtigung von Sicherheitszuschlägen. Rechnungszins, Sterblichkeit und Storno sind wie in der Bilanzierung nach SFAS 60 zu behandeln. Es besteht kein lock in Prinzip, d. h., dass die zugrunde gelegten Rechnungsgrundlagen regelmäßig zu überprüfen sind (FAS 97.25/ASC 944-30-35). Die Deckungsrückstellung von Universal-Life-Verträgen umfasst mehrere Bestandteile (vgl. Abb. 6.12).

237 Vgl. im Folgenden Geib, Gerd [Internationalisierung, 2011], Rd. 107–110.

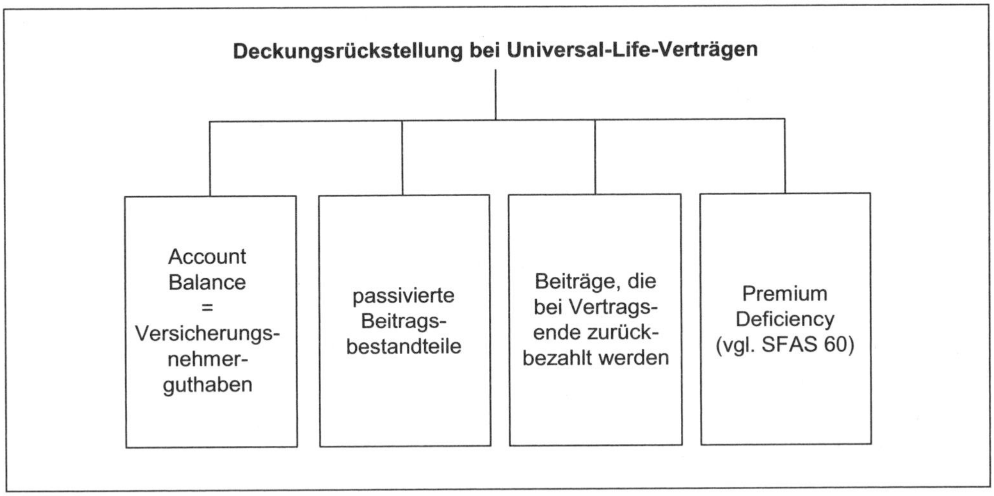

Abb. 6.12: Bestanteile der Deckungsrückstellung bei Universal-Life-Verträgen[238]

Die *account balance* stellt ein Versicherungsnehmerguthaben dar, das einer rekursiven Ansammlung von Beiträgen abzüglich der vertraglich vereinbarten Risiko- und Kostenentnahmen entspricht. Insofern beinhaltet die Account Balance die im Vertrag enthaltenen Sicherheitsmargen. *Beitragseinnahmen,* die *nicht für Dienstleistungen der Periode* erzielt werden, sind zu passivieren und äquivalent zu den Abschlusskosten zu tilgen. Insofern werden Gewinne nicht vorweggenommen. Ebenso sind *Beiträge zu passivieren,* die bei Beendigung des Vertrags an die Versicherungsnehmer *zurückbezahlt* werden. Eine eventuelle Rückstellung für erwartete Verluste *(premium deficiency)* ist wie nach SFAS 60/ASC 944-60 zu behandeln.

Beispiel 6.11 zeigt die Bildung der Deckungsrückstellung von universal life Verträgen.

Die Behandlung der *Abschlusskosten* nach SFAS 97/ASC 944-30-35-4 erfolgt analog zu SFAS 60 mit folgenden Ausnahmen:

- Die Tilgung der aktivierten Abschlusskosten erfolgt mit einem festen Anteil des geschätzten Rohergebnisses *(expected gross profits = EGP)*, das mit realistischen und laufend anzupassenden Rechnungsgrundlagen berechnet wird.
- Es ist ein Werthaltigkeitstest durchzuführen *(test of recoverability)*, d. h., es erfolgt eine Aktivierung der Abschlusskosten, deren Barwert mit dem Barwert der expected gross profits und den Veränderungen der sonstigen zu passivierenden Beträge getilgt werden kann.

238 Vgl. zu dieser Zusammensetzung DAV [Lebensversicherung, 2000], S. 39.

Beispiel 6.11: Bildung der Deckungsrückstellung von universal life Verträgen

Es wird angenommen, dass eine retrospektive Berechnung der Deckungsrückstellung vorgenommen wird.

Deckungsrückstellung am Beginn des Geschäftsjahres (1)	531,70
gezahlte Beiträge des Geschäftsjahres	719,70
abzüglich Risiko- und Kostenbeiträge des Geschäftsjahres (2)	– 244,60
Zwischensumme	*1.006,80*
Zinszuführung (aktueller Rechnungszins × Zwischensumme)	90,60
Entnahmen des Geschäftsjahres:	
für Rückkäufe, Abläufe und Todesfallleistungen (3)	– 132,20
Deckungsrückstellung am Ende des Geschäftsjahres	965,20

1. Im Geschäftsjahr 01 ist die Deckungsrückstellung am Beginn des Geschäftsjahres definitionsgemäß 0,0 (Originalwährung).
2. Die Risiko- und Kostenbeiträge des Geschäftsjahres werden der Deckungsrückstellung entnommen und als Beiträge gebucht (Buchungssatz: Deckungsrückstellung an Beiträge). Stornoabzüge gehen ebenfalls in die Beiträge ein.
3. Der jeweilige Kontowert wird angegeben.

Die Zusammensetzung der EGP wird in SFAS 97.23/ASC 944-30-35 geregelt. Der Aufbau des Rohergebnisses wird in Abbildung 6.13 aufgezeigt.

- **Vertragliche Risikoprämie**
  (abzüglich der geschätzten Versicherungsleistungen, die über die zugehörigen account balances hinausgehen)
- **Vertragliche Entnahmen für Kosten**
  (abzüglich der geschätzten laufenden Kosten)
- **Kapitalerträge**
  (abzüglich vertraglich gutzuschreibenden Zinsen auf die account balances)
- **Vertragliche Erträge bei Beendigung des Vertrages**
- **Sonstige Erträge/Aufwendungen**

} Geschätztes Rohergebnis (*expected gross profits*)

Abb. 6.13: Expected gross profit nach SFAS 97.23 bzw. ASC 944-30-35

Das Rohergebnis bildet die Summe aller vertraglichen Zuführungen abzüglich der Entnahmen aus dem Versicherungsnehmerguthaben und den zugehörigen zu erwartenden Aufwendungen und Erträgen.[239] Aus dem Verhältnis des Barwertes der aktivierten Abschlusskosten und dem Barwert der EGP lässt sich ein Tilgungsfaktor TF bestimmen. Die Diskontierung der EGP erfolgt mit demjenigen Zins, der auf die account balances gutgeschrieben wird.

239 Vgl. DAV [Lebensversicherung, 2000], S. 41.

Beispiel 6.12 Umbewertung von HGB auf IFRS (US-GAAP)

Die Umbewertung von HGB nach US-GAAP führt dazu, dass auf der Aktivseite noch nicht fällige Ansprüche an Versicherungsnehmer durch DAC ersetzt werden, wobei Letztere in der Regel deutlich höher sind. Auf der Passivseite werden beinahe sämtliche versicherungstechnische Rückstellungen anders als nach HGB bewertet, insbesondere ergibt sich eine deutliche Verschiebung von der RfB zur Deckungsrückstellung (Schlussgewinne) und der Ausweis einer ungezillmerten Deckungsrückstellung.

Beispiel:

Bilanz nach HGB

Aktiva		**Passiva**	
Kapitalanlagen	950	Eigenkapital	12
Zillmerforderungen	8	Versicherungstechn. Rst. (ohne RfB)	875
		RfB	100
Sonstige Aktiva	42	Sonstige Passiva	13
	1000		1000

Annahmen:
- Kapitalanlagen nach US-GAAP 20 % höher
- DAC = 500 % der Zillmerforderungen
- 50 % der HGB-RfB entfallen auf Schlussgewinnerfordernisse
- Versicherungstechnische Rückstellungen (einschließlich Schlussgewinnfonds) erhöhen sich auf 1.007
- Steuersatz 50 %

Die verbleibende Bewertungsdifferenz von 140 wird aufgeteilt
- 126 (90 %) latente RfB – damit ergibt sich eine gesamte RfB von 126 + 50 (HGB-RfB ohne Schlussgewinnerfordernis) = 176
- (5 %) Eigenkapital
- (5 %) latente Steuern

Bilanz nach US-GAAP

Aktiva		**Passiva**	
Kapitalanlagen	1.140	Eigenkapital	19
DAC	40	Versicherungstechn. Rst. (ohne RfB)	1.007
		RfB	176
		Latente Steuern	7
Sonstige Aktiva	42	Sonstige Passiva	13
	1.222		1.222

$$TF = \frac{BW\ (DAC)}{BW\ (Expected\ Gross\ Profits)}$$

Die Abschreibung des Jahres 200X folgt aus dem Rohergebnis des Jahres (expected gross profit 200X) und dem Tilgungsfaktor:

$$Abschreibung\ (200X) = TF \times expected\ gross\ profit\ (200X)$$

3.3.3 Zinszusatzreserve in der Lebensversicherung

Die Risikotragfähigkeit von Lebensversicherungsunternehmen leidet gerade in Zeiten schwieriger Kapitalmärkte, vor allem in Verbindung mit niedrigen Zinsen. Im Zuge der Veränderung der Deckungsrückstellungsverordnung im März 2011 wurden auch die Vorschriften zur Bildung einer Zinszusatzreserve nach § 341f Abs. 2 HGB i.V.m. § 5 Abs. 3, 4 DeckRV angepasst. Lebensversicherungsunternehmen müssen dabei in Phasen anhaltend niedriger Zinsen ihre Rückstellungen erhöhen, um langfristig ihre eingegangenen Garantien gegenüber ihren Kunden erfüllen zu können. Mit der Änderung soll sichergestellt werden, dass Rückstellungen sukzessive erhöht werden müssen und nicht – wie bisher – erst zu einem sehr späten Zeitpunkt in Verbindung mit einem einmalig sehr hohen Finanzierungsaufwand und der Gefahr, die entsprechenden Erträge dann nicht erwirtschaften zu können. Mit der Neuregelung soll die Planungssicherheit bei den Versicherungsunternehmen erhöht werden.

Für die Rückstellungsbildung sind die künftige Zinsentwicklung und die gegebenen Garantien maßgeblich. Grundlage bildet der Vergleich von Rechnungszins und Referenzzins, wobei der Referenzzins dem 10–jährigen Durchschnitt der Renditen 10–jähriger europäischer Staatsanleihen höchster Bonität entspricht. Um die Zinszusatzreserve zu berechnen, wird für die nächsten 15 Jahre auf Basis des Minimums aus Referenzzins und Rechnungszins eine Referenz-Deckungsrückstellung ermittelt. Die Zinszusatzreserve ist nun die Differenz aus Referenz-Deckungsrückstellung und ursprünglicher Deckungsrückstellung. Die Überprüfung erfolgt einzelvertraglich und jährlich. Die gebildeten Rückstellungen werden sukzessive wieder aufgelöst, wenn die Zinsen steigen.

Nach IFRS erfolgt eine Überprüfung der Angemessenheit der versicherungstechnischen Rückstellungen sowie der verwendeten Parameter der aktivierten Abschlusskosten im Zuge des jährlichen Werthaltigkeitstests (loss recognition test).

3.3.4 Unisex-Tarife und ihre Auswirkung auf die Deckungsrückstellung

Der Europäische Gerichtshof (EuGH) hat am 1.3.2011 im Zuge des sogenannten Test-Achats-Urteils entschieden, dass für Neuverträge ab dem 21.12.2012 das Geschlecht kein Risiko- und Berechnungsfaktor für Versicherungsprämien und -leistungen mehr sein darf, d. h. dass ab diesem Termin nur noch Unisex-Tarife angeboten werden dürfen. Im Grunde geht es darum, eine Diskriminierung beim Zugang und der Versorgung mit Dienstleistungen zu vermeiden.

In der Rentenversicherung macht das EuGH-Urteil zur Unisex-Kalkulation die Bestimmung neuer Risikomerkmale und damit die Neukalkulation der Tarife für das Neugeschäft erforderlich.[240] Dabei wird unterstellt, dass die Lebenserwartung von Männern und Frauen allein aufgrund des Geschlechts sich nicht signifikant unterscheidet. Die in der Praxis beobachtete längere Lebenserwartung von Frauen führt dazu, dass für eine gegebene Versicherungsleistung Männer künftig mehr und Frauen weniger bezahlen als bisher.

Umgekehrt verhält es sich in der Risikolebensversicherung. Die höhere Lebenserwartung von Frauen hat in der Vergangenheit dazu geführt, dass Beiträge für Frauen gegenüber Männern niedriger waren. Demnach ist zu erwarten, dass künftig Frauen mehr und Männer weniger hohe Beiträge zu zahlen haben. Im Verhältnis zur Versicherungssumme dürfte allerdings die Auswirkung beschränkt bleiben.

In der privaten Krankenversicherung werden die Rechnungsgrundlagen Kopfschaden, Sterblichkeit und Storno geschlechtsabhängig ermittelt und zur Prämienkalkulation verwendet. In einem typischen Kompakttarif sind derzeit die Neuzugangsbeiträge für Männer bis etwa Mitte 50 niedriger als für Frauen, danach sind sie für Frauen günstiger. Probleme durch den Unisex-Tarif würden demnach vor allem junge Männer und ältere Frauen haben.

In den Leitlinien zur Richtlinie 2004/113/EG vom 13.01.2012 wird klargestellt, dass für die Lebens- und Krankenversicherung die Unisex-Regel bedeutet, dass »die Prämien und Leistungen für dieselbe Versicherungspolice nicht von einer Person zur anderen allein deshalb variieren dürfen, weil sie nicht demselben Geschlecht angehören. Es gibt jedoch andere Risikofaktoren, z. B. der Gesundheitszustand oder die familiäre Vorbelastung einer Person, die eine unterschiedliche Behandlung rechtfertigen können und für deren Bewertung der Versicherer das Geschlecht bzw. bestimmte physiologische Unterschiede zwischen Mann und Frau mit berücksichtigen muss.«

Aus Sicht der Rechnungslegung stellt sich die Frage, welche Auswirkungen Unisex-Tarife auf die Ermittlung der Deckungsrückstellung haben. In der DeckRV heißt es in § 5 Abs. 1: »Bei der nach versicherungsmathematischen Methoden vorzunehmenden Ableitung von Rechnungsgrundlagen sind sämtliche Umstände, die Änderungen und Schwankungen der aus den zugrunde liegenden Statistiken gewonnenen Daten bewirken können, zu berücksichtigen und nach versicherungsmathematischen Grundsätzen geeignet zu gewichten. Die Ableitung von Rechnungsgrundlagen auf der Basis eines besten Schätzwertes genügt nicht.« Unisex-Tarife könnten dazu führen, dass die Deckungsrückstellung höher ist als bei geschlechtsabhängigen Tarifen.

Durch die geschlechtsunabhängig kalkulierten Leistungen und Prämien könnten sich somit Auswirkungen auf die Rechnungslegung ergeben. Bspw. ist der Rückkaufswert nach dem Versicherungsvertragsgesetz mit den Rechnungsgrundlagen der Prämienkalkulation zu ermitteln. Die Deckungsrückstellung muss wiederum mindestens der Höhe des Rückkaufswerts entsprechen. Diskutiert wird vor diesem Hintergrund die Verwendung von

240 Vgl. Ausführlich zu den Auswirkungen auf verschiedene Versicherungssparten DAV [Pressemitteilung, 2011].

- Aggregattafeln,[241]
- einem unternehmensindividuellen Mischungsverhältnis aus Männer und Frauen,
- vorsichtigen Tafeln (je nach Sparte die vorsichtigere Tafel, z. B. für Rentenversicherung Sterbetafeln der Frauen) oder auch
- die weitere Nutzung der bestehenden Tafeln.

In den Leitlinien zur Richtlinie 2004/113/EG heißt es, dass grundsätzlich Praktiken untersagt sind, bei denen die Verwendung des Faktors Geschlecht bei der Berechnung von Prämien und Leistungen zu individuellen Unterschieden in den Prämien und Leistungen führt. Damit wird allerdings nicht ausgedrückt, dass die Berücksichtigung des Geschlechts bei der Risikobewertung generell verboten wäre. Ein solches Vorgehen ist erlaubt, wenn es um die Berechnung von Prämien und Leistungen in ihrer Gesamtheit geht, solange dies nicht zu individuellen Unterschieden führt. In Kapitel 2.2 der Leitlinie wird ausgeführt: »Der Versicherer darf auch künftig geschlechtsspezifische Daten sammeln und das Geschlecht zur internen Risikobewertung heranziehen, um entsprechend den Solvabilitätsvorschriften für die Versicherungsbranche die Höhe der erforderlichen Rückstellungen zu berechnen und um die Zusammensetzung des Portfolio-Mixes für gesamtkalkulatorische Zwecke zu verfolgen«. Inwiefern in der Folge die Deckungsrückstellung künftig weiter geschlechterabhängig berechnet werden kann, wird derzeit von der Deutschen Aktuarvereinigung untersucht.

3.4 Rückstellung für noch nicht abgewickelte Versicherungsfälle

3.4.1 Schadenrückstellungen nach HGB

Ein Versicherungsfall durchläuft in der Regel unterschiedliche Phasen. Diese Phasen bedingen eine gewisse Zeitdauer, die dann zum Ansatz einer versicherungstechnischen Rückstellung führt, wenn am Abschlussstichtag Schäden wirtschaftlich verursacht, aber noch nicht abgewickelt worden sind. Abbildung 6.14 zeigt die wesentlichen Phasen eines Versicherungsfalls auf.

Bilanziell führt die wirtschaftliche Verursachung oder rechtliche Entstehung eines Schadens zur Ansatzpflicht von Verpflichtungen aus den bis zum Geschäftsjahr eingetretenen, aber noch nicht abgewickelten Versicherungsfällen (§ 341g Abs. 1 HGB). Diese werden auch als Schadenrückstellungen oder Schadenreserven bezeichnet bzw. im Gesetz als *Rückstellungen für noch nicht abgewickelte Versicherungsfälle*. Sie dienen der Erfassung von dem Grunde und/oder der Höhe nach ungewissen Verbindlichkeiten gegenüber Versicherungsnehmern bzw. gegenüber geschädigten Dritten aus realisierten wirtschaftlichen Risiken, die in Versicherungsverträgen von Versicherungsunternehmen übernommen worden sind.

241 Vgl. Jurk, Andreas; Wilhelm, Bernd [Unisextarife, 2012], S. 381.

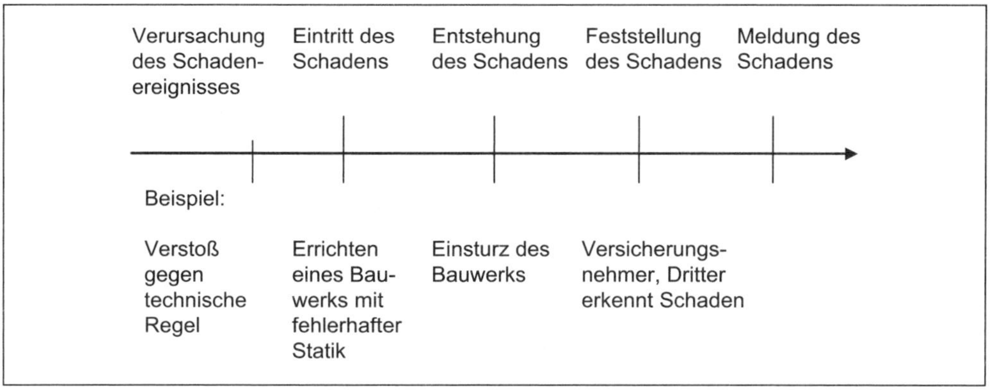

Abb. 6.14: Phasen des Versicherungsfalls[242]

Innerhalb der Schadenrückstellungen werden verschiedene Teilrückstellungen unterschieden:

- Teilrückstellungen für bekannte Versicherungsfälle,
- Teilrückstellungen für Rentenversicherungsfälle,
- Teilrückstellungen für Spätschäden,
- Teilrückstellungen für Schadenregulierungsaufwendungen und
- Rückstellungen für noch nicht abgewickelte Rückkäufe, Rückgewährbeträge und Austrittsvergütungen.

Gemäß §26 Abs. 2 S. 1 RechVersV sind von der Summe der Teilrückstellungen (a) bis (d) Forderungen abzuziehen, die entstanden sind, weil aufgrund geleisteter Entschädigungen dem Versicherungsunternehmen ein Rückgriffsrecht zusteht (Regresse), weil Ansprüche auf ein versichertes Objekt, für das Ersatz geleistet wurde, bestehen (Provenues) oder weil mit anderen Versicherungsunternehmen oder Versicherungsträgern Teilungsabkommen abgeschlossen wurden. Dieser Abzug stellt eine versicherungsspezifische Ausnahme vom Saldierungsverbot des §246 Abs. 2 HGB dar.

Die Rechtsgrundlage für die *Teilrückstellung für bekannte Versicherungsfälle* findet sich in §341g Abs. 1 HGB. Es handelt sich um bis zum Bilanzstichtag gemeldete und damit bekannte Versicherungsfälle (des Geschäftsjahres), die jedoch noch nicht vollständig abgewickelt sind (Normalschäden). Sie stellen Einzelreserven auf der Basis von Schadenmeldungen dar und sind wesentlich dadurch charakterisiert, dass die Zeitpunkte der Schadenverursachung, des Schadeneintritts und der Schadenmeldung vor dem Bilanzstichtag liegen, d. h., das Verursachungsjahr, das Schadenereignisjahr und das Meldejahr entsprechen sich. Die Teilrückstellung für bekannte Versicherungsfälle unterliegt dem Grundsatz der *Einzelbewertung* in Höhe der bedingungsmäßigen Versicherungsleistungen (§252 Abs. 1 Nr. 3 i. V. m. §341e Abs. 1 HGB). Maßgeblich für die Bewertung sind die Preisverhältnisse des Bilanzstichtags. Die Bewertung ist nicht risikoneutral, sondern vielmehr unter Beachtung des *Vorsichtsprinzips* vorzunehmen. Bei der Bewertung der einzelnen Rückstellungs-

242 In Anlehnung an Boetius, Jan [Handbuch., 1996], S. 285–286.

beträge sind zweifelsfrei zu erwartende Erträge aus Regressen, Provenues und Teilungsabkommen zu berücksichtigen. Obwohl eine Abzinsung der Schadenrückstellung in der Versicherungsbilanzrichtlinie vorgesehen war (Art. 60 Abs. 1), wurde die Abzinsung nicht in deutsches Recht umgesetzt. *Ausnahmen vom Grundsatz der Einzelbewertung* sind bei der Ermittlung der Schadenrückstellung durch Verwendung von *Gruppenbewertungen* (§ 256 S. 2 i. V. m. § 240 Abs. 4 HGB) für gleichartige oder annähernd gleichwertige Vermögensgegenstände und Schulden gestattet bzw. durch *Näherungs- und Vereinfachungsverfahren* (§ 341e Abs. 3 HGB) – falls Einzel- oder Gruppenbewertung nicht möglich sind oder der damit verbundene Aufwand unverhältnismäßig hoch ist –, wenn anzunehmen ist, dass diese zu annähernd gleichen Ergebnissen wie Einzelberechnungen führen.[243]

Die *Teilrückstellung für Rentenversicherungsfälle* (Rentendeckungsrückstellung) ist vorwiegend in der Haftpflicht-, Unfall- und Kraftfahrtzeugversicherung zu bilden. Sie wird gesetzlich in § 341g Abs. 5 HGB geregelt und wird für Versicherungsleistungen gebildet, die aufgrund eines rechtskräftigen Urteils, Vergleichs oder Anerkenntnis in Form einer Rente zu erbringen sind. Für den Ausweis als Rentendeckungsrückstellung muss die Pflicht des Versicherungsunternehmens zur Rentenzahlung endgültig feststehen. Ist dies nicht der Fall, so hat weiterhin der Ausweis unter der Teilrückstellung für bekannte Versicherungsfälle zu erfolgen. Die Bewertung der Teilrückstellung für Rentenversicherungsfälle (Rentendeckungsrückstellung) erfolgt mit dem nach anerkannten versicherungsmathematischen Methoden berechneten *Barwert*. Die Bewertung hat für jeden Versicherungsfall einzeln zu erfolgen.

Die Rechtsgrundlage von *Teilrückstellungen für Spätschäden* bildet § 341g Abs. 2 HGB. Es handelt sich um die bis zum Bilanzstichtag verursachte oder eingetretene, aber bis zu diesem Zeitpunkt noch nicht gemeldete Versicherungsfälle (auch für Rentenversicherungsfälle). Charakteristisch für diese Versicherungsfälle ist insbesondere, dass die Zeitpunkte der Schadenverursachung, des Schadeneintritts und der Schadenmeldung auf zwei Geschäftsjahre entfallen. Das Verursachungsjahr bzw. Schadenereignisjahr liegt vor dem Meldejahr. Spätschadenrückstellungen lassen sich in bekannte und unbekannte Spätschäden unterteilen:[244]

- *Unbekannte Spätschäden* stellen Versicherungsfälle des Geschäftsjahres und der Vorjahre dar, die bis zur inventurmäßigen Feststellung dem Versicherungsunternehmen noch nicht gemeldet worden sind (IBNR = incurred but not reported).
- *Bekannte Spätschäden* (Nachmeldeschäden) stellen Versicherungsfälle des Geschäftsjahres dar, die zwischen dem Bilanzstichtag und dem Zeitpunkt der inventurmäßigen Feststellung dem Versicherungsunternehmen gemeldet wurden sowie Versicherungsfälle aus Vorjahren, die zunächst unbekannte Spätschäden darstellten, die in der Zwischenzeit aber bekannt geworden sind.

---

243 Nach dem Steuerentlastungsgesetz 1999/2000/2002 sind pauschale Abschläge auf die Schadenreserve zulässig, sofern nachgewiesen werden kann, dass die nach der reinen Einzelbewertung gebildete Reserve zu hoch ist, um dem True and Fair View zu genügen. Anders als die Gesetzesbegründung (BT-Drs. 14&265, S. 192–193) suggeriert, wird hierdurch allerdings nicht eine handelsrechtliche Zulässigkeit von pauschalen Abschlägen ermöglicht. Vgl. Geib, Gerd; Telgenbüscher, Franz R. [Posten, 2011], Rd. 106.

244 Vgl. Geib, Gerd; Telgenbüscher, Franz R. [Posten, 2011], Rd. 132–134.

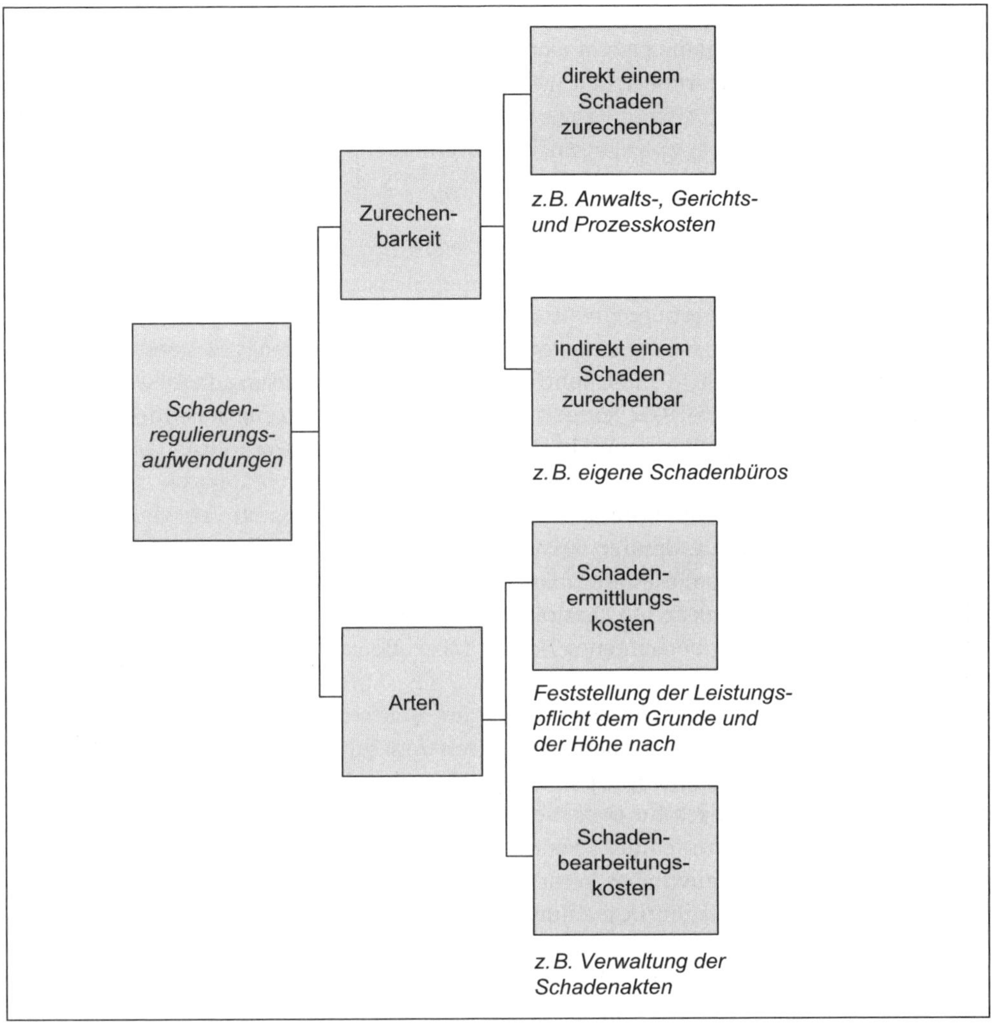

Abb. 6.15: Schadenregulierungsaufwendungen nach HGB

Die Bewertung der Teilschadenrückstellung für *bekannte Spätschäden* erfolgt äquivalent zur Rückstellung für bekannte Versicherungsfälle auf der Basis einer *Einzelbewertung*. Demgegenüber sind *unbekannte Spätschäden* gemäß § 341g Abs. 2 HGB *pauschal zu bewerten,* wobei die bisherigen Erfahrungen in Bezug auf die Anzahl der nach dem Abschlussstichtag gemeldeten Versicherungsfälle und die Höhe der damit verbundenen Aufwendungen zu berücksichtigen sind. Vergangenheitsdaten liefern jedoch keine ausreichenden Schlüsse über die Entwicklung der Spätschadenrisiken. Daher erfordert die Bildung von Sicherheitszuschlägen eine zukunftsorientierte Risikobeurteilung, um eine ausreichende Rückstellungsbildung zu gewährleisten.[245]

245 Vgl. Boetius, Jan [Handbuch, 1996], S. 308.

Die *Teilrückstellung für Schadenregulierungsaufwendungen* (§ 341 g Abs. 1 S. 2 HGB) wird für alle nach dem Bilanzstichtag voraussichtlich anfallenden Schadenregulierungsaufwendungen (Schadenermittlungs- und Schadenbearbeitungskosten) gebildet (vgl. Abb. 6.15). Sie umfassen sowohl Aufwendungen, die einzelnen Versicherungsfällen direkt zugerechnet werden können als auch Aufwendungen, die nur indirekt zurechenbar sind, unabhängig davon, ob sie extern oder innerhalb des Versicherungsunternehmens entstehen.

Nach § 341g Abs. 1 S. 2 HGB sind bei der Bewertung der Teilschadenrückstellung für Schadenregulierungsaufwendungen die *gesamten Schadenregulierungsaufwendungen* zu berücksichtigen. Die Bewertung der Rückstellung ist jedoch nicht eindeutig geregelt, denn von Seiten der Finanzverwaltung, des *BFH* sowie des Handelsrechts bestehen unterschiedliche Argumentationen hinsichtlich der Einbeziehbarkeit einzelner Schadenregulierungsaufwendungen. Der BFH hatte in einem Urteil von 1972 nur eine Rückstellungsbildung für *Schadenermittlungsaufwendungen* vorgesehen, da nach § 66 VVG lediglich eine Verpflichtung zur Schadenermittlung besteht.[246]

Demgegenüber lässt sich *handelsrechtlich* vor dem Hintergrund des Gesetzestextes argumentieren, dass Aufwendungen in solcher Höhe zu passivieren sind, wie eine *Außenverpflichtung* besteht.[247] In diesem Zusammenhang wird diskutiert, inwiefern Schadenbearbeitungskosten Aufwandsrückstellungen darstellen, für die lediglich ein Passivierungswahlrecht in Frage kommt. Nach herrschender Meinung ist es jedoch unerheblich, ob für die Passivierung der Schadenbearbeitungskosten eine Aufwandsrückstellung in Betracht zu ziehen ist. Vielmehr sind alle Aufwendungen, die *untrennbar mit der Erfüllung der Versicherungsleistungen* verbunden sind, mit ihren Vollkosten zu passivieren.[248] Um Probleme einer Einzelbewertung von Schadenregulierungsaufwendungen zu vermeiden, haben das BMF in der »Formel 48« sowie der GDV (Methode I und II) bereits 1973 *Pauschalmethoden* zur Bewertung der Rückstellung für Schadenregulierungsaufwendungen vorgesehen.[249] Soweit die pauschalen Verfahren nicht regelmäßig zu Verlusten führen, ist ihre Anwendung handelsrechtlich zulässig.[250]

Die »Formel 48« führt in der *Schaden- und Unfallversicherung* zu folgender Berechnung:[251]

$$\text{SRA} = \frac{\text{Schadenrückstellung} \times \text{gezahlte Schadenregulierungsaufwendungen}}{\text{Schadenzahlungen im Geschäftsjahr}} \times 0{,}48 \pm \text{K}$$

(SRA = Rückstellung für Schadenregulierungsaufwendungen; K = Korrekturbetrag)

Die Rückstellung für Schadenregulierungsaufwendungen (SRA) ergibt sich aus dem Produkt von Schadenrückstellung am Ende des Geschäftsjahres (ohne Schadenregulierungs-

246 Vgl. Urteil I 114/65 vom 19.1.1972, in: BStBl 1972 II, S. 392–397.
247 Vgl. etwa Boetius, Jan [Handbuch, 1996], S. 317.
248 Vgl. maßgeblich Perlet, Helmut [Rückstellungen, 1986], S. 77–79. Dieser Argumentation folgend vgl. Geib, Gerd; Telgenbüscher, Franz R. [Posten, 2011], Rd. 162.
249 Vgl. Faßbender, Jürgen [Jahresabschlusspolitik, 1997], S. 213.
250 Vgl. Koch, Alfons; Krause, Hans-Josef [§ 341g HGB, 1998], Rd. 36.
251 Vgl. zu den folgenden pauschalen Methoden FM NRW [Behandlung, 1973], S. 105–106.

aufwendungen) und den im Jahr gezahlten gesamten Schadenregulierungsaufwendungen dividiert durch die Schadenzahlungen im Geschäftsjahr. Das Ergebnis dieses Terms wird pauschal mit dem Faktor 0,48 multipliziert. Dieser Adjustierung liegt die Annahme zugrunde, dass

- 20 % pauschal für Schadenbearbeitungsaufwendungen abgezogen werden,
- 25 % für bis zum Stichtag bereits ausgeführte Schadenermittlungsaufwendungen abgezogen werden und
- 20 % aufgrund eines unterproportionalen Fixkostenanstiegs abgezogen werden.[252]

Der Korrekturbetrag K resultiert aus dem Verhältnis von 25 % der Differenz zwischen Schadenstückzahl am Ende und Anfang des Geschäftsjahres und Anzahl der bearbeiteten Schadenfälle. Dadurch wird der Fall berücksichtigt, dass die reservierten Schäden am Ende des Geschäftsjahres größer oder kleiner als zu Beginn des Geschäftsjahres sind.

In der *Krankenversicherung* existiert ebenfalls ein pauschales Verfahren zur Bewertung der Rückstellung für Schadenregulierungsaufwendungen (SRA):

$$\text{SRA} = \text{Schadenrückstellung} \times \frac{\text{Schadenregulierungsaufwendungen des Geschäftsjahrs}}{\text{Schadenleistungen im Geschäftsjahr}} \times 0{,}7$$

Beispiel 6.13: Schadenregulierungsaufwendungen für Schaden-/Unfallversicherung nach der Formel 48
(nur Ermittlungskosten berücksichtigt)

Annahmen:

Bemessungsgrundlage (Ermittlung + Bearbeitung)	100
80 % der Bemessungsgrundlage sind Ermittlungskosten	– 20
	80
bis zum Stichtag sind im Durchschnitt 25 % der Schadenermittlungen durchgeführt	– 20
	60
20 % Abschlag wegen unterproportionalen Fixkostenanstiegs	– 12
	48

Schließlich erfolgt in der *Lebensversicherung* die Berechnung anhand folgender Vereinfachung:

$$\text{SRA} = 0{,}01 \times (\text{Schadenrückstellung} - \text{Versicherungssumme für abgelaufene Versicherungen})$$

Die *Rückstellung für noch nicht abgewickelte Rückkäufe, Rückgewährbeträge und Austrittsvergütungen* (§ 26 Abs. 1 S. 1 RechVersV) umfasst Beträge, die den Versicherungsnehmern aufgrund von geschäftsplanmäßigen Erklärungen zu vergüten sind, und zwar als Rück-

252 Zur Berechnung: 0,48 = (((100 – 20 %) – 25 %) – 20 %).

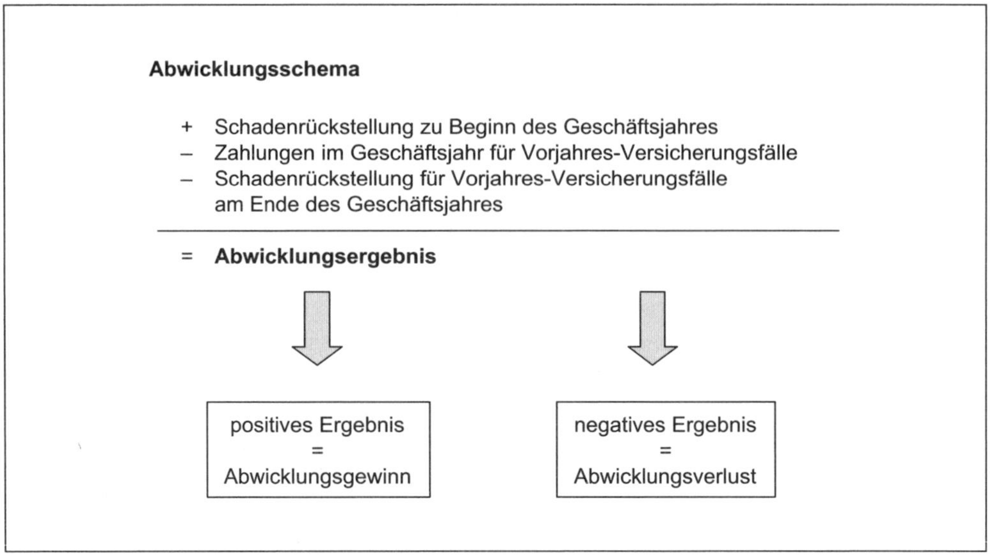

Abb. 6.16: Abwicklungsergebnis der Schadenrückstellung

kaufswerte für zum Bilanzstichtag vorzeitig gekündigte Verträge und Rückgewährbeträge für zum Bilanzstichtag abgelaufene Verträge. Die Rückstellung erlangt insbesondere in der Lebensversicherung Relevanz, aber auch bei Schaden-/Unfallversicherungsunternehmen, die ein Geschäft nach Art der Lebensversicherung betreiben. Die Rückstellung für noch nicht abgewickelte Rückkäufe, Rückgewährbeträge und Austrittsvergütungen ist für jeden einzelnen Versicherungsvertrag gemäß der individuellen Gegebenheiten geschäftsplanmäßig zu berechnen. Die Teilrückstellung für Regulierungsaufwendungen ist gemäß der zu erwartenden Inanspruchnahme auf der Basis der Erfahrungswerte der Vergangenheit anzusetzen.

Die *Bewertung* der einzelnen Teilschadenrückstellungen nach HGB erfolgt grundsätzlich *brutto*. Die Schadenrückstellungen für das selbst abgeschlossene und das in Rückdeckung übernommene Versicherungsgeschäft werden brutto, d.h. einschließlich des Anteils von Rückversicherern bzw. Retrozessionaren, ermittelt. Von den Bruttorückstellungen sind die auf das in Rückdeckung gegebene Versicherungsgeschäft entfallenden Anteile in der Bilanz in Vorspalten abzusetzen. Die Anteile der Rückversicherer bzw. Retrozessionare an den Bruttorückstellungen bestimmen sich nach den jeweiligen Rückversicherungsverträgen.

Die vorsichtige Bemessung der Schadenrückstellungen äußert sich in der Regel in positiven Abwicklungsergebnissen. Das Abwicklungsergebnis resultiert aus dem in Abbildung 6.16 dargestellten Berechnungsschema.

Die Abwicklungsgewinne/-verluste werden bei den Aufwendungen für Versicherungsfälle abgesetzt bzw. hinzugerechnet. Über einen längeren Zeitraum lassen sich die Abwicklungsgewinne und -verluste als Abwicklungstreppe darstellen. Die Abbildung 6.17 zeigt dies beispielhaft.

Schadenjahr		Berichtsjahre				Anmerkungen
		2008	2009	2010	2011	
2008	Schadenzahlung	1.231	488	95	59	
	SchadenRS	1.129	983	809	660	
	Summe	2.360	1.471	904	719	
	Abwicklungsergebnis	0	–342*	79	90	* –342 = 1.129 – 488 – 983 (Abwicklungsverlust)
2009	Schadenzahlung		1.739	486	90	
	SchadenRS		1.317	954	798	
	Summe		3.056	1.440	888	
	Abwicklungsergebnis		0	–123	66*	* 66 = 954 – 90 – 798 (Abwicklungsgewinn)
2010	Schadenzahlung			1.874	511	
	SchadenRS			1.411	1.055	
	Summe			3.285	1.566	
	Abwicklungsergebnis			0	–155	
2011	Schadenzahlung				1.771	
	SchadenRS				1.455	
	Summe				3.226	
	Abwicklungsergebnis				0	

Abb. 6.17: Abwicklungstreppe

3.4.2 Schadenrückstellungen nach IFRS (US-GAAP)

Die wesentliche Vorschrift für Schadenrückstellungen (*liability for unpaid claims*) bildet in den US-GAAP SFAS 60 bzw. ASC 944. Eine Schadenrückstellung wird demnach für eingetretene Versicherungsfälle gebildet, einschließlich solcher Versicherunfälle, die eingetreten, aber noch nicht gemeldet sind (SFAS 60.17/ASC 944-40-25). Als Teilschadenrückstellungen werden folgende Komponenten unterschieden (SFAS 60.9/ASC 944-40-25):[253]

253 Vgl. Mayr, Gerhard [Internationalisierung, 1999], S. 104.

- Teilschadenrückstellung für bekannte Versicherungsfälle (*incurred and reported claims*),
- Teilschadenrückstellung für Spätschäden (*incurred but not reported claims*) und
- Teilrückstellung für Schadenregulierungsaufwendungen (*claim adjustment expenses*).

Der Ansatz von *Teilrückstellungen für bekannte Versicherungsfälle* entspricht weitgehend den Regelungen des HGB. Sie sind zu bilden für eingetretene, gemeldete, aber noch nicht vollständig regulierte Versicherungsfälle. Im Unterschied zur handelsrechtlichen Einordnung von Nachmeldeschäden (bekannte Spätschäden) als Spätschadenrückstellung, werden diese nach US-GAAP unter die Teilrückstellung für bekannte Versicherungsfälle subsumiert.

Insofern besteht die *Teilrückstellung für Spätschäden* ausschließlich aus unbekannten Spätschäden, also solchen, die eingetreten, aber bis zur inventurmäßigen Erfassung noch nicht gemeldet sind (SFAS 60.17/ASC 944-40-25-32).

Die erwarteten Kosten für die *Regulierung* der noch nicht abgewickelten Versicherungsfälle umfassen sämtliche Regulierungskosten, die einem Versicherungsfall direkt oder indirekt zuzurechnen sind, unabhängig davon, ob es sich um externe Leistungen (z. B. Anwaltshonorare oder Gutachterkosten) oder interne Leistungen (z. B. Kosten einer betriebsinternen Schadenregulierungsabteilung) handelt.[254] Daher entstehen keine Änderungen gegenüber der handelsrechtlichen Ermittlung.

Die *Bewertung* der Schadenrückstellung basiert nach US-GAAP nicht notwendigerweise auf dem Grundsatz der Einzelbewertung. Die Rückstellungsbildung erfolgt in der Regel auf *Teil-Portefeuillebasis* unter Anwendung versicherungsmathematischer Schadenreservierungsverfahren wie dem Chain-Ladder-Verfahren bzw. dem Bornhuetter-Ferguson-Verfahren. Eine *Abzinsung* ist grundsätzlich nur dann gestattet, wenn die aufsichtsrechtlichen Vorschriften (Statutory Accounting) eine Abzinsung vorsehen und/oder wenn der genaue Betrag und der genaue Zeitpunkt der Rückstellung zuverlässig bestimmbar sind. Insofern ist eine Abzinsung äquivalent zu den handelsrechtlichen Vorschriften nur im Falle der Rentendeckungsrückstellungen vorzunehmen.

Für die *Höhe der Rückstellungsbewertung* ist nach US-GAAP kein dem HGB vergleichbares Vorsichtsprinzip maßgeblich.[255] Vielmehr wird eine vorsichtige Bewertung schon dann als gegeben gesehen, wenn Schadenrückstellungen nicht abgezinst werden. In Anlehnung an die allgemeine Rückstellungsbildung in den US-GAAP werden Schadenrückstellungen zum wahrscheinlichsten Wert *(best estimate)* bewertet, wobei die Verhältnisse zum Erfüllungszeitpunkt *(ultimate cost Prinzip)* für die Bewertung heranzuziehen sind (SFAS 60.18/ASC 944-40-30-1). Daher fließen beispielsweise Preissteigerungen und sonstige soziale und ökonomische Faktoren in die Bewertung ein.

Das AICPA (SOP 92–4) unterscheidet folgende Methoden zur Bestimmung der Schadenrückstellung:[256]

254 Vgl. Geib, Gerd [Internationalisierung, 2011], Rd. 70.
255 Vgl. kritische Darstellung Geib, Gerd [Internationalisierung, 2011], Rd. 75.
256 Vgl. zu einem Überblick und Berechnungsbeispielen AICPA [Audits, 2001], S. 65–71.

1. die Extrapolation von historischen Schadenverläufen (paid oder incurred),
2. die Projektionen getrennt nach zukünftigen Schadenhäufigkeiten bzw. Schadenhöhen oder
3. die Verwendung erwarteter Schadenquoten.

Ad 1: Eine *Extrapolation* historischer Schadendaten basiert auf historischen Schadenzahlungen (paid = gezahlte Schäden) oder auf historischen Schadenaufwendungen (incurred = gezahlte Schäden zuzüglich Rückstellungen für Schadenfälle), die in Abwicklungsdreiecken zusammengefasst werden. Hierbei handelt es sich um ein Dreieck, das Vergangenheitsdaten sowohl nach dem Anfall- als auch nach dem Abwicklungsjahr einordnet. Auf der Basis der historischen Daten wird das Abwicklungsdreieck mit Hilfe von Prognosemethoden zu einem Rechteck ergänzt, um die vollständige Abwicklung der Schadenfälle zu schätzen. Hierauf aufbauend kann die Höhe der erforderlichen Rückstellung bestimmt werden.
Ad 2: Projektionen getrennt nach zukünftigen Schadenhäufigkeiten bzw. Schadenhöhen führen zur Anzahl der Schäden, die gezahlt bzw. »geschlossen« werden und errechnen die *durchschnittlichen Kosten* dieser Schäden. Die Methode wird insbesondere für kleine Schäden, die einem gleichartigen Schadenverlauf folgen, als geeignet angesehen.
Ad 3: *Erwartete Schadenquoten* (expected loss ratios) basieren auf historischen Erfahrungen, die in die Zukunft projiziert werden. Die Schadenhöhe basiert auf dem Produkt aus der ermittelten Schadenquote und den entsprechenden Beiträgen.

Methode	Extrapolation	Durchschnittschäden	Erwartete Schadenquote
Vorgehen	Anordnung von Schadendaten der Vergangenheit in Abwicklungsdreiecken Ergänzung zu einem Rechteck mit Hilfe von Prognosemethoden	Bewertung der Schadenfälle mit einem ermittelten Durchschnittsbetrag	Festlegung zukünftiger Schadenquoten mit Hilfe historischer Erfahrungen Schadenhöhe und damit Schadenrückstellung ergeben sich aus unterstellter Schadenquote und den zugehörigen Beiträgen

Abb. 6.18: Methoden der Schadenreservierung[257]

3.4.3 Einsatz von Aktuaren zur Ermittlung der Schadenreserve

Für die Bewertung der Schadenrückstellung ist ein Einsatz von Aktuaren unabdingbar. Grundsätzlich ist das Management für die richtige Bewertung der Schadenrückstellung in der Bilanz verantwortlich. Allerdings zeichnet sich die Bewertung durch einen hohen Komplexitätsgrad aus und erfordert Erfahrung in der Anwendung von aktuariellen Schätzverfahren. Daher findet eine Bewertung von Schadenrückstellungen nicht ohne den Einsatz von Aktuaren statt. Diese können entweder unternehmensinterne Aktuare (Nicht-Leben) darstellen oder externe Spezialisten (Consulting Actuaries) sein. Seit 1990

257 In Anlehnung an Mayr, Gerhard [Internationalisierung, 1999], S. 106.

muss für amerikanische Schadenversicherungsunternehmen der Jahresabschluss um ein aktuarielles Testat über die Bewertung der Schadenreserve ergänzt werden.

Die Bestimmung der Schadenrückstellungen für eine bestimmte Gruppe von Schäden soll auf der Grundlage vernünftiger und nachvollziehbarer versicherungsmathematischer Methoden erfolgen.[258] Zur Schätzung der Höhe von Schadenrückstellungen existiert eine Vielzahl von statistischen Methoden.[259] Den Ausgangspunkt dieser Verfahren bildet in der Regel das so genannte Abwicklungsdreieck.[260]

	Schadenabwicklungsjahr									
Anfall-jahr	0	1	...	k	...	n – i	...	n – 1	n
0	$S_{0,0}$	$S_{0,1}$	...	$S_{0,k}$	...	$S_{0,n-i}$	...	$S_{0,n-1}$	$S_{0,n}$
1	$S_{1,0}$	$S_{1,1}$	...	$S_{1,k}$	...	$S_{1,n-i}$	...	$S_{1,n-1}$	
⋮	⋮	⋮		⋮		⋮			
i	Si,0	$S_{i,1}$	...	$S_{i,k}$		$S_{i,n-i}$			
⋮	⋮	⋮		⋮					
n_{-k}	$S_{n-k,0}$	$S_{n-k,1}$		$S_{n-k,k}$					
⋮	⋮	⋮							
n – 1	$S_{n-1,0}$	$S_{n-1,1}$							
n	$S_{n,0}$								

Abb. 6.19: Abwicklungsdreieck

Das Abwicklungsdreieck stellt einen Zusammenhang zwischen dem Schadenereignisjahr und dem Schadenabwicklungsjahr her.[261] Die Variable $S_{i,k}$ bezeichnet den Gesamtbetrag der Schadenzahlungen des Anfalljahres i, die vor dem Ende des Kalenderjahres $i + k$ abschließend reguliert werden. Durch k wird somit das Abwicklungsjahr festgelegt. Die im Dreieck dargestellten Schadenzahlungen sind für das Versicherungsunternehmen beobachtbar und stellen die Grundlage für die Schätzung der nicht beobachtbaren Schäden dar.

Für die Projektion von Schadenzahlungen in die Zukunft wird das Abwicklungsdreieck zu einem Rechteck ergänzt. Für jedes Anfalljahr $i \in \{1, ..., n\}$ und jedes Abwicklungsjahr $k \in \{1, ..., n\}$ wird folgender Abwicklungsfaktor $F_{i,k}$ gebildet:[262]

$$F_{i,k} = \frac{S_{i,k}}{S_{i,k-1}}$$

258 Vgl. grundsätzlich Wiser, Ronald F. et al. [Loss, 2000], S. 210 sowie darauf stützend DAV [Schadenrückstellung, 2002], S. 4.

259 Vgl. z. B. Willem de Wit, Gysbertus [Loss Reserving, 1981], S. 25–109.

260 Vgl. Albrecht, Peter [Regression, 1983], S. 69; Straub, Erwin [Insurance, 1988], S. 104.

261 Vgl. Buck, Heiko [Rückstellungen, 1995], S. 200.

262 Vgl. Schmidt, Klaus D. [Spätschäden, 1999], S. 269–270.

Die nicht beobachteten Schadenzahlungen werden in der Folge dargestellt als:

$$S_{i,k} = S_{i,n-i} \prod_{l=n-i+1}^{k} F_{i,j}$$

$S_{i,k-1}$ = letzter beobachtbarer Schadenstand für Anfalljahr i.

Das bekannteste Prognoseverfahren stellt das *chain ladder Verfahren* dar, das eine Proportionalität zwischen den Spalten des Abwicklungsdreiecks unterstellt.[263] Zunächst wird für jedes Abwicklungsjahr ein chain ladder Faktor $\hat{F}$ gebildet:

$$\hat{F} = \frac{\sum_{j=0}^{n-k} S_{j,k}}{\sum_{j=0}^{n-k} S_{j,k-1}}$$

Jeder chain ladder Faktor stellt ein gewichtetes Mittel der beobachtbaren Abwicklungsfaktoren des betreffenden Abwicklungsjahres dar. Für jedes Anfalljahr und jedes Abwicklungsjahr wird schließlich aus dem letzten beobachtbaren Schadenstand und den ladder Faktoren der zukünftigen Abwicklungsjahre eine Zufallsvariable $\hat{S}_{i,k}$ gebildet, die als Schätzer für den Erwartungswert $E[S_{i,k}]$ dient:

$$\hat{S}_{i,k} = S_{i,n-i} \prod_{l=n-i+1}^{k} \hat{F}_l$$

Das chain ladder Verfahren stellt ein einfaches Modell der Schadenreservierung dar und weist große praktische Beliebtheit auf. Folgende Problemfelder sind mit der Anwendung des Verfahrens verbunden:

- Die Methode ist aufgrund des multiplikativen Charakters im Falle von Extremwerten nicht anwendbar.[264] Sehr hohe Beträge von $S_{i,n-i}$, etwa aufgrund eines Großschadens, führen zu einer überhöhten Prognose der zukünftigen Schäden. Im Gegensatz dazu resultiert aus einem Wert von Null für $S_{i,n-i}$ auch für $\hat{S}_{i,k}$ eine Schätzung von Null.[265]
- Das chain ladder Verfahren weist eine starke Abhängigkeit von den zufällig beobachteten Schadendaten auf und erfordert eine Stabilität der Abwicklungskoeffizienten.[266] Änderungen in der Abwicklungsgeschwindigkeit sowie Inflationseffekte sind durch Modifikationen der Daten auszugleichen.[267]

Zur Beseitigung der Schwächen des chain ladder Verfahrens wurde das *cape cod Verfahren* entwickelt, das neben den Schadendaten des Abwicklungsdreiecks zusätzlich die jeweiligen Informationen über die Prämien in die Berechnung einbezieht.[268] Die Grundidee besteht darin, den Anteil der beobachtbaren Schadenzahlungen mit den dazugehörigen

263 Vgl. z.B. Willem de Wit, Gysbertus [Loss Reserving, 1981], S. 30.
264 Vgl. Swiss Re [Spätschadenrückstellungen, 2000], S. 16–17.
265 Vgl. Mack, Thomas [Schadenversicherungsmathematik, 2002], S. 249.
266 Vgl. Reich, Axel; Zeller, Wilhelm [Spätschäden, 1988], S. 808.
267 Vgl. Willem de Wit, Gysbertus [Loss Reserving, 1981], S. 30.
268 Vgl. Straub, Erwin [Insurance, 1988], S. 106–107; Schnieper, René [Seperatin, 1991], S. 124.

Prämien zu vergleichen. Dazu wird das Verhältnis aus den beobachtbaren Schadenzahlungen und den mit einem Verzögerungsfaktor $\hat{L}_i$ gewichteten verdienten Beiträgen gebildet.[269] Der Verzögerungsfaktor stellt den Kehrwert der multiplizierten chain ladder Faktoren dar und gibt den Anteil der endgültigen Schadenzahlungen eines bestimmten Anfalljahres an, der bisher bekannt ist. Falls dieses Verhältnis einen Wert von eins aufweist, entsprechen die kumulierten Schäden exakt der Höhe der kalkulierten Prämien. In der Realität weichen die kumulierten Schäden in der Regel von den gewichteten Beiträgen ab. Daher wird das Verhältnis zwischen beiden Variablen auch als Prämienkorrekturfaktor bezeichnet.[270] Durch Multiplikation dieses Faktors mit dem Wert der verdienten Prämien sowie dem Faktor $1 - \hat{L}_i$ und anschließender Addition über alle Jahre resultiert ein Schätzer für die Schadenrückstellung.

Das cape cod Verfahren erweist sich gegenüber dem chain ladder Verfahren als robuster, da die Abhängigkeit von einzelnen Schadenereignissen geringer ist.[271] Allerdings stellt die Unterstellung eines gleich bleibenden Prämienkorrekturfaktors eine harte Annahme dar, die kaum realistisch ist. Diesem Nachteil begegnet das bornhuetter ferguson Verfahren, das für jedes Jahr im Voraus einen anderen A-priori-Schätzer für den Schadensatz bestimmt.[272] Dadurch gewinnt die Schätzung gegenüber dem cape cod Verfahren an Stabilität. Zur Prognose eines Trends in den Schadensätzen ist jedoch der Rückgriff auf zusätzliche Informationen aus anderen Datenquellen erforderlich.[273]

Beispiel 6.14: zur Berechnung von Schadenrückstellungen
(in Anlehnung an Swiss Re: Spätschadenrückstellungen in der Rückversicherung, Zürich 2000)

Gegeben ist folgendes Abwicklungsdreieck:

	Abwicklung					
Anfalljahr	1	2	3	4	5	6
2006	90	210	310	420	500	500
2007	130	280	360	460	600	
2008	140	290	440	600		
2009	160	240	420			
2010	120	260				

Im Folgenden wird die Rückstellungsbewertung nach dem chain ladder Verfahren, dem cape cod Verfahren und dem bornhuetter ferguson Verfahren aufgezeigt.

269 Vgl. Straub, Erwin [Insurance, 1988], S. 107.
270 Vgl. Swiss Re [Spätschadenrückstellungen, 2000], S. 19.
271 Vgl. Straub, Erwin [Insurance, 1988], S. 107.
272 Vgl. Bornhuetter, Ronald L.; Ferguson, Ronald E. [Actuary, 1972], S. 181–195; Heep-Altiner, Maria; Klemmstein, Monika [Anwendungen, 2001], S. 32.
273 Vgl. Wiser, Ronald F. et al. [Loss, 2000], S. 257–258.

Schadenreservierungsverfahren nach US-GAAP

A. Berechnung auf Basis des chain ladder Verfahren

Vorgehensweise:

1. *Abwicklungsfaktor* berechnen
2. Faktor bis zum Endwert *(LDF-Faktor)* bestimmen
3. *Schätzung der Schäden* (Produkt aus bekannten Schäden und dem LDF-Faktor)
4. *Rückstellung* berechnen (Schätzwerte abzüglich bekannter Schäden)

Berechnung:

Jahr	Abwicklungsfaktor*	LDF-Faktor	
2007	1,00	1,00	
2008	1,25	1,25	(= 1 × 1,25)
2009	1,33	1,66	(= 1 × 1,25 × 1,33)
2010	1,50	2,50	
2011	2,00	5,00	

*Beispiel: Abwicklungsjahr 1 auf 2:
(210 + 280 + 290 + 240 + 260)/(90 + 130 + 140 + 160 + 120) = 2

Jahr	bekannte Schäden	LDF-Faktor	Schätzung	Rückstellung
2006	500	1,00	500	0
2007	600	1,00	600	0
2008	600	1,25	750	150
2009	420	1,66	700	280
2010	260	2,50	650	390
2011	110	5,00	550	440
Summe	**2.490**		**3.750**	**1.260**

B. Berechnung auf Basis des cape cod Verfahrens

Vorgehensweise:

1. *1-Lag-Faktor* berechnen (= 1 – 1/LDF): vgl. zur Berechnung des LDF-Faktors oben
2. *Prämienkorrekturfaktor* berechnen (= Summe der bekannten Schäden im Verhältnis zur Summe der Entschadenlast, wobei sich die Entschadenlast als Produkt aus verdienten Prämien und Lag-Faktor ergibt)
3. *Schadenrückstellung* berechnen (= Produkt aus verdienten Prämien, Prämienkorrekturfaktor und 1-Lag-Faktor)

Berechnung:

Jahr	verdiente Prämie	bekannte Schäden	Lag-Faktor	Entschaden-last	1-Lag-Faktor	Rück-stellung
2006	625	500	1,00	625	0,00	0
2007	625	600	1,00	625	0,00	0
2008	625	600	0,80	500	0,20	125
2009	625	420	0,60	375	0,40	249
2010	625	260	0,40	250	0,60	374
2011	625	110	0,20	125	0,80	498
Summe	**3.750**	**2.490**		**2.500**		**1.245**

Prämienkorrekturfaktor:
2.490/2.500 = 0,996

C. Berechnung auf Basis des Bornhuetter Ferguson Verfahrens

Vorgehensweise:
1. *1-Lag-Faktor* berechnen (= 1 – 1/LDF): vgl. zur Berechnung des LDF-Faktors oben
2. *jährlichen Schadensatz schätzen (im Beispiel gegeben)*
3. *Schadenrückstellung* berechnen (= Produkt aus verdienten Prämien, geschätztem Schadensatz und 1-Lag-Faktor)

Berechnung:

Jahr	verdiente Prämie	geschätzter Schadensersatz	Lag-Faktor	Entschaden-last	1-Lag-Faktor	Rück-stellung
2006	625	0,800	1,00	625	0,00	0,0
2007	625	0,960	1,00	625	0,00	0,0
2008	625	1,184	0,80	500	0,20	148,0
2009	625	1,152	0,60	375	0,40	288,0
2010	625	1,160	0,40	250	0,60	435,0
2011	625	1,125	0,20	125	0,80	562,5
Summe	**3.750**			**2.500**		**1.433,5**

3.5 Schwankungsrückstellung und ähnliche Rückstellungen

3.5.1 Schwankungsrückstellung nach HGB

Schwankungsrückstellungen sind gemäß § 341h HGB zum *Ausgleich der Schwankungen* im Schadenverlauf künftiger Jahre zu bilden, wenn insbesondere

- nach den Erfahrungen in dem betreffenden Versicherungszweig mit erheblichen Schwankungen der jährlichen Aufwendungen für Versicherungsfälle zu rechnen ist,
- die Schwankungen nicht jeweils durch Beiträge ausgeglichen werden und
- die Schwankungen nicht durch Rückversicherungen gedeckt sind.

Schwankungsrückstellungen werden nur von *Schaden- und Unfallversicherungs-* sowie *Rückversicherungsunternehmen* gebildet. Auch bei einem großen homogenen Versicherungsbestand, bei dem ein »Risikoausgleich im Kollektiv« stattfindet, wird aufgrund zufallsbedingter Streuungen des Schadenaufwands ein *»Risikoausgleich in der Zeit«* erforderlich.[274] Die Schwankungsrückstellung dient der bilanziellen Abbildung dieses zeitlichen Risikoausgleichs, indem sie durch Zuführungen in Unterschadenjahren bzw. Entnahmen in Überschadenjahren zu einer *bilanziellen Glättung der volatilen Ergebnisse* führt.[275] Insofern lässt sich über einen bestimmten Ausgleichszeitraum das individuelle Äquivalenzprinzip erfüllen, das fordert, dass sich die Leistungen des Versicherungsunternehmens und die

274 Vgl. Albrecht, Peter; Schwake, Edmund [Risiko, 1988], S. 656; Geib, Gerd; Telgenbüscher, Franz R. [Posten, 2011], Rd. 321.

275 Vgl. Farny, Dieter [Buchführung, 1992], S. 133.

Gegenleistungen der Versicherungsnehmer über einen längerfristigen Zeitraum ausgleichen.[276] Neben der Ausgleichsfunktion nimmt die Schwankungsrückstellung eine *Sicherheitsfunktion* wahr, indem sie der Bereitstellung finanzieller Mittel zur Deckung von Überschäden dient.[277] Diese Funktion erwächst aus dem Erfordernis der Bildung von Sicherheitskapital, um bei langfristiger Betrachtung einen Ruin des Versicherungsunternehmens zu vermeiden.[278] In der Folge wird die Schwankungsrückstellung in Kennzahlen zur Beurteilung der Sicherheit von Versicherungsunternehmen regelmäßig berücksichtigt.[279]

Kriterium	Schwankungsrückstellung	Drohverlustrückstellung
Ursache	zufallsbedingtes Entstehen von Unter- und Überschäden in verschiedenen Geschäftsjahren auf der Basis einer Vergangenheitsbetrachtung	wahrscheinlich nicht leistungsdeckende künftige Gegenleistungen
Ausgleich	Ausgleich von Schäden in der Zeit	kein Ausgleich in der Zeit zu erwarten
Zeitraum	mehrjährige Betrachtung und planmäßige Bildung	einperiodige Betrachtung und unplanmäßige Bildung
Komponenten des versicherungstechnischen Risikos	Zufallsrisiko	Irrtums- und Änderungsrisiko

Abb. 6.20: Abgrenzung der Schwankungsrückstellung gegenüber der Rückstellung für drohende Verluste

Die Schwankungsrückstellung lässt sich von der Rückstellung für drohende Verluste aus dem Versicherungsgeschäft *abgrenzen*. Während Letztere gebildet wird, wenn Beiträge, Beitragsüberträge und Forderungen erkennbar unzureichend für einen Risikoausgleich innerhalb eines Jahres sind und daher dem Irrtums- und Änderungsrisiko begegnet, dient die Schwankungsrückstellung einer Berücksichtigung von zufallsbedingten mehrjährigen Schwankungen des Schadenaufwands in der Zeit und insofern einer Begegnung des Zufallsrisikos.

§ 29 RechVersV knüpft an die Bildung der Schwankungsrückstellung verschiedene Voraussetzungen:[280]

- Die verdienten Beiträge f.e.R. übersteigen im Durchschnitt der letzten drei Geschäftsjahre 125.000 Euro *(Bagatellklausel)*.
- Die Standardabweichung der Schadenquoten des Beobachtungszeitraums beträgt mindestens 5 % der durchschnittlichen Schadenquote *(Erheblichkeitsklausel)*.
- Die Summe aus Schaden- und Kostenquote hat mindestens einmal im Beobachtungszeitraum 100 % der verdienten Beiträge eines Geschäftsjahres überschritten *(Finanzierungsbedarfsklausel)*.

276 Vgl. zum individuellen Äquivalenzprinzip Helten, Elmar; Karten, Walter [Risiko, 1983], S. 244.
277 Vgl. Karten, Walter [Schwankungsrückstellung, 1980], S. 60; Buck, Heiko [Rückstellungen, 1995], S. 206.
278 Vgl. Korn, Jochen H. [Schwankungsreserven, 1997], S. 54.
279 Vgl. Metzler, Marco [Jahresabschlussanalyse, 2000], S. 150.
280 Vgl. Abschnitt I Nr. 1 der Anlage zu § 29 RechVersV.

Die Prüfung der Voraussetzungen zur Bildung einer Schwankungsrückstellung findet auf der Bewertungsebene eines *Versicherungszweiges* statt. Dabei knüpft die Definition eines Versicherungszweiges i.S.d. des § 29 RechVersV an die Berichtspflicht für eine seperate versicherungstechnische GuV gegenüber der Aufsichtsbehörde gemäß BerVersV.[281] Im Zuge der Neufassung der BerVersV im Jahr 2006[282] ergeben sich partiell Wahlrechte in der Definition des berichtpflichtigen Geschäftsteils (z. B. über Zusammenfassungen von Versicherungsarten), welche auch auf die Bilanzierung der Schwankungsrückstellung Auswirkungen haben können.[283]

Für die *Berechnung* der Schwankungsrückstellung gilt nach der Anlage zu § 29 RechVersV ein vorgegebenes Berechnungsschema, das den Beobachtungszeitraum, den Höchstbetrag, die Zuführungen, die Entnahmen und die Auflösung regelt.

Der *Beobachtungszeitraum,* der für die Berechnung der Schwankungsrückstellung maßgeblich ist, unterscheidet sich für unterschiedliche Versicherungszweige. Dabei sind nur Geschäftsjahre zu berücksichtigen, in denen die verdienten Beiträge f.e.R. die Höhe von 125.000 Euro überschreiten. Der Beobachtungszeitraum beträgt

- 30 dem Geschäftsjahr vorausgehende Geschäftsjahre für Hagel-, Kredit-, Kautions- und Vertrauensschadenversicherungen,
- 15 dem Geschäftsjahr vorausgehende Geschäftsjahre für die übrigen Zweige der Schaden-/Unfallversicherung und
- 10 dem Geschäftsjahr vorausgehende Geschäftsjahre für »jüngere« Versicherungszweige.

Der *Höchstbetrag (= Sollbetrag)* bildet den Barwert der Überschäden des Ausgleichszeitraums, die nach vernünftiger kaufmännischer Beurteilung möglich sind. Der Höchstbetrag bestimmt sich nach folgender Formel:[284]

$$\text{Höchstbetrag} = 4{,}5 \times \sigma(\overline{SQ}) \times \text{verdiente Beiträge} - 3 \times \text{Sicherheitszuschlag} \times \text{verdiente Beiträge}$$

Die Berechnung stellt den Normalfall dar. Allerdings erfolgt der Abzug des dreifachen Terms des Sicherheitszuschlags (multipliziert mit den verdienten Beiträgen) nur dann, wenn die durchschnittliche Schadenquote kleiner ist als die Grenzschadenquote (vgl. zur Berechnung Ziffer (b)). Folgende Parameter sind für die Berechnung des Höchstbetrags zu bestimmen:

- Die *Standardabweichung* der durchschnittlichen Schadenquote $\sigma(\overline{SQ})$ wird in zwei Schritten bestimmt:

  1. Schritt: Zunächst ist die durchschnittliche Schadenquote der letzten 15 Jahre zu bilden. Dazu wird die Summe der einzelnen Schadenquoten addiert und durch die Anzahl der Jahre geteilt.

$$\text{Durchschnittliche Schadenquote } \overline{SQ} = \frac{\sum_{n=1}^{15} SQ}{n}$$

281 Vgl. Abschnitt II Nr. 1 Abs. 1 der Anlage zu § 29 RechVersV.

282 Vgl. BGBl. I 2006, Nr. 16, S. 622.

283 Vgl. Ellenbürger, Frank [Jahresabschluss von Schaden- und Unfallversicherungsunternehmen, 2011], Rd. 339.

284 Vgl. Abschnitt I Nr. 2 der Anlage zu § 29 RechVersV.

2. Schritt: Anschließend ist die Standardabweichung der Schadenquoten der einzelnen Jahre von der durchschnittlichen Schadenquote des Beobachtungszeitraums zu bestimmen:

$$\sigma(\overline{SQ}) = \sqrt{\frac{1}{n-1}\sum_{n=1}^{15}(SQ_n - \overline{SQ})^2}$$

- Der *Sicherheitszuschlag* wird als Grenzschadenquote abzüglich der durchschnittlichen Schadenquote bestimmt. Sicherheitszuschläge sind Beträge, die über den kalkulatorisch erforderlichen Risikobeitrag (= mittlere Schadenquote) hinaus in den Beitrag eingearbeitet werden. Dabei wird die Grenzschadenquote wie folgt bestimmt:

  Grenzschadenquote = 95 %* – mittlere Kostenquote aus 3 Jahren

  * Für Rückversicherungsunternehmen wird als Basis 99 % verwendet.

Anstelle des Faktors 4,5 wird in den Versicherungszweigen der Hagel-, Kredit-, Kautions- und Vertrauensschadenversicherung ein Faktor in Höhe von 6,0 verwendet, da in diesen Sparten ein Ausgleich von Unter- und Überschäden eine längere Zeitdauer in Anspruch nimmt.

Zuführungen zur Schwankungsrückstellung werden unabhängig vom Eintritt eines Über- oder Unterschadens in Höhe von 3,5 % des Sollbetrags vorgenommen, bis dieser erreicht bzw. wieder erreicht wird.[285] Diese *Zinszuführung* soll dem Zeitwert des Geldes entgegenwirken und stellt sicher, dass in der Zukunft der Nennbetrag der voraussichtlichen Überschäden zur Verfügung steht.[286] Bei *Eintritt eines Unterschadens* im Geschäftsjahr ist dieser der Schwankungsrückstellung in voller Höhe zuzuführen, bis ihr Sollbetrag erreicht bzw. wieder erreicht ist.

Bei *Eintritt eines Überschadens* ist der Betrag des Überschadens grundsätzlich *in voller Höhe* der Schwankungsrückstellung zu *entnehmen*. Allerdings erfolgt eine *Kürzung* der Überschäden um *60 % des Sicherheitszuschlags*. Diese Kürzung wird dadurch gerechtfertigt, dass der Sicherheitszuschlag der Schwankungsrückstellung nicht zugeführt und deshalb auch nicht entnommen werden kann.

Eine *Auflösung* der Schwankungsrückstellung erfolgt bei Wegfall der Voraussetzungen für deren Bildung.[287] Dabei besteht ein Wahlrecht zur gleichmäßigen Verteilung der Auflösung auf das Bilanzjahr und die folgenden vier Geschäftsjahre. Die Auflösung muss allerdings unterbleiben, wenn das Versicherungsunternehmen verpflichtet ist, im folgenden Geschäftsjahr wieder eine Schwankungsrückstellung zu bilden.

Neben der Schwankungsrückstellung sieht § 341h HGB die Bildung von *der Schwankungsrückstellung ähnlichen Rückstellungen* vor.[288] Hierbei handelt es sich um Rückstellungen für Risiken gleicher Art, bei denen der Ausgleich von Leistung und Gegenleistung wegen des hohen Schadenrisikos im Einzelfall nach versicherungsmathematischen Me-

285 Vgl. Abschnitt I Nr. 3 der Anlage zu § 29 RechVersV.
286 Vgl. Nies, Helmut [Rückstellung, 1979], S. 165.
287 Vgl. Abschnitt I Nr. 7 der Anlage zu § 29 RechVersV.
288 Vgl. zur Berechnung Geib, Gerd; Telgenbüscher, Franz R. [Posten, 2011], Rd. 368–372.

thoden nicht im Geschäftsjahr, sondern nur in einem am Abschlussstichtag nicht bestimmbaren Zeitraum gefunden werden kann (§ 341h Abs. 2 HGB). Die Risiken weisen ein großes Schadenmaximum (MPL = Maximum Possible Loss) auf, treten allerdings nur selten ein (Großrisikenrückstellungen). Kennzeichnend für solche Risiken ist, dass sich aufgrund der Größe des Schadenpotenzials in der Regel kein Kollektiv bilden lässt, das einen Ausgleich dieser Schäden innerhalb eines Geschäftsjahres ermöglicht. § 30 Abs. 1, 2 und 2a RechVersV konkretisiert die Rückstellungsbildung für folgende Arten:

- Großrisikenrückstellung für die Produkthaftpflichtversicherung von Pharmarisiken nach dem Arzneimittelgesetz (kurz: Pharmarückstellung),
- Großrisikenrückstellung für die Sach- und Haftpflichtversicherungen von Anlagen zur Erzeugung oder zur Spaltung von Kernbrennstoffen oder zur Aufarbeitung bestrahlter Kernbrennstoffe gegen Kernenergieschäden (Atomanlagenrückstellung) und
- Großrisikenrückstellung für die Versicherung von Terrorrisiken mit hohem Schadenrisiko.[289]

Es handelt sich hierbei nicht um eine abschließende Aufzählung. Weitere mögliche Rückstellungen für Großrisiken können aus Erdbeben oder anderen Naturkatastrophen resultieren.

Beispiel 6.15: Berechnung der Schwankungsrückstellung

Gegeben sind folgende Werte für ein Versicherungsunternehmen:

Durchschnittliche Schadenquote der letzten 15 Jahre	$(\overline{SQ})$	70 %
Summe der quadrierten Abweichungen zwischen den Schadenquoten der letzten 15 Jahre und der durchschnittlichen Schadenquote	$\left(\sum_{n=1}^{15}(SQ_n - \overline{SQ})^2\right)$	1.400
Verdiente Beiträge 2011	(BE_{2004})	100 Mio. €
Kostenquote 2009	(KQ_{2002})	20 %
Kostenquote 2010	(KQ_{2003})	26 %
Kostenquote 2011	(KQ_{2004})	26 %
Wert der Schwankungsrückstellung 2010	$(SchwR_{2003})$	37,93 Mio. €

289 Die Regelung zur Großrisikenrückstellung für Terrorrisiken gilt für alle Versicherungsunternehmen, wurde aber in erster Linie in die RechVersV aufgenommen um dem Spezialversicherer Extremus eine Grundlage zur Bildung adäquater Rückstellungen zu geben. Vgl. Ellenbürger, Frank [Jahresabschluss von Schaden- und Unfallversicherungsunternehmen, 2011], Rd. 373.

Im Folgenden werden der Sollbetrag, die Zinszuführung und die Entnahme aus der Schwankungsrückstellung berechnet:

1. Höchstbetrag berechnen:

$$4{,}5 \times \left(\sqrt{\frac{1}{15-1}} \times 1.400 \right) \% \times 100 \text{ Mio. €} - 3 \times 1\% \times 100 \text{ Mio. €}$$

45 Mio. € – 3 Mio. € = 42 Mio. €
wobei gilt:
Grenzschadenquote = 95 % – mittlere Kostenquote = 95 % – 24 % = 71 %
Sicherheitszuschlag = 71 % – 70 % = 1 %

2. Entnahme berechnen:
   Überschaden: Schadenquote 80 %
   0,1 × 100 Mio. – 0,6 × 0,01 × 100 = **9,4 Mio. €**

3. Zuführung berechnen:
   3,5 % × Höchstbetrag = 0, 035 × 42 Mio. € = **1, 47 Mio. €**

4. Schwankungsrückstellung berechnen:
   Schwankungsrückstellung 2010 + Zuführung – Entnahme
   = 37, 93 Mio. € + 1,47 Mio. € – 9,4 Mio. € = **30 Mio. €**

3.5.2 Schwankungsrückstellung nach IFRS (US-GAAP)

In den US-GAAP finden sich keine Vorschriften für die Bildung der Schwankungsrückstellung bzw. der Schwankungsrückstellung ähnliche Rückstellungen. Dies ist mit der Zielsetzung der decision usefulness vereinbar, die den Eigentümern des Unternehmens relevante Informationen liefern soll. Derzufolge widerspricht eine Glättung von Gewinnen der Informationsfunktion. Darüber hinaus stehen die Ansatzvorschriften für eine Rückstellung nach US-GAAP der Bildung einer Schwankungsrückstellung entgegen:

- Eine Schwankungsrückstellung stellt keine konkrete Außenverpflichtung des Unternehmens am Abschlussstichtag dar (CON 6.35). Die Schwankungsrückstellung dient zwar der Deckung künftiger Schäden. Allerdings hat das Versicherungsunternehmen keine Verpflichtung zur Leistung gegenüber Versicherungsnehmern aus Katastrophen, die sich erst nach Ende des Versicherungszeitraums ereignen (SFAS 5.41/ASC 944-40-55).
- Rückstellungen basieren auf einem Ereignis der Vergangenheit. Daher ist eine Rückstellungsbildung nur für Schäden möglich, die am Abschlussstichtag bereits eingetreten sind. Der Ansatz einer Rückstellung für zukünftige Schäden, die bisher nicht wirtschaftlich verursacht sind, steht den Ansatzvorschriften entgegen.

Auch nach den Vorschriften des IASB erfüllen die Schwankungs- und Großrisikenrückstellungen nicht die Anforderungen an eine liability (F.49 b), sondern sie besitzen vielmehr den Charakter von Eigenkapital. Eine bewusste Bilanzglättung widerspricht der

Darstellung neutraler Informationen, indem sie an die Erfüllung aufsichtsrechtlicher Anforderungen knüpft und nicht die Vermittlung entscheidungsrelevanter Informationen verfolgt. Nicht zuletzt wird die Schwankungsrückstellung allein auf der Basis vergangener Geschäftsjahre gebildet und beinhaltet daher keine relevanten Informationen über die zukünftige Risikosituation. Mit der Auflösung der Schwankungsrückstellung ist eine Umbuchung in die Gewinnrücklagen verbunden. Dabei wird im Standard ausdrücklich die Möglichkeit des Ausweises eines separaten Postens im Eigenkapital eingeräumt (IFRS 4.BC93), der dem Ausgleich zukünftiger Gewinne und Verluste dienen könnte.

Durch das Fehlen einer Schwankungsrückstellung zeichnen sich internationale Abschlüsse durch volatile versicherungstechnische Ergebnisse aus. Einzelne Ergebnisse können dadurch nur schwer interpretiert werden, da eine Vergleichbarkeit über die einzelnen Jahre kaum gegeben ist. Risikotheoretisch lässt sich der Wegfall der Schwankungsrückstellung nur kompensieren, wenn ausreichend Eigenkapital gebildet wird, um ein Überschadenjahr zu decken.

3.6 Sonstige versicherungstechnische Rückstellungen

3.6.1 Sonstige versicherungstechnische Rückstellungen nach HGB

Die »Sonstigen versicherungstechnischen Rückstellungen« umfassen alle Rückstellungen aus dem Versicherungsgeschäft, die nicht den im Gesetz einzeln genannten Rückstellungen zugeordnet werden können. Darunter fallen insbesondere die Rückstellung für drohende Verluste aus dem Versicherungsgeschäft und die Stornorückstellung (§ 31 Abs. 1 RechVersV).

Als Folge des Imparitätsprinzips dient die *Drohverlustrückstellung* der Verlustantizipation und zielt insofern auf die vorsichtige Ermittlung eines unbedenklich entziehbaren Gewinns. Demnach dürfen Gewinne nicht ausgeschüttet werden, wenn sie der Deckung künftiger Verluste dienen. Neben der Schwankungsrückstellung, die der Glättung von Schwankungen der Schäden im Zeitablauf dient (Zufallsrisiko), nimmt die Drohverlustrückstellung für Versicherungsunternehmen eine zentrale Funktion zum Ausgleich künftiger Verluste wahr, indem sie einem erwarteten Verpflichtungsüberschuss infolge des Irrtums- und Änderungsrisikos begegnet.[290] Für Versicherungsunternehmen wird eine Rückstellung für drohende Verluste aus dem Versicherungsgeschäft nach § 341e Abs. 2 Nr. 3 HGB geregelt. Demnach ist für Verluste, mit denen nach dem Abschlussstichtag aus bis zum Ende des Geschäftsjahres geschlossenen Verträgen zu rechnen ist, eine versicherungstechnische Rückstellung zu bilden.

Mögliche *Verlustquellen* können aus einer unerwarteten Zunahme der Schadenhäufigkeit, einem unerwarteten Anstieg der durchschnittlichen Schadenhöhe, einer unerwarteten Zunahme der Aufwendungen für den Versicherungsbetrieb (z. B. Lohnkosten, Prozesskosten) oder auch infolge von Wettbewerbsbedingungen entstehen, die dazu führen, dass kostendeckende Beiträge nicht durchgesetzt werden können (z. B. Feuerversicherung).

290 Vgl. Jäger, Bernd [Rückstellungen, 1991], S. 62–63.

Die *Voraussetzungen für die Bildung* einer Rückstellung für drohende Verluste aus dem Versicherungsgeschäft bestehen darin, dass wahrscheinlich nicht leistungsdeckende künftige Gegenleistungen vorliegen, für die ein Risikoausgleich in der Zeit nicht zu erwarten ist. Darüber hinaus muss am Bilanzstichtag eine hinreichende Wahrscheinlichkeit hinsichtlich des Verlusteintritts bestehen.

Für die *Bewertung der Drohverlustrückstellung* ist zunächst der in §252 Abs. 1 Nr. 3 HGB kodifizierte Grundsatz der *Einzelbewertung* abzuwägen. Aus dem Wesen der Versicherung als kollektive Reservebildung folgt eine auf die »Gefahrengemeinschaft«[291] bezogene, kollektive Bewertung der Drohverlustrückstellung.[292] Bereits infolge der in der Prämienkalkulation intendierten Zusammenfassung möglichst homogener Verträge zu Teilkollektiven können gegenüber der Einzelbewertung keine wesentlich abweichenden Ergebnisse vermutet werden, da homogene Verträge gerade möglichst gleichartige Risiken aufweisen (Gefahrengemeinschaft). Insofern steht der Kollektivbezogenheit des Versicherungsgeschäfts der Grundsatz der Wirtschaftlichkeit einer strengen Einzelbewertung entgegen. §31 Abs. 1 Nr. 2 RechVersV konkretisiert die Bildung der Drohverlustrückstellung für Versicherungszweige oder Versicherungsarten, ohne jedoch materiell die Begriffe Versicherungszweige und -arten abzugrenzen. Eine unternehmensweite Berücksichtigung von Diversifikationseffekten entspricht aus ökonomischer Sicht gegenüber kleineren Teilkollektiven eher den tatsächlichen Verhältnissen der Vermögens-, Finanz- und Ertragslage des Unternehmens. Allerdings führt eine zunehmende Größe des Kollektivs zu Ausgleichseffekten von Gewinnen und Verlusten, deren Einklang mit dem Imparitätsprinzip immer geringer wird.

Die wesentlichen *Komponenten* der Drohverlustrückstellung stellen Prämienerträge dar, denen Schaden- und Betriebsaufwendungen[293] gegenüberstehen. Entscheidend für die Höhe der Rückstellung ist die zusätzliche Einbeziehbarkeit von nicht technischen Erfolgsgrößen (Kapitalerträgen).[294] Nach herrschender Meinung ist der Erfolg aus Kapitalanlagen rückstellungsmindernd in die Bewertung der Drohverlustrückstellung zu integrieren.[295] Die Mindermeinung[296] einer Nichtberücksichtigung von Kapitalerträgen kann ökonomisch leicht entkräftet werden. In einer finanzwirtschaftlichen Sicht des Versicherungsgeschäfts lässt sich das Versicherungsunternehmen als Finanzintermediär auffassen, der sich Eigen- und Fremdkapital beschafft und dieses auf Finanzmärkten investiert. Aufgrund dieses engen kausalen Zusammenhangs strebt das Versicherungsunternehmen einen globalen Risiko-Rendite-Ausgleich an. Daher würde eine rein versicherungstechnisch motivierte Verlustüberschussbetrachtung die ökonomische Realität verkennen. Die Einbeziehung von

291 Zum Begriff (vgl. Boetius, Jan [Handbuch, 1996], S. 219.

292 Dies zeigt sich auch in der nicht nur formell zu interpretierenden Formulierung des §31 Abs. 1 Nr. 2 RechVersV, der eine Rückstellung für drohende Verluste für die einzelnen Versicherungszweige oder Versicherungsarten, nicht jedoch für die einzelnen Versicherungsverträge fordert. Vgl. Jäger, Bernd [Rückstellungen, 1999], S. 195. Zu einer gegenteiligen Ansicht vgl. Boetius, Jan [Handbuch, 1996], S. 219.

293 Die Einbeziehung von Abschlussaufwendungen wird allerdings nach herrschender Meinung abgelehnt. Vgl. Geib, Gerd; Telgenbüscher, Franz R. [Posten, 2011], Rd. 421.

294 Vgl. zur Diskussion Jäger, Bernd [Rückstellungen, 1999], S. 195–198.

295 Vgl. bereits Karten, Walter [Inhalt, 1973], S. 1428.

296 Vgl. etwa Boetius, Jan [Handbuch, 1996], S. 227.

Kapitalerträgen ist mit dem Imparitätsprinzip jedoch nur in dem Umfang vereinbar, wie dem Unternehmen finanzielle Mittel aus dem Kollektiv zufließen, die zinsbringend angelegt werden können.[297] Die Berücksichtigung der Zeitdauer für die Mittelanlage sollte grundsätzlich nicht über eine (pauschale) Abzinsung des Verpflichtungsüberschusses, sondern über eine Aufzinsung der aus der Gegenleistung resultierenden Zahlungen erfolgen, soweit die Zinserträge dem einzelnen schwebenden Geschäft zurechenbar sind.[298]

Die Drohverlustrückstellung bezieht sich ausschließlich auf *nach dem Stichtag* anfallende Leistungen aus bestehenden Verträgen, nicht auf am Stichtag bereits gemeldete, aber noch nicht abgewickelte Teile von Versicherungsleistungen.[299] Maßgeblich für die Rückstellungsbildung ist die vertragliche Restlaufzeit der Versicherungsverträge eines bewertungsrelevanten Kollektivs, d. h. nur solche Verluste, denen sich der Kaufmann nicht mehr entziehen kann, auch nicht durch eine Vertragskündigung. Die Drohverlustrückstellung beinhaltet indes ausschließlich zukunftsbezogene Erfolgserwartungen ab Bilanzstichtag und betrifft daher den noch schwebenden Teil eines Schuldverhältnisses. Infolge der Stochastizität von Schadenzahlungen können die noch zu erbringenden Leistungen lediglich auf der Basis von Erfahrungswerten geschätzt werden und sind ausschließlich auf der Basis einer Durchschnittsrechnung handhabbar.[300]

Der Grundsatz wirtschaftlicher Betrachtungsweise greift auch hinsichtlich der Einbeziehung weiterer Einflussfaktoren in die Bewertung der Drohverlustrückstellung. Zunächst erwächst hieraus das Erfordernis einer *Berücksichtigung von Aufwendungen und Erträgen aus Rückversicherungsverträgen*. Durch den Transfer von Risiken durch Rückversicherung werden Verluste, aber auch Erträge zwischen den Vertragspartnern geteilt. Insofern vermindert sich der Anteil der vom Versicherungsunternehmen zu tragenden Verluste, die jedoch teilweise mit niedrigeren Erträgen verbunden sind. Ebenso sind *Prämienanpassungsklauseln,* die zu einer Reduktion drohender Verluste eingesetzt werden, verursachungsgerecht in der Bewertung der Drohverlustrückstellung zu berücksichtigen.

Neben der Drohverlustrückstellung fällt die *Stornorückstellung* (§ 31 Abs. 1 Nr. 1 RechVersV) unter die sonstigen versicherungstechnischen Rückstellungen.

Diese ist in Abhängigkeit von der Versicherungssparte in folgenden Fällen zu bilden:[301]

- in der Lebensversicherung im Falle einer vorzeitigen Kündigung von Versicherungen mit noch negativer Deckungsrückstellung, sofern von den aktivierten »Forderungen aus dem selbst abgeschlossenen Versicherungsgeschäft« nicht eine Pauschalwertberichtigung abgesetzt wurde,
- in der Krankenversicherung für Ausfälle, die beim Abgang von Versicherungsnehmern zu erwarten sind, aus deren Versicherung sich eine negative Alterungsrückstellung ergibt und
- in der Schaden- und Unfallversicherung für Beitragsrückforderungen durch die Versicherungsnehmer, die sich aus der Verminderung des technischen Risikos ergeben.

297 Vgl. Stuirbrink, Wolfgang; Schuster, Anselm [§ 341e HGB, 1998], Rd. 158.
298 Vgl. Geib, Gerd; Wiedmann, Harald [Abzinsung, 1994], S. 376.
299 Vgl. Jäger, Bernd [Rückstellungen, 1999], S. 200.
300 Vgl. Jäger, Bernd [Rückstellungen, 1991], S. 135.
301 Vgl. Geib, Gerd; Telgenbüscher, Franz R. [Posten, 2011], Rd. 436–448.

3.6.2 Sonstige versicherungstechnische Rückstellungen nach IFRS (US-GAAP)

Zur Bilanzierung drohender Verluste aus Versicherungsverträgen fordert IFRS 4 die Durchführung eines liability adequacy tests, der Mindestangaben für die ausreichende Bewertung von versicherungstechnischen Rückstellungen vorgibt.[302]

Seit Verabschiedung von SFAS 5 (ASC 450), accounting for contingencies, im März 1975 regelt das FASB für die US-GAAP die Bildung von *loss contingencies*. Ein drohender Verlust führt gemäß SFAS 5.8 (ASC 450-20-25) nur dann zu einer contingent liability, wenn

1. sein Eintreten am Bilanzstichtag wahrscheinlich ist und
2. die Höhe des Verlusts hinreichend verlässlich geschätzt werden kann.

Die allgemeine Vorschrift wird für Versicherungsunternehmen nach SFAS 60.33 bzw. ASC 944-60-25-4 konkretisiert. Eine Rückstellung für short duration contracts[303] ist zu bilden, »if the sum of expected claim costs and claim adjustment expenses, expected dividends to policyholders, unamortized acquisition costs, and maintenance costs exceeds related unearned premiums.«

Für den Ansatz und die Bewertung dieser als *premium deficiency* bezeichneten Rückstellung kann für kurzfristige Verträge folgende Berechnungsvorschrift abgeleitet werden:

Erwartete Schadenaufwendungen
+ erwartete Schadenregulierungsaufwendungen
+ erwartete Dividenden an Versicherungsnehmer
+ nicht amortisierte aktivierte Abschlusskosten
+ erwartete Verwaltungsaufwendungen
– noch nicht verdiente Beiträge
– anteilige Kapitalerträge (Wahlrecht)
= **premium deficiency**

Bilanziell ist eine premium deficiency dergestalt zu berücksichtigen, dass zuerst noch nicht amortisierte aktivierte Abschlusskosten in Höhe der premium deficiency abzuschreiben sind und, falls nicht oder nicht in ausreichender Höhe vorhanden, für den übersteigenden Betrag eine Drohverlustrückstellung gebildet wird. Diese Drohverlustrückstellung ist nach US-GAAP unter den *Beitragsüberträgen* auszuweisen, die zum Zweck nicht ausreichender Beiträge gebildet werden.[304]

302 Vgl. im Detail Kapitel 3.
303 Diese betreffen weitgehend die deutschen Schaden- und Unfallversicherungsunternehmen.
304 Vgl. Swiss Re [Paradigmenwechsel, 2003], S. 43.

Für *long duration contracts* sind nach SFAS 60.35–37 (ASC 944-60/40) die ursprünglich gewählten Rechnungsgrundlagen im Rahmen eines loss recognition Tests daraufhin zu überprüfen, ob die Bruttoprämien zur Deckung der zukünftigen Leistungen ausreichen. Ein Prämiendefizit liegt vor, wenn die Deckungsrückstellung abzüglich der DAC kleiner ist als der Barwert der zukünftigen Schadenleistungen und Kosten (inklusive Regulierungskosten) abzüglich des Barwertes der zukünftigen Bruttoprämien. Beim Vorliegen eines Prämiendefizits ist die Deckungsrückstellung auf der Basis aktueller Rechnungsgrundlagen aufwandswirksam zu erhöhen, oder, äquivalent hierzu, die aktivierten DAC aufwandswirksam abzuschreiben.[305]

Entscheidend für die Berücksichtigung ist der *Zeitraum*, in dem das Unternehmen verpflichtet ist, ohne eine Kündigung durch das Unternehmen oder ohne eine Beitragsanpassung Versicherungsschutz zu leisten. Für diesen Zeitraum hat das Unternehmen ein schwebendes Geschäft abgeschlossen, aus dem ein Verlust entstehen kann.

Ein wesentlicher Aspekt bei der Bewertung der Drohverlustrückstellung ist die Frage der Höhe der Schadenaufwendungen. In SFAS 60.33 (ASC 944-60-25) wird auf die erwarteten Schadenzahlungen und Kosten verwiesen. Offen bleibt, ob ein Sicherheitszuschlag bei der Schätzung der erwarteten Schäden einzubeziehen ist oder ob ein best estimate der zukünftigen Schadenzahlungen zugrunde gelegt werden soll. Gegen die Einbeziehung eines Sicherheitszuschlags nach US-GAAP ist vor allem anzuführen, dass der tatsächlich drohende Verlust aus den Versicherungsverträgen ermittelt werden soll und nicht ein vorsichtig ermittelter Verlust. Im Sinne einer den tatsächlichen Verhältnissen entsprechenden Abbildung der Vermögens-, Finanz- und Ertragslage des Versicherungsunternehmens ist insofern *kein Sicherheitszuschlag* zu berücksichtigen. Daher lehnt SFAS 60.33 (ASC 944-60-25) eine Zugrundelegung vorsichtiger Annahmen zur Bewertung der premium deficiency ab. Als Ausfluss einer Vermittlung neutraler Informationen wird explizit von einem »erwarteten« Prämiendefizit gesprochen.

Entscheidend für die Bewertung der Drohverlustrückstellung ist die Bildung von *Bewertungseinheiten*. Nach SFAS 60.32 (ASC 944-60-25) hat die Gruppierung konsistent mit der Einteilung zu erfolgen, in der das Versicherungsunternehmen die Verträge abschließt, verwaltet und deren Profitabilität misst. Die Regelung wird unter US-GAAP häufig dergestalt interpretiert, dass für die Bildung von Bewertungseinheiten und die Berechnung der Drohverlustrückstellung die Sparten des Versicherungsunternehmens, die in der Berichterstattung an die Aktionäre unterschieden werden, als Grundlage dienen.[306]

Für die Einbeziehung von *Kapitalerträgen* sehen die US-GAAP eine Angabepflicht im Anhang an, »whether the Insurance Enterprise considers anticipated Investment Income in Determining if a Premium Deficiency relating to short-duration Contracts exists«. Demnach besteht ein Wahlrecht für Versicherungsunternehmen, Kapitalerträge aus Beitragseinnahmen bis zum Zeitpunkt der korrespondierenden Schadenauszahlungen zu berücksichtigen. Dafür stehen grundsätzlich zwei Methoden zur Verfügung.[307] Die erste Metho-

305 In der Praxis werden in der Regel zunächst die DAC abgeschrieben und erst in einem zweiten Schritt wird die Deckungsrückstellung erhöht.

306 Vgl. Blanchard, Ralph [Consideration, 2000], S. 11.

307 Vgl. Insurance Companies Committee [Auditing, 1984].

de stellt das *expected future investment income Konzept* dar, das zur Bildung einer Drohverlustrückstellung führt, wenn die Summe aus Prämien und erwarteten durchschnittlichen Kapitalerträgen die Summe aus Schäden und Betriebskosten unterschreitet. Alternativ wird das Konzept des *present value of future losses* diskutiert, das Kapitalerträge mit Hilfe einer Diskontierung der zukünftigen Prämien, Schäden und Kosten in die Bewertung integriert. Eine premium deficiency ist in letzterem Fall dann zu bilanzieren, wenn der Barwert aus zukünftigen Auszahlungen größer ist als die Anfangsprämien, die zur Deckung dieser Auszahlungen zur Verfügung stehen.

Eine *Stornorückstellung* existiert in den US-GAAP in der Lebens- und Krankenversicherung nicht, da eine negative Deckungs- und Alterungsrückstellung nicht vorkommen kann. Teilweise ist das Storno bereits in den Kalkulationsgrundlagen der Deckungsrückstellung zu berücksichtigen (etwa in der Bilanzierung nach SFAS 60). Demgegenüber wird in der Schaden- und Unfallversicherung u. U. eine Rückstellung gebildet, wenn am Abschlussstichtag eine konkrete Verpflichtung aus Beitragsrückforderungen besteht.[308]

Beispiel 6.16: Berechnung der premium deficiency nach US-GAAP

Rechengrößen der Versicherungssparte	Werte
nicht verdiente Beiträge	450.000
DAC	50.000
Zinssatz	6,00 %
Schadenquote (inklusive Schadenregulierungskosten) (in % von den Prämien)	115,00 %
Verwaltungskostenquote (in % von den Prämien)	1,00 %

Die Schadenabwicklung in dieser Sparte gliedert sich wie folgt auf:

Jahr	0	1	2	3	4	5	6	7	8	9	10	11	12	13	14	15
%		20	10	10	10	10	5	5	5	5	5	5	5	5	0	0

Die Drohverlustrückstellung kann auf drei verschiedene Arten berechnet werden:
a) ohne Berücksichtigung von Kapitalanlagen,
b) mit Berücksichtigung der Kapitalanlagen durch Diskontierung der Schadenzahlungen der Zukunft,
c) mit Berücksichtigung der Kapitalanlagen durch Verzinsung des gebundenen Kapitals.

Für die Berechnung der premium deficiency ist es notwendig, aus dem Abwicklungsmuster des Jahres, das den Anteil der Schadenzahlungen des jeweiligen Abwicklungsjahres an den gesamten Schadenzahlungen darstellt, den Betrag der Schadenzahlungen eines jeden Abwicklungsjahres zu berechnen. Für Methode (a) werden die undiskontierten Schadenzahlungen benötigt (Spalte (2)), für Methode (b) die diskontierten Schadenzahlungen (Spalte (3)). Für Methode (c) müssen die anteiligen Kapitalerträge berechnet werden. Zu beachten ist, dass die premium deficiency nach US-GAAP nicht negativ werden darf.

308 Vgl. Mayr, Gerhard [Internationalisierung, 1999], S. 116.

(1)	(2)	(3)	(4)	(5)
Jahr	brutto	diskontiert	Zahlungsströme	Kapitalerträge
0			450.000	
1	−116.150	−112.815	357.366	23.516
2	−58.075	−53.215	318.990	19.700
3	−58.075	−50.202	278.312	17.397
4	−58.075	−47.361	235.194	14.956
5	−58.075	−44.680	189.488	12.369
6	−29.038	−21.075	170.949	10.498
7	−29.038	−19.883	151.297	9.386
8	−29.038	−18.757	130.466	8.207
9	−29.038	−17.695	108.386	6.957
10	−29.038	−16.694	84.980	5.632
11	−29.038	−15.749	60.170	4.228
12	−29.038	−14.857	33.872	2.739
13	−29.038	−14.016	5.996	1.161
14	0	0	6.356	360
15	0	0	6.737	381
	−580.750	−446.999		137.487

Aus den gegebenen Daten wird zuletzt die premium deficiency bestimmt:

		Methode (a)	Methode (b)	Methode (c)
Nicht verdiente Beiträge		450.000	450.000	450.000
Schaden- und Regulierungskosten	−575.000			
Schaden- und Regulierungskosten sowie Verwaltungskosten (brutto)		−580.750		−580.750
Schaden- und Regulierungskosten sowie Verwaltungskosten (diskontiert)			−446.999	
Kapitalerträge				137.487
premium deficiency (Prämiendefizit)		−130.750	0	0

3.7 Versicherungstechnische Rückstellungen im Bereich der Lebensversicherung, soweit das Anlagerisiko von den Versicherungsnehmern getragen wird

In der Lebensversicherung existieren Versicherungsprodukte, deren Wert oder Ertrag sich nach Kapitalanlagen bemisst, für die der Versicherungsnehmer das Anlagerisiko trägt, oder deren Leistung an einen bestimmten Index gebunden ist (§ 32 RechVersV).

Der Posten »Versicherungstechnische Rückstellungen im Bereich der Lebensversicherung, wenn das Anlagerisiko von den Versicherungsnehmern getragen wird« entspricht grundsätzlich dem Betrag des Aktivpostens »Kapitalanlagen für Rechnung und Risiko von Inhabern von Lebensversicherungspolicen«. Im handelsrechtlichen Jahresabschluss werden diese Kapitalanlagen nicht zu Anschaffungskosten, sondern mit dem Zeitwert bilanziert. In dieser Höhe sind auch die versicherungstechnischen Verpflichtungen zu passivieren.

3.8 Bilanzierung der anderen Rückstellungen und anderen Verbindlichkeiten

Neben den bei Versicherungsunternehmen dominierenden versicherungstechnischen Rückstellungen werden im Posten andere Rückstellungen Pensionsrückstellungen, Steuerrückstellungen und sonstige Rückstellungen ausgewiesen.

Pensionsrückstellungen

Pensionsrückstellungen werden im HGB nach § 249 Abs. 1 S. 1 HGB i.V.m. Art. 28 EGHGB geregelt:

- Für unmittelbare Pensionsverpflichtungen, die nach dem 31.12.1986 eingegangen wurden (Neuzusagen), besteht eine Passivierungspflicht,
- Für unmittelbare Pensionsverpflichtungen (ohne Einschaltung eines selbständigen Verorgungsträgers), die vor dem 01.01.1987 eingegangen wurden, besteht eine Passivierungswahlrecht,
- Für mittelbare Pensionsverpflichtungen (erbracht durch einen selbständigen Versorgungsträger) sowie ähnliche mittelbare oder unmittelbare Verpflichtungen besteht ein Passivierungswahlrecht.

Pensionsrückstellungen sind nach § 253 Abs. 1 S. 2 HGB in Höhe ihres Erfüllungsbetrages nach vernünftiger kaufmännischer Beurteilung zu bewerten. Berücksichtigung finden dabei auch Kostenveränderungen, die am Bilanzstichtag wahrscheinlich sind. Falls Vermögensgegenstände ausschließlich zur Erfüllung von Altersversorgungsverpflichtungen dienen, dem Zugriff anderer Gläubiger entzogen sind und jederzeit zur Erfüllung der Altersversorgungsverpflichtungen verwertbar sind, erfolgt eine Verrechnung der Altersversorgungsverpflichtungen mit den ihnen zugehörigen Vermögensgegenständen (§ 246 Abs. 2 S. 2 HGB). Im Falle eines Überhangs der mit dem beizulegenden Zeitwert zu bewertenden

Vermögensgegenstände erfolgt die Aktivierung eines ausschüttungsgesperrten »Verrechnungspostens«, der als »aktiver Unterschiedsbetrag aus der Vermögensverrechnung« ausgewiesen wird (§ 266 Abs. 2 HGB). Pensionsrückstellungen werden aufgrund ihres langfristigen Charakters (zumindest mit einer Restlaufzeit von größer einem Jahr) mit dem durchschnittlichen Marktzins der letzten sieben Jahre oder alternativ pauschal mit einem durchschnittlichen Marktzins von 15 Jahren Restlaufzeit diskontiert (§ 253 Abs. 1 S. 1, 2 HGB).

Als versicherungsmathematische Verfahren werden das Teilwertverfahren, das Gegenwartswertverfahren und die Methode der laufenden Einmalprämien unterschieden:

- Beim *Gegenwartswertverfahren* wird der Rückstellungsbetrag ab dem Zeitpunkt der Pensionszusage als Differenz zwischen dem Barwert der abgezinsten künftigen Pensionsleistungen und dem Barwert der noch ausstehenden Gegenleistungen (Arbeitsleistungen) ermittelt (sukzessiver Anspruch auf Pensionsleistungen).
- Das *Teilwertverfahren* erfolgt analog zum Gegenwartswertverfahren, wobei der Zeitpunkt der Berechnung mit dem Zeitpunkt des Diensteintritts startet (Einmalrückstellung zum Zeitpunkt der Pensionszusage und anschließend sukzessiver Aufbau der Rückstellung). Nach BilMoG ist das Teilwertverfahren nicht mehr in der steuerrechtlichen Form mit einem Zinssatz von 6 % zulässig.
- Die *Methode der laufenden Einmalprämien* führt zu einer Rückstellungszuführung entsprechend dem jährlich erdienten Beitrag des Versorgungsberechtigten.

In den IFRS erfolgt die Bilanzierung von *Pensionsrückstellungen nach IAS 19*. Anstelle unmittelbarer und mittelbarer Pensionszusagen werden beitragsorientierte und leistungsorientierte Pensionspläne unterschieden:

- *Beitragsorientierte Pensionspläne* zeichnen sich dadurch aus, dass ein Unternehmen sich gegen Zahlung eines Beitrags an einen externen Pensionsfonds vom versicherungstechnischen Risiko befreit. Das Unternehmen erfasst die aufgewendeten Beiträge erfolgswirksam.
- Bei *leistungsorientierten Pensionsplänen* verbleibt demgegenüber das versicherungstechnische Risiko beim Unternehmen. Die Verpflichtung wird nach der Methode der laufenden Einmalprämien (projected unit credit method) bewertet, d. h. als Barwert der bereits durch den Arbeitnehmer erdienten Ansprüche. Als Diskontierungszins wird ein langfristiger Zinssatz erstklassiger festverzinslicher Industrieanleihen verwendet.

Steuerrückstellungen

Steuerrückstellungen sind ungewisse Verbindlichkeiten aus Steuern. Dabei sind laufend veranlagte Steuern (z. B. Körperschaftssteuer, Gewerbesteuer), Verbrauchssteuern sowie Steuerrückstellungen für das Betriebsprüfungsrisiko zu bilden. Separat ausgewiesen von den Steuerrückstellungen werden im HGB *latente Steuern*, die sich aus unterschiedlichen Buchwerten in der HGB-Bilanz und der Steuerbilanz ergeben. Sie werden als eine Art »Sonderposten eigener Art« eingestuft und in einem besonderen Posten außerhalb der Rückstellungen ausgewiesen.

Nach IFRS werden die Steuern vom Einkommen nach *IAS 12* bilanziert. Neben den aktuellen Steuerschulden für das laufende und frühere Jahr regelt dieser ferner latente Steuern.

Sonstige Rückstellungen
Unter dem Sammelbegriff sonstige Rückstellungen werden im HGB alle nicht-versicherungstechnischen Rückstellungen ausgewiesen, die nicht gesondert erfasst werden. Hierzu zählen beispielhaft:
- Rückstellungen für Aufwendungen für den Jahresabschluss,
- Rückstellungen für drohende Verluste aus dem allgemeinen Geschäft,
- Rückstellungen für Jubiläumsaufwendungen,
- Rückstellungen für Währungsrisiken,
- Rückstellungen für Vorruhestandsleistungen,
- Rückstellungen für Altersteilzeit.

Für die Bewertung der sonstigen Rückstellungen gelten die allgemeinen Vorschriften zur Bewertung von Rückstellungen nach § 253 Abs. 1 S. 2 HGB.

Besondere Ansatzregeln bestehen in den IFRS für Drohverlustrückstellungen aus dem allgemeinen Geschäft (IAS 37.66) und Restrukturierungsrückstellungen (IAS 37.10).[309] Restrukturierungsmaßnahmen sind vom Management geplante und kontrollierte Programme zur wesentlichen Veränderung des abgedeckten Geschäftsfelds oder des Inhalts bzw. der Art der Geschäftstätigkeit. Passivierungspflichtig wird eine Restrukturierungsmaßnahme, wenn ein detaillierter Restrukturierungsplan vorliegt und bei den Betroffenen eine gerechtfertigte Erwartung erzeugt wird, dass eine Restrukturierungsmaßnahme durchgeführt wird. IAS 37.75 konkretisiert für eine faktische Verpflichtung, dass eines der beiden Kriterien erfüllt sein muss:
- Beginn der Umsetzung des Plans oder
- Ankündigung der Hauptmerkmale des Plans den Betroffenen gegenüber.

Andere Verbindlichkeiten
Unter den anderen Verbindlichkeiten werden im HGB bzw. IFRS ausgewiesen:
- Verbindlichkeiten aus dem selbst abgeschlossenen Versicherungsgeschäft (vor allem Verbindlichkeiten gegenüber Versicherungsnehmern aus angesammelten Überschussanteilen, Beitragsdepots und Verträgen ohne signifikanten Risikotransfer),
- Abrechnungsverbindlichkeiten aus dem Rückversicherungsgeschäft,
- Anleihen,
- Verbindlichkeiten gegenüber Kreditinstituten,
- Übrige Verbindlichkeiten.

309 Vgl. Coenenberg, Adolf G. et al. [Jahresabschluss, 2012], S. 457.

Kapitel 7: GuV, Anhang und Lagebericht in Versicherungsunternehmen

1 Gewinn- und Verlustrechnung

1.1 Abbildungsprinzipien der Gewinn- und Verlustrechnung eines Versicherungsunternehmens

In der *Gewinn- und Verlustrechnung* (GuV) werden alle Erträge und Aufwendungen des Geschäftsjahrs berücksichtigt, auf deren Basis sich der Jahresüberschuss ermitteln lässt. Neben Bilanz und Anhang bildet die GuV den Jahresabschluss. Während die Bilanz die Vermögensgegenstände und Schulden am Bilanzstichtag (Zeitpunktrechnung) enthält, zeigt die GuV die Veränderung der Bestände im Geschäftsjahr auf (Zeitraumrechnung).

Für Versicherungsunternehmen ist sowohl das Gesamtkostenverfahren (§ 275 Abs. 2 HGB) als auch das Umsatzkostenverfahren (§ 275 Abs. 3 HGB) ungeeignet, da spezifische Aufwands- und Ertragsarten (z. B. durch das Rückversicherungsgeschäft) zu berücksichtigen sind bzw. Ertrags- und Aufwandspositionen aus den allgemeinen Schemata für Versicherungsunternehmen keine Relevanz aufweisen. § 2 Abs. 1 RechVersV sieht daher ein eigenständiges Gliederungsschema für Versicherungsunternehmen vor, das in Abhängigkeit von der betriebenen Sparte nochmals unterschieden wird:

- *Formblatt 2* für Schaden- und Unfallversicherungsunternehmen sowie für Rückversicherungsunternehmen,
- *Formblatt 3* für Personenversicherungsunternehmen und
- *Formblatt 4* für Lebensversicherungsunternehmen oder Schaden- und Unfallversicherungsunternehmen, die auch das selbst abgeschlossene Unfall- bzw. Krankenversicherungsgeschäft nach Art der Lebensversicherung betreiben.

Gemeinsam ist den Formblättern die Form der *Staffelrechnung* anstelle einer Kontenform. Die Staffelrechnung wird in allen Formblättern in eine *versicherungstechnische* und eine *nichtversicherungstechnische Rechnung* unterschieden, um eine bessere Beurteilung der Erfolgsquellen des Versicherungsunternehmens zu ermöglichen. Die Zuordnung von Erträgen und Aufwendungen zur Versicherungstechnik bzw. Nichtversicherungstechnik unterscheidet sich in Abhängigkeit von der Art des betriebenen Versicherungsgeschäfts.

Für *Lebens- und Krankenversichersicherungsunternehmen* gilt eine Art *»Einheitstheorie«* zwischen Versicherungsgeschäft und Kapitalanlagegeschäft aufgrund von Sparprozessen.[310] Erträge aus und Aufwendungen für Kapitalanlagen stehen mit dem Versicherungsgeschäft in Zusammenhang und werden unter der versicherungstechnischen Rechnung ausgewiesen.

310 Vgl. Farny, Dieter [Buchführung, 1992], S. 140.

Bei *Schaden- und Unfallversichersicherungsunternehmen* und *Rückversicherungsunternehmen* besteht eine Art »*Trennungstheorie*« zwischen Versicherungsgeschäft und Kapitalanlagen, da Erträge aus und Aufwendungen für Kapitalanlagen mit dem Versicherungsgeschäft nicht in Zusammenhang stehen. Erträge aus und Aufwendungen für Kapitalanlagen werden unter der nichtversicherungstechnischen Rechnung ausgewiesen. Lediglich im Umfang der Verzinsung der versicherungstechnischen Rückstellungen erfolgt eine Umbuchung technischer Zinserträge in die versicherungstechnische Rechnung.[311]

Formblatt 2 Schaden-/Unfallversicherung		**Formblatt 3 Lebens-/Krankenversicherung**	
I.	Versicherungstechnische Rechnung	I.	Versicherungstechnische Rechnung
1.	Beitragseinnahmen	1.	Beitragseinnahmen
2.	Technischer Zinsertrag f.e.R.	2.	Beiträge aus der Brutto-RfB
3.	Sonstige versicherungstechnische Erträge/Aufwendungen f.e.R.	3.	Erträge aus Kapitalanlagen (KA)
4.	Aufwendungen für Versicherungsfälle f.e.R.	4.	Nicht realisierte Gewinne aus KA
5.	Veränderung der versicherungstechnischen Nettorückstellungen	5.	Sonstige versicherungstechnische Erträge/Aufwendungen f.e.R.
6.	Aufwendungen für Beitragsrückerstattung	6.	Aufwendungen für Versicherungsfälle f.e.R.
7.	Aufwendungen für Versicherungsbetrieb	7.	Veränderung der versicherungstechnischen Netto-Rückstellungen
8.	Sonstige versicherungstechnische Erträge/ Aufwendungen f.e.R.	8.	Aufwendungen für Beitragsrückerstattung
9.	Zwischensumme	9.	Aufwendungen für Versicherungsbetrieb
10.	Veränderung der Schwankungsrückstellung	10.	Aufwendungen für KA
11.	Versicherungstechnisches Ergebnis f.e.R.	11.	Nicht realisierte Verluste aus KA
		12.	Sonstige versicherungstechnische Erträge/Aufwendungen f.e.R.
		13.	Versicherungstechnisches Ergebnis f.e.R.

Abb. 7.1: Versicherungstechnische Rechnung

Frühere Rechnungslegungsvorschriften für Versicherungsunternehmen haben meist eine *Spartenerfolgsrechnung* vorgesehen, damit der Erfolg einzelner Sparten von den Adressaten separat beurteilt werden konnte. Aus Gründen der Klarheit ist die Spartenerfolgsrechnung in der Gewinn- und Verlustrechnung weggefallen. Lediglich im Anhang sieht § 51 Abs. 4 Nr. 1 RechVersV Angaben vor, die eine Spartenerfolgsrechnung ersetzen sollen.

Die Gewinn- und Verlustrechnung von Versicherungsunternehmen wird weitgehend vom Sekundärprinzip bestimmt. Demnach werden die gesamten Personal- und Sachaufwendungen (zuzüglich kalkulatorischer Mietaufwendungen) in die folgenden vier *Funktionsbereiche* zugeordnet (§ 43 Abs. 1 S. 1 RechVersV):

- Regulierung von Versicherungsfällen, Rückkäufen und Rückgewährbeträgen,
- Abschluss von Versicherungsverträgen,

311 Vgl. Farny, Dieter [Buchführung, 1992], S. 142.

Formblatt 2 Schaden-/Unfallversicherung		Formblatt 3 Lebens-/Krankenversicherung	
I.	Nichtversicherungstechnische Rechnung	I.	Nichtversicherungstechnische Rechnung
1.	Erträge aus Kapitalanlagen	1.	Sonstige Erträge
2.	Aufwendungen für KA	2.	Sonstige Aufwendungen
3.	Technischer Zinsertrag	3.	Ergebnis der normalen Geschäftstätigkeit
4.	Sonstige Erträge	4.	Außerordentliche Erträge
5.	Sonstige Aufwendungen	5.	Außerordentliche Aufwendungen
6.	Ergebnis der normalen Geschäftstätigkeit	6.	Außerordentliches Ergebnis
7.	Außerordentliche Erträge	7.	Steuern vom Einkommen und Ertrag
8.	Außerordentliche Aufwendungen	8.	Sonstige Steuern
9.	Außerordentliches Ergebnis	9.	Erträge aus Verlustübernahme
10.	Steuern vom Einkommen und Ertrag	10.	Abgeführte Gewinne
11.	Sonstige Steuern	11.	Jahresüberschuss/Jahresfehlbetrag
12.	Erträge aus Verlustübernahme		
13.	Abgeführte Gewinne		

Abb. 7.2: Nichtversicherungstechnische Rechnung

- Verwaltung von Versicherungsverträgen und
- Verwaltung von Kapitalanlagen.

Aufwendungen, die den genannten Funktionsbereichen nicht zugeordnet werden können, sind unter dem Posten »Sonstige Aufwendungen« auszuweisen.

Die Zuordnung zu den Aufwendungen soll möglichst *verursachungsgerecht* erfolgen. Unmittelbar sind Aufwendungen dann zuordenbar, wenn diese beitragsabhängig oder nur für einen Funktionsbereich oder einen Versicherungszweig bzw. eine Versicherungsart angefallen sind. Eine *Gemeinkostenschlüsselung* soll weitgehend nach objektiven Größen (z. B. Bestand, Neugeschäft, Kopfzahl) erfolgen.[312]

1.2 Erfolgsrechnung von Schaden- und Unfallversicherungsunternehmen sowie von Rückversicherungsunternehmen

1.2.1 Versicherungstechnische Rechnung

Verdiente Beiträge für eigene Rechnung

Die wesentliche Ertragskomponente stellen in der versicherungstechnischen Rechnung die *verdienten Beiträge für eigene Rechnung* dar (§ 341 Abs. 1 HGB). Den Ausgangspunkt für die Berechnung der verdienten Beiträge f.e.R. bilden die *gebuchten Bruttobeiträge.* § 36 Abs. 1 RechVersV enthält ein umfassendes Schema über die Beiträge, die in die ge-

312 Vgl. Stuirbrink, Wolfgang; Schuster, Anselm [§ 43 RechVersV, 1998], S. 505.

buchten Bruttobeiträge einzubeziehen sind. Darunter fallen insbesondere die im Geschäftsjahr fällig gewordenen Beiträge und Beitragsraten sowie Beiträge, die erst nach dem Abschlussstichtag berechnet werden können, Einmalbeiträge, Nachschüsse, Nachverrechnungsbeiträge und Anteile der Versicherungsunternehmen am Mitversicherungsgeschäft. Hiervon sind die Versicherungssteuer sowie Abschreibungen von uneinbringlich gewordenen Beitragsforderungen an die Versicherungsnehmer sowie Aufwendungen aus der Bildung und Erhöhung der Pauschalwertberichtigung zu den Beitragsforderungen an die Versicherungsnehmer abzuziehen (§ 36 Abs. 2 RechVersV). Für das *in Rückdeckung übernommene Versicherungsgeschäft* sind unter den gebuchten Bruttobeiträgen auszuweisen

1. Beiträge und Nebenleistungen der Versicherungsnehmer, die von den Vorversicherern für das Geschäftsjahr gutgeschrieben worden sind,
2. Beiträge, die von einem Versicherungspool übernommen worden sind sowie
3. Portefeuille-Eintrittsbeiträge, die bei Abschluss oder Erhöhung des in Rückdeckung übernommenen Geschäfts vom Vorversicherer erhalten wurden (§ 36 Abs. 3 S. 1 Rech VersV).

Von den gebuchten Bruttobeiträgen werden *abgegebene Rückversicherungsbeiträge* abgesetzt. § 37 RechVersV fasst unter die abgegebenen Rückversicherungsbeiträge die den Rückversicherern gutgeschriebenen Beiträge und Nebenleistungen, an einen Versicherungspool abgegebene Beiträge und Portefeuille-Eintrittsbeiträge, die bei Abschluss oder Erhöhung des in Rückdeckung gegebenen Versicherungsgeschäfts an den Rückversicherer abgeführt wurden.

Durch den Abzug der abgegebenen Rückversicherungsbeiträge resultieren gebuchte Beiträge für eigene Rechnung. Um eine periodengerechte Erfolgsermittlung zu gewährleisten, sind ferner die *Veränderungen der Bruttobeitragsüberträge* sowie – getrennt hiervon – die *Veränderung des Anteils der Rückversicherer an den Bruttobeitragsüberträgen* zu verrechnen. Im Ergebnis resultieren die verdienten Beiträge für eigene Rechnung. Abbildung 7.3 fasst die Ermittlung der verdienten Beiträge zusammen:

	gebuchte Bruttobeiträge
–	abgegebene Rückversicherungsbeiträge
=	**gebuchte Beiträge für eigene Rechnung**
+/–	Veränderung der Bruttobeitragsüberträge
+/–	Veränderung des Anteils der Rückversicherer an den Bruttobeitragsüberträgen
=	**verdiente Beiträge für eigene Rechnung**

Abb. 7.3: Verdiente Beiträge für eigene Rechnung

Technischer Zinsertrag für eigene Rechnung

Die Gewinn- und Verlustrechnung von Schaden- und Unfallversicherungsunternehmen sowie Rückversicherern zeichnet sich durch eine Trennung von Erträgen aus Kapitalanlagen von der versicherungstechnischen Rechnung aus. Um das Ergebnis der versiche-

Beispiel 7.1: Umbuchung des technischen Zinsertrags

Unter den Kapitalerträgen der nichtversicherungstechnischen Rechnung sind 100.000 € als Verzinsung der verschiedenen Deckungsrückstellungen enthalten. Es wird angenommen, dass der Rückversicherungsanteil an den Depotzinsen 20.000 € beträgt.

Nichtversicherungstechnische Rechnung	
	Erträge aus Kapitalanlagen 100.000 €

Die Umbuchung des technischen Zinses aus der nichtversicherungstechnischen Rechnung in die versicherungstechnische Rechnung ergibt sich wie folgt:

Nichtversicherungstechnische Rechnung		Versicherungstechnische Rechnung	
technischer Zinsertrag (brutto) 100.000 €	Erträge aus Kapitalanlagen 100.000 €	sonstige Aufwendungen –20.000 €	technischer Zinsertrag f.e.R. 80.000 €

Achtung: Der Posten »Technischer Zinsertrag« in der nichtversicherungstechnischen Rechnung stellt einen Aufwandsposten dar!

rungstechnischen Rechnung allerdings nicht verfälscht darzustellen, müssen aus der nichtversicherungstechnischen Rechnung Erträge in die versicherungstechnische Rechnung umgebucht werden, soweit sich diese aus der Anlage von verzinslichen versicherungstechnischen Rückstellungen ergeben. § 38 RechVersV sieht unter dem Posten *»Technischer Zinsertrag für eigene Rechnung«* folgende Zinserträge vor:

- Erträge aus der Anlage des Deckungsstocks bei Schaden- und Unfallversicherungsunternehmen, die nach Art der Lebensversicherung betrieben werden,
- die Zinszuführungen zur Bruttorentendeckungsrückstellung in den selbst abgeschlossenen Unfall- und Haftpflichtversicherungen und
- Depotzinserträge aus den bei den Vorversicherern in Höhe der Brutto-Deckungsrückstellungen gestellten Sicherheiten.

Die Ausbuchung des technischen Zinsertrags aus der nichtversicherungstechnischen Rechnung stimmt allerdings in der Höhe nicht mit der Einbuchung überein. Während die Ausbuchung brutto erfolgt, wird die Einbuchung für eigene Rechnung (netto) vorgenommen.

Anteilig an die Rückversicherer zu vergütende Depotzinsen, die sich auf die einbehaltenen Sicherheiten zu den in § 38 Abs. 1 S. 1 RechVersV genannten Deckungsrückstellungen beziehen, werden vom Bruttobetrag abgezogen (Ausnahme vom Saldierungsverbot des § 246 Abs. 2 HGB).

Sonstige versicherungstechnische Erträge

Unter den Posten »Sonstige versicherungstechnische Erträge« sind nach § 40 RechVersV alle versicherungstechnischen Erträge auszuweisen, die keinem anderen Posten zugeordnet werden können (z. B. »Mahngebühren und Verzugszinsen von Versicherungsnehmern und von Versicherungsnehmern nicht abgehobene, verjährte Beitragsrückerstattungen«).

Aufwendungen für Versicherungsfälle für eigene Rechnung

Die Aufwendungen für Versicherungsfälle für eigene Rechnung setzen sich gemäß § 41 Abs. 1 RechVersV getrennt aus den Zahlungen für Versicherungsfälle und der Veränderung der Rückstellung für noch nicht abgewickelte Versicherungsfälle zusammen. Diese sind nach dem modifizierten Nettoprinzip auszuweisen, indem in der Vorspalte der Bruttobetrag und der Anteil der Rückversicherer auszuweisen ist, während in der Hauptspalte die Aufwendungen für eigene Rechnung verbleiben.

Nach § 41 Abs. 2 RechVersV fallen unter die *Zahlungen für Versicherungsfälle* die gesamten im Geschäftsjahr erfolgten Zahlungen für Versicherungsfälle des Geschäftsjahres und der Vorjahre abzüglich der im Geschäftsjahr erhaltenen Zahlungen aufgrund von Regressen, Provenues und Teilungsabkommen sowie der Zahlungen des Prozessgegners zur Erstattung der Kosten (§ 26 Abs. 2 S. 2 RechVersV). Der Bruttobetrag der Zahlungen enthält ferner die dem Funktionsbereich »Regulierung von Versicherungsfällen, Rückkäufen und Rückgewährbeträgen« zugeordneten Personal- und Sachaufwendungen, die aus externen und internen Regulierungsaufwendungen bestehen.

Die Veränderung des Bruttobetrags der *Rückstellung für noch nicht abgewickelte Versicherungsfälle* resultiert aus der Differenz zwischen dem Rückstellungswert am Ende und demjenigen am Anfang des Geschäftsjahres (§ 41 Abs. 3 RechVersV).

Veränderungen der übrigen versicherungstechnischen Nettorückstellungen

Unter dem Posten »Veränderung der übrigen versicherungstechnischen Nettorückstellungen« werden vorwiegend Veränderungen aus der Deckungsrückstellung, der Stornorückstellung und der Rückstellung für drohende Verluste aus dem versicherungstechnischen Geschäft ausgewiesen. Es handelt sich um Rückstellungen, die jährlich neu ermittelt werden und die nicht abgewickelt werden.[313] Nicht unter diesen Posten fallen allerdings Veränderungen der Schwankungsrückstellung und ähnlicher Rückstellungen sowie Beitragsüberträge.

Aufwendungen für erfolgsabhängige und erfolgsunabhängige Beitragsrückerstattungen für eigene Rechnung

Nach § 42 Abs. 2 RechVersV umfassen die erfolgsabhängige Beitragsrückerstattung in der Schaden- und Unfallversicherung und die Aufwendungen für die erfolgsunabhängige Beitragsrückerstattung in der Schaden- und Unfallversicherung sowie der Rückversicherung

313 Vgl. Treuberg, Hubert Graf von; Angermayer, Birgit [Jahresabschluss, 1995], S. 379.

1. die Zuführung zur Rückstellung für Beitragsrückerstattung und
2. Verluste aus der Abwicklung der aus dem vorhergehenden Geschäftsjahr übernommenen Rückstellungen (wobei entsprechende Gewinne die Aufwendungen vermindern).

Aufwendungen für den Versicherungsbetrieb für eigene Rechnung
Unter die »Aufwendungen für den Versicherungsbetrieb für eigene Rechnung« fallen Aufwendungen, die zu Funktionsbereichen »Abschluss von Versicherungsverträgen« und »Verwaltung von Versicherungsverträgen« zugeordnet worden sind.

Unter die *Abschlussaufwendungen* fallen nach § 43 Abs. 2 RechVersV die *unmittelbar zurechenbaren Aufwendungen* (z. B. Abschlussprovisionen, Courtagen und Aufwendungen für die Anlegung der Versicherungsakte, für die Aufnahme des Versicherungsvertrags in den Versicherungsbestand und für die ärztlichen Untersuchungen im Zusammenhang mit dem Abschluss von Versicherungsverträgen) und die *mittelbar zurechenbaren Aufwendungen* (z. B. die allgemeinen Werbeaufwendungen und die Sachaufwendungen, die im Zusammenhang mit der Antragsbearbeitung und Policierung anfallen).

Die *Verwaltungsaufwendungen* werden durch § 43 Abs. 3 RechVersV konkretisiert und umfassen

1. den Beitragseinzug und die Bestandsverwaltung einschließlich der entsprechenden Provisionen,
2. die Schadenverhütung und -bekämpfung,
3. die Gesundheitsfürsorge zugunsten der Versicherungsnehmer sowie
4. die Bearbeitung der Beitragsrückerstattung und der passiven Rückversicherung und Retrozession.

Von den Bruttoaufwendungen für den Versicherungsbetrieb sind die erhaltenen Provisionen und Gewinnbeteiligungen aus dem in *Rückdeckung gegebenen Versicherungsgeschäft* abzuziehen (§ 43 Abs. 4 S. 2 RechVersV).

Sonstige versicherungstechnische Aufwendungen für eigene Rechnung
Unter den Posten »Sonstige versicherungstechnische Aufwendungen für eigene Rechnung« sind die versicherungstechnischen Aufwendungen auszuweisen, die sonst keinem anderen Posten zugeordnet werden können.

Veränderung der Schwankungsrückstellung und ähnlicher Rückstellungen
Der Posten »Veränderung der Schwankungsrückstellung und ähnlicher Rückstellungen« ergibt den Saldo aus allen Zuführungen und Entnahmen aus diesen Rückstellungen. Insofern zeigt der Posten die Veränderung zwischen dem Bilanzwert am Ende und demjenigen am Beginn des Geschäftsjahres.

Versicherungstechnisches Ergebnis für eigene Rechnung
Der Saldo aller versicherungstechnischen Erträge und Aufwendungen führt – nach Abzug der Anteile für Rückversicherer – zum versicherungstechnischen Ergebnis für eigene Rechnung.

1.2.2 Nichtversicherungstechnische Rechnung

Erträge aus Kapitalanlagen

Schaden- und Unfallversicherungsunternehmen sowie Rückversicherungsunternehmen haben Erträge aus Kapitalanlagen in der nichtversicherungstechnischen Rechnung auszuweisen, während Lebens- und Krankenversicherungsunternehmen einen Ausweis unter der versicherungstechnischen Rechnung vornehmen. Dennoch ist die Aufteilung des Postens »Erträge aus Kapitalanlagen« einheitlich für alle Formblätter geregelt.

a) Erträge aus Beteiligungen
   (davon: aus verbundenen Unternehmen)
b) Erträge aus anderen Kapitalanlagen
   (davon: aus verbundenen Unternehmen)
   aa) Erträge aus Grundstücken, grundstücksgleichen Rechten und Bauten einschließlich der Bauten auf fremden Grundstücken
   bb) Erträge aus anderen Kapitalanlagen
c) Erträge aus Zuschreibungen
d) Gewinne aus dem Abgang von Kapitalanlagen
e) Erträge aus Gewinngemeinschaften, Gewinnabführungs- und Teilgewinnabführungsverträgen
f) Erträge aus der Auflösung des Sonderpostens mit Rücklageanteil (vor BilMoG)

Abb. 7.4: Erträge aus Kapitalanlagen

Erträge aus Beteiligungen sind erst in dem Jahr zu vereinnahmen, in dem ein Beschluss der zuständigen Organe vorliegt, der einen Anspruch begründet. Nur im Falle einer Mehrheitsbeteiligung bzw. bei Abhängigkeit des Unternehmens ist eine frühere Vereinnahmung möglich, falls der Jahresabschluss der Beteiligungsgesellschaft zum Zeitpunkt der Prüfung des Versicherungsunternehmens aufgestellt, geprüft, festgestellt und mit einem entsprechenden Ausschüttungsvorschlag versehen ist.[314]

Erträge aus anderen Kapitalanlagen werden in die Unterposten »Erträge aus Grundstücken, grundstücksgleichen Rechten und Bauten einschließlich der Bauten auf fremden Grundstücken« sowie »Erträge aus anderen Kapitalanlagen« unterteilt. Unter die Erträge aus Grundstücken fallen bei Versicherungsunternehmen auch *kalkulatorische Mieten* für die eigengenutzten Grundstücke und Bauten. Diese werden jedoch nicht ergebniswirksam, da ihnen in selber Höhe ein Aufwand (unter den Aufwendungen für den Versicherungsbetrieb) entgegensteht. Allerdings soll mit dem Ausweis eine Vergleichbarkeit zwischen den Kosten- und Kapitalanlageergebnissen von Versicherungsunternehmen geschaffen werden, gleichgültig, ob diese in eigengenutzten oder gemieteten Gebäuden arbeiten.[315] Unter die Erträge aus anderen Kapitalanlagen fallen alle laufenden Erträge aus Kapitalanlagen, die nicht unter den Erträgen aus Beteiligungen sowie Erträgen aus Gewinngemeinschaften, Gewinnabführungs- und Teilgewinnabführungsverträgen auszu-

314 Vgl. Treuberg, Hubert Graf von; Angermayer, Birgit [Jahresabschluss, 1995], S. 392.
315 Vgl. BT-Drs. 823/94, S. 140

weisen sind. Insbesondere fallen hierunter Erträge aus Ausleihungen an verbundene Unternehmen bzw. an Unternehmen, mit denen ein Beteiligungsverhältnis besteht sowie Erträge aus sonstigen Kapitalanlagen und Depotzinsen.

Erträge aus Zuschreibungen stellen buchmäßige Gewinne dar, die aus einer Höherbewertung von Kapitalanlagen resultieren. Diese entstehen vor allem bei der Auflösung und Verminderung von Einzel- und Pauschalwertberichtigungen und der Rückgängigmachung von Abschreibungen (Wertaufholungsgebot).

Gewinne aus dem Abgang von Kapitalanlagen entstehen bei der Veräußerung von Kapitalanlagen sowie der Einlösung von Wertpapieren.

Aufwendungen für Kapitalanlagen

Äquivalent zu den Erträgen aus Kapitalanlagen ist die Strukturierung des Postens »Aufwendungen für Kapitalanlagen« für alle Formblätter einheitlich geregelt: *Aufwendungen für die Verwaltung von Kapitalanlagen, Zinsaufwendungen und sonstige Aufwendungen für Kapitalanlagen* enthalten diejenigen Personal- und Sachaufwendungen, die dem Funktionsbereich »Verwaltung von Kapitalanlagen« zugeordnet werden (§46 Abs. 2 RechVersV). Zusätzlich werden hierunter Zinsaufwendungen und sonstige Aufwendungen für die Kapitalanlagen gefasst. §46 Abs. 3 RechVersV konkretisiert diese Aufwendungen als

a) Aufwendungen im Zusammenhang mit Grundstücken (z.B. Betriebskosten, Instandhaltungskosten),
b) Depotgebühren,
c) Vergütungen an den Treuhänder für den Deckungsstock,
d) Verluste aus Beteiligungen an Personengesellschaften und
e) Schuldzinsen für Hypotheken auf den eigenen Grundbesitz.

Abschreibungen auf Kapitalanlagen (§§253, 254 i.V.m. §279 HGB) resultieren aus den Bewertungsvorschriften von Kapitalanlagen nach §341b HGB. Sie umfassen:

- planmäßige Abschreibungen (§253 Abs. 3 S. 1 und 2 HGB),
- Abschreibungen auf den niedrigeren Börsen- oder Marktpreis bzw. auf den beizulegenden Wert (§253 Abs. 3 S. 3 HGB),
- außerplanmäßige Abschreibungen von Kapitalanlagen, die wie Anlagevermögen zu bewerten sind (§253 Abs. 3 S. 4 HGB).

Separat auszuweisen sind unter den Aufwendungen für Kapitalanlagen ferner *Verluste aus dem Abgang von Kapitalanlagen und Aufwendungen aus Verlustübernahme*. Abbildung 7.5 fasst den Ausweis der Aufwendungen für Kapitalanlagen zusammen:

- Aufwendungen für die Verwaltung von Kapitalanlagen, Zinsaufwendungen und sonstige Aufwendungen für die Kapitalanlagen
- Abschreibungen auf Kapitalanlagen
- Verluste aus dem Abgang von Kapitalanlagen
- Aufwendungen aus Verlustübernahme

Abb. 7.5: Aufwendungen für Kapitalanlagen

Sonstige Erträge und Aufwendungen

Unter den *»Sonstigen Erträge«* werden alle Erträge aus der nichtversicherungstechnischen Rechnung zusammengefasst, die nicht unter einem anderen Posten ausgewiesen werden (§ 47 S. 1 RechVersV). Im Einzelnen werden folgende Erträge in § 47 S. 2 RechVersV genannt:

- *Erträge aus erbrachten Dienstleistungen* (z. B. aus Bestandsbetreuung oder Arbeits- und Überweisungsprovisionen),
- *Zinsen und ähnliche Erträge,* soweit diese nicht Kapitalanlagen betreffen (z. B. aus laufenden Bankguthaben bzw. dem Kontokorrentverkehr des Rückversicherungsgeschäfts)[316] und
- Eingänge aus abgeschriebenen Forderungen sowie Auflösungen und Verminderungen der Pauschalwertberichtigungen zu den Forderungen, die nicht aus Kapitalanlagen oder Beiträgen herrühren.

Neben den explizit geregelten Erträgen fallen unter die sonstigen Erträge Währungskursgewinne, Erträge aus der Auflösung von anderen Rückstellungen (z. B. Pensionsrückstellungen) und Erträge aus der Veräußerung von Teilen der Betriebs- und Geschäftsausstattung.

Im Posten *»Sonstige Aufwendungen«* sind gemäß § 48 S. 1 RechVersV die nichtversicherungstechnischen Aufwendungen auszuweisen, die nicht einem anderen Posten zuzuordnen sind. § 48 S. 2 RechVersV unterscheidet folgende Aufwandsarten:

- *Personal- und Sachaufwendungen, die keinem Funktionsbereich* zugeordnet werden können (z. B. Aufwendungen für Dienstleistungen, Währungskursverluste, Aufwendungen, die das Unternehmen als Ganzes betreffen),
- *Zinsen und ähnliche Aufwendungen* (z. B. Schuldzinsen für sonstige Verbindlichkeiten, Zinsen auf das Genussrechtskapital, Zinszuführungen zu den Pensionsrückstellungen),
- *Abschreibungen auf Forderungen* sowie die Aufwendungen aus der Bildung und Erhöhung der *Pauschalwertberichtigungen* zu den Forderungen, soweit diese nicht Kapitalanlagen (Ausweis unter den Abschreibungen auf Kapitalanlagen) bzw. Beitragsforderungen an die Versicherungsnehmer (Abzug von den gebuchten Bruttobeiträgen) betreffen,
- in Rechnung gestellte *Zentralverwaltungsaufwendungen* der ausländischen Generaldirektion für die inländische Niederlassung.

Außerordentliche Erträge und Aufwendungen

Als außerordentlich werden Erträge und Aufwendungen dann bezeichnet, wenn sie außerhalb der gewöhnlichen Geschäftstätigkeit anfallen. Beispielhaft fallen unter die *»Außerordentlichen Erträge«* Gläubigerverzichte bei Sanierungen, Erlöse aus dem Verkauf eines Gesamt- oder Teilversicherungsbestands oder öffentliche Zuschüsse zu einer Sitzverlegung sowie zu den *»Außerordentlichen Aufwendungen«* Aufwendungen zur Durchführung von Betriebsaufspaltungen und Bußgelder bzw. Geldstrafen.

316 Vgl. Stuirbrink, Wolfgang; Schuster, Anselm [§ 47 RechVersV, 1998], S. 523.

Steuern
In der Gewinn- und Verlustrechnung werden folgende Steuern unterschieden:
- *Steuern vom Einkommen und Ertrag* (z. B. Körperschaftsteuern, Kapitalertragsteuern und Gewerbeertragsteuern),
- *sonstige Steuern* (z. B. Vermögensteuer, Grundsteuer, Gewerbekapitalsteuer).

Erträge aus Verlustübernahme und abgeführte Gewinne
Unter dem Posten »*Erträge aus Verlustübernahme*« werden im Wesentlichen Erträge ausgewiesen, die aufgrund eines Beherrschungs- oder Gewinnabführungsvertrags entstehen. Falls demgegenüber Gewinne aufgrund von Unternehmensverträgen an eine Obergesellschaft abgeführt werden, sind diese unter dem Posten »*Auf Grund einer Gewinngemeinschaft, eines Gewinnabführungsvertrags oder eines Teilgewinnabführungsvertrags abgeführte Gewinne*« auszuweisen.

Jahresüberschuss/Jahresfehlbetrag
Der *Jahresüberschuss/Jahresfehlbetrag* ergibt sich als Saldo aller Aufwendungen und Erträge und stellt den im Geschäftsjahr entstandenen Gewinn nach Steuern dar. Nicht berücksichtigt werden jedoch die von der Geschäftsleitung oder Hauptversammlung (§ 58 AktG) im Rahmen der Gewinnverwendung bewirkten Veränderungen der Rücklagen. Falls die Bilanz unter Berücksichtigung einer vollständigen oder partiellen Verwendung des Jahresergebnisses aufgestellt wird, schließt sich an den Jahresüberschuss/Jahresfehlbetrag die Ergebnisverwendung an. Darunter fallen
1. Gewinn-/Verlustvorträge aus dem Vorjahr,
2. Entnahmen aus der Kapitalrücklage,
3. Veränderungen der Gewinnrücklagen sowie
4. Veränderungen des Genussrechtskapitals.

Als Saldo verbleibt der *Bilanzgewinn/Bilanzverlust*, der als ausschüttungsoffener Gewinn zur Verfügung steht.

1.3 Erfolgsrechnung von Lebens- und Krankenversicherungsunternehmen

Die Gewinn- und Verlustrechnung von Lebens- und Krankenversicherungsunternehmen unterscheidet sich von der Schaden- und Unfallversicherung im Wesentlichen dadurch, dass die Erträge und Aufwendungen aus Kapitalanlagen in die versicherungstechnische Rechnung einbezogen werden. Zusätzlich finden sich folgende spezifische Ertrags- und Aufwandsposten:

Beiträge aus der Brutto-Rückstellung für Beitragsrückerstattung
In dem Posten »Beiträge aus der Brutto-Rückstellung für Beitragsrückerstattung« werden Beträge ausgewiesen, die der Rückstellung für Beitragsrückerstattung von Lebensversi-

cherungsunternehmen bzw. der Rückstellung für die erfolgsabhängige Beitragsrückerstattung entnommen und in voller Höhe in die Deckungsrückstellung eingestellt werden. Insofern steht dem Ertragsposten ein äquivalenter Aufwandsposten entgegen, sodass keine Ergebniswirkung entsteht.

Nicht realisierte Gewinne und Verluste aus Kapitalanlagen
»Nicht realisierte Gewinne bzw. Verluste aus Kapitalanlagen« resultieren nach § 39 RechVersV aus der Zeitwertbilanzierung der Kapitalanlagen für Rechnung und Risiko von Inhabern von Lebensversicherungspolicen (fondsgebundene Lebensversicherung). Für die Bestimmung der nicht realisierten Gewinne bzw. Verluste erfolgt ein Vergleich von Zeitwert und Buchwert derjenigen Kapitalanlagen, für die das Risiko vom Versicherungsnehmer zu tragen ist. Falls der Anschaffungswert den Zeitwert übersteigt, entstehen nicht realisierte Verluste aus Kapitalanlagen. Demgegenüber resultieren nicht realisierte Gewinne aus Kapitalanlagen, falls der Zeitwert den Anschaffungswert überschreitet.

Trotz eines Ausweises von unrealisierten Gewinnen bzw. Verlusten entsteht keine Ergebniswirkung, da bei Veränderungen des Anlagestocks der fondsgebundenen Lebensversicherung eine entsprechende Anpassung der zugehörigen Deckungsrückstellung erfolgt. Diese Gegenbuchung wird unter dem Posten »Veränderung der übrigen versicherungstechnischen Nettorückstellungen« ausgewiesen.[317]

Aufwendungen für erfolgsabhängige und erfolgsunabhängige Beitragsrückerstattung f.e.R.
Zu den Posten »Aufwendungen für erfolgsabhängige und erfolgsunabhängige Beitragsrückerstattung f.e.R.« gehören die Aufwendungen für die erfolgsabhängige Beitragsrückerstattung in der Lebens- und Krankenversicherung und die Aufwendungen für die erfolgsunabhängige Beitragsrückerstattung in der Krankenversicherung (§ 42 RechVersV). Neben der Zuführung zur Rückstellung für Beitragsrückerstattung umfassen die Aufwendungen für die erfolgsunabhängige Beitragsrückerstattung auch die Verluste aus der Abwicklung der aus dem vorhergehenden Geschäftsjahr übernommenen Rückstellungen. Falls hieraus Gewinne entstanden sind, werden die Aufwendungen entsprechend vermindert.

1.4 Erfolgsrechnung nach IFRS (US-GAAP)

Die Vorschriften der IFRS enthalten ein allgemeines Mindestschema über den Aufbau der Gewinn- und Verlustrechnung. Nach IAS 1.82–83 sind mindestens folgende GuV-Posten anzugeben:

- Umsatzerlöse,
- das Ergebnis aus Equity-Beteiligungen und das übrige Finanzergebnis,
- Ergebnis aus einzustellenden Gesellschaften,

317 Vgl. Treuberg, Hubert Graf von; Angermayer, Birgit [Jahresabschluss, 1995], S. 432.

- Steueraufwand,
- Periodenergebnis,
- Anteil von Miderheiten bzw. der Eigenkapitalgeber der Muttergesellschaft am Periodenergebnis.

Weitere Posten, Überschriften und Zwischensummen sind ergänzend auszuweisen, wenn es der IAS fordert oder wenn es – unter Beachtung des Grundsatzes der Wesentlichkeit – für eine verständliche Darstellung der Ertragslage des Unternehmens notwendig ist (IAS 1.85). Insofern sind die wesentlichen versicherungstechnischen Ertrags- und Aufwandskategorien (z.B. Beiträge, Aufwendungen für den Versicherungsbetrieb, Aufwendungen für Versicherungsfälle sowie Erträge und Aufwendungen aus Kapitalanlagen) gesondert darzustellen.[318]

Die Gewinn- und Verlustrechnung nach IFRS unterscheidet nicht in eine versicherungstechnische und eine nichtversicherungstechnische Rechnung. Vor Überarbeitung des IAS 1 war dennoch eine Erfolgssegmentierung notwendig, da eine Trennung zwischen dem Ergebnis aus der gewöhnlichen Tätigkeit und außerordentlichen Posten vorzunehmen war. Seit der Überarbeitung des IAS 1 im Jahr 2003 ist der Ausweis von außerordentlichen Posten allerdings nicht mehr erlaubt (IAS 1.87). Vielmehr sind alle Erträge und Aufwendungen der gewöhnlichen Geschäftstätigkeit zuzurechnen. Dadurch sollen Probleme bei der Abgrenzung von Erfolgsquellen vermieden werden.

Erträge:	**brutto**	**netto**
verdiente Beiträge	3.350	2.900
an den RV abgegebene Beiträge	(450)	–
verdiente Beiträge f.e.R.	2.900	2.900
Kapitalanlageergebnis	1.700	1.700
sonstige Erträge	400	400
	5.000	**5.000**
Aufwendungen:		
Schadenzahlungen inklusive Schadenregulierungs-Aufwendungen	2.200	1.900
Rückversicherungsdeckung	300	–
Schadenzahlungen f.e.R.	**1.900**	**1.900**
Abschlusskosten	1.450	1.450
sonstige Kosten	1.150	1.150
Gesamtkosten	**4.500**	**4.500**
Gewinn vor Steuern	**500**	**500**

Abb. 7.6: Gewinn- und Verlustrechnung gemäß SFAS 113.120/ASC 944-605-55

318 Vgl. Mayr, Gerhard [Internationalisierung, 1999], S. 53.

Äquivalent zu den IFRS kennen die US-GAAP keine versicherungsspezifische Gliederung der Gewinn- und Verlustrechnung. In der US-amerikanischen Versicherungspraxis ist anders als nach HGB eine Trennung von versicherungstechnischer und nichtversicherungstechnischer Rechnung nicht üblich. Abbildung 7.6 zeigt den Aufbau der Gewinn- und Verlustrechnung gemäß SFAS 113.

Aus der Beispielrechnung gemäß SFAS 113 können folgende Aussagen über die Gewinn- und Verlustrechnung getroffen werden:

- Die GuV nach US-GAAP stellt eine *Mischform aus Primär- und Sekundärprinzip* dar. Beiträge werden – wenngleich mit geringerem Detaillierungsgrad äquivalent zum HGB nach dem Primärprinzip ausgewiesen.[319] Die Personal- und Sachaufwendungen werden demgegenüber nach dem Sekundärprinzip ausgewiesen, indem eine Zuteilung zu den Funktionsbereichen Kapitalanlagen (net investment income), Schadenregulierung (claims and claim settlement expenses) und Abschlusskosten (policy acquisition costs) erfolgt. Aufwendungen, die diesen Funktionsbereichen nicht zugeordnet werden können, sind unter die Sonstigen Aufwendungen (other expenses) zusammenzufassen.
- Es werden nach dem *Erfolgsprinzip* nur die verdienten Beiträge (earned premiums) ausgewiesen. Insofern wird in der GuV auf das im HGB vorgeschriebene Umsatzprinzip (Ausweis der gebuchten Beiträge) verzichtet. Grundsätzlich können Versicherungsunternehmen nach den US-GAAP jedoch die gesamten Beiträge, auf die ein Rechtsanspruch besteht (ultimate premium concept), ausweisen. Nach US-GAAP enthalten die gezeichneten Beiträge *pipeline premiums*. Sie resultieren aus erwarteten Beitragsadjustierungen jeglicher Art und stellen die Differenz zwischen gezeichneten Beiträgen und gebuchten Beiträgen dar. Die gezeichneten Beiträge enthalten demnach die gebuchten Beiträge und die Beiträge, die auf der Basis der Versicherungsverträge einer Periode und auf Grund zuverlässig sicherer Schätzbarkeit (responsible estimable) erwartet werden. Die pipeline premiums werden nach der besten Schätzung (best estimate) des Managements bestimmt. Im Ausweis nach US-GAAP sind die zu zahlenden Versicherungssteuern abzusetzen. Falls das Versicherungsunternehmen Steuerschuldner ist, wird die Versicherungssteuer unter den sonstigen Steueraufwendungen ausgewiesen. Im Gegensatz zum HGB werden Beitragszahlungen bei Rentenversicherungen nicht als Versicherungsbeiträge eingeordnet und in der Folge sind diese nicht in der GuV auszuweisen (deposit accounting). Demgegenüber werden auch nach US-GAAP Beiträge im Rahmen einer Kapitallebensversicherung vollständig als Versicherungsbeiträge vereinnahmt, wodurch es zur Abbildung erfolgsunwirksamer Sparanteile in der Erfolgsrechnung kommt.[320] Zahlungen für Versicherungsfälle werden in einer Summe nach dem Erfolgsprinzip ausgewiesen. Insofern erfolgt eine Periodenabgrenzung bereits in der Buchführung.
- Die US-GAAP kennen keine Unterteilung nach Teilversicherungsbeständen. Daher wird anstelle eines Spartenrechnungsprinzips ein *Gesamtbestandsprinzip* angewendet.
- Statt der im HGB vorgenommenen Aufspaltung des Erfolgs in eine versicherungstechnische und eine nichtversicherungstechnische Rechnung zeichnen sich die US-GAAP

319 Vgl. Mayr, Gerhard [Internationalisierung, 1999], S. 180.
320 Vgl. Mayr, Gerhard [Internationalisierung, 1999], S. 182.

durch ein *Gesamterfolgsprinzip* aus. Lediglich das Kapitalanlageergebnis wird separat ausgewiesen.

- Während im HGB der Ausweis der Rückversicherung nach dem modifizierten Nettoprinzip erfolgt, wird nach den US-GAAP die Bilanz nach dem Bruttoprinzip und die GuV grundsätzlich nach dem *Nettoprinzip* dargestellt. In diesem Fall werden die Rückversicherungsanteile im Anhang (notes) angegeben. *Alternativ* hierzu ist ein *offener Abzug* der Rückversicherungsanteile vom Bruttobetrag in der GuV zulässig. Die Regel aus den US-GAAP ist allerdings für IFRS-Anwender nicht mehr zulässig. IFRS 4.14d regelt bereits für die Übergangszeit in Phase 1, dass ein saldierter Ausweis nicht zulässig ist (Verbot der Nettodarstellung der Rückversicherung).

2 Anhang

2.1 Anhang von Versicherungsunternehmen nach HGB

2.1.1 Funktionen des Anhangs

Bilanz, GuV und Anhang stellen als Einheit den Jahresabschluss dar. Versicherungsunternehmen haben nach § 341a Abs. 1 und 2 HGB grundsätzlich die in den Vorschriften für große Kapitalgesellschaften enthaltenen Regelungen zum Anhang zu berücksichtigen (§ 264 Abs. 1 S. 1 HGB). Weitere Angabepflichten sind in den §§ 341 ff. HGB sowie in den Vorschriften der RechVersV enthalten. Neben Vorschriften in HGB und RechVersV finden sich auch im Aktiengesetz Regelungen zum Anhang.

Der Anhang als Element des Jahresabschlusses hat Erläuterungs-, Ergänzungs-, Korrektur- und Entlastungsfunktion:[321]

- Die *Erläuterungsfunktion* des Anhangs zeichnet sich wesentlich dadurch aus, dass Informationen aus Bilanz und GuV (etwa über die angewandten Bilanzierungs- und Bewertungsmethoden bzw. ein Abweichen von gesetzlich vorgeschriebenen Bilanzierungs- oder Bewertungsmethoden) kommentiert werden. Beispielhaft für den Jahresabschluss von Versicherungsunternehmen stellt die Angabe und Begründung für die Anwendung von Näherungsverfahren oder Vereinfachungsverfahren (§ 27 Abs. 4 S. 1 RechVersV) eine Erläuterungsfunktion dar.
- Die *Ergänzungsfunktion* des Anhangs führt zu einem Ausweis von Informationen, die weder in der Bilanz noch in der GuV enthalten sind. Beispielsweise haben Versicherungsunternehmen in einer Summe den Zeitwert für zum Anschaffungswert ausgewiesene Kapitalanlagen (§ 54 RechVersV) auszuweisen.
- Die *Korrekturfunktion* des Anhangs resultiert aus der Forderung des § 264 Abs. 2 S. 2 HGB, ein den tatsächlichen Verhältnissen der Vermögens-, Ertrags- und Finanzlage

321 Vgl. zu den Funktionen des Anhangs Baetge, Jörg et al. [Bilanzen, 2011], S. 691.

entsprechendes Bild zu vermitteln. So sind im Anhang Informationen zu geben, falls ein den tatsächlichen Verhältnissen entsprechendes Bild nicht vermittelt wird.

- Nicht zuletzt führt der Anhang zu einer *Entlastung* der Bilanz und GuV, falls Informationen in den Anhang verlagert werden, um die Klarheit von Bilanz und GuV zu verbessern. Beispielhaft wird bei Versicherungsunternehmen anstelle eines Anlagespiegels, der für Versicherungsunternehmen gemäß § 341a Abs. 2 HGB ausgeschlossen ist, die Entwicklung der Aktivposten nach Formblatt 1 im Anhang dargelegt, sofern keine entsprechende Darstellung in der Bilanz erfolgt (§ 51 Abs. 2 RechVersV).

2.1.2 Überblick über die Anhangsangaben

Der *erste Block* von Anhangsangaben resultiert aus den *Vorschriften des HGB*. Nach § 341a Abs. 1 HGB sind die Vorschriften für große Kapitalgesellschaften anzuwenden. Ausgenommen von der Anwendung sind nach § 341a Abs. 2 S. 1 HGB insbesondere die Angaben über den Materialaufwand des Geschäftsjahres (§ 285 Nr. 8a HGB) und die Inanspruchnahme von größenabhängigen Erleichterungen (§ 288 HGB).[322] Abbildung 7.7 gibt einen Überblick über wesentliche nach HGB vorgeschriebene Anhangsangaben.[323]

§§ HGB	Anhangsangaben
§ 264 Abs. 2 S. 2	Angaben, falls der Jahresabschluss kein den tatsächlichen Verhältnissen entsprechendes Bild vermittelt
§ 265 Abs. 1 S. 2	Abweichungen in der Form und Darstellung aufeinander folgender Bilanzen und GuV
§ 265 Abs. 2 S. 1, 2	nicht vergleichbare bzw. angepasste Vorjahresbeträge
§ 265 Abs. 2 S. 3	Vermerk bzw. Angabe der Mitzugehörigkeit zu anderen Posten der Bilanz
§ 265 Abs. 4 S. 2	Ergänzung des Jahresabschlusses nach Maßgabe einer für andere Geschäftszweige vorgeschriebenen Gliederung
§ 268 Abs. 4 S. 2	Aktive Rechnungsabgrenzungsposten
§ 268 Abs. 6	Disagio
§ 277 Abs. 3 S. 1	Außerplanmäßige Abschreibungen
§ 277 Abs. 4 S. 1,2	Außerordentliche Aufwendungen/Erträge
§ 277 Abs. 4 S. 3	Periodenfremde Aufwendungen/Erträge
§ 277 Abs. 5 S. 1	Aufwendungen/Erträge aus der Abzinsung von Rückstellungen
§ 277 Abs. 5 S. 2	Aufwendungen/Erträge aus der Währungsumrechnung

322 Zusätzliche Anwendungsbefreiungen nennt § 341a Abs. 2 S. 2. HGB.

323 Vgl. Baetge, Jörg et al. [Bilanzen, 2011], S. 701; Treuberg, Hubert Graf von; Angermayer, Birgit [Jahresabschluss, 1995], S. 458–459.

§§ HGB	Anhangsangaben
§ 284 Abs. 2 Nr. 1	Angabe der angewandten Bilanzierungs- und Bewertungsmethoden
§ 284 Abs. 2 Nr. 2	Angaben der Grundlagen der Währungsumrechnung
§ 284 Abs. 2 Nr. 3	Abweichungen von Bilanzierungs- und Bewertungsmethoden und ihr Einfluss auf die Lage des Unternehmens
§ 284 Abs. 2 Nr. 4	Unterschiedsbeträge bei Anwendung von Vereinfachungsverfahren, wenn ein erheblicher Unterschied im Vergleich zu einer Bewertung auf Basis des letzten vor dem Abschlussstichtag bekannten Börsenkurses oder Marktpreises vorliegt
§ 285 Nr. 1	Gesamtbetrag der Verbindlichkeiten mit einer Restlaufzeit von mehr als fünf Jahren
§ 285 Nr. 2	Konkretisierung der Angaben zu den Verbindlichkeiten
§ 285 Nr. 3	Außerbilanzielle Geschäfte
§ 285 Nr. 3a	Gesamtnennbetrag der sonstigen finanziellen Verpflichtungen; allerdings nur insoweit, als sie nicht im Rahmen des Versicherungsgeschäfts entstanden sind (§ 341a Abs. 2 S. 2 HGB)
§ 285 Nr. 5 S. 3	Passive Rechnungsabgrenzungsposten
§ 285 Nr. 6	Belastung des Ergebnisses der gewöhnlichen Geschäftstätigkeit und des außerordentlichen Ergebnisses durch Steuern vom Einkommen und Ertrag
§ 285 Nr. 7	durchschnittliche Arbeitnehmeranzahl (getrennt nach Gruppen)
§ 285 Nr. 9	finanzielle Beziehungen der Gesellschaft zu Organmitgliedern, früheren Organmitgliedern und deren Hinterbliebenen (Bezüge, Kredite und Haftungsverhältnisse)
§ 285 Nr. 10	Angabe aller Organmitglieder
§ 285 Nr. 11	Angabe über Beteiligungsgesellschaften
§ 285 Nr. 11a	Name, Sitz und Rechtsform der Unternehmen, deren unbeschränkt haftender Gesellschafter die Kapitalgesellschaft ist
§ 285 Nr. 12	Erläuterung von »Sonstigen Rückstellungen«, die nicht gesondert ausgewiesen werden, die jedoch einen nicht unerheblichen Umfang haben
§ 285 Nr. 13	Gründe für die planmäßige Abschreibung des Geschäfts- oder Firmenwertes
§ 285 Nr. 14	Name und Sitz des Mutterunternehmens, das den Konzernabschluss für den größten und kleinsten Kreis von Unternehmen aufstellt sowie Angabe über den Ort, an dem die Konzernabschlüsse erhältlich sind
§ 285 Nr. 16	Angabe zur Corporate Governance-Erklärung für börsennotierte AG
§ 285 Nr. 17	Die getrennte Angabe von Honoraren für Abschlussprüfung, sonstige Bestätigungs- und Bewertungsleistungen, Steuerberatungsleistungen und sonstige Leistungen
§ 285 Nr. 18	Angaben zu Finanzinstrumenten, die zum Finanzanlagevermögen gehören und über ihrem Zeitwert ausgewiesen werden
§ 285 Nr. 19	Art und Umfang jeder Kategorie von nicht zum Zeitwert bilanzierten derivativen Finanzinstrumenten einschließlich des beizulegenden Zeitwertes und der Berechnungsmethode

§§ HGB	Anhangsangaben
§ 285 Nr. 21	Angabe zu nicht marktüblichen Geschäften mit nahe stehenden Unternehmen und Personen
§ 285 Nr. 23	Erläuterung von Bewertungseinheiten sowie der abgesicherten Risiken
§ 285 Nr. 24	Berechnung von Pensionsrückstellungen und ähnlichen Verpflichtungen
§ 285 Nr. 25	Saldierung von Schulden aus Altersversorgungsverpflichtungen mit Planvermögen
§ 285 Nr. 26	Angaben zu Anteilen oder Anlageaktien in Investmentvermögen
§ 285 Nr. 27	Risiko der Inanspruchnahme aus Haftungsverhältnissen
§ 285 Nr. 28	Gesamtbetrag der ausschüttungsgesperrten Beträge i.S.d. § 268 Abs. 8 HGB
§ 285 Nr. 29	Angabe zu latenten Steuern
§ 286 Abs. 3	Anwendung der Schutzklausel
§ 341c Abs. 3 S. 1	Angabe eines passivischen Unterschiedsbetrags zwischen Anschaffungskosten und einem höheren Nennbetrag (in Bilanz oder Anhang)

Abb. 7.7: Wesentliche Anhangsangaben nach HGB

Neben den Vorschriften im HGB findet sich in der RechVersV ein *zweiter Block* von Anhangsvorschriften, die für versicherungsspezifische Geschäftsvorfälle zu beachten sind. Insbesondere in Abschnitt 5 (§§ 51–56 RechVersV) sind eine Reihe von Anhangsangaben aufgelistet. Die Abbildung 7.8 zeigt überblicksartig die wichtigsten Angaben auf.[324]

§§ RechVersV	Anhangsangaben
§ 3	gesonderter Ausweis von bestimmten in Bilanz und GuV zusammengefassten Posten
§ 6 Abs. 2	Entwicklung der immateriellen Vermögensgegenstände
§ 10 Abs. 2	Betrag der Darlehen und Vorauszahlungen auf Versicherungsscheine, falls sich dieser nicht aus der Bilanz ergibt sowie Aufgliederung der übrigen Ausleihungen (unter Beachtung der Wesentlichkeit)
§ 12 S. 2	Erläuterung der »Anderen Kapitalanlagen« (unter Beachtung der Wesentlichkeit)
§ 14 Abs. 2	Zusammensetzung des Anlagestocks und Zahl der Anteilseinheiten
§ 19	Erläuterung der »Anderen Vermögensgegenstände« (unter Beachtung der Wesentlichkeit)
§ 26 Abs. 2	Regresse, Provenues und Teilungsabkommen, die von der Schadenrückstellung abgesetzt wurden (unter Beachtung der Wesentlichkeit)
§ 27 Abs. 4	Anwendung von Näherungs- und Vereinfachungsverfahren und deren Einfluss auf die Lage des Unternehmens sowie zeitliche Konkretisierung bei Anwendung dieser Verfahren

324 Vgl. Treuberg, Hubert Graf von; Angermayer, Birgit [Jahresabschluss, 1995], S. 460–462.

§§ RechVersV	Anhangsangaben
§ 28 Abs. 8, 9	Entwicklung der Rückstellung für Beitragsrückerstattung, Angaben über bestimmte Anteile dieser Rückstellung sowie Rechnungsgrundlagen für Schlussüberschussanteile
§ 31 Abs. 1 Nr. 2	Aufgliederung der Drohverlustrückstellung für einzelne Versicherungszweige oder Versicherungsarten (unter Beachtung der Wesentlichkeit)
§ 38 Abs. 2	Erläuterung der Übertragung des technischen Zinsertrags
§ 41 Abs. 5	Erläuterung des Abwicklungsergebnisses der Schadenrückstellung nach Art und Höhe
§ 42 Abs. 3	Aufspaltung der erfolgsabhängigen und erfolgsunabhängigen Rückstellung für Beitragsrückerstattung
§ 43 Abs. 5	Aufspaltung von Abschluss- und Verwaltungskosten
§ 51 Abs. 2	Entwicklung der immateriellen Vermögensgegenstände und Kapitalanlagen nach Muster 1
§ 51 Abs. 3	Haftungsverhältnisse nach § 251 HGB
§ 51 Abs. 4	eingeschränkte Spartenpublizität unter Angabe von Vorjahreszahlen
§ 51 Abs. 5	Provisionen und sonstige Bezüge der Versicherungsvertreter für das selbst abgeschlossene Versicherungsgeschäft sowie Personalaufwendungen nach Muster 2
§ 51 Abs. 6	Erträge aus der Auflösung des Sonderpostens mit Rücklageanteil, soweit sie nicht aus Kapitalanlagen herrühren (unter Beachtung der Wesentlichkeit)
§ 52 Nr. 1a	Bilanzwert der eigengenutzten Grundstücke und Bauten
§ 52 Nr. 1b	Höhe des Genussrechtskapitals, das vor Ablauf von 2 Jahren fällig wird
§ 52 Nr. 1c	Methoden der Ermittlung der einzelnen versicherungstechnischen Rückstellungen (mit Ausnahme der Rückstellung für Beitragsrückerstattung) sowohl brutto als auch im Bezug auf den Anteil der Rückversicherer
§ 52 Nr. 2a	Berechnung der versicherungstechnischen Rückstellungen bei Lebens- und Pensions- und Sterbekassen einschließlich der darin enthaltenen Überschussanteile, der verwendeten versicherungsmathematischen Methoden und Berechnungsgrundlagen
§ 52 Nr. 2b	verzinslich angesammelte Überschussanteile von Lebensversicherungsunternehmen sowie Pensions- und Sterbekassen, die im Unterposten »Verbindlichkeiten aus dem selbst abgeschlossenen Versicherungsgeschäft gegenüber Versicherungsnehmern« enthalten sind
§ 53	zusätzliche Angaben für Versicherungsunternehmen, die im selbst abgeschlossenen Versicherungsgeschäft mehrere Geschäftszweige betreiben
§ 54	Zeitwert für die zum Anschaffungswert ausgewiesenen Kapitalanlagen in einer Summe
§ 55 Abs. 7	Bewertungsmethode für Grundstücke und Bauten sowie Zuordnung zu dem Jahr, in dem die Bewertung erfolgte
§ 56 Abs. 6	angewandte Bewertungsmethode sowie der Grund für ihre Anwendung im Rahmen der Zeitwertermittlung der übrigen Kapitalanlagen
§ 62 Abs. 1	Vermittlung eines den tatsächlichen Verhältnissen entsprechenden Bildes bei Anwendung von Vereinfachungen gegenüber den Formblättern

Abb. 7.8: Anhangsangaben der RechVersV

Als *dritten Block* umfasst das Aktiengesetz eine Reihe von rechtsformspezifischen Vorschriften. Wesentliche Anhangsangaben betreffen den Eigenkapitalanteil bei Wertaufholungen (§ 58 Abs. 2a AktG), die Mitgliedschaft von Organen in Aufsichtsräten und anderen Kontrollgremien (§ 125 Abs. 1 S. 3 AktG), Erläuterungen zu den Rücklagen (§ 152 Abs. 2, 3 AktG), die Überleitung zum Bilanzergebnis (§ 158 Abs. 1 S. 2 AktG), Angaben zu Vorratsaktien, eigenen Aktien, Aktien je Gattung, genehmigtem Kapital, Wandelschuldverschreibungen, Genussscheinen sowie wechselseitigen und mitteilungspflichtigen Beteiligungen (§160 Abs. 1 AktG) und die Erläuterung einer Kapitalherabsetzung (§ 240 S. 3 AktG). Auf Versicherungsunternehmen, die nicht Aktiengesellschaften, Kommanditgesellschaften auf Aktien oder kleinere Vereine sind, sind § 152 Abs. 2 und 3, entsprechend anzuwenden (§ 341a Abs. 4 HGB). Im Falle von § 160 AktG gilt die entsprechende Anwendung jedoch nur für Genussrechte.

2.1.3 Erläuterung ausgewählter Pflichtangaben

Im Folgenden werden einige wichtige Anhangsangaben kurz erläutert:

Anlagespiegel nach Muster 1

§ 51 Abs. 2 RechVersV sieht für Versicherungsunternehmen Angaben über die Entwicklung der Aktivposten »Immaterielle Vermögensgegenstände«, »Grundstücke, grundstücksgleiche Rechte und Bauten einschließlich der Bauten auf fremden Grundstücken«, »Kapitalanlagen in verbundenen Unternehmen und Beteiligungen« und »Sonstige Kapitalanlagen« vor.

Während für Industrieunternehmen nach § 268 Abs. 2 HGB eine Bruttomethode angewendet wird, d. h., dass die historischen Anschaffungskosten als Ausgangsbasis dienen, sieht Muster 1 eine *Nettomethode* vor, indem von den Bilanzwerten des Vorjahres ausgegangen wird. Abbildung 7.9 zeigt einen Anlagespiegel nach Muster 1.

Während vertikal die einzelnen Aktivposten aufgelistet werden, wird horizontal die Entwicklung der Aktivposten dargestellt. Zusätzlich zu dem in Abbildung 7.9 aufgezeigten Schema sind die immateriellen Vermögensgegenstände in die einzelnen Bestandteile nach § 6 Abs. 2 RechVersV aufzugliedern. Ein zusätzliches Problem resultiert aus *Währungskursunterschieden,* falls Kapitalanlagen in Fremdwährungen gehalten werden. Diese werden entweder unter den Zu- und Abschreibungen erfasst oder in einer gesonderten Spalte für Währungsdifferenzen dargestellt.[325] Im Falle der Erfassung unter den Zu- und Abschreibungen resultiert jedoch eine Unstimmigkeit mit der Gewinn- und Verlustrechnung, da Währungskursdifferenzen dort unter den »Sonstigen Erträgen und Aufwendungen« verbucht werden. Daher sollte ein entsprechender Vermerk aus Kursdifferenzen erfolgen, falls auf eine separate Spalte für Währungskursdifferenzen verzichtet wird.

325 Vgl. Freiling, Andreas [Anhang, 2011], Rd. 51.

	Bilanz-wert Vorjahr	Zu-gänge	Um-buchun-gen	Ab-gänge	Zu-schrei-bungen	Ab-schrei-bungen	Bilanz-wert Vorjahr
A. Immaterielle Vermögens-gegenstände							
B.I. Grundstücke, grundstücksgleiche Rechte und Bauten einschließlich Bauten auf fremdem Grund							
B.II. Kapitalanlagen in verbundenen Unternehmen und Beteiligungen 1. Anteile an verbundenen Unter-nehmen 2. Ausleihungen an verbundene Unternehmen 3. Beteiligungen 4. Ausleihungen an verbundene Unternehmen, mit denen ein Beteiligungsverhältnis besteht 5. Summe B. II.							
B.III. Sonstige Kapitalanlagen 1. Aktien, Investmentfonds, und andere nicht festver-zinsliche Wertpapiere 2. Inhaberschuldverschreibungen und andere festverzins-liche Wertpapiere 3. Sonstige Ausleihungen 4. Einlagen bei Kreditinstituten 5. Summe B.III.							
Gesamt							

Abb. 7.9: Anlagespiegel nach Muster 1

Zeitwertangabe

Seit 1997 sieht § 54 RechVersV zusätzlich zu den Angaben über die Entwicklung der Kapitalanlagen eine Angabe des Zeitwertes derjenigen Kapitalanlagen vor, die zum Anschaffungswert bilanziert werden. Dadurch soll den Adressaten ein Einblick in die stillen Reserven der Kapitalanlagen ermöglicht werden. Daneben ist die Angabe der Zeitwerte seit 2003 Bestandteil des aufsichtsrechtlichen Meldewesens.

Während in der Regelung von 1997 nur die Summe der Zeitwerte der Kapitalanlagen anzugeben war, ist mit Inkrafttreten des Versicherungsvertragsgesetzes 2008 eine Änderung von § 54 RechVersV verbunden. Damit ist für sämtliche Kapitalanlagen, die in der Bilanz zu Anschaffungskosten oder zum Nennwert ausgewiesen sind, im Anhang der Zeitwert anzugeben. Die Aufschlüsselung ist entsprechend der Darstellung der Kapitalanlagen in der Bilanz vorzunehmen.

Aus den Zeitwerten der einzelnen Kapitalanlagen ist die Summe der Zeitwerte der Kapitalanlagen zu ermitteln und offenzulegen, die in die Berechnung der Beteiligung der Versicherungsnehmer an den stillen Reserven einzubeziehen sind. Diesem Betrag ist die Summe der (fortgeführten) Anschaffungskosten der in die Berechnung der Beteiligung an den stillen Reserven einzubeziehenden Kapitalanlagen gegenüberzustellen. Durch Saldierung beider Werte erhält man den Betrag der stillen Reserven zum Bilanzstichtag.

Für die Ermittlung der Zeitwerte gelten die Vorschriften von § 55 RechVersV und § 56 RechVersV:

- Der Zeitwert von *Immobilien*, der mindestens alle fünf Jahre im Wege einer Schätzung nach einer allgemein anerkannten Methode zu bestimmen ist, basiert auf dem geschätzten Marktwert (ohne Berücksichtigung von planmäßigen Abschreibungen), der um etwaige Wertminderungen seit der letzten Schätzung und (voraussichtlichen) Realisierungsaufwendungen bei einem (geplanten) Verkauf zu vermindern ist.
- Der Zeitwert der *übrigen Kapitalanlagen* basiert auf dem *Freiverkehrswert*, den im Fall von börsennotierten Kapitalanlagen der *Börsenkurswert* oder im Fall von nicht börsennotierten Kapitalanlagen ein *gehandelter Durchschnittswert* am Markt darstellt. Äquivalent zur Bewertung von Grundstücken sind (voraussichtliche) Realisierungsaufwendungen bei einem (geplanten) Verkauf abzuziehen.

Spartenpublizität

Nach den bis 1994 geltenden Vorschriften wurde für sämtliche Versicherungssparten eine Sonderrechnung in der GuV erstellt. Im Zuge der EU-Harmonisierung wurde die Spartenpublizität abgeschafft und durch eine (partielle) Verlagerung von Informationen in den Anhang ersetzt. Die Angaben sind gemäß § 51 RechVersV in das gesamte selbst abgeschlossene Geschäft, das gesamte in Rückdeckung übernommene Geschäft und das gesamte Versicherungsgeschäft als Summe daraus zu unterteilen. Zusätzlich sind die Angaben zum selbst abgeschlossenen Geschäft, mit bestimmten Ausnahmen (größenabhängigen Erleichterungen nach § 51 Abs. 4 RechVersV) in Versicherungszweiggruppen sowie in Versicherungszweige und -arten zu untergliedern. Die Abbildung 7.10 gibt einen Überblick über die geforderten Anhangsangaben.

Angaben		Untergliederung der Angaben des selbst abgeschlossenen Geschäfts in Versicherungszweiggruppen, Versicherungszweige und -arten	
1.	Gebuchte Bruttobeiträge	1.	Unfall- und Krankenversicherung davon:
2.	Verdiente Bruttobeiträge		a) Unfallversicherung
3.	Verdiente Nettobeiträge		b) Krankenversicherung
4.	Bruttoaufwendungen für Versicherungsfälle	2.	Haftpflichtversicherung
5.	Bruttoaufwendungen für den Versicherungsbetrieb	3.	Kraftfahrzeug-Haftpflichtversicherung
6.	Rückversicherungssaldo	4.	Sonstige Kraftfahrtversicherungen
7.	Versicherungstechnisches Ergebnis für eigene Rechnung	5.	Feuer und Sachversicherung davon:
8.	Versicherungstechnische Bruttorückstellungen davon:		Feuerversicherung
	a) Bruttorückstellung für noch nicht abgewickelte Versicherungsfälle		b) Verbundene Hausratversicherung c) Verbundene Gebäudeversicherung
	b) Schwankungsrückstellung und ähnliche Rückstellungen		d) Sonstige Sachversicherung
		6.	Transport- und Luftfahrtversicherung
		7.	Kredit- und Kautionsversicherung
9.	Anzahl der mindestens einjährigen Versicherungsverträge	8.	Rechtsschutzversicherung
		9.	Beistandsleistungsversicherung
		10.	Sonstige Versicherungen

Abb. 7.10: Spartenpublizität im HGB

Personalaufwendungen
Anstelle der Angaben über den Personalaufwand nach § 285 Nr. 8b HGB sieht § 51 Abs. 5 RechVersV für Versicherungsunternehmen eine Angabe über die Provisionen und sonstigen Bezüge der Versicherungsvertreter für das selbst abgeschlossene Versicherungsgeschäft sowie über die Personalaufwendungen vor.
Im Einzelnen werden
a) Provisionen,
b) sonstige Bezüge,
c) Löhne und Gehälter,
d) soziale Abgaben und Aufwendungen für Unterstützung und
e) Aufwendungen für Altersversorgung
unterschieden.

2.2 Anhang von Versicherungsunternehmen nach IFRS

Der Anhang ist nach IAS 1.10 ein gleichwertiger Bestandteil neben der Bilanz, der GuV, der Kapitalflussrechnung, der Eigenkapitalveränderungsrechnung und der Segmentberichterstattung. Die Hauptaufgabe des Anhangs besteht in der *Informationsvermittlung* durch Wahrnehmung einer Erläuterungs-, Ergänzungs- und Entlastungsfunktion gegenüber den anderen Abschlussbestandteilen. Der Aufbau des Anhangs ist in IAS 1.114 geregelt. Demnach soll im Wesentlichen unterschieden werden:

- Eine Erklärung zur Übereinstimmung mit den IFRS,
- Eine Zusammenfassung der wesentlichen Bilanzierungsmethoden,
- Erläuterungen zu den einzelnen Positionen in Bilanz, Gesamtergebnisrechnung, Gewinn- und Verlustrechnung, Eigenkapitalspiegel und Kapitalflussrechnung,
- Sonstige Anhangsangaben, wie Eventualverbindlichkeiten und Angaben zum Risikomanagement des Unternehmens.

Neben den allgemeinen Angabepflichten des IAS 1 finden sich ausführliche Vorschriften zu spezifischen Geschäftsvorfällen in den einzelnen Rechnungslegungsstandards, wobei diese die im HGB geforderten Angaben bei weitem übertreffen.

Versicherungsspezifische Anhangsangaben sind in *IFRS 4* enthalten. Während die Anforderungen im eigentlichen Standard sehr allgemein gehalten sind (IFRS 4.36–39), gibt die ergänzende *implementation guidance* ausführliche Hinweise, wie diese Anforderungen zu erfüllen sind (IFRS 4.IG11–71). Letztere weist jedoch in ihrer Gesamtheit keinen Verpflichtungscharakter auf (IFRS 4.IG11), sondern gibt nur Anhaltspunkte über mögliche Angaben. Die im Einzelnen dargestellten Offenlegungspflichten können im Anhang zusammengefasst präsentiert werden (IFRS 4.IG14). IFRS 4.IG15–16 weisen ausdrücklich auf IAS 1 hin, indem nur materiell bedeutsame Posten offengelegt werden müssen. IFRS 4 unterscheidet grundsätzlich zwei Blöcke von Anhangsangaben:

- Angaben über Bilanz und GuV-Posten (IFRS 4.36–37) sowie
- Informationen über zukünftige Zahlungsströme (IFRS 4.38–39).

Im *ersten Block* sind vornehmlich die Bewertungsmethoden sowie die Annahmen der in Bilanz und GuV ausgewiesenen Werte offenzulegen (IFRS 4.IG17). Die wesentlichen der Bewertung zugrunde liegenden Annahmen müssen einzeln erläutert und möglichst quantifiziert werden (IFRS 4.IG31–33). Beispielsweise sind Einschätzungen über zukünftige Entwicklungen der unterstellten Annahmen (etwa Mortalitätstrends) und Abhängigkeiten zwischen den verschiedenen Annahmen aufzuzeigen. Insbesondere ist auch darzulegen, von welchem Sicherheitsniveau die Bewertung geprägt wird.[326] Daneben sind Abweichungen einer stetigen Bewertung dahingehend zu erklären, welche Effekte auf Änderungen in den Annahmen zurückgehen (IFRS 4.IG34–36).

Die im *zweiten Block* geforderten Informationen zu den Zahlungsströmen des Versicherungsgeschäfts können als eine Überleitung zu dem für Phase 2 vorgesehenen asset liability measurement Ansatz interpretiert werden. Demnach sind Aussagen über die Höhe, den Zeitpunkt und die Unsicherheit der zukünftigen Zahlungsströme aus den Versicherungsverträgen zu treffen (IFRS 4.38). Als Ausgangspunkt hierzu dienen insbesondere interne Modelle, die einen Bezug zur Steuerung des Unternehmens schaffen sollen (IFRS 4.IG41). Daneben wird eine Verbindung zum Risikomanagementsystem hergestellt, da über allgemeine Aussagen zum Aufbau, zu den Zielen des Risikomanagementsystems sowie über konkrete Risiken des gezeichneten Portefeuilles zu berichten ist.[327] Insbesondere ist hierbei über die Sensitivität gegenüber Änderungen der Einflussfaktoren und Konzentrationen von versicherungstechnischem Risiko zu berichten. Ferner ist offenzulegen, inwiefern das Versicherungsunternehmen bezüglich der Versicherungsverträge einem Zinsänderungsrisiko (garantierte Mindestverzinsung) oder einem Kreditrisiko (Rückversicherungsbeziehungen) ausgesetzt ist (IFRS 4.39). Abbildung 7.11 gibt einen Überblick über die Anhangsangaben nach IFRS 4.

Anhangsblock	Beispiele
Bilanz und GuV-Posten	Angaben über Sicherheitszuschläge in den Schätzungen Datenquellen, die Grundlage der Schätzungen sind Ausmaß, in dem Schätzungen konsistent mit beobachtbaren Marktpreisen sind Angaben, inwiefern Erfahrungswerte aus der Vergangenheit in Schätzungen einfließen sowie Gründe, warum von diesen Trends abgewichen wird Angaben, wie der Versicherer zukünftige Entwicklungen wie Mortalitätstrends oder Krankheitskostensteigerungen ableitet
Informationen über zukünftige Zahlungsströme	
Allgemein	risikopolitische Strategien zu Annahmepolitik, Limits und Rückversicherung Ausmaß eines unternehmensübergreifenden Risikomanagements Asset liability management Strategien Möglichkeiten, zusätzliches Eigenkapital aufzunehmen Informationen, wie Garantien und Zinszusagen, die das Zinsänderungsrisiko beeinflussen Sensitivitätsanalysen des Eigenkapitals und des Jahresergebnisses im Hinblick auf wesentliche Einflussgrößen

326 Vgl. Rockel, Werner; Sauer, Roman [Exposure Draft 5, 2003], S. 1114.
327 Vgl. Hommel, Michael [Standardentwurf, 2003], S. 2116. Vgl. für ein Anwendungsbeispiel IFRS 4.IG61.

Anhangsblock	Beispiele
Informationen über zukünftige Zahlungsströme	
Informationen über das versicherungstechnische Risiko	Informationen aus der Managementperspektive Ermittlungsmethoden und zugrunde liegende Annahmen der Quantifizierung des versicherungstechnischen Risikos Messung des Risikos an mehr als einer Dimension Sensitivitätsanalysen des Eigenkapitals und des Jahresergebnisses im Hinblick auf wesentliche Einflussgrößen
Informationen über Konzentrationen von versicherungstechnischen Risiken	Gründe von Risikokonzentrationen Informationen vor und nach Rückversicherung Informationen über die Entwicklung einer in das Eigenkapital gebuchten Schwankungsrückstellung Beschreibung der Risikokonzentrationen Informationen über vergangene Großschäden
Schadenentwicklung	Informationen in Bezug auf bilanzielle Größen Korrektur bei außergewöhnlichen Ereignissen Angaben nach Anfallsjahr oder Zeichnungsjahr

Abb. 7.11: Anhangsangaben nach IFRS 4

Versicherungsspezifische Vorschriften für den Anhang finden sich auch in den US-GAAP. Abbildung 7.12 gibt einen Überblick wichtiger Anhangsangaben nach US-GAAP.

Anhangsblock	Beispiele
Rückstellungen (SFAS 60.60, SOP 94-5.10-11/ ASC 944-40-50)	Schadenrückstellungen Bewertungsgrundlagen der Schadenrückstellung bei Abzinsung von Schadenrückstellung Angabe des Buchwertes sowie des Zinssatzes Anfangs- und Schlussbestand (brutto sowie RV-Anteil) Schadenaufwendungen bzw. Schadenzahlungen aus dem Geschäftsjahr sowie dem Vorjahr Gründe für die Änderung der Vorjahres-Schadenrückstellung und Erläuterung einer eventuellen Prämienanpassung Schätzmethoden bei komplex zu ermittelnden Schadenrückstellungen in Zusammenhang mit Giftmüll, Asbest und Umweltsanierungen Rechnungsgrundlagen der Deckungsrückstellung (freiwillige Angabe des durchschnittlichen Zinssatzes) Angabe über die Einbeziehung von Kapitalerträgen bei der Berechnung der Drohverlustrückstellung
Abschlusskosten (SFAS 60.60/ASC 944-30-50)	Art der aktivierten Abschlusskosten Abschreibungsmethoden Abschreibungsbetrag des Geschäftsjahrs Zinssatz für die Berechnung der Gross Margins bei Verträgen mit natürlicher Gewinnbeteiligung
Gewinnbeteiligung (SFAS 60.60/ASC 944-40-50)	prozentualer Anteil der Versicherungen mit Gewinnbeteiligung Bilanzierung- und Bewertungsmethoden Höhe der Gewinnbeteiligung im Geschäftsjahr und sonstige den Versicherungsnehmern gutgeschriebene Beträge

Anhangsblock	Beispiele
Rückversicherung (SFAS 113.27-28/ ASC 944-605-50)	Art, Zweck und Auswirkung auf das Versicherungsgeschäft des Erstversicherers erfolgswirksame Rückversicherungsanteile, falls diese in der GuV nicht gesondert angegeben werden Angabe der gebuchten und verdienten Beiträge für kurzfristige Verträge (selbst abgeschlossenes, abgegebenes und übernommenes Geschäft), falls nicht in der GuV angegeben Angabe der Beiträge und sonstigen Erträge vom Versicherungsnehmer bei langfristigen Verträgen (selbst abgeschlossenes, abgegebenes und übernommenes Geschäft), falls nicht in der GuV angegeben Methoden der Ertragsrealisation aus Rückversicherungsverträgen Angaben zum Kreditrisiko von Rückversicherungsanteilen

Abb. 7.12: Anhangsangaben nach US-GAAP[328]

3 Lagebericht

3.1 Lagebericht von Versicherungsunternehmen nach HGB

Kapitalgesellschaften haben neben dem Jahresabschluss einen Lagebericht aufzustellen (§ 289 HGB). Der Lagebericht hat reine Informationsfunktion, er verdichtet die Abschlussinformationen und ergänzt sie in sachlicher wie zeitlicher Hinsicht.[329] In dieser Funktion stellt der Lagebericht ein eigenständiges Rechnungslegungsinstrument dar und ist kein Bestandteil des Jahresabschlusses.

Dennoch sind Jahresabschluss und Lagebericht eng verbunden. Zum einen soll der Lagebericht ein den tatsächlichen Verhältnissen entsprechendes Bild des Geschäftsverlaufs (einschließlich des Geschäftsergebnisses) und der Lage des Unternehmens vermitteln *(Verdichtungsfunktion)*. Zum anderen hat der Lagebericht »eine ausgewogene und umfassende, dem Umfang und der Komplexität der Geschäftstätigkeit entsprechende Analyse des Geschäftsverlaufs und der Lage der Gesellschaft« sowie eine Beurteilung der wesentlichen Chancen und Risiken zu enthalten *(Ergänzungsfunktion)*.

Für Versicherungsunternehmen fordert § 341a Abs. 1 HGB die Aufstellung eines Lageberichts nach den für große Kapitalgesellschaften geltenden Vorschriften. Die Aufstellung des Lageberichts hat für Versicherungsunternehmen in den ersten vier Monaten eines Geschäftsjahres für das vergangene Geschäftsjahr zu erfolgen (§ 341a Abs. 1 HGB).[330]

Der Inhalt des Lageberichts ist in § 289 HGB geregelt, der durch das Gesetz zur Kont-

328 Vgl. Mayer, Gerhard [Internationalisierung, 1999], S. 161–162.

329 Vgl. Baetge, Jörg et al. [Bilanzen, 2011], S. 725.

330 Die Aufstellungspflicht ist unabhängig von der Größe und Rechtsform eines Versicherungsunternehmens, vgl. Treuberg, Hubert Graf von; Angermayer, Birgit [Jahresabschluss, 1995], S. 531. Die Aufstellungsfrist verlängert sich auf zehn Monate bei »Versicherungsunternehmen, die ausschließlich Rückversicherung betreiben oder deren Beiträge aus in Rückdeckung übernommenen Versicherungen die übrigen Beiträge übersteigen« (§ 341a Abs. 5 HGB).

Beispiel 8.1: Branchensituation der Versicherungswirtschaft (Ausschnitt aus Generali AG Geschäftsbericht 2010, S. 12)

Im Geschäftsjahr 2010 verzeichnete die deutsche Versicherungswirtschaft – erneut infolge hoher Einmalbeiträge in der Lebensversicherung – einen kräftigen Beitragsanstieg: Für die 464 im Gesamtverband der Deutschen Versicherungswirtschaft e.V. (GDV) zusammengeschlossenen Mitgliedsunternehmen ergab sich nach vorläufigen Berechnungen ein Zuwachs von durchschnittlich 4,3 %. Damit lag das Wachstum leicht über dem Vorjahreswert von 4,2 %. Die gesamten Beitragseinnahmen über alle Zweige und Sparten beliefen sich auf 178,9 Mrd. € (Vorjahr 171,4 Mrd. €).
Für die positive Entwicklung im Jahr 2010 waren erneut die Personenversicherer verantwortlich: Die gebuchten Bruttobeiträge in der Lebensversicherung stiegen um 6,1 % auf rund 90,4 Mrd. € (Vorjahr 85,2 Mrd. €) an. Ohne Pensionskassen und Pensionsfonds betrug das Beitragsplus 7,2 % (Vorjahr 6,6 %). Die Geschäftsentwicklung der Lebensversicherung war auch 2010 stark vom Einmalbeitragsgeschäft geprägt – jedoch fiel der Anstieg hier mit einem Plus von 28 % deutlich niedriger aus als noch im Vorjahr (2009: 60 %). Mit einem Volumen von rund 27 Mrd. € trugen die Einmalbeiträge mehr als ein Viertel zu den gesamten Beitragseinnahmen in diesem Bereich bei. Mehr als die Hälfte der Einmalbeiträge im Neugeschäft entfiel auf sofort beginnende und aufgeschobene Rentenversicherungen. Dabei spielten nicht nur die Ausfinanzierung von Betriebsrenten oder flexible Zuzahlungsmöglichkeiten bei langfristig orientierten Vorsorgeverträgen eine Rolle. Auch Riester-Zulagen verzeichneten ein deutliches Plus. Trotz der Wirtschafts- und Finanzkrise ist die Zahl der Vertragskündigungen – wie schon im Jahr 2009 – weiter zurückgegangen. Diese Entwicklung zeigt, dass die Versicherten auch in wirtschaftlich schwierigen Zeiten an ihren Altersvorsorgeverträgen festhalten. Das werten die deutschen Versicherer auch als klaren Vertrauensbeweis in ihre Produkte.

rolle und Transparenz im Unternehmensbereich (KonTraG) 1998, durch das Bilanzrechtsreformgesetz (BilReG) sowie das Bilanzrechtsmodernierungsgesetz (BilMoG) inhaltlich erweitert wurde.

Weitere Vorschriften zur Lageberichterstattung enthält der deutsche Rechnungslegungs Standard (DRS) 15, der für alle Mutterunternehmen, die einen Konzernlagebericht gemäß § 315 HGB aufzustellen haben oder freiwillig aufstellen, maßgeblich ist. Daneben wird DRS 15 für die Anwendung auf den Lagebericht gemäß § 289 HGB empfohlen.

In DRS 15 werden Grundsätze der Lageberichterstattung definiert: Vollständigkeit, Verlässlichkeit, Klarheit und Übersichtlichkeit, Vermittlung der Sicht der Unternehmensleitung und Konzentration auf nachhaltige Wertschaffung. Wesentliche Inhalte von DRS 15 stellen die Darstellung des eingesetzten Steuerungssystems anhand quantitativer Maßstäbe (DRS 15.38) sowie Angaben zur Vermögens-, Finanz- und Ertragslage dar.

Geschäftsverlauf und Lage des Unternehmens

Gemäß § 289 Abs. 1 HGB sind der *Geschäftsverlauf* und die *Lage* der Kapitalgesellschaft *darzustellen* und zu *analysieren*. In die Analyse sind die für die Geschäftstätigkeit bedeutsamsten *finanziellen und nichtfinanziellen*[331] *Leistungsindikatoren* einzubeziehen und un-

331 Nichtfinanzielle Leistungsindikatoren sind nur für große Kapitalgesellschaften verpflichtend anzugeben (§ 289 Abs. 3 HGB).

ter Bezugnahme auf die im Jahresabschluss ausgewiesenen Beträge und Angaben zu erläutern. Als nichtfinanzielle Leistungsindikatoren nennt § 289 Abs. 3 HGB z. B. Informationen über Umwelt- und Arbeitnehmerbelange. Informationen zur Lage des Unternehmens konkretisiert DRS 15:

- Die *Vermögenslage* soll anhand von Angaben zu Höhe und Zusammensetzung des Vermögens sowie wesentlichen Veränderungen zum Vorjahr erläutert werden (DRS 15.77).
- Die Darstellung der *Finanzlage* umfasst die Grundsätze und Ziele des Finanzmanagements (DRS 15.61) sowie die Darstellung der Kapitalstruktur anhand der internen und externen Finanzierungsquellen (DRS 15.62).
- Die *Ertragslage* soll anhand der Ergebnisentwicklung und der Ergebnisstruktur sowie der Ertragsquellen dargestellt werden, wobei Veränderungen zum Vorjahr, außergewöhnliche Erträge sowie Trends zu erläutern sind (DRS 15.50).

Risiko- und Prognosebericht

§ 289 Abs. 1 HGB fordert eine Beurteilung der *voraussichtlichen Entwicklung* mit ihren wesentlichen *Chancen* und *Risiken,* wobei die zugrunde liegenden Annahmen zu erläutern sind. In diesem als *Prognosebericht* bezeichneten Teil des Lageberichts soll das Unternehmen Aussagen dazu machen, welchen Geschäftsverlauf es in der Zukunft erwartet. DRS 15 konkretisiert:

- Die Unternehmensleitung hat ihre Erwartungen über die voraussichtliche Entwicklung [..] zu erläutern und diese zu einer Gesamtaussage zu verdichten. Dabei sind positive oder negative Entwicklungstrends sowie deren wesentliche Einflussfaktoren anzugeben (DRS 15.84).
- Die erwartete Entwicklung der wirtschaftlichen Rahmenbedingungen, z. B. der Konjunktur, soweit sie für die Entwicklung des Konzerns von Bedeutung sind, und die erwarteten Branchenaussichten sind darzustellen (DRS 15.88).
- Die Erwartungen der Unternehmensleitung zur weiteren Entwicklung der Ertragslage und der Finanzlage sind darzustellen und mindestens als positiver oder negativer Trend zu beschreiben (DRS 15.89).

Als Prognosezeitraum sieht DRS 15.87 einen Prognosezeitraum von zwei Jahren vor. Gerade in außergewöhnlichen Situationen der Gesamtwirtschaft stößt die Prognosefähigkeit an ihre Grenzen. So hat das DRSC konkretisiert, dass in Krisenzeiten »Trendaussagen für das nächste Geschäftsjahr in einer allgemeineren und weniger konkreten Form als zu Zeiten dargestellt werden, die nicht durch eine nachhaltige wirtschaftliche Krise beeinflusst sind.«

Insbesondere der wachsende Bedarf an einer zukunftsorientierten Berichterstattung hat den Gesetzgeber im Zuge der Verabschiedung des KonTraG sowie im BilReG dazu veranlasst, den § 289 Abs. 1 HGB bzw. § 315 Abs. 1 HGB um die Darstellung der Risiken der künftigen Entwicklung zu erweitern. Dieser so genannte *Risikobericht* muss vom Abschlussprüfer gemäß § 317 Abs. 2 HGB auf seine zutreffende Darstellung geprüft werden.

Da der Gesetzgeber die Ausgestaltung des Risikoberichts nicht näher konkretisiert hat, haben sich sowohl der Hauptfachausschuss des Instituts der Wirtschaftsprüfer in Deutsch-

Beispiel 8.2: Prognosebericht (Ausschnitt zum Kapitalmarkt aus Hannover Rück AG Geschäftsbericht 2010, S. 43)

Die internationalen Rentenmärkte dürften im Jahr 2011 von weiterhin niedrigen Renditen geprägt sein. Eine erste vorsichtige Leitzinsanhebung durch die EZB wird frühestens für Ende 2011 erwartet; die US-Notenbank wird vermutlich erst im Jahr 2012 folgen. Infolge der anhaltend expansiven Geldpolitik sollten die Renditen deutscher Bundesanleihen auch 2011 auf niedrigem Niveau verharren. Gleiches gilt für die USA, in denen die Renditen bis Ende 2011 nur wenig ansteigen dürften. Die Anleihen der Peripheriestaaten der Europäischen Währungsunion sollten hingegen weiter unter Druck bleiben. Zwar wird sich die Haushaltslage dieser Länder voraussichtlich verbessern, aber gerade im Hinblick auf Griechenland, Irland und Portugal dürften die Sorgen vor einem möglichen Zahlungsausfall nach Auslaufen des EU/IWF-Rettungsschirms weiterbestehen. Sollte die konjunkturelle Erholung bei Unternehmen zur Steigerung des Gewinns führen, so würde dies Kurspotenziale an den Aktienmärkten mit sich bringen. Kurssteigerungen im Jahr 2011 unterliegen voraussichtlich jedoch einer hohen Schwankungsintensität. Das werten die deutschen Versicherer auch als klaren Vertrauensbeweis in ihre Produkte.

land e. V. (IDW) in dem IDW-Rechnungslegungsstandard zur Aufstellung des Lageberichts (IDW RS HFA 1) als auch das Deutsche Rechnungslegungs Standards Committee (DRSC) im Deutschen Rechnungslegungs Standard Nr. 5 (DRS 5) zur Risikoberichterstattung sowie zur Risikoberichterstattung von Versicherungsunternehmen (DRS 5–20) mit der Umsetzung der gesetzlichen Vorgabe befasst.

DRS 5 sowie DRS 5–20 speziell für Versicherungsunternehmen geben für Mutterunternehmen, die gesetzlich zur Aufstellung eines Risikoberichts gemäß § 315 Abs. 1 S. 5 HGB verpflichtet sind oder die einen solchen freiwillig aufstellen, verpflichtende und für den Lagebericht nach § 289 HGB empfohlene Angaben über den Mindestinhalt des Risikoberichts. In dieser Funktion ergänzen sie DRS 15 (Lageberichterstattung). DRS 5.9 versteht unter Risiko die »Möglichkeit von negativen künftigen Entwicklungen der wirtschaftlichen Lage des Konzerns«. Das DRSC hat im DRS 5–20 eine Risikokategorisierung für Versicherungskonzerne vorgegeben. Die gesamte Risikolage eines Versicherungskonzerns kann demnach in versicherungstechnische Risiken, Risiken aus dem Ausfall von Forderungen aus dem Versicherungsgeschäft, Risiken aus Kapitalanlagen sowie operationale und sonstige Risiken eingeteilt werden, wobei Diversifizierungseffekte zu berücksichtigen sind (DRS 5–20.3). Die genannten Risiken sind von den Unternehmen inhaltlich zu konkretisieren.

DRS 5–20.3 definiert das *versicherungstechnische Risiko* als »Möglichkeit, dass für das Versicherungsgeschäft wesentliche Zahlungsströme von ihrem Erwartungswert abweichen«. Gegenstand des Versicherungsgeschäfts ist die Bereitstellung des Produkts Versicherungsschutz, das vom Versicherungsnehmer gegen Entrichtung einer festgelegten Prämie erworben wird und diesen gegen eventuell eintretende, im Voraus definierte Schäden finanziell absichert. Dieses so genannte Risikogeschäft stellt den Hauptbestandteil des Versicherungsgeschäfts dar. Der Eintritt des Versicherungsfalls ist zufallsabhängig, sodass die Entschädigungsleistung des Versicherungsunternehmens stochastischen Charakter hat. Daher stellt sich für Versicherungsunternehmen die Frage, ob die im Voraus entrichteten Prämienzahlungen ausreichen, um zukünftige Schadenaufwendungen decken zu können. In Abhängigkeit von der betriebenen Versicherungssparte unterscheidet DRS 5–20

- für die Schaden-/Unfallversicherung das Prämien-/Schadenrisiko (unter Einbeziehung von Naturkatastrophen oder sonstigen Kumulen),
- für die Lebens- und Krankenversicherung das Prämien-/Versicherungsleistungsrisiko und
- für Zweige mit garantierten Zinsleistungen das Zinsgarantierisiko.

Daneben wird das Risiko, dass versicherungstechnische Rückstellungen nicht ausreichend reserviert werden (Reserverisiken) als weitere versicherungstechnische Risikoart eingeordnet. Versicherungstechnische Risiken sind nach Abzug der passiven Rückversicherung zu betrachten.

DRS 5–20.9 stellt klar, dass Risiken zu quantifizieren sind, »wenn dies nach anerkannten und verlässlichen Methoden möglich und wirtschaftlich vertretbar ist« und ferner entscheidungsrelevante Informationen für die Adressaten mit der quantitativen Angabe verbunden sind. Falls eine Quantifizierung unterbleibt, gibt DRS 5–20 einen Rahmen für Mindestangaben vor, die für jede Risikokategorie anstelle der quantifizierten Risiken anzugeben sind. Eine Quantifizierung der versicherungstechnischen Risiken soll auf der Basis von value at risk Modellen, Szenario- oder Sensitivitätsanalysen (bzw. Stress-Tests) oder embedded value Ansätzen (Lebensversicherung) erfolgen (DRS 5–20.22). DRS 5–20.24 präzisiert die Mindestangaben dahingehend, dass wenigstens zum Prämien-/Schadenrisiko und zum Reserverisiko die Schadenquoten und Abwicklungsergebnisse der Eingangsschadenrückstellung über zehn Jahre hinweg anzugeben sind. Für die Lebensversicherung sind Mindestangaben zu biometrischen Risiken und Stornorisiken (jeweils anhand von Angaben in Bezug auf die Angemessenheit der Berechnungsgrundlagen) sowie zum Zinsgarantierisiko vorgegeben.

Risiken aus dem Ausfall von Forderungen werden als Risiken bezeichnet, die aus Forderungen gegenüber Rückversicherern, Versicherungsnehmern und Versicherungsvermittlern resultieren (DRS 5–20.3). Nach den Kategorien des Jahresabschlusses betrachtet, können die Bestandteile der Ausfallrisiken aus dem Posten »Forderungen« in der Bilanz abgelesen werden. Sie werden auch als *Delkredererisiken* bezeichnet. Forderungsausfälle gegenüber Versicherungsnehmern betreffen vor allem Verträge in der Gewerbe- und Industrieversicherung. Versicherungsvermittler können damit beauftragt sein, das Prämieninkasso durchzuführen, was ebenfalls ein Ausfallrisiko darstellt. Betreibt ein Versicherungsunternehmen aktive Rückversicherung, d. h., bietet es selbst Rückversicherungsschutz an, entstehen Forderungen gegenüber Rückversicherungsmaklern. Erwirbt ein Versicherungsunternehmen Rückversicherungsschutz im Rahmen der passiven Rückversicherung, so können im Schadenfall Forderungen gegen den Rückversicherer entstehen, die dem Ausfallrisiko unterliegen. Vermittelt ein Versicherungsunternehmen Versicherungen für andere Versicherungsunternehmen, entstehen daraus ebenfalls dem Ausfallrisiko unterliegende Forderungen. DRS 5–20 schreibt folgende Mindestangaben vor:

- ausstehende Forderungen mit einem am Bilanzstichtag mehr als 90 Tage zurückliegenden Fälligkeitszeitpunkt,
- die durchschnittliche Ausfallquote der letzten drei Jahren und

- Forderungen gegenüber Rückversicherungsunternehmen, soweit möglich nach externen Ratingklassen gegliedert.

Risiken aus Kapitalanlagen untergliedert DRS 5–20.3 in Marktrisiken, Bonitätsrisiken und Liquiditätsrisiken:
- Das *Marktrisiko* wird als »potenzieller Verlust aufgrund von nachteiligen Veränderungen von Marktpreisen oder preisbeeinflussenden Parametern« definiert. Als Komponenten werden Zinsänderungsrisiken, Risiken aus Aktien und sonstigen Eigenkapitalpositionen sowie Währungsrisiken unterschieden.
- Das *Bonitätsrisiko* ist definiert als »Risiko eines Verlusts oder entgangenen Gewinns aufgrund des Ausfalls eines Schuldners«.
- Das *Liquiditätsrisiko* wird als Risiko definiert, dass »Zahlungsverpflichtungen insbesondere aus Versicherungsverträgen nicht jederzeit« nachgekommen werden kann.

Zur Quantifizierung von Kapitalanlagerisiken nennt DRS 5.20–30 value at risk-Ansätze (sowie Stress-Tests und back testing Verfahren), asset liability Ansätze und Szenario- oder Sensitivitätsanalysen. Erfolgt keine Quantifizierung, ist bezüglich der Marktrisiken darzustellen, wie sich ein 20-prozentiger Kursverlust auf den Zeitwert von Aktien und anderen nicht festverzinslichen Wertpapieren auswirkt. Bei festverzinslichen Wertpapieren und Ausleihungen sollen die Auswirkungen auf den Zeitwert dargestellt werden, wenn die Zinskurve um einen Prozentpunkt nach oben oder nach unten verschoben wird.

Angaben zum Bonitätsrisiko bei festverzinslichen Wertpapieren und Ausleihungen sind nach der Art der Emittenten zu machen und gegebenenfalls durch externe Ratingklassen zu ergänzen. Die Darstellung des Liquiditätsrisikos soll Angaben darüber enthalten, wie der Kapitalanlagenbestand und die laufenden Zahlungsströme in Bezug auf die Verpflichtungen aus dem Versicherungsgeschäft abgestimmt werden.

Unter *»Operationale Risiken«* fasst DRS 5–20 Risiken in betrieblichen Systemen oder Prozessen, insbesondere in Form von betrieblichen Risiken (aufgrund von menschlichem oder technischem Versagen bzw. durch externe Einflussfaktoren) oder rechtlichen Risiken (aus vertraglichen Vereinbarungen oder rechtlichen Rahmenbedingungen). Als Mindestangaben nennt DRS 5–20.34 organisatorische und funktionale Aspekte im Bereich der Verwaltung (z. B. Prozesse), des Personalwesens (z. B. dolose Handlungen) und der technischen Ausstattung (insbesondere IT-Systeme). Daneben sind Maßnahmen zum Risikomanagement-Prozess (Identifikation, Begrenzung, Handhabung und Überwachung) operationaler Risiken anzugeben.

Die Risikoeinschätzung soll von einem dem jeweiligen Risiko adäquaten Prognosezeitraum ausgehen (DRS 5–20.12). Darunter ist für bestandsgefährdende Risiken grundsätzlich ein Jahr, für andere wesentliche Risiken eine überschaubarer Zeitraum von regelmäßig zwei Jahren zu verstehen; bei längeren Marktzyklen oder Großprojekten wird ein längerer Prognosezeitraum empfohlen (DRS 5.24). Chancen und Risiken können in einem integrierten Risiko- und Prognosebericht dargstellt werden. Allerdings hat innerhalb dieser Berichterstattung eine getrennte Darstellung der Risiken und Chancen zu erfolgen, d. h. eine saldierte Darstellung ist nicht geboten. Den Maßstab für die Risikoberichterstattung stellt der Versicherungsbestand am Bilanzstichtag dar, wo-

Beispiel 8.3: Risikomanagementsystem (Ausschnitt aus Allianz SE Geschäftsbericht 2010, S. 128)

Risikomanagement ist eine Kernkompetenz der Allianz und daher ein wesentlicher Bestandteil unserer Geschäftssteuerung. Die Hauptelemente des Allianz Risikomanagementsystems sind:

- eine starke Risikomanagementkultur, gefördert durch eine robuste Risikoorganisation und effektive Risikoprinzipien (Risk Governance),
- eine umfassende Risikokapitalberechnung, die auf die gesamte Gruppe mit dem Ziel angewandt wird, unsere Kapitalbasis zu schützen und effektives Kapitalmanagement zu unterstützen sowie
- Einbeziehung von Risikoerwägungen und Kapitalbedarf in den Entscheidungsfindungs- und Managementprozess, indem Risiko und Kapital den verschiedenen Geschäftssegmenten zugeordnet werden.

Dieser umfassende Ansatz stellt sicher, dass Risiken angemessen identifiziert, analysiert und bewertet werden, wobei gruppenweit der gleiche, geordnete Prozess zur Anwendung kommt (»Top Risk Assessment«). Unsere Risikoneigung wird durch eine klare Risikostrategie und ein Limitsystem definiert. Eine strenge Risikoüberwachung und entsprechende Berichte lassen uns jeweils auf der Gruppenebene als auch auf der Ebene der operativen Einheiten frühzeitig mögliche Abweichungen von unserer Risikotoleranz erkennen. Das Risikomanagementsystem der Allianz trägt mit seinen vier aufeinandergeschichteten Hauptkomponenten zur Wertschöpfung der Allianz SE und ihrer operativen Einheiten bei mit dem Ziel, die Interessen unserer Aktionäre und unserer Versicherungskunden zu schützen.

Risikozeichnung und -identifikation

Grundlage für angemessene Entscheidungen zur Risikoübernahme und zum Risikomanagement ist ein solides System von Risikozeichnung und -identifikation, das bei der Genehmigung einzelner Transaktionen und neuer Produkte sowie bei der strategischen oder taktischen Gewichtung von Anlageklassen zum Einsatz kommt. Bestandteile des Systems sind Risikoeinschätzung, Risikostandards, Bewertungsmethoden und klare Ziele.

Risikobewertung, -berichterstattung und -controlling

Unser umfassendes System qualitativer und quantitativer Risikoberichterstattung einschließlich Controlling bietet der Geschäftsführung einen Überblick über das gesamte Risikoprofil und entsprechende Frühwarnindikatoren. Es beantwortet auch die Frage, ob unser Profil den festgelegten Limits und Befugnissen entspricht. So werden regelmäßig sogenannte Risk Dashboards und Berichte zur Allokation von Risikokapital und zur Auslastung von Limits erstellt, weitergeleitet und überwacht.

Risikostrategie und -neigung

Unsere Risikostrategie legt unsere Risikoneigung fest. Sie stellt sicher, dass das Risiko-Ertrags-Verhältnis stimmt und die Entscheidungsbefugnisse mit unserer Gesamtrisikotragfähigkeit in Einklang stehen. Das Risiko-Ertrags-Profil wird verbessert, indem Risikoerwägungen und Kapitalbedarf in den Management und Entscheidungsfindungsprozess einbezogen werden. Dadurch wird auch gewährleistet, dass die Risikostrategie und unsere Geschäftsziele einander nicht widersprechen und wir im Rahmen unserer Risikotoleranz Vorteile aus sich ergebenden Chancen ziehen können.

Kommunikation und Transparenz

Eine transparente und fundierte Risikoberichterstattung bildet die Grundlage, auf der wir unseren internen und externen Stakeholdern unsere Risikostrategie vermitteln können, um so nachhaltig positive Auswirkungen auf Bewertung und Finanzierung sicherzustellen. Das werten die deutschen Versicherer auch als klaren Vertrauensbeweis in ihre Produkte.

bei wertaufhellende Ereignisse bis zur Aufstellung des Konzernlageberichts zu berücksichtigen sind (DRS 5–20.19). Wesentliche Veränderungen gegenüber dem Vorjahr sind zu beschreiben, soweit dies für die Beurteilung der Risiken erforderlich ist (DRS 5–20.20).

Das Risikomanagement umfasst gemäß DRS 5.9 die systematische und dauerhafte »Identifikation, Analyse, Bewertung, Steuerung, Dokumentation und Kommunikation von Risiken sowie die Überwachung dieser Aktivitäten« auf der Grundlage einer »definierten Risikostrategie«. Das Risikomanagement muss in angemessenem Umfang beschrieben werden (DRS 5.28).

Dazu sind Angaben über Strategie, Prozess und Organisation des Risikomanagements erforderlich (DRS 5.29). Falls risikopolitische Maßnahmen getroffen wurden, sind diese neben den jeweiligen Risiken darzustellen. Die eingeschränkte Darstellung eines Restrisikos nach risikopolitischer Maßnahme ist nur dann zulässig, wenn das Risiko durch wirksame Maßnahmen kompensiert wird (DRS 5.21). Genannt werden in diesem Zusammenhang z.B. Versicherungen oder Termingeschäfte (DRS 5.22). Abbildung 7.13 fasst die wichtigsten Angaben zur Risikoberichterstattung zusammen.

Risikokategorie	Mindestangaben nach DRS 5–20
Versicherungstechnische Risiken	in der Schaden-/Unfallversicherung Schadenquoten der letzten 10 Jahre sowie Abwicklungsergebnisse der Eingangsschadenrückstellungen der letzten 10 Jahre in der Lebensversicherung Angaben über die Angemessenheit der verwendeten Berechnungsgrundlagen für biometrische Risiken sowie Annahmen zu Stornowahrscheinlichkeiten
Risiken aus dem Ausfall von Forderungen aus dem Versicherungsgeschäft	Ausfallquote der letzten 3 Jahre Forderungen gegenüber Rückversicherern
Risiken aus Kapitalanlagen	Auswirkungen eines 20-prozentigen Kursverlusts bei Aktien Auswirkungen einer einprozentigen Verschiebung der Zinskurve bei festverzinslichen Wertpapieren Emittenten festverzinslicher Wertpapiere und Ausleihungen Abstimmung von Kapitalanlagenbestand/laufenden Zahlungsströmen mit den Verpflichtungen aus dem Versicherungsgeschäft
Operationale Risiken	Verwaltung Personal technische Ausstattung rechtliche Risiken

Abb. 7.13: Risikoangaben nach DRS 5–20

Weitere Lageberichtselemente

§ 289 Abs. 2 HGB regelt weitere Elemente des Lageberichts. Zunächst sollen *Vorgänge von besonderer Bedeutung nach dem Schluss des Geschäftsjahres* erläutert werden (Nachtragsbericht). Weiterhin soll über den Bereich *Forschung und Entwicklung*, über *bestehende Zweigniederlassungen* der Gesellschaft sowie über die *Grundzüge des Vergütungssystems* berichtet werden. § 289 Abs. 2 Nr. 2 HGB sieht hinsichtlich der *Berichterstattung über Finanzrisiken* vor:

Beispiel 8.4: Angemessene interne Kontrollen für Risiken aus der Rechnungslegung (Ausschnitt aus Münchener Rück Konzerngeschäftsbericht 2010, S. 171)

Im Rahmen des IKS begegnen wir auch Risiken aus der Rechnungslegung mit umfassenden internen Kontrollen, um die Verlässlichkeit der Finanzberichterstattung und die korrekte Erstellung der zu veröffentlichenden Jahresabschlüsse sicherzustellen. Die versicherungstechnischen Geschäftsvorfälle und die des allgemeinen Geschäfts werden grundsätzlich vor Ort, das heißt in München und bei den Außenstellen, erfasst. Die Kapitalanlagenbuchhaltung erfolgt zentral durch unseren Dienstleister MEAG. Die Zentralisierung und die Einführung globaler Nebenbücher sind noch nicht vollumfänglich implementiert und befindet sich derzeit in Umsetzung. Für Munich Re bestehen differenzierte Wesentlichkeitsgrenzen, um die Angemessenheit der internen Kontrollen sicherzustellen. Diese Grenzen werden anhand der Kriterien Größe, Risikoerfahrung und Compliance ermittelt. Alle aus Sicht der Münchener Rück AG wesentlichen Risiken für die Finanzberichterstattung werden nach einheitlichen Kriterien aufgenommen.
Munich Re gibt durch ein Bilanzierungshandbuch und regelmäßige Informationen über Änderungsanforderungen gruppenweit einheitliche Regeln für Ansatz, Bewertung und Ausweis aller Positionen der Bilanz sowie Gewinn- und Verlustrechnung vor. Der Änderungsprozess in der Rechnungslegung unterliegt dabei einem stringenten Prozess der zeitlichen Regelungen, Verantwortlichkeiten und Informationswege. Mithilfe eines standardisierten Enforcement-Prozesses werden die Umsetzung und Einhaltung der Rechnungslegungsvorschriften sichergestellt. Der Prozess der Jahresabschlusserstellung unter Fast-Close-Bedingungen basiert auf einer zentralen Systemlösung. Für den Abschlusserstellungsprozess bestehen eindeutige, klar dokumentierte Vorgaben, Prozesse und Kontrollen. Die Erfassung der Geschäftsvorfälle erfolgt bei den einbezogenen Zweigniederlassungen unter Verwendung eines global einheitlichen Hauptbuchs mit harmonisierten Stammdaten, einheitlichen Prozessen und Buchungsregeln sowie standardisierten Schnittstellen zum versicherungstechnischen und zum Kapitalanlagennebenbuch. Die Zugriffsregelungen in den Rechnungslegungssystemen sind mithilfe von Berechtigungskonzepten klar geregelt. Die Erstellung des Jahresabschlusses nehmen wir unter Beachtung des Vier-Augen-Prinzips vor. In allen Schritten der Abschlusserstellung sind systemtechnische und inhaltliche Überprüfungen implementiert. Aufgetretene Fehler werden analysiert, nachverfolgt und zügig beseitigt.

- eine Darstellung der Risikomanagementziele und -methoden der Gesellschaft einschließlich ihrer Methoden zur Absicherung aller wichtigen Arten von Transaktionen, die im Rahmen der Bilanzierung von Sicherungsgeschäften erfasst werden und, falls für die Beurteilung der Lage oder der voraussichtlichen Entwicklung von Belang,
- eine Darstellung der Preisänderungs-, Ausfall- und Liquiditätsrisiken und der Risiken aus Zahlungsstromschwankungen, denen die Gesellschaft ausgesetzt ist.

Durch das BilMoG wurden zudem für Kapitalgesellschaften auch Angaben zu den wesentlichen *Merkmalen des internen Kontroll- und des Risikomanagementsystems (IKS)* im Hinblick auf den Rechnungslegungsprozess aufgenommen (§ 289 Abs. 5 HGB). Der Gesetzgeber hat die Merkmale des IKS nicht näher spezifiziert, mögliche Themenfelder könnten sein:

- Beschreibung der Verantwortlichkeiten für das IKS (Verantwortung des Vorstands, Verantwortung von Fachabteilungen),
- Häufigkeit von Kontrollen,
- Struktur und Organisation des Rechnungswesens,

- Kriterien für Wesentlichkeitsgrenzen im Rechnungswesen,
- Dokumentation von Geschäftsvorfällen,
- Nutzung des Vier-Augen-Prinzips,
- Standardisierung von Prozessen,
- Vorgaben zur Bilanzierung und Umsetzung von Änderungen (Bilanzierungshandbuch),
- Berechtigungskonzept für Rechnungswesendaten in den IT-Systemen,
- Beschreibung der Systemlandschaft im Rechnungswesen.

Weitere Vorschriften enthalten § 289 Abs. 4 HGB (Bericht zur Übernahmesituation der Gesellschaft) und § 289a HGB (Erklärung zur Unternehmensführung). Versicherungsaktiengesellschaften müssen ferner nach § 312 Abs. 3 S. 3 AktG »die Schlusserklärung eines gegebenenfalls erstellten Berichts über Beziehungen zu verbundenen Unternehmen (Abhängigkeitsbericht) in den Lagebericht«[332] aufnehmen.

Lageberichtselemente nach der RechVersV

§ 57 Abs. 2 RechVersV legt fest, welche Angaben von Versicherungsunternehmen zusätzlich zu den in § 289 HGB genannten zu machen sind. Es handelt sich hierbei um die Erläuterung der *betriebenen Versicherungszweige und -arten* für das selbst abgeschlossene und für das in Rückdeckung übernommene Versicherungsgeschäft sowie um einen Bericht über den *Geschäftsverlauf* in diesen Versicherungszweigen und -arten.

Nach Auffassung der Bundesanstalt für Finanzdienstleistungsaufsicht (BaFin) ist weiterhin einzugehen auf den Abschluss von Unternehmensverträgen[333], die Aufgabe des *going concern Prinzips*[334] und einen etwaigen Liquidationsbeschluss. Sollte ein Versicherungsunternehmen gemäß § 81b VAG zur Vorlage eines Solvabilitäts- oder Finanzierungsplans verpflichtet sein, ist darüber ebenfalls im Lagebericht zu berichten.[335]

Entwurf des E-DRS 27

Aktuell als Entwurf des DRSC liegt E-DRS 27 vor, der die Informationen zum Konzernlagebericht neu bündeln soll. Aus Sicht von Versicherungsunternehmen soll der hieraus entstehende DRS erstmals keinen separaten Versicherungsstandard vorsehen, sondern eine Anlage innerhalb von DRS 27. Die folgende Abbildung 7.14 fasst die wesentlichen Bestandteile von E-DRS 27 zusammen:

332 Treuberg, Hubert Graf von; Angermayer, Birgit [Jahresabschluss, 1995], S. 531. Aufgrund dieser Regelung muss eine Aktiengesellschaft Auskunft darüber geben, ob Rechtsgeschäfte mit verbundenen Unternehmen angemessen vergütet wurden (§ 312 Abs. 3 AktG).

333 Zu den Unternehmensverträgen zählen Beherrschungs- und Gewinnabführungsverträge nach § 291 AktG sowie Gewinngemeinschaften, Teilgewinnabführungsverträge und Betriebspacht- bzw. Betriebsüberlassungsverträge (§ 292 AktG).

334 Das Going-Concern-Prinzip schreibt vor, dass bei der Bewertung von Vermögensgegenständen und Schulden von der Unternehmensfortführung auszugehen ist, vgl. § 252 Abs. 1 Nr. 2 HGB.

335 Vgl. Treuberg, Hubert Graf von; Angermayer, Birgit [Jahresabschluss, 1995], S. 532.

Regelwerk	Wesentliche Bestandteile
Grundsätze der Konzernrechnungslegung	• Vollständigkeit • Verlässlichkeit • Klarheit und Übersichtlichkeit • Vermittlung der Sicht der Konzernleitung • Informationsabstufung
Angaben zum Konzern	• Geschäftsmodell des Konzerns (Struktur, Segmente, Standorte, Produkte und Dienstleistungen, Geschäftsprozesse, Absatzmärkte, externe Einflussfaktoren) • Ziele und Strategien • Steuerungssystem • Forschung und Entwicklung
Wirtschaftsbericht	• Gesamtwirtschaftliche und branchenbezogene Rahmenbedingungen • Geschäftsverlauf (z. B. Strukturmaßnahmen, geänderte Rahmenbedingungen, Zu- und Verkäufe) • Lage des Unternehmens – Ertragslage (z. B. Ergebnisquellen, einmalige und nachhaltige Veränderungen der Ertragslage, Faktoren der Veränderung, Erläuterung von Erträgen und Aufwendungen) – Finanzlage (z. B. Kaptialstruktur, Investitionen, Liquidität) – Vermögenslage (inkl. Einfluss von Währung und Inflation) • Finanzielle und nichtfinanzielle Leistungsindikatoren
Nachtragsbericht	• Vorgänge von besonderer Bedeutung nach dem Berichtszeitraum
Prognose-, Chancen- und Risikobericht	• Prognosebericht • Risikobericht (Risikomanagementsystem, Risiken, Chancenbericht)
Internes Kontrollsystem und Risikomanagementsystem bezogen auf den Konzernrechnungslegungsprozess	• Kontroll- und Revisionssystem • Kontrollystem innerhalb des Konzernrechnungswesens (z. B. Bilanzierungsvorgaben, Organisation, Funktionstrennung, Aufgabenverteilung, Vier-Augen-Prinzip, EDV-Systeme, Einsatz externer Mitarbeiter) • Risikomanagement innerhalb des Konzernrechnungswesens
Risikoberichterstattung in Bezug auf die Verwendung von Finanzinstrumenten	• Risikoarten • Risikomanagementziele • Risikomanagementmethoden
Übernahmerelevante Angaben	• Zusammensetzung des gezeichneten Kapitals • Beschränkung von Aktionärsrechten • Beteiligungen am Unternehmen über 10 % hinaus • Befugnisse des Vorstands bei der Ausgabe und beim Rückkauf von Aktien • Kontrollwechsel im Falle eines Übernahmeangebots
Erklärung zur Unternehmensführung	• Entsprechenserklärung zum Deutschen Corporate Governance Kodex • relevante Angaben zu Unternehmensführungspraktiken • Arbeitsweise von Vorstand und Aufsichtsrat
Versicherung der gesetzlichen Vertreter	
Übereinstimmung mit dem IFRS Practice Statement »Management Commentary«	
Besonderheiten der Risikoberichterstattung von Versicherungsunternehmen	Im Wesentlichen angelehnt an dem bisherigen DRS 5–20

Abb. 7.14: Wesentliche Bestandteile von E-DRS 27

3.2 Lagebericht von Versicherungsunternehmen nach IFRS

Nach den Vorschriften des IASB existiert kein dem Lagebericht vergleichbares Rechnungslegungsinstrument. § 315a Abs. 1 HGB fordert jedoch für kapitalmarktorientierte Unternehmen, die einen verpflichtenden IFRS-Konzernabschluss aufstellen müssen, die Erstellung eines Konzernlageberichts nach § 315 HGB. Auch für Unternehmen, die freiwillig einen IFRS-Konzernabschluss erstellen, setzt die Befreiung von einem HGB-Konzernabschluss die Erstellung eines Konzernlageberichts nach § 315 HGB voraus.

Regelungen über Angabepflichten, die sich mit dem handelsrechtlichen Lagebericht zum Teil überlappen, sind in den IFRS in den einzelnen Standards enthalten. So nennt IAS 1.13 einen »financial review by management«, der Angaben zur Ertragslage sowie zur Kapitalausstattung und Verschuldung umfasst. Risikoorientierte Informationen finden sich z. B. in IAS 1.25, der eine Angabepflicht von Risiken fordert, die möglicherweise zu einer Einschränkung des going concern Prinzips führen. Detaillierte Informationen über Risiken enthalten z. B. IFRS 4 für Versicherungsverträge und IFRS 7 für Financial Instruments. In der Praxis führen diese Regeln häufig zu Überschneidungen mit den nach § 315 HGB zu erstellenden Informationen und in der Folge zu Doppelaufführungen in Anhang und Lagebericht.

Im Jahr 2010 hat das IFRS ein practice statement »*management commentary*« veröffentlicht, das ein Rahmenkonzept für Managementberichte enthält, allerdings lediglich eine Anwendungsleitlinie darstellt. Zusammen mit dem eigentlichen Abschluss (Bilanz, Gesamterfolgsrechnung, Eigenkapitalveränderungsrechnung, Kapitalflussrechnung und Anhang) bildet der Management Commentary den Finanzbericht. Der Management Commentary nennt fünf inhaltliche Kernelemente (PS MC.24):

- Art der Geschäftstätigkeit,
- Ziele und Strategien,
- Ressourcen, Risiken und Beziehungen des Unternehmens,
- Geschäftsergebnis und -aussichten sowie
- Leistungsmaßstäbe und -indikatoren.

Für deutsche IFRS-Anwender, die einen Konzernlagebericht nach § 315 HGB erstellen, bringt das Management Commentary kaum zusätzlichen Mehrwert. Dennoch ist eine Annäherung beider Berichte zu erwarten (so auch die Übereinstimmungserklärung in E-DRS 27).

4 Weitere Publizitätsinstrumente

4.1 Segmentberichterstattung

Die Segmentberichterstattung vermittelt Informationen über wesentliche Geschäftsfelder eines Unternehmens und über sein Umfeld, d.h. über Chancen und Risiken einzelner Geschäftsfelder. Mit der Segmentberichterstattung wird das Ziel verfolgt, Mängel des aggregierten Abschlusses durch die Publikation feinerer (segmentierter) Informationen auszugleichen. Seit Verabschiedung des BilReG ist die Segmentberichterstattung ein fakultatives Element des Konzernabschlusses nach § 297 Abs. 2 HGB. Bei Aufstellung einer Segmentberichterstattung entfällt die Angabepflicht nach § 314 Abs. 1 Nr. 3 HGB (Aufgliederung der Umsatzerlöse nach Tätigkeitsbereichen und geographisch bestimmten Märkten). Das Wahlrecht zur Segmentberichterstattung gilt nicht für Unternehmen, die einen IFRS-Konzernabschluss nach § 315a HGB erstellen.

Die Grundlage für die Segmentberichterstattung liefern DRS 3 sowie speziell für Versicherungsunternehmen DRS 3.20.[336] Nach § 297 Abs. 1 S. 2 HGB i.V.m. § 341j Abs. 1 S. 1 HGB können die gesetzlichen Vertreter eines Versicherungsunternehmens, das Mutterunternehmen ist, den Konzernabschluss um eine Segmentberichterstattung erweitern. Andere Unternehmen, die freiwillig eine Segmentberichterstattung erstellen, sollen ebenfalls DRS 3–20 anwenden. Für Versicherungsunternehmen sieht DRS 3–20.8 zumindest eine Segmentierung in *Nicht-Lebensversicherungsgeschäft* und *Lebensversicherungsgeschäft* vor. Falls das Krankenversicherungsgeschäft nicht als eigenständiges Segment ausgewiesen und nach Art der Lebensversicherung betrieben wird, muss es dem Lebensversicherungsgeschäft zugeordnet werden (DRS 3–20.10). Daneben wird für die produktorientierte Segmentierung eine gesonderte Berichterstattung für Rückversicherungsgeschäft und Finanzdienstleistungen empfohlen.

DRS 3.20 unterscheidet eine *primäre* und eine *sekundäre Segmentierung*. Falls die primäre Segmentierung produktorientiert erfolgt, ist die sekundäre Segmentierung grundsätzlich nach geographischen Kriterien erforderlich (DRS 3–20.11). Falls die geographische Segmentierung jedoch für die unternehmensinterne Entscheidungsfindung keinen Einfluss hat, sind für die sekundäre Segmentierung auch andere Kriterien (z.B. Sparten, Kundengruppen oder Rechtseinheiten) möglich (DRS 3–20.13). Ist jedoch die geographische Segmentierung Grundlage für unternehmensinterne Entscheidungen, bildet diese das Kriterium für die primäre Segmentierung (DRS 3–20.12). Folglich erfolgt die sekundäre Segmentierung in diesem Fall produktorientiert.

Die einzelnen *Ausweispflichten* regeln Tz. 15–20. Für jedes Segment sind die in Abbildung 7.15 genannten Angaben zu leisten.

Die Angabepflichten für die sekundäre Segmentierung sind in ihrem Umfang wesentlich geringer. Anzugeben sind die Bruttobeiträge einschließlich intersegmentärer Bruttobeiträge sowie Kapitalanlagen (DRS 3–20.19). Falls eine Zuordnung der Kapitalanlagen für die sekundäre Segmentierung nicht möglich ist, sind die versicherungstechnischen Rückstellungen anzugeben (DRS 3.20.20).

336 Vgl. Dobler, Michael; Hacker, Bernd [Segmentberichterstattung, 2003], S. 49–54.

- Erfasste Bruttobeiträge aufgeteilt nach externen und intersegmentären Bruttobeiträgen
- Verdiente Beiträge (netto)
- Ergebnis aus Kapitalanlagen
- Sonstige versicherungstechnische Erträge (netto)
- Aufwendungen für Versicherungsfälle (netto)
- Aufwendungen für Beitragsrückerstattung (netto)
- Aufwendungen für den Versicherungsbetrieb (netto)
- Sonstige versicherungstechnische Aufwendungen (netto)
- Segmentergebnis
- Immaterielle Vermögensgegenstände, unterteilt nach Geschäfts- oder Firmenwert und sonstigen Kapitalanlagen
- Kapitalanlagen für Rechnung und Risiko von Inhabern von Lebensversicherungspolicen
- Versicherungstechnische Rückstellungen (netto)
- Versicherungstechnische Rückstellungen im Bereich der Lebensversicherung, soweit das Anlagerisiko von den Versicherungsnehmern getragen wird
- Sonstige Schulden

Abb. 7.15: Segmentierungsobjekte nach DRS 3–20

In der Rechnungselgung nach IFRS ist IFRS 8 der maßgebliche Standard für die Segmentberichterstattung kapitalmarktorientierter Unternehmen. Im Kern steht die Identifizierung von operativen Segmenten, die auf der internen Steuerung basieren (*management approach*). Operative Segmente zeichnen sich nach IFRS 8.5 durch folgende Charakteristika aus:

- aus der Geschäftstätigkeit werden Erträge und Aufwendungen generiert,
- das operative Ergebnis wird durch die Unternehmensleitung im Rahmen der Allokation von Ressourcen und der Performancebeurteilung regelmäßig analysiert,
- für das Segment sind eigenständige Finanzdaten verfügbar.

Berichtspflichtig sind operative Segmente, wenn sie eines von drei Wesentlichkeitskriterien erfüllen:

- Segmenterlöse > 10 % der gesamten Erlöse,
- Segmentgewinn bzw. -verlust > 10 % des Gesamtergebnisses,
- Segmentvermögen > 10 % des Gesamtvermögens.

Wesentlicher Bestandteil von IFRS 8 ist der Ausweis interner Bewertungsmaßstäbe zur Erfolgsmessung, die anstelle der Bewertungsvorschriften des externen Rechnungswesens maßgeblich sind. Da eine Überleitungsrechnung (reconciliation) der Segmentdaten (insbesondere Umsatz, Ergebnis, Vermögen und Schulden) auf die entsprechenden Daten des externen Rechnungswesens erforderlich ist, kommt es in der praktischen Anwendung zu Problemen, sofern für die verschiedenen Segmente unterschiedliche Steuerungsgrößen verwendet werden (z. B. die im Lebensversicherungsbereich gängige mehrperiodige Steuerung auf Basis des embedded value im Vergleich zu einperiodigen Ansätzen im non life Bereich). Bei mehreren Steuerungsgrößen im Konzern soll diejenige angegeben werden, welche den Bilanzierungs- und Bewertungsmethoden des Konzerns am ehesten entspricht (IFRS 8.26). Daneben sind die Segmentabgrenzung, die interne Organisationsstruktur sowie die Produkte und Dienstleistungen, mit denen die Segmenterlöse erwirtschaftet werden, zu erläutern. Kritiker sehen ein weiteres Problem im Verlust der Stetigkeit im Zeitverlauf, da die interne Steuerung keinen Zwängen unterliegt.

Beispiel 8.5: Erläuterung zur Segmentberichterstattung (Ausschnitt aus Allianz Gruppe Geschäftsbericht 2011, S. 239)

Um den finanziellen Erfolg der berichtspflichtigen Segmente und des Allianz Konzerns als Ganzes zu beurteilen, zieht der Allianz Konzern als Kriterium das operative Ergebnis heran. Das operative Ergebnis stellt den Anteil des Ergebnisses vor Ertragsteuern heraus, der auf das laufende Kerngeschäft des Allianz Konzerns zurückzuführen ist. Der Allianz Konzern ist davon überzeugt, dass diese Kennziffer für Anleger nützlich und aussagekräftig ist, da sie das Verständnis hinsichtlich der operativen Profitabilität erweitert und die Vergleichbarkeit über die Zeit verbessert. Zum besseren Verständnis des laufenden Geschäfts schließt der Allianz Konzern grundsätzlich folgende nichtoperative Positionen aus:

- akquisitionsbedingte Aufwendungen und Abschreibungen auf immaterielle Vermögenswerte, weil diese Positionen aus Unternehmenszusammenschlüssen resultieren;
- Restrukturierungsaufwendungen, da der Allianz Konzern deren Anfall weitgehend zeitlich steuern kann. Demzufolge gewährt ihr Ausschluss einen besseren Einblick in die Geschäftsentwicklung;
- Zinsaufwendungen für externe Fremdfinanzierung, da diese mit der Kapitalstruktur des Allianz Konzerns zusammenhängen;
- Erträge aus vollkonsolidierten Private-Equity-Beteiligungen (netto), da es sich hierbei um Industriebeteiligungen handelt, die nicht zum operativen Kerngeschäft des Allianz Konzerns zählen;
- Erträge aus erfolgswirksam zum Zeitwert bewerteten Finanzaktiva und Finanzpassiva (netto), da diese nicht die langfristige Ertragskraft des Allianz Konzerns widerspiegeln;
- realisierte Gewinne und Verluste (netto) sowie Wertminderungen auf Finanzanlagen (netto), da es weitgehend im Ermessen des Allianz Konzerns steht, zu welchem Zeitpunkt solche Gewinne oder Verluste aus Verkäufen realisiert werden, und Wertminderungen stark von den Entwicklungen an den Kapitalmärkten und emittentenspezifischen Vorgängen abhängen, die der Allianz Konzern wenig oder überhaupt nicht beeinflussen kann und die im Zeitverlauf hohen Schwankungen unterliegen können.

4.2 Kapitalflussrechnung

Kapitalflussrechnungen ergänzen Bilanz und GuV dahingehend, dass sie detaillierte Informationen über die Finanzlage des Unternehmens vermitteln. Damit sollen Adressaten über die Fähigkeit des Unternehmens informiert werden, künftige Einzahlungsüberschüsse zu erwirtschaften, Zahlungsverpflichtungen zu erfüllen und Ausschüttungen an die Anteilseigner zu leisten. Daneben bildet die Kapitalflussrechnung häufig die Basis für die Ableitung des cash flows je Aktie, der als Anhaltspunkt für die Bewertung von Aktien gilt.

Grundsätzlich lassen sich Kapitalflussrechnungen entweder direkt oder indirekt ermitteln. Eine direkte Ermittlung stellt die einzelnen Ein- und Auszahlungen nach Bereichen gegliedert unmittelbar gegenüber. Eine indirekte Ermittlung erfordert die Ableitung der Zahlungsströme aus Bilanz und Erfolgsrechnung.

Die Kapitalflussrechnung zählt nach § 297 Abs. 1 HGB zu den Pflichtelementen des Konzernabschlusses. Bei der Erstellung der Kapitalflussrechnung ist DRS 2 bzw. speziell für Versicherungsunternehmen DRS 2–20 zu beachten. International üblich und auch in DRS 2 übernommen, ist die Untergliederung der Kapitalflussrechnung in cash flows aus der laufenden Geschäftstätigkeit, cash flows aus der Investitionstätigkeit und cash flows aus der Finanzierungstätigkeit.

Die Basis einer Kapitalflussrechnung bildet der Finanzmittelfonds. In diesem sind ausschließlich Zahlungsmittel und Zahlungsmitteläquivalente enthalten (DRS 2.16). Zahlungsmitteläquivalente stellen Finanzmittel dar, die aufgrund ihrer raschen Liquidierbarkeit als Liquiditätsreserve gehalten werden und nur geringen Wertschwankungen unterliegen. Bei Versicherungsunternehmen gelten als Finanzmittelfonds die unter dem Bilanzposten »Laufende Guthaben bei Kreditinstituten, Schecks und Kassenbestand« ausgewiesenen Zahlungsmittel und Zahlungsmitteläquivalente (DRS 2.20–12). Die aus dem Versicherungsgeschäft resultierenden Zahlungsströme sind nach Abzug der Rückversicherungsanteile auszuweisen (DRS 2–20.10). Abbildung 7.16 zeigt das Mindestgliederungsschema für Versicherungsunternehmen nach DRS 2–20 auf.

	Periodenergebnis vor außerordentlichen Posten
+/–	Veränderungen der versicherungstechnischen Rückstellungen (netto)
+/–	Veränderung der Depot- (bzw. Abrechnungs-)Forderungen und -verbindlichkeiten
+/–	Veränderung der sonstigen Forderungen und Verbindlichkeiten
–/+	Gewinn/Verlust aus dem Abgang von Kapitalanlagen
+/–	Veränderung sonstiger Bilanzposten
–/+	sonstige zahlungsunwirksame Aufwendungen und Erträge sowie Berichtigungen
+/–	Ein- und Auszahlungen aus außerordentlichen Posten
=	**cash flow aus laufender Geschäftstätigkeit (a)**
+	Einzahlungen aus dem Verkauf von konsolidierten Unternehmen und sonstigen Geschäftseinheiten
–	Auszahlungen aus dem Erwerb von konsolidierten Unternehmen und sonstigen Geschäftseinheiten
+	Einzahlungen aus dem Verkauf und der Endfälligkeit von übrigen Kapitalanlagen
–	Auszahlungen aus dem Erwerb von übrigen Kapitalanlagen
+	Einzahlungen aus dem Verkauf von Kapitalanlagen der fondsgebundenen Lebensversicherung
–	Auszahlungen aus dem Erwerb von Kapitalanlagen der fondsgebundenen Lebensversicherung
+	sonstige Einzahlungen
–	sonstige Auszahlungen
=	**cash flow aus der Investitionstätigkeit (b)**
+	Einzahlungen aus Eigenkapitalzuführungen
–	Auszahlungen an Unternehmenseigner und Minderheitsgesellschafter
–	Dividendenzahlungen
+/–	Einzahlungen und Auszahlungen aus sonstiger Finanzierungstätigkeit
=	**cash flow aus der Finanzierungstätigkeit (c)**
a+b+c	**Zahlungswirksame Veränderungen des Finanzmittelfonds**
+/–	Wechselkurs-, konsolidierungskreis- und bewertungsbedingte Änderungen des Finanzmittelfonds
+	Finanzmittelfonds am Anfang der Periode
=	**Finanzmittelfonds am Ende der Periode**

Abb. 7.16: Kapitalflussrechnung nach DRS 2–20

Während DRS 2 grundsätzlich sowohl die direkte als auch die indirekte Ermittlung der Zahlungsströme aus laufender Geschäftstätigkeit ermöglicht (DRS 2.24), wird für Versicherungsunternehmen ausschließlich die indirekte Ermittlung empfohlen (DRS 2–20.14).

Der cash flow aus Investitionstätigkeit umfasst Ein- und Auszahlungen aus der Veräußerung und dem Erwerb von in den Konzernabschluss einbezogenen Unternehmen und sonstigen Geschäftseinheiten, von übrigen Kapitalanlagen sowie aus dem Kauf und Verkauf von Kapitalanlagen aus der fondsgebundenen Lebensversicherung.

Dem cash flow aus Finanzierungstätigkeit werden die Zahlungsströme zugeordnet, die aus Transaktionen mit den Kapitalgebern und den Minderheitengesellschaftern konsolidierter Tochterunternehmen sowie aus der Aufnahme oder Tilgung von Finanzschulden resultieren (DRS 2.34). Für Versicherungsunternehmen ergibt sich hier keine branchenbezogene Besonderheit.

Internationale Vorschriften zur Kapitalflussrechnung finden sich in IAS 7, wobei diese Standards keine Besonderheiten für einzelne Branchen kennzeichnen. IAS 7.14e sieht für Versicherungsunternehmen lediglich vor, dass Ein- und Auszahlungen für Prämien, Schadenregulierungen, Renten und andere Versicherungsleistungen als Teil des cash flows aus betrieblicher Tätigkeit auszuweisen sind.

Die Abbildung der Geschäftstätigkeit von Versicherungsunternehmen in der Kapitalflussrechnung ist problematisch:

- Die Trennung von Investition und operativer Geschäftstätigkeit ist künstlich, da die Kapitalanlage ökonomisch zumindest risikolos der Versicherungstätigkeit zuzuordnen bzw. ohnehin Bestandteil des Kuppelprodukts Versicherung ist.
- Die Langfristigkeit und der Zeitraumbezug der versicherungstechnischen Rückstellungen führen dazu, dass der Periodenaufwand in keinem erkennbaren Zusammenhang mit dem tatsächlichen Zahlungszeitpunkt steht. Insofern ließe sich der tatsächliche Zahlungsstrom nur über eine direkte Ermittlungsmethode erfassen, was regelmäßig in der Praxis kaum umsetzbar ist.
- Der ermittelte Zahlungsmittelsaldo gibt keine Auskunft über die Finanz- und Liquiditätslage von Versicherungsunternehmen und erlaubt auch keine Rückschlüsse auf die Fähigkeit zur Erwirtschaftung nachhaltiger Zahlungsströme in der Zukunft.

Mangels des Aussagegehalts der veröffentlichten Kapitalflussrechnung werden in der Praxis oft alternative stark vereinfachende Ansätze verwendet (z. B. durch Bereinigung des Jahresergebnisses um DAC und PVFP unter der Annahme, dass Veränderungen versicherungstechnischer Rückstellungen stets zahlungswirksam sind).

4.3 Eigenkapitalspiegel und Eigenkapitalveränderungsrechnung

§ 297 Abs. 1 HGB sieht für den Konzernabschluss zwingend die Aufstellung eines Eigenkapitalspiegels vor. Der Eigenkapitalspiegel führt zu einer systematischen Darstellung des Konzerneigenkapitals und des Konzerngesamtergebnisses (DRS 7.1). Die Darstellung erfolgt gesondert für das Eigenkapital des Mutterunternehmens und das Eigenkapital der Minderheitsgesellschafter (DRS 7.2). Der Konzerneigenkapitalspiegel enthält die Veränderung der in Abbildung 7.17 angegebenen Posten des Konzerneigenkapitals.

 – + + – +	gezeichnetes Kapital des Mutterunternehmens nicht eingeforderte ausstehende Einlagen des Mutterunternehmens Kapitalrücklage erwirtschaftetes Konzerneigenkapital eigene Anteile, die zur Einziehung bestimmt sind kumuliertes übriges Konzernergebnis, soweit es auf die Gesellschafter des Mutterunternehmens entfällt
=	**Eigenkapital des Mutterunternehmens gemäß Konzernbilanz**
–	eigene Anteile, die nicht zur Einziehung bestimmt sind
=	**Eigenkapital des Mutterunternehmens**
+	Eigenkapital der Minderheitsgesellschafter – davon: Minderheitenkapital – davon: Kumuliertes übriges Konzernergebnis, soweit es auf Minderheitsgesellschafter entfällt
=	**Konzerneigenkapital**

Abb. 7.17: Eigenkapitalspiegel nach DRS 7

Ein Eigenkapitalspiegel zeigt die Veränderungen des Eigenkapitals aus erfolgswirksamen Veränderungen und Veränderungen aus Geschäften mit Anteilseignern. Gegenüber dem Eigenkapitalspiegel zeigt eine Eigenkapitalveränderungsrechnung sowohl erfolgswirksame Veränderungen als auch Veränderungen aus erfolgsneutralen Bewertungsanpassungen. Dadurch soll verdeutlicht werden, inwieweit der Erfolg des Unternehmens auf das operative Geschäft zurückzuführen ist.

Die Eigenkapitalveränderungsrechnung ist nach IAS 1 zwingender Bestandteil obligatorischer Rechnungslegung in der internationalen Rechnungslegung. IAS 1.106 regelt die Eigenkapitalveränderungsrechnung, wobei zwingend eine Gesamtergebnisrechnung vorgesehen ist. Vertikal erfolgt ein Aufriss der Eigenkapitaländerungen nach den Änderungsursachen (retrospektive Änderungen der Bilanzierungsmethoden, Effekte aus retrospektiver Korrektur von Bilanzierungsfehlern, Gesamtergebnis, Ein- und Auszahlungen der Gesellschaft). Demgegenüber erfolgt horizontal eine Aufgliederung nach der Art des Eigenkapitals (im Wesentlichen gezeichnetes Kapital, Kapitalrücklage, Gewinnrücklage, Wärungsumrechnungsrücklage, Neubewertungsrücklage, Minderheitenanteile).

Kapitel 8: Bilanzierung der Rückversicherung

1 Grundzüge der Rückversicherung

1.1 Definition und Funktionen der Rückversicherung

Die Rückversicherung stellt eine Form der Risikoteilung zwischen Versicherungsunternehmen dar. In der einfachsten Definition wird unter Rückversicherung die »Versicherung eines Versicherungsunternehmens« verstanden.[337] Im Rahmen eines Rückversicherungsvertrags tritt ein (Erst-)Versicherer *(Zedent)* einen Teil der von ihm übernommenen Originalrisiken oder einen Teil des bereits transformierten (Teil-)Kollektivrisikos an einen oder mehrere Rückversicherer *(Zessionar)* gegen Entgelt ab.[338] Der Rückversicherer kann durch *Retrozession* im Rahmen seiner Risikopolitik wiederum einen Transfer von Risiken an einen weiteren Rückversicherer vornehmen. Durch die Aufteilung eines Gesamtrisikos auf viele Beteiligte *(Atomisierung),* lassen sich über die Kapazität einzelner Wirtschaftssubjekte hinaus Groß- und Größtrisiken tragen.

In Abhängigkeit der *Marktstellung* von Erst- und Rückversicherer ist zwischen aktiver und passiver Rückversicherung zu unterscheiden:

- *Aktive Rückversicherung* liegt vor, wenn ein Versicherungsunternehmen als Anbieter von Rückversicherungsschutz am Markt auftritt.
- Im Rahmen einer *passiven Rückversicherung* tritt ein Versicherungsunternehmen als Nachfrager von Rückversicherungsschutz am Markt auf.

Die Rückversicherung wirkt sich auf das Zielsystem des Vorversicherers aus und hat vornehmlich folgende *Funktionen:*[339]

- *Reduktion des versicherungstechnischen Risikos:* Für das Versicherungsunternehmen besteht die Gefahr, dass die kalkulierte Prämie nicht ausreicht, um die in einem Zeitraum zu zahlenden Schäden zu begleichen. Die Rückversicherung stellt neben anderen Instrumenten (z. B. Bestandspolitik, Preispolitik, Selbstbeteiligung, Sicherheitsmittelpolitik) ein wesentliches risikopolitisches Instrument des Versicherungsunternehmens dar, indem durch Rückversicherung das versicherungstechnische Risiko reduziert wird.
- *Rückversicherung als Kapitalersatz:* Infolge der Risikominderung benötigt das Versicherungsunternehmen weniger Sicherheitsmittel, d. h., mit Hilfe von Rückversicherungsnahme kann das gleiche Sicherheitsniveau mit weniger Eigenkapital erzielt werden.

---

337 Vgl. zu unterschiedlichen Definitionen der Rückversicherung Liebwein, Peter [Rückversicherung, 2009], S. 9–10.

338 Vgl. Schradin, Heinrich R. [Steuerung, 1994], S. 11.

339 Vgl. zu einem Überblick über die Funktionen der Rückversicherung Liebwein, Peter [Rückversicherung, 2009], S. 49–57.

Im Zuge der geltenden aufsichtsrechtlichen Vorschriften zur Solvabilität ist jedoch mindestens eine Selbstbehaltquote von 50 % beim Erstversicherer zu berücksichtigen.

- *Erhöhung der Zeichnungskapazität:* Die Rückversicherung erhöht auch die Zeichnungskapazität des Erstversicherers, da Risiken versichert werden können, die ein einzelner Erstversicherer aufgrund von Höhe und/oder Streuung von Risiken nicht allein tragen könnte.
- *Finanzierungseffekt:* Die Rückversicherung kann als Finanzierungsinstrument (z. B. bei Neugründung oder Akquisition) dienen. Falls ein Erstversicherer bei Neubeginn die Höhe der Abschlusskosten und Betriebskosten nicht durch die vereinnahmten Prämien decken kann, führt die Rückversicherung zu einer Vorfinanzierung (Aufbauhilfe). Damit wird bei starkem Wachstum oder bei Geschäftsaufbau ein Verlustausweis vermieden.
- *Jahresabschlusspolitischer Effekt:* Die Rückversicherung führt zu einer Stabilisierung des versicherungstechnischen Ergebnisses f.e.R. und unterstützt daher das Ziel einer Gewinnglättung. Durch die Vereinnahmung von Rückversicherungsprovisionen und Gewinnbeteiligungen kann durch Rückversicherung eine Verringerung der Aufwendungen für den Versicherungsbetrieb f.e.R. erzielt werden.
- *Serviceleistungen:* Rückversicherungsunternehmen übernehmen oftmals eine Reihe von Servicefunktionen für Erstversicherer (z. B. Unterstützung bei der Beitragskalkulation, fachliche Beratung, technische Unterstützung).

1.2 Formen der Rückversicherung

1.2.1 Vertragsrechtliche Formen

In einer rechtlichen Sichtweise sind Rückversicherungsverträge dahingehend zu unterscheiden, ob bei den Vertragspartnern eine Pflicht oder ein Wahlrecht zum Risikotransfer besteht. Grundsätzlich existieren fakultative und obligatorische Rückversicherungsverträge:[340]

- Im Rahmen einer *fakultativen Rückversicherung* (bzw. Einzel-Rückversicherung) besitzen sowohl der Zedent als auch der Zessionar ein Wahlrecht, ein Risiko zu zedieren bzw. zu übernehmen. Das Charakteristikum der fakultativen Rückversicherung besteht darin, dass der Vorversicherer die wesentlichen Charakteristika eines Vertrags offenlegt und der Rückversicherer daraufhin entscheiden kann, ob er sich an diesem Risiko beteiligt oder nicht. Die Laufzeit des Rückversicherungsvertrags stimmt üblicherweise mit der Laufzeit der Originalpolice überein.
- Im Zuge einer *obligatorischen Rückversicherung* verpflichten sich beide Vertragspartner im Voraus, alle unter den Vertrag fallenden Risiken zu zedieren bzw. zu akzeptieren (Zessions- und Annahmepflicht). Im Gegensatz zur fakultativen Rückversicherung werden daher nicht Einzelrisiken, sondern (Teil-)Portefeuilles rückversichert. Die

340 Vgl. Liebwein, Peter [Rückversicherung, 2009], S. 61–62.

Laufzeit des Rückversicherungsvertrags stimmt nicht notwendigerweise mit der Laufzeit der Originalpolice überein.

Neben den Grundformen der fakultativen und obligatorischen Rückversicherung gibt es Mischformen zwischen beiden, wobei Letztere in praxi nicht gängig ist:
- *Fakultativ-obligatorische Rückversicherung:* Der Erstversicherer hat ein Wahlrecht zum Transfer von Risiken an den Rückversicherer. Demgegenüber muss der Rückversicherer jedes Risiko akzeptieren.
- *Obligatorisch-fakultative Rückversicherung:* Der Erstversicherer ist verpflichtet, die unter den Vertrag fallenden Risiken an den Rückversicherer zu transferieren. Demgegenüber hat das Rückversicherungsunternehmen ein Wahlrecht das Risiko zu akzeptieren.

1.2.2 Versicherungstechnische Formen

Versicherungstechnisch (nach Art der Beteiligung des Zessionars an den Originalrisiken) können Rückversicherungsverträge in proportionale und nicht proportionale Rückversicherungsverträge unterteilt werden.[341]

Proportionale Rückversicherungsverträge zeichnen sich dadurch aus, dass der Zessionar an den Originalprämien und an den Schäden mit einem bestimmten, festen Prozentsatz beteiligt ist (Proportionalität zwischen Rückversicherungsanteil an Prämien und Schäden). Folgende Formen der proportionalen Rückversicherung können unterschieden werden:
- *Quotenrückversicherung:* Bei der Quotenrückversicherung ist der Rückversicherer an allen unter den Vertrag fallenden Schäden mit einem bestimmten, festen Prozentsatz beteiligt.
- *Summenexzendenten-Rückversicherung:* Der Zedent legt im Rahmen eines Summenexzedenten zunächst einen Selbstbehalt (Maximum) fest, der den Betrag kennzeichnet, den der Zedent bereit ist zu tragen. Die über das Maximum hinausgehenden Haftungen werden zwischen Zedent und Zessionar im Verhältnis von Selbstbehalt zu darüber hinausgehender Versicherungssumme aufgeteilt.[342] Dieser Prozentsatz bestimmt dann für dieses Risiko die Aufteilung von Prämien und Schäden.

Nicht proportionale Rückversicherungsverträge sind dadurch charakterisiert, dass der Zessionar an Schäden beteiligt ist, die einen vereinbarten Betrag (Priorität) übersteigen. Nach oben wird die Haftung des Rückversicherers in der Regel beschränkt. Der vom Zessionar übernommene Teil der Haftung wird als Haftstrecke oder als Layer bezeichnet. Falls Schäden die Höhe der Haftstrecke übersteigen, fallen diese wieder an den Zedenten zurück. Oftmals werden diese Risiken jedoch von einem weiteren Rückversicherungsvertrag abgedeckt. Folgende grundlegenden Formen der nicht proportionalen Rückversicherung können unterschieden werden:

341 Vgl. umfassend Liebwein, Peter [Rückversicherung, 2009], S. 67–244.
342 Vgl. Liebwein, Peter [Rückversicherung, 2009], S. 76.

- *Einzelschadenexzedenten-Rückversicherung:* Der Rückversicherer übernimmt den Teil eines Einzelschadens, der die Priorität des Zedenten übersteigt, bis maximal zur Höhe seines Haftungslimits.
- *Kumulschadenexzedenten-Rückversicherung:* Diese Form der Rückversicherung wird zum Schutz vor Schadenereignissen angewendet, die mehrere Einzelschäden hervorrufen. Damit soll der zufälligen Häufung von einzelnen Schäden aus einem Ereignis begegnet werden. Der Kumulschadenexzedent greift pro Schadenereignis, bei dem die Summe der Schäden die Priorität übersteigt. Die Priorität wird so festgelegt, dass sie nicht durch Schäden aus einem einzelnen Versicherungsvertrag überschritten wird.
- *Jahresüberschaden-Rückversicherung (Stop Loss):* Der Rückversicherer übernimmt diejenigen Schäden, die eine bestimmte absolute Summe oder eine bestimmte Schadenquote in einem Jahr überschreiten. Wiederum kann der Rückversicherer eine Haftungsstrecke festlegen. Darüber hinausgehende Beträge fallen an den Zedenten zurück.

Neben den klassischen Rückversicherungsformen, bei denen der Risikotransfer im Vordergrund steht, nimmt die *strukturierte Rückversichung* (vor allem *die Finite Risk Reinsurance*) einen besonderen Stellenwert ein. Diese stellt eine Kombination von Risikotransfer und Risikofinanzierung dar. In diesem Zusammenhang werden Rückversicherungsverträge primär aus finanz- und erfolgswirtschaftlichen Motiven abgeschlossen. Finite Risk Reinsurance-Verträge gelten als hochgradig individuelle und maßgeschneiderte Rückversicherungsverträge.[343] Charakteristisch sind meist die explizite Berücksichtigung von Kapitalerträgen in der Preiskalkulation und der verstärkte vertragsindividuelle Ausgleich in der Zeit. Die Verträge zeichnen sich dementsprechend durch lange Laufzeiten und lange Schadenabwicklungszeiten aus. Um solche Verträge als Rückversicherungsvertrag einzuordnen, ist zu prüfen, inwieweit ein Transfer von versicherungstechnischem Risiko stattfindet.

Versicherungsrisiken können neben dem Transfer auf Rückversicherer auch durch Lösungen des Alternativen Risikotransfers (ART) finanziert werden. Dabei werden, neben zahlreichen alternativen Gestaltungen, die Risiken mithilfe von Verbriefungen auf den Kapitalmarkt transferiert. Bekannte Formen hierfür sind Katastrophenbonds oder Versicherungsderivate. In der Regel wird die Rückzahlung und oder Verzinsung des Finanzinstruments an die Entwicklung eines individuellen Schadenportefeuilles (*indemnity trigger*) oder eines nicht-unternehmensindividuellen Parameters gekoppelt (*index trigger*). Als Vorteile solcher Lösungen gelten gemeinhin die Erweiterung der Deckungskapazität durch Nutzung des Kapitalmarkts als Risikoträger, die Abdeckung von zuweilen nur schwer versicherbaren Risiken und die teilweise Abkopplung von den Preiszyklen des klassischen Rückversicherungsmarktes zur Optimierung des Kapitalmanagements.

Neben der Versicherung von Katastrophenrisiken werden auch Risiken aus dem Lebensversicherungsbereich verbrieft, wie etwa Langlebigkeitsrisiken. Meist erfordern diese Transaktionen die Einschaltung von Zweckgesellschaften, welche einerseits als Emittent

---

343 Vgl. zur Finite Risk Reinsurance ausführlich Liebwein, Peter [Rückversicherung, 2009], S. 345–428.

der ART-Instrumente am Kapitalmarkt auftreten, andererseits mit einem Derivat oder einem Rückversicherungsvertrag die Risiken von dem abgebenden Versicherungsunternehmen übernehmen.

Die *Vertragsformen* der Rückversicherung lassen sich anhand des Zeitbezugs in retrospektive und prospektive Verträge unterscheiden. *Retrospektive* Vertragsformen beziehen sich auf das Geschäft der Vergangenheit und sichern die Bilanz bezüglich der Verpflichtungen, die aus bereits abgeschlossenen Originalverträgen resultieren. Demgegenüber decken *prospektive* Verträge das laufende und zukünftige Geschäft ab.

Folgende typische *retrospektive* Rückversicherungsverträge *(retrospective aggregate Vereinbarungen)* werden oftmals undifferenziert der finite risk reinsurance zugeschrieben:

- Beim *time and distance Vertrag* werden zukünftige Zahlungsverpflichtungen aus bereits abgeschlossenem Geschäft vom Erst- an den Rückversicherer transferiert, wobei die Verpflichtungen des Rückversicherers von der tatsächlichen Schadenzahlungsentwicklung losgelöst werden (vereinbartes Auszahlungsmuster). Meist werden solche Verträge nicht als Rückversicherungsvertrag anerkannt.
- Der *loss portfolio transfer* führt zu einem Transfer zukünftiger Zahlungsverpflichtungen aus bereits abgeschlossenem Geschäft vom Erst- an den Rückversicherer, wobei meist Verpflichtungen aus bereits eingetretenen und gemeldeten Schäden des Erstversicherers gedeckt werden.
- Beim *adverse development cover* erfolgt eine Deckung unzureichender Schadenrückstellungen des Erstversicherers (Übernahme eines Teils des Reservierungsrisikos).

Retrospektive Rückversicherungsverträge weisen den *Vorteil* auf, dass der Rückversicherer das Risiko einer beschleunigten Schadenabwicklung sowie einer unzureichenden Schadenreservierung übernimmt. Folgende Verträge sind im Rahmen prospektiver Techniken typisch:

- Beim *financial quota share* handelt es sich um klassische Quotenverträge, bei denen die finanz- oder ertragswirtschaftlich bezogenen Zusatzvereinbarungen einen besonderen Stellenwert einnehmen.
- *Funded covers* bezwecken den Aufbau eines verzinslichen Fonds beim Rückversicherer. Wenn bei Eintritt eines Exzessschadens der Rückversicherer nur in Höhe des bestehenden Fonds haftet, dann liegt kein Rückversicherungsvertrag vor.
- *Spread loss Verträge* stellen eine Art »Zwischenkredit« an den Erstversicherer dar, dessen Rückzahlung im Rahmen der Rückversicherungsentgelte des Erstversicherers erfolgt. Mit diesem reinen Finanzierungscharakter wäre die Anerkennung als Versicherungsvertrag (vgl. § 7 VAG) zu hinterfragen.

Maßgeblich bei all diesen Konstruktionen ist jedoch ausschließlich der Transfer von versicherungstechnischen Risiken. So ist beispielsweise ein loss portfolio transfer bzw. ein Adverse Development-Cover auf ein advers abgewickeltes Geschäft (z. B. Asbest) tendenziell durch ein hohes versichersicherungstechnisches Risiko gekennzeichnet. Selbiges trifft z. B. für die Kombination aus funded cover und spread loss zu, die dem Rückversicherer hohe Verluste z. B. beim Eintritt von Naturkatastrophen-Ereignissen bescheren kann.

2 Zahlungsströme der Rückversicherung

2.1 Preiskomponenten der Rückversicherung

Als Grundlage der Bilanzierung von Rückversicherung sind zunächst die einzelnen Zahlungsströme aus dem Rückversicherungsvertrag zu betrachten.

In der *proportionalen Rückversicherung* kann der Rückversicherer weitgehend auf die Preiskomponenten aus der Originalpolice zurückgreifen. Grundsätzlich zeichnet sich ein Rückversicherungsvertrag durch folgende *Zahlungsströme* aus.[344] Der Zedent zahlt für den Risikotransfer an den Zessionar eine *Rückversicherungsprämie*. Diese greift im Wesentlichen auf die Beitragskalkulation in der Erstversicherung (Originalbeitrag) zurück. Aufgrund der proportionalen Aufteilung des Risikos werden auch die Originalbeiträge gemäß dem Haftungsaufteilungsverhältnis verteilt. Der Rückversicherer beteiligt sich an den Kosten des Zedenten durch die Zahlung einer *Rückversicherungsprovision*. Die Höhe dieser Provision ist abhängig von der Kostenstruktur von Erst- und Rückversicherer, der Risikostruktur des zedierten Geschäfts (Provision als eine Art Risikoabschlag, der umso höher wird, je weniger volatil das Geschäft ist) und von den absatzpolitischen Zielen des Rückversicherers.[345] Zusätzlich beteiligt der Rückversicherer in Abhängigkeit vom Ergebnis des Vertrags den Zedenten am Gewinn aus der Zession *(Gewinnanteil)* bzw. leistet der Zedent eine *Schaden- und Verlust-Selbstbeteiligung*. Der Zessionar zahlt letztlich an den Zedenten die im Vertrag geregelte *Rückversicherungsleistung*.

In der *nicht proportionalen Rückversicherung* fehlt ein Bezug zwischen Original- und Rückversicherungsprämie. Daher wird eine eigenständige Kalkulation (Quotierung) der *Rückversicherungsprämie* (Rückversicherungsentgelt) notwendig. Als Verfahren werden das burning cost Verfahren (das auf der Schadenerfahrung der Vergangenheit basiert), das exposure rating (das auf der Zusammensetzung des rückgedeckten Portefeuilles basiert) und das pay back Verfahren (das auf der Schadenfrequenz bzw. Wiederkehrperiode bestimmter Schadenereignisse basiert) unterschieden. Äquivalent zur proportionalen Rückversicherung, wenngleich deutlich seltener, kann eine *Gewinnbeteiligung* des Vorversicherers vereinbart werden. Ebenso kann unter Umständen eine *Überschaden-Selbstbeteiligung* des Zedenten erforderlich sein. Weiterhin kann in der nicht proportionalen Rückversicherung der Fall eintreten, dass ein Rückversicherer bereits für die volle Haftungsstrecke eine Rückversicherungsleistung erbracht hat. In diesem Fall entsteht für den Zedenten eine Deckungslücke für die restliche Vertragslaufzeit. Um diese decken zu können, kann der Zedent eine Wiederauffüllungsprämie *(reinstatement Entgelt)* entrichten, um weiterhin Rückversicherungsschutz zu erhalten.

Abbildung 8.1 fasst die Zahlungsströme der proportionalen und nicht proportionalen Rückversicherung zusammen.

344 Vgl. Thiemermann, Michael [Rückversicherung, 1993], S. 131.
345 Vgl. Liebwein, Peter [Rückversicherung, 2009], S. 93.

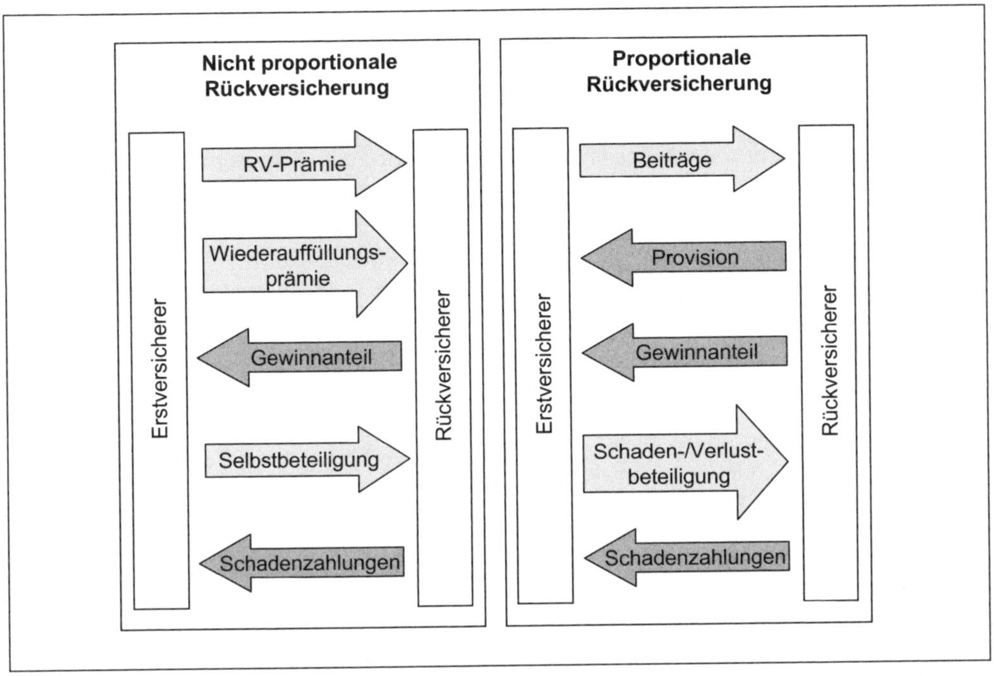

Abb. 8.1: Preiskomponenten der Rückversicherung[346]

2.2 Haftung der Rückversicherung

Neben den Preiskomponenten entstehen durch Portefeuilleein- und -austritte weitere Zahlungsströme zwischen Zedent und Zessionar, um die Haftung bei Beginn und Ende eines Rückversicherungsvertrags zu regeln.[347]

In der *proportionalen Rückversicherung* existieren grundsätzlich zwei verschiedene Deckungsarten, von denen die Portefeuillebehandlung abhängt:

- *Business written:* Der Rückversicherer haftet für die rückgedeckten Schäden aus Versicherungsverträgen, die während der Laufzeit des Rückversicherungsvertrags neu abgeschlossen oder erneuert werden (policies issued basis).
- *Business in force:* Der Rückversicherer haftet für diejenigen rückgedeckten Schäden, deren Originalpolicen während der Laufzeit des Rückversicherungsvertrags in Kraft sind (earned premium basis).

Im Fall einer *business written Haftung* sind Rückversicherungsleistungen nur für diejenigen Schäden zu leisten, für die eine Rückversicherungsprämie gezahlt wurde. Insofern ist

346 In Anlehnung an Liebwein, Peter [Rückversicherung, 2009], S. 90 und S. 242.
347 Vgl. zur Haftung in der Rückversicherung Liebwein, Peter [Rückversicherung, 2009], S. 117–148 und 245–264.

für jeden Schaden eine Prüfung notwendig, ob die Prämienfälligkeit der Originalpolice unter den Versicherungsvertrag fällt oder nicht. Aus Gründen der Vereinfachung kann zwischen den Vertragspartnern vereinbart werden, dass der Rückversicherer an allen Schäden beteiligt ist, die in die Rückversicherungsperiode fallen. Der Rückversicherer erhält einen Anteil an den Beitragsüberträgen des Vorjahres *(Beitragsportefeuilleeintritt)* bzw. er befreit sich in seltenen Fällen von der Haftung für Schäden, die nach Ende des Rückversicherungsvertrags eintreten, indem er einen Teil der zu viel gezahlten Prämienanteile an den Zedenten zurückzahlt *(Beitragsportefeuilleaustritt)*.

Im Rahmen einer *business in force Deckung* ist die Behandlung des Beitragsportefeuilles grundsätzlich vorgegeben, da der Rückversicherer für alle Schäden haftet, deren Originalpolice während der Laufzeit des Rückversicherungsvertrags in Kraft ist. Der Rückversicherer tritt stets in das Beitragsportefeuille ein und bei Beendigung des Rückversicherungsvertrags aus dem Beitragsportefeuille aus.

Neben den Beiträgen sind auch die Schäden den Vertragsparteien eindeutig zuzuordnen. Mit der *Schadenportefeuillebehandlung* wird geklärt, welcher Vertragspartner für welche Schadenfälle haftet. Daher ist bei Beginn eines Rückversicherungsvertrags zu klären, ob der Rückversicherer in das Schadenportefeuille eintritt oder nicht. In letzterem Fall haftet der bisherige Rückversicherer für die vor Beginn des Rückversicherungsvertrags eingetretenen, aber noch nicht abgewickelten Schäden. Tritt der neue Rückversicherer in das Schadenportefeuille ein, übernimmt er gegen Zahlung einer Schadenreserveeintrittsprämie das Abwicklungsrisiko aus den angefallenen Schäden. Ebenso wie beim Eintritt in das Schadenportefeuille kann der Rückversicherer durch Schadenportefeuilleaustritt von der Abwicklung der Schäden befreit werden (Schadenreserveablösung).

In der Praxis kommt auch das unechte *clean cut Verfahren* zur Anwendung, das zu keiner cash flow Wirkung, aber zu einer gesteigerten Transparenz und zu einer Arbeitsvereinfachung beim Erstversicherer führt. Bezüglich der Portefeuillebehandlung wird festlegt, dass der Rückversicherer aus dem Beitrags- und Schadenportefeuille austritt, gleichzeitig jedoch mit Beginn des neuen Vertragsjahres wieder in das Beitrags- und Schadenportefeuille eintritt.

In der *nicht proportionalen Rückversicherung* wird in der Regel vereinbart, dass der Rückversicherer für alle (Exzess-)Schäden haftet, die während der Laufzeit des Schadenexzedenten eintreten (loss occuring during the reinsurance contract period). Andere Deckungsarten sehen vor, dass der Rückversicherer für Schäden haftet, die während der Laufzeit des Rückversicherungsvertrags gezeichnet werden (loss occuring on risks attaching during the reinsurance contract period) oder deren Anspruchstellung in der Laufzeit des Rückversicherungsvertrags erfolgt ist (claims made).

Im Unterschied zur proportionalen Rückversicherung wird der Rückversicherer in der nicht proportionalen Rückversicherung nicht an den Originalbeiträgen beteiligt. Daher existiert in der nicht proportionalen Rückversicherung kein Beitragsportefeuille. In der Regel findet auch kein Schadenportefeuilleeintritt zu Beginn des Rückversicherungsvertrags statt, es sei denn es handelt sich um financial reinsurance Verträge, bei denen im Zuge eines loss portfolio transfer ein Eintritt in das Schadenportefeuille vorgesehen ist. Auch ein Austritt aus dem Schadenportefeuille findet nur sehr selten statt.

2.3 Depotstellung

Im Zuge von Rückversicherungsbeziehungen wird in den verschiedenen Ländern vereinbart, dass aus Sicherheitsgründen für den Erstversicherer bestimmte Beträge dem cash flow zwischen Erst- und Rückversicherer entzogen werden.[348] Damit soll der Zedent für den Fall (zumindest teilweise) abgesichert werden, dass der Zessionar seinen Zahlungsverpflichtungen nicht nachkommen kann. In manchen Ländern sind Depots auch aufsichtsrechtlich motiviert, insbesondere wenn versicherungstechnische Rückstellungen nach dem Bruttoprinzip ausgewiesen werden. In diesem Fall sind die Rückstellungen in voller Höhe mit Aktiva zu bedecken. Die Depotbeträge werden meist aus den Beitragsüberträgen oder den Schadenreserven gewonnen. Die Bindung der Mittel im Depot wird in der Regel für ein Jahr festgelegt und anschließend werden die einbehaltenen Beträge wieder an den Rückversicherer zurückgegeben. Es können zwei unterschiedliche Formen von Depots unterschieden werden:

- *Bardepot:* Der Rückversicherer stellt dem Erstversicherer Geldmittel zur Verfügung, über die der Erstversicherer frei verfügen kann (Einbehaltung von Teilen der Rückversicherungsprämie). Für den Rückversicherer entsteht eine Depotforderung und für der Erstversicherer eine Depotverbindlichkeit.
- *Wertpapierdepot:* Der Rückversicherer hinterlegt Wertpapiere bei einer Bank. Auf das eingerichtete Wertpapierdepot hat der Erstversicherer ein Pfändungsrecht. Das wirtschaftliche Eigentum bleibt jedoch beim Rückversicherer, der dadurch Risiko und Erträge aus den Kapitalanlagen trägt.

Gelegentlich wird die Bonität des Rückversicherers auch über eine Bankbürgschaft *(letter of credit)* sichergestellt. In diesem Fall übernimmt eine Bank im Falle von Liquiditätsproblemen des Rückversicherers dessen Zahlungsverpflichtungen gegenüber dem Erstversicherer.

3 Bilanzierung der Rückversicherung nach HGB

3.1 Abrechnungsforderungen und -verbindlichkeiten

Bilanziell werden Abrechnungsforderungen aus dem Rückversicherungsgeschäft durch § 16 RechVersV und Abrechnungsverbindlichkeiten aus dem Rückversicherungsgeschäft durch § 34 RechVersV geregelt. Bei den Abrechnungsforderungen sind dabei Forderungen an verbundene Unternehmen sowie Forderungen an Unternehmen, mit denen ein Beteiligungsverhältnis besteht, gesondert als *Davon-Vermerk* auszuweisen.

Unter den Abrechnungsforderungen und -verbindlichkeiten sind die *laufenden Abrechnungen* mit den Vor- und Rückversicherern und den Rückversicherungsmaklern aus dem

348 Vgl. Liebwein, Peter [Rückversicherung, 2009], S. 282–287.

in Rückdeckung gegebenen und dem in Rückdeckung übernommenen Geschäft auszuweisen (§ 16 Abs. 1 S. 1 RechVersV bzw. § 34 S. 1 RechVersV). Darunter fallen die aus Rückversicherungsbeiträgen, technischen Zinsen, Schäden, Provisionen und Gewinnanteilen sowie durch Einbehalt oder Veränderung von Depots entstandenen liquiden Salden.[349] Dabei besteht für Abrechnungsforderungen und -verbindlichkeiten gegenüber demselben Unternehmen kein Saldierungsverbot.

§ 16 S. 2 RechVersV regelt die bilanzielle Behandlung im Zuge des unechten *clean cut Verfahrens,* das zu einem fiktiven Portefeuilleaustritt und einem anschließenden Portefeuilleeintritt führt. Bilanziell wird der Austritt aus dem Beitrags- und Schadenportefeuille nicht abgebildet. Die nicht abgelösten versicherungstechnischen Rückstellungen sowie die Anteile der Rückversicherer an diesen Rückstellungen sind demnach unter den entsprechenden Unterposten der versicherungstechnischen Rückstellungen auszuweisen (§ 16 S. 2 HS. 2 RechVersV). Nur bei tatsächlichem Portefeuilleaustritt umfassen die Abrechnungssalden die Austrittsbeträge (§ 16 S. 2 HS. 1 RechVersV).

3.2 Depotforderungen und -verbindlichkeiten

Die bilanzielle Abbildung von Depotforderungen und -verbindlichkeiten werden durch § 13 RechVersV und § 33 RechVersV geregelt. Der Ausweis erfolgt als Depotforderungen aus dem in Rückdeckung übernommenen Geschäft (unter den Kapitalanlagen) bzw. als Depotverbindlichkeiten aus dem in Rückdeckung gegebenen Geschäft. Eine Saldierung von Depotforderungen mit anderen Verbindlichkeiten gegenüber dem Vorversicherer verbietet § 13 Abs. 2 RechVersV. Ebenso ist eine Saldierung von Depotverbindlichkeiten mit Forderungen an den Rückversicherer nicht erlaubt (§ 33 Abs. 2 RechVersV).

Ein Ausweis von Depotforderungen und -verbindlichkeiten kommt nur im Rahmen eines *Bardepots* vor. In diesem Fall ist nach § 13 Abs. 1 RechVersV beim Rückversicherer eine »Depotforderung aus dem in Rückdeckung übernommenen Geschäft« in Höhe der vom Vorversicherer einbehaltenen oder bei diesem gestellten Sicherheiten auszuweisen. Analog entsteht für den Vorversicherer eine Depotverbindlichkeit, die nach § 33 Abs. 1 RechVersV unter dem Posten »Depotverbindlichkeit aus dem in Rückdeckung gegebenen Versicherungsgeschäft« auszuweisen ist.

Bei Vorliegen eines *Wertpapierdepots* verbleiben die als Sicherheit hinterlegten Wertpapiere in der Regel im (wirtschaftlichen) Eigentum des Rückversicherers. Daher sieht § 13 Abs. 3 RechVersV vor, dass die Wertpapiere weiterhin beim Rückversicherer unter den jeweiligen Kapitalanlagepositionen auszuweisen sind.

349 Vgl. Stuirbrink, Wolfgang; Schuster, Anselm [§ 16 RechVersV, 1998], S. 453.

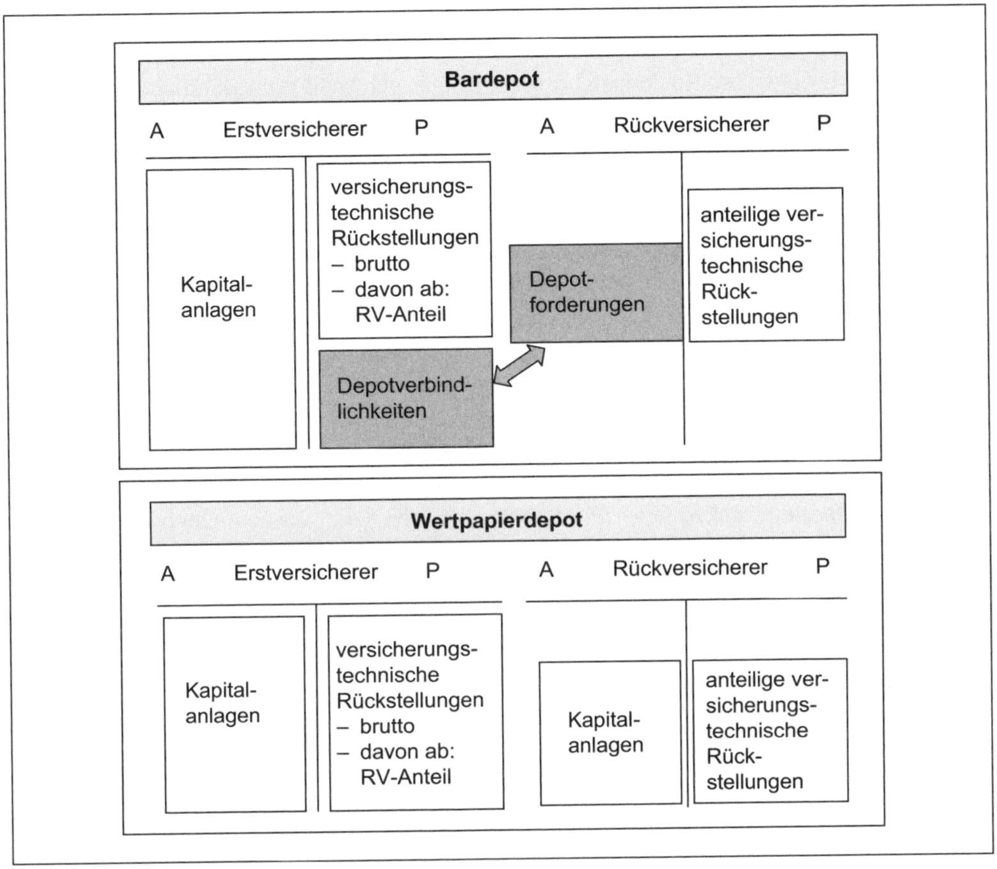

Abb. 8.2: Bilanzierung von Bar- und Wertpapierdepot

Beispiel 8.1: Bilanzierung von Depotforderungen und -verbindlichkeiten

Ausgangssituation:

- proportionaler Quoten-Rückversicherungsvertrag mit Quote von 40 %
- Kapitalanlagen in Höhe von 100 (brutto)
- Deckungsrückstellung in Höhe von 100 (brutto) gegenüber

Bilanzierung bei Bardepot:

Buchung Erstversicherer:	Kapitalanlagen	100	an	Deckungsrückstellung	60
				Depotverbindlichkeiten	40
Buchung Rückversicherer:	Depotforderungen	40	an	Deckungsrückstellung	40

Bilanzierung bei Wertpapierdepot:

Buchung Erstversicherer:	Kapitalanlagen	60	an	Deckungsrückstellung	60
Buchung Rückversicherer:	Kapitalanlagen	40	an	Deckungsrückstellung	40

3.3 Ausweisvorschriften

Der Ausweis der passiven Rückversicherung erfolgt nach HGB grundsätzlich auf der Basis des *modifizierten Nettoprinzips.* Hierbei werden die Bruttobeiträge in Vorspalten ausgewiesen und davon der Anteil der Rückversicherung abgezogen. In der Hauptspalte werden die resultierenden Nettobeträge ausgewiesen.

Auch die versicherungstechnischen Rückstellungen werden nach dem modifizierten Nettoprinzip abgebildet. In der Gewinn- und Verlustrechnung kommt ebenfalls das modifizierte Nettoprinzip bei der Abbildung der verdienten Beiträge f.e.R., der Aufwendungen für Versicherungsfälle f.e.R. sowie der Aufwendungen für den Versicherungsbetrieb f.e.R. zur Anwendung. Daneben findet sich jedoch auch das Nettoprinzip beim Ausweis der erfolgsabhängigen und -unabhängigen Beitragsrückerstattung f.e.R., den sonstigen versicherungstechnischen Erträgen und Aufwendungen f.e.R. und der Veränderung der übrigen versicherungstechnischen Nettorückstellungen.

Die einzelnen Zahlungsströme der Rückversicherung werden wie folgt behandelt:

- Die abgegebenen *Rückversicherungsbeiträge* werden von den gebuchten Bruttobeiträgen subtrahiert. Analog erfolgt die Berücksichtigung des Rückversicherungsanteils bei der Veränderung der Beitragüberträge.
- *Provisionen und Gewinnbeteiligungen* stellen eine Beteiligung des Rückversicherers an den Betriebskosten des Erstversicherers dar und mindern daher die Bruttoaufwendungen für den Versicherungsbetrieb.
- *Depotzinsen* für die Deponierung von Sicherheiten beim Zedenten werden in der Gewinn- und Verlustrechnung als Aufwand berücksichtigt. Bei Lebens- und Krankenversicherungsunternehmen werden diese unter dem Posten »Sonstige versicherungstechnische Aufwendungen f.e.R.« ausgewiesen (§ 44 Nr. 2d RechVersV). Bei Schaden- und Unfallversicherungsunternehmen sind diese von den im Posten »Technischer Zinsertrag f.e.R.« enthaltenen Zinserträgen abzusetzen, falls sie im Zusammenhang mit Sicherheiten für die Anteile der Rückversicherer an den Brutto-Beitragsdeckungsrückstellungen, den Brutto-Rentendeckungsrückstellungen und den Brutto-Deckungsrückstellungen stehen. Falls die Depotzinsen andere Sicherheiten betreffen, sind sie unter den sonstigen Aufwendungen auszuweisen.
- Die Anteile des Rückversicherers an den *Versicherungsleistungen* des Zedenten mindern die vom Erstversicherer ausgewiesenen Bruttoaufwendungen in entsprechender Höhe.

3.4 Bilanzierung von Verpflichtungen aus Rückversicherungsverträgen

Die Bilanzierung von Verpflichtungen aus Rückversicherungsverträgen erfordert eine sachgerechte Bewertung der Verpflichtungen aus dem Versicherungsvertrag. Bei einem non life Vertrag ist zu untersuchen, ob sich durch eine zukünftige Inanspruchnahme des Vertrags ein Verpflichtungsüberschuss ergeben kann, der zu passivieren ist. Demgegen-

Beispiel 8.2: Bilanzierung einer Verpflichtung aus Sicht des Zedenten und des Rückversicherers

1. Fall:
- Es wird ein Rückversicherungsvertrag zur Katastrophendeckung unterstellt.
- Die Laufzeit beträgt 5 Jahre.
- Es wird über die Laufzeit eine maximale Haftstrecke von 40 Mio. € vereinbart.
- Die Rückversicherungsprämie beträgt 8 Mio. €.
- Die Schadeneintrittswahrscheinlichkeit beträgt 20%.
- Die erwartete Schadenhöhe bei Schadeneintritt beträgt 40 Mio. €.

a) *Bei Vertragsbeginn* sind der Barwert der Leistungen und der Barwert der Rückversicherungsprämien ausgeglichen.

b) Während der Laufzeit des Vertrags *nach einem Schadenereignis* ist der zukünftige Leistungsbarwert gleich Null. Die zukünftig zu zahlenden Rückversicherungsprämien stellen einen Verpflichtungsüberschuss dar, der zu passivieren ist. Falls die Haftstrecke nicht voll ausgeschöpft wird, ist der Verpflichtungsüberschuss entsprechend geringer.

2. Fall: wie Fall 1, aber keine Begrenzung der Haftstrecke

a) *Bei Vertragsbeginn:* vgl. 1. Fall

b) Während der Laufzeit des Vertrags *nach einem Schadenereignis* entsteht kein Verpflichtungsüberschuss, da der Rückversicherer für die Restlaufzeit weiterhin möglicherweise haften muss.

3. Fall: Verlängerung der Vertragslaufzeit nach Schadeneintritt (keine Kündigungsmöglichkeit des Zedenten ohne Ausgleich des Restsaldos, bei Kündigung des Zessionars keine Ausgleichsverpflichtung)

a) *Bei Vertragsbeginn:* vgl. 1. Fall

b) Während der Laufzeit des Vertrags *nach einem Schadenereignis* entsteht aufgrund der Verlängerung eine weitere Haftung des Rückversicherers. Demnach stehen den zukünftig zu zahlenden Rückversicherungsprämien auch zukünftig zu erwartende Schadenleistungen gegenüber.

Bilanzierung aus Sicht des Rückversicherers

a) *Bei Vertragsbeginn* sind der Barwert der Leistungen und der Barwert der Rückversicherungsprämien ausgeglichen.

b) Während der Laufzeit des Vertrags ist bei Leistungsüberschuss des Zedenten eine entsprechende Verpflichtung zu passivieren. Falls keine Schadenereignisse vorliegen, entspricht diese der Höhe der kumulierten Prämienzahlungen.

über ist ein Verpflichtungsüberschuss bei einem Lebensrückversicherungsvertrag bereits mit einer Passivierungspflicht bei Vertragsabschluss verbunden.

Bei *Schaden- und Unfallversicherungsunternehmen* wird ein Verpflichtungsüberschuss zu jedem Bilanzstichtag anhand der Differenz aus dem Barwert der zukünftig zu zahlenden Rückversicherungsprämien abzüglich der zukünftig erwarteten Schadenleistungen des Rückversicherungsunternehmens bemessen. Die Bewertung einer entsprechenden Rückstellung hat anhand der Grundsätze ordnungsmäßiger Buchführung zu erfolgen. Nach dem Stichtagsprinzip ist ein Verpflichtungsüberschuss zu jedem Stichtag zu überprüfen und die Schadeneintrittswahrscheinlichkeit dabei jeweils neu zu ermitteln. Falls die erhaltenen Schadenleistungen über die Restlaufzeit des Vertrags »natürlich« zurückgezahlt werden bzw. die Vertragslaufzeit verlängert wird, ist ein Verpflichtungsüberschuss nur dann anzunehmen, wenn der Zedent die Kündigung beabsichtigt und ein

Ausgleich des Rückversicherungssaldos damit verbunden ist. Ein Verpflichtungsüberschuss ist auch dann gegeben, wenn das Rückversicherungsunternehmen ein Kündigungsrecht mit Ausgleichsanspruch hat. Falls eine garantierte Rückzahlung von Prämien (als Schadenleistung oder Gewinnanteil) vorliegt, ist die Verpflichtung beim Rückversicherer zu passivieren.

Bei einem *Lebensrückversicherungsvertrag* ist eine Verpflichtung auf der Basis der Differenz aus dem Barwert der zukünftig zu zahlenden Rückversicherungsprämien und dem Barwert der zukünftig erwarteten Leistungen zu ermitteln. Falls ein Rückversicherungsunternehmen im Zuge eines Quoten- oder Summenexzedentenvertrags im Leistungsfall die Zahlung eines Teils der Versicherungssumme übernimmt, ist der an den Bruttorückstellungen abzusetzende Betrag mit den gleichen Rechnungsgrundlagen und Bewertungsmethoden zu bewerten wie der Bruttobetrag. Daraus sind folgende Konsequenzen abzuleiten:

- Der Rückversicherungsanteil an der Deckungsrückstellung ist wie die Deckungsrückstellung prospektiv als Differenz von Barwert der Leistungen und Barwert der Prämien zu ermitteln.
- Die vertragliche Abmachung über die Höhe der Rückversicherungsprämie ist bei der Bewertung des Rückversicherungsanteils an der Deckungsrückstellung zu beachten (bei der Bewertung des Rückversicherungsanteils an der Deckungsrückstellung kann ein angemessener Verwaltungskostenzuschlag zur Deckung der Verwaltungskosten des Rückversicherers berücksichtigt werden). Existiert ein positiver Unterschiedsbetrag (Prämienzuschlag) zwischen Rückversicherungsprämie und ermitteltem Leistungsbarwert ist die höhere Prämie im Rückversicherungsanteil an der Deckungsrückstellung anzusetzen. Der infolge des Prämienzuschlags verminderte Rückversicherungsanteil erhöht die Nettodeckungsrückstellung des Lebensversicherungsunternehmens (Verpflichtungsüberhang). Falls der Rückversicherungsvertrag so ausgestaltet ist, dass der Rückversicherer den Bruttobeitrag nach den Rechnungsgrundlagen des Tarifs erhält und der Erstversicherer eine angemessene laufende Provision erhält, kann für den Rückversicherungsanteil die Deckungsrückstellung prospektiv als Leistungsbarwert abzüglich Prämienbarwert ermittelt werden.
- Eine im Vergleich zum Leistungsbarwert niedrigere Rückversicherungsprämie führt unter Beachtung des Realisationsprinzips nicht zu einer Aktivierung. Entsprechend gelten Gewinne beim Lebensversicherungsunternehmen, die aus gegenüber dem Leistungsbarwert zu geringen Rückversicherungsprämien entstehen, erst nach Fälligkeit als realisiert. Bei der Berechnung des Rückversicherungsanteils ist der Leistungsbarwert (Normprämie) anzusetzen.
- Stornoleistungen des Lebensversicherungsunternehmens an den Rückversicherer sind zu berücksichtigen, soweit diese nicht bereits durch die Bewertung des Rückversicherungsanteils an der Deckungsrückstellung gedeckt sind.

3.5 Bilanzierung von retrospektiven und Finanzrückversicherungsverträgen

Retrospektive Verträge stellen Rückversicherungsverträge dar, die nach dem Beginn eines Bilanzjahres abgeschlossen werden und deren Abschluss nicht oder nur zum Teil auf die Zukunft ausgerichtet ist und/oder deren Wirkung bei Vertragsabschluss ganz oder teilweise bereits bekannt ist.

Falls ein Rückversicherungsvertrag für das zu bilanzierende Bilanzjahr abgeschlossen wird, dessen *volle Wirkungsweise jedoch bei Abschluss feststeht, gilt er als unzulässig*. Die Terminierung des Vertragsabschlusses vor oder nach Bilanzstichtag hat hierauf keinen Einfluss. Vielmehr sind die volle Kenntnis der Sachlage sowie die Ergebnisauswirkung des Vertrags maßgeblich.

Die Voraussetzung für die Gültigkeit eines retrospektiven Rückversicherungsvertrags stellt ein *hinreichender Risikotransfer* dar. Diese Anforderung ergibt sich auch für bestimmte Formen der Finanzrückversicherung, welche bilanziell und aufsichtsrechtlich von reinen Finanzierungsgeschäften abzugrenzen sind. Mit der Novelle des VAG zum 2. Juni 2007 wurde der § 121e VAG zur Regulierung der Finanzrückversicherung eingeführt. Nach § 121e VAG wird zwischen Finanzrückversicherungsverträgen mit hinreichendem versicherungstechnischen Risikotransfer und solchen, welche zwar nicht als versicherungsfremdes Geschäft eingeordnet werden, jedoch keinen hinreichenden Risikotransfer beinhalten, unterschieden. Erstere gelten als Rückversicherung nach VAG, über Letztere ist der Aufsichtsbehörde gesondert zu berichten. Die Fragestellung, unter welchen Bedingungen ein Risikotransfer als hinreichend anzusehen ist, wird im Rahmen der Finanzrückversicherungsverordnung (FinRVV)[350] aufsichtsrechtlich näher geregelt.

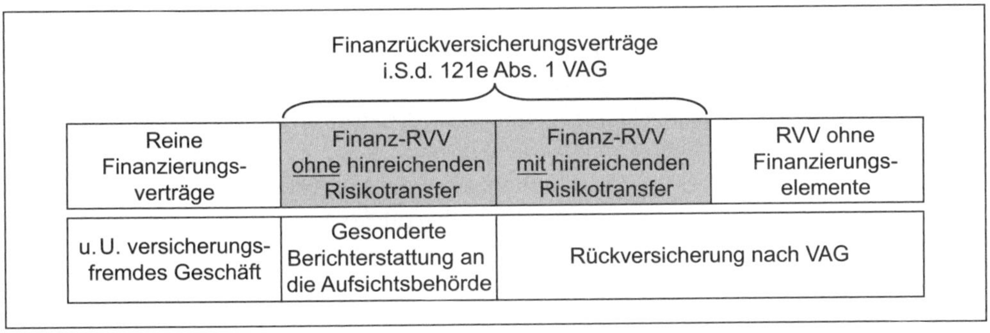

Abb. 8.3: Kategorisierung von Finanzrückversicherungsverträgen nach § 121e Abs. 1 VAG

Finanzrückversicherung wird nach § 121e Abs. 1, S. 1 VAG wie folgt definiert: »Finanzrückversicherung ist eine Rückversicherung, bei der das übernommene wirtschaftliche Gesamtrisiko, das sich aus der Übernahme sowohl eines erheblichen versicherungstechnischen Risikos als auch des Risikos hinsichtlich der Abwicklungsdauer ergibt, die Prämi-

350 Verordnung über Finanzrückversicherungsverträge und Verträge ohne hinreichenden Risikotransfer – FinRVV) V. v. 14.07.2008 BGBl. I S. 1291 (Nr. 30).

ensumme über die Gesamtlaufzeit des Versicherungsvertrags um einen begrenzten, aber erheblichen Betrag übersteigt (hinreichender Risikotransfer) und dabei zumindest
1. Verzinsungsfaktoren (Zeitwert des Geldes) berücksichtigt werden oder
2. durch vertragliche Bestimmungen sichergestellt ist, dass die wirtschaftlichen Ergebnisse zwischen den Vertragsparteien über die Gesamtlaufzeit des Vertrags ausgeglichen werden, um einen gezielten Risikotransfer zu ermöglichen.«

Erfüllt ein Vertrag die Defnition des VAG für eine Einordnung als Finanzrückversicherung, und hat der Vertrag für beide Parteien keine nur unwesentliche Bedeutung, ist weiterhin zu prüfen, ob hinreichender Risikotransfer gegeben ist.
- Im *non life Bereich* erfolgt die Operationalisierung auf Basis des erwarteten Verlustes des Zessionärs aus der Übertragung von versicherungstechnischem und Zeitpunktrisiko mit einem Schwellenwert von 1 %. D. h. der absolute Betrag des erwarteten Verlusts muss sich für den Rückversicherer auf mindestens 1 % des erwarteten Beitrags belaufen. Liegt der ermittelte Wert unter der 1 %-igen Schwelle ist trotzdem »ein hinreichender Risikotransfer regelmäßig dann anzunehmen, wenn zum einen der rückversicherte Anteil den Originalbedingungen des Vorversicherers folgt oder diese für den Rückversicherer nachteilig verändert werden und wenn die Originalbedingungen zum anderen einen versicherungstechnischen Risikotransfer beinhalten.« (§ 4 Abs. 2, Punkt 2 FinRVV).
- Im *life Bereich* werden keine quantitativen Grenzen gesetzt, sondern in § 4 Abs. 3 FinRVV qualitative Kriterien definiert, welche einen hinreichenden Risikotransfer belegen sollen: »Sind Risiken aus der Lebensversicherung Vertragsgegenstand, liegt hinreichender Risikotransfer vor, wenn
  1. der Rückversicherer im Rahmen einer realistischen Betrachtung durch eine Übertragung von versicherungstechnischem Risiko und von Zeitpunktrisiko über die Gesamtlaufzeit des Vertrages mit einer Mindestwahrscheinlichkeit einen nicht unerheblichen Verlust erleiden wird,
  2. der Rückversicherer vom Vorversicherer Geschäft übernimmt, das nach den im Herkunftsstaat des Vorversicherers geltenden Vorschriften als Versicherungsgeschäft anerkannt ist, und
  3. sämtliche Forderungen und Verbindlichkeiten des Vorversicherers und des Rückversicherers sowie alle aus einer Verrechnung herrührenden Salden aus dem Vertrag in einem sachlichen Zusammenhang mit dem Verlauf des zugrunde liegenden Versicherungsgeschäfts stehen.«

Da handelsrechtlich keine explizite Regelung vorliegt, dürfen unter der Annahme der Übereinstimmung mit den GoB die aufsichtsrechtlichen Regelungen der FinRVV auch für die handelsrechtliche Beurteilung herangezogen werden.[351] Falls ein Risikotransfertest nach den für die Bilanzierung nach IFRS gültigen Regeln bestanden wird, wird nach § 5 Abs. 2, S. 2 FinRVV ebenfalls hinreichender Risikotransfer regelmäßig angenommen, falls zugleich auch versicherungstechnisches Risiko als auch Zeitpunktrisiko übertragen wird.

351 Vgl. Ellenbürger, Frank; Husch, Rainer [Jahresabschluss der Rückversicherungsunternehmen, 2011], Rd. 98.

Hinweise für die Bilanzierung von retrospektiven Verträgen:
Im Rahmen der Bilanzierung eines *loss portfolio transfer* ergibt sich aufgrund von Diskontierungseffekten beim Zedenten eine erfolgswirksame Kapitalfreisetzung. Daraus resultiert eine erfolgswirksame Erhöhung des Eigenkapitals. Grundsätzlich können für die Bilanzierung zwei Effekte unterschieden werden:

- Überschreitet der Rückversicherungsbeitrag die Schadenreserve, folgt für den Erstversicherer ein Verlust, der sofort erfolgswirksam zu erfassen ist. Zum Teil gleicht sich dieser Effekt durch die Realisierung eines Ertrags aus der Diskontierung aus.
- In der Regel ist der Rückversicherungsbeitrag niedriger als die Schadenreserve. Der Gewinn ist beim Erstversicherer sofort erfolgswirksam zu vereinnahmen. Beim Rückversicherer entsteht ein Verlust, der in den Folgejahren durch entstehende Kapitalanlageerträge ausgeglichen wird. Weitere Gewinneffekte können ferner durch eine im Vergleich zum Erstversicherer unterschiedliche Abwicklungsqualität beim Rückversicherer entstehen.

Mehrjahresverträge beinhalten sowohl prospektive als auch retrospektive Vertragsbestandteile. Für die Bilanzierung des retrospektiven Teils ist das *Wertaufhellungsprinzip* (§ 252 Abs. 1 Nr. 4 HGB) entscheidend. Ein Rückversicherungsvertrag ist als solcher zu bilanzieren, wenn eine Wertaufhellung stattgefunden hat. Falls der Rückversicherungsvertrag jedoch *wertbegründend* ist, erfolgt im aktuellen Jahresabschluss keine Bilanzierung. Sowohl der retrospektive als auch der prospektive Vertragsbestandteil werden in der Folgeperiode bilanziert.

4 Bilanzierung der Rückversicherung nach IFRS (US-GAAP)

4.1 Kriterien für die Anerkennung eines Rückversicherungsvertrags

SFAS 113 stellt die Grundlage für die Bilanzierung von Rückversicherungsverträgen nach US-GAAP dar. Der Anlass für die Verabschiedung des Standards war die unzureichende Abbildung von Finanzrückversicherungsverträgen in der Vergangenheit. Mit SFAS 113 soll eine Beurteilung dahingehend möglich sein, ob ein Rückversicherungsvertrag den Erstversicherer hinreichend absichert. Außerdem sollen Prinzipien für die Bilanzierung der Rückversicherung im Allgemeinen abgeleitet werden.[352]

Nach SFAS 113.121 bzw. ASC 944-20-15 lässt sich das *insurance risk* in zwei Komponenten unterteilen. Die erste Komponente stellt das *underwriting risk* dar, das aus der Unsicherheit über den Endbetrag der vertraglich vereinbarten Nettozahlungsströme aus Prämien, Provisionen, Schadenzahlungen und Schadenabwicklungskosten resultiert. Die

352 Vgl. ausführlich zur Bilanzierung der Rückversicherung nach US-GAAP Wormsbächer, Ellen [Rückversicherung, 2001].

zweite Komponente – das *timing risk* – drückt die zeitliche Unsicherheit über die Dauer der Schadenabwicklung aus.

SFAS 113 setzt für die Anerkennung von kurzfristigen Rückversicherungsverträgen *(short duration Verträge)* folgende Kriterien fest:[353]

- Zunächst gilt das Kriterium des *Transfers eines signifikanten Versicherungsrisikos*. Ein Vertrag kann nur dann einen Versicherungsvertrag begründen, wenn hinreichend Versicherungsrisiko transferiert wird. Damit erfolgt eine Abgrenzung von Versicherungsrisiken gegenüber anderen Risiken (insbesondere Finanzrisiken). SFAS 113.8/ASC 944-20-15-46, 47, 48 sieht eine Prüfung sämtlicher Vertragsvereinbarungen vor, die das Versicherungsrisiko beim Rückversicherer einschränken (z. B. über Rückerstattung bei schlechter Schadenerfahrung, Kündigungsregelungen, Vereinbarungen über eine zusätzliche Zession profitablen Geschäfts oder Anpassungsklauseln) bzw. die Leistungen an den Erstversicherer verzögern (z. B. über vereinbarte Zahlungspläne bzw. über mehrjährig einbehaltene Beträge). Erfolgt kein hinreichender Transfer eines Versicherungsrisikos, wird der Vertrag nicht als Rückversicherungsvertrag eingeordnet, sondern im Rahmen des deposit accounting behandelt. Das Kriterium eines hinreichenden Transfers von Versicherungsrisiko ist dann nicht erfüllt, wenn es *unwahrscheinlich* ist, dass entweder die Höhe (underwriting risk) oder der Zeitpunkt (timing risk) von Leistungen des Rückversicherers *signifikant* variieren (SFAS 113.9/ASC 944-20-15-46. Für die Kriterien »unwahrscheinlich« und »signifikant« sieht SFAS 113 keine weitere Konkretisierung vor. Als Hilfestellung können die Wahrscheinlichkeitskriterien nach SFAS 5 herangezogen werden.
- Das zweite Kriterium ist *die Eintrittswahrscheinlichkeit eines signifikanten Verlusts* (SFAS 113.9b/ASC 944-20-15-41b. Um die erforderliche Eintrittswahrscheinlichkeit eines möglichen signifikanten Verlusts zu beurteilen, hat sich in der Praxis eine Faustformel von 0,1 bis 1 % für low frequency/high severity (z. B. Naturgefahren) bzw. 10 bis 15 % für high frequency/low severity als nützlich erwiesen.
- Als drittes Kriterium gilt die *Möglichkeit eines signifikanten Verlusts*. Zur Beurteilung eines möglichen signifikanten Verlusts erfolgt ein Vergleich des Barwertes aller erwarteten Zahlungsströme zwischen Zedent und Zessionar mit der diskontierten Summe sämtlicher Zahlungen, die an den Rückversicherer zu leisten sind. Der Barwert der erwarteten Zahlungsströme soll dabei sämtliche endgültigen preisbestimmenden Faktoren (Beiträge, Provisionen, Schadenaufwendungen, Schadenregulierungskosten sowie weitere variable Vereinbarungen) der Zession umfassen (SFAS 113.64/ASC 944-20-15-50. Die Ermittlung dieses Barwertes erfordert eine Projektion unterschiedlicher Schadenszenarien. Dabei ist für alle Szenarien ein identischer Zinssatz heranzuziehen, um einen Einfluss des Zinsrisikos auf die Anerkennung von Rückversicherungsverträgen zu vermeiden. Von einem signifikanten Verlust wird in der Regel dann gesprochen, wenn der Barwert der Zahlungsströme im Verlustfall zwischen Zedent und Zessionar zumindest 100 bis 1.000 % der diskontierten Zahlungen an den Zessionar für low frequency/high severity bzw. 10 bis 15 % für high frequency/low severity beträgt.

353 Vgl. SwissRe [Paradigmenwechsel, 2002], S. 61–66.

In den USA wurden Finanzrückversicherungsverträge oftmals außerhalb des Naturgefahrenbereichs angewendet oder die Höchstschadenleistungen des Rückversicherers stark begrenzt. Vor diesem Hintergrund liegt tendenziell ein high frequency/low severity Vertrag vor. Die Voraussetzung einer 10–prozentigen Eintrittswahrscheinlichkeit eines signifikanten 10-prozentigen Rückversicherungsverlusts konstituiert in diesem Kontext die so genannte »10/10-Regel«.

Die 10/10-Regel weist mehrere Schwachpunkte auf (siehe auch unten), weshalb vor allem Aktuarsverbände in den USA auf eine Weiterentwicklung hin zu modernen aktuariellen Verfahren der Risikobemessung drängen. Ein umfassenderes Bild ergibt sich dadurch, dass der Erwartungswert eines adversen Ereignisses (vgl. expected shortfall) zu einem Rückversicherungsverlust einer Mindestanforderung unterworfen wird. Hierzu kann als Verallgemeinerung der 10/10-Regel die Produktregel dienen. Das Produkt aus Eintrittswahrscheinlichkeit und relativer Verlusthöhe sollte ein gewisses Maß an relativer Gesamtexponierung erreichen (vgl. Beispiel).

Beispiel 8.3: Produktregel zur Bemessung des Risikotransfers

Gegeben sei ein Vertrag mit einer Rückversicherungsprämie von 1200 Euro.

Szenario	Eintritts-wahrschein-lichkeit	Verlusthöhe absolut	Verlusthöhe in % Prämie	Ergebnis
A	10%	120	120/1200 = 10%	10% N 10% = 1%
B	1%	3000	3000/1200 = 250%	1% N 250% = 2,5%
C	30%	36	36/1200 = 3%	30% N 3% = 0,9%

Resultat: Würde für die Anwendung der Produktregel ein Mindestniveau von 1 % gefordert werden, wäre nur in Szenario A (1 %) und B (2,5 %), nicht aber C (0,9 %) ein hinreichender Risikotransfer zu bescheinigen

Direkt auf dem auch in internen Risikomodellen von Versicherungsunternehmen Verwendung findenden Risikomaß des »expected shortfall« baut eine zweite Möglichkeit der Quantifizierung des hinreichenden Risikotransfers auf, die Größe des expected reinsurer deficit (ERD). Der ERD ergibt sich vereinfacht aus dem Produkt von Verlustwahrscheinlichkeit und der durchschnittlichen Verlusthöhe. Die durchschnittliche Verlusthöhe stellt sich als Erwartungswert aller Verlustergebnisse des Rückversicherers, ausgedrückt als positiver Prozentsatz der Prämie, dar. Im Idealfall ist er auf Basis der Dichtefunktion des Rückversicherungsergebnisses zu bestimmen. Dabei sind alle Zahlungsströme (Schäden, Kosten, Provisionen, jedoch keine Kapitalkosten) auf einer Barwertbasis zu betrachten. Vor dem Hintergrund des impliziten Intensitätsniveaus der 10/10-Regel bietet sich für eine regelbasierte Vorgehensweise ein Mindestmaß von 1% der Rückversicherungsprämie an.[354]

354 Zum Konzept des ERD vgl. Sauer, Roman [Risikotransfer, 2005], S. 1815–1820.

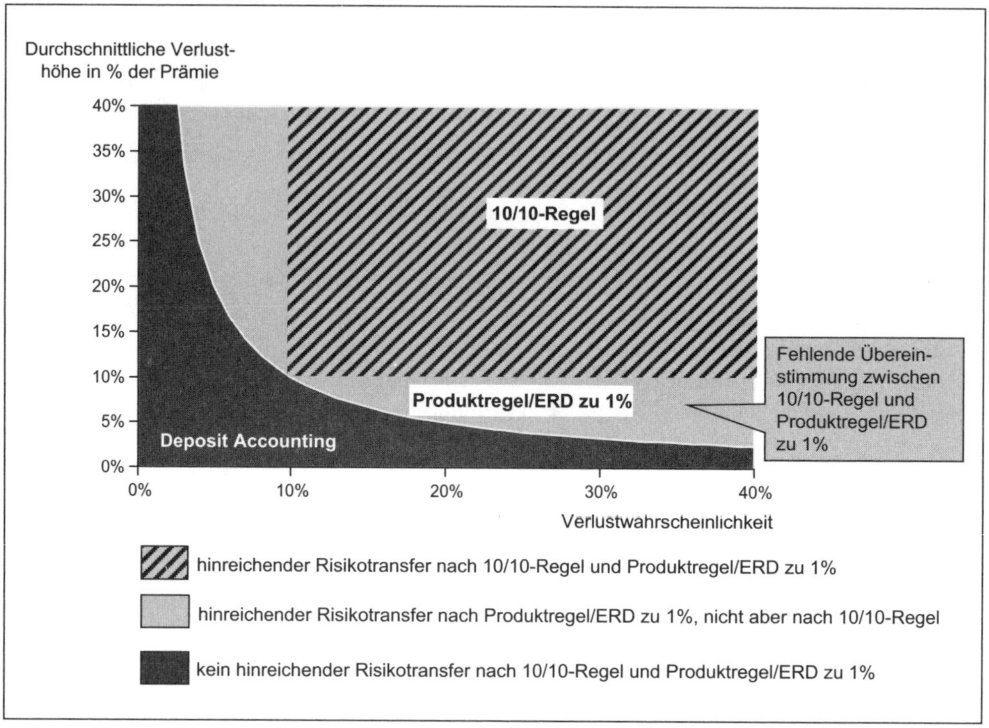

Abb. 8.4: Vergleich von 10/10-Regeln und den modernen Verfahren des ERD[355]

Die Abbildung 8.4 zeigt nochmals die Zusammenhänge zwischen 10/10–Regel und Produktregel bzw. ERD auf:
Langfristige Rückversicherungsverträge (long duration Verträge) betreffen meist Zessionen der Lebens- und Krankenversicherung. Falls solche Verträge kein Mortalitäts- bzw. Morbiditätsrisiko enthalten, ist eine Bilanzierung als Rückversicherungsvertrag nicht möglich. Vielmehr werden solche Verträge nach SFAS 97 als Investmentverträge erfasst. Bei langfristigen Verträgen ist es erforderlich, dass der Zessionar einem signifikanten Verlustrisiko aus dem Transfer von Versicherungsrisiko ausgesetzt ist. Abbildung 8.5 fasst die Kriterien nach SFAS 113 zusammen.

Die Kriterien in SFAS 113 sind nicht eindeutig. Im Schrifttum wurden mehrere Kritikpunkte an den Anerkennungskriterien angebracht:[356]

- Die in der Praxis entwickelten Grenzwerte sind nicht für sämtliche low frequency/ high severity Versicherungsverträge anwendbar. Vor allem bei *seltenen Höchstschäden* (sleep insurance), wie z. B. Naturkatastrophen, kann das Kriterium eines signifikanten Verlustrisikos nicht erfüllt werden (sofern pauschale Sätze angewendet werden), da die Wahrscheinlichkeit solcher Risiken relativ gering ist. SFAS 113 regelt jedoch

355 Vgl. GDV [Finanzrückversicherung, 2006], S. 9 sowie vor allem Liebwein, Peter [Rückversicherung, 2009], S. 366.

356 Vgl. Wormsbächer, Ellen [Rückversicherung, 2001], S. 135–144.

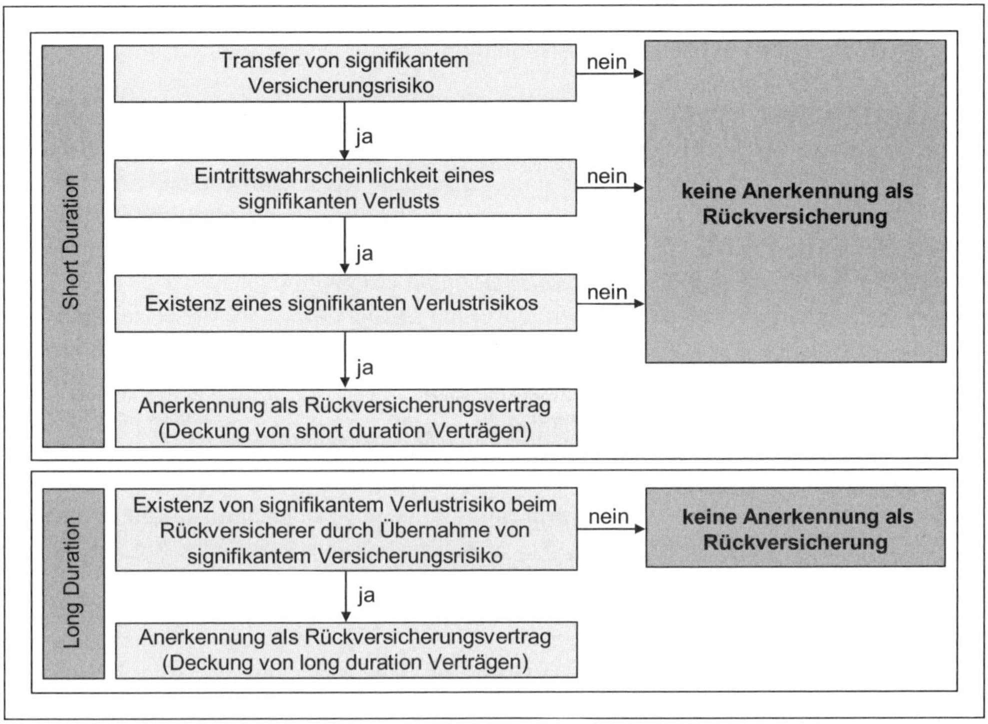

Abb. 8.5: Anerkennung von Rückversicherung nach SFAS 113 (ASC 944-20-15)

derartige Problemfälle nicht spezifisch, sondern nur im Rahmen der allgemeinen Vorschriften.

- Die Interpretation der *Eintrittswahrscheinlichkeit* eines signifikanten Verlusts nach SFAS 113 führt zu Verwerfungen mit der Wahrscheinlichkeit, die an ungewisse Verbindlichkeiten in SFAS 5 gesetzt wird. Demnach reicht nach SFAS 113 eine geringe Wahrscheinlichkeit (reasonable possible im Sinne von more than remote) aus, während das Objektivierungskriterium nach SFAS 5 für den Eintritt einer ungewissen Verbindlichkeit eine Wahrscheinlichkeit größer als 50 % fordert (reasonable possible als more likely than not). Dennoch verwenden beide Standards den unbestimmten Rechtsbegriff »reasonable possible«.
- Anstelle der Zahlungsströme zwischen Zedent und Zessionar sollte die *Veränderung der Risikosituation des Erstversicherers* für die Anerkennung als Rückversicherungsvertrag maßgeblich sein.
- *Proportionale Rückversicherungsverträge,* deren Abschluss in der Erfüllung von Solvabilitätsvorschriften begründet liegt, werden im Extremfall nicht als Rückversicherungsvertrag eingeordnet. Das ist insbesondere dann der Fall, wenn Kollektive zediert werden, deren Variabilität zu gering ist, um das Kriterium eines hinreichenden Transfers von versicherungstechnischem Risiko zu erfüllen. Letztgenannter Fall wird allerdings durch die Bezugnahme auf das rückversicherte Originalgeschäft (SFAS 113.11/ASC 944-20-15-53) auch unter US-GAAP wieder als Rückversicherungsvertrag zu qualifizieren sein.

In der Praxis haben sich Indikatoren entwickelt, die auf jeden Fall in die Stichprobe der explizit zu testenden Einzelfälle aufgenommen werden. Diese werden auch als *»Rote Flaggen«* (red flags) bezeichnet:

- Nach SFAS 113.8/ASC 944-20-15-40 können Hinweise darauf bestehen, dass das versicherungstechnische Risiko, das an den Rückversicherer transferiert wird, begrenzt wird. Mögliche Indikatoren hierfür stellen erwartete Rückerstattungen *(experience refunds)*, abänderbare Vertragsklauseln *(adjustable features)*, die zusätzliche Zession von profitablem Geschäft *(Additions of profitable lines of business to the reinsurance contract)* sowie Kündigungsklauseln *(cancellation provisions)* dar.
- Weitere Indikatoren für eine Einzelfallprüfung bezüglich des transferierten versicherungstechnischen Risikos stellen atypisch konstruierte Wiederauffüllungsprämien, Staffelprovisionen (schadenverlaufsabhängige Rückversicherungsprovisionen) und die Gewinn- bzw. Verlustbeteiligungen dar.
- Verzögerungen von Schadenleistungen durch den Rückversicherer durch vertraglich festgelegte Zahlungspläne (payment schedules) und über mehrere Jahre einbehaltene Beträge (accumulating retention from multiple years) stellen Indikatoren für die Begrenzung eines timing Risikos dar.

4.2 Bilanzierung von Rückversicherungsverträgen nach IFRS (US-GAAP)

Der *Ausweis* von Rückstellungen nach US-GAAP erfolgt grundsätzlich ohne Abzug von Rückversicherungsanteilen (brutto). Als Gegenposten wird eine Forderung gegenüber dem Rückversicherer *(reinsurance recoverables)* aktiviert. Darunter sind der Anteil des Rückversicherers an den versicherungstechnischen Rückstellungen und sämtliche Forderungen gegenüber dem Rückversicherer zu subsumieren. Gegebenenfalls wird auch der Beitrag für eine retrospektive Deckung unter die Reinsurance Recoverables gefasst.

Ein eigenständiger Ausweisposten existiert für den Anteil des Rückversicherers an den Beitragsüberträgen, der unter dem Posten *»prepaid reinsurance premium«*, d.h. als vorausbezahlte Rückversicherungsprämie, aktiviert wird. Falls vom Rückversicherer Sicherheiten gestellt werden (Depotstellung) erfolgt keine Saldierung mit den Forderungen, sondern eine Passivierung als *»funds held under reinsurance treaties«*.

Unter den Abschlusskosten, die nach US-GAAP aktiviert werden, sind nur die Nettoabschlusskosten auszuweisen und über die Laufzeit zu verteilen, sodass an dieser Stelle eine Ausnahme des Saldierungsverbots vorliegt.

Der Ausweis der Rückversicherung in der Gewinn- und Verlustrechnung ist nicht explizit geregelt. Die Rückversicherungsanteile können als Abzug vom Bruttobetrag separat ausgewiesen werden (premium ceded bzw. reinsurance recoveries) bzw. nur in Klammern genannt werden. Das FASB präferiert einen Bruttoausweis, unterbindet jedoch (anders als in der Bilanz) nicht die Anwendung eines Nettoausweises in der Erfolgsrechnung, da die Erfolgsrechnung keine Informationen zum Delkredererisiko vermitteln würde. Nach IFRS bilanzierende Unternehmen, welche über IFRS 4 in der Versicherungstechnik US-

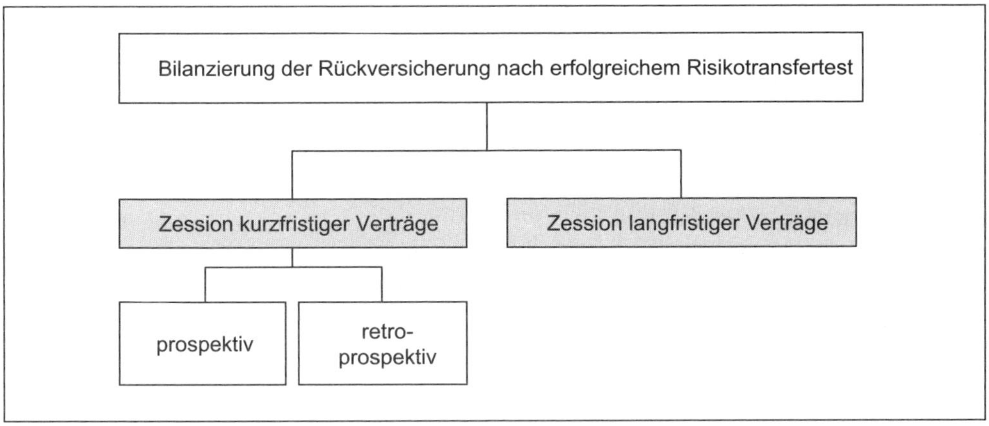

Abb. 8.6: Bilanzierung der Rückversicherung nach erfolgreichem Risikotransfertest

GAAP anwenden, müssen jedoch beachten, dass ein Nettoausweis nach IFRS 4 nicht gestattet ist.

Die Bilanzierung von Verträgen, die nach Durchführung eines Risikotransfertests als Rückversicherungsvertrag eingestuft werden, erfolgt in Abhängigkeit von der Laufzeit der in Deckung genommenen Verträge (kurz- oder langfristig) sowie innerhalb der kurzfristigen Verträge in Unterscheidung von retrospektiver oder prospektiver Deckung (vgl. Abb. 8.6).

Kurzfristige Rückversicherungsverträge mit prospektiver Deckung werden nach SFAS 113.21-25 und EITF 93-6 geregelt/ASC 944-605-25-1. Der für die prospektive Rückversicherung gezahlte Zessionsbetrag wird vom Zedenten als *»prepaid reinsurance premiums«* aktiviert und über die Laufzeit der Zession entsprechend dem vereinbarten Rückversicherungsschutz erfolgswirksam aufgelöst. Besondere Regelungen gelten im Falle von variablen Prämien:

- *Variable Prämien:* Falls die Höhe der Prämien variabel ist, sind (sofern möglich) Anpassungen verlässlich abzuschätzen, sodass die voraussichtlich effektive Prämie (Ultimate Amount) über die Laufzeit verteilt wird (SFAS 113.21/ASC 944-605-25-2a. Davon sind vor allem *prospektive aggregate contracts* betroffen, bei denen während der Laufzeit die an den Rückversicherer gezahlte Prämie einem Erfahrungskonto gutgeschrieben wird.
- *Feste Laufzeit und schlechter Schadenverlauf:* Falls bei schlechtem Schadenverlauf eine verlaufsabhängige Zusatzprämie zu leisten ist, wird nach der Methode des *»With and Without«* bei Eintritt des Schadens eine Verbindlichkeit passiviert, die die Differenz zwischen erhöhter Zessionsprämie nach Schadeneintritt und Zessionsprämie ohne Schaden widerspiegelt (EITF 93–6, Summary A.1). Falls – etwa im Rahmen einer Wiederauffüllungsprämie (reinstatement premium) – der Deckungsumfang in Folge des schlechten Schadenverlaufs erhöht wird, resultiert das Problem, dass sich sowohl die Rückversicherungsprämie als auch der Deckungsumfang verändern. In diesem Fall wird die Wiederauffüllungsprämie als Prämie für zusätzlichen Rückversicherungsschutz verbucht, bis das ursprüngliche Prämien-/Versicherungsschutz-Verhältnis (*rate*

on line) hergestellt ist. Für den restlichen Anteil der Zusatzprämie wird wiederum eine Verbindlichkeit (verlaufsabhängige Zusatzprämie) gebildet.[357]
- *Feste Laufzeit und guter Schadenverlauf:* Im Falle eines positiven Schadenverlaufs wird eine Forderung aktiviert, insofern der Rückversicherer zur Zahlung eines Ausgleichs verpflichtet ist.

Die Bilanzierung von *kurzfristigen Rückversicherungsverträgen mit retrospektiver Deckung* ist abhängig vom Verhältnis des Anteils des Rückversicherers an den versicherungstechnischen Rückstellungen und der gezahlten Rückversicherungsprämie.

Falls der Anteil des Rückversicherers an den Rückstellungen *höher* ist als die gezahlte Rückversicherungsprämie (z. B. in Folge der Berücksichtigung künftiger Kapitalanlageerträge), erfolgt eine Aktivierung der gezahlten Rückversicherungsprämie als Forderung (Reinsurance Recoveries) und zwar in Höhe des Anteils des Rückversicherers an den versicherungstechnischen Rückstellungen (SFAS 113.22/ASC 944-605-25-22). Der resultierende Unterschiedsbetrag wird im Posten *»Deferred Gain«* passiviert und über die voraussichtliche Abwicklungsdauer der Schäden verteilt. Dadurch wird die Vereinnahmung von Erträgen aus dem Versicherungsvertrag zu Vertragsbeginn stark eingeschränkt. Für die Vereinnahmung des Ertrags über die Laufzeit werden zwei Methoden unterschieden:
- Die *interest rate method* wird angewendet, falls Höhe und Zeitpunkt der Leistungen des Rückversicherers zuverlässig schätzbar sind. Der deferred gain wird nach Maßgabe der erwarteten Schadenzahlungen unter Berücksichtigung von Zinseffekten aufgelöst.[358] Dazu wird in jeder Periode der Barwert der restlichen erwarteten Schadenzahlungen mit dem neuen Anteil des Rückversicherers an den versicherungstechnischen Rückstellungen, der sich nach der Schadenregulierung im Geschäftsjahr ergibt, verglichen. Der entstehende Ertrag je Periode wird als *»underwriting gain/other income«* gebucht.
- Sind Höhe und Zeitpunkt der Leistungen nicht zuverlässig schätzbar, wird die *recovery method* angewendet. Die Auflösung des deferred gain erfolgt nach Maßgabe der tatsächlichen Schadenzahlungen ohne Berücksichtigung von Zinseffekten. Dazu wird der insgesamt zu verteilende Unterschiedsbetrag mit dem Quotienten aus bereits vom Rückversicherer erhaltenen Versicherungsleistungen und dessen Anteil an den Schadenrückstellungen multipliziert.

Übersteigen die Zahlungen an den Rückversicherer dessen Anteil an den versicherungstechnischen Rückstellungen (z. B. aufgrund der Berücksichtigung eines Nachreservierungsrisikos) führt dies zu einem Verlust beim Zedenten. In der Bilanz werden entweder die Brutto-Rückstellungen erhöht oder es erfolgt eine Verringerung der Forderungen gegenüber dem Rückversicherer bzw. eine Kombination aus beiden Möglichkeiten (SFAS 113.23/ASC 944-605-25-23). Es erfolgt daher eine sofortige aufwandswirksame Verbuchung des Unterschiedsbetrags.

---

357 Vgl. im Detail Wormsbächer, Ellen [Rückversicherung, 2001], S. 152.
358 Vgl. SwissRe [Paradigmenwechsel, 2002], S. 80.

Beispiel 8.4: Amortisation bei retrospektiver Deckung

Annahme: Es wird ein retrospektiver Rückversicherungsvertrag abgeschlossen. Dabei wird eine Schadenrückstellung in Höhe von 25.000 Euro zu einer Rückversicherungsprämie von 22.259 Euro zediert. Für 5 Jahre wird jeweils mit einem Schaden von 5.000 Euro gerechnet. Die Rückversicherungsprämie wurde mit einem konstanten Zins von 4 % diskontiert.

Bei Anwendung der *interest rate method* ergibt sich folgende Berechnung:

	Schaden-rückstellung	**Barwert der erwarteten Schadenzahlungen**	**deferred gain**	**Auflösung**
Vertrags-abschluss	25.000	22.259	2.741	0
Jahr 1	20.000	18.149	1.851	–890
Jahr 2	15.000	13.875	1.125	–726
Jahr 3	10.000	9.430	570	–555
Jahr 4	5.000	4.808	192	–378
Jahr 5	0	0	0	–192
gesamt				–2.741

mit: Amortisation = Schadenrückstellung
– Barwert der erwarteten Schadenzahlungen
– deferred gain des Vorjahres

Bei Anwendung der *recovery method* ergibt sich folgendes Schema:

	Schaden-rückstellung	**tatsächliche Schadenzahlungen**	**deferred gain**	**Auflösung**
Vertrags-abschluss	25.000	0	2.741,0	0
Jahr 1	20.000	5.000	2.192,8	–548,2
Jahr 2	15.000	5.000	1.644,6	–548,2
Jahr 3	10.000	5.000	1.096,4	–548,2
Jahr 4	5.000	5.000	548,2	–548,2
Jahr 5	0	5.000	0	–548,2
gesamt		25.000		–2.741,0

mit: Amortisation = (angefallene Schadenzahlungen der Periode/Anteil des Rückversicherers an der Schadenrückstellung) x deferred gain des Vorjahres

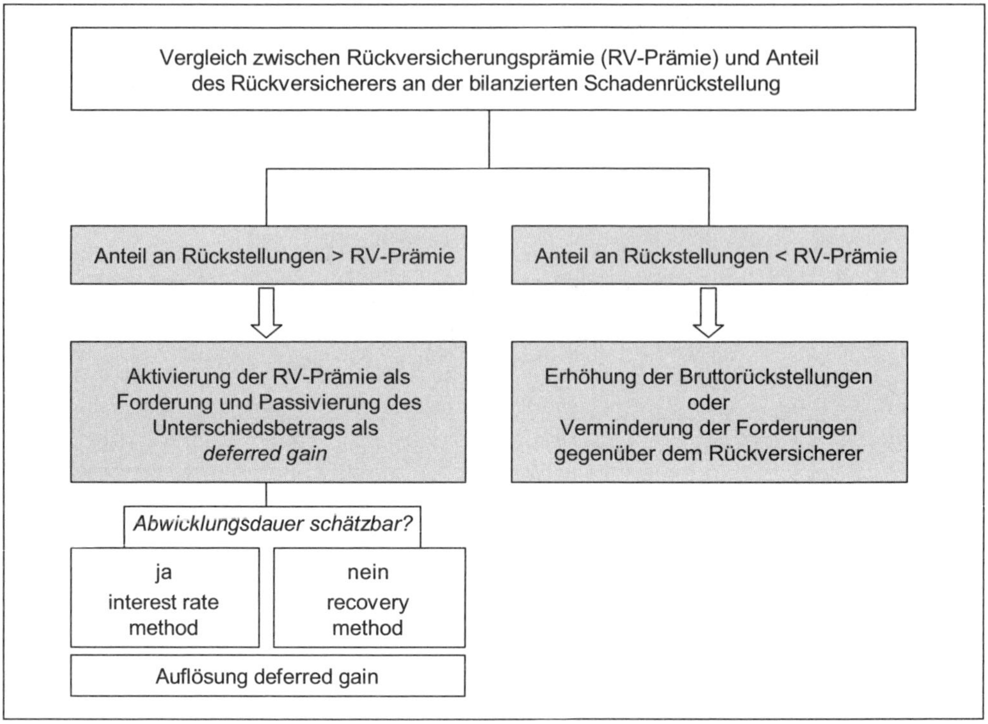

Abb. 8.7: Bilanzierung von retrospektiven Rückversicherungsverträgen

Sollten sich über die Abwicklungsdauer Veränderungen zu den zu Beginn erwarteten Leistungen des Zessionärs ergeben, so fordert FAS 113.24/ASC 944-605-25-35-13 bei der Amortisation des *deferred gains* ein sogenanntes *catch up adjustment* vorzunehmen. Dabei ist der *deferred gain* zum Stichtag auf einen Betrag anzupassen, der sich ergeben hätte, wenn die neuen Informationen bezüglich der geänderten Annahmen über die erwarteten Rückversicherungsleistungen bereits zu Beginn der Amortisierung vorgelegen hätten. Der resultierende Unterschiedbetrag ist sofort ergebniswirksam zu erfassen.

Abbildung 8.7 fasst die Bilanzierung der retrospektiven Rückversicherung zusammen.

Verträge, die *sowohl prospektive als auch retrospektive Deckungen* beinhalten (blended contract) sind wie zwei getrennte Verträge zu bilanzieren, sofern dies möglich ist (SFAS 113.25/ASC 944-605-25-21). Andernfalls sind die Regelungen für retrospektive Verträge heranzuziehen.

Die Bilanzierung von *Rückversicherungsverträgen, die langfristige Versicherungsverträge in Deckung nehmen,* wird dahingehend unterschieden, ob die Vereinbarung zwischen Erst- und Rückversicherung eine kurze oder lange Laufzeit einnimmt (SFAS 113.111 – verkürzt ASC 944-20-15-34A):

- *Langfristige Vereinbarungen* führen zu einer Verteilung der Aufwendungen aus der Rückversicherung über die Laufzeit der rückversicherten Verträge.
- *Kurzfristige Verträge* werden über die Restlaufzeit der Rückversicherungsvereinbarung verteilt.

4.3 Bilanzierung von nicht als Rückversicherung eingestuften Verträgen

Für nach IFRS bilanzierende Unternehmen, welche bis zur Fertigstellung des IFRS 4 für versicherungstechnische Sachverhalte auf die US-GAAP zurückgreifen, stellt sich im ersten Schritt die Frage, ob der zu bilanzierende Vertrag als Versicherungsvertrag nach IFRS 4 gelten kann. Ist dies nicht der Fall kommt i.d.R. der IAS 39 Finanzinstrumente zur Anwendung. Es ist jedoch möglich, dass ein Vertrag als Versicherungsvertrag nach IFRS 4 gilt, er jedoch nicht den Kriterien des SFAS 113 für eine Einordnung als Rückversicherung genügt. Dann sind auch für diese Unternehmen die nachfolgenden Regelungen anzuwenden.

Rückversicherungsverträge, die nicht die Kriterien des Risikotransfers nach SFAS 113 erfüllen, werden in den US-GAAP nach den Regeln des *deposit accounting* bilanziert. 1998 wurde mit SOP 98-7/ASC 340-30, *deposit accounting for insurance and reinsurance contracts, that do not transfer insurance risk,* ein statement zur Bilanzierung des deposit accounting geschaffen. Das statement gibt keine Auskunft darüber, *wann* ein deposit accounting anzuwenden ist, sondern nur, *wie* dieses zu bilanzieren ist. Vielmehr sind die Anwendungsvoraussetzungen aus SFAS 5 und SFAS 113 zu entnehmen. Neben Rückversicherungsverträgen, die nach SFAS 113 nicht die Kriterien eines Risikotransfers erfüllen, sind auch multiple year Verträge, für die ein versicherungstechnisches Risiko nicht bestimmbar ist (EITF 93-6 bzw. 14/ASC 944-20, nach SOP 98-7/ASC 340-30) zu bilanzieren. Die Anwendung ist nur für kurzfristige Verträge vorgesehen, während langfristige Verträge, wie sie insbesondere im Bereich der Lebens- und Krankenversicherung auftreten, nicht in den Anwendungsbereich fallen.

Das Grundprinzip des deposit accounting besteht darin, den Vertrag als eine Art »Darlehensgeschäft« zu bilanzieren. Prämienzahlungen des Zedenten werden dabei nicht erfolgswirksam verbucht, sondern als Abrechungsforderungen *(asset)* aktiviert. Somit entsteht für den Zedenten ein Aktivtausch »Abrechnungsforderungen gegen Kasse«. Die vom Rückversicherer zu zahlenden Schadenzahlungen werden ebenfalls nicht erfolgswirksam, sondern als Abrechnungsforderungen *(liability)* passiviert. Zukünftige Zahlungen (z.B. Provisionen, Schäden oder Gewinnanteile) werden erfolgsneutral über die entsprechenden Bilanzkonten abgebildet. Eine Erfolgswirkung entsteht nur durch effektive Kosten des Vertrags, wie Zinseffekte und Gebühren *(non technical income)*.

SOP 98-7/ASC 340-30 klassifiziert Verträge, die kein versicherungstechnisches Risiko transferieren, in Abhängigkeit von Art und Umfang des Risikos in vier Kategorien (SOP 98-7.8a–d/ASC 340-30-05):[359]

- Verträge, die *ausschließlich ein signifikantes timing risk* transferieren (Typ 1): Diese Verträge werden vornehmlich aus Liquiditätsgründen abgeschlossen, wobei die Anfangsbewertung des Deposits nicht wesentlich von der künftigen Schadenerwartung des Versicherungsvertrags abhängt. Typische Beispiele für solche Verträge sind Erfahrungskonten *(experience accounts)*, die Beitrags- und Schadenzahlungen der Vertragspartner bis zum Ende der Laufzeit saldieren, wobei der Saldo am Ende der Vertragslaufzeit vollständig ausgeglichen ist. Ein negativer Saldo löst in der Regel eine Prä-

359 Vgl. im Detail Wormsbächer, Ellen [Rückversicherung, 2001], S. 159–163.

Beispiel 8.5: Vertrag ohne timing und underwriting risk

Annahmen:
- Es fällt eine Rückversicherungsprämie in Höhe von 1.000 an.
- Die Deckung besteht für ein Jahr.
- Zu Vertragsbeginn werden für fünf Jahre Zahlungsforderungen in Höhe von 250 pro Jahr (am Jahresende) erwartet.
- Der Zins zu Vertragsbeginn stellt insofern ca. 8 % dar (Barwert der jährlichen Zahlung in Höhe von 250).

Beschreibung	**Zinsertrag**	**Zahlungsforderungen**	**Deposit Balance**
Anfangszahlung			1.000
Jahr 1	80		1.080
Ende Jahr 1		(250)	830
Jahr 2	66		896
Ende Jahr 2		(250)	646
Jahr 3	52		698
Ende Jahr 3		(250)	448
Jahr 4	36		484
Ende Jahr 4		(250)	234
Jahr 5	16		250
Ende Jahr 5		(250)	0
gesamt	**250**	**(1.250)**	**0**

Buchungen Jahr 1		
Asset an Kasse	1.000	
Asset an Zinsertrag		80
Kasse an Asset	250	

Buchungen Jahr 2		
Asset an Zinsertrag		66
Kasse an Asset	250	

mienanpassung nach oben aus. Falls ein positiver Saldo entsteht, wird der Zedent meist prozentual am Gewinn beteiligt.

- Verträge die *ausschließlich ein signifikantes underwriting risk* transferieren (Typ 2): Diese Verträge enthalten kein timing risk, indem z. B. zeitnahe Schadenleistungen durch den Rückversicherer mit Hilfe vertraglich festgelegter Zahlungspläne (payment schedules) oder über Beträge, die über mehrere Jahre einbehalten werden *(accumulating retention from multiple years),* verzögert werden.

Beispiel 8.6: Vertrag mit signifikantem timing risk

Annahmen:

- Es fällt eine Rückversicherungsprämie in Höhe von 1.000 an.
- Die Deckung besteht für ein Jahr.
- Zu Vertragsbeginn werden für fünf Jahre Zahlungsforderungen in Höhe von 225 pro Jahr (am Jahresende) erwartet.
- Der Zins zu Vertragsbeginn stellt insofern ca. 4 % dar (Barwert der jährlichen Zahlung in Höhe von 225).
- Im Jahr 2 werden anstelle von 225 nur 200 rückerstattet. Damit verändern sich die Zahlungszeitpunkte der vorhergesagten Rückerstattungen. Die Neubewertung des Zinssatzes ergibt einen Wert von 3,63 % für die nächsten 4 Jahre.

Beschreibung	Zinsertrag	Zahlungsforderungen	Deposit Balance
Anfangszahlung			1.000
Jahr 1 (4 %)	40		1.040
Ende Jahr 1		(225)	**815**
Jahr 2 (4 %)	33		848
Ende Jahr 2		(200)	648
Anpassung	**(8)**		640
Jahr 3 (3,63 %)	23		663
Ende Jahr 3		(175)	488
Jahr 4 (3,63 %)	18		506
Ende Jahr 4		(175)	331
Jahr 5 (3,63 %)	12		343
Ende Jahr 5		(175)	168
Jahr 6 (3,63 %)	7		175
Ende Jahr 6		(175)	0
gesamt	**125**	**(1.125)**	**0**

Beispiele aus KPMG: US-GAAP Technical Training

Buchungen Jahr 1	
FinRe Asset an Kasse	1.000
FinRe Asset an Zinsertrag	40
Kasse an FinRe Asset	225

Buchungen Jahr 2	
FinRe Asset an Zinsertrag	33
Kasse an FinRe Asset	200
Zinsertrag an Kasse	8

Beispiel 8.7: Vertrag mit signifikantem underwriting risk

Annahmen:

- Es fällt eine Rückversicherungsprämie in Höhe von 1.000 an.
- Die Deckung besteht für ein Jahr.
- Es werden Zahlungsforderungen in Höhe von 1.000 erwartet, wobei keine Zahlung vor Jahr 8 erfolgt, außer wenn ein Versicherungsfall eintritt.
- Das timing risk wird dadurch vermieden, dass eine Schadenzahlung in voller Höhe erst am Ende von Jahr 8 erfolgt.
- Am Ende von Jahr 1 tritt ein Schaden in Höhe von 5.000 an.
- Der risikolose Zins (bereinigt um Ausfallrisiken) beträgt 6 %.
- Am Ende von Jahr 3 steigt der geschätzte Schaden von 5.000 auf 6.000 an.

Beschreibung	Abschreibung	Verrechnung der Schäden	Rück-erstattungen	Deposit Balance
Anfangszahlung				1.000
Amortisation	1.000			
Jahr 1		3.325*		3.325
Jahr 2		200		3.525
Jahr 3		211		3.736
Anpassung		**747**		**4.483**
Jahr 4		270		4.753
Jahr 5		284		5.037
Jahr 6		303		5.340
Jahr 7		320		5.660
Jahr 8		340	6.000	0
gesamt		**6.000**	**6.000**	**0**

* $5.000/1{,}06^7 = 3.325$

Buchungen Jahr 1	
Asset an Kasse	1.000
Schadenaufwendungen an Asset	1.000
Schadenaufwendungen an Schadenreserven	5.000

Buchungen Jahr 2	
Asset an Schadenaufwendungen	200
Buchungen Jahr 3	
Asset an Schadenaufwendungen	211
Schadenaufwendungen an Schadenreserven	1.000
Asset an Schadenaufwendungen	747

- Verträge, die *weder ein signifikantes timing noch ein signifikantes underwriting risk* transferieren (Typ 3): In der Praxis nehmen solche Verträge jedoch einen geringen Stellenwert ein, da sie eher den Charakter von Darlehen aufweisen.
- Verträge, die *kein hinreichend zu bestimmendes Risiko transferieren* (Typ 4): Diese Verträge enthalten unklare Bedingungen oder ungenügende Informationen, um zuverlässig zu schätzen, ob ein unzureichendes timing risk oder ein unzureichendes underwriting risk vorliegt. SOP 92-5/ASC 944-605 enthält Regeln für die Anfangsbewertung solcher Verträge. Nach einer Übergangszeit ist davon auszugehen, dass eine Kategorisierung gemäß Typ 1–3 möglich ist.

Bei *Vertragsbeginn* wird grundsätzlich beim Erstversicherer ein deposit aktiviert, das die diskontierte Differenz zwischen gezahlter Rückversicherungsprämie und bereits bestehenden Erstattungsansprüchen gegenüber dem Rückversicherer widerspiegelt.

Für die *Folgebilanzierung* sieht SOP 98-7/ASC 340-30 vor, dass Verträge, die nur ein Timing Risk transferieren (Typ 1) bzw. Verträge, die weder timing risk noch underwriting risk transferieren (Typ 3), nach der *interest rate method* (SFAS 91.18-19/ASC 310-20-35) zu bilanzieren sind. Dadurch erfolgt eine Verzinsung des Aktivums beim Erstversicherer mit dem erwarteten internen Zinsfuß bei Typ 1 bzw. dem risikofreien Zinssatz bei Typ 3. Entscheidend für die Behandlung der Erträge und Aufwendungen aus dem Vertrag ist deren Einordnung unter den Kapitalanlagebereich als *»interest income or expense«* (SOP 98-7.10/ASC 340-30-35). Jegliche Anpassungen des deposits infolge von Änderungen der Annahmen werden ebenfalls den Erträgen und Aufwendungen aus Kapitalanlagen zugerechnet.

Verträge, die ausschließlich ein signifikantes Underwriting-Risiko transferieren (Typ 2) werden mit Hilfe eines Barwertansatzes *(fair value method)* bewertet. Die Bilanzierung erfolgt in Abhängigkeit davon, ob bereits rückversicherte Schäden eingetreten sind:

- Sind noch *keine rückgedeckten Schäden eingetreten,* wird das deposit in Höhe der Rückversicherungsprämie gebildet, für die noch keine Deckung erbracht wurde. Bei prospektiven, proportionalen Deckungen entspricht dies dem Anteil des Rückversicherers an den Beitragsüberträgen. Bei nicht proportionalem Rückversicherungsschutz über einen mehrjährigen Zeitraum wird ebenfalls die Rückversicherungsprämie aktiviert und in den Folgejahren erfolgswirksam reduziert.
- Sofern *ein rückversicherter Schaden eintritt,* wird das Deposit um den Barwert der zukünftigen Zahlungen des Rückversicherers erhöht. In der Gewinn- und Verlustrechnung werden die Aufwendungen für Versicherungsfälle beim Zedenten entsprechend gekürzt. Die Veränderung des deposits infolge des erbrachten Rückversicherungsschutzes wird in den Schadenaufwendungen gegengebucht. Als Diskontierungszins wird der risikolose Zins von Staatsanleihen mit ähnlicher Laufzeit zugrunde gelegt. Falls unter einem Vertrag eine Vielzahl von Schäden eingetreten ist, ist die Verwendung eines durchschnittlichen Zinssatzes erlaubt. Unterschiede in der Wahl des Zinssatzes können in der Praxis einen erheblichen Einfluss auf die Bewertung ausüben.

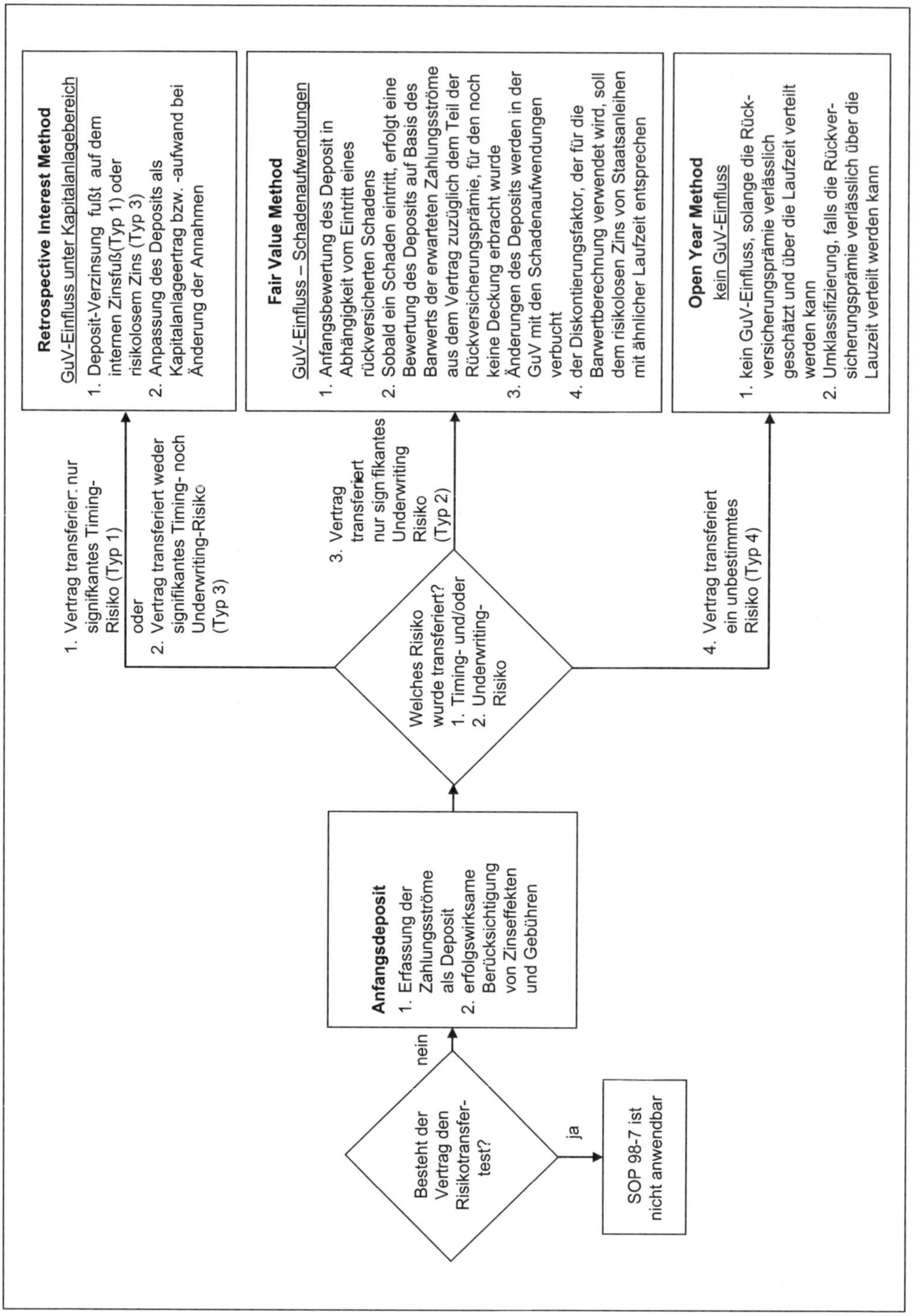

Abb. 8.8: Deposit Accounting nach SOP 98–7

Verträge, die sich durch ein unbestimmtes Risiko auszeichnen, werden nach der *open year method* (SOP 92-5/ASC 944-605-35-5) bilanziert. Effekte aus solchen Verträgen führen so lange zu keiner Erfolgswirkung, bis ausreichend Informationen erhältlich sind, um die Rückversicherungsprämien zuverlässig zu bestimmen. In diesem Fall erfolgt eine Umklassifizierung in eine der drei oben genannten Vertragstypen. Solange keine zuverlässige Messung möglich ist, wird ein Aktivposten *(open underwriting balance)* in Höhe der kumulierten Zahlungsströme zwischen Erst- und Rückversicherer gebildet.

Die Abbildung 8.8 gibt einen zusammenfassenden Überblick über die Regeln des deposit accounting.

SOP 98-7/ASC 340-30-50 legt ferner *Anhangsangaben* fest, die im Zuge des Deposit Accounting zu leisten sind. Offenzulegen sind eine Beschreibung der Verträge, die nach den Regeln des deposit accounting bilanziert werden, sowie eine Aufspaltung der Summe der assets und liabilities in einzelne Verträge. Daneben sind folgende Änderungen des deposits offenzulegen, die aus dem Transfer von Versicherungs- oder Rückversicherungsverträgen entstehen, die nur ein signifikantes underwriting risk enthalten:

- der Barwert der anfänglich erwarteten Forderungen an den Rückversicherer aus dem Versicherungs- oder Rückversicherungsvertrag, die mit den Schadenaufwendungen verrechnet werden,
- jegliche Anpassungen bezüglich der erwarteten Forderungen unter Angabe der einzelnen Komponenten der Anpassung und
- die dem Vertrag zurechenbaren Abschreibungen bis zum Ende der Vertragslaufzeit.

4.4 Bilanzierung von Mehrjahresverträgen

Mit EITF 93-6 »accounting for multiple year retrospectively rated contracts by ceding and assuming enterprises« (bzw. ASC 944-20) sowie Topic D-35 »FASB staff views on issue No. 93–6« bestehen Sonderregelungen für die Bilanzierung von Mehrjahresverträgen, die retrospektive Vertragsklauseln enthalten (z. B. funded catastrophe covers). Solche Verträge zeichnen sich dadurch aus, dass Ereignisse einer Periode zu Rechten und Verpflichtungen in einer anderen Periode führen. Beispielsweise kann vereinbart werden, dass bei Eintritt von Schäden, die im Vertragsjahr eine bestimmte Höhe überschreiten, die Prämien in künftigen Jahren erhöht werden, es sei denn, der Zedent nimmt eine Änderung im künftigen Deckungsumfang aus dem Vertrag in Kauf. Dadurch entsteht beim Zedenten eine Verpflichtung, entweder höhere Prämien in Kauf zu nehmen oder einen veränderten Deckungsumfang zu akzeptieren. Allgemein formuliert führt ein Mehrjahresvertrag mit retrospektiven Vertragsklauseln entweder zu

- einer Änderung der Höhe oder des Zeitpunkts künftiger Zahlungsströme aus dem Vertrag (z. B. aus Prämienanpassungen oder in Form von Rückerstattungen) oder
- zu Änderungen des künftigen Deckungsumfangs aus dem Vertrag.

Falls ein solcher Vertrag von einer der Vertragsparteien gekündigt werden kann, ohne dass hieraus eine Verpflichtung entsteht, findet EITF 93-6/ASC 944-20 keine Anwendung.

In EITF 93-6/ASC 944-20 wird geregelt, in welchem Umfang aus solchen Vertragskonstrukten assets und liabilities bei den Vertragsparteien zu bilanzieren sind. So entsteht unter Umständen beim Zedenten eine liability und beim Rückversicherer ein asset, falls zukünftige Zusatzprämien fällig werden und umgekehrt, beim Zedenten ein asset und beim Rückversicherer eine liability falls der Zedent bei Schadenfreiheit eine Rückerstattung erhält. Zusätzlich enthält EITF 96-3/ASC 944-20 Vorschriften darüber, wie bei Änderungen des Deckungsumfangs aus Verträgen mit erfahrungsabhängigen Rückversicherungsprämien zu verfahren ist.

EITF 93.6/ASC 944-20 enthält *drei Bedingungen* für Mehrjahresverträge mit retrospektiven Vertragsklauseln, die kumulativ erfüllt werden müssen, damit diese als Rückversicherungsvertrag nach SFAS 113 bilanziert werden können:

- Der Vertrag muss die Kriterien für einen kurzfristigen Vertrag erfüllen (*short duration* nach SFAS 60.7a/ASC 944-20-15.
- Der Vertrag darf keine Elemente enthalten, die verhindern, dass die Kriterien für einen Risikotransfer nach SFAS 113.8-13/ASC 944-20-15 zuverlässig angewendet werden.
- Die erwartete Endprämie *(ultimate premium)* muss zu Vertragsbeginn zuverlässig geschätzt werden können und im Verhältnis zur Bereitstellung des Versicherungsschutzes verteilt werden (SFAS 60.14 bzw. SFAS 113.21/ASC 944-605-35).

Falls eine dieser drei Bedingungen nicht erfüllt ist, wird der Vertrag nicht als Rückversicherungsvertrag anerkannt. In diesem Fall ist der Vertrag nach den Regeln des deposit accounting zu bilanzieren.

Verträge, die alle drei Bedingungen erfüllen, werden entsprechend der in EITF 96-3/ ASC 944-20 definierten Mustersachverhalte bilanziert:

- *Sachverhalt 1:* Beim Zedenten entsteht eine Verpflichtung und beim Rückversicherer entsteht ein asset, falls der Zedent eine vertragliche Verpflichtung hat, Zahlungen an das Rückversicherungsunternehmen zu leisten, die aufgrund der Erfahrung des Vertragsverlaufs entstanden sind. Die Höhe des Betrags soll mittels der Methode des *»with and without«* bestimmt werden. Dazu wird die Differenz zwischen der Rückversicherungsprämie, die ohne Berücksichtigung der retrospektiven Vertragsklauseln bestehen würde und der Prämie, die mit diesen Klauseln entsteht, gebildet. Falls der Zedent das Wahlrecht hat, den Vertrag vor Fälligkeit zu kündigen und hieraus eine Änderung der Zahlungsströme (z. B. eine geringere Zahlungsverpflichtung beim Zedenten) entsteht, wird die Verpflichtung wie folgt bilanziert:
  - Falls die Entscheidung zur Kündigung getroffen wurde, soll die Bewertung auf der Basis von Annahmen der Vertragsauflösung und der bis zu diesem Zeitpunkt gemachten Erfahrung erfolgen.
  - Falls noch keine Entscheidung bezüglich der Kündigung getroffen wurde, ist der niedrigere Betrag aus *»with and without Methode«* unter Annahme einer Kündigung sowie der *»with and without Methode«* ohne Unterstellung einer Kündigung zu wählen.
- *Sachverhalt 2:* Beim Zedenten entsteht ein asset und beim Rückversicherer eine liability, falls aufgrund der Erfahrung aus dem Vertragsverlauf eine Zahlung vom Rückversicherer an den Zedenten erfolgt.

- *Sachverhalt 3:* Anpassungen des Deckungsumfangs des Rückversicherungsvertrags werden analog zu den anderen Sachverhalten behandelt. Falls beispielsweise der Deckungsumfang gekürzt wird, ohne dass sich dies in einer Reduktion der Rückversicherungsprämie niederschlägt, sollte der Zedent bei Eintritt der Deckungsreduktion einen Verlust und der Rückversicherer einen Gewinn verbuchen.

Insgesamt führen die Regelungen des EITF 93-6/ASC 944-20 dazu, dass die vom Zedenten beabsichtigte Glättung des Periodenerfolges durch retrospektive Vertragsklauseln verhindert wird.

Beispiel 8.8: Mehrjahresvertrag mit retrospektiven Vertragsklauseln

Annahmen:
- Die Laufzeit des Vertrags beträgt 4 Jahre.
- Die jährliche Prämie beträgt 5 Mio.
- 80 % Rückerstattungen werden erwartet.
- Die maximale Deckung beträgt 8 Mio. in jedem Jahr.
- In den Jahren 1 bis 3 tritt kein Schaden ein.
- Im Jahr 4 tritt ein Bruttoschaden in Höhe von 20 Mio. ein.

GuV des Zedenten										
	falsch					richtig				
	Jahr 1	Jahr 2	Jahr 3	Jahr 4	gesamt	Jahr 1	Jahr 2	Jahr 3	Jahr 4	gesamt
Verdiente Prämien	(5)	(5)	(5)	7	(8)	(1)	(1)	(1)	(5)	(8)
Bruttoschadenaufwendungen	–	–	–	(20)	(20)	–	–	–	(20)	(20)
Rückversicherungsforderungen	–	–	–	8	8	–	–	–	8	8
Versicherungstechnischer Gewinn/Verlust	**(5)**	**(5)**	**(5)**	**(5)**	**(20)**	**(1)**	**(1)**	**(1)**	**(17)**	**(20)**
	erwartete Rückerstattung = 3 (5 xs 8) = 12 Für Jahr 4 folgt: (5) + 12 = 7					erwartete Rückerstattung = (5 xs 8) = 4 Für Jahre 1 bis 3 folgt: (5) + 4 = (1)				

Beispiel aus KPMG: US-GAAP Technical Training

Im Beispiel 8.8 wird aufgezeigt, dass der Zedent keine Gewinnglättung erreichen kann, wenn er, wie von EITF 93-6/ASC 944-20 gefordert, nach jedem Jahr (Jahr 1–3) die ihm zustehende Gewinnbeteiligung von 4 Mio. Euro bereits erfolgswirksam vereinahmt.

Kapitel 9: Jahresabschlussanalyse von Versicherungsunternehmen

1 Grundzüge der Jahresabschlussanalyse

Die Jahresabschlussanalyse dient der Aufbereitung, Verdichtung und Auswertung von Informationen aus dem Jahresabschluss, um einen Einblick in die Vermögens-, Finanz- und Ertragslage eines Unternehmens zu erlangen. Von entscheidender Bedeutung für die Aussagekraft einer Analyse zur Lage des Unternehmens ist die Festlegung der jeweiligen Erkenntnisziele:

Zunächst ist in Abhängigkeit vom *Betrachtungsziel* zu unterscheiden, welche Aussagen mit Hilfe der Bilanzanalyse gewonnen werden sollen. In Abhängigkeit von den Zielen eines Versicherungsunternehmens können die Ertragskraft (Rentabilität), die Sicherheit (Risikolage), die Liquidität oder auch das Wachstum im Mittelpunkt der Analyse stehen.

Im Rahmen der Jahresabschlussanalyse ist ferner zu untersuchen, auf welcher *Aggregationsstufe* Informationen analysiert werden, d. h. ob der Konzern als Ganzes, ein einzelnes Unternehmen oder auch nur ein Geschäftsfeld (Segment) betrachtet werden sollen. Dabei ist darauf zu achten, dass unter Umständen verschiedene Rechnungslegungssysteme für Einzel- und Konzernabschluss angewendet werden. Weiterhin ist für die Vergleichbarkeit relevant, ob Informationen konsolidiert (d. h. auf Basis der Eliminierung konzerninterner Leistungsbeziehungen) oder segmentiert (d. h. ohne Eliminierung geschäftsfeldübergreifender konzerninterner Leistungsbeziehungen) dargestellt werden.

In Abhängigkeit vom Erkenntnisziel des Analysten ist das *Betrachtungsmedium* zu bestimmen. Innerhalb der Bilanzanalyse kann der Zweck der Analyse eine Betrachtung unterschiedlicher Rechnungslegungsinstrumente zur Folge haben. Neben dem Jahresabschluss stehen dem Analysten mit dem Lagebericht, der Kapitalflussrechnung, der Segmentberichterstattung und dem Eigenkapitalspiegel weitere extern zugängliche Instrumente zur Verfügung. Daneben veröffentlichen kapitalmarktorientierte Unternehmen zunehmend Informationen der internen Steuerung, deren Qualität jedoch eingeschränkt ist, falls diese nicht durch eine unabhängige Instanz geprüft werden.

Weiterhin ist zu unterscheiden, welchen *Betrachtungshorizont* veröffentlichte Informationen unterstellen. In der Regel basieren Rechnungslegungsinformationen auf Ist-Zahlen (Actual), d. h. sie basieren auf einem Stichtag der Vergangenheit und bilden Geschäftsvorfälle einer vergangenen Periode ab. Zusätzlich finden sich zunehmend prospektive Informationen über die künftige Entwicklung. In diesem Zusammenhang lassen sich Jahreshochrechnungen (Forecast) und Planrechnungen (meist 1 bis 3 Jahre) unterscheiden.

Im Zuge der Analyse von Informationen des externen Rechnungswesens sollte stets der begrenzte Aussagegehalt der Bilanzanalyse beachtet werden. Weder lässt sich mit Hilfe von Bilanzkennzahlen die tatsächliche ökonomische Lage des Unternehmens ableiten noch erlauben die veröffentlichten Informationen eine vollumfängliche Analyse der Unternehmenslage. Der Jahresabschluss basiert auf periodisierten Zahlungsströmen und orientiert sich an einer Kalenderjahresperspektive, während die Steuerung des Versicherungsgeschäfts weitgehend auf Basis von Zeichnungsjahren sowie einer Mehrperiodenbetrachtung (insbesondere in der Lebensversicherung) erfolgt.

In Abhängigkeit von der *Betrachtungsperspektive* des Analysten ist es daher stets sinnvoll, die eigene Analyse mit den zugänglichen Informationen von Rating-Gesellschaften, Informationen der Aufsicht oder auch Veröffentlichungen des Unternehmens zu vergleichen.

Ebene	Ausprägungen
Betrachtungsziele	Rentabilität Sicherheit Liquidität Wachstum
Aggregationsgrad	Konzern (wirtschaftliche Einheit) Legaleinheit (rechtliche Einheit) Segment (Steuerungseinheit)
Betrachungsmedium	Bilanziell: HGB bzw. IFRS (Bilanz, GuV, Anhang, Kapitalflussrechnung, Eigenkapitalspiegel, Lagebericht) Ökonomisch: Veröffentlichungen zu Unternehmenswert, ökonomischem Kapital, Risikokapital, Excess-Kapital, EEV
Betrachungshorizont	Einperiodig (z. B. Actual, Forecast) Mehrperiodig (z. B. Planrechnung, Embedded Value)
Betrachtungsperspektive	Rechnungslegung (Jahresabschluss, Quartalsabschluss) Rating (Rating-Ergebnisse) Aufsicht (Solvabilität) Steuerung (EEV, RoRaC, VBM)

Abb. 9.1: Ebenen einer Analyse der Lage des Unternehmens

Innerhalb des externen Rechnungswesens gibt es folgende *Ansatzpunkte* für eine Bilanzanalyse:

- In der Regel erfolgt ein Vergleich eines Unternehmens mit verschiedenen Unternehmen (Betriebsvergleich), die über ein ähnliches Risiko- und Ertragsprofil (peer group) verfügen und/oder eine Analyse über die Entwicklung eines Unternehmens in der Zeit (Zeitvergleich).
- Für die Analyse werden verschiedene absolute oder relative Kennzahlen gebildet. Mit Hilfe einer Zerlegung von Kennzahlen in weitere Kennzahlen, soll ein sachlogischer Beziehungszusammenhang (Kennzahlensystem) entstehen. In Konzepten zur wertorientierten Steuerung werden Risiken und Erträge auf Basis von Risikokapitalkonzepten gegenübergestellt. Übertragen auf die externe Jahresabschlussanalyse kann dieser Systematik folgend in einem einfachen Kennzahlensystem zwischen der Analyse der Ertragslage und der Analyse der Sicherheits- bzw. Risikolage unterschieden werden. Innerhalb der Ertragslage können Kennzahlen der Gesamtertragsanalyse (z. B. Rentabilitätskennzahlen) sowie einzelne wesentliche Ergebnistreiber analysiert werden. Darunter fallen im Versicherungsgeschäft neben den Prämien als wichtigste Ertrags-

quelle, die Auszahlungen für Schadenfälle und die Kosten des Versicherungsunternehmens. Von besonderer Bedeutung für die Profitabilität von Versicherungsunternehmen ist darüber hinaus das Ergebnis aus der Kapitalanlagetätigkeit. Im Zuge einer Analyse der Risikolage werden im Wesentlichen Risiken der Versicherungstechnik und Risiken der Kapitalanlage unterschieden. In der externen Analyse werden gängige – die tatsächliche Risikolage stark reduzierende – Kennzahlen verwendet, die jedoch auch heute noch für aufsichtsrechtliche Beurteilungen maßgeblich sind.

2 Analyse der Ertragslage von Versicherungsunternehmen

2.1 Einflussfaktoren auf die Ertragslage von Versicherungsunternehmen

Mit der Analyse der Ertragslage soll untersucht werden, wie das Jahresergebnis entstanden ist, welche Komponenten das Ergebnis beeinflusst haben und wie nachhaltig das Jahresergebnis ist, d. h. welche Aussagen über die künftige Ertragskraft abgeleitet werden können. Aus externer Sicht liefert die Erfolgsrechnung (GuV) die wesentliche Informationsquelle über das Ergebnis der Periode sowie die einzelnen Ertragsquellen.

Die wesentlichen Einflussgrößen auf den Erfolg aus einem Versicherungsvertrag stellen Prämienzahlungen der Versicherungsnehmer dar, denen als Auszahlungen während der Vertragslaufzeit vornehmlich Kosten und Schäden entgegenstehen. Daneben wird die Ertragslage von den Zu- und Abflüssen des Kapitalanlagegeschäfts sowie der Rückversicherungsnahme beeinflusst:

Das *Beitragsvolumen* wird bilanziell auf Basis von gebuchten bzw. verdienten Beiträgen ausgewiesen, die jeweils in einer Bruttosicht (d. h. mit der Einbeziehung der Rückversicherung) oder Nettosicht (für eigene Rechnung) abgebildet werden können:

- *Gebuchte Bruttobeiträge* liefern die Basis für den »Gesamtumsatz« des Versicherungsunternehmens. Diese absolute Kennzahl wird häufig im Vergleich zu einer Vorjahresperiode gesetzt und als Wachstumsindikator angesehen. Ebenso lässt sich im Unternehmensvergleich ein Anhaltspunkt über den Anteil eines Unternehmens am gesamten Umsatz im Markt (Marktanteil) gewinnen. Die gewonnenen Erkenntnisse zum Umsatzwachstum sollten jedoch dahingehend überprüft werden, ob eine verstärkte Akquisitionsleistung, Prämienanpassungen oder auch Währungseinflüsse Ursache für das Wachstum sind.
- Von Interesse für die Analyse ist ferner die Veränderung der *verdienten Bruttobeiträge* im Vergleich zu den gebuchten Bruttobeiträgen. Falls diese sich nicht gleichmäßig verändern, liegt die Ursache in der Veränderung der Bruttobeitragsüberträge. Beispielsweise kann ein erhebliches Wachstum in der Vorperiode zu steigenden verdienten Bruttobeiträgen führen, während die gebuchten Bruttobeiträge sogar rückläufig sein könnten.

- Daneben ist zu untersuchen, inwiefern eine veränderte *Rückversicherungs- bzw. Retrozessionspolitik* dazu führt, dass ein höherer bzw. geringerer Anteil der gebuchten Bruttobeiträge im Eigenbehalt des Versicherers bleibt. Wiederum können dadurch z.B. trotz höherer gebuchter bzw. verdienter Bruttobeiträge niedrigere gebuchte bzw. verdiente Nettobeiträge im Periodenvergleich resultieren.

Die *Schadenzahlungen* stellen die zweite wesentliche Analysegröße dar, wobei analog zu den Prämien zu unterscheiden ist, ob diese brutto oder netto betrachtet werden. Innerhalb der Analyse ist zu beachten, dass Schadenaufwendungen in zwei Komponenten unterteilt werden:
- Zahlungen für Versicherungsfälle, d.h. der Periode zuzurechnende, zahlungswirksame Aufwendungen sowie Zahlungen, die in einer anderen Periode aufwandswirksam sind,
- die Veränderung der Rückstellung für noch nicht abgewickelte Versicherungsfälle, d.h. Aufwendungen, die erst in späteren Perioden zahlungswirksam werden bzw. Erträge in Form der Auflösung der Rückstellung (Gegenposten zu nicht aufwandswirksamen Zahlungen der Periode).

Die Höhe der *Kosten* gilt aufgrund der steigenden Wettbewerbsintensität auf den Versicherungsmärkten als zentraler Wettbewerbsfaktor für die Zukunft.[360] Die wesentlichen Kostengrößen eines Versicherungsunternehmens stellen die Verwaltungskosten sowie die Abschlusskosten dar. Analog unterscheidet die GuV Aufwendungen für den Versicherungsbetrieb in die beiden betriebswirtschaftlichen Funktionen »Aufwendungen für den Abschluss von Versicherungsverträgen« und »Aufwendungen für die Verwaltung von Versicherungsverträgen«.[361] Während Verwaltungskosten stets als Aufwand der laufenden Periode zu verbuchen sind, besteht für Abschlusskosten ein Bilanzierungsproblem. Im Zuge einer periodengerechten Erfolgsermittlung ist grundsätzlich eine wirtschaftliche Zuordnung der zu Vertragsbeginn anfallenden Abschlusskosten auf die Vertragsdauer geboten. Eine solche Aktivierung und Verteilung von Abschlusskosten ist jedoch nach deutschem Handelsrecht unzulässig (§ 248 Abs. 1 Nr. 3 HGB). Vielmehr werden Abschlusskosten in der GuV nach HGB als Aufwendungen für den Versicherungsbetrieb ausgewiesen.[362] Nach US-GAAP führt der deferral and matching Ansatz zu einer grundsätzlichen Aktivierung von Abschlusskosten (deferred acquisition costs). Durch die Aktivierung und die Abschreibung werden gegenüber dem HGB Aufwendungen zeitlich verschoben, d.h. bei Vertragsbeginn fallen die Abschlusskosten niedriger als nach HGB aus.[363]

---

360 Vgl. *Heimes, Klaus* [Jahresabschlussanalyse, 2003], S. 210.

361 Die Abschluss- und Verwaltungsaufwendungen werden aber nur in der GuV der Lebens- und Krankenversicherung direkt aufgeschlüsselt, während für Schaden-/Unfallversicherer Angaben im Anhang vorgeschrieben sind. Vgl. Heimes, Klaus [Jahresabschlussanalyse, 2003], S. 211.

362 Der Abschlusskostenabzug bei der Berechnung der Beitragsüberträge bzw. die Zillmerung der Deckungsrückstellung führen jedoch zu einer partiellen Verteilung der Abschlussaufwendungen auf die Versicherungsperiode.

363 Der Effekt wird teilweise ausgeglichen, indem aufgrund des Ultimate-Premium-Konzepts höhere Provisionen entstehen, die einen Ausgleich von Inflation und Beitragsanpassungen dienen. Vgl. Swiss Re [Paradigmenwechsel, 2002], S. 23.

2.2 Vergleich der Ertragslage nach HGB und IFRS

2.2.1 Gesamtertragsanalyse

Im Rahmen einer Gesamtbetrachtung stellt die Eigenkapitalrentabilität (Return on Equity) die wesentliche Kennzahl dar.[364] Die Rentabilitätsanalyse ist aussagefähiger als die Betrachtung absoluter Erfolgsgrößen, da das Anspruchsniveau der Eigentümer als Verzinsung des eingesetzten Kapitals prozentual ausgedrückt wird. Die Eigenkapitalrentabilität gibt folglich an, inwiefern sich der Einsatz des Kapitals der Eigentümer im betrachteten Zeitraum gelohnt hat. Bilanziell wird die Eigenkapitalrentabilität durch das Verhältnis aus Jahresüberschuss bzw. -fehlbetrag zum mittleren Eigenkapital (unter Berücksichtigung des Sonderpostens mit Rücklageanteil sowie abzüglich ausstehender Einlagen) bestimmt.[365]

$$\text{Return on Equity} = \text{Jahresüberschuss}/\text{mittleres Eigenkapital}$$

Unterschiede in der Eigenkapitalrentabilität zwischen HGB und internationaler Rechnungslegung liegen in den einzelnen Ansatz- und Bewertungsvorschriften beider Bilanzierungssysteme, die zu einer unterschiedlichen Erfolgswirkung und daher zu einem unterschiedlichen Jahresüberschuss führen. Auf der Aktivseite beruhen diese Unterschiede auf den Kapitalanlagen, die nach IAS 39 bzw. IFRS 9 weitgehend zum beizulegenden Zeitwert bilanziert werden, während nach HGB Kapitalanlagen im Wesentlichen zu (fortgeführten) Anschaffungskosten bilanziert werden. Auf der Passivseite werden die versicherungstechnischen Rückstellungen im HGB nach vorsichtigen Grundsätzen sowie überwiegend nach dem Grundsatz der Einzelbewertung bilanziert. Nach US-GAAP erfolgt die Bewertung auf Basis eines best estimate (i.d.R. der Erwartungswert bzw. der Modalwert) sowie unter Zugrundelegung von Bewertungsportfeuilles.

In der Praxis konnte bei Umstellungen auf internationale Rechnungslegung die Erfahrung gemacht werden, dass das Eigenkapital in der internationalen Rechnungslegung deutlich höher als nach HGB war.[366] Die Ursachen liegen vornehmlich in einer Aktivierung von Abschlusskosten nach US-GAAP, den zum Zeitwert bewerteten Kapitalanlagen, der fehlenden Schwankungsrückstellung und der niedrigeren Bewertung der versicherungstechnischen Rückstellungen. Gegenläufige Effekte zeigen sich bei der Deckungsrückstellung, die nach US-GAAP nicht gezillmert wird sowie bei der Rückstellung für Beitragsrückerstattung, die nach US-GAAP in hohem Maße latente Ansprüche aus erfolgsneutralen Werterhöhungen der Kapitalanlagen enthält.[367] Weiterhin kann eine nach

364 Im Kern entspricht die Sichtweise der Eigenkapitalrentabilität auch modernen Wertsteuerungskonzepten. Anstelle des bilanziellen Eigenkapitals bestimmen diese ein Risikokapital, das das notwendige Kapital widerspiegelt, um das Unternehmen mit einer bestimmten Überlebenswahrscheinlichkeit fortzuführen. Vgl. Dal Santo, Daniel [Kapitalmanagement, 2002], S. 64. Ebenso werden bei der Ergebnisgröße im Zähler Anpassungen gemacht, um bilanzpolitische Einflüsse (z. B. die Glättung von Gewinnen) rückgängig zu machen.

365 Vgl. Metzler, Marco [Jahresabschlussanalyse, 1999], S. 110.

366 Vgl. Fourie, Dirk et al. [Abschlussanalyse, 2005a], S. 104.

367 Vgl. zum sog. Shadow-Accounting Herger, Thomas R. et al. [US-GAAP, 2000], S. 365–377.

HGB und IFRS unterschiedliche Definition der Eigen-/Fremdkapitalabgrenzung bei hybriden Finanzierungsinstrumenten zu Abweichungen beim bilanzierten Eigenkapital führen.[368]

Die beschriebenen Effekte gleichen sich teilweise dadurch aus, dass Abhängigkeiten zwischen ihnen bestehen. So führt eine Steigerung der Kapitalanlagen nicht notwendigerweise zu einer Erhöhung des Eigenkapitals. Vielmehr führen unrealisierte Gewinne der Kategorie *available for sale* zum Großteil zu einem Anstieg der latenten Rückstellung für Beitragsrückerstattung und zu einem Anstieg der latenten Steuern. Lediglich der verbleibende Betrag erhöht unmittelbar das Eigenkapital. Ebenso führt zwar die Aktivierung von Abschlusskosten zu einer Erhöhung des Eigenkapitals, gleichzeitig jedoch führt der Verzicht auf eine Zillmerung zu einem höheren Ausweis der Deckungsrückstellung und damit zu einer Verringerung des Eigenkapitals.

Zusätzliche Effekte auf das Eigenkapital finden sich im Rahmen der Bilanzierung weiterer Vermögenswerte und Schulden, die nur zum Teil seit Verabschiedung des BilMoG zu einer Annäherung von HGB und IFRS geführt haben:

- Nach der geänderten Fassung des IAS 19 (2011) sind versicherungsmathematische Gewinne und Verluste in IFRS ausschließlich nach IAS 19.120 (2011) i.V.m. IAS 19.127 (2011) auf Grundlage der OCI-Methode erfolgsneutral zu erfassen. Die erfolgsneutrale Erfassung versicherungsmathematischer Gewinne und Verluste führt zu einer hohen Volatilität im Eigenkapital, während Periodenaufwand und -ertrag – auch in Folge des Verstoßes gegen das Kongruenzprinzip (kein recycling in der GuV) – eine geringere Volatilität aufweisen. Demgegenüber sieht das HGB seit dem BilMoG eine erfolgswirksame Erfassung der Veränderungen der Wertansätze bei Pensionsverpflichtungen vor, wobei die erfolgswirksame Erfassung zu einer höheren Volatilität des Periodenergebnisses führt. Diese wird im HGB dadurch gemindert, dass als Zinssatz ein Durchschnittszinssatz vorgesehen ist und somit Schwankungen eingeschränkt werden.

Beispiel 9.1: Problematik der Aussagefähigkeit des RoE nach IFRS

Der Marktwert der assets eines Versicherungsunternehmens sinkt aufgrund eines Zinsanstieges am Markt im Jahr 2007 um 50 Mio. Euro. Aufgrund der Einordnung der Bonds in die Kategorie available for sale (fixed-income) erfolgt die Wertänderung erfolgsneutral, d. h. die Neubewertungsrücklage verändert sich um –50 Mio. Euro. Bei einem Gesamteigenkapital von annahmegemäß 1 Mrd. Euro verringert sich dieses folglich auf 950 Mio. Euro.

Das Unternehmen erwirtschaftet sowohl 2010 als auch 2011 einen Jahresüberschuss von 100 Mio. Euro, der vollständig thesauriert wird, d. h. das Eigenkapital um 100 Mio. Euro erhöht. Die Marktwertänderung hat nach IFRS keinen Einfluss auf die Höhe des Jahresüberschusses. Die folgenden Kennzahlen beziehen sich jeweils auf das durchschnittlich gebundene Kapital, d. h. $(EK_t + EK_{t-1})/2$.

RoE 2010	= 100 Mio. Euro/950 Mrd. Euro = 10,5 %
	(bezogen auf durchschnittlich gebundenes Kapital)
RoE 2011	= 100 Mio. Euro/1.025 Mio. Euro = 9,8 %
RoE bereinigt	= 50 Mio. Euro/1.025 Mio. Euro = 4,9 %

368 Vgl. hierzu auch Kapitel 5.

- Die Pflicht zur Bilanzierung aktiver latenter Steuern (insbesondere die Aktivierung von Verlustvorträgen) führt regelmäßig zu einem höheren Eigenkapital im Vergleich zur HGB-Rechnungslegung.[369] Auch nach BilMoG bestehen für aktive latente Steuern im HGB ein Wahlrecht, falls es insgesamt zu einem Aktivüberhang kommt (wobei Verlustvorträge in die Berechnung der aktiven latenten Steuern zwingend einzurechnen sind).
- Die Pflicht zur Aktivierung von immateriellen Vermögenswerten unter bestimmten Voraussetzungen (Aktivierung selbsterstellter Software, Aktivierung und Verbot der planmäßigen Abschreibung des goodwill) führen gegenüber dem HGB zu einer Zunahme des Eigenkapitals, falls das in § 248 Abs. 2 S. 1 vorgesehene Wahlrecht zur Aktivierung selbst geschaffener immaterieller Vermögensgegenstände des Anlagevermögens nicht angewendet wird.[370] Zudem führt die Aktivierungspflicht des entgeltlich erworbenen Geschäfts- oder Firmenwerts zwar zu einer Annäherung an die IFRS, allerdings handelt es sich nach HGB weiterhin um einen zeitlich begrenzt nutzbaren Vermögensgegenstand (verbunden mit einer planmäßigen Abschreibung).

Die Wirkung einer Umstellung von HGB auf IFRS (US-GAAP) auf den Jahresüberschuss lässt sich im Ergebnis nicht eindeutig feststellen, gerade weil der Gesamterfolg in der Totalperiode unabhängig vom jeweiligen Rechnungslegungssystem ist. In der Tendenz zeigt sich aufgrund der im Rahmen der Eigenkapitalveränderung beschriebenen Effekte auch eine entsprechende Erhöhung des Jahresüberschusses zum Umstellungszeitpunkt. Dies gilt jedoch nicht in vollem Umfang, da die erfolgsneutral bewerteten Wertpapiere der Kategorie *available for sale* zu keiner Veränderung des Jahresergebnisses führen. Daher ist gegenüber der Eigenkapitalrentabilität nach HGB ein niedrigerer Wert zu erwarten.

In der Analyse ist die Aussagekraft der Eigenkapitalrentabilität nach IFRS stark eingeschränkt. Dies hängt damit zusammen, dass die erfolgsneutral bewerteten Kapitalanlagen nach IFRS zwar zu Schwankungen des Eigenkapitals führen, nicht jedoch zu einer Erfolgswirkung, d. h. zu einer Schwankung des Jahresüberschusses. Damit wird aufgrund des Accounting-Mismatches die ökonomische Realität nur unzureichend abgebildet.

2.2.2 Analyse einzelner Quellen der Ertragslage

2.2.2.1 Erfolgsegmentierung

Eine Analyse der einzelnen Quellen der Ertragslage basiert auf einer Zuordnung von Aufwendungen und Erträgen zu bestimmten Ertragsgruppen.[371] Damit soll untersucht werden, inwiefern einzelne zusammengehörige Segmente zum Erfolg des Unternehmens beigetragen haben. § 275 HGB sieht eine Trennung des Ergebnisses in ordentliche und außerordentliche Ertragskomponenten vor. Diese Segmentierung soll die Nachhaltigkeit

369 Vgl. Schmid, Reinhold [Darstellung, 2005], S. 84.
370 Vgl. Pellens, Bernhard et al. [Internationale Rechnungslegung, 2004], S. 274.
371 Vgl. Farny, Dieter [Buchführung, 1992], S. 174.

von Erträgen, d.h. deren zukünftige Planbarkeit, aufzeigen.[372] Während *Farny* bereits 1975 eine Zuordnung von Erträgen auf ordentliche und außerordentliche Komponenten fordert, hat sich nach HGB eine Segmentierung des Gesamtertrages in ein versicherungstechnisches und ein nicht versicherungstechnisches Ergebnis entwickelt, obwohl die Zeitraumbezogenheit des Versicherungsgeschäfts und die dadurch entstehende Möglichkeit zur Kapitalanlage gerade die Zusammengehörigkeit von Versicherungs- und Kapitalanlagegeschäft verdeutlicht.[373]

Das *versicherungstechnische Ergebnis* sagt aus, welcher Gewinn aus dem reinen Versicherungsgeschäft entstanden ist, und zwar nach Berücksichtigung der Rückversicherung und vor Steuern.[374] Die grundsätzliche Fragestellung besteht darin, inwiefern es dem Versicherungsunternehmen gelungen ist, ein zumindest ausgeglichenes versicherungstechnisches Ergebnis zu erzielen, d.h. ob das versicherungstechnische Ergebnis größer oder gleich Null ist.[375] Wesentlich für die Analyse des versicherungstechnischen Ergebnisses ist die Zu- oder Entnahme zur Schwankungsrückstellung.[376] In schadenarmen Jahren wird der Schwankungsrückstellung Kapital zugeführt.[377] Damit fällt das versicherungstechnische Ergebnis nach Schwankungsrückstellung schlechter aus als vor Schwankungsrückstellung. Demgegenüber werden in schadenreichen Jahren Beträge aus der Schwankungsrückstellung entnommen, wodurch das Ergebnis verbessert wird, d.h., das versicherungstechnische Ergebnis nach Schwankungsrückstellung ist besser als vor Schwankungsrückstellung.

Gegenüber dem HGB unterscheidet die Internationale Rechnungslegung nicht zwischen einem versicherungstechnischen und einem nicht versicherungstechnischen Ergebnis.[378] Eine gesonderte Analyse des versicherungstechnischen Ergebnisses verlangt insofern den Aufwand einer Zuordnung der ausgewiesenen Erträge und Aufwendungen (z.B. nach dem Schema der RechVersV). Viele kapitalmarktorientierte Unternehmen unterscheiden jedoch in ihrer Gliederung operative und nichtoperative Ergebnisbestandteile. Lohnender scheint daher eine Analyse der einzelnen Erfolgsfaktoren über die Bildung relativer Kennzahlen. Im Folgenden werden die wichtigsten Kennzahlen der Erfolgsanalyse betrachtet und anhand der betrachteten Bilanzierungssysteme unterschieden.

---

372 Vgl. Gräfer, Horst [Bilanzanalyse, 1997], S.106.

373 Vgl. Farny, Dieter [Versicherungsbilanzen, 1975], S.37–38.

374 Man unterscheidet zwei Varianten des versicherungstechnischen Ergebnisses: zum einen das versicherungstechnische Ergebnis f.e.R. vor Schwankungsrückstellung. Es wird in der GuV häufig nur als »Zwischensumme« bezeichnet. Zum anderen das versicherungstechnische Ergebnis f.e.R. nach Schwankungsrückstellung. Es wird in der GuV als »versicherungstechnisches Ergebnis« bezeichnet. Vgl. Heimes, Klaus [Jahresabschlussanalyse, 2003], S.216–217.

375 In der Versicherungstechnik spricht man in diesem Zusammenhang auch vom Äquivalenzprinzip, d.h. die Leistung der Versicherungsnehmer und die Leistung des Versicherungsunternehmens entsprechen sich im Durchschnitt. In diesem Fall wäre das versicherungstechnische Ergebnis gerade Null.

376 Vgl. Heimes, Klaus [Jahresabschlussanalyse, 2003], S.217.

377 Vgl. zur Bilanzierung der Schwankungsrückstellung Geib, Gerd/Telgenbüscher, Franz R. [Posten, 2011], Rd. 321–390.

378 Die IAS/IFRS kennen grundsätzlich keine branchenbezogenen Regelungen. Ein Mindestgliederungsschema zur GuV – allerdings auf branchenunabhängiger Basis – findet sich in IAS 1.82–83.

2.2.2.2 Schaden- und Kostenquote

Die *Schadenquote* ist eine zentrale Kennzahl für Versicherungsunternehmen zur Analyse der Ertragslage.[379] Sie gibt einen Anhaltspunkt über die Schadensituation beziehungsweise die Schadenbelastung eines Versicherungsunternehmens. Je niedriger die Schadenquote ist, umso mehr Deckungsbeitrag bleibt dem Versicherungsunternehmen zur Deckung von Abschluss- und Verwaltungsaufwendungen und zur Erzielung eines versicherungstechnischen Gewinns.[380]

Die Schadenquote beschreibt das Verhältnis der Schadenleistungen an Versicherungsnehmer zu den verdienten Beiträgen.[381]

$$\text{Schadenquote} = \text{Schadenleistungen}/\text{verdiente Beiträge}$$

In Abhängigkeit von der Berücksichtigung der Rückversicherung kann die Schadenquote brutto oder netto betrachtet werden. Wenn beide Kennzahlen verglichen werden, lassen sich Rückschlüsse auf die Wirkung der bestehenden Rückversicherungsbeziehungen ziehen.[382]

Ein Vergleich der Schadenquote nach HGB und US-GAAP kann unmittelbar auf den bereits beschriebenen Effekten bei der Abbildung von Prämien und Schäden aufbauen. Während für die Schadenzahlungen keine wesentlichen Unterschiede zwischen den Rechnungslegungssystemen gelten, sind die Schadenrückstellungen tendenziell nach internationalen Vorschriften niedriger bewertet. Im Nenner führt die Berücksichtigung von pipeline premiums regelmäßig zu höheren Werten der Beiträge nach US-GAAP.[383] Im Ergebnis wird die Schadenquote nach internationalen Vorschriften tendenziell niedriger als nach HGB sein.[384] Im Einzelfall können allerdings die dargestellten gegenläufigen Effekte zu einer Umkehrung dieses Grundsatzes führen. Dies gilt insbesondere, wenn bei sinkenden Geschäftsvolumen die Abwicklungsgewinne nach HGB die niedrigere Rückstellungsbildung nach US-GAAP überkompensieren.

Die *Kostenquote*, häufig in der Praxis auch »Kostensatz« genannt, charakterisiert die Fähigkeit des Versicherungsunternehmens zu wirtschaftlichem und versicherungstechnisch wirkungsvollem Ressourceneinsatz. Sie beschreibt das Verhältnis der Abschluss- und Verwaltungsaufwendungen für den Versicherungsbetrieb zu den verdienten Beiträgen.[385]

$$\text{Kostenquote} = \text{Abschluss- und Verwaltungsaufwendungen}/\text{verdiente Beiträge}$$

---

379 Vgl. Farny, Dieter [Buchführung, 1992], S. 178.

380 Vgl. zu den Prämienbestandteilen Helten, Elmar/Karten, Walter [Risiko, 1984], S. 66–68.

381 Vgl. zur Definition Metzler, Marco [Jahresabschlussanalyse, 1999], S. 123.

382 Die Nettoschadenquote ist dabei die relevante Größe für die betriebswirtschaftliche Wirkung auf das Versicherungsunternehmen. Sie klärt die Frage, was nach der Wirkung der Rückversicherung vom Versicherungsunternehmen noch an Schadenzahlungen zu leisten ist.

383 Dieser Effekt hat sich grundsätzlich auch in der Praxis bestätigt. Vgl. Lach, Gunther/Lohse, Ute [Entwicklung, 2004], S. 25–28.

384 Vgl. Swiss Re [Paradigmenwechsel, 2002], S. 46.

385 Vgl. bereits Farny, Dieter [Versicherungsbilanzen, 1975], S. 54–55.

Die zentrale Frage besteht darin, welcher Teil des Umsatzes, also der Beitragseinnahmen, verwendet werden muss, um die Kosten aus dem Versicherungsbetrieb zu decken. Die Kostenquote sagt aus, welcher Teil der verdienten Beiträge zur Deckung von Abschluss- und sonstigen Verwaltungsaufwendungen herangezogen werden kann.[386] Je niedriger die Kostenquote, umso mehr Deckungsbeitrag bleibt dem Versicherungsunternehmen zur Deckung von Schäden und zur Erzielung eines versicherungstechnischen Gewinns. Bei der Analyse von Kostenquoten ist zu beachten, dass sowohl Beitragseinnahmen, als auch Aufwände die Quote beeinflussen. So kann ein Anstieg der Kostenquote von einem Umsatzrückgang bei gleich bleibendem Kostenvolumen herrühren, von einem Kostenanstieg bei gleich bleibendem Umsatz oder von überproportionalem Kostenanstieg bei unterproportionalem Umsatzwachstum.

Grundsätzlich gilt gegenüber einer Bruttosicht eine Betrachtung der Kostenquote auf Nettobasis als theoretisch aussagekräftiger, da sie beschreibt, welcher Aufwand in Relation zu den Beiträgen nach Wirkung der Rückversicherung im aktuellen Geschäftsjahr tatsächlich zu bestreiten ist.[387] Allerdings können auch Rückversicherungsprovisionen und Gewinnbeteiligungen jahresabschlusspolitisch motiviert sein, womit die Bruttobetrachtung ebenfalls eine wichtige Bedeutung erlangt.[388] Problematisch ist bei der Nettobetrachtung vor allem, dass die Höhe der Rückversicherungsprovision als zentrales Preisregulativ der proportionalen Rückversicherung mitunter stark von der Profitabilität des zedierten Geschäfts beeinflusst wird, und somit nicht ausschließlich eine Erstattung von Abschluss- und Verwaltungskosten darstellt. Dies gilt insbesondere bei der Vereinbarung von Gewinnbeteiligungen und Staffelprovisionen, deren Höhe sich nach dem Schadenverlauf bestimmt. Diese haben keinerlei Bezug zur Kostensituation beim Zedenten, was bei der Interpretation der Kennzahlen Berücksichtigung finden sollte.

Grundsätzlich lässt sich die Kostenquote in die Bestandteile Abschlusskostenquote und Verwaltungskostenquote aufteilen.[389] Dies ist jedoch regelmäßig nur vor Rückversicherung möglich, da sich die erhaltenen Rückversicherungsprovisionen nicht willkürfrei auf die Funktionen Abschluss- und Verwaltung aufgliedern lassen und meist separat ausgewiesen werden. Im Rahmen eines Vergleichs der *Abschlusskostenquote* zwischen HGB und US-GAAP ist zu beachten, dass Abschlusskosten nach US-GAAP – soweit sie variabel sind – als deferred acquisition costs (DAC) aktiviert und damit nicht in der Periode sofort erfolgswirksam vereinnahmt werden.[390] Auf der anderen Seite wird dieser Effekt im HGB teilweise durch den Kostenabzug bei den Beitragsüberträgen sowie der Zillmerung im Rahmen der Bewertung der Deckungsrückstellung kompensiert. Zusätzlich fallen nach US-GAAP auf die pipeline premiums Provisionsverbindlichkeiten an, was ebenfalls einen gegenläufigen Effekt hervorruft. Durch die Berücksichtigung von pipeline premiums in den Prämien wird der Nenner der Kostenquote nach US-GAAP tendenziell höher ausfallen. Der Zähler wird in Folge der Aktivierung von Abschlusskosten niedriger sein. Daher kann grundsätzlich von einer niedri-

386 Vgl. beispielhaft Metzler, Marco [Jahresabschlussanalyse, 1999], S. 130.
387 Vgl. Heimes, Klaus [Jahresabschlussanalyse, 2003], S. 213.
388 Vgl. Liebwein, Peter [Rückversicherung, 2000], S. 43–44.
389 Vgl. beispielhaft Farny, Dieter [Buchführung, 1992], S. 178.
390 Vgl. hierzu und im Folgenden Swiss Re [Paradigmenwechsel, 2002], S. 46–47.

Beispiel 9.2: Problematik der Aussagefähigkeit einer combined ratio auf Kalenderjahresbasis

Beispiel 1: Ein Versicherungsunternehmen erleidet im Jahr 2010 eine erhebliche Nachreservierung seiner Schadenreserven. Die Ursache der Nachreservierung liegt in früheren Zeichnungsjahren, in denen Asbest-Risiken gezeichnet wurden, die erst jetzt zu gesundheitlichen Problemen bei Patienten geführt haben. Die Schadenquote des Kalenderjahres und somit die combined ratio verschlechtert sich durch diese Nachreservierung wesentlich, und verdeckt dabei, dass das Zeichnungsjahr 2010 u. U. ein sehr erfolgreiches Jahr war.

Beispiel 2: Ein anderes Versicherungsunternehmen hatte in den Vorjahren aufgrund von Asbest-Risiken Rückstellungen gebildet, die sich im Jahr 2010 als überhöht erweisen. Das Unternehmen löst diese Rückstellungen in hohem Maße auf und verbessert damit die combined ratio 2010 erheblich. Dabei wird verdeckt, dass das Zeichnungsjahr 2010 u. U. ein sehr schlechtes Zeichnungsjahr war.

geren Kostenquote nach US-GAAP ausgegangen werden. Je nach Einfluss der beschriebenen, gegenläufigen Argumente, kann auch ein entgegengesetzter Effekt entstehen.

Die *Verwaltungskostenquote* wird in Folge der unterschiedlichen Beitragszusammensetzung ebenfalls nach US-GAAP tendenziell niedriger ausfallen.[391] Allerdings zeichnen sich sowohl die Abschluss- als auch Verwaltungskostenquote durch eine höhere Volatilität aus.[392]

Die Summe aus Schaden- und Kostenquote wird als *combined ratio* bezeichnet.[393]

$$\text{combined ratio} = \text{Kostenquote} + \text{Schadenquote}$$

Die »combined ratio« ist eine Kennzahl zur Bewertung der Leistungsfähigkeit eines Versicherungsunternehmens in seinem Kerngeschäft. Liegt die combined ratio über 100 %, dann war das Versicherungsunternehmen nicht in der Lage, ein positives bzw. ausgeglichenes Ergebnis in der Versicherungstechnik zu erwirtschaften.

Wie in den einzelnen Kennzahlen dargestellt, sind Schadenquote sowie Abschluss- und Verwaltungskostenquote nach US-GAAP regelmäßig niedriger als nach HGB. Daher führt auch die Addition dieser Kennzahlen zur combined ratio zu einem tendenziell niedrigeren Ergebnis. Allerdings sind die oben dargelegten gegenläufigen Effekte im Einzelfall zu prüfen.

Die Aussagefähigkeit der Kennzahl im Sinne einer Jahreszahl ist stark eingeschränkt, da die Kalenderjahresbetrachtung aufgrund der Langfristigkeit möglicher Auszahlungs-Pattern im Versicherungsgeschäft keine Aussage über den Erfolg eines Zeichnungsjahres erlaubt.

Eine Analyse auf Basis von Zeichnungsjahren sollte daher stets neben einer Kalenderjahresbetrachtung erwogen werden. Weiterhin sollte die combined ratio um außerordentliche Effekte (z. B. Nachreservierungen, Auflösung von Schadenrückstellungen, einmalige Großschäden) und Unterschiede aufgrund der Zusammensetzung der betriebenen Versicherungszweige bereinigt werden.

---

391 Vgl. Swiss Re [Paradigmenwechsel, 2002], S. 47.

392 Zu beachten sind auch Umklassifizierungen zwischen Schadenquote, Verwaltungskosten- und Abschlusskostenquote, die in Folge von indirekten Schadenregulierungskosten und Abschlusskostengemeinkosten entstehen können. Insofern ist eine Vergleichbarkeit einzelner Kennzahlen (sowohl nach HGB als auch nach US-GAAP) nicht immer gegeben.

393 Umso erstaunlicher ist die Tatsache, dass die combined ratio in den Dissertationen von Heimes und Metzler nicht erwähnt und untersucht werden. Vgl. Metzler, Marco [Jahresabschlussanalyse, 1999] sowie Heimes, Klaus [Jahresabschlussanalyse, 2003].

2.2.2.3 Kapitalanlageergebnis

Die Kenntnis der erzielten Verzinsung der Kapitalanlagen ermöglicht die Bewertung der Ertragsstärke eines Versicherungsunternehmens im Geschäftsfeld der Vermögensanlage. Die zentrale Kennzahl zur Messung des Kapitalanlageerfolgs stellt die Nettoverzinsung (return on investment) dar.[394] Die Nettoverzinsung benennt den relativen Erfolg aus der Kapitalanlage bezogen auf das Kapitalanlagevolumen. Bilanziell wird sie aus dem Verhältnis des Ergebnisses aus Kapitalanlagen zum mittleren Kapitalanlagebestand ermittelt.[395]

return on investment = Ergebnis aus Kapitalanlagen/mittlerer Kapitalanlagebestand

Eine hohe Verzinsung spricht für eine hohe Ertragskraft des Versicherungsunternehmens. Eine gleichmäßige Verzinsung ist ein Indiz für professionelles Kapitalanlagemanagement und langfristige Stabilität. Eine stabile Nettoverzinsung ist oft auf die gezielte Jahresabschlusspolitik eines Versicherungsunternehmens zurückzuführen. Dabei werden Bewertungsreserven auf Kapitalanlagen je nach Erfordernis aufgelöst oder gebildet.

Im Unterschied zu HGB existiert für viele Wertpapiere nach IFRS kein Anschaffungswertprinzip in der Folgebewertung.[396] Somit wird das Realisationsprinzip regelmäßig durchbrochen, indem Werte über Anschaffungskosten teilweise realisiert werden (through profit or loss) und teilweise ergebnisneutral (available for sale) berücksichtigt werden.[397] In der Praxis werden Wertpapiere meist in die Kategorie *available for sale* eingeordnet, wodurch keine Erfolgswirksamkeit entsteht. Allerdings erhöht sich durch die Zeitwertbilanzierung im Falle von Wertsteigerungen der mittlere Kapitalanlagebestand, auch wenn das Ergebnis nicht beeinflusst wird. Dadurch entsteht bei positiven Wertänderungen eine gegenüber dem HGB niedrigere Nettoverzinsung, da im HGB Wertänderungen über die Anschaffungskosten nicht berücksichtigt werden.

Andererseits werden im zur Veräußerung verfügbaren Bestand Aufwendungen vermieden, so lange keine dauerhafte Wertminderung vorliegt.[398] Durch die fair value Bilanzierung sinkt der mittlere Bestand der Kapitalanlagen, was im HGB nach dem strengen Niederstwertprinzip grundsätzlich ebenfalls der Fall ist. Allerdings kann seit der Neuregelung des § 341b Abs. 2 HGB (VersKapAG) auf eine Abschreibung verzichtet werden, so

394 Die Nettoverzinsung wird auch als Verbandsformel bezeichnet. Vgl. Heimes, Klaus [Jahresabschlussanalyse, 2003], S. 203. Vgl. zu einer Aufzählung weiterer Kennzahlen des Kapitalanlagebereichs Fourie, Dirk et al. [Abschlussanalyse, 2005b], S. 176.

395 In der Nettoverzinsung werden alle in der Vermögensanlage anfallenden Erträge und Aufwendungen erfasst. Eingeschlossen sind neben den laufenden Erträgen aus Zinsen, Dividenden etc. und dem Aufwand für die Verwaltung der Kapitalanlagen auch außerplanmäßige Erträge und Aufwendungen.

396 Im Folgenden werden lediglich Finanzinstrumente untersucht. Nicht intensiv betrachtet werden Grundstücke und Gebäude. Der wesentliche Unterschied zwischen HGB und IFRS liegt in der verschiedenen Nutzungsdauer. Während HGB auf steuerrechtliche Vorschriften abstellt (§ 7 Abs. 4–5 EStG) sind nach IAS/IFRS betriebswirtschaftlich begründete Abschreibungsdauern maßgeblich. In der Regel führt dies zu längeren Abschreibungsdauern bzw. geringeren jährlichen Abschreibungen nach IAS/IFRS. Vgl. Fourie, Dirk/Velthuysen, Oliver [Grundbesitz, 2001], S. 649.

397 Vgl. Pellens Bernhard et al. [Internationale Rechnungslegung, 2004], S. 497–499.

398 Nach IAS 39.58 ist jährlich ein Werthaltigkeitstest durchzuführen. Vgl. zum Verfahren Pellens, Bernhard et al. [Internationale Rechnungslegung, 2004], S. 509–510.

Beispiel 9.3: Problematik der Aussagefähigkeit des RoI nach IFRS

Der Marktwert der assets eines Versicherungsunternehmens ist aufgrund eines Zinsanstieges am Markt im Jahr 2011 um 50 Mio. € auf 950 Mio. € gesunken (Einordnung der Bonds in die Kategorie available for sale fixed-income). In den Jahren 2009 und 2010 war der Marktwert konstant bei 1 Mrd. €.

Das Unternehmen erwirtschaftet sowohl 2010 als auch 2011 ein Kapitalanlageergebnis von 80 Mio. €. Die Marktwertänderung hat nach IFRS keinen Einfluss auf die Höhe des Kapitalanlageergebnisses.

RoI 2010 = 80 Mio. €/1 Mrd. = 8 %
RoI 2011 = 80 Mio. €/0,5 N (1 Mrd. € + 950 Mio. €) = 8,2 %

Bereinigt man das Kapitalanlageergebnis um die Marktwertveränderung der assets, errechnet sich ein Total Return, der die ökonomische Realität adäquater widerspiegelt.

Total Return = 30 Mio. €/0,5 N (1 Mrd. € + 950 Mio. €) = 3,1 %

lange diese Wertpapiere dem Anlagevermögen zugeordnet werden und keine dauerhafte Wertminderung vorliegt. Daher wird der mittlere Kapitalanlagebestand bei Wertminderungen nach HGB tendenziell höher sein. Auf der anderen Seite bleiben die Wertminderungen nach IFRS in der Regel ergebnisneutral, wodurch das Ergebnis aus den Kapitalanlagen nicht beeinträchtigt wird. Damit kann tendenziell im Falle von Wertminderungen eine nach IFRS höhere Nettoverzinsung festgestellt werden.

Die dargestellten Effekte werden teilweise kompensiert bzw. sind gegenläufig wenn Wertpapiere in hohem Maße in die Kategorie »through profit or loss« eingeordnet werden. In diesem Fall würde sich die Wertsteigerung sowohl im Ergebnis als auch im mittleren Kapitalanlagebestand niederschlagen, wodurch gegenüber dem HGB keine erheblichen Unterschiede in der Nettoverzinsung zu erwarten sind. Allerdings zeichnet sich die Nettoverzinsung nach IFRS hier durch eine weit höhere Volatilität aus.

Weitgehend gleichläufig sind die Effekte, bei Wertpapieren der anderen Kategorien, weil diese wie im HGB nach fortgeführten Anschaffungskosten bewertet werden. Zu beachten ist die international nicht übliche Bilanzierung von Namensschuldverschreibungen zum Nennwert (§ 341c HGB).[399] Während im HGB Namensschuldverschreibungen häufig zum Nennwert bilanziert werden, sind diese nach IFRS einer der Kategorien zuzuordnen. Dadurch entfällt die Verteilung von Differenzen zwischen Nennwert und Anschaffungskosten, die im Falle eines gegenüber den Anschaffungskosten höheren Nennbetrags zur Bildung eines passiven Rechnungsabgrenzungspostens führt, der als zusätzlicher Zins über die Laufzeit verteilt wird.[400] Erfolgt nach IAS 39 demgegenüber eine Bewertung zu fortgeführten Anschaffungskosten wird der Unterschiedsbetrag nach der Effektivzinsmethode unmittelbar auf die Anschaffungskosten zugeschrieben, d. h. es wird kein Rechnungsabgrenzungsposten gebildet.[401] Im HGB wird dadurch zunächst der Zins-

399 Vgl. zur Behandlung nach § 341c HGB Stuirbrink, Wolfgang/Schuster, Anselm [§ 341c HGB, 1998], S. 227–228.

400 Vgl. Stuirbrink, Wolfgang/Schuster, Anselm [§ 341c HGB, 1998], S. 228.

401 Vgl. Fourie, Dirk et al. [Abschlussanalyse, 2005b], S. 174.

ertrag gegenüber den IFRS geringer ausfallen, während der Kapitalanlagebestand gleich ist, d. h. die Nettoverzinsung ist zunächst geringer als nach IAS 39 und später – bei Auflösung des Unterschiedsbetrages – höher.[402]

Analog zum RoE ist die Aussagefähigkeit des RoI nach IFRS durch die erfolgsneutrale Bewertung der Kategorie available for sale eingeschränkt, wenn die Marktwerte der assets die Berechnungsbasis bilden. Letztere schwanken in Abhängigkeit von Wertschwankungen der assets, während das Kapitalanlageergebnis unverändert bleibt.

2.2.3 Überblick über Angabepflichten zur Ertragslage

Die Abbildung 9.2 gibt einen Überblick über Angabepflichten nach HGB bzw. IFRS, die für eine Analyse der Ertragslage hilfreich sind:

Kriterium		HGB	IFRS bzw. US-GAAP
Gesamtertragslage		Darstellung von Ergebnisentwicklung, wesentlichen Veränderungen, Trends und ungewöhnlichen Entwicklungen (DRS 15.50) Wesentliche Veränderungen in der Struktur einzelner Aufwendungen und Erträge (DRS 15.59)	Erläuterungen wesentlicher Einflussfaktoren auf die Ertragslage inkl. Änderungen im wirtschaftlichen Umfeld (IAS 1.9) Sensitivitätsanalysen des Eigenkapitals und des Jahresergebnisses im Hinblick auf wesentliche Einflussgrößen (IFRS 4.39)
Ertragsquellen	Kapitalanlagen	Zeitwert für die zum Anschaffungswert ausgewiesenen Kapitalanlagen in einer Summe (§ 54 RechVersV)	Erträge und Aufwendungen aus einzelnen Kapitalanlagekategorien sowie Zinsergebnis aus Nicht-Kapitalanlage (IFRS 7.20)
	Beiträge	Darstellung der Entwicklung des Umsatzes (DRS 15.55)	–
	Schäden	Erläuterung des Abwicklungsergebnisses der Schadenrückstellung nach Art und Höhe (§ 41 Abs. 5 RechVersV) Schadenquoten und Abwicklungsergebnisse der Eingangsschadenrückstellung über zehn Jahre hinweg (DRS 20.24)	Angaben über Sicherheitszuschläge in den Schätzungen (IFRS 4.36) Bewertungsgrundlagen der Schadenrückstellung (SFAS 60.60)
	Kosten	Aufspaltung von Abschluss- und Verwaltungskosten (§ 43 Abs. 5 RechVersV)	Art der aktivierten Abschlusskosten sowie Abschreibungsmethodik (SFAS 60.60)
	Ergebnis der Rückversicherung	Methoden der Ermittlung der einzelnen versicherungstechnischen Rückstellungen sowohl brutto als auch im Bezug auf den Anteil der Rückversicherer (§ 52 Nr. 1c RechVersV)	Art, Zweck und Auswirkung auf das Versicherungsgeschäft des Erstversicherers (SFAS 113.27) Methoden der Ertragsrealisation aus Rückversicherungsverträgen (SFAS 113.27)

Abb. 9.2: Informationen über die Ertragslage

402 Der umgekehrte Fall eines aktiven Unterschiedsbetrages hat grundsätzlich eine entgegengesetzte Wirkung. Allerdings ist hierbei das Wahlrecht nach HGB zur Bildung eines aktiven Unterschiedsbetrages zu beachten. Die von Fourie et al. festgestellte Bilanzverkürzung nach IFRS ist daher nicht immer tatsächlich vorhanden. Vgl. Fourie, Dirk et al. [Abschlussanalyse, 2005b], S. 174.

3 Analyse der Sicherheitslage von Versicherungsunternehmen nach HGB, IFRS und Fairvalue Bilanzierung

3.1 Einflussfaktoren auf die Sicherheitslage von Versicherungsunternehmen

Die Sicherheitslage nimmt für Versicherungsunternehmen einen zentralen Stellenwert ein. Die Risiken eines Versicherungsunternehmens können in die Komponenten versicherungstechnische Risiken, Kapitalanlagerisiken, Ausfallrisiken und operationelle Risken unterteilt werden:

- Das *versicherungstechnische Risiko* besteht in der Ungewissheit, ob die a priori kalkulierten Prämien für die Schadenaufwendungen der Periode ausreichen.[403] Die Ursache für diese mögliche Unterdeckung kann dabei sowohl in der Vergangenheit (aufgrund einer falschen Kalkulation der Prämien) als auch in der künftigen Prognose des Schadenverlaufs (z. B. aufgrund von Zufallsschwankungen oder einer Änderungen der Rahmenbedingungen) liegen.
- Das *Kapitalanlagerisiko* besteht darin, dass aufgrund von Marktpreis- und Preisvolatilität ein möglicher Verlust entsteht.[404] Die Ursache eines Verlustes kann in Zinsänderungen, Aktienkursrisiken, Währungsrisiken, Rohstoffrisiken, Optionspreisrisiken oder weiteren Risiken der Kapitalanlage (z. B. aus Private Equity, Hedge Funds, Leasingverträgen oder Immobilien) begründet sein.
- *Kreditrisiken* umschreiben das Verlustpotenzial, welches aus der Zahlungsunfähigkeit von Schuldnern herrührt. Im Versicherungsbereich entstehen *Ausfallrisiken* vornehmlich aus dem Ausfall von Rückversicherungsunternehmen sowie – weit weniger bedeutend – aus dem Ausfall von Zahlungen von Versicherungsnehmern bzw. Versicherungsvermittlern.
- *Operationelle Risiken* stellen die Gefahr von Fehlentscheidungen dar, die durch Veränderungen auf den Märkten oder in Änderungen der Rechts-, Wirtschafts- oder Gesellschaftsordnung begründet sind.

3.2 Bilanzielle Messung der Sicherheitslage von Versicherungsunternehmen

Eine ökonomische Messung der Sicherheits- bzw. Risikolage von Versicherungsunternehmen basiert auf einer Quantifizierung der einzelnen Risiken und deren Aggregation zu einer Gesamtrisikoverteilung. In Abhängigkeit von der zugrunde liegenden Risikoeinstel-

403 Vgl. Helten, Elmar [Erfassung, 1994], S. 8.
404 Vgl. Johanning, Lutz [Value-at-Risk, 1998], S. 15.

lung wird mit Hilfe eines Risikomaßes dasjenige Kapital bestimmt, das unter einer bestimmten Wahrscheinlichkeit die Fortführung des Unternehmens sicherstellt.

Auf Basis des veröffentlichten Jahresabschlusses lässt sich ein risikoadäquates Kapital aus verschiedenen Gründen nicht ableiten:[405]

- Der Jahresabschluss unterliegt dem Stichtagsprinzip, während für eine Quantifizierung der Risikolage ein stochastischer Prozess maßgeblich ist. Die in der Bilanz ausgewiesenen Vermögenswerte und Schulden erlauben keine Aussage über den zukünftigen Verlauf des Unternehmens. Vielmehr sind sie an die Ansatz- und Bewertungsvorschriften des Rechnungslegungssystems gebunden. Jahresabschlussanalyse basiert auf einfachen Kennzahlen, die unmittelbar aus dem veröffentlichten Regelwerk ableitbar sind. Risiken und Sicherheitspotenziale werden dabei nur ungenau abgeschätzt, insbesondere werden Abhängigkeiten zwischen den Risiken kaum erfasst.
- Die Zwecksetzung des jeweiligen Bilanzierungssystems kann von einer neutralen Darstellung der Risikolage des Unternehmens abweichen. Wenn z.B. der resultierende Periodengewinn als Basis für die Gewinnverteilung an Investoren und Fiskus (Ausschüttungsbemessung) sowie als Informationsgrundlage über die Ertragslage des Unternehmens dient, steht dabei nicht die Bestimmung einer Risikolage im Vordergrund.
- Die bilanzielle Lage des Unternehmens kann durch Ausnutzung von Ansatz- und Bewertungswahlrechten in einem hohen Umfang bilanzpolitisch gestaltet werden.

3.3 Analyse der Sicherheitslage von Versicherungsunternehmen

3.3.1 Analyse der Vermögensstruktur

Eine Analyse von Kapitalanlagerisiken basiert zunächst auf einer Betrachtung der Vermögensstruktur. Nach den Vorschriften des HGB sind einzelne Anlagekategorien unmittelbar in der Bilanz sichtbar (Formblatt 1 RechVersV). Für die Risikolage lassen sich folgende Aussagen treffen:[406]

- Ein hoher Anteil an Aktien im Portfolio des Versicherungsunternehmens führt zu einer starken Abhängigkeit von Kapitalmarktschwankungen auf das Versicherungsunternehmen.
- In der Praxis ordnen Versicherungsunternehmen Kapitalanlagen häufig unter die Kategorien Inhaberschuldverschreibungen und Namensschuldverschreibungen. Erstere aufgrund ihrer Liquiditätswirkung, Letztere, weil Namensschuldverschreibungen nach HGB die Möglichkeit einer Nennwertbilanzierung eröffnen.[407]

405 Vgl. Hassler, Melanie et al. [Analyse, 2006], S. 1542.
406 Vgl. Hassler, Melanie et al. [Analyse, 2006], S. 1543.
407 Vgl. Metzler, Marco [Jahresabschlussanalyse, 1999], S. 157–158; Heimes, Klaus [Jahresabschlussanalyse, 2003], S. 80–82.

- Ein hoher Anteil an Beteiligungsvermögen ist typisch für größere Versicherungsunternehmen. Allerdings entsteht aus solchen Beteiligungen eine beträchtliche Abhängigkeit von Einzelrisiken, die einen hohen Bedarf an Risikokapital zur Folge hat.
- Der Immobilienbestand liegt normalerweise in einem sehr niedrigen Prozentbereich, da diese Anlageform meist eine niedrige Performance und geringe Fungibilität aufweist und sich dadurch negativ auf das Kapitalanlage-Ertragspotenzial auswirken kann.[408]

Für die Messung der Risikolage der Kapitalanlagen ist eine Analyse der *stillen Reserven* bzw. *stillen Lasten* von erheblicher Bedeutung:

- Stille Reserven entstehen dann, wenn der Marktwert einer Kapitalanlage ihren Buchwert übersteigt. Im HGB gilt das Anschaffungswertprinzip, nach dem Anschaffungskosten auch bei Wertsteigerungen die Obergrenze der Bewertung bilden. Im Anhang von Versicherungsunternehmen ist die Summe der Zeitwerte offenzulegen.
- Insbesondere die Möglichkeit der Einstufung von Aktien als dauerhaft dem Geschäftsbetrieb dienend, führt bei Versicherungsunternehmen zur Bildung von *stillen Lasten*, wenn ein Wertverlust, der voraussichtlich nur vorübergehend ist, nicht bilanziell abgebildet wird.

In der internationalen Rechnungslegung werden einzelne Kapitalanlagearten grundsätzlich nicht separat ausgewiesen, sondern zu Wertpapierkategorien gebündelt. Allerdings fordert IFRS 7 Angaben zu einzelnen Kapitalanlagekategorien.

Eine Bildung von stillen Reserven widerspricht indes der Darstellung neutraler Informationen in den IFRS. Durch die in der Praxis gängige Einordnung von Wertpapieren in die Kategorie »available for sale« wird der größte Anteil der gehaltenen Kapitalanlagen zum Zeitwert bewertet, wodurch eine Bildung von stillen Reserven nicht möglich ist. Gleichzeitig besteht nach IFRS nicht die Gefahr der Bildung stiller Lasten, weil ein Unterlassen von Abschreibungen bei nur vorübergehender Wertminderung nicht zulässig ist.[409] Durch die Zeitwertbilanzierung werden Marktschwankungen der Kapitalanlagen unmittelbar in der Bilanzierung abgebildet und der Einblick in die Risikolage auf den ersten Blick verbessert. Aussagen über die künftige Entwicklung der Kapitalanlagen lassen sich damit jedoch ebenfalls nicht treffen.

3.3.2 Analyse der Reservesituation

Die Beurteilung der Adäquanz der Reserveausstattung stellt eine wesentliche Aufgabe externer Analysten bei der Beurteilung der Sicherheitslage dar. Eine Analyse der Reservesituation ist aus externer Sicht sehr schwierig, da die Reserveausstattung von der Art des betriebenen Versicherungsgeschäfts (short tail oder long tail business), dem Wachstumsprofil der Gesellschaft, der Art des betriebenen Rückversicherungsgeschäfts (z.B. grup-

408 Vgl. Heimes, Klaus [Jahresabschlussanalyse, 2003], S. 81.
409 Vgl. Pellens, Bernhard et al. [Internationale Rechnungslegung, 2004], S. 506–507.

penintern oder extern) oder auch dem Einfluss des Währungsrisikos bei internationalen Gesellschaften abhängt. Zusätzlich lassen sich aus den im Anhang gegebenen Informationen über Schadendreiecke aufgrund deren unterschiedlichem Darstellungs- und Aggregationsgrad häufig keine tiefgehenden Analysen aufbauen.

Einen ersten Einblick in die Analyse der Reserveausstattung liefert eine Betrachtung der *Brutto-Schadenquote*. Ein sehr rudimentärer Anhaltspunkt könnte darin liegen, dass ein Unternehmen mit einem im Peer-Vergleich vergleichbaren Bestand im Durchschnitt über eine sehr hohe Schadenquote verfügt und daher als übermäßig vorsichtig eingestuft wird bzw. mit einer sehr niedrigen Schadenquote als aggressiv eingeordnet wird.

Folgende Kennzahlen zur Analyse der Reserveausstattung werden beispielhaft gebildet:

- Die »*paid to incurred ratio*« stellt das Verhältnis aus gezahlten und reservierten Schäden dar und ermöglicht eine Aussage über den Grad an Vorsicht in der Reservepolitik. Ein niedriges Verhältnis aus *paid to incurred* wird häufig mit einer konservativen Reservepolitik gleichgesetzt.
- Die Abwicklungsquote (Abwicklungsergebnis im GJ/Schadenrückstellung 01.01. GJ) ist ein Maßstab für die Angemessenheit der im Vorjahr gebildeten Schadenrückstellung.
- Die *Brutto-Reservequote* setzt die Brutto-Schadenreserven in das Verhältnis zu den verdienten Brutto-Beiträgen, wobei ein höheres Verhältnis für ein höheres Maß an Vorsicht spricht.
- Der Anteil der *Spätschadenreserven (IBNR)* an den *Brutto-Schadenreserven*, wobei die Aussagekraft dieser Kennzahl von der Abwicklungsdauer des Bestandes abhängt.
- Das Verhältnis aus *Spätschadenreserven* (IBNR) zu den *verdienten Prämien* ermöglicht eine Aussage über noch vorhandene Sicherheitspuffer. Die Kennzahl sollte nicht zu volatil sein und bei lang laufendem Geschäft nicht zu schnell abnehmen.

3.3.3 Analyse der Kapitalstruktur

Während die Analyse der Vermögensstruktur Aussagen über die Risiken der Kapitalanlage ermöglichen soll, dient eine Untersuchung der Kapitalstruktur der Analyse des versicherungstechnischen Risikos. Diese setzen in der Regel vorhandene Sicherheits- bzw. Eigenmittel ins Verhältnis zu bestimmten Risikogrößen, die sich an bilanziellen Maßgrößen orientieren.[410] Damit steht die bilanzielle Analyse der Kapitalstruktur in enger Beziehung zur Operationalisierung der Kapitalausstattung in einfachen aufsichtsrechtlichen Modellen bzw. Modellen von Rating-Agenturen.

Das noch ausstehende versicherungstechnische Risikopotenzial wird bilanziell häufig durch die Höhe der Beitragsüberträge widergespiegelt. Diesem Gedankengang liegt die Vermutung zugrunde, dass Beiträge in der Höhe im Geschäftsjahr vereinnahmt werden, wie dies dem zugehörigen Risiko der Periode entspricht. Noch ausstehende Risiken aus

410 Vgl. Heimes, Klaus [Jahresabschlussanalyse, 2003], S. 293.

den erhaltenen Beiträgen werden mit Hilfe einer Prämienrückstellung in die nächste Periode übertragen. Hieraus erwächst für die Beurteilung der Risikolage eine einfache Faustformel, die sogenannte *»Kenney-Regel«*. Diese unterstellt, dass die Höhe der Beitragsüberträge mit Eigenkapital (nach Berücksichtigung stiller Reserven) zu bedecken ist.[411] Die Beitragsüberträge stellen hierbei ein grobes Maß für die aus den noch nicht verdienten Beiträgen zu erwarteten zukünftigen Schadenzahlungen dar.

Kenney-Regel: Eigenkapital > Beitragsüberträge

Die Aussagekraft der Kenney-Regel ist stark eingeschränkt, da in den meisten Bilanzierungssystemen die Beitragsüberträge zeitproportional abgegrenzt werden und damit einem Rechnungsabgrenzungsposten entsprechen und somit nicht auf eine Bewertung der künftigen Risiken aus den erhaltenen Beiträgen fokussieren. Zusätzlich geht die Kennzahl davon aus, dass die kalkulierten Beiträge das künftige Risiko aus den Beiträgen abbilden. Gerade in der Kalkulation selbst liegt jedoch ein wesentlicher Bestandteil des versicherungstechnischen Risikos.

Auf die Kenney-Regel können keine eindeutigen Aussagen im Vergleich zwischen HGB und internationaler Rechnungslegung gewonnen werden. Durch den Ausweis eines höheren Zählers (Eigenkapital) und eines gleichzeitig höheren Nenners (Beitragsüberträge) können keine allgemeinen Aussagen auf die Kenney-Regel getroffen werden. Grundsätzlich dürfte das höhere Eigenkapital jedoch den Effekt aus der Steigerung der Beitragsüberträge übertreffen. Nach US-GAAP sind sämtliche Beitragsteile (inkl. pipeline premiums und Ratenzahlungen) für die gesamte Vertragslaufzeit zu berücksichtigen und nicht nur die im Geschäftsjahr fällig gewordenen Beiträge (ultimate premium concept). Ferner werden Abschlusskosten nicht von den Beitragsüberträgen abgezogen sowie die Drohverlustrückstellung unter den Beitragsüberträgen ausgewiesen, sobald die aktivierten Abschlusskosten aufgebraucht sind. Damit ergibt sich nach internationalen Regelungen eine tendenziell höhere Bemessung der Beitragsüberträge.

Neben den abgegrenzten Beiträgen der nächsten Periode wird die Risikolage häufig durch die in einem Jahr *erhaltenen Beiträge bzw. eingetretenen Schadenfälle* quantifiziert.[412] Die vereinfachte Quantifizierung der Risikolage über Prämien ist risikotheoretisch kaum aussagekräftig, da die in der Vergangenheit kalkulierten Beiträge keine Aussage über den künftigen Schadenverlauf erlauben. Ebenso sagt die Höhe der Schadenaufwendungen einer Periode kaum etwas über eine nachhaltige künftige Schadenhöhe aus. In der Praxis kann man sich dadurch behelfen, dass mit Hilfe einer »Normalisierung« die Höhe der Basisschäden berechnet werden, d. h. dass Einmaleffekte (z. B. aus Naturkatastrophen oder Nachreservierungen) eliminiert werden.

Der Abdeckungsgrad der Beiträge bzw. Schäden mit Eigenkapital, eigenkapitalähnlichen Posten bzw. versicherungstechnischen Reserven führt zur Bildung verschiedener Kennzahlen:

411 Vgl. Braeß, Paul [Bedeutung, 1964], S. 11.
412 Vgl. hierzu und im Folgenden Metzler, Marco [Jahresabschlussanalyse, 1999], S. 149–150.

- Der Eigenkapitalanteil gibt das Verhältnis von Eigenkapital (unter Berücksichtigung des eigenkapitalähnlichen Sonderpostens mit Rücklageanteil) zu verdienten Netto-Beiträgen bzw. Netto-Schadenaufwendungen an.

  Eigenkapitalanteil = Eigenkapital/verdiente Netto-Beiträge bzw.
  = Eigenkapital/Netto-Schadenaufwendungen

  Der Eigenkapitalanteil rechnet lediglich den vor BilMoG gebildeten Sonderposten mit Rücklageanteil zum Eigenkapital hinzu, während weitere Eigenkapitalsurrogate wie Genussrechte und nachrangige Verbindlichkeiten nicht integriert werden. Diese sollten in der Analyse grundsätzlich ebenfalls beachtet werden.

  Im Vergleich mit internationaler Rechnungslegung lassen sich wiederum keine eindeutigen Aussagen treffen, falls im Nenner Netto-Beitragseinnahmen zugrunde gelegt werden. Bei Zugrundelegung der Netto-Schadenaufwendungen im Nenner führt die tendenziell geringere Bewertung der Schadenrückstellungen nach internationalen Regeln zu einem höheren Eigenkapitalanteil gegenüber nationalen Vorschriften.
- Das Sicherheitskapital trägt dem Eigenkapitalcharakter der Schwankungsrückstellung Rechnung und ordnet diese dem Eigenkapital zu.[413] Zusätzlich werden die sonstigen versicherungstechnischen Rückstellungen (insbesondere die Drohverlustrückstellungen) als Sicherheitsmittel gefasst, die ebenfalls zur Bedeckung von Netto-Beiträgen bzw. Netto-Schadenaufwendungen zur Verfügung stehen.

  Sicherheitskapital = Sicherheitsmittel/verdiente Netto-Beiträge bzw.
  = Sicherheitsmittel/Netto-Schadenaufwendungen

  Die Schwankungsrückstellung ist nach internationalen Normen grundsätzlich dem Eigenkapital zuzurechnen. Daher entspricht die Kennzahl international weitgehend dem Eigenkapitalanteil.
- Der *cover* unterstellt, dass sowohl Eigenkapital als auch versicherungstechnisches Fremdkapital der Deckung künftiger Schadenzahlungen durch das Versicherungsunternehmen dienen.

  Cover = Eigenkapital + vt. Rückstellungen/verdiente Netto-Beiträge bzw.
  = Eigenkapital + vt. Rückstellungen /Netto-Schadenaufwendungen

  Die Aggregation von Eigenkapital und sämtlichen versicherungstechnischen Reserven vermengt den Charakter von Eigen- und Fremdkapital, da Verpflichtungen grundsätzlich keine Sicherungsfunktion ausüben.

413 Vgl. bereits Braeß, Paul [Schwankungsrückstellung, 1967], S. 7.

3.3.4 Überblick über Angabepflichten zur Analyse der Risikolage

Die Abbildung 9.3[414] gibt einen Überblick über die Angabepflichten nach HGB und IFRS, die für eine Analyse der Risikolage hilfreich sind:

	HGB	IFRS
Risikomanagementziele und -methoden	Darstellung der Risikomanagementziele und -methoden einschließlich ihrer Methoden zur Absicherung aller wichtigen Arten von Transaktionen, die im Rahmen der Bilanzierung von Sicherungsgeschäften erfasst werden (§ 289 Abs. 2 HGB) Angaben über Strategie, Prozess und Organisation des Risikomanagements (DRS 5.29)	Risikomanagementziele und Methoden (IFRS 4.39a und IFRS 7.33b)
Versicherungstechnisches Risiko	Quantifizierung der versicherungstechnischen Risiken auf Basis von *value at risk* Modellen, Szenario- oder Sensitivitätsanalysen (bzw. Stress-Tests) oder *embedded value* Ansätzen (DRS 5–20.22) Schadenquoten und Abwicklungsergebnisse in Prozent der Eingangsschadenrückstellung über zehn Jahre (DRS 5–20.24)	Ziele, Strategien und Prozesse sowie Methoden zum Management der Risiken aus Versicherungsverträgen (IFRS 4.39a) Informationen zum versicherungstechnischen Risiko, einschließlich Sensitivitätsanalyse und Erläuterungen zur Risikokonzentration und Schadenabwicklung (IFRS 4.39c i.V.m. IFRS 4.39A) Informationen zu Marktrisiken aus Derivaten, die in einen Versicherungsvertrag eingebettet sind, sofern die eingebetteten Derivate nicht zum *fair value* bilanziert werden (IFRS 4.39e)
Kapitalanlagerisiko	Quantifizierung der Risiken auf Basis von *value at Risk* Ansätzen (sowie Stress-Tests und *back testing* Verfahren), *asset liability* Ansätzen und Szenario- oder Sensitivitätsanalysen (DRS 5–20.30) Darstellung, wie sich ein 20-prozentiger Kursverlust auf den Zeitwert von Aktien und andere nicht festverzinsliche Wertpapiere auswirkt (bei fehlender Quantifizierung; DRS 5–20.31 a) Auswirkungen einer einprozentigen Verschiebung der Zinskurve auf den Zeitwert bei festverzinslichen Wertpapieren und Ausleihungen (DRS 5–20.31 b) Angaben zum Bonitätsrisiko bei festverzinslichen Wertpapieren und Ausleihungen nach der Art der Emittenten (DRS 5–20.32)	Qualitative Angaben über einzelne Kapitalanlagerisiken und deren Entstehung (IFRS 7.33a) Ziele, Methoden und Prozesse für das Management und die Messung der Risiken (IFRS 7.33b) Qualitative Angaben zu Veränderungen gegenüber der Vorperiode (IFRS 7.33c) Quantitative Angaben zu Risikoausmaß und möglichen Konzentrationsrisiken (IFRS 7.34) Sensitivitätsanalysen für jeden Typ von Marktrisiken unter Beschreibung der Methoden und Annahmen sowie Veränderungen gegenüber der letzten Periode (IFRS 7.40)

414 Vgl. Hassler, Melanie et al. [Analyse, 2006], S. 1543.

	HGB	IFRS
Ausfall- und Liquiditätsrisiken	Ausstehende Forderungen mit einem am Bilanzstichtag mehr als 90 Tage zurückliegenden Fälligkeitszeitpunkt (DRS 5–20.27a) Durchschnittliche Ausfallquote der letzten drei Jahren (DRS 5–20.27b) Forderungen gegenüber Rückversicherungsunternehmen, soweit möglich nach externen Ratingklassen gegliedert (DRS 5–20.27c) Darstellung des Liquiditätsrisikos anhand von Angaben zur Abstimmung des Kapitalanlagenbestands und der laufenden Zahlungsströme mit den Verpflichtungen aus dem Versicherungsgeschäft (DRS 5–20.33)	Angaben zu Ausfall- und Liquiditätsrisiken aus Versicherungsverträgen, die nach den Paragraphen 31 bis 42 von IFRS 7 erforderlich wären, falls IFRS 7 für die Versicherungsverträge Anwendung finden würde (IFRS 4.39d) Informationen über Ausfallrisiken und Kreditsicherheiten für jede Klasse von finanziellen Vermögensgegenständen (IFRS 7.36) Analyse der finanziellen Vermögensgegenstände, die überfällig oder in ihrem Wert gemindert sind (IFRS 7.37) Informationen zu finanziellen und nichtfinanziellen Vermögensgegenständen, die als Kreditsicherheiten in den Besitz des Unternehmens übergegangen sind (IFRS 7.38) Beschreibung der Fälligkeit von finanziellen Verbindlichkeiten sowie der risikopolitischen Maßnahmen in Bezug auf das damit verbundene Liquiditätsrisiko (IFRS 7.39)
Operationelle Risiken	Organisatorische und funktionale Aspekte im Bereich der Verwaltung (z. B. Prozesse), des Personalwesens und der technischen Ausstattung (insbesondere IT-Systeme) (DRS 5–20.34)	–

Abb. 9.3: Angabepflichten nach HGB und IFRS

4 Kennzahlenkatalog in der Jahresabschlussanalyse von Lebens- und Krankenversicherungsunternehmen

Die Analyse von Versicherungsunternehmen hat stets die Besonderheiten einzelner Sparten zu berücksichtigen. Für die *Lebensversicherung* hat der Gesamtverband der deutschen Versicherungswirtschaft (GdV) einen festgelegten Kennzahlenkatalog erarbeitet. Dieser gliedert sich in vier Blöcke:

- Der Block zur *Bestandsentwicklung* enthält Kennzahlen zu Neuzugang (laufende Beiträge bzw. Einmalbeiträge), vorzeitigem Abgang sowie zum Bestand und dessen Veränderung (z. B. Anzahl der Versicherungen, Aufteilung des Bestandes).
- Unter den Block *Beiträge und Aufwendungen* fallen z. B. Kennzahlen zum Anteil von Einmalbeiträgen an den Gesamtbeiträgen oder Kennzahlen zu Abschluss- und Verwaltungsaufwendungen.

- Der Block *Kapitalanlagen und Kapitalerträge* beschreibt Kennzahlen zur Zusammensetzung der Kapitalanlagen und zur Kapitalanlageverzinsung (laufende Durchschnittsverzinsung[415], Nettoverzinsung).
- Der letzte Block *Leistungen, insbesondere Überschussbeteiligung und RfB* enthält Kennzahlen zu Jahresüberschuss und RfB, insbesondere die Überschussquote (Zuführung zur RfB und Jahresüberschuss in Prozent der Summe der gebuchten Beiträge und den Netto-Erträgen aus Kapitalanlagen), die Eigenkapitalquote (Abdeckung der Deckungsrückstellung mit Eigenkapital) und die Eigenmittelquote (Maßstab für die Abdeckung von Risiken aufgrund unvorhersehbarer Einwicklungen des Kapitalmarktes oder der Sterblichkeit durch Eigenkapital und nicht festgelegte Mittel der Rückstellung für Beitragsrückerstattung).

Die zentrale Größe in der *Ertragsanalyse* eines Lebensversicherungsunternehmens stellt der *Rohüberschuss* dar, an dem die Versicherungsnehmer nach § 81c Abs. 1 VAG angemessen zu beteiligen sind. Der Rohüberschuss errechnet sich vereinfacht als Saldo von Erträgen und Aufwendungen des Versicherungsunternehmens, mit Ausnahme derjenigen Aufwendungen, die für die Gewinn- und Überschussbeteiligung der Versicherungsnehmer anfallen (Beitragsrückerstattung, Direktgutschrift und Überzins).[416] Die Abbildung 9.4 zeigt die Berechnung des Rohüberschusses ausgehend vom versicherungstechnischen Gewinn/Verlust nach HGB.

Oftmals sind Informationen über die Direktgutschrift nicht extern verfügbar. Daher wird der Rohüberschuss häufig als Summe von Jahresüberschuss zuzüglich der Zuführung zur RfB (= vereinfachter Rohüberschuss) berechnet. Auf Basis des vereinfachten Rohüberschusses lässt sich eine Annäherung an die Beteiligungsquote (bzw. Zuführungsquote) der Versicherungsnehmer am Rohüberschuss berechnen, indem das Verhältnis aus Zuführung zur RfB durch den vereinfachten Rohüberschuss gebildet wird.

	Versicherungstechnischer Gewinn/Verlust
+	Aufwendungen für Beitragsrückerstattung f.e.R. (Zuführung RfB)
+	Direktgutschrift Gewinnanteile VN (bis 5 %)
+	Überzins auf Gewinnanteile VN (über 5 % hinaus)
+	Direktgutschrift auf Deckungsrückstellung brutto
=	**vt. Rohüberschuss f.e.R.**

Abb. 9.4: Rohüberschuss

Eine Kennzahl zur Analyse der *Risikolage* eines Lebensversicherungsunternehmens stellt die *Eigenmittelquote* nach dem Schema des GDV dar. Diese berechnet sich vereinfacht als Eigenmittel (Eigenkapital + freie RfB + Schlussüberschussanteilsfonds) dividiert durch

415 Diese Kennzahl erfasst alle laufenden Erträge aus Kapitalanlagen, vermindert um die laufenden Aufwendungen auf Kapitalanlagen wie Normal-Abschreibungen auf Grundstücke (Current Income). (Abschreibungen aufgrund von Kursverlusten, Sonderabschreibungen sowie Gewinne aus dem Abgang von Kapitalanlagen bleiben unberücksichtigt).

416 Vgl. hierzu und im Folgenden Heimes, Klaus [Jahresabschlussanalyse, 2003], S. 229–230.

die Summe aus 4% der mathematischen Reserven (Deckungsrückstellung zzgl. Beitragsüberträge), 1% der Deckungsrückstellung der fondsgebundenen Lebensversicherung und 3‰ des riskierten Kapitals f.e.R. gemäß der Versicherungssummen ausgewählter Versicherungszweige.

Eine besondere Bedeutung nimmt in der Lebensversicherung die Gewinnzerlegung ein. Insbesondere in der internen Berichterstattung an die BaFin (Nachweisungen 213–219) stellt diese eine wichtige Quelle zur Beurteilung der Ergebnisquellen eines Lebensversicherungsunternehmens dar. Als Ergebnisquellen, die in Summe gerade dem Rohüberschuss entsprechen, werden unterschieden:

- Risikoergebnis,
- Stornoergebnis,
- Kapitalanlageergebnis,
- Abschlusskostenergebnis,
- Verwaltungskostenergebnis,
- Rückversicherungsergebnis und
- Sonstiges Ergebnis.

In der Gewinnzerlegung werden jeweils die rechnungsmäßigen Annahmen mit den tatsächlichen Erträgen und Aufwendungen gegenübergestellt.

Für die *Krankenversicherung* existiert ein Kennzahlenkatalog des PKV-Verbandes mit drei Blöcken:

- Kennzahlen zur *Sicherheit des Unternehmens und Finanzierbarkeit* der Beiträge im Alter (Eigenkapitalquote, RfB-Quote und die Überschussverwendungsquote),
- Kennzahlen zum *Erfolg und zur Leistung des Unternehmens* (die versicherungsgeschäftliche Ergebnisquote, die Schaden-, Verwaltungskosten- und Abschlusskostenquote sowie die Nettoverzinsung),
- Kennzahlen zum *Bestand und zur Bestandsentwicklung* (Bestands- und Wachstumskennzahlen).

Die Abbildung 9.5 zeigt den Kennzahlen-Katalog nach dem PKV-Verband:

Kennzahl	Definition	Kurzinterpretation
A1 Eigenkapitalquote	$\frac{\text{Eigenkapital}}{\text{verdiente Brutto-Beiträge}}$	Ausgleich kurzfristiger Verluste
A2 RfB-Quote	$\frac{\text{RfB}}{\text{verdiente Brutto-Beiträge}}$	Finanzierung der Beitragsrückerstattung und Möglichkeit zur Einflussnahme bei Beitragsanpassungen
A3 RfB-Zuführungsquote	$\frac{\text{RfB-Zuführung}}{\text{verdiente Brutto-Beiträge}}$	Anteil der Beitragseinnahmen eines Geschäftsjahres, der für Beitragsrückerstattung genutzt wird
A4 RfB-Entnahmeanteile	$\frac{\text{Einmalbeträge aus der RfB}}{\text{Gesamtentnahme aus der RfB}}$ $\frac{\text{Barausschüttung aus der RfB}}{\text{Gesamtentnahme aus der RfB}}$	Verwendung der RfB für Einmalbeiträge (dauerhafte Beitragsreduzierungen, Milderung von Beitragsanpassungen, Finanzierung von Leistungserhöhungen) oder Barausschüttungen
A5 Überschussverwendungsquote	$\frac{\text{Zuführung zur RfB + Betrag gem. § 12a VAG}}{\text{Rohergebnis nach Steuern}}$	Beteiligung der Versicherungsnehmer am wirtschaftlichen Gesamterfolg
B1 Versicherungsgeschäftliche Ergebnisquote	$\frac{\text{Versicherungstechnisches Ergebnis}}{\text{verdiente Brutto-Beiträge}}$	Zusammenfassende Betrachtung der Schaden- und Kostensituation des Versicherers (negativer Wert könnte Indiz für Beitragsanpassungen sein)
B2 Schadenquote	$\frac{\text{Schadenaufwand}}{\text{verdiente Brutto-Beiträge}}$	Umfang der Beitragseinnahmen, die in Versicherungsleistungen und Alterungsrückstellungen fließen
B3 Verwaltungskosten	$\frac{\text{Verwaltungsaufwendungen}}{\text{verdiente Brutto-Beiträge}}$	Beeinflussung z. B. durch Investitionen in Datenbewirtschaftung, Personalkosten
B4 Abschlusskostenquote	$\frac{\text{Abschlussaufwendungen}}{\text{verdiente Brutto-Beiträge}}$	Abhängig von Anteil an Neu- und Bestandsgeschäft (allerdings auch abhängig von der Art der Außendienststruktur sowie von Vertrieb, Marketing und Werbung)
B5 Nettoverzinsung	$\frac{\text{Kapitalanlageergebnis}}{\text{mittlerer Kapitalanlagebestand}}$	Sämtliche Erträge und Aufwendungen für bzw. aus Kapitalanlagen (d. h. inkl. Gewinne und Verluste aus dem Abgang von Kapitalanlagen sowie Ab- und Zuschreibungen auf Kapitalanlagen)
B6 Laufende Durchschnittsverzinsung	$\frac{\text{laufendes Kapitalanlageergebnis}}{\text{mittlerer Kapitalanlagebestand}}$	Regelmäßiges Kapitalanlageergebnis (current income)
C1 Bestandskennzahl	Bestandsgrößen und Marktanteile hinsichtlich Beitragseinnahmen und versicherte Personen	Information über Bestandsgröße und -struktur
C2 Wachstumskennzahl	Wachstumsraten hinsichtlich Beitragseinnahmen und versicherte Personen	Beurteilung der Wachstumssituation des Unternehmens

Abb. 9.5: Kennzahlenkatalog nach dem PKV-Verband

5 Die Sicht der Analysten

Für börsennotierte Unternehmen nimmt die Beurteilung der Kapitalmarktperformance durch Analysten einen zentralen Stellenwert ein. Die Aktienanalyse kann grundsätzlich auf zwei Arten erfolgen:

- Mit der *Fundamentalanalyse* wird eine Aktiengesellschaft auf Basis von Kennzahlen zu betriebswirtschaftlichen Daten bzw. zum ökonomischen Umfeld eines Unternehmens bewertet. Das Ergebnis ist meist die Festlegung eines Kursziels für das Unternehmen und die Abgabe einer Kauf- oder Verkaufsempfehlung für das analysierte Papier.
- Die technische Analyse (*Chartanalyse*) strebt auf Basis historischer Kursverläufe eine Vorhersage der künftigen Kursentwicklung an.

Die wichtigsten Kennzahlen der Fundamentalanalyse sind:

- Das *Ergebnis je Aktie* (earnings per share): Diese Kennzahl gibt an, welcher Teil des gesamten Unternehmensgewinns auf eine Aktie entfällt.
- Das *Kurs-Gewinn-Verhältnis* (price earning ratio): Die Kennzahl ergibt sich aus der Division des aktuellen Aktienkurses durch den Konzerngewinn je Aktie.
- Das *Kurs-Buchwert-Verhältnis* (price book value): Diese Kennzahl wird errechnet, indem man den aktuellen Aktienkurs durch den Buchwert je Aktie dividiert.
- Die *Marktkapitalisierung* (aktueller Börsenwert eines Unternehmens): Diese berechnet sich aus dem Produkt von Anzahl der Aktien und dem aktuellen Kurswert.

6 Grenzen der Jahresabschlussanalyse

Im Rahmen einer externen Jahresabschlussanalyse sollte stets beachtet werden, dass eine Aussage über die tatsächliche ökonomische Lage des Unternehmens nicht getroffen werden kann. Die begrenzte Aussagekraft der Bilanzanalyse lässt sich beispielhaft wie folgt begründen:

- Durch die isolierte Betrachtung hoch verdichteter Kennzahlen werden bewusst Detailinformationen ausgeblendet. Bilanzanalyse ist immer auf einen kleinen Ausschnitt der Gesamtlage des Unternehmens fokussiert. Eine Übertragung der gewonnen Erkenntnisse auf die Gesamtlage des Unternehmens (Induktion) führt zu häufig zu Fehlinterpretationen.
- Bilanzkennzahlen erlauben keine Aussage über Interdependenzen mit anderen Kennzahlen. Weder ist die Gewichtung einzelner Kennzahlen vorgegeben, noch sind Anzahl und Zusammenhang der einzubeziehenden Kennzahlen eindeutig.
- Die externe Rechnungslegung ist zweckgerichtet, d. h. die im Jahresabschluss gegebenen Informationen sind Regeln der Gewinnermittlung unterworfen. Damit lässt sich weder ein vollständiges Bild der Lage des Unternehmens gewinnen, noch ist eine Vergleichbarkeit zwischen einzelnen Unternehmen uneingeschränkt möglich.
- Externe Rechnungslegung basiert auf dem Grundprinzip der periodengerechten Er-

folgsermittlung. Erträge und Aufwendungen sind unabhängig von den entsprechenden Zahlungsströmen. Periodisierung in der Rechnungslegung verzerrt den Einblick in die Vermögens-, Finanz- und Ertragslage. Daneben liefert die Abbildung eines periodengerechten Gewinns eine unzureichende Prognosebasis für die zukünftige Entwicklung.

- Bilanzierung steht grundsätzlich unter dem Prinzip der Objektivierung, um möglichst vergleichbare Informationen zu vermitteln. Die ökonomische Realität wird dabei nicht ausreichend widergespiegelt.
- Bilanzierungssysteme ermöglichen den bilanzierenden Unternehmen stets Spielräume (Jahresabschlusspolitik), die eine vergleichende Analyse über die Zeit bzw. zu anderen Unternehmen einschränken.

Kapitel 10: Bilanzierung und Aufsichtsrecht

1 Bilanzierung und Solvency I

Bilanzierung ist bei Versicherungsunternehmen nicht nur für handelsrechtliche, kapitalmarktorientierte und steuerrechtliche Zwecke notwendig, sondern auch für die Belange der Versicherungsaufsicht. Die Versicherungsindustrie ist eine der weltweit am stärksten durch aufsichtsrechtliche Vorschriften regulierten Branchen. Die Regulierung dient in erster Linie dem Zweck, die Versicherungsnehmer zu schützen. Die Aufsichtsbehörden müssen sicherstellen, dass die Versicherungsunternehmen mit einer hohen Wahrscheinlichkeit ihren Verpflichtungen gegenüber den Versicherungsnehmern nachkommen können. Daher benötigen die Aufsichtsbehörden Informationen über die Solvenz der Versicherungsunternehmen.[417]

Zentral ist hierbei die Frage, wie die Solvenz von Versicherungsunternehmen bemessen werden kann und welches Rechnungslegungssystem verwendet werden soll, um die Eigenmittel, die einem Versicherungsunternehmen für die Erfüllung der aufsichtsrechtlichen Kapitalanforderungen zur Verfügung stehen, zu ermitteln.

Das derzeitige Solvabilitätsmodell noch Solveny I wird am Beispiel des deutschen Solvabilitätsmodells für Schaden-Unfall-Versicherungsunternehmen dargestellt, bei dem ein auf Kennzahlen gestütztes Modell verwendet wird. Die Risikolage des Versicherungsunternehmens wird anhand zweier Kennzahlen (Schaden- und Beitragsindex) gemessen und ergibt die sog. Soll-Solvabilität. Der Soll-Solvabilität werden die freien unbelasteten Eigenmittel des Unternehmens, die aus dem Eigenkapital abgeleitet werden, gegenübergestellt.

Als Grundlage für die Ermittlung des notwendigen Kapitals und für die Höhe der Eigenmittel des Unternehmens dient gemäß § 53c Abs. 4 VAG der HGB-Jahresabschluss des letzten Geschäftsjahres.

Es sind drei verschiedene Schwellenwerte bei der Messung der Soll-Solvabilität relevant: die Solvabilitätsspanne, der Garantiefonds und der Mindestgarantiefonds. Grundlage für den Beitragsindex sind gemäß § 1 Abs. 1 KapAusstV die Beiträge des letzten Geschäftsjahres und für den Schadenindex die durchschnittlichen Aufwendungen für Versicherungsfälle der letzten drei bzw. sieben Geschäftsjahre. Für die Berechnung der Solvabilitätsspanne ist der jeweils höhere Index zu verwenden.

417 Vgl. zu dieser Thematik insbesondere Hartung, Thomas [Eigenkapitalregulierung, 2007].

Notation:[418]

SI_n = Schadenindex im Jahr n
SD_n = Schadendurchschnitt der Jahre n, n–1, n–2
SbQ_n = Durchschnittliche Selbstbehaltsquote der Jahre n, n–1, n–2, minimal 50%
SA_n^b = Aufwendungen für Versicherungsfälle brutto
SA_n^n = Aufwendungen für Versicherungsfälle netto
SZ_n^b = Zahlungen für Versicherungsfälle brutto im Jahr n
SR_n^b = Schadenrückstellung brutto Ende Geschäftsjahr n
BI_n = Beitragsindex im Jahr n
B_n^b = Bruttobeiträge im Jahr n[419]
SSP_n = Solvabilitätsspanne im Jahr n.

Schadenindex

$$SI_n = \begin{cases} (0{,}26 \times SD_n) \times SbQ_n, & SD_n \le 40{,}3 \text{ Mio. €} \\ (0{,}23 \times SD_n) \times SbQ_n, & SD_n > 40{,}3 \text{ Mio. €} \end{cases}$$

mit

$$SbQ_n = \max\left(\frac{1}{3} \times \left(\frac{SA_n^n}{SA_n^b} + \frac{SA_{n-1}^n}{SA_{n-1}^b} + \frac{SA_{n-2}^n}{SA_{n-2}^b}\right); 0{,}5\right) \text{ und}$$

.

$$SD_n = \frac{\sum_{i=0}^{2} SZ_{n-i}^b}{3} + \frac{SR_n^b - SR_{n-3}^b}{3}$$

Beitragsindex

$$BI_n = \begin{cases} (0{,}18 \times B_n^b) \times SbQ_n, & B_n^b \le 57{,}5 \text{ Mio. €} \\ (0{,}16 \times B_n^b) \times SbQ_n, & B_n^b > 57{,}5 \text{ Mio. €} \end{cases};$$

Für bestimmte Versicherungssparten sind die Beiträge und die Aufwendungen um 50% zu erhöhen.

Solvabilitätsspanne

$$SSP_n = max\,(BI_n \times SI_n)$$

418 Die formale Abbildung der deutschen Solvabilitätsvorschriften basiert auf Schmeiser, Hato [Ansätze, 1997] in Verbindung mit KapAusstV 2009.

419 Der Beitragsindex errechnet sich anhand der gebuchten oder verdienten Bruttobeiträge. Maßgebend ist der jeweils höhere Betrag.

Weiterhin relevant ist der Garantiefonds, der gemäß § 53c Abs. 1 Satz 2 VAG ein Drittel der Solvabilitätsspanne beträgt. Dieser Garantiefonds wird durch eine Absolutgröße nach unten begrenzt, den sog. Mindestgarantiefonds.[420]

Der Soll-Solvabilität, die durch das Modell ermittelt wird, ist die Ist-Solvabilität, d. h. der Betrag an verfügbaren Mitteln zur Bedeckung der Soll-Solvabilität, gegenüberzustellen. In den gesetzlichen Regelungen ist die Ist-Solvabilität nicht mit dem Eigenkapital des Versicherungsunternehmens gleichzusetzen, es sind hier die sog. Eigenmittel maßgeblich. Diese sind in § 53c VAG definiert und umfassen für Schaden-Unfall-Versicherungsunternehmen:

- bei Aktiengesellschaften das Grundkapital abzüglich des Betrags der eigenen Aktien,[421] (§ 53c Abs. 3 Nr. 1 VAG),
- die Kapitalrücklage und die Gewinnrücklagen (§ 53c Abs. 3 Nr. 2 VAG),
- den sich nach Abzug der auszuschüttenden Dividenden ergebenden Gewinnvortrag (§ 53c Abs. 3 Nr. 3 VAG).

Weitere mögliche Eigenmittel nach § 53 Abs. 3 VAG sind:

- unter bestimmten Voraussetzungen Kapital, das gegen Gewährung von Genussrechten eingezahlt ist bzw. Kapital, das aufgrund nachrangiger Verbindlichkeiten eingezahlt ist,
- auf Antrag und mit Zustimmung der Aufsichtsbehörde die Hälfte des nicht eingezahlten Teils des Grundkapitals, des Gründungsstocks oder der bei öffentlich-rechtlichen Versicherungsunternehmen dem Grundkapital bei Aktiengesellschaften entsprechenden Posten, wenn der eingezahlte Teil 25 vom Hundert des Grundkapitals, des Gründungsstocks oder der bei öffentlich-rechtlichen Versicherungsunternehmen dem Grundkapital bei Aktiengesellschaften entsprechenden Posten erreicht,
- bei Versicherungsvereinen auf Gegenseitigkeit und nach dem Gegenseitigkeitsgrundsatz arbeitenden öffentlich-rechtlichen Versicherungsunternehmen, wenn sie nicht die Lebensversicherung oder die Krankenversicherung betreiben, die Hälfte der Differenz zwischen den nach der Satzung in einem Geschäftsjahr zulässigen Nachschüssen und den tatsächlich geforderten Nachschüssen (auf Antrag und mit Zustimmung der Aufsichtsbehörde),
- die stillen Nettoreserven, die sich aus der Bewertung der Aktiva ergeben, soweit diese Reserven keinen Ausnahmecharakter haben (auf Antrag und mit Zustimmung der Aufsichtsbehörde).

---

420 Dieser ist in der Kapitalausstattungsverordnung geregelt und variierte ursprünglich nach Sparte und damit der Art des versicherten Risikos. Derzeit beträgt er 3,5 Mio. Euro. Der Betrag vermindert sich auf 2,3 Mio. Euro für Unternehmen, die kein Geschäft in den folgenden Versicherungszweigen betreiben: Haftpflicht für Landfahrzeuge mit eigenem Antrieb, Luftfahrzeughaftpflicht, See-, Binnensee- und Flussschifffahrthaftpflicht, Allgemeine Haftpflicht, Kredit sowie Kaution.

421 Bei VVaG der eingezahlte Gründungsstock, bei öffentlich-rechtlichen Versicherungsunternehmen die dem Grundkapital bei Aktiengesellschaften entsprechenden Posten.

Von der Summe dieser Beträge sind der um die auszuschüttende Dividende erhöhte Verlustvortrag und die in der Bilanz ausgewiesenen immateriellen Werte, insbesondere ein aktivierter Geschäfts- oder Firmenwert gemäß § 246 Abs. 1 Satz 4 HGB abzuziehen (§ 53c VAG Abs. 3 Satz 3).

Insgesamt lässt sich feststellen, dass es eine Vielzahl an Kritikpunkten an dem derzeitigen Solvency I-Solvabilitätsmodell gibt, weshalb derzeit mit Solvency II eine Neugestaltung der aufsichtsrechtlichen Regelungen vorgenommen wird:[422]

- Das System beinhaltet eine Vielzahl isolierter Regelungen und Elemente, so dass eine betriebswirtschaftliche Würdigung und Bewertung des Solvabilitätssystems schwierig ist.
- Die Messung der Risikolage des Versicherungsunternehmens ist äußerst grob, denn das versicherungstechnische Risiko wird bei Schadenversicherern mit den absoluten Beträgen der Prämien oder Schäden für eigene Rechnung erfasst, was zwar technisch einfach, aber risikotheoretisch unzureichend ist.
- Die vollständige Berücksichtigung von Risiken ist nicht gegeben, so werden z. B. die Kapitalanlagerisiken überhaupt nicht berücksichtigt.
- Die numerischen Vorgaben wie Prozentzahlen in den Formeln für die Solvabilität sind risikotheoretisch nicht begründbar und nur als Kompromisslösung im Rahmen des politischen Entscheidungsablaufs erklärbar.
- Die begrenzte Anrechenbarkeit der Rückversicherung ist nicht der tatsächlichen Risikolage entsprechend, wenn die tatsächliche Entlastung beim Erstversicherer höher ist.
- Die Heranziehung der sog. Beitragsindizes als Kriterium für die Risikolage des Versicherungsunternehmens ist nicht immer realistisch, denn eine Beitragssteigerung durch Durchsetzung des Einbezuges hoher Sicherheitszuschläge vermindert das Risiko des Versicherungsunternehmens anstatt es zu erhöhen.
- Dem Modell liegt keine klare und einheitliche Eigenkapital- bzw. Eigenmitteldefinition zugrunde.[423] Dies wird am Beispiel des deutschen Solvabilitätssystems deutlich.
- Der Vergangenheitsbezug der Berechnungen kann zu Verwerfungen bei aktuellen Veränderungen führen.
- Eine Verbesserung des internen Risk-Management-Prozesses erfolgt bei der Anwendung der auf Kennzahlen basierenden Verfahren nicht.

Der Entwurf der Rahmenrichtlinie der EU fasst die Kritik kurz und prägnant zusammen mit der Aussage, dass die derzeitigen Regelungen veraltet und nicht risikoorientiert sind.[424]

---

422 Vgl. hierzu und im Folgenden Farny, Dieter [Versicherungsbetriebslehre, 2006] sowie Helten, Elmar; Hartung, Thomas [Modernisierung, 2004].

423 Vgl. KPMG [Study, 2002], S. 73.

424 Vgl. Europäische Union [Rahmenrichtlinie, 2007], S. 1.

2 Überblick über Solvency II

Um Regelungen zu entwickeln, die einen Großteil der oben beschriebenen Mängel überwinden, wurde von der EU-Kommission ein Projekt namens Solvency II initiiert. Dieses Projekt basiert auf einem sog. Drei-Säulen-Ansatz.

Nachdem inzwischen bereits mehrere Studien (Quantitative Impact Studies, QIS) in den Unternehmen der einzelnen Länder durchgeführt worden sind, hat das Europäische Parlament im November 2009 die Richtlinie über die Aufnahme und Ausübung der Versicherungs- und der Rückversicherungstätigkeit (2009/138/EG) verabschiedet und das Bundeskabinett im Februar 2012 den Entwurf des Zehnten Gesetzes zur Änderung des Versicherungsaufsichtsgesetzes beschlossen. Mit dem Gesetz soll die Richtlinie der Europäischen Union in deutsches Recht umgesetzt werden. Als zentrale Anforderungen sind in der Richtlinie benannt worden:

- Bei der Verwendung von Risikomodellen sind quantitative Vorschriften hinsichtlich der Bewertung der Vermögenswerte und Verbindlichkeiten sowie der versicherungstechnischen Rückstellungen, der Bewertung der Eigenmittel und der Bewertung der Solvenz- und Mindestkapitalanforderung zu beachten (Säule 1).
- Die Versicherer müssen über ein wirksames *governance system* verfügen, mit klarer Zuweisung und Aufteilung der Zuständigkeiten und einem funktionierenden System zur Informationsermittlung (Säule 2).
- Die Versicherer müssen die Anforderungen an die externe Berichterstattung erfüllen, sowohl gegenüber der Öffentlichkeit als auch gegenüber der Aufsicht (Säule 3).

Die EU-Richtlinie sah ursprünglich vor, dass die Umsetzung auf nationaler Ebene bis Ende Oktober 2012 erfolgt sein muss. Nach derzeitiger Entwurfslage – Stichwort *Omnibus*

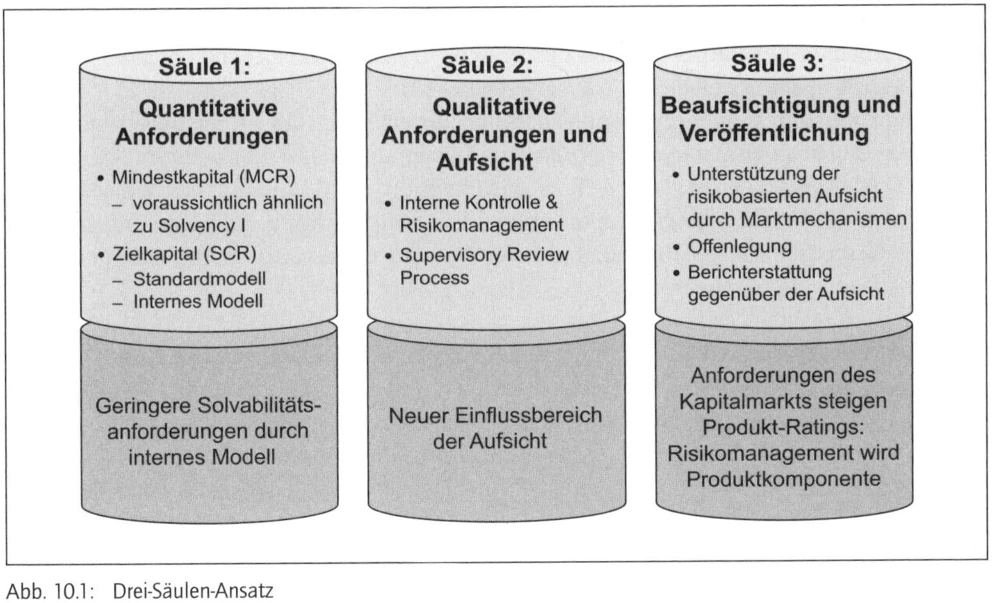

Abb. 10.1: Drei-Säulen-Ansatz

II-Richtlinie – ist eine Verschiebung der Umsetzung bis spätestens Ende März 2013 zu erwarten.

Die Details von Solvency II werden in sogenannten technischen Regulierungstandards (Level 2) sowie technischen Durchführungsstandards (Level 3) festgelegt. Die Level 2-Standards werden von der EU-Kommission herausgegeben und unterliegen der Zustimmungspflicht durch Rat und Parlament. Die Level 3-Standards werden von der Europäischen Aufsichtsbehörde für das Versicherungswesen und die betriebliche Altersversorgung (EIOPA) entwickelt.

Darüber hinaus kann EIOPA im Rahmen unverbindlicher Leitlinien und Empfehlungen weitere Konkretisierungen treffen. Zur Ausgestaltung der Level 2-Standards sind gegenwärtig ausschließlich die von CEIOPS an die EU-Kommission gegebenen finalen Empfehlungen öffentlich. Voraussichtlich auf der Basis eines Konzepts zur stufenweisen Umsetzung und Übergangsregelungen müssen die europäischen Versicherer die Vorschriften ab 1. Januar 2014 anwenden.

Säule 1

Die erste Säule umfasst das Thema finanzielle Ressourcen und legt quantitative Standards fest. Durch die Vorschriften der Säule I werden die Anforderungen an die Kapitalausstattung der Versicherungsunternehmen normiert.

- Versicherungsunternehmen haben stets über anrechnungsfähige Eigenmittel zur Bedeckung der *Solvenzkapitalanforderung* (solvency capital requirement, SCR) zu verfügen (§ 80 VAG-E)[425]. Die Solvenzkapitalanforderung entspricht nach § 88 Abs. 2 VAG-E dem ökonomischen Kapital, das die Insolvenzwahrscheinlichkeit auf 0,5 % begrenzt (value at risk Methode) und wird entweder gemäß einer Standardformel oder unter Verwendung eines internen Modells berechnet (§ 87 Abs. 1 VAG-E). Das SCR soll das tatsächliche Risikoprofil des Unternehmens widerspiegeln, wenigstens jedoch das versicherungstechnische Risiko (Nichtleben, Leben, Kranken), das Markt-, Kredit- und operationelle Risiko (§ 88 Abs. 3 VAG-E) bedecken und muss mindestens einmal jährlich berechnet und kontinuierlich überwacht werden (§ 89 Abs. 1 VAG-E).
- Zudem müssen Versicherungsunternehmen anrechnungsfähige Basiseigenmittel zur Bedeckung der *Mindestkapitalanforderung* (minimum capital requirement, MCR) besitzen (§ 80 Abs. 1 VAG-E). Das MCR ist das Eigenmittelniveau, unterhalb dessen die Interessen der Versicherungsnehmer ernsthaft gefährdet wären, falls das Unternehmen seine Geschäftstätigkeit fortsetzen dürfte. Sie wird vierteljährlich auf klare und einfache Art und Weise berechnet.

Geändert werden soll auch die Ermittlung der Eigenmittel. Dabei soll die Bewertung der Vermögenswerte nun auf fair value Basis erfolgen und nicht mehr nach HGB-Regeln. Dies betrifft vor allem auch die Bewertung der versicherungstechnischen Rückstellungen, deren Höhe starken Einfluss auf die Solvabilitätsanforderungen hat.

425 Vgl. Bundesfinanzministerium [Entwurf 2012]

Säule 2

Hier geht es vor allem um Anforderungen an ein *governance system* und das Risikomanagement von Versicherungsunternehmen. Die Rahmenrichtlinie zu Säule 2 beginnt mit allgemeinen Vorschriften und legt die Rolle der Aufsichtsbehörden fest. So haben die Mitgliedsstaaten dafür zu sorgen, dass den Aufsichtsbehörden die notwendigen Mittel an die Hand gegeben werden, um das Hauptziel der Beaufsichtigung, den Schutz der Versicherten, zu bewerkstelligen (Art. 27). Des Weiteren befasst sie sich mit allgemeinen Grundsätzen der Beaufsichtigung, der Transparenz und Rechenschaftspflicht, allgemeinen Aufsichtsbefugnissen, dem aufsichtsrechtlichen Überprüfungsverfahren und Kapitalaufschlägen. Letztlich zuständig für die Einhaltung der Richtlinie ist das Verwaltungs- und Managementorgan.

Konkretisiert werden weiterhin Anforderungen an die Geschäftsorganisation, indem allen Versicherungsunternehmen vorgeschrieben wird, über ein wirksames *governance system* zu verfügen, welches ein solides und vorsichtiges Management der Geschäftstätigkeit gewährleistet (Art. 41). Im Entwurf zum VAG wird der Geschäftsorganisation ein eigener Abschnitt (§ 24 VAG-E bis § 34 VAG-E) eingeräumt.

Eine wirksame Geschäftsorganisation muss die folgenden Anforderungen erfüllen:

- Vorhandensein eines wirksamen Risikomanagementsystems (§ 27 VAG-E), das die Strategien, Prozesse und Meldeverfahren umfasst, die erforderlich sind, um die eingegangenen oder potenziellen Risiken kontinuierlich auf Einzelbasis und aggregierter Basis sowie ihre Interdependenzen zu überwachen, handzuhaben und zu melden.
- Das *Risikomanagement* soll die Risiken abdecken, die in die Berechnung der Solvenzkapitalanforderung einzubeziehen sind, sowie die Risiken, die bei dieser Berechnung nicht vollständig erfasst worden sind. Abgedeckt werden müssen zumindest die Bereiche Risikoübernahme und Rücklagenbildung, Aktiv-Passiv-Management, Anlagen (insbesondere Derivate), Liquiditäts- und Konzentrationsmanagement sowie Rückversicherung und andere Risikominderungstechniken. Die Unternehmen schaffen nach § 27 Abs. 5 VAG-E eine »unabhängige Risikocontrollingfunktion«, die die Umsetzung des Risikomanagementsystems erleichtert. Falls das Unternehmen ein Voll- oder ein Teilmodell als internes Modell zur Ermittlung der Solvenzkapitalanforderung benutzt, entstehen Zusatzaufgaben, die durch diese Funktion abgedeckt werden müssen. Das sind Konzeption und Umsetzung, Testen, Validierung und Dokumentierung des internen Modells sowie Unterrichtung des Verwaltungs- oder Managementorgans über die Leistung des internen Modells und über die erzielten Verbesserungen.

Die (Rück-)Versicherungsunternehmen sollen nach § 31 VAG-E über eine wirksame *versicherungsmathematische Funktion (actuarial function)* verfügen. Diese ist damit betraut, die Berechnung der versicherungstechnischen Rückstellungen zu koordinieren, die Angemessenheit der verwendeten Methoden und Basismodelle zu gewährleisten, die Qualität und Hinlänglichkeit der zugrunde gelegten Daten zu bewerten und die bestmöglichen Schätzdaten mit Erfahrungswerten zu vergleichen. Zudem muss sie dem Verwaltungs- und Managementorgan über die Verlässlichkeit und Angemessenheit der Berechnung der Rückstellungen berichten und einen Beitrag zur wirksamen Umsetzung des Risikomanagementsystems leisten, insbesondere im Hinblick auf die Entwicklung interner Modelle, und zur Risiko- und Solvabilitätsbeurteilung. Es ist darauf zu achten, dass dies von Personen mit ausreichenden Kenntnissen in der Versicherungs- und Finanzmathematik ausgeführt wird.

Die Unternehmen müssen außerdem über ein wirksames *internes Kontrollsystem* (IKS) nach § 29 VAG-E verfügen, das mindestens Verwaltungs- und Rechnungslegungsverfahren, einen internen Kontrollrahmen, eine angemessene unternehmensinterne Berichterstattung auf allen Unternehmensebenen sowie eine Compliance-Funktion umfasst. Ob das interne Kontrollsystem des Unternehmens für seine Tätigkeit weiterhin ausreichend und angemessen ist, wird durch die Funktion *interne Revision* bewertet (§ 30 VAG-E). Außerdem prüft diese die gesamte Geschäftsorganisation auf ihre Angemessenheit und Wirksamkeit. Die interne Revision muss objektiv und von anderen operativen Tätigkeiten unabhängig sein und alle Erkenntnisse und Empfehlungen dem Verwaltungs- oder Managementorgan mitteilen.

Ein wesentlicher Bestandteil von Säule 2 ist ferner die *interne Bewertung des Risikos und der Solvabilität* (Own Risk and Solvency Assessment – ORSA). Nach § 28 VAG-E soll diese sowohl in die strategischen Entscheidungen des Unternehmens einfließen als auch der Aufsichtsbehörde wichtige Erkenntnisse über das Unternehmen liefern. Für die interne Bewertung des Risikos und der Solvabilität reicht ein einperiodiger Betrachtungszeitraum nicht aus. Vielmehr müssen die Risiken betrachtet werden, denen das Unternehmen in ihrer Geschäftsplanungsperiode ausgesetzt sein könnte (3–5 Jahre Planungshorizont). Die Bewertung umfasst

- eine Quantifizierung des nach unternehmenseigener Auffassung für den Geschäftsbetrieb erforderlichen Kapitals (unter Berücksichtigung neuer Risiken aus der Geschäftsplanung),
- eine Beurteilung, ob das Unternehmen die aufsichtsrechtlichen Kapitalanforderungen jederzeit einhalten kann; dazu ist ein Kapitalmanagement zu etablieren, das die Einhaltung der Eigenmittelanforderungen ständig sicherstellt,
- einen Abgleich des Risikoprofils des Unternehmens mit den Annahmen aus dem Standardmodell bzw. internem Modell, um festzustellen, ob sich wesentliche Abweichungen ergeben und damit das Risikoprofil durch die Standardformel oder das interne Modell nicht hinreichend abgebildet wird.

Durch die in »Säule 2« definierten qualitativen Elemente ergeben sich mit Solvency II neue Anforderungen an das Risikomanagement für Versicherungsunternehmen. Diese gehen weit über die bisherigen Anforderungen an die Risikofrüherkennung durch das KonTraG hinaus und haben die Verzahnung des Risikomanagements mit der Gesamtorganisation und der Unternehmenssteuerung als wesentliches Ziel.

Säule 3

Die dritte Säule behandelt Berichterstattung und Offenlegungspflichten. Dabei sollen Marktmechanismen die risikobasierte Aufsicht unterstützen. Es werden qualitative und quantitative Regelungen zur Offenlegung von Daten sowie Informationen zur Risikosituation und Solvabilität des Unternehmens geregelt. Dazu zählen beispielsweise Informationen über die Art der internen Kontrollen, über das Risikomanagement und das asset liabiltiy management, über die Durchführung risikopolitischer Maßnahmen und die Struktur der zur Solvabilitätsberechnung herangezogenen Eigenmittel. Auch soll dargelegt werden, welche Risiken vom Unternehmen identifiziert und kontrolliert werden.

In Säule 3 werden alle Regeln zur *Beaufsichtigung* und *Veröffentlichung* zusammengefasst. So schreiben die Mitgliedstaaten den Versicherungs- und Rückversicherungsunternehmen vor, den Aufsichtsbehörden diejenigen Informationen zu übermitteln, die für die Zwecke der Beaufsichtigung erforderlich sind (Art. 35). Des Weiteren schreiben sie die jährliche Veröffentlichung eines Berichts über ihre Solvabilität und ihre Finanzlage vor (§ 50 VAG-E). Dieser Bericht hat folgenden Angaben zu enthalten:

- eine Beschreibung der Geschäftstätigkeit und der Leistungen des Unternehmens,
- eine Beschreibung der Geschäftsorganisation und eine Bewertung seiner Angemessenheit für das Risikoprofil des Unternehmens,
- eine Beschreibung der Risikoexponierung, der Risikokonzentration, der Risikominderung und der Risikosensitivität, die für jede Risikokategorie gesondert vorzunehmen ist,
- eine Beschreibung der für die Vermögenswerte, die versicherungstechnischen Rückstellungen und sonstigen Verbindlichkeiten verwendeten Bewertungsgrundlagen und -methoden mit Erläuterung der Hauptunterschiede zur bilanziellen Bewertung im Jahresabschluss sowie
- eine Beschreibung des Kapitalmanagements unter Angabe zumindest folgender Bestandteile: Angabe von Struktur, Betrag und Qualität der Eigenmittel, des Betrages des MCR und des SCR, der Hauptunterschiede zwischen der Standardformel und jedem internen Voll- bzw. Teilmodell und des Betrages für die Nichteinhaltung des MCR oder der wesentlichen Nichteinhaltung des SCR sowie deren Ursprung, Konsequenzen und ergriffene Abhilfemaßnahmen.

Zur Beschreibung der Eigenmittel gehören eine Analyse aller wesentlichen Veränderungen im Vergleich zum Vorjahresberichtszeitraum, eine Erläuterung aller größeren Unterschiede in Bezug auf den Wert der Eigenmittelbestandteile im Jahresabschluss und eine kurze Darstellung der Übertragbarkeit des Kapitals.

Diese Vorschriften sorgen für mehr Transparenz für alle Marktteilnehmer. Es profitieren folglich nicht nur die Aufsichtsbehörden, sondern auch die Versicherungsnehmer, Rating-Agenturen, Investoren und andere Stakeholder des Versicherungsunternehmens von Solvency II.

3 Berechnung der Kapitalanforderung unter Solvency II

3.1 Modelle der Kapitalanforderungen

Es gibt grundsätzlich drei verschiedene Möglichkeiten, unter Solvency II die Kapitalanforderungen zu ermitteln:
- Standardmodell,
- Partialmodell,
- internes Modell.

Mit Hilfe der Quantitative Impact Studies (QIS) sollen die quantitativen Auswirkungen von Solvency II und die praktische Implementierbarkeit der erarbeiteten Vorschläge ermittelt werden. QIS wird auf nationaler Ebene von der jeweiligen Aufsichtsbehörde durchgeführt (in Deutschland durch die BaFin), wobei sich interessierte Unternehmen dort direkt anmelden.

Ein wichtiger Aspekt bei QIS II war die Ausgestaltung des Standardmodells und die Diskussion alternativer Berechnungsmethoden für das SCR. Bei QIS III, welches zwischen April und Juni 2007 stattfand, lag der Schwerpunkt auf der Kalibrierung des bei Solvency II verwendeten Standardmodells. QIS IV folgte dann in 2008, wobei das SCR – falls vorhanden – neben dem Standardmodell nach einem internen Modell berechnet werden sollte. Auf nationaler Ebene wurden zudem in QIS IVb Auswirkungsstudien in 2009 durchgeführt. QIS V folgte 2010 mit weiteren Modelladjustierungen und verschärften Anforderungen aus der Finanzmarktkrise.

3.2 Standardmodell

Das Standardmodell wird im Folgenden anhand des Beispiels der Standardformel in QIS V dargestellt[426]. Zusätzlich zu QIS V hat der GDV im Jahr 2012 auf deutscher Ebene eine Berechnung mit einem Standardmodell durchgeführt, die als QIS VI bezeichnet wird. Die Standardformel in QIS V zur Berechnung der SCR ist nach dem Baukastenprinzip konstruiert. Sie berücksichtigt Diversifikationseffekte innerhalb jedes Risikomoduls und während des Aggregationsprozesses.

Als Risikomaß wird bei QIS V der value at risk verwendet, also der Betrag, der benötigt wird, um mit einer Wahrscheinlichkeit von 99,5 % die Schwankung der Eigenmittel über einen Zeitraum von einem Jahr abzufangen.

Gemäß Art. 102 ist die *Solvenzkapitalanforderung* (SCR) die Summe aus der Basissolvenzkapitalanforderung (BSCR), der Kapitalanforderung für das operationelle Risiko (SCR_{op}) und den Anpassungen aufgrund Risiko mindernder Effekte von versicherungstechnischen Rückstellungen und latenten Steuern (Adj). Dies wird im Folgenden anhand des Beispiels von QIS V dargestellt.

---

426 Vgl. CEIOPS [QIS V, 2010].

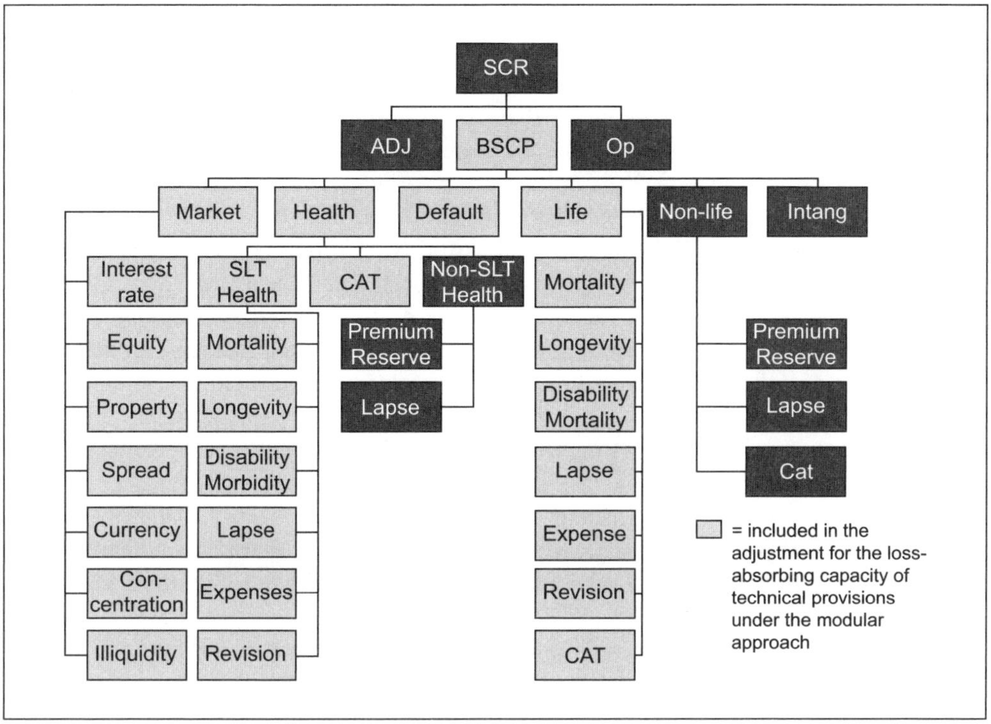

Abb. 10.2: Struktur der Risiken im Standardmodell QIS V

Für die *Basissolvenzkapitalanforderung* werden die Kapitalbeträge für das Versicherungstechnische Risiko Nichtleben (SCR_{nl}), das versicherungstechnische Risiko Leben (SCR_{life}), das versicherungstechnische Risiko Kranken (SCR_{health}), das Kontrahentenausfallrisiko (SCR_{def}), das Marktrisiko (SCR_{mkt}) und das Risiko für immaterielle Vermögensgegenstände (SCR_{int}) benötigt.

Mit diesen Inputfaktoren lässt sich die BSCR mit folgender Formel berechnen:

$$BSCR = \sqrt{\sum_{r,c} CorrSCR_{r,c} \times SCR_r \times SCR_c} + SCR_{int}.$$

Dabei ist CorrSCR eine festgelegte Matrix, welche die Korrelationskoeffizienten der einzelnen Risikoarten vorschreibt.

Im Folgenden wird ein Überblick über die einzelnen Komponenten dargestellt, aus welchen sich die Basissolvenzkapitalanforderung zusammensetzt. Dabei ist zu beachten, dass diese Komponenten mit Ausnahme von SCR_{def} und SCR_{int} wiederum aus mehreren Einzelrisiken bestehen, welche teilweise unter Berücksichtigung von Korrelation aggregiert werden.

Die einzelnen Kapitalbeträge werden durch Szenarien (vor allem bei den Marktrisiken und den Risiken der Versicherungstechnik in Leben) berechnet, bei anderen Teilrisiken auch durch vorgegebene Formeln.

- Das *Marktrisiko* (SCR_{mkt}) setzt sich zusammen aus Immobilienrisiko, Zinsrisiko, Aktienrisiko, Währungsrisiko, Spreadrisiko, Konzentrationsrisiko und Zahlungsunfähigkeitsrisiko. Am Beispiel des Immobilienrisikos wird ein Szenario dargestellt, das zu der Kapitalanforderung führt: Das *Immobilienrisiko* (Mkt_{prop}) ist definiert als die Veränderung des Nettovermögenswertes des Unternehmens unter der Bedingung, dass die Grundstücke und Gebäude 25 % ihres Wertes verlieren (Immobilien-Markt-Schock). Dieses Szenario wird betrachtet unter der Annahme, dass die Gewinnbeteiligungen unverändert bleiben. Für alle sieben Risikoarten wird unter Verwendung solcher vorgegebener Szenarien das jeweilige Risiko ermittelt. Gleichzeitig zu dem Szenario-Schock erfolgt ein Zinsschock (also eine Aufwärts- bzw. Abwärtsbewegung der Zinskurve). Für beide Szenarien wird jeweils die Solvenzkapitalanforderung ermittelt.
  Das Marktrisiko ergibt sich schließlich als deren Maximum:

$$SCR_{mkt} = \max \left\{ \begin{array}{c} \sqrt{\sum_{r,c} CorrMktUp_{r,c} \times Mkt_{up,r} \times Mkt_{up,c}} \, ; \\ \sqrt{\sum_{r,c} CorrMktDown_{r,c} \times Mkt_{down,r} \times Mkt_{down,c}} \end{array} \right\},$$

  wobei CorrMktUp und CorrMktDown jeweils vorgegebene Matrizen sind und $Mkt_{up,r}$ (bzw. $Mkt_{down,r}$) das jeweilige Risiko unter einer Verschiebung der Zinskurve nach oben (bzw. nach unten).
- Das *Kontrahentenausfallrisiko* (SCR_{def}) behandelt den möglichen Ausfall eines Risikominderungskontrahenten wie z. B. einer Rückversicherung oder Finanzderivate. Die möglichen Gefahren werden anhand von Diversifikationsmerkmalen in zwei Typen (Typ 1 und 2) aufgeteilt. Auf der Basis der Ersatzkosten, welche im Falle eines Ausfalls des Kontrahenten entstehen würden, und der Ausfallwahrscheinlichkeiten, welche u. a. vom externen Rating abzuleiten sind, wird das jeweilige Risiko für die beiden Typen getrennt berechnet. Das Kontrahentenausfallrisiko SCR_{def} berechnet sich schließlich durch:

$$SCR_{def} = \sqrt{SCR_{def,1}^2 + 1{,}5 \times SCR_{def,1} \times SCR_{def,2} + SCR_{def,2}^2}\,.$$

- Das *Risiko für Versicherungstechnik Nichtleben* (SCR_{nl}) setzt sich zusammen aus dem Prämien- und Reserverisiko (NL_{pr}), aus dem Stornorisiko (NL_{lapse}) und aus dem Katastrophenrisiko (NL_{cat}). Aufgrund der Annahme von Korrelationen berechnet sich hieraus SCR_{nl} durch

$$SCR_{nl} = \sqrt{\sum_{r,c} CorrNL_{r,c} \times NL_r \times NL_c}\,.$$

- Das *Risiko für Versicherungstechnik Leben* setzt sich aus Langlebigkeitsrisiko ($Life_{long}$), Invaliditätsrisiko ($Life_{dis}$), Stornorisiko ($Life_{lapse}$), Sterblichkeitsrisiko ($Life_{mort}$), Betriebskostenrisiko ($Life_{exp}$), Revisionsrisiko ($Life_{rev}$) und Katastrophenrisiko ($Life_{cat}$) zusammen. Hier wird wieder angenommen, dass diese einzelnen Risikoarten z. T. korreliert sind. Folglich berechnet sich SCR_{life} durch

$$SCR_{life} = \sqrt{\sum_{r,c} CorrLife_{r,c}\, xLife_r\, xLife_c}\,.$$

- Das *versicherungstechnische Risiko Kranken* (SCR_h) setzt sich zusammen aus dem Risiko für Krankenversicherungsverpflichtungen, die nach Art der Lebensversicherung betrieben werden ($Health_{SLT}$), die nach Art der Schaden- Unfallversicherung betrieben werden ($Health_{NonSLT}$), und aus dem Katastrophenrisiko ($Health_{Cat}$). Unter Berücksichtigung einer vorgegebenen Korrelationsmatrix CorrHealth berechnet sich SCR_h zu:

$$SCR_h = \sqrt{\sum_{r,c} CorrHealth_{r,c} \times Health_r \times Health_c}.$$

- Das *Risiko für immaterielle Vermögensgegenstände* ist gegeben durch

$$SCR_{int} = 0{,}8 \times IA,$$

  wobei IA den fair value immatrieller Vermögensgegenstände – sofern dieser ermittelbar ist – bezeichnet.

Zusammenfassend lässt sich sagen, dass das Standardmodell ein einheitliches Risikomaß und einen einheitlichen Zeithorizont verwendet, auf Basis ökonomischer Prinzipien bewertet und prinzipiell Diversifikations- und Entlastungseffekte berücksichtigt. Es unterstützt allerdings nicht bei der Analyse des individuellen Risikoprofils, da es oft nur ein einziges Szenario kalkuliert und nicht ausreichend mehrjährige Aspekte beinhaltet. Des Weiteren kann es nicht auf organisatorische Besonderheiten einzelner Unternehmen abgestimmt werden. Es kann keine unternehmensspezifische Abhängigkeitsmuster liefern und Entlastungseffekte, beispielsweise durch Rückversicherungen, nicht exakt berücksichtigen.

Die Kalibrierung des Standardmodells ist aber von größter Bedeutung für die »Strenge« der Kapitalanforderungen und erhöht oder verringert den Druck, zu internen oder Partialmodellen zu wechseln.

3.3 Interne Voll- und Teilmodelle

Unter Solvency II gibt es noch zwei weitere Modellkonzepte, die in Genauigkeit, aber auch in Komplexität und Aufwand der Standardformel überlegen sind und breitere Einsatzmöglichkeiten bieten. Im Gegenzug sind sie mit höherer Komplexität und mehr Aufwand verbunden. Im Partialmodell werden Teile des Standardansatzes an die Unternehmensstruktur angepasst, während im internen Modell die Risikomessung voll unternehmensspezifisch durchgeführt wird. Dies hat den Vorteil, dass diese Modelle nicht nur, wie das Standardmodell, für Aufsichtszwecke, sondern auch zur Steuerung der Rückversicherung, zum Kapitalmanagement und, zumindest das interne Modell, zur Unternehmensplanung und -steuerung genutzt werden können.

Die Rahmenrichtlinie bzw. § 106–112 VAG-E zu Säule 1 stellen auch Anforderungen an Partial- und volle interne Modelle:

- Nach § 104 Abs. 1 VAG-E ist der Vorstand selbst für den Antrag auf Verwendung des internen Modells verantwortlich. In diesem übermitteln die (Rück)Versicherungsun-

ternehmen zumindest die Unterlagen, aus denen hervorgeht, dass das interne Modell folgenden Anforderungen genügt:
- Die Unternehmen haben nachzuweisen, dass das interne Modell im Unternehmen verwendet wird und in der Geschäftsorganisation eine wichtige Rolle spielt (»Verwendungstest«, § 106 VAG-E).
- Das Modell muss statistische Qualitäts-, Kalibrierungs- und Validierungsstandards erfüllen (§§ 108, 109, 111 VAG-E).
- Die Unternehmen haben die Konzeption und die operationellen Einzelheiten ihres internen Modells zu dokumentieren (§ 112 VAG-E).

- Wenn Versicherungsunternehmen nach der Erteilung der aufsichtsbehördlichen Genehmigung zur Verwendung eines internen Modells nicht mehr die Anforderungen der §§ 106 bis 112 VAG-E erfüllen, müssen sie nach § 105 Abs. 1 VAG-E der Aufsichtsbehörde unverzüglich einen Plan vorlegen, wie die Anforderungen innerhalb eines angemessenen Zeitraums wieder eingehalten werden können, oder den Nachweis erbringen, dass die Nichteinhaltung der Anforderungen sich nur unwesentlich auswirkt.
- Wird der Plan nicht ordnungsgemäß umgesetzt, kann die Aufsichtsbehörde zur Berechnung der Solvabilitätskapitalanforderung die Rückkehr zur Standardformel anordnen (§ 105 Abs. 2 VAG-E).
- Weicht das Risikoprofil des Versicherungsunternehmens wesentlich von den Annahmen ab, die der Berechnung mit der Standardformel zugrunde liegen, kann die Aufsichtsbehörde anordnen, dass das Versicherungsunternehmen ein internes Modell zur Berechnung der Solvabilitätskapitalanforderung oder der relevanten Risikomodule dieser Anforderung innerhalb eines angemessenen Zeitraums entwickelt und verwendet (§ 87 Abs. 2 VAG-E).

4 Bilanzierung und Solvency II

4.1 Grundsätze für die Ermittlung der Eigenmittel

Der Zusammenhang zwischen der Bilanzierung und Solvency II wird am engsten bei der Fragestellung sichtbar, mit welchen Bilanzierungsnormen die verfügbaren Eigenmittel gemessen werden sollen.[427] Diese Eigenmittel hat das Unternehmen zur Verfügung, um die Kapitalanforderungen zu erfüllen.

Während Solvency I die Kapitalanforderungen mit Eigenmitteln vergleicht, die auf dem deutschen Handelsrecht (HGB) basieren, findet hier mit Solvency II ein Paradigmenwechsel statt. Das neue aufsichtsrechtliche Regelwerk basiert auf dem Grundgedanken, die Kapitalanforderungen, die aus den Modellen resultieren, mit Eigenmitteln zu vergleichen, die auf einer *fair value Bilanz* basieren (*market value balance sheet*).

---

427 Vgl. zum Zusammenhang zwischen Solvency und Bilanzierung vor allem Sauer, Roman [Gestaltung, 2006].

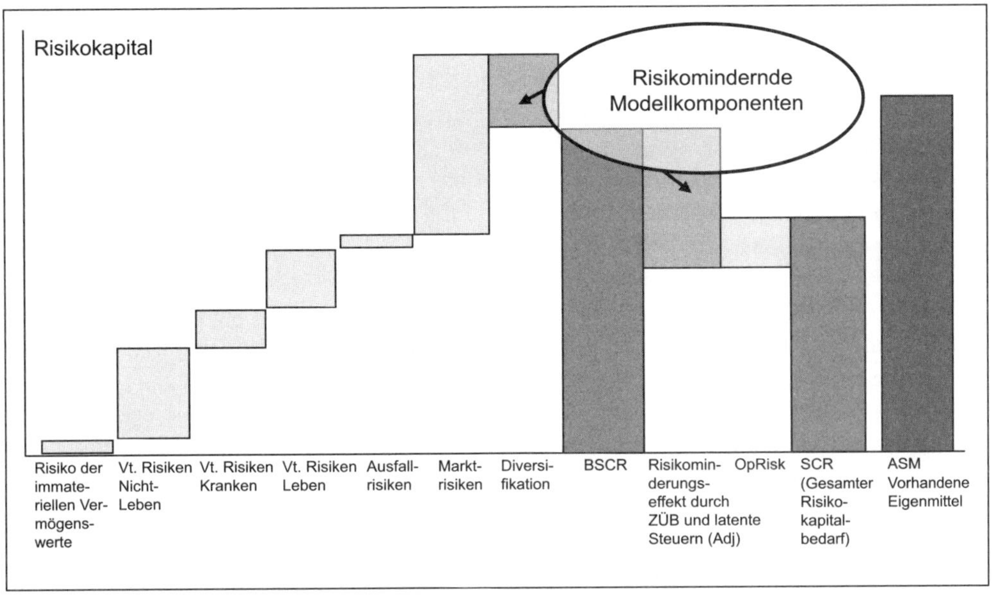

Abb. 10.3. Vergleich Solvenzanforderungen und Eigenmittel

Dies hat zweierlei Konsequenzen:

- Die Unternehmen sind nun gezwungen, regelmäßig fair value Bilanzen zu erstellen. Dies ist insbesondere für die vielen mittelgroßen und kleinen Versicherungsunternehmen, die bisher nur die Vorschriften des deutschen Handelsrechtes und nicht zusätzlich noch der IFRS anwenden mussten, eine große zusätzliche Herausforderung.
- Das aus der fair value Bilanz resultierende Eigenkapital ist gemäß Definition sehr volatil, d.h. abhängig von Veränderungen wie beispielsweise der Zins- und Aktienkursentwicklungen. Insbesondere die Entwicklung der Zinsstrukturkurve hat große Auswirkungen auf die Entwicklung des Eigenkapitals bei Lebensversicherungsunternehmen, die in langfristige (Garantie-)produkte investieren. Dies bringt Fragestellungen der Überwachung und der »volatilen« Strenge des Aufsichtssystems mit sich, die als noch nicht gelöst beschrieben werden können.

Die Anforderungen der Säule 1 von Solvency II beruhen auf dem wirtschaftlichen Gesamtbilanzansatz. Bei diesem Ansatz wird davon ausgegangen, dass die verfügbaren finanziellen Mittel von Versicherungs- und Rückversicherungsunternehmen ihren Finanzbedarf insgesamt decken sollten. Als Konsequenz dieses Ansatzes gilt der Grundsatz:

Anrechnungsfähige Eigenmittel (auf fair value Basis) $\geq$ Solvenzkapitalanforderung

Eigenmittel sind verfügbare Finanzmittel, die als Risikopuffer dienen und finanzielle Verluste auffangen können. Sie sind gemäß § 80 Abs. 2 VAG-E die Summe aus Basiseigenmitteln (also Bestandteilen der Bilanz) und ergänzenden Eigenmitteln:

- Die Basiseigenmittel setzen sich aus dem Überschuss der Vermögenswerte über die Verbindlichkeiten abzüglich des Betrages der eigenen Aktien in der Solvabilitätsübersicht und den nachrangigen Verbindlichkeiten zusammen.
- Die ergänzenden Eigenmittel bestehen aus nicht zu Basiseigenmitteln zählenden Bestandteilen (z.B. nicht-eingefordertes Kapital, Nachschussverpflichtungen bei Versicherungsvereinen, Kreditbriefe und Garantien) und können zum Auffangen von Verlusten herangezogen werden. Ihre Bestimmung bedarf der vorherigen aufsichtlichen Genehmigung (§ 81 Abs. 1 VAG-E).

In den §§ 69ff. VAG-E sind die Grundsätze für die Ermittlung der Vermögenswerte und Verbindlichkeiten zur Ermittlung der Basiseigenmittel ausgehend von der IFRS-Definition für den beizulegenden Zeitwert festgelegt:[428]

- Vermögenswerte werden mit dem Betrag bewertet, zu dem sie zwischen sachverständigen, vertragswilligen und voneinander unabhängigen Geschäftspartnern getauscht werden können.
- Die Verpflichtungen werden mit dem Betrag bewertet, zu dem sie zwischen sachverständigen, vertragswilligen und voneinander unabhängigen Geschäftspartnern übertragen oder abgerechnet werden können. Bei der Bewertung der Verpflichtungen wird keine Berichtigung zwecks Berücksichtigung der Bonität des Versicherungsunternehmens vorgenommen.

Dies führt zu folgenden Zusammenhängen mit IFRS:

- Die Bewertung der Vermögenswerte und Schulden erfolgt grundsätzlich in Einklang mit der Definition des fair value aus den IFRS, solange nicht explizit etwas anderes gefordert ist.
- Dies bedeutet nicht, dass die Unternehmen eine IFRS Bilanz aufzustellen haben, denn IFRS hat hinsichtlich der Bewertungsvorschriften eine Reihe von Ausnahmen von der fair value Bewertung, beispielsweise bei Wertpapieren, die bis zur Endfälligkeit gehalten werden. Für eine detaillierte Darstellung der Unterschiede zwischen IFRS und Solvency II, dargestellt für die einzelnen Bilanzposten, wird auf die Technical Specifications von QIS V verwiesen.[429] Weitere Unterschiede ergeben sich auch aus unterschiedlichen Wesentlichkeitskonzepten, da die Ausführungen zur Proportionalität bei Solvency II nicht als deckungsgleich mit dem Wesentlichkeitsprinzip bei IFRS angesehen werden können. Hier wird sich in den nächsten Jahren die Auslegung noch konkretisieren.
- Einer der größten und sehr wesentlichen Unterschiede zu den IFRS stellt die Bewertung der versicherungstechnischen Rückstellungen dar, für die es bisher noch keinen eigenen IFRS gibt, der eine einheitliche Bewertung von Versicherungsveträgen regelt.[430] Dies wird im Abschnitt 4.2. im Detail dargestellt werden.

---

428 Europäische Union [Rahmenrichtlinie, 2009], Artikel 75.

429 Vgl. CEIOPS [QIS V, 2010], Seite 10ff. Dort wird für jeden Bilanzposten ein Überblick über den Unterschied zwischen der Bewertung nach den IFRS und der Bewertung nach der für Solvency II Zwecke erfolgten Interpretation bei QIS 5 dargestellt. Ein Beispiel für Unterschiede sind beispielsweise Firmenwerte nach IFRS 3, die bei Solvency II mit Null zu bewerten sind.

430 Vgl. zur Entwicklung eines IFRS für Versicherungsverträge Kapitel 3.

- Eine große Herausforderung in diesem Zusammenhang stellt zudem die Erklärung von Unterschieden zwischen fair value Bilanz und lokalem Handelsrecht gegenüber der Öffentlichkeit und der Aufsicht dar.

Insgesamt bleibt festzuhalten, dass die Solvency II-fair value-Bilanz die Ideen einer vollständigen Bewertung aller Vermögenswerte und Schulden mit einem fair value deutlich strenger umsetzt als in den IFRS. Denn in den IFRS gibt es eine Vielzahl von Ausnahmen der Bewertung auf Basis des fair value; diese Ausnahmen existieren in der Säule III nicht. Letztlich basiert die Solvency II-Bilanz auf der Definition des fair value der IFRS, wendet dieses Bewertungskonzept jedoch deutlich konsequenter an.

4.2 Grundsätze für die versicherungstechnischen Rückstellungen

Für die Ermittlung der beizulegenden Zeitwerte der Aktiva gibt es u. a. mit IAS 39 schon länger gebräuchliche Konzepte aus der internationalen Rechnungslegung. Für die Bewertung der versicherungstechnischen Rückstellungen gibt es noch keinen entsprechenden IFRS. In Einklang mit IFRS 4 werden versicherungstechnische Rückstellungen in der Praxis von deutschen Versicherungsunternehmen entweder basierend auf den Vorschriften des deutschen Handelsrechts oder der US-GAAP bewertet. Vor diesem Hintergrund und der konkreten Erwartung, dass Solvency II früher in Kraft treten wird als ein IFRS, der die Bewertung der versicherungstechnischen Rückstellungen auf fair value Basis regelt, müssen für Solvency II Zwecke eigenständige Überlegungen angestellt werden, wie Bewertungsvorschriften für die versicherungstechnischen Rückstellungen aussehen können.[431]

Daher sind in §§ 70ff. VAG-E detaillierte Vorschriften für die Bewertung der versicherungstechnischen Rückstellungen vorgegeben:

Allgemeine Bestimmungen zur Bewertung der versicherungstechnischen Rückstellungen sind in § 70 VAG-E enthalten:

- In der Solvabilitätsübersicht sind für sämtliche Versicherungsverpflichtungen gegenüber Versicherungsnehmern und Anspruchsberechtigten versicherungstechnische Rückstellungen zu bilden. Diese sind auf vorsichtige, verlässliche und objektive Art und Weise zu berechnen.
- Bei der Berechnung der versicherungstechnischen Rückstellungen segmentieren die Versicherungsunternehmen ihre Versicherungsverpflichtungen in homogene Risikogruppen, die zumindest nach Geschäftsbereichen getrennt sind.
- Der Wert der versicherungstechnischen Rückstellungen entspricht dem aktuellen Betrag, den Versicherungsunternehmen zahlen müssten, wenn sie ihre Versicherungsverpflichtungen unverzüglich auf ein anderes Versicherungsunternehmen übertragen würden (Veräußerungsmarktperspektive).

431 Vgl. allgemein Ngyen, Tristan; Grosche, Sascha [Perspektive, 2011].

- Die Berechnung der versicherungstechnischen Rückstellungen erfolgt unter Berücksichtigung der von den Finanzmärkten bereitgestellten Informationen sowie allgemein verfügbarer Daten über versicherungstechnische Risiken und hat mit diesen konsistent zu sein (Marktkonsistenz).
- Bei der Berechnung der versicherungstechnischen Rückstellungen sind die in § 69 Absatz 3 VAG-E genannten Grundsätze (exit value, keine Berücksichtigung der Bonität) zu beachten.

Die Berechnung der versicherungstechnischen Rückstellungen wird in §§ 71ff VAG-E konkretisiert. Der Wert der versicherungstechnischen Rückstellungen hat der Summe aus einem *besten Schätzwert* und einer *Risikomarge* zu entsprechen:

- Der beste Schätzwert entspricht dem wahrscheinlichkeitsgewichteten Durchschnitt zukünftiger cash flows unter Berücksichtigung des Zeitwerts des Geldes (erwarteter Gegenwartswert künftiger cash flows) und unter Verwendung der relevanten risikofreien Zinskurve. Die Berechnung des besten Schätzwertes hat auf der Grundlage aktueller und glaubwürdiger Informationen sowie realistischer Annahmen zu erfolgen und stützt sich auf angemessene versicherungsmathematische Methoden. Bei der zur Berechnung des besten Schätzwertes verwendeten cash flow Projektion werden alle ein- und ausgehenden cash flows berücksichtigt, die bei der Abwicklung der Versicherungs- und Rückversicherungsverbindlichkeiten während ihrer Laufzeit anfallen.
  Der beste Schätzwert wird brutto berechnet, d. h. ohne Abzug der von Rückversicherungsverträgen und Zweckgesellschaften einzufordernden Beträge. Diese werden gemäß § 76 VAG-E gesondert berechnet.
- Die Risikomarge hat dergestalt zu sein, dass sichergestellt wird, dass der Wert der versicherungstechnischen Rückstellungen dem Betrag entspricht, den die Versicherungs- und Rückversicherungsunternehmen fordern würden, um die Versicherungs- und Rückversicherungsverpflichtungen übernehmen und erfüllen zu können. Die Ermittlung erfolgt auf der Basis der Cost of Capital-Methode.
- Die Versicherungs- und Rückversicherungsunternehmen nehmen eine getrennte Bewertung des besten Schätzwertes und der Risikomarge vor. Können künftige cash flows in Verbindung mit Versicherungs- oder Rückversicherungsverbindlichkeiten jedoch anhand von Finanzinstrumenten nachgebildet werden, für die ein Marktwert direkt zu ermitteln ist, wird der Wert der versicherungstechnischen Rückstellungen auf Grundlage des Marktwerts dieser Finanzinstrumente bestimmt. In diesem Fall sind gesonderte Berechnungen des besten Schätzwerts und der Risikomarge nicht erforderlich (vgl. Artikel 77 Abs. 4 der Richtlinie 2009/138/EG der Europäischen Kommission).
- Nehmen die Versicherungs- und Rückversicherungsunternehmen eine gesonderte Bewertung des besten Schätzwerts und der Risikomarge vor, wird die Risikomarge unter Bestimmung der Kosten, die für die Bereitstellung eines Betrags an anrechnungsfähigen Eigenmitteln erforderlich sind, berechnet. Dieser Betrag hat der Solvabilitätskapitalanforderung zu entsprechen, die für die Bedeckung der Versicherungs- und Rückversicherungsverpflichtungen während deren Laufzeit erforderlich ist. Dafür ist der

Beispiel 10.1:[432]

In QIS III wurde für die Bewertung der versicherungstechnischen Rückstellungen die sog. Cost-of-Capital-Methode getestet, die den Grundsätzen von Art. 75 entspricht:
Es ergeben sich bei der Berechnung der Risikomarge drei Rechenschritte:
1. Man bestimmt das SCR (Kapitalanforderungen) für die Jahre *1, 2, ...* bis zur endgültigen Abwicklung des Portfolios. (Das SCR für das Jahr *0* entspricht dem Kapitalbedarf, den das Unternehmen gegenwärtig hat und muss exakt auf Basis des Standardmodells ermittelt werden.) Auch die Ermittlung der SCR für die Jahre *1,2, ...* sollte grundsätzlich mit der gleichen Methode erfolgen.
2. Man multipliziert jeden der zukünftigen SCR durch den cost of capital Faktor (beispielsweise 6 % über dem risikofreien Zinssatz), um die Kosten für das Halten der künftigen Kapitalbeträge zu berechnen.
3. Diskontierung der oben berechneten Beträge mit dem risikofreien Zinssatz.

Schritte zur Ermittlung der Risikomarge beim CoC-Ansatz

1 Projektion der SCR für zukünftige Jahre bis zur Abwicklung des Portfolios

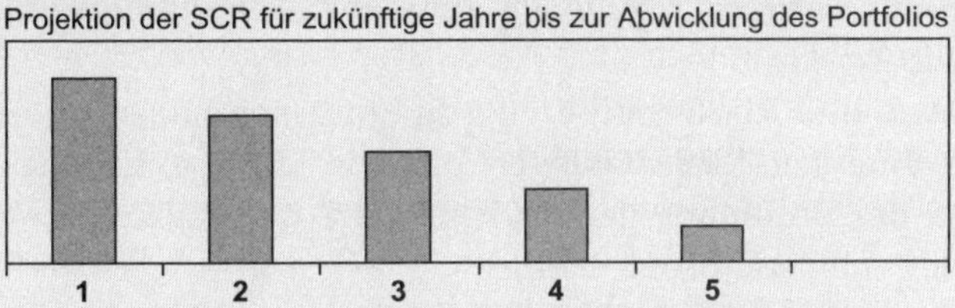

2 Bestimmung der Kapitalkosten, um die zukünftigen SCR vorzuhalten

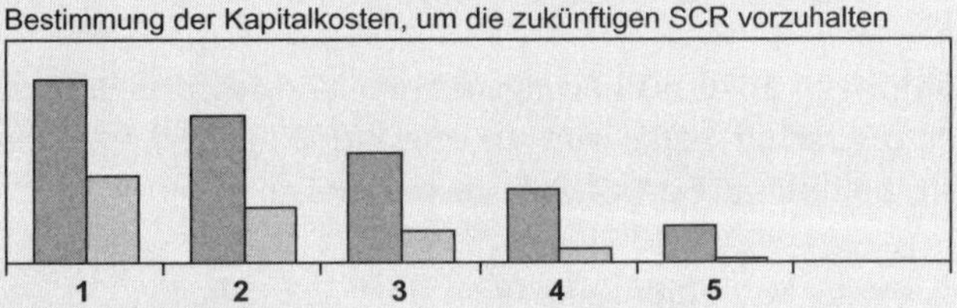

3 Diskontierung der Kosten für das Vorhalten der SCR durch Abzinsung mit risikofreiem Zinssatz

$$RM = \sum_{i=1}^{n} CoC\_factor \times SCR_i \times v^i$$

Kapitalkostensatz für die Bereitstellung an anrechnungsfähigen Eigenmitteln zu verwenden, der von der Europäischen Kommission gemäß Artikel 86 Buchstabe d der Richtlinie 2009/138/EG festgelegt wurde (Durchführungsmaßnahme) (vgl. Artikel 77 Abs. 5 der oben genannten Richtlinie).

Die Zinsstrukturkurve, die bei der Bewertung des Diskontierungseffektes festzulegen ist, wird zentral von EIOPA für alle Unternehmen bestimmt werden. Gegenwärtig werden verschiedene Ideen diskutiert, um den risikolosen Zins anpassen zu können. Aktuell steht u. a. die Einführung einer sogenannten antizyklischen Prämie zur Diskussion. Die Idee dahinter ist, dass in Krisensituationen der Diskontierungszins um diese anti-

432 Vgl. CEIOPS [QIS III, 2007], S. 6.

zyklische Prämie erhöht werden soll. Dies hat den Effekt, dass die Verbindlichkeiten dann niedriger bewertet würden. Problematisch gesehen wird, dass EIOPA entscheidet, wann eine Krisensituation gegeben ist und hinter diesem Konzept keine eigentliche Bewertungskonzeption, sondern ein situativer Eingriff zur Vermeidung eines zu hohen SCR steht. Alternativ wurde die Berücksichtigung einer sogenannten »matching premium« vorgeschlagen, welche ermöglichen soll, das asset liability matching eines Versicherungsunternehmens in der Ermittlung des Diskontierungszinses zu berücksichtigen. Bei Marktverwerfungen würde die Berücksichtigung der matching premium zur Stabilisierung der Bilanz führen.

In den §§74–76 VAG-E werden noch eine Reihe von detaillierten Anforderungen an die Berechnungen der versicherungstechnischen Rückstellungen gestellt:

§74 VAG-E: Sonstige bei der Berechnung der versicherungstechnischen Rückstellungen zu berücksichtigende Aspekte
Die Versicherungs- und Rückversicherungsunternehmen haben bei der Berechnung der versicherungstechnischen Rückstellungen folgende Aspekte zu berücksichtigen:

- sämtliche bei der Bedienung der Versicherungs- und Rückversicherungsverpflichtungen anfallende Aufwendungen,
- die Inflation, einschließlich der Inflation der Aufwendungen und der Versicherungsansprüche,
- sämtliche Zahlungen an Versicherungsnehmer und Anspruchsberechtigte, einschließlich künftiger Überschussbeteiligungen, die die Versicherungsunternehmen erwarten vorzunehmen, unabhängig davon, ob sie vertraglich garantiert sind oder nicht.

§75 VAG-E: Bewertung von Finanzgarantien und vertraglichen Optionen, die Gegenstand der Versicherungs- und Rückversicherungsverträge sind
Bei der Berechnung der versicherungstechnischen Rückstellungen berücksichtigen die Versicherungs- und Rückversicherungsunternehmen den Wert der Finanzgarantien und sonstiger vertraglicher Optionen, die Gegenstand der Versicherungs- und Rückversicherungsverträge sind.

Alle Annahmen der Versicherungs- und Rückversicherungsunternehmen in Bezug auf die Wahrscheinlichkeit, dass die Versicherungsnehmer ihre Vertragsoptionen, einschließlich Storno- und Rückkaufsrechte, ausüben werden, müssen realistisch gewählt werden und haben sich auf aktuelle und glaubwürdige Informationen zu stützen. Die Annahmen tragen entweder explizit oder implizit der Auswirkung Rechnung, die künftige Veränderungen der Finanz- und Nichtfinanzbedingungen auf die Ausübung dieser Optionen zeitigen könnten.

§76 VAG-E: Einforderbare Beträge aus Rückversicherungsverträgen und gegenüber Zweckgesellschaften
Die Berechnung der Versicherungs- und Rückversicherungsunternehmen von eintreibbaren Beträgen aus Rückversicherungsverträgen und gegenüber Zweckgesellschaften hat den §§70–75 VAG-E zu genügen.

Bei der Berechnung der Beträge, die aus Rückversicherungsverträgen und von Zweckgesellschaften beitreibbar sind, berücksichtigen die Versicherungs- und Rückversicherungsunternehmen die zeitliche Differenz zwischen den Beitreibungen und den direkten Zahlungen.

Das Ergebnis dieser Berechnung ist anzupassen, um den aufgrund des Ausfalls der Gegenpartei erwarteten Verlusten Rechnung zu tragen. Diese Anpassung gründet sich auf eine Bewertung der Ausfallwahrscheinlichkeit der Gegenpartei und dem sich daraus ergebenden durchschnittlichen Verlust (Verlust bei Ausfall).

§ 77 VAG-E: Qualität der Daten und Anwendung einer Einzelfallanalyse bei den versicherungstechnischen Rückstellungen
Versicherungsunternehmen müssen über interne Prozesse und Verfahren verfügen, um die Angemessenheit, die Vollständigkeit und die Exaktheit der bei der Berechnung der versicherungstechnischen Rückstellungen verwendeten Daten zu gewährleisten.

Verfügen die Versicherungs- und Rückversicherungsunternehmen nur über ungenügende Daten von angemessener Qualität, um eine verlässliche versicherungsmathematische Methode auf eine Untergruppe ihrer Versicherungs- und Rückversicherungsverpflichtungen oder auf beitreibbare Beträge aus Rückversicherungsverträgen und gegenüber Zweckgesellschaften anzuwenden, so kann eine Einzelfallanalyse oder andere geeignete Näherungswerte für die Berechnung des besten Schätzwerts gewählt werden.

§ 78 VAG-E: Vergleich vor dem Hintergrund von Erfahrungsdaten
Die Versicherungs- und Rückversicherungsunternehmen verfügen über Prozesse und Verfahren, mit denen sichergestellt wird, dass die besten Schätzwerte und die Annahmen, die der Berechnung der besten Schätzwerte zugrunde liegen, regelmäßig mit Erfahrungsdaten verglichen werden.

Zeigt der Vergleich eine systematische Abweichung zwischen den Erfahrungsdaten und den Berechnungen des besten Schätzwerts von Versicherungs- und Rückversicherungsunternehmen, hat das betreffende Unternehmen entsprechende Anpassungen der verwendeten versicherungsmathematischen Methoden oder Annahmen vorzunehmen.

§ 79 Abs. 1 VAG-E: Angemessenheit der Höhe der versicherungstechnischen Rückstellungen
Auf Anfrage der Aufsichtsbehörden haben die Versicherungs- und Rückversicherungsunternehmen die Angemessenheit der Höhe ihrer versicherungstechnischen Rückstellungen sowie die Eignung und die Erheblichkeit der verwendeten Methoden sowie die Angemessenheit der angewandten statistischen Basisdaten nachzuweisen.

§ 79 Abs. 2 VAG-E: Anhebung der versicherungstechnischen Rückstellungen
In dem Maße, in dem die Berechnung der versicherungstechnischen Rückstellungen von Versicherungs- und Rückversicherungsunternehmen nicht den §§ 70–78 VAG-E genügt, können die Aufsichtsbehörden von den Versicherungs- und Rückversicherungsunternehmen eine Anhebung des Betrags der versicherungstechnischen Rückstellungen fordern, so dass sie der in den genannten Artikeln vorgesehenen Höhe entsprechen.

Zusätzliche Themenblöcke betreffen:

- Eine der wichtigen zu entscheidenden Fragestelllungen ist die Aufteilung zwischen bestehenden und zukünftigen Versicherungsverträgen (contract boundary). Unter »contract boundary« versteht man die Grenze, bei der man weitere zusätzliche Prämien nicht mehr als zum bestehenden Versicherungsvertrag gehörig klassifiziert.
- Bei Lebensversicherungsunternehmen stellt sich insbesondere aktuell die Fragestellung, mit welchen Methoden die Zeitwerte der Optionen und Garantien, die in den Versicherungsprodukten enthalten sind, modelliert werden, sowie mit welchen Methoden die Berücksichtigung der Überschussbeteiligung zu erfolgen hat.
  Hier bietet es sich an, Anleihen an die Methoden, die auch im Rahmen der Ermittlung der MCEV (market consistent embedded value) Berechnungen Verwendungen finden, zu nehmen.

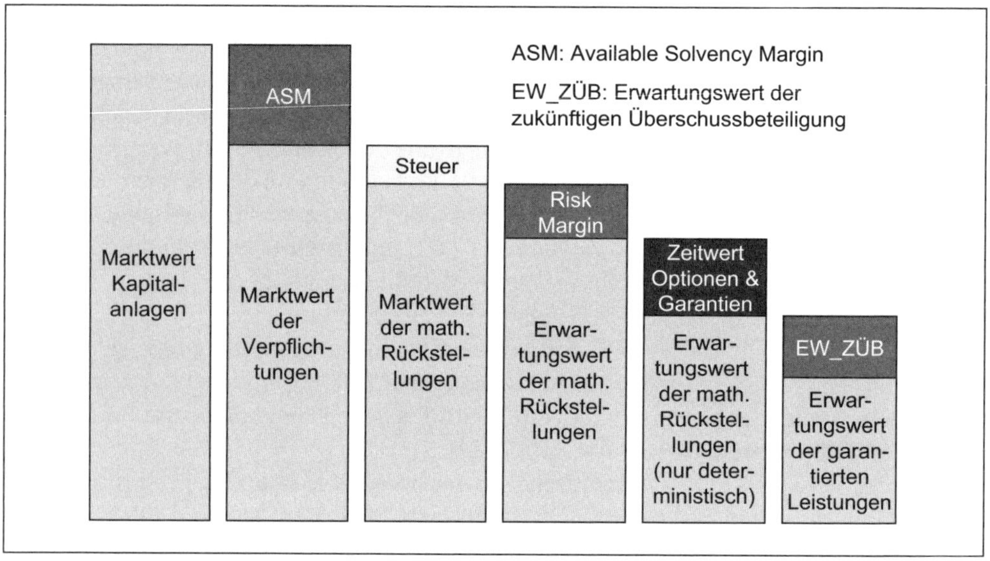

Abb. 10.4. Ökonomische Bilanz eines Lebensversicherungsunternehmens

4.3 Anrechenbarkeit von Eigenmitteln

Die Eigenmittel werden auf der Grundlage folgender Merkmale in drei Klassen (»Tiers«) eingeteilt: Nachrangigkeit, Verlustausgleichsfähigkeit, Permanenz, festgelegte Laufzeit und obligatorische finanzielle Kosten (§ 82 VAG-E). Während Basiseigenmittel alle drei Klassen von Eigenmitteln einnehmen können, kommt für ergänzende Eigenmittel nur eine Einordnung in Tier 2 und 3 in Frage. § 83 konkretisiert für Basiseigenmittel einen Ausweis als Tier 1, wenn sie ständig verfügbar bzw. einforderbar und nachrangig sind sowie die in § 82 Abs. 3 und 4 genannten Kriterien (Berücksichtigung von Laufzeit und Belastungen) weitgehend aufweisen. § 84 VAG-E hebt bestimmte Eigenmittelbestände hervor:

- In die Qualitätsklasse 1 eingestuft wird derjenige eigenmittelfähige Teil der handelsrechtlichen *Rückstellung für Beitragsrückerstattung*, der zur Deckung von Verlusten verwendet werden darf und nicht auf festgelegte Überschussanteile entfällt. Die Aufsichtsbehörde legt fest, wie der eigenmittelfähige Teil der handelsrechtlichen Rückstellung für Beitragsrückerstattung jeweils zu berechnen ist.
- In die Qualitätsklasse 2 werden der sogenannte *letters of credit* und *Garantien*, die von einem unabhängigen Treuhänder als Treuhand für die Versicherungsgläubiger gehalten und von zugelassenen Kreditinstituten bereitgestellt wurden und *alle künftigen Forderungen*, die von Versicherungsvereinen auf Gegenseitigkeit mit variablen Beitragseinnahmen gegenüber ihren Mitgliedern mittels der Aufforderung zur *Beitragsnachzahlung* innerhalb der folgenden zwölf Monate geltend gemacht werden können.

In Bezug auf die Solvenzkapitalanforderung unterliegen die Beträge der Bestandteile von »Tier 2« und »Tier 3« gewissen Begrenzungen. So wird gewährleistet, dass zum einen der Anteil der »Tier 1«-Bestandteile über einem Drittel und zum anderen der Anteil der »Tier 3«-Bestandteile unter einem Drittel der gesamten anrechnungsfähigen Eigenmittel liegt (§ 85 Abs. 2 VAG-E).

Für die Bedeckung der Mindestkapitalanforderung setzen sich die anrechnungsfähigen Eigenmittel nur aus Eigenmitteln der Qualitätsklasse 1 und anrechnungsfähigen Basiseigenmitteln der Qualitätsklasse 2 zusammen. Die Eigenmittelbestandteile der Qualitätsklasse 1 bedecken mindestens die Hälfte der Mindestkapitalanforderung (§ 86 Abs. 2 VAG-E).

4.4 Zusammenfassung und Ausblick

Aktuell ist es für ein deutsches Versicherungsunternehmen grundsätzlich nur notwendig, eine Bilanz auf Basis des deutschen Handelsrechtes (HGB) und ggf. eine Konzernbilanz auf Basis der internationalen Financial Reporting Standards (IFRS) aufzustellen. Durch Solvency II wird die regelmäßige Erstellung einer »neuen« Bilanz erforderlich, der sog. fair value Bilanz, die die Grundlage für die Ermittlung der »own funds« bildet.

Weiterhin wird es für die Unternehmen, die aktuell IFRS mit US-GAAP Bewertung für die Versicherungstechnik anwenden, notwendig werden, auf die Bewertungsregeln nach den IFRS 4 Phase II umzustellen, wenn der endgültige Standard in Kraft tritt.

Zusätzlich veröffentlichen verschiedene Unternehmen auf freiwilliger Basis für das Leben- und Krankengeschäft Berechnungen nach den Prinzipien des sog. market consistent embedded value (MCEV); diese Prinzipien werden vom CFO Forum veröffentlicht.

Im Maximalfall sind für ein Unternehmen folgende Regelwerke zu beachten:
1. Bilanz nach Deutschem Handelsrecht (HGB),
2. Bilanz nach Deutschem Steuerrecht,
3. Bilanz nach IFRS (mit US-GAAP für die Versicherungstechnik),

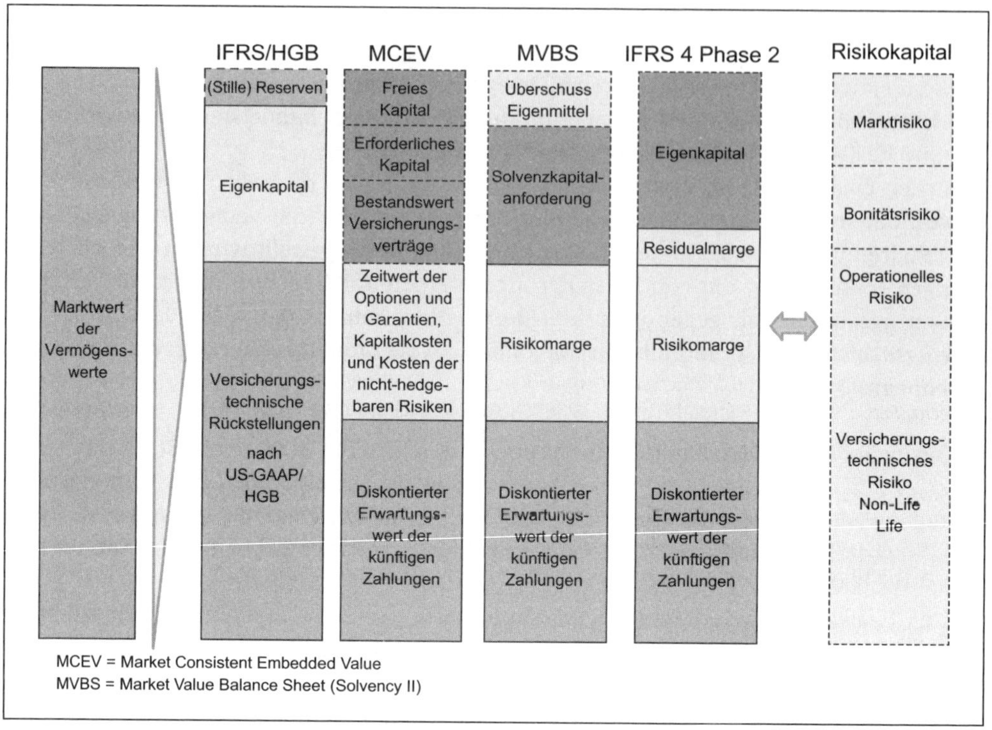

Abbildung 10.5. Zusammenhang der verschiedenen Rechenwerke

4. Bilanz nach IFRS (mit IFRS 4 Phase II Regeln für die Versicherungstechnik; ersetzt dann die Berechnung nach 3. ab dem Jahr 2015 oder später),
5. Bilanz auf Basis fair value nach Solvency II,
6. Berechnung des market consistent embedded value für das Lebens- und Krankengeschäft,
7. Berechnung der Kapitalanforderungen auf Basis von Standard-, Partial- bzw. internen Modell,
8. Weitere Berechnungen für interne Steuerungszwecke.

Die Herausforderungen in diesem Zusammenhang sind die unterschiedlichen Zeitschienen der Durchführung der Berechnungen, die konsistente Ermittlung der verschiedenen Bilanzen aus den Systemen, die Analyse der Ergebnisse der verschiedenen Rechenwerke und die Erläuterung der Unterschiede in den Ergebnissen gegenüber der Öffentlichkeit und der Aufsicht. Diese Anforderungen bringen in den nächsten Jahren sowohl eine hohes Maß an Veränderungen der Prozesse in den Unternehmen als auch einen hohen Bedarf an Kommentierung der »neuen« Regelungen mit sich.

Literaturverzeichnis

ACLI/IAA (Supplement, 2004): Supplement to the Second Joint Report of the ACLI – IAA Research Project, 2004.

Adler, Hans; Düring, Walther; Schmaltz, Kurt (Rechnungslegung, 2001): Rechnungslegung und Prüfung der Aktiengesellschaft, 6. Aufl., Stuttgart 2001.

AICPA (Audits, 2001): Audits of Property and Liability Insurance Companies, New York 2001.

Albrecht, Peter (Regression, 1983): Parametric Multiple Regression Risk Models: Some Connection with IBNR, in: Insurance and Mathematic Economics, (2), 1983, S. 69–73.

Albrecht, Peter; Schwake, Edmund (Risiko, 1988): Risiko, Versicherungstechnisches, in: Farny, Dieter; Helten, Elmar; Koch, Peter; Schmidt, Reimer (Hrsg.): Handwörterbuch der Versicherung, Karlsruhe 1988, S. 651–657.

Angerer, August (Abzinsung, 1994): Zur Abzinsung der Rückstellung für noch nicht abgewickelte Versicherungsfälle, in: Schwebler Robert et al. (Hrsg.): Dieter Farny und die Versicherungswissenschaft, Karlsruhe 1994, S. 35–44.

Angermayer, Birgit; Oser, Peter (Konzern, 1996): Konzernrechnungslegung von Versicherungsunternehmen: Eine systematische Betrachtung vor dem Hintergrund des Versicherungsbilanzrichtlinie-Gesetzes, in: VW, (51), 1996, S. 887–893 (Teil 1), S. 955–960 (Teil 2) und S. 1037–1041 (Teil 3).

AVÖ (Leitfaden, 2001): Leitfaden zur Bilanzierung nach IAS/US-GAAP in österreichischen Versicherungsunternehmen, Wien 2001.

Baetge, Jörg (Notwendigkeit, 1990): Notwendigkeit und Möglichkeiten der Eigenkapitalstärkung, in: Baetge, Jörg (Hrsg.): Rechnungslegung, Finanzen, Steuern und Prüfung in den neunziger Jahren, Düsseldorf 1990, S. 205–240.

Baetge, Jörg; Kirsch, Hans-J.; Thiele, Stefan (Bilanzen, 2011): Bilanzen, 11. Aufl., Düsseldorf 2011.

Baetge, Jörg; Kirsch, Hans-Jürgen (Grundsätze, 1995): Grundsätze ordnungsmäßiger Buchführung, in: Küting, Karlheinz; Weber, Claus-Peter (Hrsg.): Handbuch der Rechnungslegung, Kommentar zur Bilanzierung und Prüfung, Bd. I a, 4. Aufl., Stuttgart 1995, S. 135–173.

Baetge, Jörg; Zülch, Henning (Fair Value, 2001): Fair Value-Accounting, in: BFuP, (53), 2001, S. 543–562.

Ballwieser, Wolfgang (Grundsätze, 2009): Grundsätze ordnungsmäßiger Buchführung, in: Castan, Edgar (Hrsg.): Beck'sches Handbuch der Rechnungslegung, München 1987, Stand Oktober 2009, Abschnitt B 105, 33 Seiten.

Baur, Wolfgang (Periodisierung, 1984): Die Periodisierung von Beitragseinnahmen und Schadenausgaben im aktienrechtlichen Jahresabschluss von Schaden- und Unfallversicherungsunternehmen, Karlsruhe 1984.

Becker, Thomas (Jahresabschluss, 1999): Der Jahresabschluss eines Lebensversicherungsunternehmens: Eine funktionstheoretische Analyse, Wiesbaden 1999.

Berger, Martin; Varain, Thomas C. (Solvabilität, 2009): § 5. Solvabilität, Kapitalanlage und Rechnungslegung, in: Bürkle, Jürgen: Compliance in Versicherungsunternehmen – Rechtliche Anforderungen und praktische Umsetzung, 1. Aufl., München 2009.

Blanchard, Ralph (Considerations, 2000): Considerations in the Calculation of Premium Deficiency Reserves (Under U.S. accounting rules), Casualty Society Forum 2000.

BMF (Beitragsüberträge, 1974): Bemessung der Beitragsüberträge bei Versicherungsunternehmen, Schreiben vom 30. April 1974, in: VerBAV, (23), 1975, S. 118.

Boetius, Jan (Handbuch, 1996): Handbuch der versicherungstechnischen Rückstellungen, Handels- und Steuerbilanzrecht der Versicherungsunternehmen, Köln 1996.

Bornhuetter, Ronald L.; Ferguson, Ronald E. (Actuary, 1972): The Actuary and IBNR, in: Proceedings of the Casualty Actuarial Society, (59), 1972, S. 181–195.

Buck, Heiko (Rückstellungen, 1995): Die versicherungstechnischen Rückstellungen im Jahresabschluss von Schaden- und Unfallversicherungsunternehmen: Nach Handels- und Ertragsteuerrecht unter besonderer Berücksichtigung der Versicherungstechnik, Bergisch Gladbach und Köln 1995.

Bundesfinanzministerium [Entwurf 2012]: Entwurf eines Zehnten Gesetz zur Änderung des Versicherungsaufsichtsgesetzes, 2012.

Busse von Colbe, Walther (Rechnungswesen, 2011): Rechnungswesen, in: Busse von Colbe, Walther; Crasselt, Nils; Pellens, Bernhard (Hrsg.): Lexikon des Rechnungswesens, 5. Aufl., München et al. 2011, S. 652–656.

CEIOPS (QIS V, 2010): CEIOPS: QIS V Technical Specifications, 2010.

Coenenberg, Adolf. G. (Jahresabschluss, 2005): Jahresabschluss und Jahresabschlussanalyse: betriebswirtschaftliche, handelsrechtliche, steuerrechtlich und internationale Grundsätze: HGB, IFRS, US-GAAP, 20. Aufl., Stuttgart 2005.

Dal Santo, Daniel (Kapitalmanagement, 2002): Kapitalmanagement bei Allfinanzkonglomeraten: Ausgestaltung im Spannungsfeld zwischen staatlichen Eigenmittelvorschriften und Marktdisziplin, Bern et al. 2002.

DAV (Grundsatzpapier, 2002): DAV-Grundsatzpapier zu IAS, Köln 2002.

DAV (Krankenversicherung, 2001): Rechnungslegung nach IAS/US-GAAP: Aktuarielle Praxis in der Privaten Krankenversicherung, 2001.

DAV (Lebensversicherung, 2000): Rechnungslegung nach IAS/US-GAAP: Aktuarielle Praxis in der Deutschen Lebensversicherung, 2000.

DAV (Schadenrückstellung, 2002): Aktuarielle Aspekte der Schadenrückstellung in der Schaden- und Unfallversicherung: Papier der DAV-Arbeitsgruppe Schadenreservierung, (Download unter http://www.der-aktuar.de, Stand: Februar 2004).

DAV (Pressemitteilung, 2011): Unisex-Tarife – Konsequenzen des EUGH-Urteils aus aktuarieller Sicht, Pressemitteilung der DAV vom 28.04.2011, (Download unter http://www.der-aktuar.de, Stand: April 2012).

Dobler, Michael (Risikoberichterstattung, 2004): Risikoberichterstattung: eine ökonomische Analyse, Frankfurt am Main 2004.

Dobler, Michael (Überleitungsrechnungen, 2007): Kapitalmarktrelevanz von Überleitungsrechnungen gemäß Form 20–F: Bestandsaufnahme und Diskussion, in: DBW, 2007, (im Druck).

Dobler, Michael, Gampenrieder, Peter (Goodwillbilanzierung, 2006): Analyse der Goodwillbilanzierung von Versicherungskonzernen nach IFRS, in: ZfV, 2006, S. 393–397 (Teil I) und S. 431–435 (Teil II).

Dobler, Michael; Hacker, Bernd (Segmentberichterstattung, 2003): Analyse der Segmentberichterstattung von Versicherungsunternehmen nach DRS 3–20, in: ZfV, 2003, S. 49–54.

Dobler, Michael; Hettich, Sylvia (Rahmenkonzepte, 2007): Geplante Änderungen der Rahmenkonzepte von IASB und FASB – Konzeption, Vergleich, Würdigung, in: IRZ (Zeitschrift für Internationale Rechnungslegung), 2007, S. 29–36.

Dobler, Michael; Maul, Karl-Heinz (Wertpapiere, 2007): Die Wertpapiere des Umlaufvermögens und die flüssigen Mittel, in: v. Wysocki, Klaus; Schulze-Osterloh, Joachim; Hennrichs, Joachim; Kuhner, Christoph (Hrsg.): Handbuch der Jahresabschlusses in Einzeldarstellungen (HdJ), Loseblattkommentar, Köln (Stand: Februar 2007), Abt. II/7.

Dobler, Michael; Kurz, Gerhard (Aktivierungspflicht, 2008): Aktivierungspflicht für immaterielle Vermögensgegenstände in der Entstehung nach dem RegE eines BilMoG – Kritische Würdigung der F&E-Bilanzierung im HGB-Abschluss de lege ferenda, in: Zeitschrift für internationale und kapitalmarktorientierte Rechnungslegung, (8) 2008, S. 485–493.

Döllerer, Georg (Grundsätze, 1959): Grundsätze ordnungsmäßiger Bilanzierung, deren Entstehung und Ermittlung, BB, (6) 1959, S. 1217–1221.

Dorenkamp, Ludger (Näherungsverfahren, 1998): § 341e Abs. 3 HGB: Schätzung auf Grund von Näherungsverfahren (§ 341e Abs. 3 HGB), in: Budde, Wolfgang et al.: Beck'scher Versicherungsbilanz-Kommentar: Handels- und Steuerrecht: §§ 341 bis 341o HGB, München, 1998, S. 237–244.

DSR (Positionspapier 1, 2002): Positionspapier Konzernrechnungslegung von Versicherungsunternehmen, 2002.

Eichacker, Hans (Finanzplanung, 1981): Finanzplanung im Versicherungsunternehmen, Karlsruhe 1981.

Ellenbürger, Frank; Horbach, Lothar; Kölschbach, Joachim (Einzelfragen, 1996): Ausgewählte Einzelfragen zur Rechnungslegung von Versicherungsunternehmen nach neuem Recht (Teil I), in: WPg, (49), 1996, S. 41–50.

Ellenbürger, Frank; Hammers, Bettina [HGB §341b, 2012]: HGB §341b Bewertung von Vermögensgegenständen, in: Hennrichs, Joachim et al.: Münchener Kommentar zum Bilanzrecht, 1. Aufl., München 2012.

Ellenbürger, Frank; Husch, Rainer [Jahresabschluss der Rückversicherungsunternehmen, 2011]: Die Versicherungstechnischen Positionen des Jahresabschlusses der Rückversicherungsunternehmen, in: IDW (Hrsg.): Rechnungslegung und Prüfung der Versicherungsunternehmen, 5. Aufl., Düsseldorf 2011, Kapitel B V.

Ellenbürger, Frank [Jahresabschluss der Schaden- und Unfallversicherungsunternehmen, 2011]: Die Versicherungstechnischen Positionen des Jahresabschlusses der Schaden- und Unfallversicherungsunternehmen, in: IDW (Hrsg.): Rechnungslegung und Prüfung der Versicherungsunternehmen, 5. Aufl., Düsseldorf 2011, Kapitel B IV.

Engeländer, Stefan; Kölschbach, Joachim [Diskussionspapier, 2007]: Das Diskussionspapier des IASB zur Phase II des Versicherungsprojekts, in: KoR, (7), 2007, S. 386–387.

Europäische Kommission (Finanzberichterstattung, 2002): Erörterung der Zusammenhänge zwischen der Finanzberichterstattung und der Rechnungslegung von Versicherungsunternehmen gegenüber den Aufsichtsbehörden, Markt/2514/02.

Europäische Kommission (Reflections, 2003): Reflections on the Possible Impact of the IASB Insurance Project »Phase 1« and Revised IAS 32/39 on EU Financial Reporting and Prudential Legislation, Markt/2527/03, (Download unter: http://www.europa.eu.int, Stand: Februar 2004).

Europäische Union (Rahmenrichtlinie, 2009): Richtlinie 2009/138/EG des Europäischen Parlaments und des Rates vom 25. November 2009 betreffend die Aufnahme und Ausübung der Versicherungs- und Rückversicherungstätigkeit (Solvabilität II).

Farny, Dieter (Buchführung, 1992): Buchführung und Periodenrechnung im Versicherungsunternehmen, 4. Aufl., Wiesbaden 1992.

Farny, Dieter (Versicherungsbetriebslehre, 2006): Versicherungsbetriebslehre, 4. Aufl., Karlsruhe 2006.

Farny, Dieter (Versicherungsbilanzen, 1975): Versicherungsbilanzen, Frankfurt 1975.

Faßbender, Jürgen (Jahresabschlusspolitik, 1997): Jahresabschlusspolitik von Erstversicherungsunternehmen: eine Untersuchung auf der Grundlage des Handelsrechts, Lohmar (u. a.) und Köln 1997.

FM NRW (Behandlung, 1973): Ertragssteuerliche Behandlung der Schadenermittlungs- und Schadenbearbeitungskosten bei Versicherungsunternehmen, Erlass vom 22. Februar 1973, in: VerBAV, (22), 1973, S. 105–106.

Förschle, Gerhard (Beteiligungen, 2002): Beteiligungen, in: Ballwieser, Wolfgang et al. (Hrsg.): Handwörterbuch der Rechnungslegung und Prüfung: Enzyklopädie der Betriebswirtschaftslehre, Bd. 8, Stuttgart 2002, S. 330–346.

Fourie, Dirk; Velthuysen, Oliver (Grundbesitz, 2001): Bilanzierung von Grundbesitz nach IAS: Cost model oder Fair value model? Bringt IAS 40 neue Optionen für deutsche Versicherungskonzerne?, in: VW, (56), 2001, S. 648–650.

Freiling, Andreas (Anhang, 2011): Anhang und Lagebericht, in: IDW (Hrsg.): Rechnungslegung und Prüfung der Versicherungsunternehmen, 5. Aufl., Düsseldorf 2011, Kapitel D.

Fürstenwerth, Frank v.; Weiß, Alfons (Versicherungsalphabet, 2001): Versicherungsalphabet: Begriffserläuterungen der Versicherung aus Theorie und Praxis, 10. Aufl., Karlsruhe 2001.

GDV (Finanzrückversicherung, 2006): Finanzrückversicherung (Finite Re) – Bilanzierung unter besonderer Berücksichtigung des hinreichenden Risikotransfers-, Ergebnisse der Arbeitsgruppe Bilanzierung Finite RE, Berlin 2006.

Geib, Gerd (Diskussionsstand, 2001): Diskussionsstand eines IFRS für Versicherungsgeschäfte, in: Geib, Gerd (Hrsg.): Rechnungslegung von Versicherungsunternehmen: Festschrift zum 70. Geburtstag von Horst Richter, Düsseldorf 2001, S. 111–126.

Geib, Gerd (Internationalisierung, 2011): Internationalisierung der Rechnungslegung von Versicherungsunternehmen, in: IDW (Hrsg.): Rechnungslegung und Prüfung der Versicherungsunternehmen, 5. Aufl., Düsseldorf 2011, Kapitel G.

Geib, Gerd (Offenlegung, 1997): Die Pflicht zur Offenlegung des Zeitwertes von Kapitalanlagen der Versicherungsunternehmen nach der Umsetzung der Versicherungsbilanzrichtlinie, Köln 1997.

Geib, Gerd; Ellenbürger, Frank; Kölschbach, Joachim (Fragen, 1992): Ausgewählte Fragen zur EG-Versicherungsbilanzrichtlinie (VersBiRiLi): Teil II, in: WpG, (45), 1992, S. 221–224.

Geib, Gerd; Telgenbüscher, Franz R. (Posten, 2011): Die versicherungstechnischen Posten des Jahresabschlusses der Schaden- und Unfallversicherungsunternehmen, in: IDW (Hrsg.): Rechnungslegung und Prüfung der Versicherungsunternehmen, 5. Aufl., Düsseldorf 2011, Kapitel B IV.

Geib, Gerd; Wiedmann, Harald (Abzinsung, 1994): Zur Abzinsung von Rückstellungen in der Handels- und Steuerbilanz, Die Wirtschaftsprüfung, (47), 1994, S. 369–377.

Geib, Gerd; Ellenbürger, Frank [BilMoG, 2008]: BilMoG und seine Implikationen -handelsrechtliche Bilanz und GuV gelten weiter für Ausschüttung, Gewinnbeteiligung und Steuern, in: Versicherungswirtschaft (63), 2008, S. 1173–1181.

Groh, Manfred (Abzinsung, 1988): Abzinsung von Verbindlichkeitsrückstellungen?, in: BB, (43), 1988, S. 1919.

Grünberger, David; Grünberger, Herbert (Finanzinstrumente, 2004): Finanzinstrumente: Neufassung von IAS 32 und 39 verabschiedet, in: StuB, 2004, S. 120–121.

Gürtler, Max (Erfolgsrechnung, 1958): Die Erfolgsrechnung der Versicherungsbetriebe, 2. Aufl., Berlin und Frankfurt 1958.

Haller, Axel (Ziele, 2000): Wesentliche Ziele und Merkmale US-amerikanischer Rechnungslegung, in: Ballwieser, Wolfgang (Hrsg.): US-amerikanische Rechnungslegung, 4. Aufl., Stuttgart 2000, S. 1–27.

Hartung, Thomas (Unternehmensbewertung, 2000): Unternehmensbewertung von Versicherungsgesellschaften, Wiesbaden 2000.

Hartung, Thomas (Eigenkapitalregulierung, 2007): Eigenkapitalregulierung bei Versicherungsunternehmen: eine ökonomisch-risikotheoretische Analyse verschiedener Solvabilitätskonzeptionen, Karlsruhe 2007.

Hassler, Melanie; Sauer, Roman; Schneider, Irmgard (Möglichkeiten, 2006): Möglichkeiten der bilanziellen Analyse der Sicherheitslage von Versicherungsunternehmen – Vergleich zwischen HGB, IFRS und Fair-value-Bilanzierung, in Wlg, (24), 2006, S. 1539–1548.

Hayn, Sven; Waldersee, Georg Graf (IAS, 2002): IAS/US-GAAP/HGB im Vergleich: Synoptische Darstellung für den Einzel- und Konzernabschluss, 3. Aufl., Stuttgart 2002.

Heep-Altiner, Maria; Klemmstein, Monika (Anwendungen, 2001): Versicherungsmathematische Anwendungen in der Praxis mit Schwerpunkt Kraftfahrt und Allgemeine Haftpflicht, Karlsruhe 2001.

Helten, Elmar; Bittl, Andreas (Versicherungsbetriebslehre, 2000): in: Gabler Wirtschafts-Lexikon, Bd. 4: S–Z, 15. Aufl., Wiesbaden 2000, S. 3310–3314.

Helten, Elmar; Bittl, Andreas; Liebwein, Peter (Versicherung, 2000): Versicherung von Risiken, in: Dörner, Dietrich; Horváth, Péter; Kagermann, Henning (Hrsg.): Praxis des Risikomanagements – Grundlagen, Kategorien, branchenspezifische und strukturelle Aspekte, Stuttgart 2000, S. 153–191.

Helten, Elmar; Hartung, Thomas (Modernisierung, 2004): Modernisierung versicherungswirtschaftlicher Eigenkapitalnormen durch Solvency II, in: Finanzbetrieb (6) Heft 4, S. 293–303.

Helten, Elmar; Karten, Walter (Risiko, 1984): Das Risiko und seine Kalkulation, Wiesbaden 1984.

Herget, Thomas (US-GAAP, 2000): US-GAAP for Life Insurers, Schaumburg, Illinois 2000.

Herzog, Peter (Rechtssystem, 1989): Einführung in das Rechtssystem der Vereinigten Staaten, in: Sonnemann, Erik (Hrsg.): Rechnungslegung, Prüfung, Wirtschaftsrecht und Steuern in den USA, Wiesbaden 1989, S. 169–204.

Hesberg, Dieter (Bilanzierung, 1999): Bilanzierung von Versicherungsunternehmen, in: Castan, Edgar (Hrsg.): Beck'sches Handbuch der Rechnungslegung, München 1999, Teil B 910.

Hesberg, Dieter (Handbuch, 1996): Bilanzierung von Versicherungsunternehmen, in: Castan, Edgar et al. (Hrsg.): Beck'sches Handbuch der Rechnungslegung, München 1996, Bd. I, B 910.

Hesberg, Dieter (Internationalisierung, 2001): Internationalisierung der Jahresabschlüsse von Versicherungskonzernen: Anlass für eine Neuausrichtung der Rechnungslegung deutscher Versicherungsunternehmen?, in: Freidank, Carl-Christian (Hrsg.): Die deutsche Rechnungslegung und Wirtschaftsprüfung im Umbruch, Festschrift für Wilhelm Theodor Strobel zum 70. Geburtstag, München 2001, S. 175–199.

Hesberg, Dieter (Rechnungswesen, 1997): Das Rechnungswesen im Versicherungsbetrieb I, Studientext 18: Versicherungsbetriebslehre, in: Asmus, Werner; Gassmann, Jürgen (Hrsg.): Versicherungswirtschaftliches Studienwerk, Wiesbaden 1997.

Heuser, Paul J.; Theile, Carsten (IFRS, 2007): IFRS Handbuch: Einzel- und Konzernabschluss, 3. Aufl., Köln 2007.

Hippler, Michael (Schuldverschreibungen, 1998): Bilanzierung von Schuldverschreibungen im Jahresabschluss von Versicherungsunternehmen, Karlsruhe 1998.

Hitz, Jörg-Markus; Kuhner, Christoph (Barwertermittlung, 2000): Erweiterung des US-amerikanischen conceptual framework um Grundsätze der Barwertermittlung: Inhalt und Bedeutung des Statement of Financial Accounting Concepts No. 7, in: WpG, (53), 2000, S. 889–902.

Hölzl, Werner (Nichtversicherungstechnische Posten, 2011): Die nichtversicherungstechnischen Posten des Jahresabschlusses, in: IDW (Hrsg.): Rechnungslegung und Prüfung der Versicherungsunternehmen, 5. Aufl., Düsseldorf 2011, Kapitel C.

Hommel, Michael (Standardentwurf, 2003): ED 5: Der neue Standardentwurf für Versicherungsverträge – ein Placebo mit Nebenwirkungen, BB, (58) 2003, S. 2114–2120.

IASB (Issues Paper, 1999): Issues Paper: Insurance Contracts.

IASB (DSOP, 2001): Draft Statement of Principles: Insurance Contracts.

IASB (DP, 2007): Dicussion Paper: Preliminary Views on Insurance Contracts.

IASB (ED, 2010): Exposure Draft Insurance Contracts.

IASB (Due Process, 2012): Due Process Handbook for the IASB, London 2012.

IASB (Update, 2012): Insurance contracts: Project overview (March 22, 2012), London 2012.

IDW (§ 341b HGB, 2001): Entwurf IDW Stellungnahme zur Rechnungslegung: Leitlinie zur Auslegung des § 341b HGB (neu): IDW ERS VFA 2, in: WPg, (54), 2001, S. 1403–1405.

Insurance Companies Committee (Auditing, 1984): Auditing Standards Division, American Institute of Certified Public Accountants, »Computation of Premium Deficiencies in Insurance Enterprises«, Issues Paper, March 1984.

Jäger, Bernd (Rückstellungen, 1991): Rückstellungen für drohende Verluste aus schwebenden Geschäften in den Bilanzen von Versicherungsunternehmen, Wiesbaden 1991.

Jäger, Bernd (Rückstellungen, 1999): Die Versicherungstechnischen Rückstellungen im Handels- und Steuerrecht: Betriebswirtschaftliche Diskussion und zugleich Stellungnahme zu Boetius, Jan: Handbuch der versicherungstechnischen Rückstellungen – Handels- und Steuerbilanzrecht der Versicherungsunternehmen, in: ZVersWiss, (88), 1999, S. 150–206.

Jurk, Andreas; Wilhelm, Bernd [Unisextarife, 2012]: Änderung 2012: Unisextarife in der betrieblichen Altersversorgung?, in: BB, (67) 2012, S. 381.

Karten, Walter (Inhalt, 1973): Zu Inhalt und Abgrenzung der Rückstellung für drohende Verluste aus schwebenden Geschäften in Versicherungsbilanzen, VW, (28), 1973, S. 1425–1428.

Karten, Walter (Schwankungsrückstellung, 1980): The New »Schwankungsrückstellung«, in: Annual Statements of German Insurers – An Application of Theory of Risks?, in: Geneva Papers of Risk and Insurance, (32), 1980, S. 54–62.

Kieso, Donald E.; Weygandt, Jerry J.; Warfield, Terry D. (Accounting, 2001): Intermediate Accounting, 10. Aufl., New York u. a. 2001.

KPMG [Study, 2002]: Study into the methodologies to assess the overall position of an insurance undertaking from the perspective of prudential supervision, Brüssel 2002.

Koch, Alfons; Krause, Hans-Josef (§ 341g HGB, 1998): § 341g HGB: Rückstellungen für noch nicht abgewickelte Versicherungsfälle, in: Budde, Wolfgang et al.: Beck'scher Versicherungsbilanz-Kommentar: Handels- und Steuerrecht: §§ 341 bis 341o HGB, München, 1998, S. 303–329.

Kölschbach, Joachim (Zeitwerte, 2000): Versicherungsbilanzen: Zeitwerte auf dem Vormarsch: Zur Anpassung der International Accounting Standards an Versicherungsunternehmen, in: VW (55), 2000, S. 432–436.

Korn, Jochen Heinrich (Schwankungsreserven, 1997): Schwankungsreserven im handelsrechtlichen Jahresabschluss von Schaden- und Unfallversicherungsunternehmen: Zugleich ein Beitrag zur pauschalierten Bewertung rückstellungsbegründender Tatbestände, Karlsruhe 1997.

Kozikowski, Gerhart et al. [HGB § 253, 2012]: HGB § 253 Zugangs- und Folgebewertung, in: Beck'scher Bilanz-Kommentar, 8. Aufl., 2012.

KPMG (IFRS aktuell, 2004): IFRS aktuell: Neuregelungen 2004, Stuttgart 2004.

KPMG (Rechnungslegung, 1994): Rechnungslegung von Versicherungsunternehmen nach neuem Recht, Frankfurt am Main 1994.

KPMG (Study, 2002): Study into the methodologies to assess the overall position of an insurance undertaking from the perspective of prudential supervision, Brüssel 2002.
Kromschröder, Bernhard (Besonderheiten, 1994): Besonderheiten des Jahresabschlusses der Versicherungsunternehmen, in: Ballwieser, Wolfgang (Hrsg.): Bilanzrecht und Kapitalmarkt, Festschrift zum 65. Geburtstag von Adolf Moxter, Düsseldorf 1994, S. 770–805.
Krumnow, Jürgen et al. (RechKredV, 1994): Rechnungslegung der Kreditinstitute: Kommentar zum Bankbilanzrichtlinie-Gesetz und zur RechKredV, Stuttgart 1994.
Kuhlewind, Andreas-Markus (Grundlagen, 1997): Grundlagen einer Bilanzrechtstheorie in den USA, Frankfurt am Main u. a. 1997.
Kühnberger, Manfred (Drohverlustrückstellungen, 1990): Zur Bildung von Drohverlustrückstellungen bei Versicherungsunternehmen, VW, (45), 1990, S. 695–703.
Küppers, Christoph; Dettmeier, Michael (Rechnungslegung, 2010): Rechnungslegung und steuerliche Gewinnermittlung von Versicherungsunternehmen, in: Langheid, Theo; Wandt, Manfred: Münchener Kommentar zum VVG, 1. Aufl., München 2010, AI Rn. 25–28.

Lamers, Alfons (Aktivierungsfähigkeit, 1981): Aktivierungsfähigkeit und Aktivierungspflicht immaterieller Werte, München 1981.
Leffson, Ulrich (Grundsätze, 1987): Die Grundsätze ordnungsmäßiger Buchführung, 7. Aufl., Düsseldorf 1987.
Leuthier, Rainer (Konsolidierungskreis, 2002): Konsolidierungskreis, in: Ballwieser, Wolfgang et al. (Hrsg.): Handwörterbuch der Rechnungslegung und Prüfung: Enzyklopädie der Betriebswirtschaftslehre, Bd. 8, Stuttgart 2002, S. 1131–1341.
Liebwein, Peter (Rückversicherung, 2009): Klassische und moderne Formen der Rückversicherung, 2. Aufl., Karlsruhe 2009.
Lorch, Manfred (Gestaltung, 1974): Publizitätsorientierte Gestaltung der Rechnungslegungsvorschriften für Versicherungsunternehmen: Eine betriebswirtschaftliche Untersuchung mit einem Vergleich mit den neuen Rechnungslegungsvorschriften von 1973, Karlsruhe 1974.
Lück, Wolfgang (Materiality, 1975): Materiality in der internationalen Rechnungslegung, Wiesbaden 1975.
Lüdenbach, Norbert; Hoffmann, Wolf-Dieter (Framework, 2011): §1 Rahmenkonzept (Framework), in: Lüdenbach, Norbert; Hoffmann, Wolf-Dieter (Hrsg.): Haufe IFRS-Kommentar, Freiburg 2011, S. 29–78.
Lüdenbach, Norbert (Finanzinstrumente, 2011): § 28 Finanzinstrumente, in: Lüdenbach, Norbert; Hoffmann, Wolf-Dieter (Hrsg.): Haufe IFRS-Kommentar, Freiburg 2011, S. 1517–1735.

Mack, Thomas (Schadenversicherungsmathematik, 2002): Schadenversicherungsmathematik, Karlsruhe 2002.
Mayr, Gerhard (Internationalisierung, 1999): Internationalisierung der Konzernrechnungslegung deutscher Versicherungsunternehmen, Wiesbaden 1999.
Menn, Bernd-Joachim; Wahl, Christian (Sachanlagen, 2002): Sachanlagen, in: Ballwieser, Wolfgang et al. (Hrsg.): Handwörterbuch der Rechnungslegung und Prüfung: Enzyklopädie der Betriebswirtschaftslehre, Bd. 8, Stuttgart 2002, S. 2136–2150.
Metzler, Marco (Jahresabschlussanalyse, 2000): Wertorientierte Jahresabschlussanalyse von Schaden- und Unfallversicherungsunternehmen, Köln 2000.
Meyer, Lothar (Vorsichtsprinzip, 1994): Das Vorsichtsprinzip bei der Bilanzierung von Versicherungsunternehmen im Licht der Deregulierung, in: Mehring, Hans-Dieter; Wolff, Volker (Hrsg.): Festschrift für Dieter Farny zur Vollendung seines 60. Lebensjahres, Karlsruhe 1994, S. 99–110.
Moxter, Adolf (Zweck, 1987): Zum Sinn und Zweck des handelsrechtlichen Jahresabschlusses nach neuem Recht, in: Havermann, Hans (Hrsg.): Bilanz und Konzernrecht. Festschrift für Reinhard Goerdeler, Düsseldorf 1987, S. 361–374.

Ngyen, Tristan (Rechnungslegung, 2008): Rechnungslegung von Versicherungsunternehmen, Karlruhe 2008.
Ngyen, Tristan; Grosche, Sascha (Perspektive, 2011): Exposure Draft IFRS 4 zur Bilanzierung von Versicherungsverträgen aus aufsichtsrechtlicher Perspektive, in KoR (11), 2011, S. 425–431.
Nies, Helmut (Rückstellung, 1979): Zur Neuordnung der Rückstellung zum Ausgleich des schwankenden Jahresbedarfs, in: VW, (34), 1979, S. 156–167.

Pellens, Bernhard (Goodwill, 2001): Neue Goodwill-Bilanzierung nach US-GAAP – der Impairment-Only Approach des FASB, in: Der Betrieb, (54), 2001, S. 713–720.

Pellens, Bernhard (Rechnungslegung, 2006): Internationale Rechnungslegung, 6. Aufl., Stuttgart 2006.
Perlet, Helmut (Rückstellungen, 1986): Rückstellungen für noch nicht abgewickelte Versicherungsfälle in Handels- und Steuerbilanz, Karlsruhe 1986.
Pflaum, Rainer (Investmentfonds, 1993): Wertpapier-Investmentfonds in Lebensversicherungsunternehmen: Ein Leitfaden für Praktiker, Wiesbaden 1993.

Rehkugler, Heinz (Finanzanlagen, 2002): Finanzanlagen, in: Ballwieser, Wolfgang et al. (Hrsg.): Handwörterbuch der Rechnungslegung und Prüfung: Enzyklopädie der Betriebswirtschaftslehre, Bd. 8, Stuttgart 2002, S. 772–782.
Reese, Raimo; Wiese, Jörg (Ermittlung, 2007): Komponenten des Zinsfußes in Unternehmensbewertungskalkülen, Theoretische Grundlagen und Konsistenz, Frankfurt a. M. 2006, S. 13–49.
Reese, Raimo; Wiese, Jörg (Komponenten, 2006): Die kapitalmarktorientierte Ermittlung des Basiszinses für die Unternehmensbewertung, in: Zeitschrift für Bankrecht und Bankwirtschaft, (19), 2007, S. 38–52.
Reich, Axel; Zeller, Wilhelm (Spätschäden, 1988): Spätschäden, in: Farny, Dieter; Helten, Elmar; Koch, Peter; Schmidt, Reimer (Hrsg.): Handwörterbuch der Versicherung, Karlsruhe 1988, S. 807–809.
Reutter, Karl (Schuldscheindarlehen, 1988): Schuldscheindarlehen, in: Farny, Dieter et al. (Hrsg.): Handwörterbuch der Versicherungswirtschaft, Karlsruhe 1988, S. 759–762.
Richter, Horst; Geib, Gerd (Grundzüge, 1990): Grundzüge und Einzelfragen der Rechnungslegung nach dem Bilanzrichtlinien-Gesetz, in: Welzel, Hans-Joachim et al. (Hrsg.): Kompendium zur Rechnungslegung der Versicherungsunternehmen (KoRVU), Karlsruhe 1990, Bd. I, Abschnitt A.
Rockel, Werner (Fair Value, 2005): Fair Value-Bilanzierung versicherungstechnischer Verpflichtungen – Eine ökonomische Analyse, Wiesbaden 2005.
Rockel, Werner; Sauer, Roman (Exposure Draft 5, 2003): IASB Exposure Draft 5: Insurance Contracts – Zur Versicherungsbilanzierung nach IFRS ab 2005, in: WPg, (56), 2003, S. 1108–1119.

Sauer, Roman (Risikotransfer, 2005): Was ist hinreichender Risikotransfer? Rahmenbedingungen nach HGB, IAS/IFRS und US-GAAP, in: VW (60), 2005, S. 1814–1820.
Sauer Roman (Gestaltung, 2006): Solvabilitätsorientierte Gestaltung der Bilanzierung von Versicherungsunternehmen, Karlsruhe 2006.
Sauer, Roman (Versicherungsverträge, 2011): §39 Versicherungsverträge, in: Lüdenbach, Norbert; Hoffmann, Wolf-Dieter (Hrsg.): Haufe IFRS-Kommentar, Freiburg 2011, S. 2291–2314.
Schäfer, Wolf (Grundsätze, 1977): Grundsätze ordnungsmäßiger Bilanzierung für Forderungen, 2. Aufl., Düsseldorf 1977.
Schaffer, Christian (Unternehmensführung, 2005), S. 15–33. Führt wertorientierte Unternehmensführung zur messbaren Wertsteigerung?, Frankfurt a. M. 2005, S. 15–33.
Scharpf, Paul (IAS 39, 2001): Rechnungslegung von Financial Instruments nach IAS 39, Stuttgart 2001.
Schildbach, Thomas (US-GAAP, 2002): US-GAAP: Amerikanische Rechnungslegung und ihre Grundlagen, 2. Aufl., München 2002.
Schmalenbach, Eugen (Dynamische Bilanz, 1953): Dynamische Bilanz, unter Mitwirkung von Bauer, Richard, 11. Aufl., Köln u. a. 1953.
Schmeiser, Hato (Ansätze, 1997): Schmeiser, Hato: Risikotheoretisch fundierte Ansätze zur Neugestaltung des europäischen Solvabilitätssystems für Schadenversicherer, Passau 1997.
Schmidt, Klaus D. (Spätschäden, 1999): Reservierung für Spätschäden: Modellierung am Beispiel des Chain Ladder-Verfahrens, in: Allgemeines Statistisches Archiv, (83), 1999, S. 267–280.
Schnieper, René (Separating, 1991): Separating True IBNR and IBNER Claims, in: Astin Bulletin, (21), 1991, S. 111–127.
Schradin, Heinrich (Steuerung, 1998): Finanzielle Steuerung der Rückversicherung: Unter besonderer Berücksichtigung von Großschadenereignissen und Fremdwährungsrisiken, Karlsruhe 1998.
Simon, Herman Veit (Bilanzen, 1899): Die Bilanzen der Aktiengesellschaften und der Kommanditgesellschaften auf Aktien, 3. Aufl., Berlin 1899.
Stöffler, Michael (§ 6 RechVersV, 1998): § 6 RechVersV, in: Budde, Wolfgang et al.: Beck'scher Versicherungsbilanz-Kommentar: Handels- und Steuerrecht: §§ 341 bis 341o HGB, München, 1998, S. 423–426.
Straub, Erwin (Insurance, 1988): Non-Life Insurance Mathematics, Zürich 1988.

Stuirbrink, Wolfgang; Schuster, Anselm (§ 12 RechVersV, 1998): § 12 RechVersV: Andere Kapitalanlagen, in: Budde, Wolfgang et al.: Beck'scher Versicherungsbilanz-Kommentar: Handels- und Steuerrecht: §§ 341 bis 341o HGB, München 1998, S. 441–443.

Stuirbrink, Wolfgang; Schuster, Anselm (§ 15 RechVersV, 1998): § 15 RechVersV: Forderungen aus dem selbst abgeschlossenen Versicherungsgeschäft, in: Budde, Wolfgang et al.: Beck'scher Versicherungsbilanz-Kommentar: Handels- und Steuerrecht: §§ 341 bis 341o HGB, München 1998, S. 447–452.

Stuirbrink, Wolfgang; Schuster, Anselm (§ 16 RechVersV, 1998): § 16 RechVersV: Abrechnungsforderungen aus dem Rückversicherungsgeschäft, in: Budde, Wolfgang et al.: Beck'scher Versicherungsbilanz-Kommentar: Handels- und Steuerrecht: §§ 341 bis 341o HGB, München 1998, S. 452–454.

Stuirbrink, Wolfgang; Schuster, Anselm (§ 341c HGB, 1998): § 341c HGB: Namensschuldverschreibungen, Hypothekendarlehen und andere Forderungen, in: Budde, Wolfgang et al.: Beck'scher Versicherungsbilanz-Kommentar: Handels- und Steuerrecht: §§ 341 bis 341o HGB, München 1998, S. 224–228.

Stuirbrink, Wolfgang; Schuster, Anselm (§ 341e HGB, 1998): § 341e HGB: Rückstellung für drohende Verluste aus dem Versicherungsgeschäft, in: Budde, Wolfgang et al.: Beck'scher Versicherungsbilanz-Kommentar: Handels- und Steuerrecht: §§ 341 bis 341o HGB, München 1998, S. 264–273.

Stuirbrink, Wolfgang; Schuster, Anselm (§ 43 RechVersV, 1998): § 43 RechVersV: Aufwendungen für den Versicherungsvertrieb für eigene Rechnung, in: Budde, Wolfgang et al.: Beck'scher Versicherungsbilanz-Kommentar: Handels- und Steuerrecht: §§ 341 bis 341o HGB, München 1998, S. 497–509.

Stuirbrink, Wolfgang; Schuster, Anselm (§ 47 RechVersV, 1998): 47 RechVersV: Sonstige Erträge, in: Budde, Wolfgang et al.: Beck'scher Versicherungsbilanz-Kommentar: Handels- und Steuerrecht: §§ 341 bis 341o HGB, München 1998, S. 522–525.

Stuirbrink, Wolfgang; Westenhoff, Manfred; Reich, Hanno (§ 341e HGB, 1998): § 341e HGB: Rückstellung für Beitragsrückerstattung, in: Budde, Wolfgang et al.: Beck'scher Versicherungsbilanz-Kommentar: Handels- und Steuerrecht: §§ 341 bis 341o HGB, München 1998, S. 252–264.

Swiss Re (Paradigmenwechsel, 2002): Paradigmenwechsel in der Rechnungslegung? Versicherungstechnik nach German GAAP und US-GAAP, München 2002.

Swiss Re (Spätschadenrückstellungen, 2000): Spätschadenrückstellungen in der Rückversicherung, Zürich 2000.

Thiemermann, Michael (Rückversicherung, 1993): Rückversicherung und Zahlungsströme; Ein Beitrag zur Finanzwirtschaft von Rückversicherungsunternehmen, Bergisch Gladbach/Köln 1993.

Thiele, Stefan (Grundgrößen, 2011): Grundgrößen des Rechnungswesens, in: Busse von Colbe, Walther; Pellens, Bernhard (Hrsg.): Lexikon des Rechnungswesens, 5. Aufl., München et al. 2011, S. 337–340.

Treuberg, Hubert Graf von; Angermayer, Birgit (Jahresabschluss, 1995): Jahresabschluss von Versicherungsunternehmen: Handbuch zum Versicherungsbilanzrichtlinie-Gesetz und zur RechVersV, Stuttgart 1995.

Warnecke, Eberhard (Schwankungsrückstellung, 1998): § 341h: Schwankungsrückstellung und ähnliche Rückstellungen, in: Budde, Wolfgang et al.: Beck'scher Versicherungsbilanz-Kommentar: Handels- und Steuerrecht: §§ 341 bis 341o HGB, München 1998, S. 329–343.

Widmann, Ralf; Korkow, Kati (Spielräume, 2002): Spielräume bei der IAS-Bilanzierung noch zu groß: Stand der Entwicklungen eines IFRS-Standards für Versicherungsverträge, in: VW, (57), 2002, S. 1236–1239.

Will, Reiner; Weidenfeld, Gerd (Ausweis, 1996): Erfolgswirtschaftliche Wirkungen des geänderten Ausweises der Betriebsaufwendungen in der Gewinn- und Verlustrechnung von Schaden- und Unfallversicherungsunternehmen, in: WPg, (49) 1996, S. 431–439.

Willem de Wit, Gysbertus (Loss Reserving, 1981): Loss Reserving Methods: Paper of the Research Department Nationale-Nederlanden, o. O. 1981.

Wiser, Ronald F.; Cockley, Ellen; Gardner, Andrea (Loss, 2001): Loss Reserving, in: Casualty Actuarial Society (Hrsg.): Foundations of Casualty Actuarial Science, 4. Aufl., Arlington 2001, S. 197–285.

Wormsbächer, Ellen (Rückversicherung, 2001): Rückversicherung nach US-GAAP und SAP: Zahlungsströme aus Rückversicherungsverträgen im Sach-/Haftpflichtgeschäft – Abbildung im Jahresabschluss nach US-amerikanischem Recht, Karlsruhe 2001.

Ziegler, Günter (Bilanzrecht, 1975): Bilanzrecht und Bilanzpolitik: Bilanzierungsfragen bei Versicherungsunternehmen, in: Kalwar, Hans (Hrsg.): Sorgen, Vorsorgen, Versichern, Festschrift für Heinz Gebhardt, Karlsruhe 1975, S. 467–477.
Zülch, Henning; Erdmann, Mark-Ken; Popp, Marco [IFRS 10, 2011: Kritische Würdigung der Neuregelungen des IFRS 10 im Verleich zu den bisherigen Vorschriften des IAS 27 sowie SIC-12, in: KoR, (11), 2011, S. 585–593.

Stichwortverzeichnis